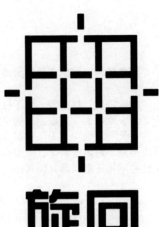

旋回
Xuan Hui

空间哲学及其规划实践
Kongjian Zhexue Jiqi Guihua Shijian

姜洪庆　著

 中国出版集团有限公司

 世界图书出版公司

广州 · 上海 · 西安 · 北京

涵盖乾坤，旋回自洽，天地纵横，方圆默契。

内容提要：执大象，天下往，中西方从地缘文明走向全球文明，需要构建空间哲学。本书以气候、地缘与认知变化为断代背景，将中西方不同发展阶段关于"天、地、人"抽象出来的自然与技术、哲学与秩序、形式与空间结合起来，以至涵盖乾坤、旋回自洽、天地纵横、方圆默契；本书试图打通与空间哲学关联的"天""地""人"知识框架，打开与规划实践关联的"天""地""人"专业视角，提出"矩阵+"空间营造的方法，应用于丰富多彩的规划实践，包括但不限于对雄安新区、粤港澳大湾区以及广东省域发展的空间思考，善谋不争，善建不拔，善言不辩，通天地人常，立天地人形，推动形成具有形式象征意义的数字化三重构建。执其雄，守其安，往而不害，安平泰。

Abstract:In accordance with the laws of the universe, the transition from geocivilizations to global civilization in both the East and the West requires the construction of a philosophy of space. This book takes climate, geopolitics, and cognitive changes as the backdrop for different developmental stages in the East and West, abstracting the natural and technological, philosophical and orderly, formal and spatial aspects of "Tian, Di, and Ren." It covers the universe, cycles, vertical and horizontal dimensions of heaven and earth, and the harmony of square and circle. The book aims to connect the knowledge framework of "Tian, Di, and Ren" with spatial philosophy, and to open up the professional perspectives of "Tian, Di, and Ren" related to urban planning practice. It proposes the method of "matrix+" spatial creation, which is applied to diverse planning practices, including but not limited to spatial thinking for Xiong'an New Area, Guangdong-Hong Kong-Macao Greater Bay Area, and Guangdong provincial development. The approach is characterized by skillful planning, constructive building, and eloquent expression, in harmony with the universe, earth, and humanity, and promoting the Triple construction of a digital creation style with symbolic significance. By holding firm to the grand vision, ensuring safety and stability, and advancing without harm, peace and prosperity will be achieved.

历史自信，文明自信；矩阵思维，空间哲学；伟大工程，伟大复兴。

图书在版编目（CIP）数据

旋回：空间哲学及其规划实践 / 姜洪庆著 . -- 广
州 : 世界图书出版广东有限公司 , 2023.9
ISBN 978-7-5232-0791-8

Ⅰ . ①旋… Ⅱ . ①姜… Ⅲ . ①空间－科学哲学②空间
规划 Ⅳ . ① N02 ② TU984.11

中国国家版本馆 CIP 数据核字 (2023) 第 169087 号

书　　名	旋回：空间哲学及其规划实践	邮　　箱	wpc_gdst@163.com
	XUANHUI : KONGJIAN ZHEXUE JIQI GUIHUA SHIJIAN	经　　销	各地新华书店
著　　者	姜洪庆	印　　刷	佛山市华禹彩印有限公司
责任编辑	曹桔方	开　　本	250mm×250mm 1/12
装帧设计	刘　琎　冯宇程　王炳信	印　　张	29
责任技编	刘上锦	字　　数	680 千字
出版发行	世界图书出版有限公司　　世界图书出版广东有限公司	版　　次	2023 年 9 月第 1 版
地　　址	广州市海珠区新港西路大江冲 25 号		2023 年 9 月第 1 次印刷
邮　　编	510300	国际书号	ISBN 978-7-5232-0791-8
电　　话	020-84460408	定　　价	398.00 元
网　　址	http://www.gdst.com.cn		

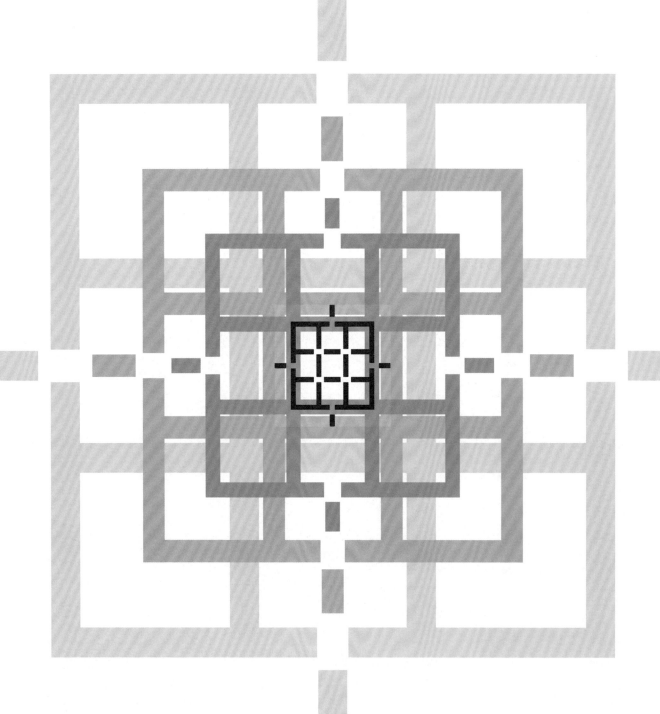

序

我与姜洪庆教授相识已近三十年，他一直在空间研究领域努力工作着。

之前，1998 年初他任广东省城乡规划设计研究院副院长时就有机会一起开学术会。

后来，2001 年末他跟我提出读建筑学博士的想法，我便告诉他："考吧。"他当时正主持广东省城镇体系规划（编制组组长），我心里想：他不是学城市规划以及风景园林的吗？结果，他的考试成绩很好，快题设计空间感强，还是一个有哲学思辨的建筑方案，他只用了 4 小时就完成，表现出很好的建筑设计素养，收录在叶荣贵教授编著的《快速建筑设计 50 例》中。

再后来，2010 年末我们在一起共事至今，他不仅帮助我们院取得了城市规划甲级资质，更在几年后我国城市规划行业几个很有影响力的城市设计国际竞赛中表现突出，很好地驾驭了大规模设计国际团队的共同编制工作，能够统筹规划、建筑与景观等设计专业，取得了优异成绩，其中包括中国（河北）雄安新区起步区及启动区城市设计、中国（海南）自由贸易区海口江东新区概念规划及启动区城市设计、北京长安街及其延长线（复兴门至建国门段）公共空间整体城市设计及重要节点整体营造，以及侵华日军南京大屠杀遇难同胞纪念馆（国家公祭）周边地区城市设计暨土地利用调整及空间层级整治规划等国家重大工程项目规划。

此次，专著《旋回：空间哲学及其规划实践》的出版，反映了姜洪庆教授独到的理论功力及其丰富的工程实践。他敢于挑战"空间哲学"这个领域，本身是需要有勇气的，不仅要有深厚的多学科理论知识，而且要有极强的跨学科综合能力，像梁漱溟先生所说，要跨越"形成主见，融会贯通，运用自如"，直至"通透嘹亮"，姜洪庆教授努力去做了。

我所主张的"两观三性"设计理论，在姜洪庆教授的专著中已经有了新的诠释，但他从规划的角度出发，概念更加宏大，历时更加深远。中国有 100 万年的人类史、1 万年的文化史、5000 多年的文明史，也就拥有最包容的地缘文明。

"天地"与"方圆"是地球两大"空间启示"，与天地相参，与方圆相契；"宇宙"与"人本"是人类两种"空间思维"，人本是小小宇宙，宇宙是大大人本。所以学天地，形方圆，做永恒，向善而为。天地方圆，宇宙人本，可以涵盖乾坤；历时气候，共时地缘，可以旋回自洽；六合九宫，矩阵格网，可以天地纵横；象天取圆，法地择方，可以方圆默契。

中国在经历了四十几年的高速度发展之后，是需要进行更加深入的理论建构了，中西方文明的各自轨迹不会改变，却可以相互借鉴，共建、共享，而中西方从地缘文明走向全球文明则需要构建新的空间理论。我由衷地期待建筑理论百花齐放、百家争鸣的到来，这既是中国人文化自信的表现，也是中国未来高质量发展的必由之路。

值此，我希望姜洪庆教授继续努力。

何镜堂

中国工程院院士
全国勘察设计大师
教授，博导

2023 年夏作序于五山镜园

天、地、人是一个旋回自洽的时空框架。空间哲学是对天地要素与方圆形式及其空间边界永续旋回的管理科学；而规划实践则是对天、地、人三者之间空间关系即天时、地利、人和短暂自洽的三重构建。

1990 年春夏国际学联第 19 次竞赛，吴哥博物馆，
笔者参赛方案，水墨渲染画

THE SUN AND THE MOUNTAIN OF THE GODS

秩序	意识	哲学
形式	认知	空间
自然	物质	技术

前言

涵盖乾坤，旋回自洽，天地纵横，方圆默契。

　　执大象，天下往，中西方从地缘文明走向全球文明，需要构建空间哲学。本书以人类文明所赖以生成的气候（冷暖更迭）、地缘（陆海侵退）与认知（秩序兴替）变化为断代叙事背景，将中西方不同发展阶段从"天、地、人"抽象出来的诸如巫鬼与神话、图腾与音律、哲学与神学、科学与玄学及其"表意"与"表音"系统结合起来，由天地（宇宙）、人文（人本）、思维（纵横）到空间（立体）矩阵，以至涵盖乾坤；围绕"天、地、人"核心问题，挖掘空间要素的"旋回"规律，剖析天地象形的"自洽"法则，将人类的古老智慧与现代成就结合起来，无论气候、地缘、认知与空间，旋回是一种周期现象，自洽则是一种韧性选择，变"九宫象数"为"九宫要素"，逻辑辩证，"辞象变卜"，要素矩阵，形式格网，以至旋回自洽。本书试图打通与空间哲学关联的"天""地""人"知识框架，打开与规划实践关联的"天""地""人"专业视角，将微观人类活动与宏观价值构造结合起来，以实现资源兑现率最大化的政治、经济、社会与空间关系，一方矩阵，三道四线，六合九宫，共生立体，以至天地纵横；进而基于"宇宙"与"人本"空间观的价值选择，阐述空间"原型"与"秩序"，隐喻日月、山海、人人，以至万物，哲学之"方"，神学之"圆"，矩阵哲学的"九宫格"，极点神学的"同心圆"，遵循地球构造经纬，将实体环境与数字空间结合起来，提出"矩阵＋"空间营造的方法，以至方圆默契；应用于丰富多彩的空间规划实践，格局、开物、竞合，善谋不争，善建不拔，善言不辩，包括但不限于对雄安新区、粤港澳大湾区，以及广东省域城镇体系未来发展的空间思考——蓝绿化、城镇化、数字化。与天地相参，与方圆相契，从天地到矩阵，从方圆到格网，矩阵至人本，格网生宇宙，象天、法地、礼序、营城，矩阵格网，多元一体，探索人类社会永续生存与永恒发展的结构性空间格局，通天地人常，立天地人形，推动形成具有形式象征意义的数字化三重构建。一方水土一方人，一方矩阵一方城，所谓敬天爱人、纵横捭阖，执其雄，守其安，往而不害，安平泰。

历史自信，文明自信；矩阵思维，空间哲学；伟大工程，伟大复兴。

1

畛域

间冰期 1 万年来，世界缤纷，《庄子·秋水》："泛泛乎其若四方之无穷，其无所畛域。"

人类只是地球特定时空的产物。空间是流动的，人不能两次进入同一处空间。腓尼基人以地中海为中心，将地中海以东的地区称为"亚细亚洲"，意思为日出之地，而将地中海以西的地方称为"欧罗巴洲"，意思是日落之地，中西方之间便有了畛域之别。

中西方文明的各自轨迹不会改变，却可以相互借鉴，共建、共享，而中西方从地缘文明走向全球文明则需要构建空间哲学。"天地"与"方圆"是地球两大"空间启示"，与天地相参，与方圆相契；"宇宙"与"人本"是人类两种"空间思维"，人本是小小宇宙，宇宙是大大人本。所以，学天地，形方圆，做永恒，向善而为。天地方圆，宇宙人本，可以涵盖乾坤；历时气候，共时地缘，可以旋回自洽；六合九宫，矩阵格网，可以天地纵横；象天取圆，法地择方，可以方圆默契。

涵盖乾坤

空间哲学是关系总和，是要素与形式管理的科学，"天、地、人"空间关系总和，空间两观，涵盖乾坤。

空间是人类活动所有要素与形式及其边界关系的总和，空间可以一分为三，即要素、形式与边界，要素的边界就是形式，形式的边界构成要素，天地要素旋回，方圆形式自洽，本质是"天、地、人"空间关系的总和，天，天主气候，气候影响历史，主要关系是"日"与"月"之间的关系；地，地主地缘，地缘决定文明，主要关系是"山"与"海"之间的关系；人，人主秩序，人类趋利避害，其主要关系是"人"与"人"之间的关系。而"日"与"月"，"山"与"海"以及"人"与"人"关系的边界，从形式到要素，三道四线，天地纵横；再从要素到形式，六合九宫，方圆默契，一体多元，旋回自洽，八八六十四系辞，中西方尽然。空间要素、形式及其边界的选择，与其气候特征、地缘结构、认知体系高度匹配，是一种意识形态。中国巫鬼以图腾广化方式传播，后世"九宫格"是这一文化最准确表"意"形式，呈现出矩阵旋回的空间或时间并行的面性运动方式；而西方巫鬼以音律广化方式传播，后世"同心圆"是这一文化最准确表"音"形式，呈现出螺旋上升的空间或时间向心的线性运动方式。这其实也是空间延续中西方巫鬼文化要素，以及"方"与"圆""原型"形式的分异，空间"秩序"层次展开就是要素与形式的连接与组织方式。在中国人看来，"天地十字"+"方圆九宫"，就是城（city），就是文明（civilization）。在既定的空间价值观的影响下，空间即政治，空间营造是"一个构建的过程，而不是恢复的过程"，主要是由现在的道德、技术、秩序所形成的政治选择。空间营造既可以看作是对过去的一种旋回式构建，也可以看作是对过去的一种自洽式构建。人类通过对过去空间价值观的自相似性研究来启迪现在，而现在又是未来的过去，人类就是这样旋回性、自洽式地构建自己，赋予空间生长以生命体征。同时，受时间参数的影响，空间构建过程也存在着明显的周期性规律，空间通过旋回强化，天时、地利、人和，要素特点、形式特征与边界特色才会被最终自洽彰显出来，从而实现人类生命与空间场所自由构建与利用。相应于"数据＋算力＋算法"的逻辑与辩证，要素与形式可以量化为数据矩阵，算法确定数据关系，算力决定数据边界，算力有多强，要素与形式的边界就有多大。一方水土一方人，一方矩阵一方城，规划师象"天"知"象"，大象无形；法"地"识"辞"，大道至简；礼"序"应"变"，大音希声；营"城"预"卜"，大方无隅；由天地（宇宙）、人文（人本）、思维（纵横）到空间（立体）的矩阵特定要素，知其圆，守其方，原型自洽，秩序旋回，并以空间特定形式，或"方"或"圆"予以呈现、持续与演绎，而后实现营造特定意图，人间乐和。天地人常，多元一体，日月、山海、人人以至万物，人类寻找其中的平衡，其核心就是"天地"与"方圆"、"宇宙"与"人本"，以及"哲学"与"神学"的平衡，空间两观，涵盖乾坤。

旋回自洽

空间哲学是规律总结，是要素与形式关于"意识"的整体性与可持续性、"物质"的复杂性与连续性，以及"认知"的包容性与流动性，亦即事物的确定性与不确定性的三大层次的规律总结，本原三道，旋回自洽。

人类生活在一个结构精巧的世界，"天、地、人"是一个时空框架，人类只是时间与空间的一种存在形态。决定空间活动的本原三道是"天、地、人"。天地人常，本书以气候（冷暖更迭）、地缘（陆海侵退）与认知（秩序兴替）的矩阵演绎综合断代，"天"分"日月"演"易"，"地"分"山海"成"经"，"人"分"人人"归"仁"，人类文明呈现时空传播的显著特征。无论早期人类的巫鬼神话，还是图腾音律，抑或无论现代人类圣贤哲思，还是科学道理，再或者无论士农工商，还是宗教道德，最终是关于"天、地、人"的认知能力，产生基于意识、物质与认知的"本原"形式，以及形成基于逻辑、辩证与矩阵的"思维"方法。天地人形，本书将逻辑、辩证等线性思维置于九宫框架之中，纵横为矩阵思维，并由此展开基于空间要素与形式的理论思考。思维不被具体要素的片面性所带入，任一要素居于中宫都是其他四组要素纵横旋回与自洽的结果，假若单独存在，这些要素既不充分也不全面，更难以立体地表现空间"物质"的复杂性与连续性，或者"认知"的包容性与流动性等概念，从而建立纵向与横向的要素综合，反映出"意识"的整体性与可持续性。无论气候、地缘、认知与空间，旋回是一种周期现象，自洽则是一种韧性选择。流域旋回、阶梯旋回，天地九宫，以及辩证与逻辑的认知旋回，思维矩阵；气候自洽、地缘自洽，天地具象，以及辩证与逻辑的认知自洽，思维抽象，两者相加，纵横捭阖，就是哲学旋回与自洽的要素规律。天地矩阵、人文矩阵、思维矩阵、空间矩阵，历经 8000 年（自燧人氏起）自相似性（原型自洽）与分形迭代（秩序旋回）成中国人空间自洽与旋回的形式法则。在"方"中有"圆"，在"九宫格"中有"同心圆"（可以"方"或"圆"）；在"算力"中有"算法"，在"生产力"中有"生产关系"；在"竞合"中有"竞争"，在"共同"中有"联合"；在"对立"中有"统一"，在"辩证"中有"逻辑"；在"天地矩阵"中有"人文矩阵"，在"思维矩阵"中有"空间矩阵"。总之，"沉淀"至"广化"，"旋回"生"自洽"，合纵连横，循环往复，敬天爱人，迭代维新，呈现出矩阵式规律的认知方式，这就是"天、地、人"三道纵横与"九宫格"四线格网的"矩阵哲学"。"九宫格"三道四线的要素与形式，既包含"矩阵哲学"的矩阵要素，也成为"矩阵哲学"的格网形式。矩阵要素与格网形式基于"空间"与"时间"的各种表征，从线性到矩阵，从二维到三维，从平面到立体，反映出矩阵要素运动旋回与格网形式瞬间自洽的平衡规律，也是"矩阵哲学"的"空间观"与"时间观"。人类通过自洽来结束旋回，但旋回"永无止境"；自洽只是"短暂瞬间"。旋回是时间在空间的延续，自洽是空间对时间的记录。旋回是绝对的，自洽是瞬间的，而韧性则是相对的，气候、地缘与认知，在相对"空间"与"时间"中的稳定状态，旋回之道，自洽之理，在旋回中自洽，在自洽中旋回，便是基于矩阵思维要素"三道"与形式"四线"的空间哲学。

天地纵横

空间哲学是要素矩阵，关乎人类空间及其属性，"天、地、人"三道四线衍生出来的自然、技术、秩序、哲学、形式与空间等恒定不变要素矩阵的六合九宫，两观旋回，天地纵横。

"空间"的主体是人类"活动"，对应于人类"二种属性"，"自然"与"社会"属性，即宇宙与人本，空间两观，天人合一，以及哲学的"三条主线"与"三个本原"，其"天、地、人"三道要素，就是"意识"本原（"天"与"唯心""心性"）、"物质"本原（"地"与"唯物""义理"）以及"认知"本原（"人"与"实用""实行"），"意识"本原可对应"秩序"与"哲学"维度，"物质"本原可对应"自然"与"技术"

维度，"认知"本原则可对应"形式"与"空间"维度，本原三道，"纵、横"排列。本原空间均可"孪生"为数字空间，数字空间也可"实证"为本原空间。本文将西方结构主义的思维矩阵与中国《河图洛书》"天、地、人"的九宫框架结合起来，也就是将要素与形式结合起来，如同魏晋变"象"为"意"，用"要素"取代"象数"，赋值纵横逻辑与辩证排列构成"要素"矩阵，可以将认知对象按逻辑思维"三合为一"，关联纵列，相同要素之中的旋回与自洽，即逻辑旋回与逻辑自洽；然后再将认知对象依据辩证思维"一分为三"，并行横列，对立要素之间的旋回与自洽，即辩证旋回与辩证自洽。于是，旋回"一分为三"，"三三得九"；自洽"三合为一"，"九九归一"，构成了"天、地、人"的相互关联、并行的纵横要素思维矩阵，纵向要素则具有"主线"联合性，逻辑关联，横向要素具有"本原"共同性，辩证并行，三个本原，三条主线，纵横"三道"，呈现哲学意味的"九宫格局"。基于认知思想的通透，规划的方法也就明朗了，隐喻哲学之"方"，神学之"圆"，本书提出"矩阵+"空间营造方法，这是一套关于规划实践的学问，"九宫格"可以是二维平面，也可以是三维六合，二维平面就是九宫平面矩阵；三维六合就是九宫立体矩阵。空间生要素，要素生纵横，懂得运用空间要素（数据）、边界管控（算力）与空间形式（算法）的纵向规律与横向法则；纵横生矩阵，矩阵至人本，回归人类秩序的本质，言天地大美，议四时明法，说万物成理，喻人人规矩；同时，通天地人常，立天地人形。"九宫格局"，象天，法地，礼序，营城，矩阵格网，多元一体，实体环境与数字空间深度结合；"法式开物"，体现既适应气候，也因地制宜，可形成特色、会融入生活、能集成技术，最终创造价值，推动形成数字化营造法式；"人人竞合"，遵循生态法则、发展法则、空间法则、特色法则、集成法则，以及竞合法则的横向法则，实现社会秩序、日常生活与场所空间的主动建造。因此，规划是一种快乐的空间实践，其至高境界，不仅是基于自然规律的场所构建，而是基于秩序规则的社会构建，还是基于美好生活的日常构建，更是应对各种不确定性的韧性构建，因而是空间哲学的实现方式。这也是本书写作的主要目的，"九宫格局""法式开物""人人竞合"，三重构建；"一方矩阵""三道四线""六合九宫"，天地纵横。

方圆默契

空间哲学是形式格网，是关乎气候（冷暖）与历史、地缘（侵退）与文明、人人（兴替）与秩序、空间（立体）与营造等形式格网的实现方式，三道自洽，方圆默契。

人类两种基本属性，形成两种思维倾向，产生两种空间原型，或者两种形式基因，就是地"方"与天"圆"，只是"圆"无法分形相连，而"方"则可连"九宫"，可以实现快速扩展与连接。"九宫格"，是中国理想的空间形制，在三代西周时被确定下来，作为农业生产方式以九宫划"井田"，与作为农耕生活方式则九宫营"井国"，其实质为中国最早的"井田（田园）城市"，将源于"《河图洛书》"思想的"九宫格"，落实到了方国的"空间营造"，成为西周文明原点框架下空间的基本制度。而"同心圆"，则是西方理想的空间形制，最早见于古希腊哲学家柏拉图对于亚特兰蒂斯的"同心圆"结构复原描述，以及基于"乌托邦"思想的霍华德"田园城市"则是工业革命之后的空间理想，断续传承了西方基于音律广化的"同心圆"图示，而中国基于图腾广化的"九宫格"图示则自燧人氏时期一直传承至今。

空间生原型，原型生方圆。河洛之方，化为太极之圆，方为初始，圆为终极。西方人可以把圆做方，由"绝对空间"到"相对空间"，落地为"十"字（方形），无论拉丁"十"字，还是希腊"十"字；中国人也可以把方做圆，由"相对空间"到"绝对空间"，落地为太极（圆形）、两仪、四象、八卦、六十四系辞。"它权""我权"皆可融"方""圆"，隐喻"天地（气候，地方天圆）"与"山海（地缘，山方海圆）"、"宇宙"与"人本"，以及基于"巫鬼"与"神话"、"图腾"与"音律"、"哲学"与"神学"，或者未来"科学"与"玄学"等认知能力的"公权"与"民利"。早期人类借助"它权""神学"，完成对"天、地、人"的被动认知，并形成中西方不同地缘条件下"九宫格"格网与"同心圆"圈层的空间结构；现代人类则变"神"为"我"，通过"我权""哲学"，完成对"天、地、人"的主动认知，并形成全球化跨越地缘与意识形态之畛域，复合"九宫格"格网与"同心圆"圈层之空间矩阵。于是，空间旋回，九宫自洽，图腾之"方"与音律之"圆"；哲学之"方"与神学之"圆"；或者中国之"方"与西方之"圆"，"方、圆"可以默契，"龙、凤"亦能呈祥。方圆生格网，格网生宇宙。就两种模式的基本形式"方、圆"而言，假定"方"代表已知边界，"方"中有"圆"，"圆"即为已知边界；"方"外有"圆"，"圆"即为未知边界，未知"圆"不断被认知，"方"就越来越大，反之亦然。"圆"受地球经、纬向蓝绿折线的自然限制，不可以无限扩大，而"方"则可以分解为"格网"，或者近似于"格网"，并无限连接，即为"大方"，然"大方"无隅，地球"表面"维度上的一切形式又必然融入到地球"经、纬"，再由"经、纬"聚合为"球体"，成为"球体"维度上的"点、线、面、体"，最终汇入到浩瀚无垠的宇宙之中，这其实就是空间的旋回，如同中国人"儒与道"或者"礼制与玄学"，西方人"柏拉图与亚里士多德"或者"马恩与康尼"，形式之"方、圆"也能互补。于是，我们看到的任何一种形式，日月、山海、人人以至万物，不过是"方、圆"或者空间自洽的一种结果。总的来看，中国河洛之"方"与太极之"圆"，或者礼制之"方"与风水之"圆"，西方柏拉图之"圆"与亚里士多德之"方"，或者巴黎之"圈层"与巴塞罗那之"格网"也是如此，哲学强化了对"方"的认同，神学则强化了对"圆"的认同，只是不同于西方亚里士多德之"九格"或者巴塞罗那之"格网"，中国"九宫格"的意义则在于使"格网"有了"天、地、人"的三道四线宇宙哲学意味，也不同于中国太极之"圆"或者风水之"圆"，西方柏拉图之"圆"或者巴黎之"圈层"；西方"同心圆"的意义在于使"圈层"有了"上帝"的人本神学意味。而且，"九宫格"与"同心圆"之间可以相互转换，也就是说，正交坐标的"九宫格"，也可以生成极点坐标的"同心圆"。

地球上总有两种正交的构造"力"，使"十"字经、纬向构造折线成为地球上一切空间形式存在的基础，格网一体，无论"方""圆"。不仅是定位，也是空间组织的基本依据，所谓"天心十字"，从意识形态到实存环境，以及中国的象形文字（十、口、井、田）、九宫、营城等，宇宙"十"字均无处不在，融入地球经纬，而或"方"或"圆"组织空间形态，则是中西方文明分异的"选择"。"十"字经、纬向构造折线就是地球给人类或者万物活动立下的"规矩"，或者刚性"约束"，可以形成包括"蓝绿结构"与"城镇结构"的空间格网秩序。源于"九宫格"的"格网+"可容"日"与"月"、"山"与"海"、"人"与"人"，以及"方"与"圆"，人类应该顺应这个"格网"，共生立体，并不断赋予其结构性价值与文明。

要素的原型是"天地"，秩序为"矩阵"；形式的原型是"方圆"，秩序为"格网"。要素六合，形式九宫，终成空间魔方。

"九宫格"，既是士农工商的生活方式与生产方法，也是约定俗成的要素逻辑（辞象）与要素辩证（变卜）的思维矩阵，还是喜闻乐见的形式原型（分形）与形式秩序（迭代）的空间格网，是中国人日常生活的要素集成与形式总图，这应该成为空间哲学与空间营造史上的第一次重要理论飞跃。如此再进一步，从"九宫格"到"天地（宇宙）、人文（人本）、思维（纵横）以及空间（立体）矩阵"，象数要素化，要素矩阵化，将中国人象天法地与直觉思维所生成的"天、地、人"框架，转化成为自然科学与矩阵思维所形成的"天、地、人"框架，人类古老智慧与现代成就紧密地结合起来，沉淀出气候韧性、地缘韧性、秩序韧性与空间韧性，广化为地球"蓝绿""城镇""数字"与"矩阵"大结构，这是一套象征体系，可以解释成微观人类活动（生活、生产）与宏观价值构造（宇宙、人本）相结合以实现资源（自然资源与社会资源）兑现率最大化的一种政治、经济、社会与空间关系，要素纵横从天地到矩阵，形式法则从方圆到格网，矩阵至人本，格网生宇宙，三道四线，旋回自洽，全天候适应、全方位连通、全龄段友好、全时空感知、全要素集成、全周期迭代，由生命共同，到城镇共同，再到数字共同，善谋者格局而不争，善建者开物而不拔，善言者竞合而不辩，进而将中华文明的维新成就转化成为全球文明的创新基石，这应该成为空间哲学与空间营造史上的第二次重要理论飞跃。

无常

总之，空间哲学是关于人类活动空间思维的框架与规律、空间构成的要素与形式，以及空间实践的方法与成就之探讨与阐述。涵盖乾坤，宇宙与人本即空间两观；旋回自洽，意识、物质与认知即本原三道；天地纵横，皆为两观旋回；方圆默契，皆为三道自洽；格局开物，皆为和羹之美。"空间"生"两观"，"两观"生"三道"，"三道"生万象，要素流动，形式连续，边界包容，则成大千世界（两观三道，六合九宫）。中西方文明根植于各自空间两观与本原三道的深入表达，汇聚为人类生存繁衍与发展文明的共同成就。

旋回无常，自洽有常。地球运行的平衡，其实就是天、地、人之间的平衡，日月顺变，山海制宜，人人归仁，向善而为，其结果就是文明。本书以北半球亚欧大陆为对象、中华文明为线索，为了表述方便，将其拆开来写，第一章讲"天"，人"天"，象天（气候）；第二章讲"地"，人"地"，法地（地缘）；第三章讲"人"，人"人"，礼序（价值）；第四章讲"形"，人"工"，营城（矩阵）；第五章讲"用"，人"事"，规划（未来）；第六章讲"言"，人"我"，立言，则总结一些讨论的成果，姑且称其为"空间哲学"，中西方文明可以在更加宏大的空间框架中和羹发展。同时，本书章节之间没有必然的"线性"关系，只是要素"矩阵"与形式"格网"关系。是故《易》者，象，辞，变，卜，象也。于是，空间哲学因应规划实践，是一种承上启下的历史责任：象也；是一种天地人常的管理方式：辞也；是一种天地人形的思维矩阵：变也；是一种预见未来的空间实践：卜也；象也者，像也，象又不像，可以包罗万象。柏拉图说哲学王可以治国，而规划师编制有哲学思考的规划应该是一种境界。本书试图打通与空间哲学关联的"天""地""人"知识框架，打开与规划实践关联的"天""地""人"专业视角，格局为规划，开物为设计，竞合为人人，向阳、向海、向好，善谋、善建、善言，推动形成具有形式象征意义的"天""地""人"三重构建，做矩阵式规划，涉及"敬畏与传承""生存与发展"以及"灾害与安全"三大基本内容，包括但不限于对雄安新区、粤港澳大湾区，以及广东省域城镇体系未来发展的空间思考。天地人常，其涵盖乾坤，旋回自洽；天地人形，其天地纵横，方圆默契，直至天地人用，格局开物，多元一体，蓝绿化、城镇化、数字化、矩阵化，将人类的智慧应用于全球化的空间营造，以应"无常"。

间冰期1万年来，中西方之间，常无则常有，永续则永恒，敬天爱人，纵横捭阖，昭昭乎其若六合之"魔方"，其"无所畛域"矣。

2023年夏于五羊学舍

目录
Contents

01 适应气候，气候影响历史

日月，天圆

"天、地、人"三道之"天"：人"天"关系，向阳而长。

空间气候观（学），纬度旋回

气候是空间营造的历时属性。天，天主日月，主要关系是"日""月"之间的关系，气候影响历史。流域、纬度相差 13~17 度（平均 15 度），海拔、阶梯相差 1300~1700 米（平均 1500 米），与年平均气温差异值 13~17℃（平均 15℃）相当；流域、纬度累积 13~17℃（平均 15℃）或者阶梯、海拔累积 7.8~10.2℃（平均 9℃）的温差变化，就会完成一次单向纬度（流域）或者阶梯（海拔）旋回，与人体热、湿适应与可忍受的温度、湿度范围基本一致（增减 15℃或 15%）。天地矩阵中的四条流域线与四条纬度线，人类随冷暖更迭、干湿转换，在流域、纬度或海拔、阶梯之间，通过密度调节实现空间营造。人类向阳而长，平均 15℃的气温差异就足以影响人类纬度超过 2000 千米、海拔超过 2000 米的大规模来回迁徙，并可能深刻改变后来的历史。四时有明法，实现"气候自洽"。

规划师有自己的历史观，气候影响历史，读懂气候，就能读懂历史。

第一阶段形成主见，规划是一种承上启下的历史责任：象也（气候）。

人类的出现，只是这颗星球上时空的造物，人类与地球的相处，是从适应气候开始的，本质是日月平衡，表现为山海关系，进化为人人秩序，就像是潮起潮落、浪奔浪涌。本书将这个"过程"称为"旋回"，将其间的"结果"称为"自洽"，并试图寻找属于这颗星球周而复始的历时旋回规律、瞬间结果的共时自洽特征。

人类历史是各种气候关系的总和，气候无国界，冷暖更迭，旋回不同纬度南北向的时间气候差异，自洽不同时期南北向的空间文化重心。气候呈现历时性特征，所谓"天时"，而气候规律是人类一切物质与非物质活动的基础，气候变化改变了地球表面的形态，也改变了人类历史的进程。自人类进入文明史以来，仅中华文明逾5000年未有中断，是全球文明的主干，本书便以中华文明为线索，北半球亚欧大陆为对象，展开气候与历史的宏大篇章。

距今大约8200年前，燧人氏时期，已经开始构建"天、地、人"三道框架，确认天北极，创造星象历。距今大约3000年前，全人类思想家都注意到了人与气候的关系，后世中西方学者均对此展开了不断的讨论，形成了丰富的认知成就，《易经》《山海经》《古本竹书纪年》《国语》《左传》《尚书》《史记》《齐民要术》《佛经》《圣经》《古兰经》等，希波克拉底、柏拉图与亚里士多德等人都认为，人的性格与智慧由气候决定。18世纪法国启蒙思想家孟德斯鸠在《论法的精神》中接受了古希腊学者关于人与气候关系的思想，以"气候的威力是世界上最高威力"的观点为指导，提出应根据气候修改法律，以便使它适合气候所造成的人们的性格。19世纪中叶，英国历史学家H.T.巴克尔认为，气候是影响国家或民族文化发展的重要外部因素。美国地理学家E.亨廷顿在他的《文明与气候》一书中，特别强调气候对人类文明的决定性作用。近现代中国学者梁启超、竺可桢、胡焕庸等展开的相关研究，也是许多气候、历史学者关注的领域，空间不是一成不变的，人类文明最伟大的成就，在于对"天、地、人"三道运行所形成空间规律的周期性认知，并将自身参与其中。

《易经》：地球上的主要气候关系，是日月关系，《易经》是一部日月经。

1.1　日月星辰，三道平衡

决定地球气候变化的要素是"天、地、人"三道。具体来讲，天，指太阳辐射作用、月亮引力作用、星系轨道参数，主要关系是"日"与"月"之间的关系；地，指地球轨道参数、地球磁极变化、海洋天文及地质事件、下垫面扰动，主要关系是"山"与"海"之间的关系；人，指人类活动因子等，其主要关系是"人"与"人"之间的关系。其本质是地球自转与公转产生了向心力和离心力，导致地球板块向北漂移，内部受挤压产生了高温，受太阳牵引力与自身向心力的影响导致地球倾侧变化，并形成气候的变化，规律越清晰，地球运行则越稳定，人类所感受到的气候、地缘、认知与空间也越稳定。地球本自一体多元，必须保持运行轨迹，小心平衡离心力与向心力，以及"天、地、人"三道。

1.1.1 太阳辐射

万物生长靠太阳，太阳系八大行星中地球位于内侧第三序位，太阳活动的强度决定了地球气候变化；然而太阳活动的强度，有一定的周期性，太阳黑子越多，太阳辐射增加，太阳变得更亮，到达地球表面较多，地球平均气温较高，形成的气候较为温暖，地球的冷暖期推动了地球的平衡。

太阳活动周期是人类根据长期观测总结出的一种规律，从低迷的极小期到活跃的极大期再到低迷的极小期，如此往复旋回。太阳黑子与太阳耀斑是评判太阳活动的重要指标，当太阳活动处于极大期时，黑子与耀斑频发，反之亦然。太阳活动的周期性，决定了地球气候周期性变化。太阳辐射为地球提供了源源不断的光热资源，维持了地表环境的气温，为地球大气运动、地质运动、水体运动与生物活动提供了动力。太阳辐射在通过地球大气层之前称作天文辐射，经过大气层中各种成分的吸收与反射被削弱后，到达地表的辐射称为太阳总辐射，人类需要关注臭氧层空洞与温室效应的变化对地球的伤害。太阳高度角随纬度增加而递减，因此，太阳辐射在地表分布上呈现从低纬度向高纬度递减的规律，使地球气候呈现出按纬度分布的地带性特征。

1.1.2 月地引力

月球是地球的唯一卫星，对地球具有引潮力的作用，月球引潮力不仅能诱发地震、对人体健康与生物活动产生影响，而且对地球的天气气候也有影响。其一是月球引潮力能使地球自转轴的倾斜角保持稳定，从而使地球的气候相对稳定。否则，地球气候会大幅度变化，最终将使地球成为生物无法生存的环境。其二是月球引潮力还会掀动大气，形成所谓的"气潮"。"气潮"可以影响气压与天气，譬如满月时的气压就往往较低，古希腊人认为新月两头发红连续三个夜晚，就要当心发生风暴；美国国家大气研究中心也发现，全美国最厉害的暴风雨发生在新月后 1 ~ 3 天或月圆后的 3 ~ 5 天。其三是当月球接近地球时，地球表面的海洋出现强烈的潮汐起伏，这种起伏所引起的巨大摩擦力，使地球温度剧增，导致地心熔化，地心的岩浆在高温及高牵引力的作用下，出现旋转式的滚动，产生了磁场，这个"超巨"的磁场，对地球形成了一个"保护盾"，减少了来自太空的宇宙射线的侵袭，地球上生物得以生存滋长。其四是月圆之夜地球会稍许变暖。美国气候学专家罗伯特·巴林与兰德尔塞维尼发现满月时地球的平均气温上升了 0.017℃。实际上，月球本身并不发光，它是通过对太阳光的反射向地球传送热量的，满月之际亮度最高，此时照射到地面上的月光大约携带着每平方米 0.0102 瓦的热量。

1.1.3 轨道参数

太阳系各星球都会对地球产生一定的引力，以维持一种平衡。最具人文色彩的是太白金星，也就是启明星；**太白金星与太阳、月亮构成古代星辰三联神，是人类星辰崇拜的三大主体，延伸至后期三位一体文化形式的所有认知；**太阳系围绕银河系做更大空间的运转，具更大尺度的周期，导致银河系等星系恒星，对地球辐射作用产生周期性变化，从而产生更长周期的气候变化。譬如，时间尺度为亿年级的大冰期。

人天关系，历时传承。地球形成到现在，人类只能在地球上短暂地存在。有意思的是，古埃及的三大主神，拉（Ra）、舒（Shu）与泰福努特（Tefnut），其实就是气候主神，分别代表太阳、气温（风与空气）与降水（雨水），在人类自己可以计量的时间单元内，太阳活动的周期性所引起的气候冷暖期变化也是平衡地球运转轨迹的有效方法，日月变化、昼夜交替、冷暖更迭、干湿转换，推动了人类历史与空间形态的演替进程。

1.2 气候变化，南北盛衰

致虚极，守静笃。万物并作，吾以观复。（《老子》第十六章）

"观复"是一种"旋回"，"旋回"对应"自治"，反映在气候上是纬度（流域）"旋回"，反映在地缘上是阶梯（山海）"旋回"，反应在哲学上是认知（思维）"旋回"，最终 "天圆地方"，都与日月、山海与人人的"自治"。日月（神圣）、天地（空灵）、山海（方圆）、人人（秩序）、义理（规矩）相对确定，而人是不确定的。历史万载，人寿百年，天人"旋回"实现传承，多维"自治"还原历史。地缘稳定的条件下，气候便是主角，日月规律，带来了气候的周期性变化，周而复始，提供了人类社会演进的必要条件，若没有这些适应性的气候条件，人类无法生存。在这个意义上，**旋回是一种周期现象，自治则是一种韧性选择。**

气候影响历史，也沉淀智慧。时间是历史的尺度，可以记录过去，以及推演未来，参照"环球地理志"所推荐的时间序列，会发现这个曾经有过大约 1000 亿人口规模的人类群体，是在不断适应气候的过程中成长出来。本章做一次关于要素与形式的蒙太奇式的大致推演，包含着对于中西方人类空间活动、空间遗存及其空间历史的看法，也是全书阐述空间哲学的直接线索，从天地到矩阵，从方圆到格网，包括但不限于平行纬度或者海岸线，以及垂直海拔或者阶梯线的气候变化，特别反映在中国的四大流域（珠江、长江、黄河以至西辽河 - 塔里木河流域）以及青藏高原的空间变迁上。

图 1-1 chaos，75cm×50cm，钱铃戈抽象艺术画，2015 年 12 月作

混沌 chaos

对人类而言，方物圆象，无论距今前后，越遥远的事物，认知越混沌，可能存在几年、几十年，甚至几百年的时间误差，那个时期，认知共同性反而越多，气候节点是关键；而越是眼前的事物，判断越精准，可以精准到某一年、某一天、某一时，直至分秒，这个时期，认知差异性反而越大，时空节点是关键。

自然迁徙适应生存

地球变化看物种迁徙。地球自诞生以来，历经无数次气候冷暖更迭，气候变化制约着生命演化，影响着自有人类以来的前进脚步，更影响着后期人类聚居空间的选择。从古至今，人类大部分时间处于自然迁徙适应生存阶段，地球气候的温暖与寒冷以及与之相应的降雨量的丰沛与枯竭，影响着人类的自然选择。空间随着人类的迁徙而流动，距今 258 万年前人类先祖学会加工石器，进化的脚步踏入旧石器时代，地球同步进入第四纪，据考古推算，丹尼索尔人大约在距今 28 万年前到达西辽河流域，大约距今 22.6 万年前在青藏高原留下手印，以及距今 13 万年前稻城皮洛遗址与距今 0.4 万~1 万年前藏北藏西岩画，是地球暖期人类生存在高纬度、高海拔、高阶梯地区的直接证据，反映出远古人类自然迁徙适应生存的空间格局。近 1 万年来，人类逐渐产生了文明，从游牧到农耕，长时间的寒冷会严重损害农耕生产，造成粮食供应不足，生存环境恶劣，人口随之减员，人们被迫自律，开始建章立制；而相对温润的气候则可以大力促进农业产量提升，物质供应丰富，人们放飞自我，文化迅速发展。冷暖更迭期一定产生文明的变迁，冷抑暖扬，气候变化影响了历史进程，也决定了早期人类自然适应聚居变迁的空间格局。

1.2.1 约 2 万年的间冰期

气候以"冰期-间冰期"交替，肇始于日地距离与位置的改变，有三个方面的变化周期。地球轨道偏心率：变化周期为 9.6 万年；黄赤交角：变化周期为 4.1 万年；岁差现象：变化周期为 2.6 万年。其中，黄赤夹角（地轴倾角），变化范围 22.1°~24.5°，变化周期为 4.1 万年，当地轴倾角增大时，高纬地区接受太阳辐射增加，赤道地区接受太阳辐射减少；同时，地轴倾角越大，地球冬季与夏季接受太阳辐射差别越明显，这些差别共同影响地球气候变化。另外，岁差现象在天文学中是指一个天体的自转轴指向因为重力作用导致在空间中缓慢且连续的变化。譬如，地球自转轴的方向逐渐漂移，追踪它摇摆的顶部，以大约 2.58 万年的周期扫掠出一个圆锥。三者共同作用于地球气候变化，以 10 万年为主周期变化，同时叠加着 4.1 万与 2.6 万年，次一级的变化周期产生时间尺度为万年级的冰期。冰期是指全球持续低温、大陆冰盖大幅度向赤道延伸的时期；间冰期是指两次冰期之间，全球气温较高、大陆冰盖大幅度消融退缩的时期。冰期与间冰期又有不同时间尺度，大冰期的时间尺度为亿年级，冰期、间冰期的时间尺度是十万年级，小冰期时间尺度为千年级。大尺度来讲，目前地球处于第四纪大冰期，50 万年来出现了 5 次冰期，每次冰期平均持续 7 万多年，而每次间冰期平均持续 2 万多年。小尺度而言，距今 7 万年前地球进入末次冰川期一直持续到 1.2 万年前，所以现在地球正处于 1.2 万年前开始的间冰期。

间冰期内，约 3600 年大周期，与约 1200 年小周期。

1.2.2 约 3600 年的大周期

人类相信地球上存在"天干地支"六十进制的时间规律（早期环青藏高原地区，包括古羌人、苏美尔人等都在使用，文化大致相似），大致 600 年的倍数周期，人类正处于间冰期的中期，**间冰期内约 3600 年可能出现6 次左右的大周期**。其间也会有例外，譬如距今 5400 年前的海侵，与后一次距今 4200 年前之间只有 1200 年左右时间，但这段时间内孕育了灿烂的苏美尔文明、良渚文明、龙山文化、石家河文化；到现在为止，人类已经历了 3 次大周期，相信还会有 3 次大周期。每次大周期都会出现由极端气候引起的海侵与海退，通常极端湿热海侵后出现极端干冷海退，人类在不同的阶梯与不同纬度上迁徙转移，遭受生存危机，而后活下来的人类又发展起来；譬如距今 4200 年前海侵洪水，人类借"葫芦""诺亚方舟"等传说来描述洪水给人类重创的严重程度，未来，人类应该有更多的办法去应对这些灾害。

距今 1.15 万年前，地球开始走出冰川时代

距今 2 万年前，人类迁徙到第三阶梯甚至第四阶梯、低纬度低海拔地区，在亚洲南部汇聚成南亚语系族群。此时，地球还处于的极冷期（第四纪冰期末期），环南海地区包括巽他大陆所在的中南半岛留下许多旧石器时期的人类痕迹，许多都在现在的海平面以下，中国文化发展的重心则应该在岭南地区、珠江流域一带，华南文化区相对适合人类居住，延伸到长江流域中游，伴随原始农业生产的进步，**古代先民发展制陶是一次技术革命，**有利于储存生活用品，渐渐摆脱大自然诸多束缚。根据出土陶器的差异，中国第三阶梯的中东部地区可以划分出五个小文化区，分别是华南、长江下游、中原、黄河下游，以及东北与河北。出土陶瓷呈现文化空间流域性顺次变化的迹象，由南向北，其他几个区域陶器的出现也有受到华南文化区启发的可能，江西万年出土了迄今最早的陶器。此后，食谱广化、石器细化与陶器传播成为人类先进的生活与生产方式。

距今 1.15 万年前传说中的远古文明被几乎同时袭来的几次大灾难毁灭。这些灾难是突然降临的：覆盖地球大片陆地的冰雪融化了，形成了海侵与大洪水，伴随着大地震与小行星撞击，远古文明彻底毁灭，并沉入海洋，包括亚特兰蒂斯（Atlantis continent）、穆（姆大陆）（穆里亚 Mu continent）、根达亚（马特拉克提利 Matlactilart continent）以及利莫里亚（雷姆利亚 Lemura continent）四个超级文明遭到了彻底清洗，消失在茫茫大海的第四阶梯之中。**其中，亚特兰蒂斯第一次以柏拉图所述"同心圆"空间图示出现，这是西方文明最早的空间理想。**地球经过典型的新仙女木阶段（Younger Dryas）开始走出冰川时代，地球环境发生变暖趋势，猛犸象开始出走东北，消失于西伯利亚，一支带着 M122 基因突变的南亚语系族群纵深进入了中国，共有 2～3 个源头入口，即云贵高原西侧的西南通道（澜沧河、怒江、独龙江通道、后"蜀身毒道"）以及东侧的珠江 - 湘江通道，或者沿东南海岸线，逐渐到达青藏高原、长江、黄河以至西辽河 - 河套 - 塔里木河流域一线。人类大概花了 3600 年从南向北迁徙。

距今 9000 年前开始，地球上显著升温，人类生存环境迅速好转，中国文化发展的重心又顺次落到了西辽河 - 塔里木河、黄河与长江流域。在浙江义乌的桥头遗址，发现有全球最早的彩陶，有些非常漂亮的瓶、罐等器物可能不一定是实用器，或许与祭祀有关，有些陶器上彩绘有类似于《周易》的阴阳爻卦画，有的又类似数字卦象符码，结合长江下游此后的类似发现，推测当时可能已经有八卦一类数卜的产生。这一时期，史前人类或许已经发现并认知了大量的自然规律，西辽河、黄河与长江流域在天文、象数、字符、宗教等方面的考古发现，显示中国当时已经拥有较为复杂先进的思想观念与知识体系，形成了比较一致的宇宙观，人们**创造了星辰三联神，**社会也有了初步分化，将中华文明起源提前到 8200 年以前，迈开了中华文明起源的第一步。这一时期，亚洲夏季风平稳增加，东亚气温普遍高于现今，中原地区大象奔走于密林，扬子鳄隐藏于河边，鱼虾成群生活在河湖中。其中有这样一种鲤鱼，属于中国特有物种，现在分布于冬季最低气温在摄氏零度以上的广西壮族自治区西江上游西南边陲的龙州至上思一带，因此就叫龙州鲤。河南省漯河市舞阳县贾湖遗址（距今大约 8200 年前）曾出土了大量的龙州鲤的咽齿骨，古代先民捕捞食用，鱼骨堆弃一起，掩埋保存至今。据此推测，龙州鲤曾广泛生长在当时贾湖遗址所在地区，其气候条件应该比现今长江流域更加温暖，也说明后来龙州鲤的空间分布从淮河流域萎缩到了珠江流域，因气候变冷而在中原消失。

距今 8200 年前

距今 8200 年前随着气温上升，北半球巨量冰川融化，尤其是加拿大的劳伦冰原的大融化（Laurentide Ice Sheet），崩塌冰融水注入北大西洋，大量冰水混合物奔向北冰洋，诱发洋流紊乱，陆海（湖）侵退，导致全球发生干冷事件，地学史称"8200aBP"事件[1]。

距今 8200 年前人类开始了农业革命，如今人们认为最早的中西文明交流发生在距今 8000 年前左右，其重要的证据就是原产于中国的小米的西传，其他的证据还包括，彩陶在中国与西亚的同时出现。

距今 8200 ～ 5400 年间，三皇时期，大潮湿时代，人类起初在第二阶梯甚至第一阶梯、高纬度高海拔地区活动，也在后期干冷时来到了第三阶梯，中华文明的重心或在西辽河 - 黄河河套 - 塔里木河线。

天地

天地之变，河图洛书。

从裴李岗（距今 8200 ～ 7000 年前）、仰韶（距今 7000 ～ 5400 年前，半坡类型，庙底沟类型）等可以看出，农业生产得到大规模发展，河湖渔猎逐渐退让给了农耕文明。新石器时代遗址 7000 多处，其中，仰韶文化遗址有 5000 多处，仅中原地区就有 3000 多处。人们主要在第二阶梯上活动，第三阶梯上出现河姆渡、凌家滩、大汶口、赤峰红山文化。

燧人氏时期，中华文明开始缔结，三皇时代基本完成若干次氏族统一。人类的知识是从一分为二开始的，也就是发现事物的主要矛盾。大约燧人氏时期，早期人类有了自己的史前文明，建立关于日月、山海、人人以至万物之间的朴素认知，确立人为物长、人兽区别的基本原则。当西方人认为是外星文明植入、上帝造物之时，中国人则开始了哲学思辨，掌握了相对立的诸如"阴阳"等的概念，也就是事物主要对立关系的一般规律。**天地造物不假于外，天地象形，人物相参，中华文明开始建立了"三道"思维框架，若从核心要义，关乎"天、地、人"共同精神而言，自燧人氏时期起，中华文明已逾 8000 年。**

距今大约 7000 年前，全球人口约 500 万人，平均寿命 20 岁左右。这一时期，农业生产开始繁荣，人口逐渐饱和，聚落规模扩大，向外扩张成了一个必然的趋势，突出表现就是西辽河流域文明，东北地区文化分布出现了多样化，主要的文化现象有兴隆洼文化、左家山下层文化早期、振兴文化早期、新乐下层文化早期、小珠山下层文化早期。这些多样化的现象所体现出来的是这个地区的文化进入了整合阶段，同时出现了 140 平方米的大型房址。而以西辽河流域"之字纹"为代表的文化特征也在此时向周边强势扩张至黄河、长江流域。黄河中游地区则相对比较稳定，裴李岗文化与老官台文化分别进入了晚期阶段，此时裴李岗文化的强势还表现在出现了大型的聚落，考古上发现 30 万平方米的大型聚落。而黄河下游的山东地区后李文化与北辛文化在多方势力的影响下应运而生。古黄河地区海河流域文化比较稳定，中原磁山文化与北福地一期文化分别进入了晚期。而淮河流域除了小山口一期文化进入晚期外，顺山集文化消失，出现了双墩文化。长江中游地区文化格局也有了变化，澧水地区彭头山文化被皂市下层文化取代，峡江地区城背溪文化渐入佳境，沅江地区出现了高庙文化，巴东地区出现了楠木园文化。而高庙文化中出现的兽面纹、八角星、太阳纹这些精神文化层面上的标志性文化特征在之后中华文明发展中占有非常重要的地位，其出土陶器上所有纹饰与不同题材图案，奠定了中国上古艺术包括距今 7000 年以来不同地域、不同考古学文化遗存中先后出现的彩陶、玉器与青铜器表面的装饰艺术图像的构图法则。同样，长江下游地区河姆渡文化与跨湖桥文化也在稳定发展着。由于海侵的影响，第三阶梯上辽河、黄河与长江流域

1　根据 Alley 等多位学者在 1997 年 *Geology* 上发表的 *Holocene climatic instability: A prominent, widespread event 8200 yr ago* 等文章中实证了距今 4000 多年前的上古时代，地球发生了长达 4000 年的干冷事件，在地学史上也称为 8200aBP 事件。

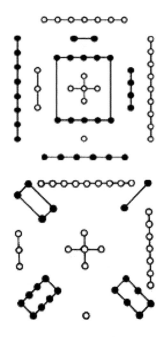

图 1-2 河图（上）、洛书（下）

下游地区的文化遗址基本处在离海不远的地方。而此时，青藏高原上古羌人正在创作岩画，这反映出暖期他们的"耕耘"活动。

地球科学数据显示，距今 7000～5800 年前，地球气候处于大暖期的鼎盛阶段，第二阶梯中原地区气候年均气温较之今天要高，冬季最低气温高于摄氏零度，降水较之今天多出 1/3，气候温润造就大批良田，决定了原始社会的长足发展，仰韶时期人类已学会煎煮海盐。第三阶梯过于潮湿而不适合居住，人类在西辽河（也包括塔里木河）、黄河河套以至藏北一带活动，造就了原始文化发展的繁荣阶段。

从渔猎到农耕的集体转型，一般认为这个时间段发生在仰韶文化时期。国家博物馆还收藏有一件出土于河南汝州阎村的陶缸，上面彩绘有《鹳鱼钺》图，就是一只大眼睛的鹳鸟叼着一条死鱼，旁边还画有一把漂亮的象征王权的斧钺。严文明把它解释成鹳鸟氏族战胜青鱼氏族的纪念碑性质的图画。因为庙底沟类型有很多鸟的形象，而半坡类型流行鱼的形象，这幅图就很可能反映了仰韶文化庙底沟类型农耕人群战胜半坡类型渔猎人群的史实，其文化影响西南方向到了四川西北部。受中原文化的影响，古巴蜀文化，蚕丛、柏灌、鱼凫、杜宇以至开明王朝，也是渔猎与农耕之间呈现迭代发展的范式，类似于仰韶与半坡文化。

文明框架

距今 8200～5400 年前，中原地区（《山海经》中称之为海内）与外围地区（海外）已经完成若干次的纷争与融合，包括海外及第三阶梯上河姆渡文化、红山文化、高庙文化、薛家岗文化、凌家滩文化以及彭头山文化等，在距今 5400 年前的海侵之前，直觉形成了"天圆地方"以及圣人"三道"的思维框架，并完成了从渔猎到农耕的集体转型。同时，"神授天机，神授王权"也成为人类理性秩序的开始，黄河流域文明在西辽河流域文明之后呈现出巨大的光芒。河出图，洛出书，地出乘黄，《河图洛书》不仅使中华文明有了地缘框架，还初步衍生出了"河洛之方"与"九宫格"的认知方法与空间框架。与此同时，西方文明中的"上帝框架"也出现了，上帝作为"唯一神"提供了"神主万物"的思维框架，上帝创造的"伊甸园"成为人类"乐土"的地缘框架，从而强化了自亚特兰蒂斯之后"同心圆"的认知方法与空间框架。

距今 5400 年前

距今 5800～5000 年前，地球气候出现波动异常，以距今 5400 年前为界；前 300 年亚洲季风减弱、降水减少；后 400 年降水小幅度逐渐增加，随后又剧烈减少，导致中国北方仰韶文化、红山文化因干旱而衰落，也同样导致东南凌家滩文化、河姆渡文化也因之前海侵而消失，地学史称"5400aBP 事件"。

距今 5800～5400 年前，安徽凌家滩遗址，发现高温"烧土"的痕迹。在新石器时代，凌家滩人拥有完整的社会组织结构、完整的社会等级制度、成熟的"稻作文明"，出现大型祭祀遗迹与高等级墓地，有大墓随葬品达 330 件，其中仅玉器就有 200 多件，加工精度达到惊人的"0.15 毫米"，层层堆满墓室内外，富奢程度令人惊叹。这些玉器包括核心为八角星纹的"洛书玉版"，中心有八角星纹的玉鹰，玉龟形器，以及类似红山文化由北向南传播的玉人、玉龙等，显示的宇宙观与裴李岗文化、高庙文化、河姆渡文化、红山文化等遥相传承，发展出关于人类来源，人类与日月、山海以至万物的或具象化或抽象化的神话故事，呈现了"东海之外，少昊之国"的史前盛况。

距今 5400 多年前西辽河流域进入红山文化晚期，以辽宁牛河梁遗址大规模的宗教祭祀遗迹为世人所瞩目，这里有"女神庙"、有祭天的"圆丘"，还有可能属于宗教首领人物的大型石冢，高等级墓葬随葬精美玉器。红山文化应该已经站在了文明社会的门槛，但距今 5400 年前以后突然陨落，只留下落日霞辉。仰韶庙底沟文化开始解体，西阴文化及其核心区和控制区有相当一部分居民留在当地接受大汶口、屈家岭等外来文化冲击而形成了秦王寨文化、大司空文化，以及西王村、泉护二期和大地湾第四期等仰韶文化晚期类型。第三阶梯向第二阶梯迁徙，第二阶梯则由东南向西北迁徙，晋南、豫西和关中都出现了聚落数量和聚落总面积骤减的情况，而位居西北的陇东、陇西以及民和盆地等骤然崛起的马家窑文化区域出现了聚落数量和聚落总面积大规模增长的现象。

这一时期，非洲撒哈拉沙漠还是水草丰美的大草原。1850 年，德国探险家巴尔斯来到撒哈拉沙漠进行考察，无意中发现岩壁上刻有鸵鸟、水牛及各式各样的人物像。1933 年，法国骑兵队来到撒哈拉沙漠，偶然在沙漠中部塔西利台·恩阿哲尔高原上发现了长达数千米的壁画群，全绘在受水侵蚀而形成的岩阴上，五颜六色，色彩雅致、调和，刻画出了远古人们生活的情景。

距今 5800 多年前的尼罗河沿岸由于极度潮湿，不适合人的生存，基本没发现什么人类遗址，而在当今被认为是荒漠的尼罗河流域以外的地区——撒哈拉沙漠却存在许多遗址。距今 5400 年前开始，这里成为植物生长繁茂的区域，也成为人类文明的发源地之一。

距今 5400 ~ 4200 年前间，五帝时期，人类进入文明的门槛，中国文化发展的重心转移到黄河线。中国进入史前文明"热身赛"，五帝时期若干位伟大的王者，经过若干次游牧迁徙部落（黄帝）与农耕土著部落（炎帝）之间的史诗级斗争与融合，引领人类完成了 700 ~ 800 年的准备，迈入文明的门槛。同一时期，非洲撒哈拉地区湖泊萎缩，开始出现沙漠化，一些人开始迁往尼罗河流域。与《鹳鱼钺》图相似，埃及赫拉康波里斯出土的《纳尔迈调色板》刻画了荷鲁斯鹰代表农耕的上埃及人击打尼罗河三角洲代表渔猎的下埃及人的场面，表明尼罗河流域从渔猎到农耕的转型，上、下埃及的统一以及美尼斯王朝的开始，但是尼罗河有几个无法通航的大瀑布，也为商业贸易造成很大的障碍。不过埃及还是能够通过这里将铁器技术——也许还有帝王的观念——传播到南方的努比亚以及更靠南的地方。

距今大约 5000 年前，全球人口约 1400 万人。

神巫

伴随着气候的变化，人类在自然中成长，也促进了人类的思想的形成，从认知自然，到象天法地、拜物尊神，文化演进也从族群、部落，到王权以及由王权推动的神权化发展，创造了巫鬼、传说、神话、宗教、信俗等丰富多彩的文化传承，建立"它权"秩序，共同进入巫鬼神话文明。同时，基于巫鬼神话的表意系统"图腾"，以及表音系统"音律"也渐渐成型，人类开始用"图形"与"符码"记述自己的历史，出现了"楔形"文字与"印章"记事，也就开启了正真意义上的文明进程。

从距今 5400 年前以后，海退，地球气候开始转好，人类又在第三阶梯上发展，中华文明"原始东夷"主要聚落区、两河流域苏美尔文明、印度河流域的哈拉帕文明也开始强大起来。

中华文明"原始东夷"可以分别找两个有代表性的文明符码来，即以黄河下游山东丘陵地带为中心的"龙山文化"，以及长江下游太湖以南的"良渚文明"。而其中，最引人瞩目的非良渚文明莫属，它展示了一个以发达的稻作农业为基础，存在明显社会分化与统一信仰体系的区域性早期国家形态，复杂、具象的神人兽面的"图腾"，以及简单、抽象的由王权定制的"玉琮"，成为良渚文化标志性符码。苏美尔人是最先进入美索不达米亚平原两河流域的古代民族之一，苏美尔人最早来自遥远东方的黑发种族，在他们带来的泥板上，自称为"黑头"，极有可能是地球干冷期从青藏高原第一阶梯经阿里（象雄）通道（阿富汗 - 伊朗高原）或者西南（后藏 - 印缅）通道迁徙过来，而不太可能是从高纬度地区迁徙过来的人种。他们应该是距今 8200 年前之后进入这一地区，并在跨越距今 5400 年前之后发展起来，融入两河流域及至后世西方文明的，与中华文明不仅仅是相似，而且有着割舍不断的深厚渊源。

图 1-3 纳尔迈调色板（上与中）
彩绘鹳鱼石斧图陶缸（下）

图1-4 良渚古城反山遗址（上）
图1-5 乌尔古城（中）
图1-6 乌尔古城与大神塔复原图（下）

良渚城市，乌尔城市，比起之前的城市要大了许多，距今大约4000年前，全球人口已经有约2700万人。

哈拉帕人在印度河流域创造了印章符码，其破译结果的神奇之处，在于它忽然唤起了尘封了几千年的记忆。那些上古传说的名字，竟然以一种全新的文字，赫然屹立于哈拉帕印章之上。这些人物被写在《山海经》《古本竹书纪年》《尚书》《史记》以及中国古代文献中，这些人的故事在民间广为流传。他们既亲切又遥远，既模糊又清晰，几千年不曾退去，仿佛一直就在我们身边，或者是哈拉帕把他们传承下来。

这一时期，中国第二阶梯主要在陕甘、豫中地区，出现规模庞大的大地湾、南佐、双槐树遗址，以及之后的灵台桥村、芦山峁遗址，这些中心聚落及其宫殿式建筑等的发现，表明黄河中游地区不但早已进入文明社会，而且社会发展程度已经超越同时期的长江流域。农耕文化盛行原始巫术，寒冷时期更甚，社会组织需要建立巫权秩序，且称之为"它权秩序"。从有神论，到泛神论，实际上是从碎片化的有神到全面化的泛神的形成过程，系统地演绎了人类此时的情感特征、男女、生存、繁衍、善恶、生死，到前世往生轮回的悲欢离合。文明起源后又在原始巫术基础上由王权推动发展出原始宗教。同样，东北亚先民、玛雅古文明也一直盛行萨满巫教。玛雅文明的符码不像西方文明那样用于商业贸易，而是如同中国古文明用于宗教祭祀。印加古文明也与中国古文明一样，崇拜太阳神，将天体神灵分成不同的层级，所谓**"神巫诸系"**，以对应人间社会的等级分层，从而构成政教合一的文明特征，神巫方国，至今，环中华文明的边缘地区，深山、海岸，以及长江、黄河、珠江和西辽河等四大流域支流深处，巫鬼傩术依旧广泛存在。

圣战

国之大事，在"祀"与"戎"。图腾与音律是一个国家的基本形制，不同图腾、不同音律之国的征伐，就是圣战。

距今大约4200年前发生了一次已知最严重的海侵现象，最高水位或达66米，人类也开始了已知最大规模的迁徙，从而改变了原有先民的发展轨迹，沿流域（黄河、长江、珠江以及西辽河 - 塔里木河）从第三阶梯冲向第二阶梯，或征服融合，或绥靖融合，第三阶梯上的蚩尤反被炎黄征服，向南或向北散去；而同处第三阶梯上的良渚则成功绥靖到了长江中上游地区、甘青齐家地区以至岭南地区。这次人类的大迁徙，是对山海的大发现，种群的大融合，这一过程中，中华先民在大迁徙中采集到了大量的山海信息，为后期《山海经》的创作做好了知识准备。

在相同气候条件下，北半球中国的五帝、夏与商三代与古埃及三个王国时代的发展阶段有着很相似的地方。史书上记载的五帝时期，公元前2700年～公元前2070年，古埃及古王国时代（第3到第10王朝）是公元前2700年～公元前2040年。后世夏代，公元前2076年～公元前1600年，相当于古埃及中王国时期加上中兴期，公元前2040年～公元前1552年；以及商代，公元前1600年～公元前1046年，相当于古埃及新王国极盛时期（第18到第20王朝），公元前1552年～公元前1069年。这表明全球气候变化的一致性，而且后期向高阶梯转移的方向也一致，只是西周之后中华文明延续下来，而古埃及文明最终失去光彩。与此同时，苏美尔文明、哈拉帕文明与中国东部地区的良渚文明也向第二阶梯转移，而龙山文化则已近凋零。

在结构化的精神框架之下，史前中国社会形态不断进步，生产技术不断提高，物理空间不断扩大，文化特征不断强化，完成了这个历史准备，在方国"圣战"之后，就进入了中华民族更加重要的4200年，跨入文明的门槛。而《圣经》故事对距今5400～4200年前的人类历史持否定态度，认为是上帝不满意，便发了大洪水，开始重建人类秩序。

距今 4200 年前

距今 4200 ～ 4000 年前（公元前 2200 年 ～ 公元前 2000 年），全球经历了 200 年干旱期，亦称为"4200aBP事件"，地球造出了撒哈拉沙漠、塔克拉玛干沙漠、毛乌素草原以及陕甘地区黄土高坡，导致全球范围文明的转移。地球第三阶梯上古埃及终结，两河流域的阿卡德王朝消亡，印度河哈拉帕文明迁移，中国良渚文化与石家河文化在通向文明门槛之前发生衰落。这一时期，撒哈拉淡水湖完全干涸，以河南嵩山为中心的中原地区原本属于温润的亚热带气候，河湖遍地、树木丛生，经受长达 200 年干旱事件，湖水萎缩、湖岸裸露，造就大片良田，适合中原先民开垦耕作，人们又回到了第二阶梯接续文明的进程。距今 4000 年前左右黄河流域尤其是黄河中游地区实力大增，长江中下游地区全面步入低潮。距今 3800 年前以后以中原为中心，兼容并蓄、海纳百川，形成二里头广域王权国家，或者夏代晚期国家，中心性城市的出现，以及大型建筑的修建，表明中华文明走向雏形。

随着气候变冷，洪水不断退却又起来，再退下去，古蜀国在成都平原范围内以都江堰为原点，东北广汉向西南新津为扇面，至少遭遇过两次大的洪荒，深刻影响着古蜀国的历史演替，并通过都江堰、广汉等地与藏地深处古氐羌连接。**约 3000 年间，跨越距今 5400 年与距今 4200 年前的两次洪荒直至秦惠文王，依次从渔猎到农耕渐进演替，经历了鱼凫、蚕丛、柏灌、再鱼凫、杜宇，以及开明等多个王朝。**李白的《蜀道难》，描述了这段历史，"地崩山摧壮士死"，是地震的惨烈，"愁空山"，西南地区"空山"也常指休眠的火山，"尔来四万八千岁，不与秦塞通人烟"，大致说的就是 8200 多年来的状况（2 月为 1 岁），而成都平原上广泛分布的乌木也可证明这些洪荒史实。

1.2.3 约 1200 年的小周期

近 4200 年来地球气候变化呈现一定的准周期性，**小气候寒冷期与温暖期交替出现，以 600 年暖湿与 600 年干冷交替，相隔 1200 年左右旋回一次。**小气候寒冷期气温降低，降雨量减少，海湖平面下降，社会相对动荡，生活相对疾苦，国家收缩分裂，人们从高纬度迁往低纬度地区（纬度旋回）、高海拔迁往低海拔地区（阶梯旋回），亚欧大陆两端，欧洲向西，中国向东，北方游牧民族都向南侵入转移，寒流影响区向暖流影响区迁徙；反过来，小气候温暖期气温升高，降雨量增加，海湖平面上升，社会相对稳定，生活相对富裕，国家扩张一统，人们又从低纬度迁往高纬度地区（纬度旋回）、低海拔迁往高海拔地区（阶梯旋回），亚欧大陆两端，欧洲向东，中国向西，北方游牧民族都向北扩散转移，暖流影响区向寒流影响区迁徙。有迁徙就会有争夺，特别是在冷暖期交替的时候，争夺达到最为激烈的程度，直至战争。但是总的趋势是由温暖向寒冷变化，寒冷期一次比一次长、一次比一次冷，古代先民的社会文明也随之变迁，只到现在又开始转暖。在这一漫长的过程中，人类空间存在也在变迁，人类迁徙史就是一部空间流动史。

四次不同的小气候冷暖期推动了人类文明的共同进程，大概前 3000 年，人类的主要活动集中在第二阶梯上，或者第二与第三阶梯的交界处，而近 1000 年，人类的主要活动则来到了第三阶梯及其附近的岛屿上。

中国的冷暖阶段波动与北半球其他地区规律基本一致，特别是自纪元之后，公元 1 年 ～ 200 年和 941 年 ～ 1300 年的温暖分别与罗马暖期和中世纪暖期对应；201 年 ～ 550 年和 1301 年 ～ 1900 年的寒冷分别与黑暗时代冷期前半段和小冰期对应，但中西方之间各个阶段的起讫年代则存在一定差异。所以，中西方文明在共同的气候条件下，或征伐，或交往，协同推进全球文明的进程。

1. 第一次小气候冷暖期 1200 年，是人类文明的初始阶段

这一时期，古埃及文明、巴比伦文明、印度河流域文明与中华文明共同推进。古埃及文明、巴比伦文明与印度河流域文明是建立在小麦的基础上，中国夏商周文明是建立在粟与稻的基础上，南美的玛雅文明则是建立

在玉米的基础上，但是，玛雅人种植玉米的耕作方式非常落后，被称为"米尔帕耕作法"，即刀耕火种。除了中华文明在夏、商、周"三代"订立的框架在后世"九朝"得到弘扬与发展，其余文明则相继陨落。

这一时期，也是中西方巫鬼文化"它权"的分异阶段，中国建立了人与巫鬼的"友好"关系，人可以封神，"它我"相用；西方则发展了人与巫鬼的"敬畏"关系，人为神所治，"它我"进一步分离。图腾与音律被视作与诸神沟通的语言，此时，图腾与音律的广化成为传播神话的文字，就是后来的"表意"象形文（中文）与"表音"拉丁文（英文），人类文明进步了一大步。

这一时期，夏、商、周迭代。"夫国必依山川，山崩川竭，亡之征也。"《国语·周语上》载伯阳父之言："昔伊、洛竭而夏亡，河竭而商亡。今周德若二代之季矣，其川源又塞，塞必竭。夫国必依山川，山崩川竭，亡之征也。川竭，山必崩。若国亡不过十年，数之纪也。夫天之所弃，不过其纪。"伯阳父将夏、商的灭亡与自然灾害联系起来，并断定西周也会因为自然灾害而亡国。结果真如其所言，西周在旱灾与地震的共同作用下，很快就覆灭了。

第一次小气候暖期距今 3800～3200 年前（公元前 1800 年公元前 1200 年）

由于地球气候变暖，北冰洋的弗兰格尔岛仅存 500～1000 只长毛猛犸象。夏代之际，大象仍奔走在中原大地，梅树与竹子也生长在中原地区。

井城

中国社会科学院考古研究所研究员许宏认为，作为东亚大陆最早的广域王权国家，这本身已经非常有意义，其重要性不在于它是否为夏都。在整个东亚大陆从没有中心、没有核心文化过渡到出现一个高度发达的核心文化，二里头正好处于这一节点上。二里头"井城"的价值不在于最早也不在于最大，而是在这个从多元到一体的历史转折点上，二里头就是"最早的中国"。从考古学本位看，这些已足够了，二里头无论"姓夏"还是"姓商"，都不妨碍我们对二里头遗址在中华文明史上所具有的历史地位与意义的认识。

图 1-7 二里头井田城市

超级火山再次喷发（公元前 1650 年～公元前 1600 年）可以直接影响地球气候，希腊米诺斯的锡拉岛火山爆发，生成约 30～35 千米高的喷发柱，是 1 万年来最严重的火山爆发之一，史称"米诺斯火山爆发事件"，大量喷发物进入平流层导致全球气温降低，河流枯竭、粮食减产；这一事件很可能诱发夏代灭亡，《国语·周语》记载"伊、洛竭而夏亡"，以及猛犸象在公元前 1650 年左右的灭绝。

公元前 1600 年左右，中国出现商代夏，古两河与古埃及同步出现朝代兴替。古两河的巴比伦王朝被加喜特人摧毁，进入加喜特王朝。加喜特人是来自中亚草原的游牧人。而且加喜特王朝的存续时间也与商代高度一致，古埃及则进入新王国时代。同时，雅利安人进入印度，亚该亚人进入希腊，出现迈锡尼文明，与加喜特人一样，他们都有中亚游牧背景。

之后，气候回暖。商王武丁时代，甲骨文记载打猎捕获大象，气候温润适宜，利于农业发展，粮食产量增加，极大促进加工业发展，青铜冶炼技术到达了顶峰。在殷墟第 13 次发掘，在外围一个梯坑里面出土的所谓《武丁大龟》，外围中第 127 坑，整个殷墟发掘里发现的最大的龟甲，据考证是马来一带的龟种，甲壳又大又厚；英国剑桥大学收藏的一片甲骨，也是武丁时期的，很厚，跟殷墟第 13 次发掘所发现的那片非常相似。经英国鉴定，这种甲骨是缅甸以南才有的。一般的解释是，当时已经有了商业贸易，而本书更倾向于认为那个时候商代应该处在小气候温暖期，这种马来龟或者缅甸龟如同贾湖遗址的龙州鲤，或者夏代时期像亚洲大象一样就生长栖息在当时中原一带。

这一时期，西南通道古蜀三星堆以及阿里通道古国象雄出现了，象雄古国延续到645年吐蕃时期结束，是"古象雄佛法"的发祥地。古象雄的王子辛饶弥沃如来佛祖（释迦牟尼佛前世"白幢天子"的师父），为了救度众生而慈悲传教了"古象雄佛法"雍仲苯教，雍仲苯教的《甘珠尔》其实就是藏族一切历史、宗教与文化的滥觞，是研究藏族古代文明极其珍贵的资料，这也是任何藏文化研究者都无法绕过的一块重要领域。

第一次小气候冷期距今3200～2700年前（公元前1200年～公元前700年）

中华文明从来没有中断与青藏高原另一侧的交流，侵犯未遂的雅利安人成为商汤饕餮青铜器内的祭祀牺牲，同时再次带来了古巴比伦、古印度（哈拉帕）、古埃及的山海记忆，汇聚而成后来西周贵族的山海大经。寒冷气候导致作物减产，民不聊生、人心不古，易于发生社会动荡与战乱。中国在这一波气候变冷的过程中随即发生一系列动乱事件，公元前1046年"河竭而商亡"，周族部落在武王带领下灭商。

距今3000年前，当中国发生周代商的朝代兴替时，西方也同步出现了类似的变化，古两河的加喜特王朝被推翻，此后北方的亚述崛起，进入了亚述王朝时代，古埃及的新王国时代结束，古希腊的迈锡尼文明也在同期被终结，而古两河、古埃及动荡之中，一部分人来到了中国。**此时，全球人口约5000万人。西周时，中国人口规模突破1000万人。**

西周原点，一个原点，三重构建。

所谓易经，就是日月之经、阴阳之说，为史前智慧结晶、后世文明之源，是无论儒、道，三教九流都会遵循的大道理。

西周原点，中华文明的最为根本的思想体系与思维符码建立起来了。敬天爱人，受圣人"三道"与《河图洛书》的直觉指引，西周的创始者们集体完成了中华文明的理论准备与实践探索。文王作日月经（易经），成为象天思想；太公作山海经，作为法地疆域；姬旦作周礼，确定人人准则；太公写封神榜，指明"人神"关系，中华文明最为根本的思想体系（思维、地缘、人伦以及神格框架）由此建立起来了，并抽象出太极、阴阳、四象、五行、八卦、九宫、六十四系辞等一整套思维符码，以通神明之德，以类万物之情。

这一时期，仍以巫鬼文化盛行，特别是封神榜的各式巫鬼，互为因借，沿袭到汉初"兴儒"，后散落在汉文化周边，成"傩"。而西方社会则进一步由"巫"兴"神"，演变到后来的"巫""神"对立，成"异教"。公元前842年，"防民之口，甚于防川"，人民发动"国人暴动"，周厉王逃出镐京（西安）；公元前771年，"戎狄交侵，暴虐中国"，周边游牧民族迫于生存，长期频繁南下侵扰周代，西夷犬戎部落攻陷镐京。此时西方长期处于"希腊黑暗时代"，地中海东部的青铜文明衰落，宫殿与城镇都被毁、丢弃，青铜被铸造成为兵器（估计苏美尔人的那点青铜也遭此厄运，仅剩的一些或许被藏到了三星堆），气候变化，居民定居点变得更小、更少，意味着经历了饥荒与人口减少。

而在中国，"三代"之后，开启了后世"九朝"。

九宫格局，是对中国社会治理结构与空间形态的第一重构建。

源于"九宫格"认知的"井田制"与"井田城市"（田园城市）被逐渐建立起来——"井"字＋"田"字，或者"十"字＋"九宫格"，而"井田"＋"井城"，就是后来的"方国方城"——"九宫格"，既是士农工商的生活方式与生产方法，也是约定俗成的要素逻辑（辞象）与要素辩证（变卜）的思维矩阵，还是喜闻乐见的形式原型（分形）与形式秩序（迭代）的空间格网，是中国人日常生活的要素集成与形式总图。中华文明的空间框架与形制特征也就建立起来了，正式成为农耕背景下西周王朝政治经济社会的基本空间形制，成为3000年来空间的营造逻辑与形式总图，以资营城营国，后世营天下。

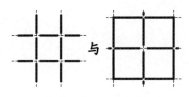

"井"字＋"田"字

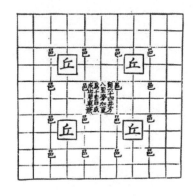

图1-8 井田城市

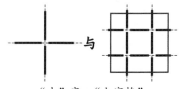

"十"字＋"九宫格"

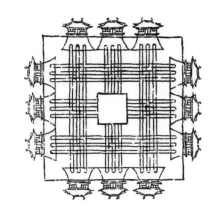

图1-9 匠人营国

2. 第二次小气候冷暖期1200年，是人类文明的启蒙阶段

第二次小气候冷暖期1200年，是人类文明的探索阶段，为人类的发展制定了方案。**人类社会构筑了整体的秩序，中国儒法范式秩序的建立与三大宗教的形成便是伟大的创造。**中国儒法范式从春秋创始，到隋唐科举，用了大约1200年，中国人从一开始就有了统筹"农、工、商"各类人群的行为准则，超越社会分工，形成中国社会特有的**政治贤能制**。除中国之外，农耕背景的佛教、手工业背景的基督教以及商贸背景的伊斯兰教，由"农"到"工"到"商"，之间大概每隔600年，顺次出现基于社会分工不同产业背景的宗教形式，并在近代形成**经济霸权制。这是一个伟大的启蒙时代，中西方文明的形态由此建立起来。**

第二次小气候暖期距今2700~2000年前（公元前700年~公元元年）

梅树与竹子一般生长在亚热带地区，如中国江南地区，《左传》记载鲁国（山东地区）冬季冰房采集不到冰，且生长有梅树与竹子，表明此时山东地区是类似于现今江南的气候特征。不然，孔丘怎么能够有条件领着一帮弟子在沂水河畔沐浴春风呢？此时，中华文明的重心仍然处在黄河一线。

古两河、古埃及文明，这两个与中国并存了4000多年的文明，从此踏上不归之路，最终彻底消失。同时，西方也出现了"诸子百家"的现象，不过已经不在古两河、古埃及了，而是在希腊与印度，**新哲学与新的宗教理念出现了。**

公元前6世纪，轴心时代，暖期义理、礼序，迎接人类思想的盛宴，之后，秦汉复兴，是对西周文明原点的第一次复兴。这是一个英雄辈出的时代，中西方文明在同一时期"共振"，好像说完了上古几千年间的故事。中国，春秋战国是这一时期的辉煌时代；西方，则步入希腊-罗马时代。

礼序

有"神"便有"乐"，有"乐"便有"国"，音律就是一个国家的精神。西方早期使用最广泛的音律，据说可以溯源到毕达哥拉斯的"五度相生法"，而中国音律则大多指向管仲（公元前723年~公元前645年）发明（据传）的"三分损益法"，以某一个音的2/3或4/3频率来确定新的音，与毕氏原理相通，方法相近，但管仲比毕氏要早100多年，早期傩舞及后期的国民京剧与地方剧种便在这一时期顺次产生。

距今2500年前"无数风流竞折腰"，史前思想大解放，人文大风暴，开启了人类对世界本质的思考，人类文明初步形成。**此时，全球人口也突破1亿人。**

公元前551年，当孔子出生时，15岁的释迦牟尼（乔达摩）已是古印度北部迦毗罗卫国（在今尼泊尔南部提罗拉科特附近，有学者认为，其为神农后裔）净饭王的太子；公元前479年，待孔子老去10年之后（公元前469年），思想家苏格拉底来到古希腊；11年之后（公元前468年），墨子出生在山东滕州；52年之后（公元前427年），苏格拉底的学生柏拉图降临；95年之后（公元前384年），柏拉图的学生亚里士多德诞生；107年之后（公元前372年），孟子出生于山东邹县；110年之后（公元前369年），庄子诞生于河南商丘；132年之后（公元前347年），纵横家苏秦横空出世；公元前322年，当亚里士多德老去时，欧几里德已经8岁了；22年之后（公元前300年），欧几里德创作了《几何原本》；35年之后（公元前287年），欧几里德的徒孙阿基米德出生于西西里岛；38年之后（公元前284年），波斯后裔李斯出生于河南上蔡；42年之后（公元前280年），韩非子诞生于河南新郑。

暖期张扬，这段气候温润期，造就人类智慧集中大爆发，百花齐放、百家争鸣，全人类最聪明的人一起诞生了，那个时代被德国的法兰克福学派称为轴心时代，亦即农耕文明的轴心时代。古希腊的哲学家在希腊城邦思考的时候，古印度的哲学家在恒河岸边打坐，古中华的哲学家在泰山脚下散步。而且，他们使命当中似乎也有一个分工：希腊哲学家主要是考虑"人"与"物"的关系，印度哲学家主要是考虑"人"与"神"的关系，中国哲

学家主要是考虑"人"与"人"的关系。结果是，现代西方自然科学特别发达；现代印度的宗教门类特别繁多；现代中华的社会科学则蔚然大观。

在空间上，象征着"天地""方圆"的形式体系开始形成，地方天圆，山方海圆。冈仁波齐之"方"、地中海之"圆"，中国礼制河洛之"方"与玄学太极之"圆"，西方柏拉图式"圆"与亚里士多德式"方"，中西方空间形式原型稳定下来，由于入世哲学与出世神学的各自加持，中西方空间形式分异发展，并开始了各自倾向性实践，中国之"方"，西方之"圆"，成为各自显性特征。而在印度或者后来的伊斯兰世界，则"方、圆"共存，或由"方"及"圆"，繁复演绎，呈现出另外一类精美绝伦的空间意象。

这一时期，中国哲学家，不管诸子百家哪一家，他们都不太去考虑"物"，也不太去考虑"鬼神"，或者他们自身就是"鬼神"，在西周原点《周易》《山海经》《周礼》与《封神榜》的框架下，他们思考的更多是人与人之间的关系，而那时的民间信仰到处有"鬼神"，所以，他们下一步就是要毁掉"鬼神"，使图腾广化成为了人间学问。

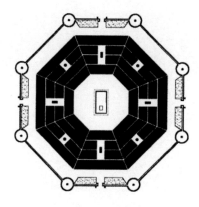

图 1-10 维特鲁威理想城市方案

变"巫"为"儒"

儒家是由"巫"演变而来。"儒者，术士也，殷商后裔"（《说文》）。"儒"是指一种以宗教为生的职业，负责治丧、祭神等各种宗教仪式。"儒本求雨之师，故衍化为术士之称"，出自章太炎的《国故论衡》。正因为如此，秦始皇要"坑儒"。

王权，人人为仁，君本

而世俗化的国家王权必须凌驾于巫鬼之上，敬天"爱"人，**变"巫"为"儒"，恰恰是此时中兴王朝的政治选择，也是儒家最大的贡献**，更是图腾广化的必然结果。儒家人人为仁，仁者为君，修齐治平，他们的思想来自西周礼制，春秋复兴，在后来更是得到了国家力量的捍卫。

这些思想是王朝文明的基石，因为文字的传播得以在这个农耕文明的轴心时代集中呈现在世人的眼前，展现出文明之初的思想光芒，它洞悉了人类自身与人类社会的本质，是史前人类智慧的高度结晶，是早期人类一代一代传承下来的思想总纲，它总结了过去几千年来的人类认知，也将成为未来几千年的人类共识，至少在中国，5000 年来的文明从未中断。

公元前 430 年 ~ 公元前 427 年，雅典发生大瘟疫，近 1/2 人口死亡，整个雅典几乎被摧毁。

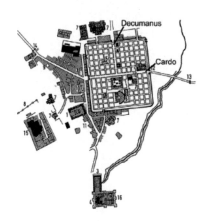

图 1-11 北非提姆加德城 Timgad

王朝

波斯王朝的出现则是这种王朝式政治形态成熟的标志。春秋战国时期，秦楚聚居着一些从波斯而来的拜火教徒，他们因为马其顿帝国亚历山大大帝东征波斯而东迁，其中一部分取道北线瓦罕 - 河西走廊，也就是从新疆 - 西域通道进入中国的甘肃与陕西一带，为秦国的发展提供了亚述经验，做出了重大贡献；另外一支行走的是南线印缅 - 西南走廊（蜀身毒道），他们经过云贵 - 西南通道从印度、缅甸，进入中国云南、广西境内，定居在包括现湖南在内的楚国，为楚国的文化建设做出了重大贡献。

显然，王朝式政治形态在中国的出现，是受当时西方的影响，诸子百家中尤其是法家，明显是受到了亚历山大王朝之后亚述 - 波斯文化影响。而全球范围内"诸子百家"的出现，也是中西文明共同演进的结果。然后就是三大并行王朝：亚历山大王朝、印度的孔雀王朝，以及中国的秦王朝。

古罗马在公元前 300 年内征服了全部地中海地区，以大希腊亚历山大城为模式，以公元前 275 年派拉斯营地

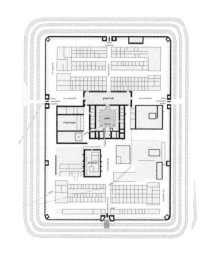

图 1-12 德国巴伐利亚泰伦霍芬附近的
Iciniacum 派拉斯营地复原

为原型，建造了超过 100 座营寨城，后世欧洲许多大城市譬如巴黎、伦敦都是从古罗马营寨城发展而来，开创了"格网"城市的伟大纪元，并使"格网"具有了城镇功能的意义。

秦始皇也在整理国纲，通过人口（行为）、土地（边界）、资本（流动性）及其制度的确定，以政军察、书轨伦、度量衡，实现了"大一统"。秦制：①中央集权，三位一体——政治、军事、监察；②统一国土：车同轨；③统一文字，书同文；④统一民典，行同伦；⑤统一标准，度（尺寸）量（升斗）衡（斤两）；⑥统一货币；⑦修建万里长城。**从燧人氏《河图洛书》的抽象国界，到西周贵族山海经的图示国界，再到秦始皇修筑长城抗拒外敌的实体国界，成为中华文明史上乃至人类历史上最早的国界，留下 2000 多年的历史印记，为汉以后"大一统"文明的形成奠立了坚实的国家基础。**《中国人史纲》（上），《柏杨全集》（11）历史卷（人民文学出版社，P242）总结："王朝的领导人，上至嬴政大帝，下至包括宰相李斯在内的各级官员，都精力充沛，具有活泼的想象力。在本世纪（前三）八十年代十年中，他们做出了比七十年代统一当时世界还要多的事，也做出了几乎比此后两千年大多数帝王所做的总和还要多的事。""为历代王朝奠定了权威性的规范，使得以后几百个帝王只能在他所想到的圈子里做小小的修正，而无力做出巨大的改变。"大秦王朝虽然短暂，但在兼并六国的同时，**形成了"大一统"的政治框架，从而完善了中华文明的总体框架，即思维、地缘、人伦、神格、空间及政治框架，**并延续至今已有 2000 多年。大浪淘沙，斯人已去，先人留下的文明遗泽璀璨至今。

古希腊与中华文明同为农耕时期的轴心文明，亦是全人类的瑰宝。古代爱琴海地区的文明繁荣程度丝毫不亚于四大文明古国等其他上古时期的轴心文明。因为战乱等因素，古希腊文明成为唯一能与中华文明并肩的源远流长的文明策源地。迈锡尼与殷商的霸业，奥林匹克运动会与平王东迁，波希战争与晋楚及吴越争霸，提洛同盟与魏霸河西，马其顿称霸与商鞅变法，前后历经七八百年的塑造，亚历山大大帝东征之后虽然人死地分，但希腊化的浪潮席卷整个亚非欧交接地区，后继的罗马延续了古希腊文明的衣钵，但罗马之后就断了。

古希腊形而上学第一次高峰的空间理想，就是柏拉图式的"同心圆"与亚里士多德式的"方格网"，而后来古罗马的"穹隆"以及古罗马营寨城则强化了这一空间认同，西方文明的空间框架也被建立起来了。从公元前 6 世纪开始，亚欧大陆的政治格局，由波斯王朝征服两河流域与古埃及，建立第一个地跨亚非欧的大王朝开始。经过亚历山大王朝（灭波斯）、孔雀王朝以及秦王朝的相继崛起，最终完成了对亚欧大陆所有农耕文明的统一，自东向西建立了汉王朝、贵霜王朝（Kushan Empire，公元 55 年～425 年，127 年～180 年为其巅峰时期，疆域从今日的塔吉克斯坦绵延至里海、阿富汗及印度河流域）、安息王朝（帕提亚王朝 ﺍﻣﭙﺮﺍﺗﻮﺭﻯ ﺍﺷﻜﺎﻧﻰ、Emperâturi Ashkâniân；公元前 247 年～公元 224 年）以及罗马王朝等四大王朝。

伟大的思想诞生伟大的王朝。儒法范式创始秦汉王朝，希腊范式则促成亚历山大（公元前 356 年～公元前 323 年，33 岁，统治 11 年）的马其顿王朝。不同的是，亚里士多德的形而上学 2000 年后断而复兴，而孔儒中华礼制 2000 年间延绵不断。

秦汉复兴，西周文明原点的第一次复兴。

当罗马在第二次布匿战争中取得胜利后不到一年，在遥远的中华大陆上，一位出身平民的小人物打败了不可一世的项羽，建立起了中国历史上伟大的朝代——汉朝，而他就是刘邦。公元前 146 年，罗马向东征服了希腊，迎来了自己的辉煌，而 5 年之后，汉武帝登基，汉朝即将向西对北方强大的匈奴展开反击，创造自己的伟大。汉武帝时期，面对周王朝封建农奴制进入秦王朝君主专政及至文景后期社会分化所造成的困境，社会治理需要良政，而儒家正好迎合了这一制度的要求。**公元前 140 年，孔子去世后 339 年，儒贤董仲舒与宰相卫绾借汉武帝崇儒，**继而发展出强大的士大夫文人阶层以及中国特有的科举制度，是对中国王朝体制的政治塑造。由此，中华文明得到国家力量延续至今的血肉之魂，标志着西周文明原点的第一次即秦汉复兴。

第二次小气候寒冷期距今 2000～1400 年前（公元元年～公元 600 年）

地球气候再次回到小冰期，寒冷迫使人们向南方寻找阳光，社会动荡与战乱再次扫荡中外，人类求诸心性，神学活跃。

变"巫"为"神"

基督（公元元年～公元 33 年）29 岁前还是木匠，33 岁被犹大出卖后殉教成神，与孔子（公元前 551 年～公元前 479 年）变"巫"为"儒"不同，基督变"巫"为"神"，中西方文明分异发展。**325 年，基督殉难后 292 年，君士坦丁亲自主持召开尼西亚宗教会议，认定基督为"神"**，而他自己也与后世的查士丁尼成为小神，镶嵌在圣索菲大教堂的彩色窗花上，是时的苦难让人们坚定了基督的信仰，敬天"贱"人，**基督变"巫"为"神"也恰恰是没落王朝君士坦丁的政治选择**，也是音律广化的必然结果，至今，基督教堂仍然是音效最好的上帝剧场。

救赎

中国从公元元年开始拉开了大乱世的序幕，王莽篡政、两汉更迭；汉朝与罗马是世界历史发展的镜像代表，**此时全球人口约 1.9 亿人。**

罗马没有发展出真正意义上的"大一统"文明，罗马的治国思路是只管上层，不管基层。罗马王朝，只是环地中海的上层精英大联合，基层群众从来不曾被囊括其中，更谈不上融合相通。如西方学者所言，罗马有着无比丰富与复杂的上层建筑，经济基础却是粗陋与简朴的"奴隶制大庄园"。文化基础也如此，罗马的行省中，只有贵族、官僚能说拉丁语，基层群众基本上不会拉丁文。高卢与西班牙并入罗马 300 年后，农民们还在说自己的凯尔特语。尽管屋大维苦心构建的"罗马民族认同"，却仅停留在贵族圈里，从未抵达过基层。一旦上层崩盘，基层平民很快把罗马抛到九霄云外。

而两汉则在人类历史上第一次建立了"大一统"内涵，有了"国界"的"国家文明"，打通了上层与基层，创立了县乡两级的基层文官体系。由官府从基层征召人才，经过严格考核后派遣到地方全面管理税收、民政、司法与文教。两汉的基层官吏不光管理社会，还要负责公共文化生活。郡守设学，县官设校，配备经师，教授典籍，慢慢将不同地区的基层人民整合起来，集成为一个"大一统文化共同体"。即便中央政权崩塌，基层的人民还能看懂同样的文字，遵循同样的道德，理解同样的文化。唯有这样的人民基础，"大一统"王朝才能多次浴火重生。钱穆说，汉朝是第一个"平民精神"王朝。

因为瘟疫，西罗马王朝与东汉相继衰落。古罗马发生"安东尼瘟疫"（164 年～180 年），与此同时，东汉末年也发生大瘟疫（171 年～220 年），罗马死亡人数超过 1/3，东汉死亡人数超过 1/2，国力大减。225 年，曹丕到淮河广陵（江苏淮安），组织 10 万名士兵开展军事演习，由于气候寒冷、淮河结冰，军事演习不得不取消，这是目前已知淮河最早一次结冰。东汉末年黄巾起义，三国演义三分天下，五胡乱华十六国，这次全球气候突变期在 280 年左右（灭东吴），西晋永嘉之乱（311 年）以来汉族南迁，建立东晋政权，南北朝混乱割据，城镇重心由洛阳来到建康（南京）。300 年～600 年间，中国与罗马再次面临相似的历史境遇，同时面临中央政权衰落，遭遇周边族群大规模冲击。

在中国，是；在罗马，也是。

中国历史上再一次面临大混乱。在北方游牧匈奴、鲜卑、羯、氐、羌五大胡人族群纷纷南下，建起了众多政权，**东晋政府惨败，被迫往南方迁移，这是中国历史上的第一次"南渡"**，并从此改变了中国经济发展格局，江南的经济发展赶上北方，长江一线蓬勃发展起来。

罗马王朝也同样遭遇了游牧民族的攻击，西哥特、东哥特、汪达尔、勃艮第、法兰克、伦巴第等日耳曼部落潮水般地一波波入侵，建起了一个个"蛮族王国"（barbarian kingdoms），并导致了西罗马王朝的崩溃。与此同时，印度的笈多王朝也因为游牧入侵而崩溃。

心性

人的觉悟不假于外，即心即佛（神）。

冷期心性。在学术上，全球也发生高度一致的变化，思想冷静期，都是更注重人的内在心性。中国出现了魏晋玄学，注重"心性"；佛教出现了大乘有宗，注重"佛性"；基督教则出现了奥古斯丁主义，注重"神性"。

冷期心性化运动

魏晋玄学的目的就是反对汉朝经学中的"象数主义""文字主义"。魏晋玄学的最大贡献，就是破除了这种学术上的神秘主义，尤其以破除易学上的"象数主义"为代表。对此，王弼提出的"得意忘象"的观点，让易学与经学的研究重心回归到"意"。而魏晋玄学的出现，是在佛教已经传入中国的大背景下发生的，也是吸收了佛教更注重内心觉悟的理念，这就涉及中西文明交流的相互性与反复性。

同时，在中国的魏晋时期，一个新的佛教流派出现了，就是"大乘有宗"。"大乘有宗"承认人内在的心性的存在，并以这种内在的心性为研究中心。不过他们不叫心性，叫"佛性"。这一新兴派别在印度佛教是非常边缘化的，但是在中国却大行其道。实质上，佛性论的出现，就是受中国心性论的影响的结果，当然也出现了异化。之后，达摩在中国始传禅宗，"直指人心，见性成佛，不立文字，教外别传"。佛陀拈花微笑，迦叶会意，被认为是禅宗的开始，并至六祖慧能（638年～713年）入世，于是马祖（709年～788年）建丛林，百丈（怀海，约720年～814年）立清规，"小乘入心"，开启佛教中国化的新纪元。

奥古斯丁的贡献

奥古斯丁（354年～439年）把古希腊哲学，特别是毕达哥拉斯、柏拉图、普洛丁等人的理论与基督教教义糅合在一起，第一次系统论述了一种基督教的哲学。奥古斯丁之后，基督教的神学体系才真正成型。奥古斯丁强调两点：一是，上帝绝对的善，可以概括为"神善"，或"神本善"，对应于中国儒家的"（人）性善""（人）性本善"。二是，人应该对神发自内心的信仰。具体到神学设计上，奥古斯丁反对"事功救赎说"，而坚持"上帝预定论"。人能不能得救，并不受到其外在的事功的影响，而是上帝已经预定好的。这一看似严酷的神学设计，实际上逼迫人将对上帝的信仰化为内在的，而不能仅仅将上帝看成一个得救的工具。在将上帝内在化的同时，也就是将"上帝之善"内在化为"人性之善"了，向善而为。

超级火山再次喷发（535年～536年）： 从南极与格陵兰的冰芯取样重建的气候演化证据表明，超级火山喷发造成的535年～536年气候极端事件，导致了持续多年的火山冬天，全球农业生产崩溃、饥馑肆虐，从而导致瘟疫流行性大爆发。最可能的超级火山是巴布亚新几内亚的拉包尔火山或中美洲萨尔瓦多的伊洛潘戈湖火山。中美洲萨尔瓦多的伊洛潘戈湖火山，发生了一场巨大的爆发，带来的灾难是毁灭性的，火山灰与浮岩覆盖了萨尔瓦多中部与西部的大部分地区，摧毁了早期的玛雅城市。

第一次鼠疫大流行（541年～542年）： 查士丁尼瘟疫结束了罗马王朝。查士丁尼瘟疫是指541年～542年地中海世界爆发的第一次大规模鼠疫，它造成的损失极为严重，对拜占庭王朝的破坏程度很深，其极高的死亡率使拜占庭王朝人口下降明显，劳动力与兵力锐减，正常生活秩序受到严重破坏，还产生了深远的社会负面后果，而且对拜占庭王朝、地中海、欧洲的历史发展都产生了深远影响。鼠疫使君士坦丁堡 40% 的城市居民死亡。它还继续肆虐了半个世纪，直到 1/4 的东罗马人口死于鼠疫。这次鼠疫引起的饥荒与内乱，彻底粉碎了查士丁尼的雄心，也使东罗马王朝元气大伤，走向崩溃。欧洲在 542 年 ～ 592 年里爆发了大瘟疫，死亡近 2500 万人，待气候停止恶化、开始转好，瘟疫似乎也平息下来。

罗马之后无王朝，冷期的灾害则更加坚定了欧洲对基督的信仰。

在基督教走向欧洲的神坛同时，亚欧之间"真空"产生了伊斯兰教，并迅速覆盖中东，而且，就像是正弦波曲线一样在亚欧大陆上沿着青藏高原周围延伸。在欧洲沿着地中海蜿蜒北上，覆盖整个地中海；在亚洲沿着中南半岛与佛教抢夺地盘，在马来西亚、印度尼西亚、文莱、菲律宾达沃等地建立穆斯林国家与聚集区。当然，随着伊斯兰教的崛起，中东、中亚的一部分人来到了中国。伊斯兰教直接宣扬先知，不再造神，其与六祖改造中国禅宗、奥古斯丁改造欧洲基督教均有相似之处，表现出对世界的友好相处，不仅只有征伐，还有建设。

至此，在冷期结束的时候，人类三大宗教完全形成。

3. 第三次小气候冷暖期 1200 年，是人类文明的初成（地缘化）阶段

第三次小气候温暖期公元 600 年 ～ 1280 年

隋唐再次统一全国之后，王朝开始变得富庶，文学与艺术随之复兴，开启了"唐诗宋词三百首"。这一时期，气温再没有回升到以前，竹林并未回到中原，大象也迁移到南方。

鲜卑，第一次强势汉化继承西周文明的游牧民族。

隋唐盛世，中国开启了政治贤能的制度建设。

隋炀帝与唐太宗，他们的 1/2 血缘是鲜卑族血缘，到了唐高宗则拥有了 3/4 鲜卑族血缘。鲜卑，一个小小的民族，由于它的英明决策，把它的血缘输入了一个伟大的民族，河洛王里，光宅中原，创建了一个伟大的朝代。北魏孝文帝这个 33 岁去世的皇帝，却可以制御华夏，辑平九服，他不但避免了中华民族的一次非常有可能的灭亡，而且还一次性补强了中华文明所有的重大缺陷。5 世纪以后发生了非常大的变化，那个时候罗马王朝已经沦落了，进入黑暗的中世纪。中国由于孝文帝等人的努力，在 100 多年后进入了伟大的唐朝，7 世纪的唐朝，到现在为止还是让人激动万分，陕西历史博物馆记录了那段辉煌的历史。

唐长安是中华文明第二阶梯上最伟大的城市，政治、经济、文化与城镇格局空前强大。当时，罗马王朝灭亡以后罗马城的人口不到 5 万。而当时的欧洲，拥有 1 万人口就已经是像模像样的城市了。而在当时大唐的首都长安城内，人口不算城外就是 100 万。70 多个外交使团，3 万多个外国留学生，城里面吃的是阿拉伯面食，用的是罗马医术，还通用拜占廷的金币与波斯王朝的银币。世界各国的宗教在那儿都有道场。物价非常便宜，刑事案件极其地少，人们的幸福指数极高。从长安出来，当时的洛阳、扬州、成都也已经很繁华。这就是唐朝，7 世纪 ～ 8 世纪的唐朝，中华文明发挥得非常优秀、非常精彩，而且由于丝绸之路、与日本的交往，协和万邦，它已经成为世界文化的一个不可动摇的中心了，这一点全世界都公认。**此时全球人口已经达到约 2.1 亿人。**

安史乱局（755 年 ～ 763 年）的国际化

萨珊王朝亡国之后波斯人东迁，在唐朝文化中可以找到许多的波斯元素，这体现的是昔日波斯王朝强大的影响力。当波斯人帮助哈希姆家族在西方推翻了倭马亚王朝之时，出身伊朗语系粟特人的安禄山等发动了安史之乱，安史之乱开局异常顺利，唐玄宗连杀两员大将高仙芝、封常清，囚禁大将哥舒翰（后被安庆绪所杀），安禄山迅速占领洛阳与长安，称"大燕皇帝"。但后来安史之乱的发展则形同儿戏，安禄山被其儿子安庆绪所杀，

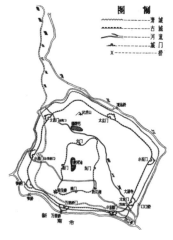

安庆绪被史思明所杀，史思明被其子史朝义所杀，史朝义最后自杀。我们再看当时的天下乱局：安禄山及其子安庆绪在洛阳；李隆基的儿子李亨在灵武（今宁夏银川）；史思明在范阳；与此同时，位于大漠草原的回鹘（即回纥）也刚刚独立建国。最终，回鹘站在了唐朝一边，天平开始向唐朝倾斜。在唐朝平定安史之乱的过程中，回鹘居功至伟。如果我们不以王朝史观来看待这一段历史，那么这一时期的中国，回鹘、契丹、突厥、粟特、吐蕃等势力纷纷登场，被称为"中兴第一"的李光弼本是契丹人，仆固怀恩则是铁勒人，而被杀的高仙芝是高丽人，哥舒翰是突骑施人，唐朝甚至还招募过阿拉伯人参战，中国历史上再无一个时期如此"国际化"了。

唐朝时，韩愈（768 年～824 年）在潮州驱赶鳄鱼，任官一方，教化百姓，仅八个月，便以"功不在禹下"，江山易名，改江为"韩江"，改山为"韩山"，随六祖入世，后促成了儒家中兴，及至西周文明原点之后的唐宋复兴。

唐宋复兴，是对西周文明原点的第二次复兴。

图 1-13 唐长安城（左），唐洛阳城（右上）
　　　　唐扬州城（右中），唐成都城（右下）

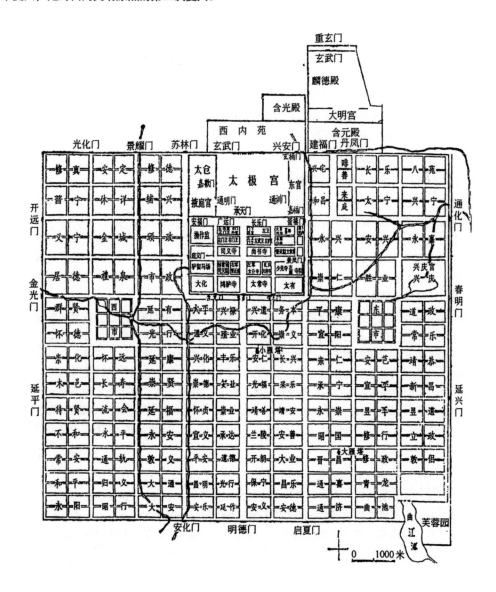

不了解这段历史，便无法明白唐朝后期韩愈为何要复兴儒学，宋朝为何会如此"内敛守成""画地为牢"，这其实是对唐朝国策的矫枉过正。而这一历史进程其实从唐朝后期就开始了，源头便是安史之乱。安史之乱的历史影响无疑是巨大的，从此中原王朝开始了向内整合之路，而通往西域之路至此也完全断绝，直至清朝在千年之后收复西域。唐朝地震 30 余次，国力衰减。安史之乱是中国历史上一次重要的事件，是唐朝由盛而衰的转折点。司马光《资治通鉴》："（安史之乱爆发之后）由是祸乱继起，兵革不息，民坠涂炭，无所控诉，凡 200 余年。"850 年～965 年，是小气候期中的寒冷期，期间经历了黄巢起义、五代十国小乱世。有人认为，五代十国的军阀干政时期，是秦汉之后中国历史上最黑暗的时代。但是，如果放眼全球，当时陷入黑暗的不仅是中国，而是全球同此黑暗，这个时期，是一个全球大黑暗时期。

当时的世界已经成三足鼎立之势：中华的儒家中国，西方基督教西欧，中间大片是伊斯兰——包括西亚北非、南亚印度的大部，以及正在伊斯兰化的中亚。导致这次全球性混乱与黑暗的，主要是中亚游牧，这次是突厥人。主导阿拉伯世界的，不是原来的阿拉伯人，而是新加入的突厥人。表现上是，突厥人伊斯兰化，而实质则是，突厥人利用伊斯兰教这个平台，向世界扩张，突厥人的加入，也改变了伊斯兰教本身。

960 年，宋朝建立，之后，大暖期中的短暂寒冷期结束。

义理

暖期义理。程朱理学的人人秩序理想，随着印刷术的传播，催生出知识的第二次大爆发，继孔子之后，儒学能入殿堂的圣人就是朱子——朱熹（1130 年～1200 年）。

民权，人人为仁，民本，中国的宗亲制盛行起来。

距今 1000 年前，人类来到了现在的海岸线，发展了第三阶梯文明，中国文化发展的重心转移到长江线。此时，**全球人口 2.75 亿人。**

北宋时期，已经是中国农耕文明的顶峰时期，人们拥有最平等的权益，使用最先进的技术，过着极精致的生活，这是中华民族在第二阶梯产生的伟大文明，本应该可以进入新的文明阶段，譬如，工业文明。但因安于享乐，一手好牌打烂了，受气候变化，外族侵扰，到了南宋，开始了在第三阶梯的文明再建，长江流域文明接续黄河流域文明进一步发展，重新演绎了一次千年的农耕逻辑，错失了千年的工业文明先机。

1200 年，宋朝人口规模超过 1 亿，成为人类史上第一个亿级规模人口大国。宋朝的 GDP 是唐朝的两倍，它的各行各业都很发达，从全民生态方式来说，看看《清明上河图》就知道了，宋朝很不错。由于农业经济发达，1000 多前的宋朝就开始了一日三餐，英国是在 1788 年以后，而日本是在距今 100 多年前才开始一日三餐，迟了七八百年。人口规模的增长与朱熹理学的发展是密切相关的，宋朝产生了以宗族为管理单元的民本思想，朱熹更作《家礼》始立祠堂之制，祠堂文化迅速普及。人类社会自我管控，其秩序选择也是文明的一种形态。**宋朝的一日三餐与祠堂文化，极大提高了社会化的组织效能，再加上宋《营造法式》的颁布，从空间要素到空间形式，使得中国社会的形态产生了结构性变化，其价值影响深远。**

法式开物，是对中国社会治理结构与空间形态的第二重构建。

1103 年，李诫创作的《营造法式》，是在两浙工匠喻皓《木经》的基础上编成的，是北宋官方颁布的一部建筑设计、施工的规范书。其确定了以"材"作为建筑度量衡的标准，"材"在高度上分 15"分"，而 10"分"规定为"材"的厚度。斗栱的两层栱之间的高度定为 6"分"，也称为"栔"，大木作的一切构件均以

"材""絜""分"来确定。这种做法早在唐初于佛光寺、南禅寺中运用，只是在文字中明确记录，这是第一次，直至清雍正十二年（1734 年）被清工部颁布的工程做法则例的"斗口制"所代替。九宫格局，法式开物，《营造法式》是中国古代最完整的建筑技术书籍，标志着中国古代建筑已经发展到了较高产业化阶段，依"斗拱"定形制，已然成型，并广泛统筹了九朝时代的城乡风貌，深刻影响了中国人的日常生活与精神气质。

在冷期之后，宋朝海平面下降，北方的民族因为生存原因南下。南宋时期，中国的经济重心也从黄河流域的开封转移到长江流域的江南，而东部及东南沿海诸多城市陆域地区如天津、青岛、连云港、盐城、上海、宁波、莆田、汕头、广州（南部）、深圳、珠海、茂名和北海等城市，此时开始升出海面成为陆地，并有了今天的繁荣。

两宋时期，水灾、旱灾、蝗灾、地震、疾疫，以及风、雹、霜灾等六大类主要自然灾害共发生 1219 次。其中，水灾 465 次，占 38%；旱灾 382 次，占 31%；蝗灾 108 次，占 9%；地震 82 次，占 7%；疾疫 40 次，占 3%；风、雹、霜灾 142 次，占 12%。在以上所列各种灾害中，水灾居第一位，其次为旱。仅这两者就占了整个灾害的 69%，无疑是最具危害的两种灾害，而且主要对农业生产造成严重负面影响。其中，虽然旱灾较水灾要少一些，但旱灾对农作物的危害程度却比水灾为大。因为水灾过后，只要持续时间不是太长，总能够留下一点庄稼，或者可以补种一些作物，不至于来年绝收。但旱灾往往使此后很长一段时间里颗粒无收，甚至连人畜饮水都会出现困难，危害极大。

文明交流

在文明交流上，最突出的是，中国文化通过中亚游牧而西传，这包括纸的西传。其实除了纸之外，还有更重要的儒家思想。儒家思想传到阿拉伯世界后，就成为他们的新哲学。其中有两位当时最为著名的哲学家，直接来自中亚，一位是法拉比（872 年～950 年），另一位就是更著名的阿维森纳（980 年～1037 年）。这两位的出生地都是与中国毗邻的中亚，在唐朝那里是中国的附庸国，在文化上显然都受到中国的影响。

此时，西欧也开始在第三阶梯发展，进入了黑暗的封建时代，并在后来通过阿拉伯知道了希腊哲学的存在。现代的西欧人往往将阿拉伯说成是西欧与希腊哲学之间的中介，其实是中国与西方的中介。显然，经过阿拉伯传入西方的实则是希腊化的中国哲学，因此，才导致当时西欧的思想出现革命性变化，一方面开始用"理性"去证明上帝的存在，从而形成了以托马斯·阿奎那（Thomas Aquinas，意大利，1225 年～1274 年）为中心的"经院哲学"。另一方面，塞纳河下游的诺曼底公国以及之后英国的征服者威廉国王已经开始悄悄地变革。

同时，西欧还出现了一个新的职业群体，就是独立商人。在当时的世界，商品的主要来源地有两个，一个是中国，一个是印度，欧洲没有什么拿得出手的商品。从根本上来说，当时欧洲的商人是以经营中国的商品为业的。这是后来意大利的威尼斯商业最为发达的原因所在。优越的地理位置，让威尼斯成为中国商品在欧洲的主要入口。中国的商品经由阿拉伯或拜占庭，然后再经过威尼斯进入欧洲。后来直通中国的海上航线被发现后，威尼斯便迅速衰落，则从反面证明这一点。日本学者浮田和民曾经谈到，对欧洲近代文明进步起了重大推动作用的三大发明罗盘针、火器、印刷术都来自亚洲；梁启超（1873～1929 年）进一步明确指出，这三大发明欧洲人"实学之于阿拉伯，而阿拉伯人又学之于我中国者也"。

十字军东征（拉丁文：Cruciata，1096 年～1291 年）是一系列在罗马天主教教皇乌尔班二世发动的、持续近 200 年的、有名的宗教性军事行动，由西欧的封建领主与骑士以收复被阿拉伯、突厥等穆斯林入侵占领的土地的名义对地中海东岸国家发动的战争，前后共计九次，这是近代人类史上，仅存于欧洲，最后的一次大规模"圣战"。

大约在 1206 年，蒙元接受了吐蕃的归降，同时成吉思汗邀请藏传佛教高僧前往蒙古传教，从此藏传佛教逐渐替代萨满教，成为蒙古的国教。

超级火山再次喷发（1199 年～1201 年）：长白山天池火山毁灭性最大的一次爆发发生在 1199 年～1201 年，产生了一个巨大的火山喷口，是全球近 2000 年来最大的一次喷发事件，据说喷出的火山灰还殃及日本海及日本北部，从而形成了一个地球冷期，导致蒙古人西征与南下。

第三次小气候寒冷期 1280 年～1820 年地球气候小冰期

13 世纪 30 年代至 60 年代，全球性的气候突变发生，今蒙古地区环境恶化，这时蒙古军队停止了西征中欧，转而南下侵略金、宋，世界历史的发展因气候变化而发生急转弯。同时，全球海平面继续下降，太平洋、大西洋、南海、地中海、波罗的海沿岸逐渐发展起来。欧洲地区 12 世纪～13 世纪初异常温暖，13 世纪末又突然变冷，14 世纪刚开始几十年极为寒冷。不过并不是整整 6 个世纪气温都一直很低，而是起起落落。在小冰川期中，欧洲北部与西北部经历许多年寒冷又多风暴的日子。英国与法国当时在葡萄酒制造方面竞争得很激烈，但全球冷化结束了这场竞争，1431 年，严寒天气甚至还为法国葡萄园带来一场浩劫。

蒙古人西征

与十字军东征同时进行的是蒙古人西征，发生在气候由暖变冷的更迭过程之间。蒙古的征服，摧毁了一个个古老的亚洲文明，让许多农耕文明陷入了停滞，但同时传播了中华文明的思想精髓与经济发展的杰出成就，震醒了欧洲。这两次战争虽然同时发生，但是却没有交集，前者在低纬度圣战，后者在高纬度征伐，两次战争如果加起来，就基本涉及整个亚欧大陆与北非。而中西方发展的分水岭，或许就此出现，大约 600 年后，强大起来的八国联军发动了对华战争，带来了西方近代文明的先进思想与科学技术的巨大成就，则震醒了中国。

元蒙，第二次强势汉化继承西周文明的游牧民族。

蒙古人建立横跨亚欧的大陆铁骑王朝，让中国与西欧第一次直接发生了联系，进一步加快了中国与西欧之间的文明交流。

中国标志性事件就是元朝的开创者们像北魏孝文帝一样选择并继承了中华文明，中国历史上第一次由少数民族建立的"大一统"王朝，使得中华文明有了新的发展平台、新的空间格局，以及新的文化要素。首先，元朝把中国版图自唐以后再次安定下来，占领了半个亚洲，以及半个欧洲；其二，连接了亚欧，传播了中华文明的儒法范式，影响了后世欧洲文艺复兴；其三，定都元大都，在第三阶梯上开创了现代中国政治、经济、社会与城镇的空间格局，不仅如此，元朝也改变了亚欧大陆各国政治、经济、社会与城镇的空间格局，大部分国家为管控北方游牧民族的侵扰，将政治中心置于其国土的东北面或者西北面，巴黎之于法国，华沙之于波兰，北京之于中国，等等，中华文明的政治重心开始转移到了华北平原，北强则南定，均可见一斑；其四，1272 年元蒙开始邢台试政，古老的磁州窑兴盛起来，1278 年元朝设置浮梁瓷局，结合磁州窑工艺的发展与波斯 3000 名工匠移民的成就，元蒙铁骑武力推动元青花为中东硬通货，并点"土"成"金"，换成了金银器；最后，一朝一宝，接续唐宋，实现了元朝戏剧的大发展。

西欧标志性事件就是马可波罗的来华，马可波罗之所以不畏艰险，从陆路去中国，是因为此前威尼斯人通过经营中国商品已经知道中国的存在，并认为那里是一个财富之都。十字军东征则大大加速了海洋文明国家的进步。后世，哥伦布的驾驶台上放着一本书，麦哲伦的驾驶台上也放着一本书，达伽马的驾驶台上还放着那本书，这本书叫《马可波罗游记》，那便是元朝的繁荣。

第二次鼠疫大流行，黑死病（1347 年～1351 年）：欧洲 1347 年～1351 年，爆发闻名于世的黑死病，后来波及全球，全世界死亡约 7500 万人。

图 1-14 北京故宫鸟瞰图

1351 年的欧洲黑死病传至元朝,后至元朝覆灭。1357 年,宗喀巴大师(本名为罗桑扎巴,宗喀为地名,今青海西宁附近,宗喀巴意思是宗喀的圣人)出生在今青海西宁塔尔寺附近,父亲为蒙古人,母亲为藏族人。创制教权,后分达赖与班禅二脉互为师徒传承,并从此将青藏高原与蒙古高原深度连接起来,直至清朝。

明清复兴,是对西周文明原点的第三次复兴。

1368 年朱元璋建立明朝,兴也瘟疫,亡也瘟疫,明朝被瘟疫纠缠了 200 多年。尽管如此,欧洲黑死病之后催生文艺复兴的同时,中国明清也开始了西周文明原点的第三次复兴,不过,这一次是冷期复兴。

营城

承周礼,元、明、清三朝营造北京城,中华文明三大阶梯上最宏伟的城市。

九宫格局,法式开物, "井田城市"的西周理想,在秦汉、唐宋都有持续的建造,反映在秦、汉、唐长安城,北魏、隋、唐洛阳城,南朝建康城,北宋东京城、南宋平江府等,而作为这一空间理想的"收官之作"则是元、明、清北京城,中国历史上最后五代王朝,辽的陪都及金、元、明、清的都城,明清北京城前身为 1264 年营建的元大都城,元朝经邢台试政后继续中华文明的"九宫格"理想,依据西周《周礼·考工记》中"九经九纬""前朝后市""左祖右社", "井田城市"的布局原则,规模宏伟,规划严整,郭守敬治水后得以赓续,并且在明清复兴大背景下于永乐年间建成,这其中也有波斯人也黑迭儿以及交趾人阮安的贡献,与当时最伟大的空间营造成就交集,留下了伊斯兰文化以及东南亚文化甚至吴哥文化(曾征服过泰国、越南、老挝、缅甸以及中国云南的部分地区)的痕迹。1421 年,曦映初雪,朱棣在此御奉天殿。其规划设计体现了农耕中国自西周文明原点历 2000 多年以来的最高成就,被称为"地球表面上人类最伟大的个体工程"。1600 年的中国是当时世界上所有统一国家中疆域最为广袤、统治经验最为丰富的国家。其版图之辽阔无与伦比。当时的俄国刚开始其在扩张中不断拼合壮大的历程;印度则被蒙古人分解得支离破碎;在瘟疫与西班牙征服者的双重蹂躏下,一度昌明的墨西哥与秘鲁王朝被彻底击垮。中国 1.2 亿人口远远超过所有欧洲国家人口的总和。16 世纪晚期,明朝似乎进入了辉煌的顶峰。其文化艺术成就引人注目,城市与商业的繁荣别开生面,中国的印刷技术、制瓷与丝织业发展水平更使同时期的欧洲难以望其项背。从京都到布拉格,从德里到巴黎,并不乏盛大的典礼与庄严的仪式,但是这些都城无一能够自诩其宫殿的复杂精妙堪与北京媲美。

冷期新心性化运动

冷期心学大发展。在中国，有明清复兴以及阳明（1472 年～1529 年）心学与禅宗五叶的再发展，在西方，有文艺复兴以及利玛窦与新奥古斯丁主义为代表的心性化运动。

阳明心学与禅宗五叶

在继承程朱理学的基础上，明清两朝发展了阳明心学与文正用学，修成了《永乐大典》与《四库全书》，依周礼考工记完整九宫空间矩阵迭代续建北京城，1420～1912 年，中国达到了农耕文明儒法范式的最高境界。

属于心学范畴的禅宗发展出五个门派——沩仰、云门、临济、曹洞与法眼，到这时也开始活跃起来。"吾本来兹土，传法度迷津。一花开五叶，结果自然成。"具体来看，沩仰"和（合）"二为一，"方圆默契"；临济"念（心）"三为一，"一念心清净即是佛"（佛，法，僧，三即一）；云门"用（舍）"四为一，"妙用方圆"[加上"云门三句"：函盖乾坤（有天命），截断众流（断舍离），随波逐浪（顺时势）]；曹洞"回（互回）"五为一，"五位一体"；法眼"皆"为一，"般若无知""一切现成"。紫萱明月，禅意风骨，"五叶"精神就是心性唯"一"，就是"即心即佛"，其实，和、回、念、用、皆"宜"，**一花五叶，五叶归一。**

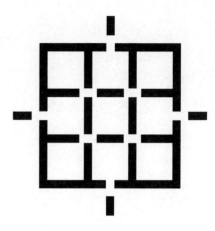

图 1-15　方及九宫格，中心 + 对称

文艺复兴，是对古希腊、古罗马人文精神的复兴。

意大利米兰对黑死病成功管控，催生了纺织、金融（美第奇家族）的极大发展与伟大的文艺复兴。有一位英国退休海军军官叫孟席斯，出于对航海海图的兴趣，他开始研究早期航海史。他的结论是惊人的，即哥伦布决定要发现直通中国的新航线时，他手中拿着已经画好的航海图。那么当时谁有能力与资格画这种全球性的航海图？答案是明朝的郑和船队。进一步，孟席斯还认为，是郑和船队到了意大利，并且带来了以《永乐大典》为中心的中国文化，从而引发意大利出现"文艺复兴"。其实"文艺复兴"的出现是在郑和下西洋之前。不过，孟席斯的基本观点是没有问题的，中国文化的传入是文艺复兴的重要原因，不是通过海路，而是主要通过陆路，这一过程早在郑和下西洋之前就开始了。

西欧"大航海"， 西欧直通中国海路的发现。现代西欧人在鼓吹所谓的"大航海"时，却对两个基本的事实避而不谈。一个是，哥伦布决定航海冒险的时间距离郑和最后一次下西洋仅仅 60 年。另一个是，哥伦布航海冒险的基本动因，就是开辟直通中国的新航线。这意味着，西欧"大航海"无论在是航海理念与技术上，还是大冒险的基本动力上，都有来自中国的影响。中国与西欧之间的文明交流并非从"大航海"之后才开始，但是，直通中国海路的发现，的确大大加快了中国与西欧之间的文明交流，同时，也加快了中国与南海地区周边国家的交流与发展。除了商业之外，还有另外一种形式，就是传教士。

新奥古斯丁主义

"文艺复兴"所带来的新文化，再加上教会的腐败，两种因素叠加，导致基督教的"新教革命"出现。所谓的"新教"，其实不过是基督教的再一次"心性化"运动，更强调信仰的个人性、内在性。表面上是回归奥古斯丁主义，而实质则是西欧再次受到中国心性文化影响的结果。因此，"新教"与奥古斯丁主义还是有根本不同的。"新教"更强调去"中介化"，认为每个人都可以直接与上帝沟通，可以自主地去信仰上帝，而无需教会的中介。

与此同时，文艺复兴的报春花就是佛罗伦萨圣母百花大教堂的穹隆，哥特"天梯"式建筑形式飞速发展，"同心圆"的空间营造为后来的乌托邦理想提供了技术支持。

为了抵御"新教"，天主教会决定发展新地盘，这个任务就交给了一个叫"耶稣会士"的新团体。于是，耶稣会士就开始随着商人，坐上大船，沿着新航线而进入中国，此时正值中国的明清之际。

利马窦

就传教的目的来说,耶稣会士是失败的,甚至是适得其反的惨败,因为,当他们将中国文化的资料传回西欧时,却意外地引发巨大热情,更多的西欧人感兴趣的不是如何让中国人信仰基督教,而是如何让欧洲变成中国的样子。而中国的文化是非宗教的,价值观与社会秩序都是立足于人的世俗属性,立足于人的心性。欧洲不仅再次经历一次心性化运动,而且这次的心性化还是完全脱离昔日的宗教系统的。因此,最终西欧抛弃了宗教,推翻了上帝,大胆地否定了基督教,回到了自然科学与人本主义的发展轨迹,藉此以"启蒙",形成了西方社会的"现代文明"。

而明朝集农耕游牧文明之大成,虽开启了"大航海",却止步于海洋文明,这或者与明初实行的文化专制主义有关,也是冷期收缩。明朝的海禁,既阻止了所谓倭寇(商人),也封闭了与欧洲的文化交流,使得后世欧洲"大航海"来到中国的时候,国人已成井底之蛙,失去了与世界自然科学同步发展与文明互鉴的战略机会。

从 1581 年朱载堉("中国文艺复兴式的圣人",英国学者李约瑟语)提出"新法密律",到 1722 年巴赫("巴赫之于音乐,胜似创教者之于宗教",德国音乐人舒曼语)《十二平均律曲集》的问世,其间相隔长达 141 年。同时,西欧先进思想逐渐进入中国,集中体现在对明末清初儒家的影响,著名学者如顾炎武、黄宗羲、王船山等人。黄宗羲《明夷待访录》中的限制王权的"民主"思想,实际上就是来自欧洲的传教士,但却被现代人说成是思想创新。王船山、顾炎武的所谓新思想,也都是如此。

明清易代

17 世纪前后地球气候变化对人类文明造成了极大冲击。北半球的气候自 14 世纪开始转寒,17 世纪达到极点,15 世纪初以后,出现过两个小温暖时期(1550 ~ 1600 年万历中兴和 1720 ~ 1830 年康乾盛世)与三个小寒冷时期(1470 ~ 1520 年弘治嘉靖中兴,1620 ~ 1720 年明清易代和 1840 ~ 1890 年内忧外患)。

勃鲁盖尔(Pieter Brueghel)的著名作品中描绘有人在结冰的运河上玩游戏,这是荷兰冬天的严寒景象,但现在这些运河已很少结冰,勃鲁盖尔并没有过度夸大,有人发现当时的地方志中已有记录,欧洲北部著名的水道经常结冰。譬如,1682 ~ 1684 年冬天有许多个星期,查尔斯二世与廷臣就从伦敦的一边走过结冰的泰晤士河到另一边。英国在 16 世纪初比较温暖,18 世纪前半叶也是一段比较温暖的时期,而 17 世纪则十分寒冷。

中国人讲的"天",就是不可抗拒的规律或变化趋势,是人类赖以生存的自然环境,而自然环境是不以人类划定的国界为边界的,"天"并不只是覆盖中国,历史事件要放到地球气候空间历史的视野中,方能更好地了解历史的真实。明朝灭亡与小冰期饥荒有关。不到 50 年就将自己的王朝断送于暴力,发生于 17 世纪中叶的明清易代,是世界史上一个重大事件。

综合中国各地地方志的记载,这一轮"小冰河期",灾变的前兆可追溯至嘉靖前期,万历十三年(1585 年)开始变得明显,但时起时伏,由大旱到大疫,崇祯一朝达到灾变的高峰,收尾一直拖到康熙二十六年(1667 年),态势呈倒 U 形。中国处于季风区,气温变化与降水变化之间有密切关系。大体而言,气温高,降水就多;反之则降水少。17 世纪是中国近 500 年来三次持续干旱中最长的一次,集中表现在明末北方地区的大旱灾以及随之而来的大地震、大蝗灾、大瘟疫,冬季平均气温比今日要低 2℃。1650 ~ 1700 年最冷,洞庭湖结冰三次,太湖、汉江与淮河结冰四次,北京附近的运河封冻期比现在长 50 天左右。1627 年陕西澄城饥民暴动,明末民变开始,李自成认为是大臣蒙蔽皇帝,"君非甚暗,孤立而炀蔽恒多;臣尽行私,比党而公忠绝少",导致人心涣散,营私舞弊,1644 年北京城被攻陷,明朝覆灭,虽为"人祸",但也为"天灾""瘟疫流行""天绝不断"。所以,总兵力不到 20 万人的清朝八旗兵,从半蛮荒的东北地区挥戈南下,征服了拥有 1.2 亿人口、经济与文化都在世界上处于领先地位的明朝,此亦为"天意"也。

1347 年欧洲黑死病爆发约 300 年后(1353 年传入中国),1642 年即崇祯十五年,吴又可写出了《瘟疫传》,近 400 年来,有效指导了后世瘟疫的治疗,以及 2020 年新冠肺炎的中医辨证介入。这一点,法国人应该能够理解,中医辨证如同法语辨音。

欧洲大战

这一时期，欧洲也开启了三十年战争，即 1618 ~ 1648 年，由神圣罗马王朝的内战演变而成的一次大规模的欧洲国家混战，这是第一次全欧洲大战，但远不是最后一次。大国要有大丞相，黎塞留之于法国，犹如俾斯麦之于德国，只不过德国的俾斯麦还要再过 200 年才能出现，而三十年战争之后的 200 年，欧洲大陆是法国的天下。黎塞留的"国家至上"与"权力均衡"从此成为欧洲大国间的准则，民族国家成为西方潮流，"大一统"再无可能，即使拿破仑的出现也于事无补，现在的欧盟也只是法、德、意下表面的"大一统"，却没有古罗马的"精神"。

200 年后，强大的法国成就了伟大的巴黎，在这一理想之下，巴黎的空间改造是一次伟大的空间营造，奥斯曼计划（1853 ~ 1870 年）的实施，使巴黎成为当时世界最美丽、最现代化的大城市，是柏拉图式"圆"的空间理想，经由罗马"穹隆"，罗马教皇西克斯图斯城门"放射"结构，再到奥斯曼巴黎"圈层"放射结构的演进，从而达到了高峰，成为西方文明显性空间形制特征的经典城市实践，继而影响到后来的维也纳、圣彼得堡、新德里、华盛顿、巴西利亚，以及堪培拉等许多伟大城市的建设。

从 1585 年到 1853 年，中西方古典营城的空间形制已近完成。

清朝，第三次强势汉化继承西周文明的游牧民族。

虽同在冷期，新朝初建，励志勤政的清朝皇帝们却创造了康乾盛世（大冷期中的小暖期），再一次传续了中华文明。西方所称"High Qing"，又称康雍乾盛世，是清朝的鼎盛时期，经历了康熙、雍正、乾隆三代皇帝，持续时间长达 134 年， 1729 年雍正皇帝在保定设置直隶总督府，署理清王朝 183 年，而此后 288 年即 2017 年，中国政府在此处不远设置雄安新区，进入另一个全盛的发展时期。康乾盛世国土辽阔，人口众多。清朝政府统一蒙古、东北、新疆、西藏、台湾，奠定了如今中国的版图，千年回归，实现了中华民族的"大一统"。废除

图 1-16 奥斯曼改造下的巴黎（1853 年）

贱籍制度，解放了社会最底层阶级的百姓，通过摊丁入亩、官绅一体、当差纳粮、火耗归公等一系列改革推广御稻、双季稻等高产作物，增加了国家的收入，减轻了人民的负担，**中国人口连破 3 亿，为人口大国地位打下坚实的基础，至 1804 年全球人口也突破 10 亿。**

之后，欧洲迅速进入思想启蒙与工业革命，这是第三阶梯上人类进步的关键时期，是农耕进入工业文明的轴心时代，西方近代哲学蓬勃发展，并在后期反过来影响中国，产生了深刻的社会变革，从而改变了整个世界。

回归"人本"

康德（德国，Immanuel Kant，1724～1804 年）形而上学以及之后缔造的伟大王朝，**变"神"为"人"。**

在明朝亡国、清兵入关的压力下，清初大儒开始注重实效的西欧文化。于是，他们开始明确地反对偏重义理、心性的宋明理学。这一幕极具戏剧性，当西欧人拥抱中国的宋明理学时，清初的大儒却在极力抛弃。**而欧洲崛起以后，就造成了 19 世纪中华文明的悲剧。**

他们先用鸦片毒害中国 100 年，然后用战争摧毁中国 100 年。首先，鸦片与战争都是从海上来的，不是长城来的，海权兴起；其次，每一场仗中国都失败了，输得一败涂地。开始，中国败在远方的英美，以及英法手里。最后，甲午海战，中国又败在自己原来一个"小徒弟"日本的手里。至此，中国人仿佛在拳击擂台上被人 KO 了一下，自西周文明原点延续 3000 年的中华文化自信瞬间崩溃了。

在欧洲，小冰川期的历史记录一直延续到 19 世纪。19 世纪前半叶的几十年相当冷，譬如，1812 年拿破仑在俄国惨败的那个值得纪念的冬天。

超级火山再次喷发：1815 年 4 月 5～15 日，印度尼西亚松巴瓦岛，坦博拉火山开启一系列喷发，造成了 1 万人丧生，喷发过后的几个月内，致使 8.2 万人死于饥饿与疾病，火山灰充满整个大气层，削弱太阳辐射强度，全球遭遇气候异常降温事件，对全球的影响在第二年凸显。1816 年全球气温急剧下降，北半球农作物欠收、家畜死亡，导致 19 世纪最严重的饥荒；中国 1816 年夏天（嘉庆二十一年）农历八月"天气忽然寒如冬"，黑龙江地区农历七月出现严重霜冻，清朝国运开始走向衰落；1816 年亦称为"无夏之年"，气候变化直接影响人类的生活与生存环境，严格限制国家资源承载力水平。欧洲远在万里之外，八月霜冻、全年无夏，直接催生了自行车的发明。

文明初成

第三次小气候冷暖期 1200 年，是人类文明的初成阶段。古代中国的思想家很务实也直接，在人与自然之间不兜圈子，道法自然，自秦朝以来政治框架稳定，儒家秩序井然，延续小气候温暖期形成的仁义礼智信，文化一脉相传，虽历经朝代兴替，却不断走向繁荣，在大汉、大唐、大宋、大明与大清时期均创造了前所未有的农耕盛世，但却在巅峰之际故步自封，自我麻痹，千年以来，不断贻误发展先机；而古代西方的哲人刚开始还在地中海边清醒地研究人与自然的关系，但后来遁入神途，在小气候寒冷期艰苦的生存环境中变得有点唯心且复杂，他们在人与自然之间创造了万能的上帝，自我否定，此后延续小气候寒冷期形成的基督救赎苦难神学，国家政教更迭，互为侵扰，君主神权、神权统驭、神授王权，百姓赋罪疾苦，西方进入黑暗时代，而后文艺复兴，才逐渐归于理性，海权殖民，启蒙振兴，**变"神"为"人"，变"宗教"为"科学"，"宗教"为"神"，"科学"为"人"。**对于这个更迭期，西方社会明显走了弯路，背离了希腊初衷，好在痛定思痛，最终越过上帝万能的误区，重回人与自然的基本法则，弯道超车，在近代直接进入了工业革命。

1816～1831 年间全球气候再一次发生较大的突变，由冷转暖。

4. 第四次小气候冷暖期 1200 年，是人类文明的形成（全球化）阶段（1820 ～ 3020 年）

第四次小气候暖期 1820 年起——现代气候最适期（1820 ～ 2420 年）

地球正处在一个变暖的周期，人类经历三次工业革命，工业化国家初期人口倍增，到了小康阶段自发性节育，更多的发展中国家人口继续膨胀。

人权，人人为仁，人本，精英与人人。

18 世纪 40 年代，工业革命之后，神权与王权秩序逐渐趋于终结，科学为主，宗教为辅，精英与人人秩序逐渐建立起来。1804 年全球人口 10 亿人，1850 年全球人口 12 亿人，1900 年全球人口 16 亿人，到 1950 年突破 25 亿人，到 2000 年突破 60 亿人，再到 2022 年 11 月 15 日达到 80 亿人。人口爆炸，人口规模越来越大，且人口的预期寿命也从工业革命前 30 岁左右，增加至现在的 75 岁左右，人口质量不断上升，但人均空间资源占有量越来越少。

科学时代

暖期义理，科学 "scientia" 是拉丁文对希腊文 "episteme" 的翻译，但科学家 "scientist" 这个词却出现在牛顿（Isaac Newton，1643 ～ 1727 年）以后。在牛顿之前，科学家被称为 "自然哲学家"。1687 年牛顿出版《自然哲学的数学原理》（*Mathematical Principles of Nature Philosophy*），标志了现代科学的兴起。

中西方古老智慧也进一步得到现代科学技术的印证。从三道框架与《河图洛书》，希腊罗马与文艺复兴，到现代自然科学，如气候、地理、生命、计算科学，以及现代社会科学，如历史、哲学、人文、管理科学等，都飞速发展起来，人类在更加充分的认知能力与认知选择中，重新审视几千年来人类不断累积的知识财富，承前启后，革故鼎新，成为新时代发展的思想动力。

第三次鼠疫大流行（1885 ～ 20 世纪 50 年代）：1855 年始于中国云南的一场重大鼠疫。这次全球性大流行以传播速度快、传播范围广超过了前两次而出名。这次流行的特点是疫区多分布在沿海城镇及其附近人口稠密的居民区，家养动物中也有流行。

西方崛起

真正的新老交替，不是同一赛道上的弯道超车，而一定是新生态对于旧生态的降维打击，但这正是工业革命后基于西方霸权的空间经济学。当年荷兰取代葡萄牙、西班牙的国际地位，是新兴的商业资本击败了中世纪的旧贵族。英国人的玩法，在当时是前所未有的：第一步，不断修订《航海条例》实施贸易保护主义，重视制造业与出口加工；第二步，19 世纪初完成了工业革命，成为冠绝全球的世界工厂，转而推行自由贸易政策，积极寻求全球化与产业输出，不追求对殖民地的直接管控，而是将其纳入自己的经济体系，化作原料产地与产品倾销市场；第三步，便是以金融资本控制全世界。英国战胜荷兰，正是新兴的工商业资本战胜传统的商业资本的结果。这便是人类历史上，第一次全球性霸权更迭的实质所在。

战争霸权

精英至上、战争与霸权是西方精英秩序的产物，它源自古希腊，在亚里士多德及其学生亚历山大大帝的实

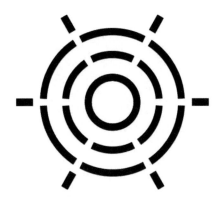

图 1-17 圆及同心圆，中心＋放射

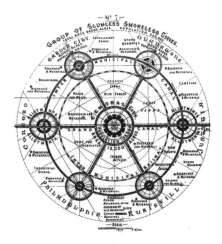

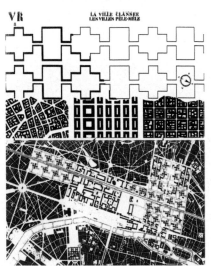

图 1-18 20 世纪"田园城市"理论（上）
图 1-19 柯布西耶"光辉城市"巴黎实践（下）

践下，获得了巨大的成功，其基因转由后世古罗马、法兰西、西班牙、比利时、荷兰、德意志等国继承，获得了小地缘国家殖民统治的巨大红利。欧洲有一则谚语：在战争中，政治家提供弹药，富人提供食物，穷人提供孩子……当战争结束后，政客们取回剩余的弹药，富人种更多的粮食，穷人寻找孩子的坟墓。地缘关系决定欧洲内耗远比中国严重，不但始终无法产生"大一统"的中央王朝，而且战争非常频繁。据历史学家统计，同样是 2000 年历史，欧洲爆发的战争比中国要多 2000 多次。

暖期刚刚开始，全球最大规模的战争也开始了。两次世界大战，实质上是对包括殖民地在内的土地以及土地之上的资源的再一次争夺。

第一次世界大战的背景

普鲁士为了统一德国，为了欧洲大陆霸权及世界殖民红利，与法国争夺，于 1870～1871 年，爆发了普法战争。这场战争以法国大败，普鲁士大获全胜，建立德意志王朝的使命告终。然而普法停战的和约极其苛刻，法国割地赔款，使德法两国深深结怨，这是第一次世界大战爆发的历史渊源。

西班牙大流感（1918～1919 年），是人类历史上致命的瘟疫，曾经造成全球约 5 亿人感染，2500 万到 4000 万人死亡（当时全球人口约 17 亿人）；其全球平均致死率为 2.5%～5%，与一般流感的 0.1% 比较起来更为致命，感染率也达到了 5%，间接结束了第一次世界大战。

第二次世界大战的背景

1929～1933 年经济大危机对美西方国家构成了沉重打击。这场危机来势凶猛而且持续了 5 年，从美国迅速波及整个西方国家，给西方经济造成严重破坏，人们常常用"大萧条""大危机"来形容这场危机。1920 年代末，西方国家大萧条所带来的动乱，使法西斯主义恶性发展。纳粹党迅速膨胀为德国第一大党。人类战争越打越大，规模空前，从欧洲到亚洲，从大西洋到太平洋，先后有 61 个国家与地区，20 亿以上的人口被卷入战争，作战区域面积 2200 万平方千米。战争中军民共伤亡 7000 余万人，4 万多亿美元付诸东流，造成深重灾难，出现中国南京大屠杀、波兰奥斯维辛以及日本广岛三大惨案。

第二次世界大战最后以美国、苏联、中国、英国、法国等反法西斯国家与世界人民战胜法西斯侵略者，赢得世界和平而告终，而两次世界大战成就了美国。而美国则通过战后政治体系（联合国秩序）、货币体系（布雷顿森林体系）与贸易体系（WTO）的建立，完成了人类历史上第二次全球性霸权的更迭。

神权之后，通过战争，在空间经济学的探索下，西方经济霸权制逐渐形成，并获得了巨大的成功。**此时，西方社会因应这一变革的新的空间形式语言也出现了。历史总在一些基本原型思想上旋回自洽，如同希腊与哥特风格交替复兴一样，城镇的建设也在乌托邦与怀疑论的思潮下演绎成为 20 世纪霍华德（EbenezerHoward）的"同心圆""田园城市"（Garden City）与柯布西耶（Le Corbusier）的"格网式""光辉城市"。这或者是西方社会继第一次形而上学高峰（"伊甸园"与"营寨城"）历时 2000 多年来第二次形而上学高峰之后构建的里程碑式的空间理想。**

中华复兴

在鸦片侵淫下逐渐势弱的中国，内忧外患，饥饿穷苦，而历列强暴力与贪婪，叠加天灾与人祸，经无夏之年、鸦片战争、太平天国、丁丑奇荒、甲午战争至八国联军侵华。1901 年，中国签订《辛丑条约》，这个条约规定中国要向列强支付 4.5 亿两白银。这是个最为耻辱的条约，因为中国当时的人数正好是 4.5 亿人，当时的普通老百姓，甚至没见过白银、没有劳动能力，也必须赔出 1 两白银给外来的侵略者。中华民族屡遭苦难，觉醒的种子从南方萌芽，珠江流域（环珠江口湾区）在上一个冷期末逐渐兴盛。

1921 年 7 月 1 日，中国共产党成立，从此改变了中国的命运以及世界的格局。

中华文明自信的底气来自结构性地缘特征，九宫格网，天人可以合一，方圆可以默契，容得了间冰期上 1 万年以来的日月冷暖、陆海侵退以及人类秩序兴替；中华文明的复兴既是地缘结构性复兴，也是要素流动性、形式连续性与边界包容性的空间结构性复兴。再续暖期"义理"，迎接数字革命，由精英秩序，最终进入人人秩序阶段，这是中华文明伟大的秩序贡献，执中华之雄，守天下之安。自西周文明原点以来，历经若干次复兴与若干次传续，中华文明开始从政治贤能的地缘文明走向全球文明，而中国人的"天下"也从"九州天下"，走向"五洲天下"。

人人竞合，是对中国社会治理结构与空间形态的第三重构建。

人民至上，人类已经进入数字革命时期，技术的进步将助力人人秩序的实现。过去 200 年，人类技术完成了从工业革命向数字革命的过渡，是人类社会进步最快的时期。全球人口规模从 1804 年的 10 亿人，增长到 2022 年约 80 亿人，全球城镇化水平从 1800 年约 6%，增长到 2020 年接近 60%。技术进步的速度随着人口增长的速度而不断加快。中华文明旋回性传承的"九宫格"与西方文明自洽性传承的"同心圆"，也在随着全球人口规模的爆炸式增长，叠加战争与瘟疫、混乱与贫穷，逐渐淹没在迅速城镇化的焦灼潮流之中。中西方由古老巫鬼文化延续至今，中国图腾广化的"九宫格"，以及西方音律广化的"同心圆"，两种文明沉淀出来基于不同地缘框架下思想与空间的图示法则，不仅是空间活动组织方式，也是社会秩序的组织方式，业已经过无数代人的不懈努力与创造实践，历 3000 多年的演变周期而成为经典。走进新时代，人类更加迫切需要厘清这些空间遗产。面对如此庞大的人口规模与城镇化水平，中华文明独特的气候韧性、地缘韧性、秩序韧性与空间韧性，及其知识宝库中象天、法地、礼序、营城的空间智慧，也再次成为全球文明发展可资挖掘与利用的丰富资源。**中华复兴不仅是对过去自西周文明原点开始历经秦汉、唐宋以及明清的地缘文明复兴，也是人类社会更加深远与持久的整体意义上的全球文明复兴。**赓续传统，敬天爱人，跨越地缘，连接地球，中华文明将引领数字革命新的时代浪潮，产生新的认知革命，多元一体，形成新的空间哲学，以更加宏大的空间框架容纳中西方既往文明，从而塑造数字文明新的轴心时代，构建人类发展新的治理形态。

地缘文明的空间理论已臻完善，全球文明的空间哲学即将到来。

2060 年，40 年后的危机

艾萨克·牛顿（Isaac Newton，1643 ~ 1727 年）曾预言的 2060 年事件，会不会就是这个间冰期的大变动，随之而来的海侵时间表呢？撒迦利亚·西琴（Zecharia Sitchin，1920 ~ 2010 年）在研究苏美尔文明之后也将一个巨大的脑洞写进了《地球编年史》中：在宇宙之中还存在着一颗行星名叫"尼比鲁"，其绕太阳公转的时间约为 3600 年，这颗行星拥有非常先进的科技水平，他们起初是为了地球的矿产资源来到地球。苏美尔人有对 12 星体的描述，对于"尼比鲁"下一次进入太阳系的时间，西琴解释时间应该是在 2060 ~ 2065 年，这印证了牛顿的预言，也就是还有 40 年左右，人类或要面对一场巨大的气候危机。斯蒂芬·威廉·霍金（Stephen William Hawking，1942 ~ 2018 年）甚至说，到 2060 年人类就将必须离开地球，大约在 2100 年人类进入外太空后新的人种就会出现。

大灾难往往需要长时间缓发性灾害累积，人类在全球化进程中，确实应该考虑各阶梯均衡性文明布局，并开始人类星球化的征途，而这 40 年更显得十分重要。古人总结，一个甲子 60 年，十个甲子 600 年，似乎成为地球六十进制的变化规律，以 600 年为一个冷或暖期，从 1.15 万年到现在约有 20 个 600 年，大致呈现 1200 年小周期、3600 年大周期规律，可能酝酿着这个间冰期下 1 万年左右的大变动，毕竟地球的这个间冰期已经过了 1.15 万年了，一次灾难就足以让人类营造的城镇变为废墟，人类又要重新开始。如 4200 前的大灾难一定还会有的，若如此，人类要准备再上高纬度与高阶梯了。新的研究表明，一场全球性洪水即将来临。如果我们未能采取有效的防御措施来遏制全球碳排放，到 2100 年沿海地区洪灾可能会增加近 50%，以至于下个世纪大片低海拔土地将频繁被海水淹没。本书推测，在这个间冰期余下的时间内，还可能会有 3 次左右的大周期，也将伴随 3 次左右的大海侵，人类应对未来灾害的道德水平、技术能力不断提高，推动全球化进程与未来星球化构建，也就不会重蹈史前覆辙，会有多种多样跨流域、跨阶梯，立体网络城镇与产业体系，以及可能的外太空去适宜人类的生存与发展。

间冰期近 1 万年，人类生产了丰富多彩的空间遗产，成为人类生存与发展的宝贵财富，我们期待间冰期更加精彩的下一个 1 万年，和而不同。

1.3 向阳而长，流域旋回

人类历史就是应对气候变化的历史，掌握规律，寻找平衡，制定办法，灵活应对，这也就是"象天"，空间气候学。人类自身就是气候测度器，感受到气候的气温与降水变化，维持好自身"热度"与"湿度"的平衡，也就是冷暖与干湿。近 1 万年来的地球，人类对气候的适应经历了从早期零星的被动迁徙游牧适应，到后期散点的主动定居农耕适应，再到现在高密度的全球化智能适应的过程，始终没有离开过地球这个蓝绿大结构。就中国而言，与全球气候同步出现了几个气候节点，春秋节点、魏晋节点、13 世纪 30 年代至 60 年代宋元节点以及 1816～1831 年间节点。随着对气候适应能力的加强，国家形态也在发生变化，三代成型，分封而治；秦汉定制，冷分暖统；宋元之后，冷暖皆统，中华民族历经磨炼融汇成为一个伟大的民族。前述要素与蒙太奇式的历史告诉我们，全球文明在北半球，北半球的重心在中国，不仅如此，全球文明的各个阶段都在中国沉淀，譬如，苏美尔、哈拉帕、斯基泰、雅利安、波斯以及现代文明；同时，中华文明也在各个阶段向全球传播，譬如，古羌人、古彝人、凌家滩、殷商、秦汉、唐宋、蒙元、明清，等等，从未间断。未来地球仍将传续以人人秩序为主线的中华文明，这得益于孕育中华文明地球上最完整的地缘结构及其最包容的人文思想。气候影响历史，地缘决定文明，冷暖更迭，陆海侵退，旋回自治，沉淀广化出近 1 万年来我们熟悉的蓝绿地球。

1.3.1 冷暖更迭

地球冷暖，如同人之呼吸，一冷一暖是地球自我调节的运行机制，冷暖更迭也就是地球健康存续的自然规律。所谓尽人事，安天命，人的活动不可能从根本上改变气候，只能适应气候，懂得测度，知节晓气；懂得规律，风调雨顺；懂得营城，接山迎水；懂得自律，趋利避害，爱护我们的地球。

气候共同

气候无国界，气候的变化是全球性的，人类应对气候的变化表现出一定的共同性，从被动到主动，从技术到秩序，人类文明在进步，尽管气候的变化并不完全却取决于人类活动，但其应对气候的行动也更加强烈地趋于一致，使得更多的人们得以在地球上高质量地生存。日往则月来，月往则日来，日月相推而明生焉。寒往则暑来，暑往则寒来，寒暑相推而岁成焉。往者屈也，来者信也，屈信相感而利生焉。气候变化对社会发展影响深刻，历史上的气候变化与社会经济波动之间的对应关系可以大致概括为"冷抑暖扬"。人类文明的发生主要是在北半球，其气候变化呈现出相似的规律，陆域与海湖平面的变化也大致一样。暖期农耕，冷期游牧；暖期盛世，冷期衰败；暖期北兴，冷期南旺；暖期向西北，冷期向东南；暖期重义，冷期重心；暖期洪涝，冷期瘟疫；暖期上阶梯，冷期下阶梯；暖期高纬度，冷期低纬度；由暖转冷，危；由冷转暖，兴。

物种迁移

冷暖更迭，南北向迁徙，物种迁徙是对气候变化的被动适应。暖期气候农耕区面积北移，有利于农耕游牧过渡地带如河西走廊、河套平原、辽东等地的开发。同时，温暖的气候也能够为中原王朝提供更多的物质基础，一定程度上推动了王朝的强盛。而在冷期，游牧区面积扩大，农耕区面积萎缩，使得游牧民族更加强盛。一般大规模的游牧民族南下都发生于寒冷期。

近1万年来，人类冷暖期迁徙的同时，动物活动区域也会出现收缩。譬如大象迁徙，就曾经出现在中原，距今9.9万年前，山东沂水跋山旧石器遗址出现了象牙铲，这是目前中国发现的最早的磨制骨器之一，说明这一带此时的气候条件适合大象的生长。又譬如鱼类迁徙，龙州鲤，从距今8000多年前的淮河收缩到了现在的西江；龟类迁徙，马来龟，从距今3000多年前的安阳收缩到了马来；而候鸟的迁飞从未停止过，全球四条候鸟迁飞通道经过中国，弶港是东部沿海地区重要的停靠基地，勺嘴鹬常会在这里被发现。植物也是这样，属于亚热带植物群落在藏北地区以及西辽河、热河地区也都出现过。有意思的是动植物群落协同迁徙，如梅树、竹子，跟梅树、竹子有关的动物有熊猫迁徙，以及与人类有关的种群是客家人迁徙，某种意义上，熊猫与客家人，都是崇尚与追逐梅树、竹子而从距今2000年前的中原南迁的，这很浪漫，客家人客都梅州，也就是梅竹之州，晓梅知竹，风姿卓卓，这正反映出客家人精神；再如大象，跟大象群落有关的民族有傣族，也从陕甘关陇，到娄底、巴中、兴义、百色、崇左，以至西双版纳，千里迁徙，却保持方国形态，保山原名"勐掌"，即意为"大象之国"。2021年春夏，西双版纳的大象群落出现了北向迁徙的事件，是不是想要重回关陇？背后的逻辑应该就是气候变暖本能所激发的磁场记忆，让它们"梦游"了一场。

图1-20 东台沿海地区中心城区空间效果示意图

留住鸟，留住一个世界。

弶港，因鸟而起，为鸟而荣，弶港应该基于蓝绿网络构筑蓝绿产业，并强调鸟业保护的发展特色。立足世界自然遗产地可持续发展，围绕保护研究、科普体验，开展走读自然、亲近乡村活动。建设国际研学营地、观光农场、旅游综合体。服务长三角都市人群，用森林鸟唱疗愈身心，用艺术城镇温暖生活。可增加候鸟迁飞国际研学基地建设，设置候鸟国家公园、候鸟全球论坛、候鸟国际小镇以及候鸟国际使馆，推动中外交流互鉴。

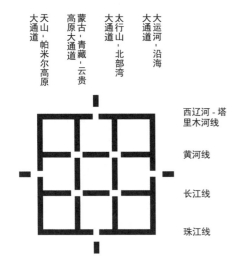

天山 - 帕米尔高原大通道
蒙古 - 青藏高原大通道 · 云贵
太行山大通道 - 北部湾
大运河大通道 · 沿海

西辽河 - 塔里木河线

黄河线

长江线

珠江线

图 1-21 四条南北向迁飞通道与四条东西向流域通道, "四纵四横" 九宫格

人类迁徙与物种迁徙通道一致。受地缘条件的限制, 顺应地理折线蓝绿结构, 中国大陆存在 "四纵四横" "九宫格" 格网人类迁徙通道, 东西向 "四横" 是四大流域主干通道, 南北向 "四纵" 包括天山 - 帕米尔高原大通道 (部分沿第一阶梯线西北侧, 西亚 - 东非候鸟迁飞通道)、蒙古 - 青藏 - 云贵高原大通道 (部分沿第一阶梯线东南侧, 中亚候鸟迁飞通道)、太行山 - 北部湾大通道 (沿第二阶梯线, 东亚 - 澳大利亚候鸟迁飞通道)、大运河 - 沿海大通道 (沿第三阶梯线, 西太平洋候鸟迁飞通道) 等, 以及次流域湘江通道、赣江通道、汉江通道, 以及纵横成网的古运河小通道 (邗江、灵渠、白沟)、古驿道 (茶马古道) 等, 近代中国人走西口 (河套通道, 陆上 "丝绸" 之带)、闯关东 (辽西走廊、热河通道)、下南洋 (西南通道, 海上 "瓷器" 之路) 也和这些大通道之上。**这些通道不仅是人类迁徙的通道, 还是动植物群落迁徙的通道, 在这个意义上, 保护好延绵至今的候鸟南北迁飞通道实际上也是在保护人类自己以及未来可能迁徙的通道。**

地球气候的变化显然不随人类的意志而改变, 人类当然要顺应地球的变化, 而极端气候条件恰恰又是人类社会技术进步与文明发展的催化剂。湿地、雨洪 (海绵) 系统、台地、建筑、聚落、城镇和社会化组织能力是人类主动耐受气候的有效方法, 天干地支二十四节气也是运用规律适时调整应对气候的有效策略, 构成人类个体、社群与地区耐气候条件的集体智慧。

心性义理

冷期心性, 暖期义理, 气候暖期有利于人类科学创新, 气候冷期则有利于人类哲学思考。

人类智慧包括暖期智慧 (善, 喜悦; 佛教, 儒家, 伊斯兰教, 义理) 与冷期智慧 (恶, 苦难; 祆教, 犹太, 基督教、心性)。暖期智慧重义明理, "义理" 唯物, 经济发达, 繁荣昌盛; 冷期智慧重心明性, "心性" 唯心, 活动减少, 思维放大; 冷暖之间, 则重用唯实, "实行" 唯用, 实用主义, 大部分的时间属于第三种情况。

暖扬, 悦动, 百花齐放, 百家争鸣, 物质丰富, 文化融合, 跨界生长, 国泰民安, 自然科学飞速发展。譬如, 宋朝水运仪象台是中国古代一种大型的天文仪器, 由天文学家苏颂、韩公廉等人创建。它是集观测天象的浑仪、演示天象的浑象、计量时间的漏刻与报告时刻的机械装置于一体的综合性观测仪器。其吸取了北宋初年天文学家张思训所改进的自动报时装置的长处; 在机械结构方面, 采用了民间使用的水车、筒车、桔槔、凸轮与天平秤杆等机械原理, 把观测、演示与报时设备集中起来, 组成了一个整体, 成为一部自动化的天文台, 它是中国古代的卓越创造, 其中的擒纵器是钟表的关键部件。因此, 英国科学家李约瑟等人认为水运仪象台 "可能是欧洲中世纪天文钟的直接祖先", 而近代西方自然科学的飞速发展则是在明清小冰期结束之后。同时, 暖期人口增加, 技术提升, 城镇规模大幅度扩大, 哲学普及, 空间形制上主 "方", 格网式发展, 可以快速扩展与连接, 形成更大的城镇区域。

冷抑, 静止, 知止而后有定, 定而后能静, 静而后能安, 安而后能虑, 虑而后能得。物有本末, 事有始终, 知所先后, 因定生慧, 则近道矣, 社会科学高度演进。韶关地区, 南华寺最有名的两位大禅师, 惠能 (638 年 ~ 713 年) 与憨山 (1546 年 ~ 1623 年), 就是纪元后两次冷期时出现的。单一宗教信仰也会分化成主要的两派, 即一分为二。佛教分化大乘度人与小乘度己; 基督教分化天主教与东正教; 伊斯兰教则分化什叶派与逊尼派。其中, 最为和谐的是佛教, 禅宗二合为一, **度人度己可以相生相成,** 在这一点上, 六祖惠能不限于佛教而之于全体宗教, 其教化之 "功不在禹下"。而其余两教, 各自两派, 则相生相杀, 直至今日。憨山德清中兴曹溪, 修心融净, 修行融知, "为学有三要, 所谓不知《春秋》, 不能涉世; 不精《老》《庄》, 不能忘世; 不参禅则不能出世", 成就心性大德。与此相邻, 赣州地区, 相应也出现了源于曹溪南禅的马祖道一 (709 年 ~ 788 年) 与百丈怀海 (720 年 ~ 814 年), 以及源于曲阜儒家的阳明心学 (1472 年 ~ 1529 年)。应冷暖更迭、陆海侵退, 彼时海平面比现在高, 六祖六榕寺传法, 曹溪南华寺圆寂, 延续弟子无了 (769 年 ~ 867 年) 蒲草广化寺传法, 三紫龟山寺圆寂, 随祖师惠能修成千年真身, 敦化后学。同时, 冷期人口减少, 食物匮乏, 城镇规模受到抑制, 却神佛兴盛, 寺庙宏伟。

第一次冷期后，马祖建丛林，百丈立清规，和尚们也由**衣钵"游僧"到农耕"庙僧"**；寺庙空间主"圆"相"方"物，讲究风水，龙真穴的，水抱砂秀，归本还原，可以更加凸显神佛的力量，以皈依、统御、赈济世俗社会。

现代社会，寒冷地区也多为新思想的原创中心，北欧地区的思想家相对较多，产生的学者也相对较多，譬如德国，明清小冰期新古典主义哲学就是在这一地区形成，到达了形而上学的新高地，成为现代西方国家制度的奠基石。冷暖之间，则拿来主义、实用主义盛行，取长补短，看齐发展，自然科学与社会科学领域都处于缓速过程，社会面临或冷或暖的诸多不确定性困扰。

大致来看，暖期"义理"哲学活跃，形式主"方"，可以扩展连接；冷期"心性"神学活跃，形式主"圆"，可以收缩分离；"实行"重用，实用主义，则可以妙用"方、圆"。其实，所有"义理""心性"，还有"实行"，都是当时当地人类社会集体的政治选择，呈现出思想认知叠加"旋回与自洽"的特征。

社会兴替

冷暖更迭会发生重大自然灾害，譬如海侵、超级火山等，以及全球性战争与瘟疫，会导致朝代兴替。暖期有利于农业生产，为社会更快发展提供更为优越的物质条件，是历史上"冷抑暖扬"特征形成的根本原因；而冷期的影响似乎以增加人类系统的脆弱性为主，使得社会经济系统调控危机的能力明显降低。历史上经济发达、社会安定、国力强盛、人口增加、疆域扩展的时期往往出现在百年尺度的暖期，相反的情况则发生在冷期。

西周文明原点后是第一个寒冷期，之后秦汉复兴。根据《竹书纪年》记载，在周孝王时期，汉江曾经发生过冰冻的现象。竺可桢通过《豳风》中出现的植物证实当时关中的气候较冷。在西周晚期，发生了犬戎入侵的历史事件。到春秋初期，北狄、西戎等入侵中原与关中，中华文明面临危机。

从春秋到西汉时期，气候又开始转暖，当时的梅树、竹子等亚热带植物可以在北方大面积生长。温暖的气候使得关中地区成为了全国的经济重心。秦、西汉都定都于关中。同时，河套、河西、辽东、西域等地也十分适合农耕经济发展，这给汉朝的扩展提供了物质基础。

从东汉到南北朝，经历了600年的第二个寒冷期，之后唐宋复兴。《齐民要术》记载北方的物候要比现在推迟10~15天。在这个时期，农耕区域又出现了收缩，游牧区域开始扩大。如河套地区已经被游牧民族控制。大量的游牧民族还涌入了中原，最终造成了"五胡乱华"的局面。自唐朝后又是一个温暖时期。唐宋时期，水稻的种植能够北移到河套地区，关中地区出现了大量的亚热带作物，而四川盆地则出现了热带的荔枝等水果。温暖的气候不仅使得唐宋的经济繁荣，同时也加速了周边地区的开发。如青藏高原地区的农业迅速发展，这是吐蕃王朝兴盛的基础。在东北，黑龙江流域进行农业生产，这也是渤海国立国的基础。

从安史之乱开始，中国的气候总体偏冷。880年~1230年是一个从温暖到寒冷期的过渡时期，之后气候就急转直下。由于气候变得较为寒冷与干燥，农业区又一次萎缩。关中地区的农业生产已经无法达到过去的水平，粮食无法自足，使得中国的经济重心与政治重心向东转移。因此，长安此后就不适合作为首都了。气候寒冷加速了人口的南迁，也加速了南方经济的开发。到了南宋时期，南方已经成为了全国经济重心。宋朝之后的严寒也造成游牧民族南下的频率加大。在两宋时期，黑龙江流域已经不太适合农业生产，辽金选择不断南下。1230年之后，气候变得更加寒冷。此时，蒙古兴起，最终统一了东亚大陆。不过在元朝统一后，曾经出现了短暂的温暖期，这也是元朝兴盛的一个原因。

明清时期，气候又十分严寒，称为"小冰期"，是第三个寒冷期，间中暖期，明清复兴。该时期，黑龙江、西域、河套都不太适合农业生产，甚至出现了大规模的沙漠化现象，使得明朝的势力难以在这些地区立足。由于东北气候严寒，黑龙江流域无法像渤海国那时候进行大规模的开发，几乎回到了渔猎状态。明清时期，中国北方的游牧民族总体上处于不断南迁的状态，如蒙古族盘踞在辽西、河套，清兵入关等。

暖期的灾害主要是洪涝与海湖平面上升，冷期的灾害主要是干旱与瘟疫。北方游牧民族南下，大部分发生在地球冷期。朝代兴替的主要压力来自北方。西辽河之于黄河，黄帝之于炎帝，中山国之于燕赵，匈奴之于大汉，鲜卑之于大唐，蒙古之于南宋，满族之于大明等，均融入华夏，融入中华文明。

顺应冷暖变化，天灾人祸则败，天佑人祸则危，天灾人治则兴，天佑人治则盛。

由暖转冷，危；由冷转暖，兴。 进一步的分析发现，与暖期相伴的社会经济发展与人口膨胀同时也增加了对资源与环境的压力，使得以农业为基础的社会系统风险持续上升，因而在遭遇重大的气候转折（如气温下降、降水减少）时，很容易造成资源相对短缺，导致人地关系失衡。统计表明，**在过去 2000 年中国社会的 9 个高风险期中（2 个或 2 个以上社会经济指标处在高风险状态），有 8 个与气候由暖转冷期有时间重叠。** 在此背景下，极端气候事件与重大灾害往往也容易触发社会危机，一些事件甚至成为社会全面动荡与朝代更替的导火索。

其中明朝的灭亡就是一个典型案例：一方面，16 世纪晚期开始的气候转冷、转干趋势，不仅直接降低了粮食产量，使得整个华北长期处在粮食短缺状态，而且导致北方军屯体系崩溃，迫使明政府向该地区大规模转运军粮，使政府深陷财政危机；另一方面，17 世纪 20 年代末期开始的长达 10 余年的北方大旱（史称崇祯大旱，为过去 500 年间华北最为严重的旱灾）首先触发了陕西、山西两省农民起义浪潮，之后随着灾区扩大与灾情加重，在起义军兵源不断得到补充的同时，又持续削弱了明军的补给能力，使明王朝最终为起义军所推翻。

这次小冰期气候一直延续到了现在，我们处于历史上比较寒冷的时期，但已经开始由冷转暖。中华文明经历三皇五帝、三代九朝，延续至今，正走向新的全面复兴。

气候自洽

不过，中国大陆地域广阔，地缘结构完整，不论在暖期还是冷期中，都是有利与不利影响的地区并存，不可一概而论。王铮、吴静通过建立"中国历史人口地理演变的自主体模拟模型"，重现了伴随气候变化而来的土地资源数量与农业产出的波动，并模拟显示出大约在 918 年，中国南方人口总数超过北方人口总数，此后人口分布南重北轻的格局始终再未改变。换言之，中国人口分布的南重北轻的格局在唐末到五代之间开始形成。此后随着气候温暖期的结束，至 1240 年，中国人口的东西分布差异最终形成。

同时，因时（冷暖）、因地（侵退）适应气候冷暖变化与地缘蓝绿特征，不仅可以趋利避害，也是中华文明得以持续发展并孕育中华文明独特文化内涵的重要因素。如"中世纪暖期"的温暖气候使得中国大多数地区热量资源增加，与此相应，10～13 世纪农作物种植界线大规模北扩，特别是在北方农牧交错带与暖温带 - 亚热带交界处更为明显。同时，为适应当时中国东部"北涝南旱"的气候特点，在北宋政府倡导下，北方黄河流域推广稻作，长江流域则推广生长期较短的占城稻、并形成稻麦连作制度，其中后者被认为是中国农业史上一次重要的种植制度变革，对其后中国社会经济发展产生了深远影响。而处于小冰期的清朝，人口增长迅速，除清初外，人地矛盾一直较为紧张，因而在响应、适应气候变化举措上，不但将推广相对高产作物（如玉米、薯类）及调整种植制度（如 18 世纪初气候转暖后在长江下游地区推广双季稻）等农业措施作为基本手段，而且还以向边疆移民与拓垦作为适应气候变化（特别是极端气候事件）影响的重要辅助手段。虽然从长时间尺度来看，移民与拓垦的主要内在驱动因素是人口压力，也与边疆政策等政治因素有关，但短时间尺度上的移民事件往往与水旱灾害相关，如 17 世纪中晚期，几乎在华北发生的每次极端旱涝事件，都伴有数万甚至数十万人口自发或被政府组织迁至长城以外地区。特别是进入 19 世纪，清政府因财力日渐衰退而致赈灾能力显著降低，对关外"封禁"政策日益松动并最终废除，人口向地广人稀的东北地区流动成为华北地区应对气候恶化与极端气候事件影响的主要手段。这不仅客观上降低了华北地区的社会风险，也有力促进了东北地区开发，使得晚清在边境危机加深时大部分边疆领土得以保存，实现国土空间范围内南北方自洽。

但在全球范围来看，地球北纬 25～40 度区域完全适应 1 万年来所有气候变化，沉淀出延绵灿烂的中华文明。 不是所有的国家在其范围都可以像中国大陆一样实现气候适应的大地缘区域自洽，小地缘区域则受气候灾害或人为战争影响，人口必然会向他国、他域转移，形成相同地缘"不同气候条件下文明的更迭"而非自洽。大致看来，中国陆域范围内，上1万年（冰期），由南往北，至西辽河-塔里木河流域以北，人口流向青藏高原；这1万年，由北往南，至珠江流域以南，全球人口向亚欧大陆两端直至美洲不断集聚，并逐渐远离青藏高原。下1万年，又会由南及北，对应西方小地缘不同文明的发展阶段，且人口逐渐靠近青藏高原，之后再由北往南，进入下一个冰期。由于不能自洽，西方文明整体上被动断代发展。人类气候共同体，国际社会需要形成联合与共同应对机制，在主动适应的基础上以容纳气候变化所带来巨大规模的人口被动迁徙。

气候自洽，也是气候韧性，上1000年，南方不行、北方行，东边不行、西边行，下1000年，北方不行、南方行，西边不行、东边行。

1.3.2 向阳而长

宇宙中，地球最重要的关系就是日地关系，太阳掌管着地球人类最终的命运，人类向阳而长，是太阳崇拜的原始动因。

太阳崇拜

太阳崇拜的含义很多，大部分是光明与火的概念，中国的太阳神是伏羲，他创制先天八卦，就是太阳经书，后世文王归纳成《周易》，日月之经。八芒星实际上代表了太阳，是太阳纹的一种，在各国出土的新石器时代器物中都出现过，譬如距今5300多年前安徽含山凌家滩出土的玉鹰，在其肚腹部位就是一颗八芒星。其中有一个变种，按照施莱夫利法则（Schläfli fli symbol）被称为"8/3星型多边形"，在清真寺纷繁复杂的花纹装饰中也是很常见的一种形式。古波斯火祆教的太阳神密特拉崇拜，对后来的摩尼教、犹太教、基督教与伊斯兰教都有深刻的影响，甚至佛教也有祆教的影子，成都地区三星堆发现的青铜直立人，被认为是火祆教教主琐罗亚斯德的造像，增加了神秘的色彩。与此同时，世界各地，都有太阳崇拜，史前人类意识到，只有太阳才是万物之主。譬如英国，距今4300年前索尔兹伯里平原上，一些巍峨巨石呈环形屹立在绿色的旷野间，这就是英伦三岛最著名、最神秘的史前遗迹。巨石阵（Stonehenge）由巨大的石头组成，每块石头约重50吨，它的主轴线、通往石柱的古道与夏至日早晨初升的太阳在同一条线上；另外，其中还有两块石头的连线指向冬至日落的方向。

柬埔寨吴哥王朝太阳王苏利耶跋摩二世1113年～1150年间建造的吴哥窟、中国大明王朝永乐大帝1406年～1420年间建造的紫禁城、法国波旁王朝太阳王路易十四1661年～1689年间建造的凡尔赛宫，甚至中国大清王朝乾隆大帝1750年～1764年建造的颐和园佛香阁，都与太阳有关。太阳神庙分布在全世界，如埃及太阳神庙、科纳克太阳神庙、土耳其太阳神庙、库斯科太阳神庙、巴尔贝克太阳神庙、玛雅太阳神庙、德尔斐太阳神庙、英国巨石阵。

作物分布

人类社会目前的巨大差别不是因为文化或种族上的差异，而是由一开始所处的环境差异通过正反馈效应不断扩大而造成的后果。粮食生产是从原始狩猎社会发展出来的一种巨大进步，农业革命是人类步入文明的一个先决条件。远古时代，各种作物向东传入印度河谷与东亚，大致处于同样的气温带上，东西向跨经度传播速度要快一点，平均速度为每年1.13千米；而南北向跨纬度的传播，因要克服不同类型气候带与冷暖期更迭的影响，传播速度要慢一些，在既定纬度范围内平均速度则是每年不到0.80千米，玉米与豆类的传播速度每年不到0.48千米。而这些作物，都会在温带地区大范围种植，人类随着作物的生长也呈东西向分布发展，尤其是亚欧大陆，而日晷、太阳历、二十四节气等知识的传播是对太阳运行规律的掌握，大大方便了农业生产。

北半球的农业是"靠天吃饭"的产业，气候变化对农业产量有巨大影响。结合历史朝代来看，一般认为春秋时期到西汉末年是暖期，年均气温比现在高 1.5℃ 左右；东汉到南北朝为冷期，年均气温可能比现在低 1～2℃；唐至北宋可能为暖期，气温比现在高出 1℃ 左右，但有可能从 8 世纪开始气温逐渐下降；1000 年～1200 年为南宋寒冷期；1200 年～1300 年为元朝温暖期；1400 年～1900 年为明清宇宙期，也称小冰期，是一个低温多灾的时期。

作物的丰歉，直接影响到人类对生存环境的选择，**一般而言，首先，年平均气温每增减 1℃，会使农作物的生长期增减 3～4 周，粮食亩产量相应增减为 10%。**譬如，在气候温和时期，单季稻种植区可北进至黄河流域，双季稻则可至长江两岸；而在寒冷时期，单季稻种植区要南退至淮河流域，双季稻则退至华南。**其次，年平均降雨增减 100 毫米，粮食亩产量的相应增减也为 10%。再次，年平均气温的高低与年平均降雨量的多少，对冷害、水旱灾与农业病虫害的发生频率及烈度也具有决定性的影响，从而明显地增加或减少农业产量。在生产力发展水平低下的古代，干与冷，涝与热往往叠加作用，粮食减少的幅度要更多得多。最后，在高纬度地区表现最为明显，而对低纬度地区则影响相对较小。因此，气候变化对农业产量的影响，中国北方地区更为巨大。**

二十四节气规律

节气是一年之中太阳运行的规律。在气候冷暖、干湿的大背景下，地球自转，十二时辰，产生二十四小时是日复一日的规律；地球公转，十二月令，产生二十四节气则是年复一年的旋回。二十四节气是中国人测度天候、地候、物候与应对气候变化的有效工具，也成为了人类测度冷暖的一把尺子。

史载，原始社会的新石器时代是中国天文学发展的萌芽状态，那时人们注意到太阳升落、月亮圆缺的变化，从而产生了空间（方位）与时间（计量）的概念。燧人氏时代已经确认天北极，创造星象历，"天地初立，有天皇氏，澹泊自然，与（北）极同道"。《盘古王表》："天皇始制干支之名以定岁之所在。"伏羲氏时代发明了八卦，并创立了天道观测系统；到了五帝及之后，人们掌握了太阳的规律，发明了"日历"——太阳历，中国人的阳历、二十四节气，掌握了月亮的规律，发明了"月历"——中国人的阴历、古历、夏历；农历同苏美尔历法大致一样，是阴阳历；此外，玛雅人还发明了金星历法等，由此，星辰三联神都有了历法；当然，古代的人们还发现了太阳黑子，并发明了荧惑历（火星历）等，相互促使人类文明不断进步与发展。

其中，太阳历最适合农耕文明。《尚书·尧典》中有"日中""日永""宵中""日短"的记载，相当于春分、夏至、秋分、冬至四个节气；《周礼》中有"冬夏致日，春秋致月，以辨四时之叙""冬日至，于地上之圜丘奏之……夏日至，于泽中之方丘奏之"，明确提出了冬至与夏至。战国后期的《吕氏春秋》中出现了"日夜分（春分与秋分）""夏至""冬至""立春""立夏""立秋""立冬""始雨水""小暑至""霜始降"等称呼。春兰秋草，岁往枯荣。到了西汉年间，二十四节气完全确立。公元前 104 年，由落下闳、邓平制订的《太初历》正式把二十四节气定为历法，明确了二十四节气的天文位置。《淮南子·天文训》则完整地记录了二十四节气的名称、天气与"天、地、人"的对应。

二十四节气是农耕文明的产物，农耕生产与大自然的节律息息相关，它是上古先民顺应农时，通过观察天体运行，认知一岁（年）中天候（时令）、气候、物候等变化规律所形成的知识体系；在二十四节气中，反映"天候"（时令）的是立春、春分、立夏、夏至、立秋、秋分、立冬、冬至；反映"地候"变化的有雨水、谷雨、小暑、大暑、处暑、白露、寒露、霜降、小雪、大雪、小寒、大寒；反映"物候"现象的是惊蛰、清明、小满、芒种。它其实也是中国人对于"天（天候）""地（地候）"与"人（物候）"此"三道"互动的精准把握。

节气规律也有南北纬度差异，暖期偏北，而冷期偏南，温带地区适用。二十四节气是中国独创，也是世界天文史上的一个重要发现。直到今天，它对农业生产仍具有指导作用。英国学者李约瑟赞誉："中国人在阿拉伯人以前，是全世界最坚毅、最精确的天文观察者。"中国二十四节气，被世界气象界誉为"中国第五大发明"，还被列入联合国教科文组织人类非物质文化遗产代表作名录。

人体热、湿适应

太阳与月亮调节气候冷暖，海洋与冰川调节陆地干湿。

人体的热适应性是对气温的适应，指通过生理、行为与心理的调节来逐渐减弱由于热环境改变带来的机体反应，从而达到热舒适。热适应源于外界热环境的刺激，人体与环境在多重交互反馈过程中逐渐形成适应，使自身达到或接近热舒适状态，人体热适应温度范围应该是 20～26℃。相对而言，人体热适应是大周期缓慢适应的过程。

地球 1.15 万年以来由暖及冷，人类生存的空间形态也在不断变化。地球暖期，人体自然热舒适在高纬度、高海拔地区；地球冷期，人体自然热舒适在低纬度、低海拔地区，纬度与海拔之间存在一定的规律，纬度 90 度，海拔约 9000 米（珠穆朗玛峰 8848.86 米），也就是不同纬度流域与不同海拔青藏高原之间有着某种关系。距今 8200～5400 年前，特别是距今 7000～5800 年前，人体自然热舒适地在纬度 35～40 度，西辽河 - 塔里木河、黄河一线以及青藏高原海拔 3500～4000 米多数地区适合人类居住，出现红山部落以及高原古羌人部落，对应非洲撒哈拉高原文明；非洲人在撒哈拉高原上生活的时候，中国人则在如析城山这类"悬圃"高台上生活。距今 5400～4200～1000 年前，人体自然热舒适地在纬度 30～35 度，黄河、长江一线，以及青藏高原海拔 3000～3500 米部分地区，出现早期黄河文明以及象雄古国，及至唐朝，拉萨地区比现在也更为宜居，对应两河流域的古巴比伦文明，恒河流域的古印度文明，地中海地区的古希腊、古罗马文明，以及拜占庭、奥斯曼王朝文明；距今大约 1000 年前至今，人体自然热舒适地在纬度 25～30 度，以及云贵高原海拔 2500～3000 米，南宋经济转移到长江流域一线，海湖平面下降，大量土地露出水面，及至珠江流域一线，东南亚地区快速发展起来，对应文艺复兴、启蒙运动，特别是工业革命等西欧、美国文明时代。由此，近 1 万年来人体自然热舒适宜居地不断南移，也在不断近海，纬度从 40 度左右向 25 度左右转移，海拔从 4000 米左右向 2500 米左右转移，中华文明在自己独特的地缘"九宫格"内实现包容、自洽与传承。人类向阳而居，人居环境坐北朝南，为的是获得最好的阳光照射，那么，街道呈东西向展开就自然而然了。人类技术的进步，可以大规模地调节气温，在那些水源充足的地区，高纬度或者赤道地区，人类也有了聚集城市的办法，譬如迪拜、新加坡或者加拿大埃特蒙顿、卡尔加里等，扩大人类适应生存的空间范围，当然也增加了能源的消耗，较热适应温度区间每增减 1℃，能耗则增加 10%～15%。

人体湿适应是对降水的适应，全球陆地降水量的 89% 来自海洋湿润气团，而陆海间的水交换强度越深入，内陆越弱，因此导致了大部分大陆上的干湿度由海岸线附近向大陆内部发生规律性的变化，出现"森林 - 草原 - 荒土 - 沙漠"的递变，干湿度分带往往平行于海岸线分布或地球经向折线，而干湿度分带演替的方向则是垂直于海岸线或地球经、纬向折线，称为干湿度分带性。就像中医所述，**地球有"旱涝"，人体有"干湿"**。譬如"湿热""干热""湿冷"与"干冷"之别，反映人体"干湿"的差异以及相应的适应能力，南北纬度与海湖远近都会影响人体"干湿"，人体含水量占体重 60%～70%，会有"保湿"与"祛湿"的需求，与地球有"抗旱"与"防涝"的需求一样，地球上大致 400 毫米降水线是干湿地区的分界线，人体的湿适应范围在 45%～65%，增减 15% 即 30%～80% 为极值。人体湿适应是一个小周期快速适应的过程，如果人体对气候敏感的话，就可以预测温度与湿度的变化，而人体"失温"或者"脱水"都会对生命构成极大威胁。

地域因冷暖、干湿存在分异规律，一般将其分为纬度地带性与非纬度地带性分异规律，也即地带性与非地带性分异规律。冷暖变化带来纬度地带性大气环流，干湿变化则带来非纬度地带性大气流动，因距离海洋远近不同而形成的陆地干湿度分异（即从沿海向内陆的地域分异）与因山地海拔增加而形成的垂直地域分异，其他地域分异规律，包括构造、地貌成因的地域性分异，具有地方气候背景的地域分异（湖泊、沙漠中的绿洲、城镇等），地貌部位与小气候引起的地域分异，高原地带性等。因此，除了人体热、湿适应之外，人体还有风适应的问题。风适应的本质是对气温与降水的适应，冷暖与干湿其间温、湿度压差则生成"风"，形成"雨"（或

者雨雪冰冻），因此，风有冷、热、干、湿、强、弱之别，台风、飓风、北风、寒流既是灾害，也是资源。中国大陆有两种主导风，即夏季东南方向挟雨湿热的台风，以及冬季西北方向裹沙干冷的寒流，冷暖更迭、干湿转换，影响了中国的历史以及每一个中国人的日常生活。

人类通过空间迁徙与空间营造（"26℃城市""蓝绿结构""密度适应"等）等被动或主动的办法来管控人体对热、湿、风的适应。地球冷暖、干湿期人类存在的空间形态是不同的，也就存在着人口、城镇等空间密度的差异。向阳、向海，人口规模相应加大，城镇密度也相应加大，向陆、向山，人口规模相应减少，城镇密度也相应减少；而温带、亚热带地区城镇密度相应加大，建筑密度则会相应减少，热带、寒带地区城镇密度相应减少，建筑密度则会相应加大，客观上，人类用空间密度来适应气候。

温带文明

黑格尔（Hegel，德国，1770～1831年）认为，气候条件不同的地区在历史上所起的作用是大不相同的，"在寒带与热带上，找不到世界历史民族的地盘"，"历史的真正舞台便是在温带"。地缘的不同，也对人们的生产、生活方式乃至性格特征产生影响，进而影响各民族的历史进程。

地球上的温带，在不同历史年代，位置是不同的，会在北纬25～40度之间南北旋回，譬如中国在西辽河 - 塔里木河、黄河、长江与珠江之间的社会、政治、经济、文化以及空间活动的变迁情况则反映出这一规律。同时，其也在海拔2500～4000米高地旋回。这个旋回的纬度、海拔区间，存在着人类的几乎所有的有关太阳的神话与图腾。温带蕴育文明，构建空间，人类向阳而长，站在最温暖的纬度上祈求太阳的恩赐，但这条纬度线会变，如同人类向海而生，那条海岸线也会变，纬度的不确定性与海岸的不确定性，这恰恰是人类因应不确定性知识的来源，也就是人类文明兴起的根源，并东西向传播，形成依托海洋、流域、山谷、草原的蓝绿通道。同时，在不同气候分区，表现的空间要素与形式及其密度与强度也存在差异，文化特色因而丰富多彩，地域特征更是一目了然。

然而，气候灾害叠加地质灾害，以及瘟疫、战争等因素，人类苦不堪言；而同时灾害也在塑造人类，技术的进步使得人类总体上生存能力获得显著提高，至少有更多的人存于地球，并且享有更加公平与有品质的生活，人类向着太阳、向着海洋、向着温带，往最适宜居住的地区不断迁移，往复成旋回。然而，当旋回的空间越来越小的时候，更大的灾害就会潜在地生成，如同现在扰动的地球，所以人类自身要有生存规划，一致行动，从而延续保持既定的秩序，使人人平泰。

对比相关数据，大致看来，**同一地区年平均气温在2～3℃的温差范围，就会发生洪涝干旱或者蝗灾瘟疫等重大自然灾害；3～5℃的温差范围，就导致国家的盛衰，文化发展的重心发生纬度（流域）或阶梯（海拔）转移。**气温的升高有利于人类的生存，但又不能过高。气候中心（Climate Central）的一份报告表明，如果气温从工业化前的水平上升4℃，海洋最有可能上升的高度约为9米，这将淹没全球超过30亿人的家园，影响50亿人的生活，导致全球人口大规模纬度（流域）或者阶梯迁徙，在许多地方人们将会家破国亡。

从寒、热带到温带，向阳而长，是近1万年来人类游牧与农耕、移动与在地的主要趋势。

1.3.3 纬度迁徙

四条纬度线，本书也称其为"蓝脉"，是中国大陆南北方向上的空间边界。

如前所述，地球的气候呈现一定的规律性，冷暖更迭是地球自我平衡的结果，海拔旋回的特征不明显，但纬度旋回的表征却显而易见，它是气候变化的旋回，也是万物生长的旋回，更是人类历史的旋回。赤道与极地无疑是人类食物的供应带，南北纬20～60度之间以及部分暖流活动区域成为人类稳定的宜居带，有更多的人能够定居下来；其余则是适合游牧与渔猎的非宜居区域。随着人类技术与理念的进步，宜居地带会不断地增加，但也一定有容量上限，人类只有建立更加高度的文明，给地球装一个"脑"，能够精准思考与配置资源，使其更像是一个整体的时候，地球才能容纳更多人的生存。同时，将人类的文明扩散至宇宙，建立以人类文明为基础的星权秩序。

冷暖期气候所形成"天地矩阵"中的横四线（流域线）：

西辽河 - 塔里木河一线，北纬 40 度线，山海关 - 北京 - 呼和浩特 - 包头 - 嘉峪关，今京沈、京包、包兰、兰新四线大体在这条线上。这条线上的古城多半都是边塞。秦皇汉武北巡主要走这条线。陆地沙漠，煤炭，石油，史前森林，从山海关到霍尔果斯，北扩西辽河 - 河套地区 - 河西走廊 - 塔里木河流域一线；长城更多是控制贸易、通关、传烽火，而不能阻止军队，是游牧民族与农耕民族历史纷争而形成的界线，也是气候分界线。

黄河一线，北纬 35 度线，兰州 - 宝鸡 - 咸阳 - 西安 - 洛阳 - 郑州 - 开封，今宝兰、陇海二线大体是沿这条线走。这条线在北纬 35 度上下，中国早期的都邑与大城市主要都在这条线上，秦皇汉武东巡与西巡主要也走这条线，从关中到齐鲁，暖期活跃线。黄河北段河套地区与西辽河 - 塔里木河一线接近，也就是黄河流域跨两个纬度区。

长江一线，北纬 30 度线，长三角 - 九江 - 荆州 - 重庆。秦皇汉武南巡主要走这条线，从巴蜀到荆楚，到吴越，长江支流小，地缘文明特征明显，冷期活跃线。

珠江一线，北纬 25 度线，北回归线，陆地沙漠，煤炭，石油，史前森林，南岭边缘，南扩珠江流域一线，被太平洋台风塑造的自然与城镇形态，第四纪冰期的大陆，存续人类生命，与史前动植物种类，如龙州鲤、资源冷杉、信宜蜥鳄等。

纬度旋回，在中国也是"流域旋回"，导致流域性文明的转移，表现为农耕与游牧，在地与移动的生存转换与适应，各流域呈现不同气候时期的灿烂文明。北半球 25 ~ 40 度温带范围中国大陆四条东西向流域线（蓝脉）满足了间冰期内所有气候变化且适合人类居住全部地理条件，使得中华文明源源不断。跨过西辽河 - 塔里木河线向北与珠江线向南就是资源性延伸，在那些并不宜居的地方发展，一定是依据资源的高价值而存在的，以草原与海上游牧为主。**亚欧大陆草原横贯北纬 40 ~ 55 度的寒温带内陆，亚欧海上丝路连接北纬 10 ~ 25 度之间的热带季风海域，亚欧之间则横亘青藏高原，分南、北两条陆路流通，并分别连接黄河一线与长江一线，中华文明与西方文明保持沟通。**近 1 次旋回期内，中华文明开始顺着西辽河 - 塔里木河流域、黄河流域、长江流域以及珠江流域次序，由高纬度、高阶梯地区向低纬度、低阶梯地区转移，大的趋势是地球气温降低；下 1 次旋回期内，则可能反过来，中华文明顺着珠江流域、长江流域、黄河流域甚至西辽河 - 塔里木河流域次序，由低纬度、低阶梯地区向高纬度、高阶梯地区转移，大的趋势变成地球气温升高。也就是说，自 1816 "无夏之年"后，沉淀在珠江流域的气候红利，也将在未来逐渐北移。**1 次南北向旋回期内，由南往北转移的速度相对较快，而由北往南转移的速度则相对较缓。**

中华文明的四条纬度线与四条阶梯线构成了独特"九宫格"地缘蓝绿结构。纬度旋回就是流域旋回，构成十分精巧，似乎都与"15"这个数字有关，与"九宫"象数纵横交叉之和"15"相同。**流域纬度相差 13 ~ 17 度（平均 15 度），与年平均气温差异值 13 ~ 17℃（平均 15℃）基本相当，这是流域纬度与气温之间的变化关系；同时，每升高 1000 米，气温下降约 6℃（受气压影响），海拔阶梯相差 1300 ~ 1700 米（平均 15 百米），这是海拔阶梯与气温之间的变化关系。**而流域纬度累积 13 ~ 17℃（平均 15℃）或者阶梯海拔累积 7.8 ~ 10.2℃（平均 9℃）的温差范围，就会完成一次单向纬度（流域）或者阶梯（海拔）旋回，与人体热、湿适应，与可忍受的温度、湿度范围基本一致（增减 15℃或 15%）。**平均 15℃的气温差异就足以影响人类纬度超过 2000 千米、海拔超过 2000 米的大规模来回迁徙，并可能深刻改变后来的历史。**其他文明，包括古巴比伦、古埃及以及古印度文明相继消失了，西方文明由于小地缘结构，进程此起彼伏、不连续，也就不存在旋回与自洽发展一说了。地球气候变化历经 1 万年唯一沉淀出来的连续的文明就是中华文明，顺应历史的潮流，在全球化时期中华文明也将由地缘文明广化成为全球文明。

候鸟是对于纬度旋回最为敏感的物种，1年之内可以完成一次往返迁飞，而在与候鸟大致同一的迁飞通道中，人类完成一次往返迁徙则需要1万年。

本章小结

综上，日月冷暖，气候自洽，"天地矩阵"纵横四线中的流域旋回是人类文明在横向空间上纵向（中国大陆则为南北向）传播的一种形式，即间冰期1万年来，大致有1次流域旋回，从低纬度、低海拔地区向高纬度、高海拔地区传播，再从高纬度、高海拔地区向低纬度、低海拔地区传播，气候一体，历史多维。

02 因地制宜，地缘决定文明

山海，地方

"天、地、人"三道之"地"：人"地"关系，向海而生。

空间地缘观（学），阶梯旋回

地缘是空间营造的共时属性。地，地主山海，主要关系是"山""海"之间的关系，地缘决定文明。在亚欧大陆北纬中段 25～40 度的区域，是人类活动相对安定的 15 度，呈现的是农耕林状态，而南北 15 度，即北纬 10～25 度的热带季风海域，以及北纬 40～55 度的寒温带草原，则呈现的是渔猎与游牧状态。青藏高原是地球第三极，人类文明的宝库。天地矩阵中的四条海岸线与四条阶梯线，人类随陆海侵退、流域丰枯，在海岸、冰川、阶梯与流域线之间形成蓝绿、城镇结构和立体网络形态。海拔 200 米以下、海岸线 200 千米以内的海岸带是食物来源与淡水资源最丰富与最充沛的区域，人类向海而生，四条海岸线，高差不到 200 米，却足以影响到人类在四大阶梯上高差超过 2000 米的大规模来回迁徙，并可能重新定义后来的文明。天地有大美，实现"地缘自治"。

规划师心中的蓝绿地缘是一盘自然鲜活的流域、阶梯的生境棋局，一方水土一方人。

第一阶段形成主见，规划是一种承上启下的历史责任：象也（地缘）。

明确地理、地域、地缘三者之间的概念关系，地理指世界或某一地区自然环境与人类社会的空间统称；地域指某一地理空间单元；地缘指某些地域空间关联（地理缘由），在海岸线与冰川线之间共同构成地球生境，形成山、水、风、雨为要素的生态空间脉络，构成流域（海湾）、阶梯（海岸）为体系的生态空间格局，促成人类和生物定居与迁徙或迁飞的多样性地球生境空间景观。

地缘呈现共识性特征，所谓"地利"。人类文明是各种地缘关系的总和，气候旋回、地缘自洽，是一种时间框架下的空间体系。秦以前无国界，秦之后国界则随气候而变化。在地理单元的基础上，通过地域研究"文化"的空间现象，通过地缘研究"文明"的空间进程，地球文明随气候冷暖干湿、陆海侵退丰枯而具有空间共生性，随人类定居农耕而具有空间在地性，随人类迁徙游牧而具有空间移动性，在北半球亚欧大陆上，旋回不同阶梯（海岸）南北向的空间地缘差异，自洽不同流域（海湾）东西向的空间文明形态。

地球公转与自转，山河交错、陆海侵退、流域丰枯，山脉、水脉、风脉、雨脉；高地、平原、山林、浅丘；江川、海洋、河沿、海岸，各类地形分宜，以及其所形成的地缘蓝绿特征和文明成就，其标志就是城镇，不同时期，文明随气候冷暖更迭、地缘陆海侵退而流动或迁徙，从一个地域传播到另一个地域，并通过城镇融入其中。同一时期，不同文明的差异在于地缘的差异，即使当人类真正实现命运共同的时候，这个世界可以无国界（政治范畴），但地缘的差异仍然存在，并呈现蓝绿、城镇结构以及不同阶梯的立体差异，这就是"法地"，空间地缘学。

《山海经》：地球的主要地缘关系是山海关系，《河图洛书》是一部山海经。

2.1 山海经纬，流域文明（十字线）

地球是个精密的大结构，德国地理学家 F. 拉采尔在 19 世纪末发表的著作《人类地理学》中认为，人与动植物一样是地理环境的产物，人的活动、发展与抱负受到地理环境的严格限制。

1 万年来，地球表面形态大致的确定性成为本书讨论的基本依据。而地球要素是流动的，人类本身是最大的不确定性，人类将自己的活动融入地球这个大结构，在其表面形成了点，连成了线，扩展成了面，不同种群在不同空间地缘蓝绿结构中存在着适应性差异，但其本质是一个共同体，人类生境无国界，人类文明无国界，人类生存在宇宙相对确定而又几乎无法感知的巨大力场之中，地球轨道、板块、磁极及其相对确定的运动规律，从而一定时间内共同创造了地球表面具有相对确定的人类适宜生境与文明景观，并已经成为宇宙的一部分，但这个巨大力场一旦改变，就会从根本上改变人类本身。人类需要去探索这个巨大力场，它使地球的一切如此精密。

地球轨道参数

米兰科维奇理论即是从全球尺度上研究日射量与地球气候之间关系的天文理论。该理论认为，北半球高纬夏季太阳辐射变化（地球轨道偏心率、黄赤交角及岁差等三要素变化引起的夏季日射量变化）是驱动第四纪冰期旋回的主因。这个理论的核心是单一敏感区的触发驱动机制，即北半球高纬气候变化信号被放大、传输进而影响全球。

地球公转以及自转，形成有规律的地球表面形态，如山脉、水脉和山海（陆海）分界线。地球自身也在极其缓慢的演变过程中，从南极蕴藏丰富的煤气资源来看，就可以说明南极板块曾经也是植被丰满的温暖陆地，只是因为地球表面的板块运动或者地球在宇宙中的公转轨道与自转轴的变化，而成为现在地球的冰原一极。

地球板块漂移

地球表面在不断地重构，大陆板块的漂移可解释为地核内部的剧烈运动，导致了地幔岩浆层的内部应力发生强大的变化，内应力的变化使扩张与收缩压力的分布极不均匀，从而使陆地各大板块的部分板块不断地产生下沉与隆起，形成了相对的陆地板块漂移运动。地球内部岩浆运动，以及地球表面海洋运动，加上地球公转与自转运动，塑造了地球的形态，并使其保持球形而非棒形，地表山脉、水脉以及海洋也有了特定运动地质旋回中构造的形态，即地貌类型，成为人类空间营造与空间活动的主要物质框架，使得蓝绿结构与城镇结构高度匹配。以成因与形态的差异，划分出不同地貌类别，分为构造类型、侵蚀类型、堆积类型等。其中侵蚀类型与堆积类型又可分为河流的、湖泊的、海洋的、冰川的、风成的等类型，依次还可分成更次一级类型。按形态特征分为山地、丘陵与平原三大类。其中山地的主要特征是起伏大，峰谷明显，高程在 500 米以上，相对高程在 100 米以上，地表有不同程度的切割，根据高程、相对高程与切割程度的差异，山地又分为低山、中山、高山与极高山；丘陵是山地与平原之间的过渡类型，切割破碎，构造线模糊、相对高程在 100 米以下、伏缓和的地形；平原是指地面平坦或稍有起伏但高差较小的地貌类别，也是人类生存的主要空间选择。不同地貌分类，空间要素与形式及其原型与秩序也会迥然不同，褶皱山地的赞米亚形态往往还隐藏着人类远古文明的基因。

地球磁极变化

地理两极变化小，地磁两极变化大。地理两极的移动叫做极移，一般速度缓慢，范围很小。极移的原因，主要是地球内部与外部的物质移动，使地球的重心与地轴在地球内部的位置出现微弱的变化。地磁两极在不断地变化着，大体上可以分作长期变化、短期变化与磁极反转三种。

从长期变化来看，主要是磁极沿地理极的周围地区作缓慢迁移。有证据表明，在过去的 350 年中，北磁极的纬度曾经变动 12 度，经度曾经变动 45 度。南磁极的纬度曾经变动 14 度，经度曾经变动 29 度。造成磁极长期变化的原因，是地球内部物质的运动。从短期变化来看，磁极与整个地球磁场呈现周期性的太阳日变化与一年内的季节变化，以及非周期性的磁暴等。从磁极反转来看，地球本身就像一根磁棒，地质历史上曾发生无数次的磁极反转现象，原来的北磁极变化成后来的南磁极，再后来又变回为北磁极。当岩浆喷出地表凝固成新的岩石时，当时地球磁场的方向便被永久地"记录"在岩石中。在过去的 450 万年间，磁极反转已经发生过三次，每一次都历时几千年。

磁极的变化，是地球物理变化，能够产生重大的地质灾害，从而影响地球上气候的变化与生命存在的方式。地球上不同的磁力分布是空间差异的主要诱因。河源出土的恐龙蛋化石数量占了全球出土恐龙蛋化石数量的 70% 以上，似乎地球上的恐龙都把蛋下到了这里，说明这里地理磁场非常独特，无论动物们如何迁徙，都会回到这里；直至今日，河源这条经线的最南端海边惠东港口镇，成为北半球唯一的大陆架绿海龟孵化基地，说明此处 1.2 亿年来的磁场未曾改变，即使长期变化或者短期改动，抑或磁极反转，也在这块大陆架的被"记录"的岩石中留下了绿海龟永久的磁场记忆。也正因为岩石地质磁场强大且稳定，这里的水资源品质十分优越，香港人喝的水便来自这条经线上的万绿湖（新丰江水库）。

天文及地质事件

陨石撞击地球导致地球磁场倒转，进而影响气候变化。距今 1.2 亿年前的撞击，让辽西走廊，成为始祖鸟化石的发掘地；**距今 258 万年前，陨石撞击导致地球磁场极性由松山反向期转向布容正向期。** 超级火山喷发与地震也会改变地球生境，使物种灭绝，文明易辙。

下垫面因子对气候的形成有着相当重要的作用。这类因子有大气环流、洋流、冰川、地面植被、地形与地质等，主要关系是山海或陆海关系。暖流使处在高纬度地区的温哥华、西雅图、巴黎、伦敦等地成为人类宜居之地。**台风与飓风也会改变地球的气候特征，太平洋有一个台风，与之对应，大西洋也会有一个飓风，以平衡地球的运动轨迹。**

人地关系，共时存在。海洋与冰川界定了陆域的大小，因冷暖而侵退伸缩，从而影响人类的生存与迁徙。人类繁衍呈流域性分布与沿海岸线聚集，顺着汇流入海的大江大河呈现蓝绿结构特征，并且向海而生。同时，在这一漫长的演进过程中，所有文化现象和遗存都共时性保留在现世人类的生存环境之中，地球公转自转、蓝绿脉络、流域丰枯、陆海侵退，共同构筑人类文明延续的强大历时性基础。

2.1.1 地球折线

"十"字经纬是地球上最基本的空间秩序。

受太阳牵引力与自身向心力的影响，地球的黄赤夹角，变化范围 22.1 ～ 24.5 度，地球自转与公转，使地球板块向南北、东西向漂移与倾侧，进而形成地球山脉秩序，构造性特征影响各地域内人类不同的认知体系与生存法则。**地球自转、公转与不同转速，以及板块与海洋运动，形成"经向"与"纬向"不同的地质构造线，称为"地球折线"，或者"蓝绿折线"。**

地球表面肌理形成几何夹角，以赤道为分界，南北半球与纬线夹角不断由小变大，直至高纬度地区南北方向汇聚到两极，或者高纬度地区受海洋运动影响重新缩小了夹角阻挡海洋向两极流动。中国南海地区，连接南亚与澳大利亚大陆的纬线夹角，与南、北美洲之间的墨西哥湾纬线夹角基本一致。**就形态本身而言，受公转、自转以及海洋运动影响，整体观察大陆地区与纬线夹角在 0 ～ 33 ～ 45 ～ 60 ～ 90 度或者高纬度海洋地区 0 ～ 30 ～ 45 ～ 30 ～ 0 度范围以内非连续折线，本书把它称为"经向折线"，可以是南北向山脉线或者水脉线，甚至降雨云图。**从南向北纬线夹角珠三角地区呈 33 度，四川盆地呈 45 度，东北平原超过 60 度，特征明显。与之对应，在地球纬度线上，也随"经向折线"垂直产生"纬向折线"，可以是东西向水脉线或者山脉线，譬如长江、珠江、西辽河或者黄河的局部段落的流向折线，其中同处一个纬度区间的长江折线与四川盆地折线的角度大致相同。

地球上总有两种正交的构造"力"，使"十"字经、纬向构造折线成为地球上一切空间形式存在的基础，多元一体，无论"方""圆"。不仅是定位，也是空间组织的基本依据，所谓"天心十字"，从意识形态到实存环境，以及中国的象形文字（十、口、井、田）、九宫、营城等，宇宙"十"字均无处不在，融入地球经纬，而或"方"或"圆"组织空间形态，则是中西方文明分异的"选择"。"十"字经、纬向构造折线就是地球给人类或者万物活动立下的"规矩"，或者刚性"约束"，可以形成包括"蓝绿结构"与"城镇结构"的空间格网秩序。

地球转速与磁力成反比。现在地球的山脉、水脉、风脉、雨脉，南极北极青藏高原（三极），高原山地平原都是地球自形成以来东西向自转与南北向磁力平衡的结果，受转速（转力）与磁力影响，地球山脉及其与之适应的水脉，甚至风脉、雨脉（云图）呈现一定的走向关联，转速（转力）越快受磁力影响越弱，反之越强；纬度越低（赤道方向）、海拔越高（远地方向）则转速越快，转力越大，磁力越小；纬度越高（极地方向）、海拔越低（近地方向）则转速越慢，转力越小，磁力越大。因而地球山脉自赤道往两极纬线夹角从小到大直至南北走向；或受海洋运动影响，陆地围合，夹角减小，阻止海洋向极地运动。同时，自近地往远地（青藏高原）则呈正向立体旋转，纬线夹角从小到大直至南北走向，这就解释了青藏高原呈东西、南北走向的原因。无论纬度方向还是海拔方向，都整体呈现指向极地连续折线，加"十"字形态，空间形式也与之对应。

地球转速与重力成正比。地球人种、物种也是一样，受地球重力与自转转速的影响，存在纬度与海拔的差异。低纬度、高海拔地区地球自转速度相比高纬度、低海拔地区较快，高纬度、低海拔地区人种则较低纬度、高海拔地区人种高大，譬如维京人、日耳曼人等，高纬度、低海拔地区的动物体型也会比低纬度、高海拔地区大许多，譬如东北虎、南极大鲸鱼等；高大动植物群落会在高纬度、低海拔地区存在，而低矮动植物群落则会在低纬度、高海拔地区生存。

胡焕庸线是这条地球"经向折线"中的一段。

1935 年，胡焕庸（1901 ~ 1998 年，中国地理学家。1923 年，胡焕庸从南京高等师范学校毕业，1926 年赴巴黎大学进修）提出黑河（爱辉）- 腾冲线即胡焕庸线，首次揭示了中国人口分布规律，即自黑龙江瑷珲至云南腾冲画一条直线（约为 45 度），东南半壁 36% 的土地供养了全国 96% 的人口；西北半壁 64% 的土地仅供养 4% 的人口。二者平均人口密度比为 42.6 : 1。1987 年，胡焕庸根据中国内地 1982 年的人口普查数据得出："中国东半部面积占目前全国的 42.9%，西半部面积占全国的 57.1%……，在这条分界线以东的地区，居住着全国人口的 94.4%；而西半部人口仅占全国人口的 5.6%。" 2000 年第 5 次人口普查发现，"胡焕庸线"两侧的人口分布比例，与距今 70 年前相差不到 2%，但是，线之东南生存的人已经远不是当年的 4.3 亿人，而是 12.2 亿人。虽然中国拥有 960 万平方千米的陆地，但现时真正适合人类生存的空间，却只有这 300 多万平方千米。

这条线与第二、三阶梯分界线，400 毫米降水线，地震火山分布线等，基本重合，但自身也应该是一条折线，由南向北呈 45 度至 60 度变化。同时，在地球冷暖期，这条折线也会发生西北、东南向旋回，暖期的时候往西北向，冷期的时候往东南向，冷暖更迭、干湿转换，方向与胡焕庸线大致垂直，平行移动，则演侵退。暖期由东南到西北的暖湿气流会越过秦岭直达新疆，冷期由西北到东南的沙尘甚至会越过海峡直到台湾。而无论河流流向东西、南北，也都会因山脉走向而呈纬向折线。若遇海侵，则人口在第三阶梯上必然逆着流域由东到西大规模向第二阶梯迁徙。

珠三角、惠州湾、中国至乃亚欧大陆，许多山脉、水脉都呈十字型结构。长三角、南京、弶港城市形态，正是这两种十字交叉的结果；嘉定古城的水道也是这个夹角。**欧洲的"胡焕庸线"通道**，从威尼斯、萨尔斯堡、维也纳、克拉科夫、华沙到圣彼得堡，其间还有布拉格、德累斯顿、布达佩斯等，西方的胡焕庸折线，也是欧洲纵深食盐分布线，随地球冷暖期而呈规律性变化。

2.1.2 双脉重叠

山脉水脉，风脉雨脉，风窝雨窝是地球的骨血、经络与穴位。

地球上的山脉，连续折线加十字短纹，由高山向平原；地球上的水脉，顺应山谷且连续汇流，由冰川至海洋。地缘的基本要素：山脉、水脉，以及山水之外的风脉、雨脉，随地球折线而变，人类寻经察纬，因地制宜，期盼龙真水抱，风调雨顺。

山脉

龙要真。龙即山脉，地球运转使山脉有规律，大致南北向折线，"多"字型结构，与纬线夹角 0 ~ 33 ~ 45 ~ 60 ~ 90 度，顺应地势，成山脉之"树"，构成地球的板块与骨架，也构成人类生存相对稳定的环境。亚欧大陆叠加青藏高原盆山体系，像是一个大法轮，以青藏为中心，延伸出中国的云贵、昆仑、陕甘、帕米尔，和阿富汗 - 伊朗、德干等次高原山脉，间中盆地平原，搅动亚欧中西，至元朝以后，地球进入冷期，海平面下降，人类陆域活动范围扩大，亚欧城镇格局因此发生了深刻的变化，政治中心因应游牧侵扰而北移，经济中心则开始大规模地向南拓展。中国历史地理，西贵则东富，北强则南定，中国现时的城镇与文化格局，仍然保留着这一经世理念，而显天人格局之重。不过，为适应未来地球气候周期变化，冰川线以下，第二阶梯，加强布局，第三阶梯，依旧活跃，政治居东北，经济居东南。梳理三大阶梯城镇选址、定位，砂要秀，前朝后案、依山而建，合理土地利用，横向占地与竖向占天，构筑三大阶梯城镇结构韧性，适度发展。

水脉

水要抱。水，涵养生命，庇护人类。地球上的城镇都是连在一起的，最直接的连接方式就是河流，然后是海洋，地球是一个城镇系统，相互之间都有关联，如同山脉之"树"，水脉也像"树"，城镇就是挂在"树"上的果实，人类依托山、水为枝蔓，构筑地球"城镇之树"；海是沃土，再植入海洋，构筑地球"城镇之树"共同体。人类向海（湖）而生，在海（湖）岸线以上，海（湖）出问题了，就是土壤出问题了，"城镇之树"就会长不好，海侵海退，湖侵湖退，对城镇系统的破坏力是惊人的。而城镇向海（湖）而生，最大的问题就是滨海地区水资源的缺失，这些地区或者水质性缺水，或者资源性缺水，面临海平面上升，与江河入海口海水顶托的尴尬局面，所以，沿海山区水库，以及江河湿地湖区建设变得十分重要。城镇建设就是一种大水法，既要处理好给水，更要处理好排水，规划的难点，就是城镇排水的自然闭合，最终汇流到海。

风脉

风要调。人类期待风和日丽，空气受太阳辐射不均以及受到地形地貌、水文植被等自然地理环境的影响产生温、湿压差的流动现象，就是风。风是一种矢量运动，既有大小又有风向，城镇风环境通常使用风速、风向与风压等三个指标进行描述与评估。风动有脉络，城镇气候适应性主要以当地的常年主导风作为基础依据，主导风与大气环流中海陆气压的季节性变化所形成的季风有关，同时受到当地地形地貌的影响。另外，局部地区因太阳辐射，冷暖空气对流可以产生风向日夜交替变化的地方风，譬如水陆风、山谷风；或者由于地物变化造成风流绕行而形成的街巷风、高楼风等。风，能带来"雨"，风湿风雨；也能带来"尘"，风干风尘。来自西伯利亚的干冷寒风，则常常裹挟大量的沙尘，吹袭到华北平原，在纪元后两次小冰期极冷时甚至越过海峡到了台湾，在大鬼湖湖底沉积为两道白色的沙尘带。冰山与沙尘也可以形成绿洲，天山脚下的沙漠边缘就有一串绿洲，连接成一条丝绸之路。一定意义上，风与雨塑造了人类存在的空间形态。

雨脉

雨要顺。有风就有雨，雨有气旋雨、对流雨、地形雨与台风雨四种类型，使用降雨量与降雨强度等指标进行描述与评估。风过后即云雨，风脉实则雨脉；有三种雨，风脉上的风雨，如台风雨，风脉气流旋涡及两侧被挤压或抬升的云雨，如气旋雨、对流雨等，以及被风猛烈吹及下垫面受阻上扬惯性位移后的落雨，由于落雨过于集中，形成雨穴雨窝，如地形雨等。降雨不均衡，导致干旱与潮湿，产生沙尘与洪荒，甚至瘟疫与蝗祸，抗旱防涝、抗疫防虫，给人类社会治理带来了沉重的挑战，寻找雨脉，也是对人类赖以生存的淡水资源进行有效利用，特别是沿海地区，淡水资源本来就比较缺失，人类可以建造水库，蓄养水源，延续发展。来自太平洋的台风与大西洋的飓风对地球气候的调节起到极大的作用，带来了大量的淡水资源。广东沿海地区一系列水库雨窝群落，如新丰江水库（万绿湖）、白盆珠水库、松山湖水库、长江水库等均建在台风带来的雨脉之上，珠三角的雨窝还有里水（其意为"水里"）、三水、四会等地，台风受下垫面珠江大面积出海水流的顶托，掠过了广州，把云雨留在了这里，广州因此免遭台风之虐；海南的雨窝——五指山松涛水库也是如此。它们都很好地收集了夏季台风所带来的淡水资源，当然，也带来了危害，在沿海一带形成风暴潮。

"山、水"同构，"艮山"亦"艮水"，山脉的经、纬向折线是分水岭，绿脉；水脉的经、纬向折线是分山沟，蓝脉。大江大河地区分阶梯顺山脉呈现"十"字水脉流入大海，譬如长江全流域的"十"字折流（纬向折线），珠江出海口角度平行山脉（经向折线）等；有山脉、水脉，就有风脉、雨脉，地球上的风脉、雨脉也随地球经、纬向蓝绿折线而变化。**由于地球公、自转形成的地表经、纬向折线，也同时影响地球气温、降水的分布云图，有着相似的规律，气候虽千变万化，但在地球特定时间、特定空间范围内，地球折线或者蓝绿折线成格网形态，气温、降水也便成为格网云图，"天、地"也同构，这是《河图洛书》所示的"象形"意义，"在天为象（气象），在地成形（地形）"的"天、地"矩阵。**

环珠江口湾区（惠东）、长三角地区（嘉定）、哈密绿洲、意大利半岛、威尼斯 - 圣彼得堡通道、墨西哥湾区等都有相似规律的折线。

地球是个"万物同构"的生命共同体，人本与宇宙息息相关。人体可以感知天地（气候与地缘）、山海（山方与海圆）、人类（空间与时间）的变化。传说盘古开天地时身上的器官就变化成了天地间的万千事物，"盘古死去：身体变为高山，肌肉变成良田，血液变成江河，筋骨变成大路，牙齿变为玉石，皮毛变成草木……"，地球的生息与人体共同，山脉、水脉像是人的骨血，风脉、雨脉像是人的二脉，风窝、雨窝则是人的穴位。其实，中医与风水理论微妙如对宇宙气息，掌握地球上的山脉、水脉，风脉、雨脉，以及风窝、雨窝的运动规律，人类可以奉天承运，可以因地制宜，可以传承创新，可以趋利避害，可以营造最适合自己的活动空间，当然也可以调节人体自身的脉络感知，冷、热、干、湿、风、痛，及其热、湿、风的适应能力，这是西医所讲的人体免疫力，或者人体热、湿、风的适应韧性。中医讲"湿重"，西医讲"水肿"，大致是一回事，所以现代中医讲"中西医结合"，将是人类基于"万物同构"的必由之路。**人类通过认知宇宙来启示自己，又通过观察自身来印证宇宙，在这个意义上，人本是小小的宇宙，宇宙是大大的人本，中医与风水便是连接人本与宇宙"天人合一"的空间学问。**

2.1.3 流域文明

文明是指人类为提高生存优势与生活质量所创造出来的全部物质性与非物质性成果的总和。地缘结构决定经济结构，经济结构决定政治结构，地缘、经济、政治，变换成土地、资本、制度，进而沉淀广化成文化认同，旋回自治为地缘文明。而同一种族、同一信仰、同一生产方式可以在不同地缘环境下适应发展，呈现具体要素与形式的一致性；不同种族、不同信仰、不同生产方式，也可以在同一地缘环境下融合进化，展示整体要素与形式的一致性。顺着地球公、自转，东西向传播文明，南北向产生秩序，地缘文明的主要反应方式，是流域文明，气候变化影响流域丰枯、文明盛衰，大致看来，**流域丰枯决定文明先后，流域规模决定文明规模，人类空间营造则用城镇强度来彰显文明的盛衰。**

史前文明

地球远古故事

地球上的生物经历过若干次灭绝与重生的历程，人类的活动规律与古生物的活动规律有相似性，水是地球生物必须的生存条件，地球上的生物追随水的踪迹，我们可以看到出土化石的分布情况，与人类聚居迁徙的路径是高度相似的，客家人的迁徙路径与恐龙的迁徙路径也是高度相似，有恐龙蛋或恐龙化石出土的地方，也是客家人聚居的地方，譬如河源、自贡、禄劝、南阳等地。

在中国大陆上人类的其他几处迁徙走廊，其实也是动物们的迁徙走廊。譬如，辽西走廊，1973年3月，辽宁朝阳县胜利乡一位农民在为生产队打井时发现一块鹦鹉嘴龙化石，这就是后来被命名为"鹦鹉嘴龙"的恐龙化石，也是辽西发现的第一块恐龙化石，5年后他又发现第一块鸟类化石。从1987年起，辽西朝阳、阜新、葫芦岛、锦州等地陆续发现生活于中生代晚侏罗纪的各种鸟类及动植物化石，仅孔子鸟化石便有近千只，构成了一个系统完整的热河生物群。

辽宁化石之多、品种之繁，全球任何一个国家都无法与之比拟。鱼类、蜥蜴、鳄类、恐龙、鸟类、哺乳类，以及各种无脊椎动物与植物化石，几乎涵盖所有生物门类的祖先，填补了从始祖鸟到晚白垩纪鸟之间演化上的空白，使早白垩纪一跃成为发现早期鸟类化石最多的时期。**然而，在这个连天上的鸟都没有放过的化石生成年代，应该经历了一次空前的地质大灾难。**

远古生物至今仍在影响着我们，地球上广泛使用的化石能源——煤与石油，就是它们的化身，而早期人类发掘的古生物化石，更加被理解为大地的启示，或者精灵，融入到了人类文明的记忆，它化作古代图腾或者现代科幻主角，来到了人们的日常生活之中，成为仪式或者娱乐的对象，譬如"中国龙"，西辽河红山文化据"大地印记"而生成，传入黄河流域二里头文化遗址，化入中华文明的国家象征，以及现在无处不在的"龙文化"现象。

喜马拉雅隆起以来地球上的生命只有人类将认知形成了思维，地球一定不会仅仅只有人类，除了我们知晓的古生物，还会有许多未知的其他文明，它们或者掩盖在极地深深的冰原之下，或者隐藏在海洋幽幽的洋底之间，或者就在我们看不见的太空，可以是人类思想的边界，也可以是人类未知的真实场景。

旧石器时代

旧石器是指主要通过打制的方式生产的石器，使用打制石器的时代称为旧石器时代。这个时代根据石器技术特点可划分为五种技术模式，分别为奥杜威文化（砾石石器、石片石器）- 阿舍利文化（手斧等）- 莫斯特文化（勒瓦娄哇技术）- 石叶 - 细石叶等五个文化阶段，每个技术模式在不同区域的延续时间并不相同。

距今13万年前皮洛遗址，位于稻城县城附近两千米处的七家平洛村，平均海拔超过3750米，为金沙江二级支流傍河的三级阶地。海拔高、气候冷，这里起伏的山体上岩石裸露，仅生长着低矮的小草。然而在旧石器考古人员眼里，这里却是发育充分的阶地，黄土堆积可能已有几万年甚至几十万年的历史。

这些不同时期的地层，均有石器出土。整个遗址，出土石器可分为三个石器技术模式（包括砾石石器 - 阿舍利技术 - 小石片石器），三个完全不同的石器技术模式形成罕见的旧石器文化三叠层，表明遗址存在着不同人群活动，或者为同一人群为了适应环境所做出的技术适应。皮洛遗址完整展示了砾石石器 - 手斧 - 石片石器的旧石器文化发展序列。尤其值得一提的是，不同地层可以明显看到冷暖更迭现象，但即使在气候冷期，地层也有遗物发现，说明早期人类在高海拔地区的活动频率与活动强度非常高，也就是地球在一些时间段上（大暖期），青藏高原曾经是人类宜居的乐土，而不是人类被动征服的缺氧之地，这里水草肥美，食物充足，含氧量适宜，与此同时，人类也会在高纬度地区居住。人类适宜居住地海拔、纬度越高，反映出地球的气温也就会越高，反之亦然。

玛雅传说中位于太平洋上的称穆（姆大陆）（Mu continent）、古埃及传说中位于大西洋上的亚特兰蒂斯大陆（Atlantis continent）、根达亚文明（Matlactilart continent）以及西方学者推测的位于印度洋底的利莫里亚文明（Lemura continent），成为四大消失的大陆与文明。这些传说中的文明，拥有高度的精神与健康文化，在音乐、绘画、文学、诗、建筑、雕刻方面非常繁盛，远古时沉入海中。当然，我们并没有真实地看到它们，可以是推测，但也可以看作是近代空想主义者对人类完美社会描述的又一"乌托邦"。

其中，亚特兰蒂斯的故事来自著名的希腊哲学家柏拉图的书籍《对话录》。公元前 360 年到公元前 350 年时期，该书当时在古希腊广为流传。最先提出亚特兰蒂斯沉入海底的这个人叫索隆，他是公元前 600 年的一个人物，他所说 9000 年前亚特兰蒂斯沉入大海，**距今约 1.16 万年。亚特兰蒂斯遗址的形态特征是同心圆结构，这个结构影响了西方文明的进程，与《圣经》中的东方伊甸园、维特鲁威理想城市、霍华德的田园城市的结构是一样的，甚至与第四纪冰期中国南海及巽他大陆所在东南半岛的形态也十分相似（部分也沉入大海）。本书把它称为"柏拉图圆"或者"亚特兰蒂斯圆"，"圆海"，它将与中华文明的"河洛之方"或者"冈仁波齐方"，"方山"，共同组成中西方两个文明主体基于地缘结构的差异化空间原型。**

此外，日本学者调查发现中国台湾宜兰外海 60 海里处，沉睡着一座神秘的海底古城，这个古城应是距今 1.5 万年前冲绳岛还与大陆连在一起时的"穆（姆大陆）文明"，这个文明据信是在一次由地震引发的地质变化而沉入海底，古城内有精细的雕刻、神殿、金字塔，学者研究，该遗迹属于约距今 1.5 万年前的"穆文明"，也就是在中国大陆还与琉球群岛相连时，人类在这块"穆（姆大陆）"上所创造的高度发展古文明。穆（姆大陆）文明的关键在于海底大陆架上的远古文明，如果属实，那么在台湾的某个地方一定还延续着这种文明的痕迹，同时，为我们划了一道文明的边界线，那就是"穆（姆大陆）线"。

新石器时代

中国的岩画很多，分北系、南系，贺兰山、阴山、阿尔泰岩画属北系，广西左江、福建华安岩画属南系，反映了早期人类在其游牧迁徙通道上的生产、生活与祭祀活动，并都有可能与青藏高原保持着某些关联。

距今 1 万 ~ 4200 年前，青藏高原曾为宜居之地。海拔 4700 ~ 5000 米的藏北岩画既有旷野凿刻类，也有洞穴涂绘类。以牦牛、绶带鸟、盘羊、鹿、马、鹰、犬等动物图像，以及猎人、牧人、武士、巫师等人物形象居多，题材以狩猎、放牧、耕耘、角斗、祭祀为主，而西藏近百处岩画遗址中发现十余幅车辆图像，集中分布在阿里与那曲等地区，这说明此处曾今适宜居住，人来人往，车水马龙。

由于流域变迁，一些地区沙化明显，中国的塔克拉玛干沙漠、非洲的撒哈拉沙漠最为典型，沙漠中衰败的城市见证着已经消失的古代文明，气候的变化导致荒漠，相比于海洋与两极，沙漠中埋藏的价值也不可小看。

塔克拉玛干沙漠，就埋藏着古代西域三十六国的秘密。从大的环境背景来看，塔里木盆地接近亚欧大陆中心，属暖温带荒漠区。随着其周边的许多山脉（如昆仑山、天山）逐部隆起，使得这个居于内陆的盆地格外干燥。在干旱环境的控制下，全新世以来，青藏高原及其周边山地仍在继续抬升之中，青藏高原的抬升，改变了亚洲大陆的地貌格局及其大气环流的模式，导致东亚季风的形成与加强，从而加强了塔里木盆地气候向着干旱方向发展。新疆鄯善县吐鲁番盆地，中国地势最低的地方，火焰山南部洋海古墓群，面积达 5.4 万平方米，墓葬多达 500 余座，持续时间从公元前 12 世纪延续至公元前 2 世纪左右，曾经的洋海，现在无洋也无海，出土文物却能洋海侵退改写历史，成为新疆目前发现的最大、最密集的古墓群之一。楼兰，昔日西域丝绸之路上的繁华重镇，曾有过辉煌的历史。汉晋使者达西域，沿疏勒河出玉门关，首站就是楼兰。南北丝绸之路在此分道，商旅不绝于途，使者相望于道，东往传经授义的西域沙门僧徒，西行取经求法的中原高僧法师接踵相随，促进了中国同西方经济与文化交流。

撒哈拉沙漠也曾生意盎然，在它的东边，后期诞生了著名的古埃及文明，古埃及金字塔至今仍是世界上最神秘的奇迹之一。所以，之前撒哈拉之眼是亚特兰蒂斯的遗址也并不是不能接受的事实。如果真的找到了亚特兰蒂斯的遗址，证明在万年之前这里就已经存在着高度发达的文明，现在很多不能解释的古代奇迹之谜就都解释得通了。

《河图洛书》与《山海经》

《河图洛书》与《山海经》是早期人类的两部山海大作。《管子·小臣》："昔人之受命者，龙龟假，河出图，洛出书，地出乘黄，今三祥未见有者。" 就是《易传·系辞》中的"河出图，洛出书，圣人则之"。传上古燧人氏时期，洛阳东北孟津县境内的黄河中浮出龙马，背负"河图"，献给伏羲。伏羲依此而演成八卦，后为《周易》来源。又传大禹时，洛阳西洛宁县洛河中浮出神龟，背驮《洛书》，献给大禹。大禹依此治水成功，遂划"天下"为"九州"，延续至民国，这个"天下"依然为"九州天下"。又依此定九章大法，治理社会，流传下来，收入《尚书》中，名《洪范》，《河图洛书》是中国人关于宇宙空间的平面认知图示，确定了中华文明书写的地缘框架。《山海经》则进一步深化记录了这个地缘框架上的万物神灵，处于人类发展阶段的半人半兽时期，对应于距今 5400 ~ 4200 年前，反映山川、地理、民族、物产、药物、祭祀、巫医等内容，更为生动地阐述了远古人类关于山海的好奇与集体记忆，**如果说《河图洛书》给的是框架，那《山海经》给的就是丰满的血肉。**而西方《圣经》中的上帝则是以大洪水的方式抹掉了这一时期人类的丰富景观，创造了"唯一神"，相比之下，《山海经》描绘的却是有声有色的"诸神"。本书认为《山海经》雏形于西周，是武王太公征服商纣的"地图"，也是后世九朝开天辟地的"疆域"，总结自西周上溯 5000 年燧人氏"三道"的传承，"九州"即"九宫"，演绎成"三代井田"，是远古先民不断累积的知识成就，甚至到先秦时期，《山海经》的主要结构才逐渐稳定下来。与西方经典《圣经》一道构成中西方文明的两大地缘分异。

承续地球远古文明与人类古代智慧，后世《水经注》以及再后世的《徐霞客游记》则摒弃了《山海经》中各种光怪传说（人兽交配是超自然能力）与不实猜测，以眼见事实为依据，不断追索细化中华文明的山海地缘框架。

食盐地图

人类生存，除了淡水资源之外，还需要有食盐资源。在淡水体系中的食盐分布，也影响着古代人类活动的空间结构，顺着这个结构，可以挖掘文明的脉络。中国食盐的空间分布很广，第一、二阶梯交汇处，从新疆、内蒙古、青海、陕甘、湖北、湖南到川滇等地，以及第三、四阶梯交汇，即从辽宁、天津到广东、海南，沿海、沿岛海岸带地区，出产着种类繁多的盐：海盐、井盐、岩盐、池盐等。海盐以辽宁、山东、两淮、长芦各盐场盛产；井盐则以已有 1000 多年历史的四川自贡的自流井最为有名；岩盐产于四川、云南、湖北、湖南、新疆、青海等地。池盐在陕西、山西、甘肃、青海、新疆、内蒙古、黑龙江等地很多咸水湖出产，其中最大的是柴达木盆地的察尔汗盐池，其他如青海茶卡盐池、甘肃吉兰泰盐池、山西解池都是著名的池盐产地。**这些食盐资源保障了古代人类在四大阶梯、四大流域的纵深发展，特别是第二、三阶梯，形成了灿烂的文明。**工业革命之后，大交通环境的改变使得人类摆脱了食盐资源的桎梏，不过是几百年的时间，迅速发展起来。总之，人类不断努力，依托地球上的山海关系，以及食盐方便，最终发展出现在的全流域文明，包括大流域文明、小流域文化、运河文化、河口文化和海洋文明。

大流域文明

流域连接冰川线与海岸线。文明之初，流域治水是当时中华先民面临海水西侵而事关生死的首要任务，各部落为此赋予治水领袖以绝对集中的权力，这便造成了华夏各部落组织权力向更大的组织系统"国家"集中。因此，可以说大禹治水催生了中国最初的国家体制与国家版图，是气候变化与地缘关系共同作用的结果。而公元前 221 年建立的秦朝，不过是公元前 21 世纪大禹建立的禹夏以及此后来自东北与西北的殷商、姬周三代的深化与扩大，后世韩愈治理潮州得"韩江、韩山"，被称"功不在禹下"，治水如治国，大概就是这个意思。

地缘关系，首先就是流域性的地缘关系，大致有两种流向：**东西向河流流域容易发生持续性文明，而南北向河流流域则较难发生持续性文明，但却是两种文明的存在形式，前者的典范是中华文明；而后者，过去是以**

图 2-1 天下诸国图

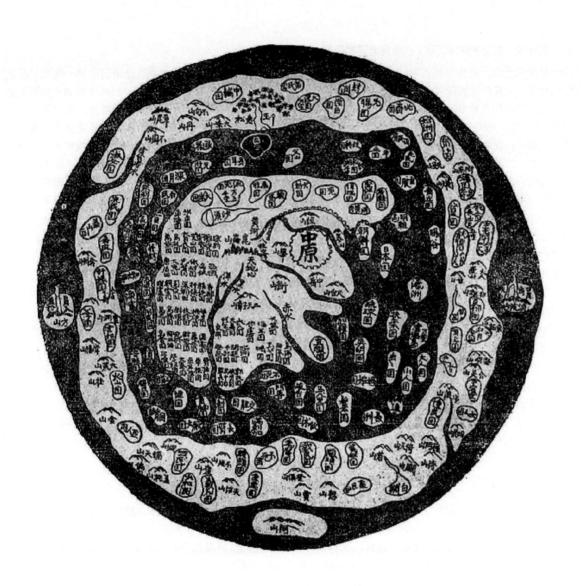

古埃及为代表，现在则是以欧洲新大陆美国为代表的西方文明。

天地之间，水有六品。《淮南子·地形训》："何谓六水？曰：河水、赤水、辽水、黑水、江水、淮水。"这里的河水即黄河，江水即长江，辽水便是辽河。

美索不达米亚两河流域呈大致东西走向，南北向支流腹地不足；尼罗河、恒河流域则为南北走向，文明也在雅利安人的征服下断代未续。而黄河、长江、西辽河-塔里木河、珠江，均为东西方向干流，及其南北方向的支流，顺次构造，这为中华文明的生成与传播创造了极好的地缘结构性条件。**东西向流域地缘形态中，南北向轴线是重要的结构线，中华文明应该是不同层级城镇轴线统一的文明。**

西辽河 - 塔里木河线文明（包括黄河河套地区）

西辽河流域，也许是远古时期人类最易于控制的地理单元，暖期中华文明在高纬度地区的第一波高潮当数红山文化。从克什克腾旗境内的湟源出发，穿过西拉木伦河大峡谷，沿河东行，是百岔川 60 多千米长的百里岩画，记录下先民在漫长岁月里生活劳作、图腾祭祀等民俗宗教活动的情景。在敖汉旗宝国吐乡，大约修建于距今 8000 年前，排列整齐、有上千间房屋之多的原始村落，就是有着华夏第一村之称的兴隆洼遗址。"蚩尤作兵，伐黄帝，黄帝乃令应龙攻之冀州之野。应龙蓄水，蚩尤请风伯雨师，纵大风雨。黄帝乃下天女曰魃。雨止，遂杀蚩尤。"这是《山海经》记载的"黄帝战蚩尤"故事，据考证，发生在距今 4200 多年前的这场涿鹿之战中，当连日的狂风暴雨让黄帝陷入屡战屡败的困境时，赶来救援的女魃，就是牛河梁遗址那尊被风沙掩埋在地下 5000 年的女神庙里的红山女神。之后，红山文化传递到了黄河流域，甚至长江流域，反映与湘江高庙文化神奇的同步。

黄河河套地区自古以来为中华民族提供了丰富的文化资源，具有草原文化与农耕文化碰撞交融的独特的文化特征与强烈的文化包容性，民谚亦讲"黄河百害，唯富一套"。这种河套的地形在全球大江大河里绝无仅有。河套周边地区，包括湟水流域、洮水流域、洛水流域、渭水流域、汾水流域、桑干河流域、漳水流域、滹沱河流域，都具有比较好的自然环境条件，它们环绕着河套地区，正如众星捧月一样，把河套文明推到了最高峰，同时又把河套文明传播到更广阔的区域之中。

距今 3000 多年前，塔里木河畔，斯基泰人的一支队伍从南俄草原出发，经阿尔泰山南下来到吐鲁番这片热土，扎根绿洲，这里的气候条件迥异于现在，开始了他们半农半牧的生活，延续上千年，创造了洋海文明，中国第一条合裆裤，发现最早的箜篌、葡萄藤、大麻叶子，随处可见的草原动物纹饰，多样化的彩陶、斑斓的玻璃珠、用来装饰的海贝等文物无一不体现洋海在中西文化交流中的重要地位。1000 多年的融合，连接西周与春秋，以及地中海古埃及文明，让洋海成为多种族人共同的家园，随着东边匈奴的兴起，在更大民族的融合下，洋海先民汇入其他文化。

距今 8200 ~ 5400 年间，中华文明的重心或在第二阶梯的西辽河 - 黄河河套 - 塔里木河线。

黄河线文明

接续下来的就是黄河线文明，是青藏高原的主要文化脉络。早期古黄河的入海口就在渤海湾，也就是从现在的雄安地区经海河入海，西辽河流域的文明通过渤海湾很自然扩展延伸到黄河流域。黄河线跨越两大纬度文化区段，河套地区与中原地区的差异较大，下游冲积扇面积超过 7.2 万平方千米，大暖期从海河入海，小冰期并淮河入海。主体文明的形成期在距今 6000 ~ 4000 年前之间，前后经历了 2000 年之久。主体文明的发展期是它的升华阶段。从时代来说主要是夏、商、周三代。这时的黄河线主体文明凝聚在黄河中下游的大中原地区，以今天的河南省为核心，中原文明是黄河线主体文明的核心。

中华文明的新石器主体是黄河线文明，出现过裴李岗、仰韶、大汶口、龙山与殷商文化现象。按区域分为甘青文化、河套文化、中原文化、海岱文化等。其中黄河线文明的主体在中原地区，黄河线文明的核心在河洛文化圈内。河洛文化最大的特点表现在以下三个方面：首先，国都文化连绵不断。五帝邦国时代，黄帝都有熊，颛顼都帝丘，尧都平阳，舜都蒲坂；夏商周王国时代，夏都阳城、阳翟、斟鄩、老丘，商都亳、隞、相、殷，周都丰镐、洛邑；王朝时代，西汉至北宋一直建都在西安、洛阳与开封。其次，树大根深的根文化赓续传播，有许多文明源头都在这一地区。如最早出现的国家在这里，近年启动的文明探源工程所确定的四个重点即临汾的陶寺、郑州的古城寨、新寨与王城岗也在这里，河图洛书与《易经》等被誉为传统文化源头的元典，中华文化重要纽带之一的汉字也产生在这里。据姓氏专家研究，中国 100 大姓中有 70 多姓的祖根或一支祖根源于中原，海外华人多自称是"河洛郎"，并且前来寻根拜祖，河洛地区成为文化寻根与姓氏寻根的圣地。最后，"大一统"的思想根深蒂固，形成了传统的民族基因。善于吸收、包容、凝聚与集成的民族个性，在河洛文化中都有充分的体现，但最突出的还是"大一统"的民族基因，从邦国、王国到王朝的几千年中，这一优秀的传统已成为整个中华民族坚如磐石的凝聚力与灵魂，中原与中华形成地缘与文明的嵌套关系。

距今 5400～1000 年间，中华文明的重心无论政治还是经济均在第二阶梯的黄河线。

长江线文明

长江线文明，也是青藏高原的主要文化脉络。特别是长江线文明中的"稻作文明"，深远地影响着东亚文明乃至全球文明。长江线文明是长江流域各区域文明的总称，并与黄河线文明并列为中华文明的两大源泉。长江线文明区域之广，文化遗址数量之多、密度之大，堪称世界之最。长江线文明与黄河线文明等中国各大古代文明长期相互影响，融合一体，最终形成中华文明。

长江线文明出现了河姆渡、高庙、凌家滩、石家河、良渚等史前文化现象，按区域分为吴文化、越文化、楚文化、江右文化、巴蜀文化等。其中吴文化是中原的商周文化与吴地本土文化相融合发展的产物，越文化是中原的商周文化与越地本土文化相融合发展的产物，楚文化是中原的商周文化与楚地本土文化相融合发展的产物，江右文化是吴越楚文化结合的产物，巴蜀文化有与中原文明交流的迹象。由于秦统一中国，长江线文明进一步通过支流域连接与中国别的区域的文明相融合。从唐朝后期至北宋中后期，由于北方人口南迁与南方经济发展而带来的人口滋长，南方人口的绝对数字开始超过了北方，这是中国人口南北分布的转折时期。隋、唐以后，长江中、下游地区迅速成为京都与边防粮食、布帛的主要供应地，从 "苏湖熟，天下足" 到 "湖广熟，天下足"的谚语正反映了唐、宋以来中国古代经济重心南移的这一客观史实，长江线文明接续黄河线文明继续发展。自此以后，"东南财赋"与"西北甲兵"共同构成中国历代社会政治稳定的基本格局。

大约距今 1000 年以前，中华文明的经济重心来到第三阶梯的长江线，而大约距今 800 年以前，中华文明的政治重心则在第三阶梯的华北平原。

珠江线文明

珠江文化，是中国第三大母亲河珠江水系及其相邻江河所抚育的流域文化。千万年来，生生不息，源源发展，形成了一条波澜壮阔的文化长河，在"茫茫九派流中国"的江河文化中，独放异彩，为构建"多元一体"的中华民族文化作出了自己的贡献。

珠江文化是第四纪冰川期结束之后中华文明的起源地之一，是南亚语系族群进入中国的一条重要通道；珠江文化还是中华"稻作文明"的起源地之一，通过湘江、赣江以及沿海通道连接长江流域，受到长江文化与黄河中原文化的深刻影响，年代则从史前时代、先秦时期一直到近现代、当代均有涉及。譬如，隋唐五代时期的珠江文化，就包括了隋至初唐的汉俚文化融合、丝路文化、禅宗文化、科举制度、诗文创作、贬谪文化、民间传说与民俗文化、工艺文化及南汉国文化等。韩愈、苏轼为唐宋贬谪之大师；六祖、白沙则在思想上实现突破。

大约距今 200 年以前，中华文明的经济重心来到了第三阶梯的珠江线。江浙地区重深究考据，湖湘地区经世致用，而珠江文化于近代开始繁荣，则重精神力量；珠江文化从东西南北四面八方而来，兼收并蓄，近代思想策源地在岭南。广州近代突破的力量就是理想的作用，开埠至今成为国家经济最为活跃的地方，1840 年之前更是位列全球城市排行榜前列。同时，近代以来"下南洋"、海上贸易促进了东南亚一带的社会与经济的发展，以及西洋文化的传入，南海地区又成为新的文明热点，受到国际社会的广泛关注。反过来，下一个气候周期，珠江线文明又会向长江线、黄河线甚至西辽河 - 塔里木河线转移传播。

总之，北半球 25～40 度温带范围中国大陆四条东西向流域线（蓝脉）满足了间冰期内所有气候变化且适合人类居住全部地理条件，使得中华文明渊源不断，沉淀与广化为中华地缘上广博而深厚的结构性流域文明，并与亚欧大陆四条交流通道深度融合。

小流域文化

山脉将地球切割成不同的小区域地缘，成为小流域水源的汇入地，形成不同地缘小气候条件。由于冷暖期的变化，不同纬度、不同海拔的地缘与气候条件存在着差别，比较明显的是不同海拔大山雪线的升降，大山之下会有立体的气候条件。譬如，天山与昆仑山之间的气候条件 2000 年来变化比较明显，新疆乌鲁木齐博格达峰脚下的戈壁、云南丽江玉龙雪山脚下的戈壁、江西庐山脚下的厚田沙漠，是气候影响下人居环境退化的地区。当然，也有显著提升的地区。譬如，四川盆地成都平原，由于灌溉条件的变化，成为天府之国。再如，江西"赣州"，其实意为"章贡交汇"，章水与贡水在此交汇成为赣江，三水绕三山，三脉汇三潭，南康秘境，更是罗霄湖湘文脉，武夷朱子文脉以及九连岭南文脉的交汇处，连接长江流域与珠江流域南北大通道。

小流域也是人类迁徙之所，文化广化后再沉淀之地，中华大地出现了许多地区性文明小流域文化，如在黄河流域有甘青文化、河套文化、中原文化、海岱文化；在长江流域有吴文化、越文化、楚文化、江右文化、巴蜀文化；在珠江流域有岭南文化、广府文化、客家文化、潮汕文化、汉俚文化等，在西辽河 - 塔里木河流域有东北文化、燕山文化、河西走廊丝路文化、南疆北疆天山文化等。各个地区性文明都发展到相当高的水平，学术界都给予高度评价，但是到后来有的文明中断了，有的文明走向低谷，它们共同沉淀为中华文化的深厚根基，广化为全域文明。

古老智慧

地缘稳定的地方，可以形成方言，有方言的地方，文化沉淀深厚，存续古老智慧。

从秦汉时期开始，历经西晋末的永嘉之乱、唐朝的安史之乱、北宋末的靖康之变，再到明朝初年的"江西填湖广"，清朝初年的"湖广走四川"，清朝的太平天国事件，以及"闯关东""走西口""下南洋"……在 2000 多年的历史中，移民反复出现，由于移民的规模巨大，他们迁出地的语言与迁入地的土著语言融合，百十年后往往会形成新的方言。中国八大方言：吴语、湘语、粤语、闽语、赣语、客家语、晋语与北方官话。而有方言的地方，常常具有气候冷暖适宜，地缘相对独立，存续时间久远，民风淳朴温顺，语义体系丰富，使用人群广泛等特征，历史上也是战乱难以企及、生存条件优厚的地方，人们可以衣食无忧，安居乐业，偏居一隅。

譬如，湘江流域，湘语。湘语是汉语方言中第二古老的，仅次于吴语，它的最初源头可追溯至古楚语。商末躲避战乱的中原移民，南迁至湖北一带，逐渐形成古楚语。到了春秋战国时期，强势的楚国南进，把古楚语引入长江以南的湖南。反而今天的湖北原本是古楚语的腹地，后来因为接收了大量北方移民，最终北方官话完全取代了古楚语，如今武汉话完全是西南官话了。

长沙、衡阳一带原本都是说老湘语的，但唐朝安史之乱后，受到北方移民影响，特别是洞庭湖冷期围垦，大量涌入北方官话，大大地消弱了古楚语的特征，而到了明朝初年，涌入大量江西移民，所以湖南话又带有明显的赣方言特征。老湘语以湘乡话（如双峰话）为代表，新湘语以长沙话为代表，有 5% 的汉族人口在使用。除了湖南本省外，广西东北部也有 4 个县说湘语。有方言学者指出，长沙话由于受到官话影响较大，接近普通话，比较好懂，老湘语才是最纯粹、最正宗的湘语，曾文正（1811 ~ 1872 年）就说老湘语，他说的话咸丰皇帝无论如何都听不懂，署理直隶总督府 7 年，估计李鸿章也无可奈何，要用几个翻译才能明白，好在曾文正公才气非凡，可以激扬文字，上马杀贼，下马讲学，最终立功立德立言，为人所敬仰。

除了曾文正，还有讲粤语的慧能、讲闽语的朱熹、讲越语的王守仁（1472 ~ 1529 年），都是思想大家，说不出来（语言不通），就写出来，于是著作等身，传递着古老的智慧与思想的光芒。同是棕色人种的血脉，瑶族的古语，据说日本人也懂。

盆地价值

小流域文明最值得注意的是盆地，青藏高原东南与西北两侧的四川盆地与塔里木盆地，这可能是中华文明冷暖期在不同海拔之间转移与沉淀的事实，当然，陕甘、云贵与帕米尔则是青藏高原的三"肩"，即暖期由低海拔盆地向高海拔青藏地区转移，冷期由高海拔青藏地区向低海拔盆地转移。塔里木盆地海拔较四川盆地海拔高，应呈非同时顺序转移景象，且 2000 年来地缘环境退化严重，暖期为海盆、湖盆、陆盆，冷期则成为沙盆，史前海贝就曾在两个盆地之间传播。四川盆地，则由海盆到湖盆再到陆盆，海（湖）侵海（湖）退，是中原蜀道、下江水道、川藏及西南驿道（蜀身毒道）的交汇之地，距今 8200 年前海（湖）侵大迁徙，是裴李岗、仰韶文化溢出之地；距今 5400 年前海（湖）侵大迁徙，是河姆渡、高庙、屈家岭、荆楚文化传播之地；距今 4200 年前海（湖）侵大迁徙，是苏美尔与良渚文化、二里头文化的交汇之地，天府之国是秦汉、唐宋、明清的粮仓；南宋在此延续 60 年，蒙哥大汗因钓鱼城之战而殒命，也改变欧洲命运；清政府在此避难 17 年，民国抗战成为陪都，苏联人在此获得了关键情报，成功保卫莫斯科，从而扭转二战结局，四川盆地的周边地区，特别是古羌族、古彝族地区更存续着鲜为人知的文明基因。而盆地之间陕甘地区是青藏高原的主"肩"，又是另一处环青藏高原的文化之源，譬如上述定西陇山文化。

地名启示

地名也在"移动"，相同地名在中国比比皆是，寓意人群迁徙、文化传播，譬如，客家人迁徙的路上有"梅"字头，梅江、梅溪，"宁"字头，宁江、宁都；甘肃定西有"陇山"，四川巴中、贵州兴义、湖南娄底、广西崇左、百色，也都有"陇山"，以及其他与此谐音的"龙山"地名。

距今 4000 多年前的甘南定西"陇山"（陇西、陇东、陇南、陇川），以及之后的系列"陇山"，大概是 2～3 条与距今 1 万年前南亚语系族群的向北迁徙的反向路径，云贵高原西侧的西南通道和东侧的珠江 - 湘江通道，或者沿海岸线通道，包括巴中陇山、兴义陇山、西双版纳陇川（勐宛，太阳照耀的地方）等所代表的西南通道（澜沧河、怒江、独龙江通道、后"蜀身毒道"）；娄底陇山、百色陇山、崇左陇山、龙州（陇州）等所代表的珠江 - 湘江通道，以及"陇"谐音的"龙"首地名，龙川、龙南、龙江、龙岗等许多谐音地名的沿海通道，主要集中在人类迁徙蒙古 - 青藏 - 云贵高原大通道上，部分沿第一阶梯线东南侧，与中亚候鸟迁飞通道以及大象迁徙通道重叠。"陇"或"龙"地名系列似乎保持着文化上的某种联系，"陇"或"龙"地名系列现象从黄河流域转移到了长江流域，再转移到了珠江流域甚至云贵边陲，南亚语系族群北上，与陇山系南下，相差 6000 多年，路径却大致相似，足见气候与地缘框架对人类行为的约束力。而仅从河南漯河龙州鲤的鱼骨以及安阳殷墟马来大龟的甲骨出土来看，距今 3000～4000 年前的中原应该与此时的云南西双版纳与广西崇左龙州一线的气候条件高度一致。反过来，则说明云南西双版纳与广西崇左，至今还保持着彼时中原初期社会构成与实体形态演替之前的若干痕迹，诸如邦国体制、营城法式、特定物种（龙州鲤），等等，连龙州鲤都南迁了过来。就邦国体制而言，西双版纳傣族的"傣泐"（原始邦国，有 12 个邦国，即邦荒、邦帕、邦罕、邦洛、邦绍、邦里、邦兰、邦莫、邦莱、邦盖、邦陇、邦赖等）、"勐"（原始方国，平坝，即勐海、勐泐、勐腊、勐宛等）、"景"（原始方城，建在大土堆（台地）上的城池，有 12 个景城，即景洪、景真、景洛、景鲁等），似乎对应三代时期的"邦""国""城"，且一直迁徙保持到了今天。"勐"亦同"孟"，甘肃地区至今也保留有"孟"，孟塬、孟坝，以及"景"，景泰等字义地名，**从定西陇山，到西双版纳，这其实就是傣族迁徙的路径。**这个以大象为图腾的族群，还广泛分布在东南亚诸国，诸如缅甸的掸族（Shan）、泰国的泰族（Thai）、柬埔寨的泰族（Tai）、越南的泰族（Tai）、老挝的佬族（Lao）、印度的阿萨姆族（Assam），不同国家不同叫法，但都是傣民族的一部分。似乎历史静谧了几千年，像极了雷州半岛的石"狗"（狗图腾）、珠三角广州的"羊"城（羊图腾）。而之后，西周时期将这一原始邦国体制"邦""勐""景"，向前迈开了重要的一大步，演进成为"邦""国""城"。

地名还有"盐"系，因盐设关（官）、因盐集市、因盐成邑，盐城、盐池、盐源、盐津、盐官等，"食盐"

资源历来就由中央政府直接管理，也因此形成了许多"盐官""盐运"文化，譬如，重庆大宁河深处的宁厂古镇，就有"巫盐"与"巫巴文化"，等等。当然还有，中山系、花园（塘）系、顺德系、曲江系、洪江系、曹溪系，等等。

许多地名本身就在讲述历史，譬如，广东"湛江"，"湛"即"没有"，其实意为"没有江"的城市，所以湛江是资源型缺水地区；佛山"里水"，其实意为"水里"，表明这是珠三角雨脉上的"雨窝"；中山靠近珠海有条小村，"逸平村"，其实意为"夷为平地"，后山称为"塔石山"，其实意为"塌石山"，仔细查看地形，村子恰好位于珠三角台风脉络的迎风面上，为泥石流陈旧灾害区。又如，江苏"弶港"，其实意为"候鸟的港口"，为全球候鸟西太平洋迁飞通道的大型"中转站"，现为世界自然遗产名录保护地，属于人类生境多样性的宝贵资源。因此，仔细品味地名，越是古老越有历史。

中国小流域文化基本上是南北向的支流，自然状况下南北向支流小流域或者之后的人工运河将大流域织补连接起来，大运河的织补连接作用十分重要，淮河通过邗渠与长江通道连接，湘江通过灵渠与西江通道连接，当然，还有驿道织补，赣江通过南雄与北江、通过龙川与东江以及通过梅江与韩江通道连接，小流域沉淀多元文化。**这些南北接连的小流域特征，恰恰是近1万年来中华文明随地球气候变化自北向南跨越四大流域的传播路径，这包括第一阶梯边缘的"陇山"系，第二阶梯边缘的太行"湘江""赣江"系，以及第三阶梯边缘的"运河"、河口"三角洲"系，等等。**

运河文化

运河文化是人类巧借江川，贯通流域，汇聚资源，连接城镇的一种文化，大概也是暖期兴、冷期废，延绵至今，连通南北。世界上最古老的运河之一是灵渠，流向由东向西，于公元前214年凿成，将兴安县东面的海洋河（湘江源头，流向由南向北）与兴安县西面的大溶江（漓江源头，流向由北向南）相连，从此形成从中原到岭南的湘江通道，珠江流域与长江流域连接起来。

到了春秋后期，在东南的吴王阖闾与夫差两代人前赴后继，枕戈待旦，终于完成了称霸的大业，之后目标就瞄准了北方的齐国与晋国。但是齐国在山东，吴国的主体在江苏，江苏人要去打山东人，走陆路成本有点高。为了解决交通问题，吴王夫差就让人修一条能运输的水路，这就是邗沟，打通了长江与淮河，在对齐作战中发挥了巨大的作用。120多年后，生活在黄河流域的魏惠王修了一条联通黄河与淮河的运河，将太行山东麓河流冲积扇与西南、东北向的古大河河堤之间许多交接洼地、湖沼等连接起来，命名为鸿沟，这里也因为之后的楚汉争霸而闻名天下。

再后面的历史中，修运河成了进取型王朝的一种基本操作，其中还有修得比较疯狂的，譬如曹操，为了搞定袁绍，专门修了直达官渡的睢阳渠，之后越修越上瘾，为了扫平河北，先后搞了白沟、利灌渠、平虏渠、泉州渠、新河等工程，形成了整个海河水系的雏形。6世纪《水经注》记载黄河下游有130多个大小湖泊。这些湖泊在调节黄河及其分流的流量，农田灌溉、水运交通以及湿润当地气候等方面，都有一定的作用。

也就是说，在隋炀帝杨广开始大搞运河之前，中华大地上已经有了很多运河，隋炀帝只是凭借气候暖期的雨水条件，对修运河这项伟大的事业进行了继承与发展。所谓环太湖地区，在古代主要指润、常、苏、杭、湖五个州，润州就是现在的镇江。这些区域从距今1000年前就一直富到现在，开始海上贸易兴起后，又多出来一个上海。元朝利用之前冷期北宋废止的隋唐大运河部分河段，重点打通了山东区域，**形成京杭大运河，大致平行于海岸线，可以看成是中国大陆蓝绿结构中的第二海岸线，甚至与良渚-苏美尔海侵线走向高度重合，这两条海岸线之间也成了候鸟迁飞的大通道。**其总共可以分为七段，即北京-通州、通州-天津、天津-临清、临清-台儿庄、台儿庄-淮阴、淮阴-扬州、镇江-杭州。太湖地区成就了运河，运河也成就了环太湖地区。环太湖地区的水系自身就很多，人们又不断地修各种小型运河，形成了庞大的水系，进一步降低了运输成本，把更多的人吸收进了这个体系，徽州商人本来在山里待着，后来顺着水路去杭州做买卖，慢慢地越来越发达，使得环太湖区域与整个北方主流市场连为一体。到了冷期晚清，商船的发展一日千里，大海也不再像之前那么恐怖且琢磨不定，清朝政府也开始放弃成本巨大的运河，转而用海运从南方向北方运输物资，运河也就慢慢失去了原有的作用。

不过到了现代，新中国一直在搞运河，继续把各个水系连接在一起，并且拓宽河道，加大水深。2020 年，在中国的国土上形成了"两横一纵两网十八线"的水路布局，同时还有 28 个主要港口将分布其中，而那一纵就是京杭大运河，南北方向将大致东西方向的黄河流域与长江流域连接起来。

河口文化

文明呈现从高阶梯向低阶梯转移，从流域节点（支流交汇处）小河口向三角洲大河口转移的规律。

流域文明是从上游推向河口，河口又随阶梯而变化，从小流域到大流域，从大流域到出海口，从高阶梯到低阶梯，从上游到下游，是文明的顺序承载地，在这些不断变化的河口三角洲地区，是流域内人口规模、城镇密度、强度最大的区域。譬如黄河，武陟、荥阳以下，正式进入华北平原后出现大规模改道。改道不仅次数频发，流路紊乱，波及地域也极为广阔。由于冲积扇很大，黄河三角洲也就很大，从第二阶梯到第三阶梯的郑州安阳一带是个节点；从第三阶梯入海，黄河在泰山南北摆尾千里之遥，大暖期距今 1 万年前是在今白洋淀海河一线，雄安新区就在古黄河的海河流域上，小冰期后南移至淮河一线，现在固定在东营以北，环冲积扇边缘或中间高地区域存在史前许多的人类活动遗址，如磁山文化、裴李岗文化、仰韶文化、后李文化、北辛文化、大汶口文化、龙山文化、马家窑文化等，在第三阶梯上的古代文明还有如长三角地区河姆渡文化、良渚文化，辽河三角洲地区红山文化，等等。当然，这些河口三角洲也同样是现代文明和未来文明的主要承载地，又譬如环珠江口的粤港澳大湾区，以及南渡江口的中国（海南）自贸区江东新区等。

两河流域、恒河流域和尼罗河流域都呈现出文明从高阶梯向低阶梯转移的特征，并在不断摆尾的河口地区集聚。

地缘结构导致文明的差异

中国东西向四大流域文明，辅以南北向阶梯小流域、运河文明，实现了中华文明全地缘"九宫格"结构特征，叠加陆路，特别是现代交通网络，更快流速、更大流量，精准流向，加强了这种格网关系，使得中华文明的全类型"九宫格"地缘结构关系更加紧密。

地缘结构性差异，造就文明格局性的不同。

梁启超试图通过中西方大地缘环境的结构性差异解释中西方文明的不同特点。首先，梁启超将中国与欧洲的地缘环境作了比较，从中寻求欧洲诸国分立而中国倾向于统一的根源。他认为，欧洲之所以小国林立，乃是因其"山岭交错，纵横华离，于其间多开溪谷，为多数之小平原，其势自适于分立自治"；而中国"则莽莽三大河（黄河、长江、珠江，还有西辽河 - 塔里木河），万里磅礴，无边无涯"，为"天然大一统之国"。中国的人种、语言、文学、教义、风俗归于统一，"其根源莫不由于地势"。

其次，梁启超通过比较中美两国的地缘环境，指出中国的河流基本上是东西向的，而美国的河流则大多是南北向的，这就造成中美两大国家民族性格的不同。但他对中美国家民族性格的差异性解释并没有说服力，他的基本观点，美国东西和尚，而中国南北纷争，是基于其所处的时代作出的结论，现在看来并不准确。

最后，梁启超认为小地缘种类也有差异，高原、平原、海滨三种地形对人类生活方式与政治制度有不同的影响。"高原之特质，最适宜于畜牧"，虽然实行族长政治，"然终不能成一巩固之国家，故文明无可言焉"。平原地区以农业为主，"家族政治，一变为封建政治，行国变为居国，而巩固之国体乃始立"。平原地带是人类文明的发源地，"中国、印度、埃及、巴比伦，皆在数千年以前庞然成一大国，文明烂然，盖平原之地势使然也"。至于海滨，"征诸历史上之事实，则人类交通往来之便，全恃河海"。海滨有利于交通，促进了人类文明成果的传播与扩散，滨海国家因而"文明进步最速"。

实际上，中美文化差异也在于地缘结构性差异。大致来看，**东西向河流文明的流域性特征比较明显，其南北向支流与干流交汇处，以及干流入海三角洲地区，人类聚集活动的活跃度基本一致，东西向河流文明的传播相对快速；而南北向河流文明发生主要集中在低纬度入海三角洲地区，其东西向支流随纬度气温差异而人类聚集活动的活跃度表现会有差异，高纬度地区通常比较低，南北向河流文明的传播相对缓慢。**美国东西两岸并列，南北向密西西比河切割，"穿堂风"式地形，从北冰洋来的冷空气可以经过美国中部平原长驱南下；从热带大西洋吹来的湿润空气也可以从中美洲经过美国中部平原深入到北部，呈多地缘分治形势而非一统，直至 18 世纪土著印第安人口规模仅与中国商汤时期相仿，并未发生流域性文明，得益于工业时代的开启，包括农业在内的产业才发展起来，更成为两次世界大战的赢家，成就了 200 多年的辉煌；反观中国的河流皆由西向东，黄河、长江、珠江流域均源于第一阶梯青藏高原大"水塔"，经过第二阶梯，汇流于第三阶梯，最后注入海洋，第三阶梯上大运河与第四阶梯的海岸线连接长江、淮河、黄河、海河，以至西辽河 - 塔里木河与珠江，融汇东西，贯穿南北，能够气候自洽，地缘自洽，九宫相连，充分融合，呈地缘"大一统"文明形势而难分治。中美两种不同类型的文明皆为典范，是东西向流域与南北向流域文明的代表，而美国的国家价值形成来自西方"泛城邦"文明，是西方体系的延续，欧洲的"新大陆"。

总体而言，地缘文明时期，史前智慧都能够在东方沉淀，中华文明生生不息，成为全球文明进程中的坚强基石与强大支撑。梁启超说"无亚细亚之文明，则欧罗巴之文明，终不可得见"。客观上，中华文明得益于先天"九宫格"大地缘结构性特征，具有确定性与持续性传承的优势，向西方传播，能够给予与西方文明跨越式发展以创新动力；而西方"同心圆"小地缘结构特征，贡献不确定性与跨越式发展的文明成就，向中华沉淀，能够充实中华文明的物质内涵，使得中华文明可以革故鼎新，集成增长。**中华文明整体的确定性因应了西方文明跨越的不确定性，具有强大的文明集成能力。**中国短短几十年的改革开放，全世界都觉得中国创造了奇迹，其实只有我们自己才知道这其实不是奇迹，这是有强大的地缘结构文化底蕴与优良的政治贤能实践支撑下的正常结果而已。虽然中西方文明是共生的，但基于"九宫格"思想的空间与秩序的单中心中华文明（一体多元，"大一统"文明），相较基于"同心圆"思想的空间与秩序的多中心美西方文明（多邦联盟，"泛城邦"文明），则具有更加超强的确定性、包容性与持续构建能力。

地球是一体的，文明是多元发生且相互借鉴。地缘文明时期，只会有先后之别，而不会有优劣之分，只会有规模之别，没有贵贱之分，流域丰枯决定文明先后，流域规模决定文明规模，人类空间营造则用城镇强度来彰显文明的盛衰，它们是共同发生、发展与协同进步的，具有移动性与在地性，它们旋回性沉淀、自洽性广化、周期性提升，形成了现代多元多极文明的丰富景观，共同进入全球文明的深度发展时期。

2.2 北纬中段，东西传续

纬度旋回中，北半球最主要的纬度线段是北纬中段，也就是北纬 25 ~ 40 度，这恰好也是东西向阶梯转移的最直接路径，亚欧大陆，方山圆海，陆海侵退；文明形态，农耕累积，游牧穿插，终至地球格网，蓝绿互联，命运共同。

北纬中段 25 ~ 40 度可以说是一段非常神奇的纬度线（相差 15 度），这段纬度线由西向东穿越了大西洋、北非、西亚、南亚、东亚、太平洋、北美洲的部分地区，在这条纬度线附近诞生了古埃及、古希腊、美索不达米亚、古印度、中国等人类文明最早的国家或地区，特别是亚欧大陆，饱含着全球文明的资讯。在地球北纬中段30度附近，还有许多神秘而诡异的自然现象。如美国的密西西比河、埃及的尼罗河、伊拉克的幼发拉底河、中国的长江等，均在北纬中段30度入海。地球上最高的珠穆朗玛峰与最深的西太平洋马里亚纳海沟，也在北纬中段30度附近。

处于北纬中段25～40度的人类，正在季风气候的影响下面临更多的自然考验。夏季的酷暑与冬季的严寒，以及不稳定的空气及地表湿燥度筛选了这里的动植物种类，在相对极端的气候条件下，可供人迁徙移居的地方也越来越少。在冬季与春季，植被开始减少或刚刚萌发，以此为食的动物大部分也开始进入冬眠状态或刚刚苏醒，人类将在此时面临食物匮乏的窘境。到了夏秋两季，可供食用的动植物都进入了活跃的成长期或者收获期，人类又将面临食物摄取量与存储量溢出的不正常状态。

就是在这个时期，北纬中段25～40度附近的人们开始学习驯化一些植物与动物。这些植物的成长收获期要能避开严寒的冬季，它们的种子或者块茎作为食物要能够长期存储，而且这些植物在日光能源转换的效率上也要相对较高。从非洲到美洲，至今仍然是人类主要粮食供给的植物如水稻、大麦、小麦、玉米都具备了以上几个条件。人类驯化动物也具备一些苛刻的前提，譬如这些动物生长期要短，可食用部分要多，而且最好是素食类，至少必须是杂食类。这样，人类就可以把自己主动生产的粮食用来喂养这些动物，避免自然环境变化带来的食物供给压力，从而保证它们在越冬时分存活下来。也正是从这一时期开始，这里的人类开始用集约化的模式来生产食物，北纬中段25～40度附近的人类社会因此率先从采集文明阶段开始逐渐过渡到农耕文明阶段。

2.2.1 亚欧大陆

赤道与极地是地球的两个极端气候地区，赤道有沙漠，极地有冰原，海上有䍐家，人类的生存条件比较艰苦，需要不断地迁移以获得足够的生活物质；赤道的暖湿气流与极地的寒冷气流的交替作用的地区则适合于人类居住，这个区域在南北纬中段20～45度之间。由于海拔与洋流的不同也存在着一些差异，**就亚欧大陆而言，在青藏高原东西两侧北纬中段25～40度的区域，是人类活动相对安定的15度，呈现的是农耕林状态，而上下15度范围，即低纬度北纬10～25度的热带季风海域，以及高纬度北纬40～55度的寒温带草原，则呈现的是渔猎与游牧状态。**地球大气候条件处于温暖期时，人类的活动区域则靠向高纬度、高阶梯、高海拔及寒流影响的地区延伸；地球大气候条件处于寒冷期时，人类的活动则退缩回低纬度、低阶梯、低海拔与暖流影响的地区。大致来讲，人类在东西方向上生存条件比较相似，主要以争夺发展权（包括海权）为要；而南北方向上的生存条件差异较大，则主要以获得生存权（包括海洋）为命。

两洋之间

低纬度，"大航海"时期连接大西洋到太平洋。

史前文明的人类通过迁徙来促进亚欧大陆中西方文明的进程。考古发现，苏美尔文明从东方高原来到了两河流域，哈拉帕文明从凌家滩来到了恒河流域；也许是源自两河流域的三星堆文明又回到了四川广汉，斯基泰人由西方来到了云贵以及新疆一带，并融入到史前方国。《圣经》与《山海经》故事中的主人公"上帝""玉帝"以及各自的极乐世界都互为东西，沿青藏高原南、北侧传播，说明人类自始便在相互交流，中西方文化互为憧憬。雅利安人毁掉了古巴比伦、古埃及与古印度三大文明，以致希特勒假想自己就是纯正的雅利安血统，而分子人类学却证明他并不纯正，被他杀害的斯拉夫人比他更纯正，最终他败在莫斯科城下。而雅利安人入侵中华之时，却受到了武丁妇好的完美阻击，止步于高山峻岭。亚里士多德的学生亚历山大大帝来到了印度恒河，把波斯人赶到了秦汉，传授着赫梯与亚述王朝的法典，促成了华夏统一大业；而匈奴人去到了东欧，据说帮助在那里的哥特人灭了古罗马王朝，从此欧洲大陆再未"统一"。曼尼普尔，印度东北部小邦，与缅甸接壤，自称是唐的遗族，有可能是唐末以后五代十国时南下齐人的后代。后来元朝蒙古人打到了英吉利海峡，让欧洲人误以为蒙古包就是中国风格而在皇家园林中顶礼建筑，他们像斯基泰人一样，绕着青藏高原转了一圈，除了建立了元朝，还有四大汗国；他们带回了 3000 名波斯工匠，将元青花留在了中东，还建立了印度莫卧儿王朝；当然，"大航海"时代，欧洲人在低纬度地区，从第一岛链开始，先登岛再登陆，打垮了清朝，并侵占了中国沿海地区的关键城市，包括秦皇岛、天津、青岛、上海、广州、香港以及澳门，影响至今。中西方文明在各自的方域发展出陆海文化体系，也在交流征战中相互塑造，成就属于人类的共同文明。地理结构切割了亚欧大陆的农耕社会，却塑造了农耕文明与工业文明，使其在北纬 30 ~ 35 度的气候区间内长期稳定发展。而游牧民族，既是文明的绞肉机，也是文明的传播者。他们跨越了高山险途，河流断谷，却连接了亚欧大陆，连接了波罗的海与地中海，连接了印度洋、太平洋与大西洋，沿着乌拉尔山至喜马拉雅山一线，不断演绎，共同创造人类文明，并在亚欧大陆东西两端特别是近代以来的第三阶梯沉淀出人类文明的伟大成就。

两洋之间，亚欧大陆是地球上人类最重要的地缘结构关系。

青藏高原

中纬度，亚欧大陆的中心是青藏高原（北纬 26°00′ ~ 39°47′）。

在距今 5000 万 ~ 2000 万年前，印度板块向东北方向俯冲，与亚欧板块发生碰撞，青藏高原拔地而起，一座座东西向的山系成为了它的骨架。而伴随着地球深部巨大能量的不断释放，能量向其东部传递开来。遭遇来自东部扬子板块的顽强抵抗，山脉做出了妥协，集体转向南北，形成横断山脉。

青藏高原的自然历史发育极其年轻，受多种因素共同影响，形成了全球最高、最年轻而水平地带性与垂直地带性紧密结合的自然地理单元。青藏高原是地球阶梯结构的顶端，与南极、北极并称为"地球三极"，构成巨型地球金字塔、地球风塔与地球水塔，亦即"地球风水极塔"；青藏高原一般海拔在 3000 ~ 5000 米，平均海拔 4000 米以上，高原上冰川、湖泊、地下水众多，有纳木措、青海湖等。亚欧大陆大部分的河流发源于此，中国借此掌握着世界的水龙头与地球风口。

青藏高原在地球间冰期大暖期时，也曾经是人类最重要的宜居之所，高纬度、高海拔，阳光充沛，气候宜人。根据可以观察到的历史资料，青藏高原存在过许多人类生存痕迹，旧石器时代距今 22.6 万年前丹尼索瓦人留下手印，以及距今 13 万年前稻城皮洛遗址、新石器时代藏北岩画刻画过人类在此生活的场景。而青藏高原在地球大冷期时，就像是现在，高原腹地年平均气温在 0℃以下，大片地区最暖月平均气温也不足 10℃，人类会逐渐离开这里，退到第二直至第三阶梯，围绕青藏高原而生。

青藏高原是人类文明的原点。第四纪冰川过后，随着暖期的到来，南亚语系族群自南向北来到了中国，他们在出发时头颅还很圆，带有大鼻子、厚嘴唇等特征。但他们在行进过程中，人体形态发生变化。而到了高原之后，就不再受疟疾影响，加上缺氧，存活下来的人基因变化了，脸都变得很长，线条、棱角变得刚硬，如同刀削。停留在青藏高原的就是古羌人，以及后来的藏族，藏族在形成的过程中吸取了中亚、西亚与南亚的许多要素，也传播着"穹隆"与"方山"，**藏族既是文明原点的开拓者，也是文明原点的守护人。青藏高原的东西两端有着大致相似的地缘特征，有"两海"（南海、地中海），也有"两河"，互为文明之始，分布着众多的人种与民族，包括古羌人、汉、藏、彝、景颇、吐蕃、西夏以及古苏美尔人、古埃及人、波斯人等，青藏高原成为这些古民族的灵魂，"穹隆"原意指神鸟，衍生成"天空"，是上古时期人神沟通的媒介，而后，罗马人则在坛庙建筑中实现了这种宗教意象。而"方山""冈仁波齐"，人类建造的金字塔大概源于此，拥有黄种人基因特征的地区都有类似"金字塔"的建筑，或者城镇。**无论苏美尔、古巴比伦，古埃及，南美古玛雅，或者东、南亚古印度，柬埔寨（吴哥窟）以及古印尼（日惹婆罗浮屠或者古农巴东巨石建筑），更或者隐喻在"四合院"日常生活之中的中国。大约距今 8200 年前，一部分古羌人进入美索不达米亚，甚至尼罗河地区，或许就是后来两河的古苏美尔人与尼罗河的古埃及人。每个古苏美尔城市都有名为"兹古纳"的梯形塔（作为神庙使用类似金字塔的梯形庙塔），而古埃及有法老金字塔，考古学家认为其寓意为一座"山"，暗示古苏美尔人、古埃及人原是高原山区的居民，或者就是为了记住"冈仁波齐"。"绕山"，不仅是一种宗教活动，还是一种生存竞争，**近 1 万年来，大概只有古羌人、斯基泰人、波斯人与蒙古人最终实现了对青藏高原"绕山"式的生存竞争，雅利安人没有做到。**

青藏高原向东，跨越云贵，成就长江与珠江流域文化脉络，跨越陕甘，成就黄河与西辽河 - 塔里木河流域文化脉络；青藏高原向西，跨越阿富汗 - 伊朗，成就两河流域文化脉络，大致向南与向北地势险要，跨越难度较大。中华文明得其独厚，成长于这个巨型地球金字塔的东边向阳面，四大阶梯、四大流域，享有地球上最完整的"九宫格"地缘结构，青藏高原三条主要的文化脉络，两条在中国，发展出地球上最为持久的灿烂文明，为人类文明的进程提供了坚实的基础。

青藏高原与阿富汗 - 巴基斯坦高原是亚欧大陆的制高点，失去对该地区控制，就等于失去了对亚欧大陆控制，也等于失去了在该地区合纵连横制约敌人从西部攻入中国的外部屏障。在中国，第二阶梯与第三阶梯的安全取决于第一阶梯的存亡。典型例证：自西周开始，秦汉都是先占领河西走廊所在的陕甘地区，接着再控制四川，然后在占领地理第二阶梯以后，顺势攻占第三阶梯的山东六国与项羽领导的西楚；后来的隋唐以及清朝也是如此，都是先攻占地理第二阶梯，然后再顺势消灭第三阶梯上的王世充、窦建德以及南明。地球进入冷期以来，第三阶梯逐渐活跃起来，自武威郡王郭昕战死之后，中国曾经失去了对地理一阶梯的控制长达 1000 年，地缘斗争全面转向第二阶梯与第三阶梯。宋辽争夺燕云十六州与宋金仙人关战役，表明甘肃、陕西、四川以及河北、北京开始成为东西战场的两大中心区，河北、北京因为地处第二与第三阶梯交界处，开始成为了重要的军事关隘，是宋以后主要王朝的北方堡垒。一旦攻克北京，则第二阶梯会全部丧失，第三阶梯的南方地区也就手到擒来。也正是从 808 年开始，之后的宋明王朝都是在丧失河西走廊、强敌同时占领蒙古与青藏高原的情况下被攻灭的，南宋亡于广东崖山，南明亡于缅甸，这些都是蒙元与清朝从第一阶梯顺势向第三阶梯打击的必然结果，从这个角度上讲，宋明灭亡的地缘因素是相同的。19 世纪，英国与沙俄联合瓜分中亚和南亚印度地区，接着就开始侵略中国西藏与新疆地区，直接导致中国西大门门户大开，彼时的沙俄势力甚至已经渗透到中国甘肃与陕西地区，严重影响中国国家安全。中国共产党领导军队也遵循了这一历史的轨迹，从成长于南方的沃土出发，沿着中华文明板块的边缘（傩文化及少数民族区域）西出云贵入川北上，迂回至陕甘延安，占领地理第二阶梯；再北上，从东北土改南下，解放北平，顺势消灭第三阶梯上国民党军队，最终解放全中国，这是中国 5000 年历史中的伟大事件，足以彪炳千秋。

青藏高原是人类文明的宝库，间冰期内，亚欧大陆上的人类文明，暖期向高原集聚，冷期则向四海扩散。

草原游牧

高纬度，草原游牧连接田园农耕。

亚欧大陆可以分为三部分，其东部为季风气候区，其中部为大陆性气候区，而西部为地中海、海洋性气候区。东部与西部地区适合人类农耕定居生活，而广阔的大陆性气候带是游牧民族的活动地区，亚欧大陆上的人类迁徙则主要发生在这个地区。

亚欧大陆草原地带分为蒙古高原、内亚（西域与中亚）、欧俄草原三部分，横贯北纬 40 ~ 55 度的寒温带内陆。阿尔泰山成为了东西方游牧民族的分界线（阿尔泰山以东的草原地区主要是黄种人，其 Y 染色体以 C 为主；阿尔泰山以西主要是白种人，Y 染色体为 R 为主）；乌拉尔山是俄欧游牧民族分界线。亚欧大陆的草原地带越往西，其降雨量越丰富，水草更加丰美。气候暖期，游牧民族各自繁衍发展；气候冷期，游牧民族便会由东向西，或者由北向南迁徙。游牧迁徙的两个策源地，一个是阿尔泰山脉东部的蒙古高原，出现西迁的民族有大月氏、匈奴、回鹘、突厥、契丹、蒙古等；另一个是乌拉尔山脉南部的俄欧草原，出现了东迁的民族有斯基泰人、雅利安人、马尔扎人等，而亚欧大陆上的南迁民族自西向东有斯基泰人、雅利安人、日耳曼人、哥特人、匈奴人、维京人、诺曼人、斯拉夫人、蒙古人、契丹人、女真人、满人等民族。历史上来看，亚欧大陆上游牧民族西迁规模往往大于东迁规模，而南迁规模甚至要超过西迁的规模。西迁东迁是游牧民族之间进行，而南迁则要击败南部的农耕文明，从而建立新的大王朝，如中国的北魏、辽、金、元、清等，印度的贵霜王朝、莫卧儿王朝，西亚的塞尔柱王朝、奥斯曼王朝等。蒙古高原、俄欧草原与青藏高原一起构成亚欧大陆文明的三大核心发源地，中国人在蒙古高原与青藏高原之间修筑了大约 6700 千米的长城，而隔绝俄欧草原的则是隔壁与沙漠。游牧民族中最特殊的除了斯基泰人、雅利安人之外还有蒙古人，蒙古人不仅西迁，还南征，是一场环青藏高原的征服。蒙古人通过三次西征，基本征服了亚欧大陆的游牧地区，并且建立了四大汗国，大量的蒙古贵族也随之西迁到了欧洲、西亚、中亚等地；蒙古人南征，建立了元朝，融入并接续了强大的中华文明。中世纪蒙古人的征服，对全球历史特别是西方历史产生了深远的影响。**亚欧大陆上游牧民族西迁或者南征相对比较容易，而东迁或者北伐则鲜有可能成功。**到了近代后，由于俄罗斯的强盛，停留在欧俄草原的蒙古人反而会选择东迁，如土尔扈特族的东迁，实际上是东归。

　　游牧民族与周边的农耕民族长期冲突不断。游牧民族的生活方式显然更适合战争，马匹驯化与车轮技术的改进都在早期草原上得到完成，草原骑兵可以说是当时世界上远超其他文明、具备高速机动性的最强大军事单位，但他们的战斗力往往受到内部分裂因素的遏制。穿越中亚的丝绸之路往往会促进游牧民族的内在统一，从而周期性地产生伟大领袖来统一领导所有部落，形成一股强大近乎不可阻挡的力量，是游牧民族之于农耕民族发起的战争，如同哥特人之于罗马，维京人之于英伦，斯拉夫人之于黑海，黄帝之于炎帝，匈奴人之于大汉，五胡人之于西晋，鲜卑人之于大唐，蒙古人之于南宋，满族人之于大明，日耳曼人之于欧洲等，战祸不断。大体来看，南征成功率较大，而农耕社会的北伐鲜有成功，古罗马王朝越过阿尔卑斯山后，止步于德国南部小城特里尔。但在和平时期，这一交流属性也是让人羡慕不已的物流渠道。毕竟，亚欧草原的涵盖面积如此巨大，仅仅是核心位置就足以让人骑马从克里米亚半岛东行至呼伦贝尔。至于更外围的辐射区域，也包括了匈牙利平原、巴尔干北部、高加索山脉南北、半数以上的中亚地区、阴山脚下的河套与冀北等要紧地方。

　　游牧的力量，去两河流域、恒河流域、尼罗河流域与地中海沿岸，都十分方便，但是来中国的路既险也阻，可以融入，不可征服。距今 4000 多年前亚欧草原以马拉战车为特征的畜牧文化的扩张，对西亚文明、埃及文明、印度河文明等都造成了巨大冲击，在其刺激下，中国北方长城沿线逐渐形成一条畜牧文化带，但这条文化带的人群构成、文化要素主要源于中国本土，从未因此动摇中国文化的根基。

　　草原游牧，使亚欧大陆不仅在地理上实现了连接，促进了农业、形成了商贸，也在文化上实现了连接，促进了交流，产生了互鉴。

2.2.2 穿插广化

中西方之间从未停止过迁徙与交流，从陆域开始，到海域，再到空域。

　　人类因为生存的需要而迁徙，距今约 10 万年前棕色人种来到了东方，犹如人类的幼年；距今 5 万年前黄色人种来到了东方，犹如人类的童年；迁徙的民族最有力量，他们快速地成长，逐渐掌握了生存的技能，并开始形成自己的文化认同。现在东方，我们看到的大部分是后来黄色人种的历史遗存，而亚欧大陆的边界遗产应该属于棕色人种，他们在第四阶梯（海底四大古国）以及第三阶梯的边缘（西辽河、凌家滩、苏美尔、哈拉帕以及良渚等地）上留下了痕迹，在中国，则应该是古人以及他们的分支，现分布在青藏高原周边地区，以及东北亚、东南亚一带。地球暖期，低纬度高海拔地区是人类生存的最佳选择，青藏高原成为中华民族的源头地与中华文明的发祥地，在中华文明史上流传的伏羲、炎帝、烈山氏、共工氏、四岳氏、金田氏与夏禹等都是高原古羌人。古代中国的农业技术、"四大发明"及漆器、丝绸、瓷器、生铁与制钢技术等，为人类文明进步做出突出贡献，而由丝绸之路传入中国的宗教（如佛教、伊斯兰教）、农作物（如玉米、马铃薯、辣椒）等，特别是在冷期，也丰富并改变了中国人的生活与饮食习惯。

世界一直都是一个你中有我、我中有你的"命运共同体"，秦以前几无国界。人类已经经历了两轮大发现：陆权认同与海权殖民，人类开始进入空权扩张时代。中西之间，既相互促进，又相互成就。对于中国而言，波斯传播亚述文明，成就秦王朝；近代受到英国工业革命的冲击，自西周文明原点以来，历经若干次复兴，中华文明开始从地缘文明走向全球文明。对于西方而言，文艺复兴和启蒙运动深受中华文明的影响，成就了此后的工业革命，以及现代西方的飞跃发展。

陆权与海权，表面上是个政治问题，实质上是经济问题，根源上是气候（历史）与地缘（文明）问题。从尼德兰独立的八十年战争，再到英法全球殖民竞争，再到美苏冷战，陆权模式与海权模式的竞争贯穿了近300年的全球历史，但其实两者并没有非此即彼的矛盾。国家地位的最终决定因素，一定是经济纵深。早期陆域文明来自"方山"（青藏高原），而早期海域文明则肇始于"两海"（南海、地中海），"方山圆海"，中西方文明穿插广化，可互为探源"秘钥"。

陆权认同时代

苏美尔文明

从高原古羌人到苏美尔文明再到古彝人。

苏美尔人是黄色人种，源自冷期东方，依据气候条件推测为高原古羌人，关联象雄古国文明，以及再之后的"苯教"，苏美人史诗《吉尔伽美什》与藏族史诗《格萨尔王》也有极多的相似之处，仿佛同宗同源。"苏美尔"也译作"苏默"，正是藏语、蒙古语与满洲语"箭"的读音（后缀"尔"音是突厥语族名读法）。苏美尔人的共同始祖叫"诺亚"，在藏语就是"黑人"的意思。随着苏美尔人的灭亡，他们这个"黑头"称号也随之消失了，在西方再没人去使用过。但问题是，这个"黑头"称号在羌藏类游牧民族中却一直延续着，建立西夏的党项羌就是这样自称的。苏美尔人称他们的地方是"文明的君主的地方"，这与藏族的说法也是一致的。

人类进入有文字、城郭、青铜器的文明时代，是从苏美尔文明开始。在距今4200年前海侵以及白色人种在闪米特人进攻下迁徙，苏美尔人有可能又回到了东方，或者融入到了其他文明之中，如古彝族。苏美儿楔形文字与保存年至今的古彝文是一致的，这是西方表音文字的始祖，古彝文与英文字母有直属渊源关系，说明有两种可能：其一，苏美尔人是高原古羌人的分支，最早来到了两河流域的下游地区，创造了辉煌灿烂的苏美尔文明；其二，在大洪水之后部分苏美尔人的东迁，经身毒印缅蜀道回到云贵川地区，并在此沉淀了下来，融入古彝人文化。此外，梵文、藏文、西夏文、蒙文、满文等与楔形文字亦有相似之处。"彝"本"青铜"总称，彝器，青铜之器；彝族，也便是青铜之族，成都平原上的三星堆青铜疑属于苏美尔文明的存续——回归的苏美尔人融入了彝族，并传承了青铜文化，才有了后来"牛虎铜案"这样的惊世之作。苏美尔人创造出象征文明的"泥板"楔形文字，以及敬畏神灵的"青铜"人面图腾，成为苏美尔文明的标志性符码，只不过"泥板"在东方化为泥土，而在两河遗存；"青铜"在西方铸成兵刃，而在巴蜀埋葬，出土成为中华文明震惊世人的奇迹宝藏。

在距今4200多年前开始，苏美尔向西，影响了阿拉伯、古希腊、古罗马以及后世的欧洲。

哈拉帕文明

从凌家滩文化到哈拉帕文化再到殷商文化。

安徽省蚌埠双墩遗址出土的630多个符号，在中国刻画符号体系里具有非常重要的地位，从距今8000年前的贾湖刻符到距今 7000 年前的双墩符号、距今 5000 年前的大汶口符号、距今 4000 年前的龙虬符号，构成了淮河流域符号体系。凌家滩文化擅长玉石与陶土（红陶）的雕刻与制作，便在这个框架之中。凌家滩文化发生在距今 5400 年前，气候变化所带来的海侵，使得凌家滩文化向西迁徙，或者向长江流域中游，或者通过淮河流域向黄河流域上游，可能最远越过西葱帕米尔高原到达恒河流域，带着双墩符码，融入了哈拉帕文化。淮河流域文化对商代文化的形成，起到非常重要的作用。因为河南南部、安徽西北部正是夷夏商交汇地带，也是先商文化的最南分区，因此，淮河流域符号体系对甲骨文的形成，应产生很大影响，在中国文字史、汉字起源史上有重要地位。距今 5000 ~ 3700 年前古印度文明出土刻在石头与陶土上表意与表音结合的印章符码，而中国安阳殷墟出土刻在龟甲上表意甲骨文则距今 3000 多年，印度著名女学者米尔卡丹妮在仔细研究与推敲那些哈拉帕出土印章与上面刻画的符码后，大胆地推测：这些印章上的符码既属于表意象形文字的一部分，也在之后向表音字母文字过渡。有枚虞舜的印章尤为珍贵，因为它上面有类似双语文字，就是用两种不同的字体书写了少昊之国"虞舜"二字，上面为一个合体字，中间一个"虞"字或"吴"字，四周为四个水滴，读作"虞水"，切读为"虞舜"。印章的下面为一个"鱼"字，与一个"水"字，读作"鱼水"，切读为"虞舜"。尽管字体不一样，但读出来的结果是一致的。特别是上面的合体字形式，在甲骨文里面十分常见，这也可以作为哈拉帕表意印章符码与殷墟表意甲骨文之间存在密切关联。

征服与交流

文明发展的历史，绥靖融合与战争融合是这个过程中的两种必然现象。

粤东地区冼太夫人文化，就是汉俚联姻，"唯用一好心"，通过"和亲"的方式融合发展，此后 1500 年来海南岛没有了战事。这类和亲联姻方式，亚欧大陆频频发生，哈布斯堡家族奥匈王朝时期特丽莎皇后通过与各国联姻，嫁出去了自己十几个女儿，最终将自己塑造成了欧洲的"丈母娘"，就是这一绥靖文化的典型代表。

战争始终只是短暂的事件，但破坏力极大，代价极其沉重，最后是以征服的方式进行融合。亚欧大陆上，

图 2-2 红星市中心城区城市设计空间效果示意图

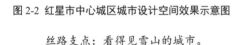

丝路支点：看得见雪山的城市。

时而东掠西夺，多半是一种文明对另一种文明的觊觎，如同距今 2000 年前匈奴人西进，与哥特人一起灭掉古罗马强大的王朝；距今 800 年前蒙古人成吉思汗的子孙们绕着青藏高原横扫亚欧，在重庆钓鱼城留下了蒙哥大汗的遗憾，也在青藏高原的另一端创建了莫卧儿王朝的辉煌；以及八国联军摧枯拉朽地侵吞中国，使中国人遭受了 100 多年的沧桑与耻辱。东西征战常常因为后援不足支撑不了多久，抢点东西就结束了，却在给那里的人们留下痛苦的同时激发奋发向上的斗志。元朝冲击欧洲大陆之后，欧洲人把蒙古元素当作中国的传统风格，不仅在斯德哥尔摩的皇后岛建造蒙古包，也在维也纳无忧宫、圣彼得堡叶卡捷琳娜夏宫都建造了蒙古风格的建筑，同时，为 14 世纪黑死病之后欧洲的复兴做好了准备，中国人相信"自净其意，寂灭为乐"。

陆权时代，大海、荒漠、群山在当时的条件下都是难以跨越的天然地理屏障，唯独北部的草原地带与中原地区之间是不存在天然地缘屏障的，所以要修筑长城。长城是中华几千年来农耕文明与游牧文明沉淀下来的北方分界线，也是 400 毫米分界线，以北地区不适应农耕，只适应游牧。所以自古以来历代中原王朝最大的外患几乎无一例外是来自北方的游牧民族，而东、南、西三个方向在绝大多数历史时期几乎都不存在太大的外患，雅利安人的迁徙路径：从东欧平原一路向东迁徙到中亚、印度一带，如果要继续向东进入中国就必须翻越青藏高原或新疆的沙漠地带，难度可以想象，这也是陆权时代西方对于中国只有交往没有征服的原因，而中国自身优越的地理资源也没有征服西方的意愿。直到近代西方列强从海上入侵中国后才改变了这种形势。

历史上，南北征伐是小气候交替过程中的大概率事件，每 200～300 年会发生一次，而东掠西夺则是大气候交替过程中的小概率事件，大约每 1000 年发生一次。南北征伐结束后会有新的王朝诞生，文明小步前进；而东西掠夺结束后则会有文化的碰撞，文明或许大步前行。在这种意义上，亚欧文明始终是人类文明的标杆，就像喜马拉雅山一样，高高地耸立在人类进程的高地上。

亚欧大陆上中西方文明从来就不在一个维度上，因而交流显得十分重要且从未停止过，距今大约 5500 年前，才常态化、周期化。从距今 5500 年前至 1840 年，共发生了大约 13 次中西文明交流，平均每 445 年一次。其中，公元前的周期稍长一点，每 500 年一次，最有价值的就是波斯人传播亚述文明，成就了大秦王朝，为历代王朝奠定了权威性的规范；公元后的稍短一些每 368 年一次。宏观来看，中华文明深刻影响了欧洲两次形而上学的飞跃，成就了文艺复兴与启蒙运动，西方文明近代冲击最大的是中华文明，却可能成就中华文明从地缘文明走向全球文明。交流过程中，中西方文明各自保存了对方的文化印记，譬如上文提及古彝文以及哈拉帕印章文字，也就是西方英文的字根在东方存续，而东方中文的字根在西方存续，等等，赓续发展。微观来说，历史上交流越充分的地区，越可能获得更快的发展速度，各民族相互借鉴本是常态，互相学习才能共同进步，一定要分出高下，借一时一地的优势大搞歧视是不对的。季羡林晚年最重要的一部研究是《糖史》，据记载，中国在唐朝曾派人前往印度学习制糖技术，之后，中国人在印度红糖制造技术的基础上消化吸收、改进创新，在明朝发明了红糖脱色技术，制造出了白糖，而后白糖制造技术又传回印度。看起来稀松平常的糖，其实是无数文化交流相互影响的结果，各类文明也是如此，想要好好发展，就要充分交流。

人类的交流线路，实质上是对地球经、纬蓝绿结构的连接，也是对顺应地球经、纬城镇结构的连接。**四条亚欧大陆主要交流线路，与温带的 25～40 度四条纬度线即四条流域线相融合：北线止于韩国、日本，亚欧大草原的蒙古通道，连接西辽河-塔里木河一线；中线止于关中，新疆-西域通道（包括瓦罕-河西走廊），连接黄河一线；南线止于川蜀，云贵-西南通道（印缅-西南走廊，后"蜀身毒道"），连接长江一线。还有就是下面讨论的"海线"止于菲律宾、中国沿海，海上贸易之路，连接珠江一线。**

中西方文化，相互交流，仰世而立，各自精彩。

海权殖民时代

地球上海洋总面积约为 3.6 亿平方千米，约占地球表面积的 71%，平均水深约 3795 米。海洋中含有超过 13.5 亿万立方千米的水，约占地球上总水量的 97%，而可供人类饮用的只占 2%。然而，地球上四个主要的大洋为太平洋、大西洋、印度洋、北冰洋，大部分以陆地与海底地形线为界。

虽然"地中海"培育了丰厚的海域文明，成就了西方各国，但就算从中国明朝开始，人类大海权时代不过600年。早期人类以茫茫大洋上的季风为载体，扩张自身领域与周边影响力。在漫长历史中，先后有阿拉伯人、希腊 - 罗马人、波斯人、埃塞俄比亚人、印度人、西班牙人等民族利用季风航行，明朝郑和船队下西洋，谙熟了北纬 10 ~ 25 度的热带季风海域，打通了连接中国与欧洲的通道，据说最远去到了意大利，但从持久影响力与程度而言，他们都及不上近代的葡萄牙人与荷兰人。葡萄牙人是季风王朝的集大成者，他们将各封闭的海区打通，在 15 ~ 17 世纪，葡萄牙大帆船纵横当时的大部分季风海区，除了因条约限制而不能涉足的太平洋沿岸，他们的船只跑遍了大西洋与印度洋各地。在击败了众多抱有敌意的对手后，建立起以众多堡垒商站、设防港口为支点的海权体系，他们的足迹不仅遍布大西洋两岸，也在东非、印度、波斯湾与南洋地区站稳脚跟，依靠每年都如期而至的季风，不断派大型船队将财富运回欧洲。葡萄牙人之后，还有后来居上的荷兰共和国与东印度公司。他们在获得了关于季风航行的全面情报后，立刻开启了挑战者模式，利用更科学的管理模式与金融工具，获得了更为灵活的手段与策略。在这层高压之下，前代王朝也顺着回程的季风撤退。西班牙人、荷兰人则继续将季风模式运转下去，直到逐步走入工业化时代的英国崛起，美国兴盛，殖民意识直至当代。

海洋对于人类的影响巨大，往后的世界海权归属，就不仅仅是依靠季风作为载体了，而是空海陆一体的地球大脑。但是，截至目前，人类已探索的海底只有 5%，还有 95% 大海的海底是未知的。海洋应该成为人类的公共领地，海洋利用应该从贸易通道（自由航行）到资源开发（经济合作）转变，人类需要完善的是对海洋空间利用规划，合理区分海与洋，内海与边缘海，合理利用航道、洋流、潮汐、生物、渔场、油气、矿产等资源，人类进入海洋共同体时代。

空（星）权认同时代

象天，是中国人的思想根源。而飞天，则成为中国人的行动方向。

在中国古代是以星宿及星官来划分全天宫的，其中较重要的是叁垣二十八宿，叁垣指环绕北极与近头顶天空分为三个区域，分别是紫微垣、太微垣与天市垣；而在环黄道与天球赤道近旁一周分为四象，四象中又将每象细分成七个区域，合称二十八宿，这些都是中国特有的星座名称。

到了近现代，为了方便科学研究，使用了国际通用的全天空区域划分。1928 年为了天文学研究的需要，国际天文学联合会在荷兰莱顿举行的大会明确地将全天空划分为 88 个星座区域；这 88 个全天空星座区域，是按照沿天球赤道坐标系的赤经、赤纬线曲折分界来划分的，划分后保留了传统的星座名字，用拉丁文规定其学术名称与由三个明确大小写的字母组成其缩写符码，全世界统一使用。

空天技术的发展，按不同空间深度，划分为航空与航天，中国人已经取得了举世瞩目的成就。人类下一步将进入宇宙大发现历程，空权利用时代即将来临。从陆权到海权，再到空权，地球人类达到空前的文明阶段，人类开始寻找类地星球，构建星权秩序，设置天地通道，有计划地向星球移民，延续人类文明。同样，当人类进入空权时代，为不同区域与层级设置适用标准，达成全天空资源利用国际公约。天空是人类自由翱翔的地方，如同候鸟一样，要规划好自己的通道。

而地球文明进程从未离开过外星文明的启示，苏美尔、玛雅文明、星辰三联神崇拜等，都说明人类从未停止过对外星文明的探索，甚至是外星文明的种子点燃了地球文明。2010 年霍金也曾发表言论，人类在努力与外太空其他生命形式建立联系时应该谨慎，因为我们不能确定它们是否友好。未来存在两种可能：一是人类文明向外星转移，进入宇宙后将会有星垦族、星航族、星掠族、星贸族等，组织以地球为中心的星链、星网、星权秩序，传播地球文明；二是高等级外星文明也可能冲击地球秩序，人类需要做好接纳外星文明的准备，或者毁灭，或者融合。就目前的情况来说，地球的资源不断耗尽，人类的数量却依旧呈指数增长，我们长期生存的机会也正是向外太空行进。

2.2.3　累积沉淀

亚欧文明在青藏高原的东西两端各自向山累积。中华文明在泰山为轴心的四周展开，地区之间合的时间长、分的时间短，在儒家思想的大同体系中也有和而不同；欧洲文明在以阿尔卑斯山为轴心的四周展开，东西南北欧，地区之间合的时间短、分的时间长，在自由竞争的乐土上，间中出现过诺曼底公国。

大国不欺，小国不争

东方，主要是中国，黄河、长江冲积平原一马平川，东北、华北、华东平原以及西辽河 - 塔里木河、珠江流域连为一体，四大东西径流，四大南北阶梯，成为适应地球不同气候阶段的大地缘结构，鲜难割据，仁义礼智大国族民成为政治教化的必然选择，而成统一发展之势。秦国的商鞅变法开创了任人唯贤的制度，根据道德、伦理、功绩、学识与能力进行人才选择与政治权力分配，而且这种选择与分配只限于一代人之内。秦国这个小国，因其为社会中的每一个人提供了不论出身、可以靠自身努力获得政治权力的上升通道，因而动员起所有人的力量，最终征服了整个中华领土，建立起一个庞大的王朝。此后的 2000 多年间，中国各朝各代都在传承这种政治"原型"，以相似的方式组织社会，也因此，在农耕文明时代，中国一直非常强大，其政治体系高度精密、完善，最终形成以"服务人民"道德维新为基础的政治贤能制，不断吸收来自西方"技"的工具，"文同书、车同轨、行同伦"，在某种程度上今天这种"原型"仍在继续，吸引着最卓越、最聪明能干的人进入政府工作，成为社会的中流砥柱，它吸引着人性的一个方面，即"集体"力量的释放。

大国关乎道德，一统之长，应善竞合（共同），其命维新。 中华文明的原点在西周，而"一体多元"政治基因的形成则在秦汉。中国是最早建立基于道德维新的政治贤能制的儒法国家，从而得以凝练政治的集成一统的能力，以及释放社会的维新潜力，这也一直是中华文明的标识，自给自足，与邻友善，从未侵犯他国。

西方，主要是欧洲，因为欧洲在现代史中的角色更为重要。欧洲的地理环境有一个重要的特征，就是布满了许多流向纷乱的小河流。欧洲整个区域并不大，却被山脉与复杂的河道分割成许多城邦小国，易守难攻，再加上大部分历史时期内，欧洲仍被浓密的原始森林所覆盖。因此，在罗马王朝时期，欧洲几乎还处在荒蛮时代。直至西罗马王朝灭亡，原始森林被慢慢砍伐，农业才开始蓬勃发展起来。但因欧洲地理条件所限，地球不同气候阶段的适应性小，地缘结构不断更替，无法支撑一个大王朝统一的发展，以至于罗马王朝之后所有重新统一欧洲的努力皆以失败告终。要管理好所有这些小国，只需要依靠以经济"霸权"为基础，以国王与贵族家族为核心的精英，及其之间的血缘与地缘关系便足够了，所有"政治"可以"兼业"，因而是可以遗传的。在现代以前，西方的政治权力从未像中国那样向着平等主义、任人唯贤的方向发展。而以现代科学技术为基础的文明能够释放出持续的、复利式的经济增长的动力，将农业时代的短缺经济转变成为工业时代的富足经济，这种体系最终形成以"服务精英"技术创新为基础的经济霸权制，它吸引着人性的另一个方面，即个体力量的释放，也会关注"群己权界"，以免"侵犯"精英。

小国关乎技术，一技之长，应喜竞争（联合），其命创新。 西方文明的原点在古希腊，而"小国寡民"政治基因的形成则在黎塞留。西方自工业革命之后建立起来的基于技术创新的经济霸权制，有助于提升经济分化扩张的能力，释放个体与小群体（小地缘城邦）的创新潜力，以及可能对别国及其资源的扩张与掠夺。

东、西方地缘结构的差异决定了中、西方文明与思想的差异，大地缘结构需要"大一统"集成思想，小地缘结构需要"泛城邦"扩张理论，"不欺""不争"，交流互鉴，也因此孔孟、马恩向东，老庄、康尼向西。

亚欧文明在青藏高原的东西两端各自向海沉淀，欧洲周边向地中海、大西洋以及波罗的海沉淀，亚洲则向太平洋、南海以及印度洋沉淀，而临海地区或者国家，文明总是先行。

大国不欺

大地缘，"大一统"文明，大国众民，独立自主，自秦汉开始，延续至今。

中华文明的原点在西周，而"一体多元"政治基因的形成则在秦汉。大地缘，地球构造线连续成格网，可以旋回。燧人氏时期的"三道"与《河图洛书》整体思想，西周时期的《周易》《山海经》与《周礼》全面著述，到秦汉开始，则正式奠定了"大一统"的落地框架，既有"国界"，也有了"内涵"。汉朝体制最终定型于汉武帝刘彻，一是奠定了"大一统"的儒家政治；二是以推恩令"众建诸侯而少其力"，重新完成基层"郡县化"，并在此基础上初步奠定了国家疆域，也就是中国汉文化语境下的政治框架及其秩序框架从此明确了下来。

儒家政治的主要根基，是董仲舒的春秋公羊学。其核心是"大一统"，共同竞合。从哲学上说，是天人感应；从政治上说，是中央集权；从制度上说，是文官治国；从伦理上来说，是三纲五常；总体上讲，这是地缘哲学。这套制度的难得之处，在于既塑造了权力，又约束了权力。中国的"奉天承运"与西方的"王权神授"不同。罗马的"皇帝神格化"是为了论证其统治的神圣性，但"神意"与"民意"无关。在古代中国，天意要通过民心来体现。天子对人民好，"天"才认其为"子"，对人民不好，"天"就收回成命，另付他人。"其德足以安乐民者，天予之；其恶足以贼害民者，天夺之。"为了确保皇权对天的敬畏之心，董仲舒还加上了"灾异"之说。但凡有天灾，皇帝就要反躬自省，看自己有没有做错的地方。于是，天子、民心与天命构成了一个三方制衡体系，天子管天下，民心即天命，天命管天子。强调"权力"的最终来源是"责任"，有多大权就要尽多大责，不尽责就会失去权力合法性。"有道伐无道，此天理也"，父母不尽责，子女绝亲不为不孝；君主不尽责，民众改朝换代不为不忠。

"大一统"思想不光包含政治道德，也包含社会道德与个人道德。譬如"正其谊不谋其利，明其道不计其功"的仁道、"反躬自厚、薄责于外"的恕道、"父子兄弟之亲，君臣上下之谊，耆老长幼之施"的亲亲尊尊之道。但任何思想都不能过度。灾异学说一过度就成了东汉谶讳迷信；三纲五常一过度就成了束缚社会活力的教条；亲亲尊尊一过度就没有了法律意识。但在那个摸着石头过河的秦汉时代，建设一个超大规模政治体的过程，只能是边建设，边批判，边创造，边完善。

"儒法范式"的选择

刘彻"罢黜百家、独尊儒术"实为误解。他用董仲舒的同时，还用了法家张汤、商人桑弘羊、牧业主卜式，乃至匈奴王子金日磾。这些人，虽读春秋，但并非全然的儒生文士。国家太学有儒家经学的学官，民间则是法、墨、刑名、阴阳四处开花，西汉政治从思想到实践都是一体多元，"和而不同"。"大一统"是大地缘的文化选择，并没有造成小地缘文化的消亡，小地缘文化反而越过原生的界限，可以在更大地缘范围内传播，其命维新。齐国早不存在，但齐国的"月令"成为汉的"政治时间"，"蓬莱"神话正是出自齐地；楚国早不存在，但屈原歌颂过的楚神"太一"成为汉的至高神，伏羲、女娲、神农、颛顼、祝融，成为汉人共同的祖先神；汉皇室是楚人血脉，刘邦的《大风歌》，刘彻的《秋风辞》，都是楚歌，可定音协律的却是赵人，汉乐府之祖李延年出身于赵国中山（白狄，波斯）。只要永远保持开放，统一之上也能多元。汉文化之所以比秦文化更能代表中华文化，是因为汉将多元乃至矛盾的思想、制度、文化与人群，最终融为一体。因为儒家敬鬼神而远之，以人文理性立国。大国多元，中华文明是罕见的不以宗教作根基的古代文明，没有神权压迫，也就没有对个体的执念，所以中国哲学更关注整体，以及"儒法范式"下一体多元，"大一统"，正是汉的精神、中华民族的政治基因，也正是中华文明的精神。

此外，"胡汉杂糅，终成一家"。中国各民族之间也形成基于文化认同之上的"共同意识"。从先秦起，民族间的交往、交流、交融从来就不是单向的，其中既有少数民族对汉文化的积极汲取，也有大量汉文化吸收少数民族文化的例证，反映出各民族对于共同构建中华文明体系的历史贡献，譬如鲜卑、元蒙与清朝等。在礼乐制度、日常器用、服饰衣冠、语言文化等精神文化与物质文化的各个层面，考古学都以无比丰富的资料，客观详实地展示出各民族之间彼此交往、相互影响、融合的历史证据与历史轨迹。同时，中华文明还表现出极大的包容力，虽国家疆域多次被外来游牧民族所征服，但外来游牧民族则常被中华文明再征服，不仅是外来游牧民族，任何外来思想、外来工具也都如此，它们最终融为一体，不断锤炼出更加强大的中华文明，集成维新，从未间断。

小国不争

小地缘，"泛城邦"文明，小国寡民，依附殖民，从古希腊、罗马开始，欧洲分而治之。

西方文明的原点在古希腊，而小国寡民政治基因的形成则在黎塞留。小地缘，地球构造线不连续，无法自洽。古希腊文明是欧洲文明的源头，古希腊文明是一个海洋文明，而其他的四大文明都是大河文明。

希腊地缘最大的特点就是山地多、平地少，不适合农业。古希腊人通过航海贸易，使其本土的手工业迅速发展起来，希腊的陶器、橄榄油、葡萄酒等远销亚非欧地区。由于小地缘结构地形破碎，城邦的规模也十分小。在公元前 6 世纪，希腊就有数百个城邦并存，小者仅仅 100 平方千米，大的也不过 8000 平方千米，人口从几千到几十万人不等。希腊地缘对文明产生的重大影响就是形成了"小国寡民"的"赞米亚"政治形态，成为西方近代文明的基础。

中央统战部副部长，国家民族事务委员会主任、党组书记潘岳指出，欧洲也曾有过"大一统"，但都是环地中海地区，因而极其脆弱。自基督教与罗马国家结合之后，残存的罗马知识分子，不再背诵维吉尔与西塞罗，剑术与《圣经》变成了晋升资本，主教职位更能获取地位权势。罗马的地方贵族，也不追求"光复罗马"，而是就地转化为新的封建地主，古罗马文化只有很少一部分得以继承，罗马之后再无罗马，更无"大一统"。

中国东汉末年大乱不下于罗马。上层宦官、外戚、奸臣党争轮番权斗，基层百万黄巾军大起义。此时，在朝堂上，总站着一批如杨震、陈蕃、李膺、李固、范滂这类的忠臣士子；在草野之中，总生出一批如桃园结义刘关张之类的贩夫走卒，这便是中国士民的主流，主动为国家兴亡尽匹夫之责。任何逐鹿天下之人，都必须遵守这一价值观，士民信仰倒逼英雄选择。

古代的人类文明，以帕米尔高原为界，以东为中国的世俗社会，以西则为政教合一的社会。但西罗马王朝灭亡之后，西欧发生了一些变化。与印度、中东、拜占庭的政教合一不同，西欧虽然同样存在王权与教皇，但二者并非合一，也就是说西欧的国王也好，皇帝也罢，并没有像法老、哈里发一样被神化。教皇与皇帝的分权与冲突，是西欧后来宪政与分权思想的基础。

威斯特伐利亚和约

欧洲也曾有"大一统"的观念，它源自西罗马王朝，为了实现这一理想，法兰克的查理曼王朝，位于德国、奥地利与意大利北部的神圣罗马王朝都曾自认西罗马王朝的继承者。成也宗教，败也宗教。基督教之前的希腊哲学既注重个体，也注重整体。但中世纪 1000 年的神权压制，导致宗教改革后的"个体意识"反弹到另一个极端，此后的西方哲学执着于"个体意识"与"反抗整体"，其命创新，后世西方，延续了"小国寡民"的希腊范式，这符合欧洲地缘的特征。欧洲的宗教改革，也在客观上促进了王朝的分裂与民族国家的诞生。经历"哈布斯堡王朝"后期三十年战争，曾经是红衣主教的法王路易十三的宰相黎塞留通过"联合竞争"实现了"国家至上与权力均衡"。三十年战争以神圣罗马王朝的战败、法国的胜利而宣告结束。1648 年，两方签订了《威斯特伐利亚和约》。和约的签订，创立了以国际会议解决国际争端的先例，国家主权与独立得到尊重，为近代国际法奠定了基础，标志着无论是世俗的神圣罗马王朝，还是宗教的罗马教皇，二者的"大一统"局面都不复存在。这一切与其说被宰相黎塞留终结了，还不如说是黎塞留选择了尊重欧洲地缘特征最适宜的治理框架，也即政治框架，形成"泛城邦"而非"大一统"文明则延续至今。

　　小地缘，小国寡民，生存与发展的资源条件必然有限，更应该与邻友善。《道德经》："圣人之道，为而不争。"《学而》中君子"敏于事而慎于言"。为而不争，是因为对万物心怀悲悯并有着宽广的视野；为而不争，小国，才能立于不败之地。

大者宜为下

　　"故大国以下小国，则取小国。小国以下大国，则取大国。故或下以取，或下而取。大国不过欲兼蓄人，小国不过欲入事人。夫两者各得其所欲，大者宜为下。"（《老子》第六十一章）

　　小国中可能存续着大国密钥，延续古老记忆，譬如四川盆地的三星堆遗址、塔里木盆地的洋海遗址、阿里通道上的象雄古国；大国中也一定汇聚了小国的智慧，兼收并蓄，譬如邹鲁孔子、武夷朱子、姚江阳明、双峰文正、韶山润之，等等。

　　总之，中华文明在全球传播，同时，全球文明在中华沉淀，中华文明"一体多元"，全球文明"多元一体"。中华文明曾经遵循历史周期律，稳步演进。同时，过往王朝的文化精神也在四处传播，**譬如殷商在美洲，秦汉在南洋，唐宋在日本，元朝在印欧，明朝在韩国，等等。**

　　史前早期文化会在海岸线或者小流域的深处隐秘存在，巫鬼文化会演变成现在的傩文化与戏剧。除此之外，像一些远古图腾，也在海边地区存续下来，譬如，石狗，在雷州半岛一线盛行，应该是狗图腾的存续；羊城、花城广州，是东周齐国人开拓出来的珠三角城市，带来了不仅是稻作文化，还有羊图腾，等等。殷商在美洲：可能早在殷商时期，我们祖先就已经到达美洲大陆。人类学家称这些从亚洲大陆东部来到美洲的移民为印第安人。印第安人到美洲后，先过着狩猎生活，后来定居下来发明农业。再后来，印第安人的不同分支创造了中美洲的奥尔迈克文明、玛雅文明、特奥蒂瓦坎文明，以及南美洲秘鲁境内的印加文明，这些文明中的诸多文字、壁画与商代文明极度相似。秦汉在南洋：古滇国的原住民为"濮人"的一支，即与苏门答腊岛上巴塔克人（南亚语系人）同源，也即哈尼语之"蒲尼"，自称"蒲"的人；哈尼先民（不排除还有彝族先民）即历史记载中滇池周围的"氐羌"或"昆明人"，公元前109年在古滇灭亡之时南迁。古滇人迁徙至苏门答腊岛后的演化过程：古滇人 - 巴塔克族 - 巴戈鲁荣族 - 米南加保族。青蛙为神（图腾），源自其多卵生殖，寓意种族昌盛。这在广西、海南与云南地区广为传播的器物，在爪哇、文莱、印尼苏门答腊等地区也一样存在，可见古僰人、古滇人、哈尼族、彝族、壮族以及黎族群落的强悍青铜鼓艺与文化特征在东南半岛幽远流长。唐宋在日本：日本书画是唐宋文化的活化石，唐宋文化进入日本后，一直保持着当时的原样，譬如日本画，来自于北宋时期的宫廷御用工笔画，特别是河南的北宋文化与艺术，以山水风光旖旎、花鸟风月、丽质佳人为主要画风与主要题材；再如日语，一部分叫唐音，一部分叫吴音（当时吴越国人的音调）。元朝在印欧：蒙古人的西进推进了中国文化的全球传播，外国人眼中的中国（巴黎8区的中国建筑），斯德哥尔摩的王后岛、波茨坦的中国宫、圣彼得堡的夏宫、奥匈平原格拉科夫、维也纳的无忧宫、阿尔卑斯山的北麓与英吉利海峡、印度的莫卧儿王朝，蒙古包成为传说中的中国标记。明朝在韩国，清朝在当代，这也是不争的事实。

　　中华文明向西方传播的过程，往往就在连接与修复业已断代的文明，使得西方文明得以不断延续，而西方文明向东方传播的过程，又恰恰就在补强与鼎新业已冗余的文明，使得中华文明得以不断复兴，"天、地、人"，万变不离其"中"。

　　大国不欺，小国不争，天下归好。结构性集成与分化其实都是一种能力，**"大一统"有利于集成一统，独立自主，政治贤能，其命维新；"泛城邦"有利于分化扩张，依附殖民，经济霸权，其命创新。**全球文明以亚欧大陆为主体，过去，东西两端沉淀，陆海游牧传播；未来，打破时间与空间的边界与畛域，全球共建、共享地球经纬大结构，从局部到整体，从分异到和羹，累积沉淀为与地球蓝绿结构匹配的城镇结构更加宏大的共同体文明，在这一伟大历程中，中华文明复兴正在盛大开启，从地缘文明走向全球文明，中华文明维度更高，视野更大，宏伟更加。

2.3 向海而生，阶梯旋回

正如所有的河流都汇流到大海，地球是一个以"蓝（海）"为底的大"蓝绿结构"，人类的文明则向海而生。而海岸线具有不确定性，既可以凝聚价值，随意人类生息，也可以产生危害，迫使人类迁徙。

海岸线是山海（陆海）交汇的边界，海拔 200 米以下、海岸线 200 千米以内的海岸带是食物来源与淡水资源最丰富与最充沛的区域，可以聚集更多的人在这里生活、生产，能够产生如苏美尔、龙山、良渚、玛雅、古巴比伦、古希腊等灿烂的人类文明。同时，海岸线是地球地质活动最为频繁的区域，人类也要承受地球活动所带来的甚至是毁灭性的灾害，海侵海退，**四条海岸线高差不到 200 米，却足以影响到人类在四大阶梯上高差超过 2000 米的大规模来回迁徙，并可能重新定义后来的文明**，地球大部分的地震、火山、海啸、海侵以及来自太平洋的台风与来自大西洋的飓风就发生在这条边界上，也正因为如此，这条海岸边界才魅力无穷，地球上大概有一半的人类前仆后继来到这里，创造了陆海侵退与阶梯旋回的宏大历史。

2.3.1 陆海侵退

由于海侵的影响，人类早期文明在沿海地区有一段很长的"空白期"。自从第四纪更新世末期以来，包括宁（波）绍（兴）平原在内整个亚洲的东部地区曾经历了若干次海侵，按沉积海生物特征可以分为星轮虫、假轮虫与卷转虫海侵，自然界的变迁频繁而剧烈，如今 100 多米的海底下当时是大片的陆地。

星轮虫海侵发生于距今 10 万年以前，海退则在 7 万年以前。假轮虫海侵发生于距今 4 万年以前，海退则始于距今 2.5 万年以前，距今 2 万年前的海平面比现在低 130 米左右，到 1.5 万年末次冰期最盛期前，出现了已知最低的海岸线，比现在低 155 米左右。卷转虫海侵大约从距今 1.5 万年前开始，海平面又开始上升。卷转虫海侵从全新世之初就开始掀起，到了距今 1.2 万年前后，海岸线就到达现在海平面 -110 米的位置上，到距今 1.1 万年前后，上升到 -60 米的位置上。

距今 1.15 万年前至距今 4200 年前之间，又出现了大约三次海侵。**地球经过新仙女木阶段（Younger Dryas）走出冰川时代，又分别遭遇发生在距今 8200 年前、距今 5400 年前、距今 4200 年前的三次海侵。距今** 8200 年前，海平面上升到现在 -5 米的位置上。距今 5400 年前海平面上升到比现在高出约 20 米左右，之后回落。距今 4200 年前，海平面上升到比现在高出约 66 米，甚至漫延到了太行山脚下，泰山变成了一座海上孤岛。河姆渡、井头山、跨湖桥、彭头山、裴李岗、磁山、后李、北辛文化遗址都在离这条海侵线不远的地方，因此保留至今，淹没地区包括河北、北京、天津的华北平原大部与包括武汉在内的长江中下游平原等地区。山东菏泽的海拔在 37 ~ 68 米，出土的史前玉龙片雕却有海水沁，就不奇怪了。之后再次回落，距今 1000 年前左右又到大概现在的水平。

海侵海退，就像在钱塘江边观潮，潮起潮落。

古贝壳堤

中国东南部沿海山区及其远古的三次海侵事实，是打开中华史前文明奥秘之门的一把钥匙。贝壳堤是海侵的产物，由海生贝壳及其碎片与细砂、粉砂、泥炭、淤泥质黏土薄层组成，与海岸大致平行或交角很小的堤状地貌堆积体，形成于高潮线附近，为古海岸在地貌上的可靠标志，环渤海湾地区大陆架处，存在着几条明显的大范围"古贝壳堤"。譬如河北省黄骅市沿海的古贝壳堤、天津市沿海的古贝壳堤、山东省滨州沿海的贝壳堤等。这表明距今 1.15 万年前至距今 4200 年前之间，中国东部沿海地区曾经有过大规模、长时间的海侵活动。分布着浙江省河姆渡、田螺山、井头山、小黄山、马家浜、良渚、反山等地区的远古遗址与玉器加工场，以及慈城、鄞县地区出现的距今 1 万年前的木履、龙船，充分说明了这些地区曾经存在着高度发达的史前文明，才会遗存下浙江省台州市仙居县的"蝌蚪文"以及湖南省衡阳市衡山县的岣嵝碑等远古痕迹。

井头山遗址位于余姚市三七市镇三七市村，临近河姆渡、田螺山遗址，2013 年发现，总面积约 2 万平方米。该遗址文化堆积总体顺着地下小山岗的坡势由西向东倾斜，堆积厚达 2 米多，分为 12 小层，发掘出土露天烧火坑、食物储藏坑、生活器具加工制作区等聚落遗迹。出土遗物按性质可分为两大类：人工利用后废弃的大量动植物、矿物遗存；陶器、石器、骨器、贝器、木器、编织物等人工器物。动物遗存中最多的是海生贝壳，有蚶、牡蛎、海螺、蛤、蛏等五大类，其次是各类渔猎动物骨骸。该遗址是目前在浙江省与长三角地区发现的首个贝丘遗址，距今 8300～7800 年，也是目前所见中国沿海埋藏最深、年代最早的典型海岸贝丘遗址。

汉江、长江与澧水沅江，像是缩小版的黄河、淮河与长江流域，大致东西向并流，从距今 8200 年前以后一直延续至距今 4200 年前之间，出现了高庙、屈家岭、大溪、彭头山、汤家岗以及城头山遗址，其中，洪江高庙上部地层遗存并非全属同一文化谱系，其中绝大部分属大溪文化，为当地高庙文化的演变与继承；其余少量的墓葬等遗存属源自汉水以东的屈家岭文化，它与前者在年代衔接上没有缺环但特征迥异，表明受距今 5400 年前海侵期影响的屈家岭文化对大溪文化是一种疾风骤雨式的颠灭。其骤变的时间点在距今 5500 年左右，与洞庭湖西、北岸区域，以及鄂西、渝东等地的情形基本同步，也与含山凌家滩文化向黄河上游深度转移同期；**而属于大溪文化至石家河文化时期的澧水城头山遗址，是跨越距今 5400 年前海侵期的长江中游洞庭湖区史前稳定演变与继承的文化区，**城址保存较好，平面呈圆形，由护城河、夯土城墙与东、西、南、北四门组成，占地 7.6 万多平方米（不包括护城河），三层环壕（截洪），是迄今中国唯一发现时代最早、文物最丰富、保护最完整的古城遗址，被誉为"中国最早的城市"，但却没有"躲过"距今 4200 年前的那一次海侵。

两河流域发现了载有最早洪水传说的苏美尔泥板，尔后在苏美尔古城乌尔的发掘中，又在地下发现了 3.35 米厚的沙层。据考这是距今 4200 年前两河流域的一次特大洪水堆积出来的，洪水还淹没了一个叫乌博地安的史前民族，土地盐碱化，说明是海侵的结果。

海侵海退

地球上的海侵（或海退）可由一种因素引起，也可能由几种因素的叠加所致。其一，气候变化。如极地气候变暖导致极地与高山冰川融化，上层海水变热膨胀等造成海面上升全球性海侵，反之则形成海退。其二，地球自转速度变化。速度加快，赤道地区海侵，两极地区海退；速度减慢，赤道地区海退，两极地区海侵。其三，构造运动。如洋中脊扩张加快、体积增大，可在两岸地区发生海侵。其四，地球的膨胀或收缩，膨胀导致全球性海侵，收缩则造成全球性海退。

距今 1.15 万年前以来的海侵则大致都是气候变化所致。当海退序列紧接着一个海侵序列时，就形成地层中沉淀物成分、粒度、化石等特征有规律的镜像对称分布现象，这种现象称为沉淀旋回。**人类向海而生，海退、海侵形成的不同时期、不同地理阶梯上沿海文明遗址的分布现象，就是阶梯旋回。**海侵活动退去后，位于中国西部的先人们再次来到东部沿海地区开垦种植，这才会在吴越地带有"阿尔泰语"命名的"桐庐、姑苏、阖闾"等人名与地名，这是很好的印证。

大部分人类生活在海拔不到 200 米的沿海地区，一旦海平面不可逆转的上升，出现新一轮即第四次海侵，将带来灾难性的后果。根据研究发现，近百年来全球海平面已经上升了约 200 毫米，并且未来海平面依然呈现加速上升的趋势。但研究全球某一地区的实际海平面变化时，还要考虑当地陆地垂直运动、缓慢的地壳升降与局部地面沉降的影响，全球海平面上升加上当地陆地升降值之和，即为该地区相对海平面变化。因而，研究某一地区的海平面上升，只有研究其相对海平面上升才有意义。海平面上升对人类的生存与经济发展是一种缓发性的自然灾害，影响到人类生存的淡水资源和农业生产的规模。

四条海岸线

大胆点猜想，地球上主要存在四条海岸边界，也就是海侵线沉淀的文明期。

穆（姆大陆）线： 现代海平面以下 130 米左右（第四纪冰川期海平面），这也是地球大陆架的平均深度。距今约 1.15 万年前，史前星球，四大消失的大陆与文明，穆（姆大陆）（Mu continent）、亚特兰蒂斯（Atlantis continent）、根达亚（Matlactilart，马特拉克提利）以及利莫里亚（Lemura，雷姆利亚）大陆与文明，应该就沉淀在这一条海岸线上。

凌家滩线： 现代海平面以上 20 米左右，距今约 5400 年前海岸线，被考古发现。后李文化、北辛文化、凌家滩文化、屈家岭文化、红山文化在这之前处于兴盛期。

良渚 - 苏美尔线： 现代海平面以上 66 米左右，距今约 4200 年前海岸线，被考古发现，覆盖了距今 5400 年前的海岸线。中国大陆四大流域，辽河退至西辽河，黄河退至中原地区，长江退至荆州，珠江退至封开，泰山成为海上孤岛。苏美尔文明、良渚文明、龙山文明、玛雅文明以及上古埃及文明，应该同时消失于这条海侵线下并向第二阶梯大规模转移，之后，人类又开启了新的文明。

亚细亚线： 现代海平面，大约在公元 1000 年以后，中国自宋朝沉淀出来的大陆文明线，北起鸭绿江口，南至北仑河口，长达 1.8 万多千米。也包括古巴比伦、古印度、古埃及，从古至今的中华文明，以及欧洲大陆西班牙、葡萄牙、法国、比利时、荷兰、德国等的文明线，等等。

四条山海（陆海）空间边界：穆（姆大陆）线、凌家滩线、良渚 - 苏美尔线、亚细亚线，分别代表远古、中古、近古与现代；太阳活动之极导致地球变暖，致海侵与超级火山爆发之后，又干冷，千年没有一次，但一次就是不可逆地毁灭。海侵发生，人类向高纬高阶梯转移，背海而存；干冷发生，人类则向低纬低阶梯转移，向海而生。守着这条变化的海岸线，海侵、海退对全球文明的沉淀与广化产生重大影响，可以改变格局并形成文明的断代。条子泥是现代海岸线上的明珠，候鸟专属通道，以及生物多样性的支撑点，距离 1000 年前宋朝的海岸线（范公堤，1024 年）冷期自西向东扩展了大约 67 千米。

不仅有海侵海退，还有湖侵湖退。 譬如上文提到长江中游的洞庭湖，地质史上暖期洞庭湖区面积最大能够达到 5 万平方千米，包括今天的常德、益阳、岳阳临湖区域，还有长沙、湘潭、株洲的部分区域，也就是说，当时的湘江从永州流出来，到株洲段就入湖，距今 4200 年前澧阳平原上石家河文化也因此湖（海）侵而消失。今天能看到的洞庭湖不足 3000 平方千米，大部分变成肥沃的良田与鱼塘，洞庭湖与湘江沿线大部分居民，都是历朝历代移民的后代，到了明清小冰期以后，来此定居的人就更多了，创造了近代辉煌的湖湘文化，有"湖广熟，天下足"的美誉，把宋时"苏湖熟，天下足"狠狠地压了下去了，而实际上，是洞庭湖将太湖压了下去，湖退后，洞庭湖腹地更大。

又如，现在的塔里木盆地、四川盆地也是海（湖）侵退的结果。其实，很多地方，将"湖"看作"海"，本书仅从大地理观讨论"陆、海"关系，而不就"陆、湖"关系作深入研究。气候冷暖更迭，"陆、海"侵退的时候，"陆、湖"也在侵退，大致类同。

地缘自洽

中华文明从第二阶梯走向第三阶梯，在海岸线与冰川线之间实现了地缘自洽。

海岸线与冰川线限定了人类的生存范围。 海岸线上升，则冰川线上升，反之亦然；平原减少，则山地增加，反之亦然。大部分人类是在海岸线一带生存，海岸线上升会挤压人类的生存空间，所以本书讨论的重点是海平面。

中国地缘特征，气温（冷暖与更迭）影响南北迁徙，降水（干湿与转换）影响东西迁徙；暖期的时候，向

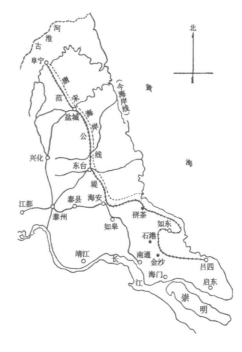

图 2-3 范公堤走向示意图

西向北迁徙；冷期的时候，向东向南迁徙。大概以宋为界，宋以前，东西阶梯间转移，西周东周，西汉东汉（第二级阶梯与第三季阶梯之间转换）；宋以后，南北纬度间转移（东晋已经南渡，隋唐又回到了中原），北宋南宋，南京北京（第三级阶梯南北转换）。文明向中原奔涌，而后向四周沉淀，一起一落，一波一涌，传向四海，文明的原点随气候变化，由西向东，由北向南，而中原是最稳定的沃土，大地缘结构的重心所在。

中华文明在向海发展的进程中，地缘特征几近"同构"是重要的路径特点，从发展原点上来看，中原文明的中原与中华文明的大中原的特征是同构的；从东北方向上来看，中原文明的太行山狭长地带与中华文明的兴安岭狭长地带的特征是同构的；从东南方向上来看，中原文明的大别山一带与中华文明的南岭一带的特征是同构的，正东方向就是从安阳至上海不断后退的海岸线。如果画成两个文明三角形，即中原文明"郑州 - 北京 - 长沙"三角形，中华文明"西安 - 哈尔滨 - 广州"三角形，得到的是两个"同构、嵌套、对称、可扩展"的城镇稳定三角形，有点像俄罗斯的套娃。同时，还有两条王朝十字策源轴，南北轴：沈阳、北京、正定、邢台、安阳、武汉、长沙、衡阳、广州；东西轴：西安、洛阳、郑州、开封、安阳、南京、杭州、上海。所以，一部中华史半部在中原，就是地缘自洽的结果。地缘自洽可以带来经济、社会、文化与政治等多方面自洽，从而奠定了中华文明向海发展的稳定基石。

西方地缘结构较为分裂，通过南北向河流串联起来，沿海与内陆小地缘差异明显，西方文明形态只能依靠小地缘城邦文明，渗透家族文明联合形成，虽然无法实现像中国一样的大地缘自洽与"大一统"国家全要素与形式的共时性整体传续，但也可以实现小地缘自洽与"泛城邦"文明具体要素与形式的历时性交叉传播，累世沉淀，皆为经典。西方文明之初，已经出现了两个伟大的文明倾向，即柏拉图式的"理想圆"与亚里士多德式的"形式方"，形成了西方小地缘空间关系的两个重要特征，前者为同心圆式自洽完善，后者为方格网式旋回建构。并通过古希腊与古罗马，以及后世哥特式与现代式（"光辉城市"）的创新实践予以在横向与竖向上得到强化，实现交叉传播，近代出现巴黎的放射"圈层"与巴塞罗那的正交"格网"，便是其间的演绎。

地缘自洽，也是地缘韧性。海岸线与冰川线，阶梯线与流域线，大地缘与小地缘的主要差异是面对气候变化的天候、地候与物候等资源条件的不同。中国大地缘结构可以应对近 1 万年来地球气候变化所发生的所有可能，而西方小地缘结构则不能，任一城邦地缘都不完整，没有足够的资源，或者无法保持一种持续的活力，只能是"你方唱罢我登场"。中华文明具有"同构、嵌套、对称、可扩展"的稳定三角形结构，正是应对冷暖更迭、陆海侵退以及第二、第三阶梯旋回所有变化最完整的"九宫格"地缘结构，且独具韧性，行稳致远。

2.3.2 向海而生

生命来自海洋，人类也居住在海岸线边缘。

出山近海

近代沙皇为了俄罗斯斯拉夫人的出海口而南征北战，实现连接黑海与波罗的海的伟大梦想。一个国家的边界随盛衰而变化，两三百年甚至更短，可以人为界定。但出海口就非常重要，海岸线的变化往往需要历经千年以上，自然相对稳定，文明也就会发生在这条线上，亚欧大陆两端各自发展，源于对出海口，以及海岸线的争夺。海岛与半岛是这条边界上最璀璨的明珠，就像是沉香油角，凝聚着日月、山海精华，近代英伦、日本就是这样，中国香港、新加坡、迪拜也是海陆要塞，这些地方率先崛起，并迅速全球化，然后辐射到后面的大陆，应该是得益于卓越的地理位置，以及相对独立的边界围合，可以藏风纳气，勃发精进，举文明之先。日本人国旗是太阳旗，日本，是亚欧大陆上最早迎接太阳的地方；那英伦三岛，则是日落之地，不好听，于是，英国人自称为"日不落王朝"。这两个岛国成为近代亚欧大陆两端，近代新兴文明发生最早的地区，英国人发起了工业革命，日本人开始了明治维新，并迅速发展起来，进而影响了整个欧洲与亚洲。但总的来讲，大陆更能对岛国产生持续的影响力，而岛国最易感受到大陆的变化，资源不足、安全感差，岛国总想登陆，大陆天佑人治之时则逐渐融合归顺；反过来，大陆天地人祸之时则首先分裂出去，甚至反噬侵吞，岛国往往是大陆强弱的晴雨表，国际关系的马前卒，岛国之乱映射大国之变。

从冰川线到海岸线，出山近海，是近 1 万年来人类迁徙与定居、移动与在地的主要趋势。

从海到海

梁启超说，以海滨与大陆居民为例，大海"能发人进取之雄心"，而"陆居者以怀土之故，而种种之系累生焉"。大海使人心胸宽阔，"故久于海上者，能使其精神日以勇猛，日以高尚"。因此，滨海居民比大陆居民更有活力与进取心，充满理想与梦想，他们向往彼岸，创造了许多水官海神，以及丰富的滨海文化。上古时期共工、应龙、无支祁、大禹，后世秦皇岛拜仙，湄洲岛妈祖（960 年～987 年），莆仙人祈梦，西溪七仙女，施耐庵水浒，淮安西游记，惠东谭公庭（1260 年～1368 年，客家人的海神），广州五仙观，德庆龙母庙，高州洗夫人（512 年～602 年），雷州九耳狗，等等，都是极富创造力的文化贡献，汇聚成绚丽多彩海岸线文明。海晏皎皎，波光粼粼，有海水处有华人，华人到处有妈祖，是流传于中国沿海地区的民间信俗。妈祖 28 岁离世，但却是中华民族无私、善良、亲切、慈爱、健康、英勇等传统美德的精神象征，以及意识形态的托举者，遍及全球 45 个国家与地区，大概有 6000 间妈祖庙。

海洋界定文明的边界，在太平洋与大西洋之间的广阔的亚欧大陆，中间各族，混沌化育，以印欧人种与蒙古人种为代表，游牧无疆，常挟先进文明的旋风，以冷兵器时代强悍的体魄，冲击既有文明，他们向海而生，界海为止，融入其中。斯拉夫人、蒙古人、匈奴人、斯基泰人、雅利安人、波斯人、阿拉伯人，他们环青藏高原转山，传播新的文明，锤炼并共同成就了亚欧文明体系，而唯中华文明受西北青藏高原西南横断山脉的庇护，保持 5000 年文明独立而不败。

文明或东成西就，中华的先进文明传播到西方；或西成东就，西方获得文明先机，又传播到中华，共同演进。**而中西方两极，各自保持文化的显性特质。中华重永续，永续则永恒；西方重永恒，永恒易失衡。中华重一统，西方重自由，人类的两种禀赋各自精彩。**

在历次文明交流中，尽管交流是相互影响的，却是以中华文明的永续框架为主导。整体而言，中华文明遵循了旋回自治的原则，东北商汤族、西北羌周族、隋唐鲜卑族、辽朝女真族、元朝蒙古族、清朝满族等一起互相斗争后融合，被中华文明同化吸收，且文明稳定运行，东亚南亚，日本、越南、朝鲜、韩国等都一定程度上被中华文明影响或同化过。西方文明则不然，遵循了圣战、替代的原则。欧罗巴民族，由古巴比伦人、腓尼基人、古埃及人、新埃及人、古希腊人、罗马人、哥特人、凯尔克人、高卢人、盎格鲁人、撒克逊人、日耳曼人、维京人等持续融合成新民族，崇拜一神论，是宗教信徒国家。可以想象，如果没有统一神，西方或许会更加分裂，就像现在的非洲。

从海到海，从西方到东方，中西方文明代表着人类文明的两个方向，在全球化的进程中，可以共同构建新的文明框架。

利害相生

据联合国环境署统计，**全球有近一半的人口（近 40 亿人口）居住在距海岸线 200 千米的海岸带上，百万以上人口的城市中有 2/5 位于沿海地区，海湖平面上升会带来极大的恐慌。**

欧洲的大城市距离海岸线保持了相应的距离，而中国现代许多沿海的大城市却隐藏着巨大的风险。无论中国政府如何提倡开发西北、振兴东北，那些支撑中华民族未来发展的三大经济区，依然是长三角、珠三角以及环渤海经济区。沿海有发展经济的得天独厚的条件，同时也伴随着巨大的安全隐患。其中基于地壳承载的风险也应该是存在的。**中国超过 42% 的人口、50% 以上大中城市，顺着第三阶梯的边缘，集中在这 200 千米的沿海狭长地带，从大的方面来看，这里不仅是红利地带，也成为危险地带。**地球的自转，使得大陆板块东低西高，美洲、亚洲、大洋洲及非洲均是如此，而人类的活动却是东高西低，将西部的物质搬到东部，无异于将西部的山搬到了东部沿海，中国经济发展的奇迹就是快速完成了这项"移山"与"堆山"工作，每年消耗大量的钢铁、煤炭、水泥，还有石油及各类矿产，建造密集而雄伟的城市。但这些资源并不来自于东部沿海，它们会不会影响地壳的承载？这些地带靠近太平洋火山地震板块与众多地质断裂带，积小成多，从量变到质变，可能会发生什么？这也应该是人类需要控制的事情，地球物理与工程地理的学者们似乎可以研究一下，开展宏观承载力分析。总的来看，中国城镇应向内陆呈梯级发展，做好海湖平面上升人口转移的应急规划，以缓解沿海的压力。

人类向海而生，在第三阶梯上，海平面上升或者下降 1 米，就会减少或者增加离这条海岸线 100 千米的淡水陆域。近千年以来，海平面大约下降了 1 米。许多历史超过千年的城镇离现在的海岸线大约在 100 千米以上，譬如盐城、潮州、广州等，这些城镇或者就是当时的滨海城镇；**而历史更加久远的城镇或者聚落则应该分布在史前不同古海岸线上，譬如邯郸、安阳、长沙等。**

学飞蛾扑火，人类向着海洋而生，集聚在海拔不到 200 米的海岸带上，重叠着断裂带、地震带、火山带等潜在自然灾害，以及战争、瘟疫等人为威胁；不仅人类如此，古生物化石的出土分布图，也显示与这条海岸带大致重合，譬如湖州长兴金钉子（GSSP），表明几亿年来，地球生灵都在向海而生，在大约距海岸线 200 千米的海岸带上获得巨大生存红利，繁衍生息。而直至现在，人类对海洋特别是深海的认知才刚刚开始，如同太空、极地、互联网等世界一样，还有很长的认知距离。

2.3.3 阶梯转移

"天地矩阵"中的四条阶梯线，本书也称其为"绿脉"，就是中国大陆东西方向上的空间边界。中国地势西高东低，从古至今，呈四级阶梯分布；第一阶梯的平均海拔在 4000 米以上，第二阶梯的平均海拔在 1000 ～ 2000 米，第三阶梯的平均海拔在 500 米以下至海平面，第四阶梯在海平面以下约 130 米处 [本书所指穆（姆大陆）线，即第四纪冰川期海平面]。阶梯分界处往往是生态红利的地方，动植物与矿藏资源丰富。第一级阶梯与第二级阶梯的界线：西起昆仑山脉，经祁连山脉向东南到横断山脉东缘一线。第二级阶梯与第三级阶梯的界线：由东北向西南依次是大兴安岭、太行山、巫山、雪峰山一线。第三级阶梯与第四级阶梯的界限：现在的海岸线。第四阶梯线：海底约 130 米处，大致为中国大陆架的范围。

四条阶梯线沉淀文明，四条海岸线则调节阶梯文明的立体格局。前述可知，冷期在低阶梯上活动，暖期在高阶梯上活动，也就是说，地球冷暖收缩，适宜生存的海拔高度也在变化，文明是在四大阶梯上转移。大部分冷期人们可以来到第三阶梯上，冰期更可以在第四阶梯上活动，陆域扩张；而大部分暖期人们又会回到第二阶梯甚至第一阶梯上活动（稻城皮洛遗址），陆域收缩；阶梯转移时，人类社会就会发生重大变革更替，第三阶梯向第二阶梯转移时，炎黄、蚩尤完成融合，良渚向荆楚、巴蜀以及龙山、齐家文化完成融合，苏美尔以及哈拉帕向上可能与雅利安以及巴蜀融合；第二阶梯向第三阶梯转移时，蒙古大军横扫了亚欧，南宋王朝覆灭，随后元朝建立起来，十字军也完成了东征，神圣罗马王朝灭亡，之后欧洲大战，第三阶梯上的法国崛起。亚欧大陆上，第一阶梯是核心，文明的源头；第二阶梯是可以贯通的，陆权文明的传播发生在第二阶梯上；而第三阶梯是不连续的，海权文明的传播则发生在第三阶梯上，第四阶梯现在淹没在海平面下，在地球大冰期期间也可能是远古人类的文明所在。

海（湖）侵海（湖）退，带来全球文明四大阶梯与高低纬度之间的深刻变局，导致人退人进。华为太阳，夏为蝎子，这里重点阐述距今 5400 ～ 4200 年间两次已知因海侵现象所发生的史诗般阶梯大转移，特别以距今

4200 年前的那一次最为严重。《尚书·尧典》记载："咨！四岳，汤汤洪水方割，荡荡怀山襄陵，浩浩滔天。下民其咨，有能俾乂？"西方史籍中也记载，水势浩大，比众山高出七公尺，山岭都被淹没了。两者都提到了大水漫过高山，不一致的是人们对待洪水的态度，中国是鲧禹治水，是抗争，西方则躲进诺亚方舟，是逃避。此时全球人口仅有约 2700 万人，人类阶梯转移的空间十分富足，如果不是圣战，种族之间应该相安无事。然东夷及南蛮各族沿流域（黄河、长江与珠江）从第三阶梯冲向第二阶梯，却出现了激烈的族群冲击，66 米海侵接近当时历史，中东北非并不是沙漠，相反中国华北、西北以及西南却很荒凉，成为转移目的地。

黄河流域上炎黄、蚩尤的华夏"大一统"。距今 5400 年前，地球气候进入冷期，完成迁徙的部落开始稳定下来，并各自形成了自己的势力范围。炎、黄其实是对头，这是一个北方游牧部落与南方农耕部落之间斗争融合的历史故事，称为"炎黄之争"。朱大可教授研究表明，黄帝，上古文献里称"黄"或"黄神"，原型是一位叫基里里莎的埃兰古国女神，可能是印欧人种即白种人，或者是雅利安人部落；东迁，成为游牧部落西戎的精神领袖。《史记·五帝本纪》记载黄帝："迁徙往来无常处，以师兵为营卫。"地球气候进入暖期之后，距今大约 4700 年前，黄帝拥兵南下入侵中原，来到东部平原，却面临着洪水的劫难，生存环境变得恶化，于是率领部落迁往高地，从东部平原向西部高原进发，从第三阶梯向第二阶梯挺进，为部落寻求更好的生存空间，与居住在黄土高原的炎帝部落展开了一次殊死之战，史称"阪泉之战"，打败农耕部落炎神后，黄帝把炎帝的文明接过来了，建立了炎黄部落，黄种人与印欧人即白种人完成了融合。

黄帝赢了炎帝，而蚩尤没有这样幸运。应该属于南亚语系的蚩尤所率东夷族棕色人种部落，长期生活在滨海地带，黄帝、蚩尤九战于大陆泽，不分胜负，但遭遇洪涝灾害与海湖平面上升双重诱因挤压部落生存空间，距今大约 4600 年前，蚩尤率领部落由低纬向高纬地区转移，开始西进第二阶梯并大战守候在逐鹿的炎黄部落，蚩尤为此丧命、部落被融合，史称"逐鹿之战"，怀柔地区流传至今的"渔阳鼙鼓动地来，惊破霓裳羽衣曲"，当是一种豪迈。蚩尤部落西犯失败后的归顺，促成了崇拜龙的黄帝部落与崇拜凤的东夷部落的大融合，今人所谓"龙凤呈祥"即是对这次大融合意义的事后描述。夸父为上古夸父族的首领，他是黄帝时期北方荒山大神后土的子孙。夸父族人善于奔跑且力大无比，夸父族人曾帮助蚩尤部落对抗黄帝部落，被黄帝打败。部分蚩尤部落的分支继续往南再往西迁徙，直至贵州附近，这个分支在后来的各个历史时期重新兴盛过，大抵是曾经的三苗国、商汤王朝，以及再之后的少数民族，如苗、瑶、畲族，或者周边海岛国家。而且，云贵川地区棕色人种基因的少数民族大量存在，中南半岛上存在着许多这样的痕迹，特别是青蛙铜鼓，青蛙环绕着太阳纹（如同环绕着水塘，柏拉图语），在马来西亚、印尼、菲律宾、文莱等地都广泛存在，甚至古滇国人的习俗也在这些地方的某个区域依旧流传。另外一些分支则向北转移，融入北狄。

这样，距今 5400～4200 年间，完成了亚欧大陆东部地区黄色人种、棕色人种与白色人种的大融合，实现了中华民族"大一统"，炎帝、黄帝成为东亚民族的大神与"祖先"。根据复旦大学 *evolution and migration history of chinese population inferred from chinese Y-chromosome evidence* 一文的数据，可以肯定，中国各地的汉族，从东北到广东，从东南的客家到西北兰州，其主体就与 5000 年的古代中原人无异，如今的汉族，就是古代中原人的直系后代，在汉族中父系的 O3 基因一直占据绝对的主体地位，几千年没有变化。之后，帝喾、颛顼、尧、舜、禹，一代代继承下来，由于种族融合，中国社会成功脱离了唯一神的思维框架而进入世俗化社会发展阶段，之后再没有创世主之说，社会形态具有核心区、主体区与边缘区这样一个三层次的结构，成为后期商周王朝畿服制度及以秦汉直至现代中国一体多元的史前基础。

在古代还有两支被称为"苗蛮"与"百越"。"苗蛮"支主要沿着长江流域前进，也就是上古时代的三苗，后来与东夷文化、中华文化融合为荆楚文化区。"苗瑶"支的民族主要是苗族、瑶族、畲族。"百越"主要是沿着大海前进，分布十分广泛，从江苏一带直到越南北部。《汉书·地理志》："自交趾至会稽七八千里，百越杂处，各有种姓。""百越"按照地理的分布又可以分为于越（苏浙）、闽越（福建）、扬越（江淮）、南越（两广）、西瓯（广西西部）、骆越（越南北部）等。河姆渡文化与良渚文化就是古代越人创造的。在春秋时期曾经建立了强大的越国，一度称霸中原。现代"百越"支系主要包括壮族、布依族、傣族、侗族、水族、仫佬族、毛南族、黎族、仡佬族等，"苗蛮"与"百越"与"汉藏"共建大家族。

与此同时，尼罗河流域上、下埃及完成了"大一统"。阿比多斯出土的涅伽达文化 I 期陶罐上刻画了君主模样的人击打敌人的画面，击打人与被击打人均为上埃及人，说明在第二阶梯的上埃及人完成了相当于距今 4700 年前炎黄之间的统一。之后，赫拉康波里斯出土的纳尔迈调色板上埃及人击打下埃及人的场面，则宣示的是上、下埃及相当于距今 4200 年前炎黄对蚩尤的统一，也就说明此时第三阶梯的下埃及冲击第二阶梯的上埃及，并最终失败。

距今 4200 年前大洪水后，地球上已知第三阶梯、低纬度上的下埃及文明、苏美尔文明、哈拉帕文明与中国东部地区的良渚文明也在向第二阶梯、高纬度转移。

长江流域上良渚、苏美尔的神奇大融合。

两河流域的苏美尔文明则开启了从古巴比伦，到古埃及、古希腊、古罗马以至后世欧洲文明的伟大历程。人类文明建立了最早的苏美尔城邦，随后经历了两次大洪水，距今 5400 年前大洪水后，一部分人沿西奈半岛回到了尼罗河流域，参与建立了纳尔迈或者美尼斯开创的后埃及文明。距今 4200 年前大洪水后，一部分人留在西亚，在苏美尔的废墟上建立了诸多两河流域的文明，譬如巴比伦、阿卡德、亚述，等等。一部分人沿地中海抵达了希腊，建立了前希腊文明（前希腊不是希腊神话中的希腊），这些人也就成了后来的欧洲人。亚里士多德在对于希腊历史起源的记载中，清楚地写明了希腊是由来自乌尔的神所建立，乌尔就是苏美尔。还有一部分人继续向东迁移，这部分人通过西南（身毒）通道，或者阿里（象雄）通道，抵达古印度与古中华地区。阿里通道上的象雄古国的考古发现，以及中国西南地区包括古彝人文字记录，均与苏美尔人基因及其文化形态在这些地方反复沉淀数有关联，并止步于四川盆地及其周边地区。来到这里，对于苏美尔人来讲就是回归故里，所以这次，他们扛回了"神"。

三星堆文化是地球文明留存在四川盆地的惊世宝藏，有着明显的西亚文明，特别是苏美尔文明的印记，只是没有找到刻有楔形文字的泥板，或许它们历经岁月，早已化入田野，而在青铜器上没有留下但凡只言片语，或者被人为去除。

苏美尔文明除了融入到欧洲的发展之中，也可能通过青藏高原南麓西南通道（印缅 - 西南走廊，后"蜀身毒道"）来到了中国。三星堆位于青白江与鸭子河之间，遗址的位置似乎可以判断距今 3000 ~ 4000 年，从西北向都江堰奔涌而出的青白江应是这股水流向东冲击的最远位置，青白江以西地区此时水患严重。如果这样，宝瓶口可能在距今 4200 年前大洪水时期就存在了，而不是之后人工开凿与挖掘而成，更有可能是自然造化（地震裂开）。随着冷期的到来，岷江的冲击力减弱，沉积出大量的土地，而成都平原的文化重心也因此不断地自东北向西南迁移。三星堆青铜含铅含磷不含锌，与两河流域以及希腊的青铜是一致的，来源于现阿富汗高原而非四川盆地或现中国内地的矿藏（根据"中国科学院矿物学与成矿学重点实验室 & 广州地化所科技与规划处"联合发布的官网信息，三星堆青铜含有高辐射成因铅同位素，而现今中国境内没有这种具有高放射成因铅同位素的铅矿），与中原殷商青铜（微锌微铅不含磷）也不一样，因此，三星堆应属不同体系的文化现象。同时，三星堆地区并未如殷墟一样出土青铜工坊及其模具，工艺水平明显高于中原此时鼎盛时期，甚至超前其 1000 多年，可以推测三星堆青铜器具源自现今中国域外，而非川蜀可制可熔，许多学者认为其出土文物内涵《山海经》诸多记载，则恰好证明书中所述西域乐土的"存在"。由此判断，"三星"应指苏美尔或早期文明中的"三星崇拜"，金星女神伊南娜与自己的父亲月亮老人南纳、哥哥太阳神乌图合称的"星辰三联神"。然"方不顺时，不共神祇，而蔑弃五则，是以人夷其宗庙，而火焚其彝器"（《国语·周语》），**三星堆就是埋葬"星辰三联神"图腾的地方，是远古不同神系异族之间"圣战"且彼时坚硬无法熔炼或处置的牺牲品，三星堆的三类独特造像，"千里眼"面具造像、高 2.62 米的"大立人"全身造像以及"金面人"面具造像，可能就是古苏美尔文明转移到古蜀成都平原，代表"月亮""太阳"与"金星"的"星辰三联神"图腾造像。**

宁波鱼山遗址地层记录了良渚文化晚期海平面上升与强风暴灾害事件。良渚文化（距今5300～4125年前）在距今4300年前以后也突然在余杭地区衰落，神兽、玉器等文明要素流播到各地，良渚文化进入广化阶段，不断演绎创造出新的文明。

史书记载，蚕丛（农耕）青衣（羌族）教化了鱼凫（渔猎），历柏灌，又鱼凫，后为杜宇所灭，杜宇王国及迁至成都的一支鱼凫后裔再为开明王国取代，而开明王国的"内心"则藏着良渚文化的"初心"。

杜宇迁都至郫邑后也并未摆脱水患的影响。荆有一人，名鳖灵，其尸亡去，而荆人求之不得。鳖灵尸随江水上至郫，遂活，与望帝相见。望帝以鳖灵为相。时玉山出水，若尧之洪水。望帝不能治，使鳖灵决玉山，民得安处。鳖灵治水去后，望帝与其妻通，惭愧，自以德薄不如鳖灵，于是，不爱江山爱美人，便委国授之而去，如尧之禅舜。鳖灵即位，号曰开明帝。帝生卢保，亦号开明。望帝去时子圭鸣，故蜀人悲子圭鸣而思望帝。不过，鳖灵既是荆（楚）人，很有可能是良渚王室的后代，王朝开启后，有不少楚人迁徙入川，而荆楚人群中，有大量的良渚遗民。

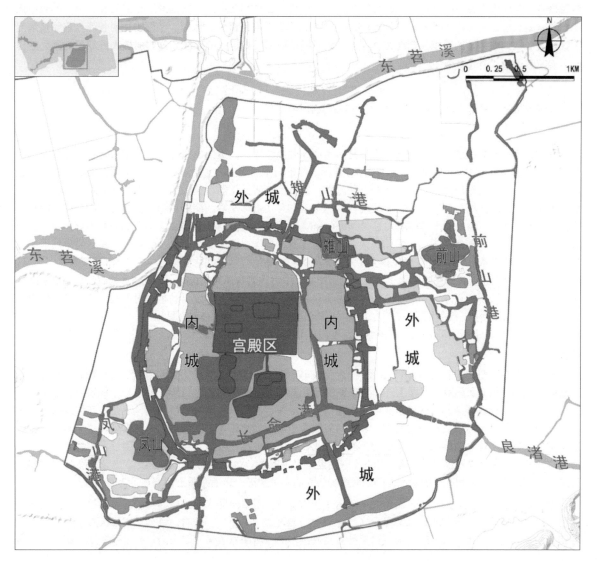

图 2-4 浙江良渚文明遗址空间示意图

若如此，开明王朝应该是良渚文化的第二季，实现了从余杭到天府、第三阶梯到第二阶梯的完美连接。良渚文明向第二阶梯绥靖融合到了荆楚古国与巴蜀古国，沿长江流域留下浙江建德久山湖、江山山崖尾，江西清江筑卫城、樊城堆、修水山背来源头、广丰社山头以及湖南湘乡岱子坪等遗址。分子人类学显示，良渚基因 O-F492 在楚国公族中曾高频出现，不同于王族熊氏，应为良渚后代；沈姓历代集中在江浙，良渚人沈诸梁（反过来读音就是"良渚沈"）与鳖灵（反过来读音就是"灵鳖"，借尸还魂，同良渚人船棺葬习俗，"逆生顺亡"）是其代表性人物，良渚人涉洪治水，忍辱负重，卧薪尝胆，与之前落入此地的苏美尔文明神奇地相遇，最终在鳖灵开创开明王国时期，展开了良渚神与苏美尔神之间的激烈圣战，良渚文明最后反客为主，不仅终结了鱼凫、蚕丛，还终结了信奉"星辰三联神"，本源于青藏高原的苏美尔文明，并将"星辰三联神"彻底埋葬在"三星堆"。

良渚人先到古荆楚，再到古巴蜀。**船棺，或许就是良渚人来到古荆楚、古巴蜀后形成的一种特殊的葬礼，**是来到上江的良渚后人对下江的良渚先人往生团聚的祈愿，它恰恰形成于开明王朝，不仅成都金沙、浦江遗址有大量的船棺，重庆巴东、三峡等地也是这样。金沙遗址黄忠村四组墓葬区内出土了大量东南向的船棺，将古巴蜀人船棺的"出生时间"指向了西周；蒲江县鹤山镇飞龙村一座距今 2000 多年前的战国船棺，出土铜壶与铜敦各两件，从外观上看具有明显的楚文化特征，归忆良渚，还会归忆荆楚。这些形形色色的墓葬中，唯有巴人船棺葬（重庆巴县铜罐驿冬笋坝）独具特色。**17 座排列相当整齐而密集的墓葬，头部均正对长江，表明良渚后人散落在长江流域各地的船棺，都会在客逝他乡之后顺江而下回到祖先的家园，这些船棺大概就是海侵之后良渚人魂归故里的"诺亚方舟"。**

黄河流域上，良渚文化改变了龙山文化与齐家文化。

同时，另一部分良渚人在黄河流域上传播，由低纬向高纬地区，进而由第三向第二阶梯转移，先向北，后向西，改变了龙山文化与齐家文化。距今 4600 年前，位于山东的大汶口文化演化出龙山文化，西进中原；又过了 100 年左右，在大汶口文化里面大量的上层墓葬，变成了良渚文化的特色。因为蚩尤北上至涿州，良渚贵族的一支也北上，又把大汶口与龙山的那个族群给灭了；又过了 100 年左右，入主中原的这支良渚文化被帝喾所败，不得不跑到了西北，融入了齐家文化。距今 4000 多年前，在陕北出现了面积 400 多万平方米的石峁遗址，雄伟高大的皇城台，宏大复杂的城门，里面有大量的良渚玉器，神面、兽面石雕，以及铜器等，都尽显早期国家与良渚文明的社会气象。之后，齐家文化接受了来自西方的青铜铸造技术与驯化麦子与羊的技术，再次壮大了起来，回到了中原，开创了夏代，并影响到了古巴蜀。历史文献中对夏禹有矛盾的记载，一说"夏为越后"源自东南，一说"禹出西羌"源自西北，如果把这两种假说串联起来，便不矛盾：**即大禹的祖先出于东南的良渚，后迁至西北的齐家，脉络相依，前后相随。其实，"禹"，更合理的解释为一种"治水的职业"**，中国许多地方都有"禹"的传说，覆盖云南（禹穴）、湖南（禹王城）、浙江（禹陵）、山东（禹城）、山西（禹王洞）、河南（禹州）、陕西（禹庙），等等。

古巴蜀文明后期，既有来自荆楚（鳖灵）统合，也有来自中原（齐家）影响，而背后的宿主其实都是良渚文明，其诱因为气候变化所致的海湖平面上升，与苏美尔文明的阶梯转移极其相似。距今 4200 年前的海侵，发生了良渚文明走水路（长江通道）与苏美尔文明走山路（西南通道）在天府盆地的奇妙相遇，因此，**三星堆遗址应该是迭代遗址，**不仅埋藏着古巴蜀的秘密，还极有可能埋藏着我们这颗星球的秘密，为外来苏美尔文明、中原庙底沟文化、齐家文化、古青衣羌、蜀地仿苏美尔文化、鱼凫、蚕丛、杜宇文化等的迭代遗址，跨越时间很长，而其中的三星堆金杖以及金沙冠带所刻图案反映后世取代鱼凫之"鱼（渔猎）"与蚕丛之"鸟（农耕）"的荣耀，但这些统统被开明皇帝埋了三星堆，而后面更加强大的秦惠文王，又把开明王朝埋了金沙。

良渚文化玉器常见以点、线、面、直角或者片状为重点，用平面图来表达自然事物。意思是，良渚文化玉器已从三维立体写实，进步成以二维平面 (x,y) 表达三维事物 (x,y,z)。同时，譬如，取用数量规制来标记社会组织结构的层级关系，如玉琮层数。这是社会文化进步的一种明显表现，以人为思想表达时间与事物。金沙遗址出土了 27 件玉琮，是目前国内除良渚文化区域以外最多的一处。其中形制规格最高的一件十节玉琮，经过详细检测，目前已可确定来自良渚文化，而十节玉琮则象征"十"天干，代表父权社会的最高权力。**这一被严重低估的十节玉琮足以表明，金沙遗址之于良渚文化的重要意义**，由此，金沙遗址又可以理解为良渚文化的西迁遗址。

珠江流域上也出现了良渚文化的扩散痕迹。

此外，岭南地区珠三角则是一片汪洋，人们退居到高海拔地区，在花都台地以北至韶关一带生存，或沿西江退到封开以及上游的广西地区，从事早期的稻作文化。良渚文化或经赣江向南则到了珠江流域，留有广东曲江石峡、床板岭，封开禄美村等遗址。但无论良渚向荆楚、巴蜀，还是陕甘、岭南转移，实质上都是向三大流域，即长江、黄河以及珠江转移，都是海侵期间由东向西的大迁徙通道。当然，留在当地的一部分良渚人后退到会稽、四明、天台山，还有一部分转移到了海岛上。

此时，哈拉帕文明也许经帕米尔高原又回到了中原，与齐家（良渚）文化汇合，参与形成夏商周文明的伟大历程之中。至秦，灭六国，古希腊、古罗马，人类在第二阶梯上统合；至宋，及至元明清，西欧诸国，人类在第三阶梯上统合，地球是人类共同的家园，同呼吸，共命运。

文明随人类迁徙而移动，历史如长河泛舟，若史实为"剑"，则刻舟求"剑"不妥，而当我们求到"剑"时，"舟"或已经走远了，不能简单地说，我们找到了"剑"，"剑"就是我们的，得"剑"寻"舟"是为了找到脉络，获得真史，寻回更加客观的历史规律。本书对待三星堆遗址脉络是基于距今 5400 ~ 4200 年前两次海侵史实的一种可能的解析或者猜测，研究者们应该更加客观一些，因为那些三星堆文物本身并不是固定不动的，而是可以移动的"剑"，是被那场"圣战"的胜利者们焚烧埋藏的"异族"所谓邪恶之物（也有可能是冶炼熔化技术不够而被保存下来），毕竟四川盆地其文化形态自古以来受外来影响与冲击的痕迹一直都是明显的，过往的"舟"的确不少。

阶梯之争，本质上是海（湖）岸线即蓝绿结构的变化所带来的基于阶梯的生存迁徙。**四条海岸线，高差不到 200 米，却足以影响到人类在四大阶梯上高差超过 2000 米的大规模来回迁徙，并可能重新定义后来的文明。**凌家滩文化、河姆渡文化、苏美尔文化、哈拉帕文化以及良渚文化都是史前东西向文化在地球暖期传播的典型案列，中国大陆早期在西辽河 - 塔里木河、黄河、长江、珠江流域的东西方向存在着生存争夺，后期在第三阶梯沿海平原南北方向上也产生了生存迁徙，诸如古代开挖大运河，近代填四川、出洪洞、走西口、下南洋、闯关东等大规模变迁，文化也同时进一步交流。且陆海（湖）交汇的中国东部地区更容易集聚生存资源，进而产生更为先进的文化现象，可以看到，思想者多在东边，沿着海岸线。譬如鲁丘孔圣、五夷朱子，近代的触点，也在第三阶梯上的关东、京津、上海，台海与岭南等地区，并且影响内陆中原地区的进步。全球范围内因蓝绿结构的变化而出现的阶梯迁徙的规律也大致如此，无论哪种文化现象，在彼时没有国界的限制，东西、南北自由传播，表现在定居与迁徙，在地与移动的生存转换与适应，**暖期背海（湖）逃生，冷期向海（湖）求生**，旋回观复，构成人类文明从巫鬼到神话，从图腾到音律，从神学到哲学直至从科学到玄学发展的共同景观。

本章小结

综上，陆海侵退，地缘自洽，"天地矩阵"纵横四线中的阶梯旋回是人类文明在纵向空间上横向（中国大陆则是东西向）传播的一种形式，即间冰期 1 万年来，大致有 3 次阶梯旋回，从低阶梯、低海拔地区向高阶梯、高海拔地区传播，再从高阶梯、高海拔地区向低阶梯、低海拔地区传播，地缘一体，文化多彩。

图 2-5 十节玉琮

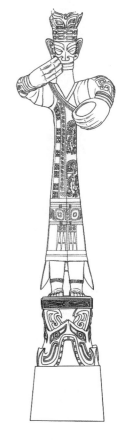

图 2-6 三星堆青铜立人

物质	认知	意识
义理	实行	心性
唯物	唯心	实用

03 凝聚心智，人类趋利避害

人人，礼序

"天、地、人"三道之"人"：人"人"关系，向好而行。

空间价值观（学），认知旋回

天地是空间营造的认知属性。人，人主秩序，其主要关系是"人""人"之间的关系，人类趋利避害。一分为三，合三为一，中西方哲学"三道"纵横，都是"天、地、人"或者"意识、物质、认识"的关系总和，天地人常，无论巫鬼神灵，还是圣贤哲思，抑或日常生活，神学连接了前世往生，而哲学则延续了过去、现在与未来，都深刻表现在人们的日常生活上，形成价值与秩序。四类"人"，士、农、工、商；四本"经"，易经、佛经、圣经、古兰经。在天为象，在地成形，天地矩阵，人文矩阵；道德水平，技术进步，九宫秩序，在人则象形，同构同源，化作图腾之"方"与音律之"圆"；哲学之"方"与神学之"圆"；或者中国之"方"与西方之"圆"，人类向好而行，基于气候、地缘与认知通过秩序调节实现空间营造。万物有成理，由"气候自洽""地缘自洽"到"认知自洽"，三合为一，从而实现"哲学自洽"。

规划师是思想者，将古老智慧与现代成就结合起来，敬天爱人，纵横捭阖。

第二阶段融汇贯通，规划是一种天地人常的管理方式：辞也。

思想无国界。 在既定地缘框架内，认知随气候冷暖而呈现周期性的变化，即认知旋回。天时、地利、人和，气候影响历史，地缘决定文明，人类创造秩序，不断重复历史，不断重建地缘，也不断重塑"人类"，亦即思想为一切物质与非物质空间活动的基础。日月冷暖，空间在南北向旋回，自洽气候历史；陆海侵退，空间在东西向旋回，自洽地缘文明；两者叠加，趋利避害，空间呈东南至西北向沿地球折线旋回，自洽人类秩序。

"孔德之容，惟道是从。"（《老子》第二十一章）

人类的智慧从动物性积累到社会性传播，再经文字的记载，延绵至今仿佛都有一个恒定的框架，"尔之天地恒常间"，一个根本的道理，中庸、无为、逍遥、非攻、忘我、旋回。每个人"生之于妙"，来到这个世界，都要去经历一番，或深或浅，或有或无，或长或短，或混沌或清晰，或艰难或平易，而文明的全要素与形式总是一时间浮现在自己的眼前。"存之于业"，似乎无处不在，感知越多则思虑越深，让人混沌愕然却又细想极妙，人类现实的世界大概就是这样被想象，被感知、被组织、被构筑，古今中外，沧海桑田，都会遵循这样大致相同的道理，让自己的生活、生产、情感、精神宣泄在各自独特的地缘文明之中，让她印记等身，让她熠熠生辉。**人不能永生，便成为地球上最不确定的因素，而人类个体的短暂与群体的永续是矛盾的。因此，在个体与群体之间就必然虚拟一种介质，"续之于脉"，亦即思想，来传递智慧，实现人类社会永续发展。** 这是古人讲的"道"，大道至简，平凡至伟，"吾言甚易知，甚易行。天下莫能知，莫能行。言有宗，事有君。夫唯无知，是以不我知"（《老子》第七十章），"尔复归于常恒地天"。

"天、地、人"是一个时空框架，人类只是时间与空间的一种存在形态，天地因人类才有了意义，如果没有人类，也就无须天地。与"天地"的关系，无以相争，可以相参，无法对抗，保持敬畏。人类通过血缘与地缘的传续，个体的自然属性与群体的社会属性，决定了人类思想的两类属性，以及思维的两种倾向。无论早期人类的巫鬼与神话，还是图腾与音律，抑或无论现代人类哲学与神学，还是科学与玄学，再或者无论士农工商，还是宗教道德（儒道），最终是关于"天、地、人"的不同阶段与不同人群的认知能力，演变成"一分为三""旋回"的空间感受与要素规律，产生基于意识、物质与认知的"本原"形式，以及基于逻辑、辩证与矩阵的"思维"方法。同时，两类属性都具有本质的空间特征，受到气候变化与地缘变迁的影响，而呈现不同时空"三合为一""自洽"的空间想象与形式法则，沉淀为人类的共同财富。

《周礼》：地球上主要人类关系，人人归"仁"，《周礼》是一部基础"仁"作。

3.1 天地人常，涵盖乾坤

人类是地球上偶然形成、不断进化的高等生物之一。"天、地、人"，没有人类也就无须讨论这个地球。棕色人种距今约 10 万年前来到东方，黄色人种距今约 5 万年前来到东方；文字出现之前的历史，基于图腾印记与音律相传，可以看成史前人类的集体记忆。看史前应将史前人类自身的认知水平及其生存环境作为背景，通过"史"来知晓当时人类认知自我以及应对气候变化与地缘变迁的方式，"刻舟求剑"是求不到真"史"的，毕竟地球已经不是过去那个地球了。我们从能感知的巫鬼与神话以及后世流传下来的图腾与音律去了解这段智慧，会发现一个基本事实：**所谓"常"，就是规律、规范、法则、秩序，天地万物"同构同源"，人类最初就是依据这个逻辑，从图腾与音律的"它权"之中，旋回与沉淀出表"音"与表"意"的"我权"，立日成"音"，音心为"意"，意音相随，再通过自治与广化，意"方"音"圆"，去实现图腾与音律后世"它""我"一体的隐喻传承。**

几亿年来，地球生物曾经几次易主，最近的有恐龙，之后才是人类，它们之间有着相似的进化与演变规律，人类只是地球特定时间与特定空间的产物，在时空中游动，在力场中平衡，是地球生命中的一部分，所谓"天生地造"。有意思的是，史前生物并没有进入工业化，也没有制造温室效应，几次灭绝了，却给现在的人类留下了化石能源，煤与石油燃烧着地球，帮助人类完成了工业化，改变地面状况，并且制造了可怕的热岛效应，反过来影响着全球的气候变化。人类在生存与发展中寻找平衡，失衡就会带来灾害。本书认为全球变暖的部分原因会归属到由人类活动造成的，但不会是根本原因。人类活动只要没有"人定胜天"妄想即可。

原始社会从"我"出发以后，开始借助"权力"寻求更大可能的"统治"，经历漫长的"它"，宇宙，"它（神）权"，又回到了"我"，人本，"我权"。进化心理学研究，人类天生具有"朴素生物观"，包括把生物视为具有"本质"的朴素生物本质论，把生物视为具有"目的"的朴素目的论，以及把生命现象视为是"活力"在起作用的朴素活力论。直至今日，这些朴素生物观仍然支配着 6 岁以下儿童对生命世界的理解。这就解释了为什么人类各族群的原始信仰都是万物有灵论，它实际上就是人类心理本底的呐喊，而"它权"的符码与音乐体系就是"图腾与音律"。人类自身存在男性与女性，自然属性（个体）与社会属性（整体），也即是她与他，她（他）与他（她）们之间的关系，自身繁衍与种族融合是地球上早期人类通过巫鬼与神话描述最多的主题。肇始于"它权"，天、地、"宇宙"，"神主万物"；回归"我权"，天、地、"人本"，"人为物长"，敬天爱人，终为一体。"它""我"一体，"宇宙"与"人本"一体，也成为人类探索空间营造实践逻辑的主要线索。

3.1.1 文明起源，巫鬼神话，图腾音律

古人通常拜"日、月、金"三星，关注"天、地、人"三道，对应"隧人氏、神农氏、伏羲氏"三皇，或者"天、地、水"三官。大致来看，分为二类，宇宙三星、三道，人本三皇、三官，其间天地与"人"，天地与"水"，人与水的关系似乎都非常重要，也就是说，温度适宜，土地肥沃，水源充足，是人类生存的基本条件。

然后，造三个神，造三个圣，再得三贤，于是，一个立体的时间体系与一个立体的空间体系便形成了。

人类对短暂生命的咏叹与对永恒能力的希翼，创造了巫鬼神灵，是人类借助空间想象使希望与意志尽可能地延伸，是人类走向自我永续与寄我永恒的必由路径；巫鬼神话则是早期人类的哲学思想与科学道理，关于"天、地、人"朴素关系的总和，是生生不息天地万物的法则。且气候条件、地缘环境与巫鬼神话密切关联，灾害多的地方容易生鬼神，距今大约 4200 年前，是人兽同祖的巫鬼阶段，之后，不同地缘环境下的中西方文明分异发展，中国人变"巫"为"儒"，敬天"爱"人，大致属于图腾广化表意符码阶段；西方人则变"巫"为"神"，敬天"贱"人，大致属于音律广化表音神话阶段。

巫鬼神话

巫鬼与神话代表着早期人类社会丰富的文化现象。

巫鬼总在人类最苦难的心灵与最未知的领域，因传说而出现，如同人类的"影子"。巫鬼与神话，是早期人类与日月、山海通灵的成就，并不一定是真理与事实，但却是人类苦难心灵的祈愿方式与直觉解脱，是人类未知领域的行为联想与感官延伸。借物造神，人类进入了有神年代，从泛神论，到主神论，到唯一神，再到现在的科学（无神）年代，是"它权"成神，神授"我权"的发展过程，是社会进步的结果。

巫鬼神话分为三个阶段。

第一阶段造神，就是关于起源与创世的巫鬼神话。距今 8200 ~ 5400 年间，先有元神，苏美尔版本的阿努，中国版本的盘古或者说（道），开天辟地。然后是造人，苏美尔版本记载的是恩基与宁玛女神创造了人类，中国版本的造人很简单，人首蛇身的伏羲与女娲交尾即是了，后来中国人把蛇演绎成龙，人便成为龙的传人；《圣经》

记载耶和华先是造出亚当与夏娃，他们不知道生育，在蛇的教唆下，偷吃了禁果始知善恶羞耻，才开始创造人类，过程复杂且漫长；距今5400～4200年间，大致是人兽同祖混乱时期，而且第一波造人很失败，半人半兽，生殖无序，上帝又用洪水把人毁灭；距今4200年至纪元年间，留下诺亚一家，其中一支历三代，成十二分支，使基督拥有十二门徒（加上基督、圣母、上帝，共十五位大神），以致后代万世。《古兰经》描述人是精液与血块的产物，虽说是谬论，但在当时看来，他们的先祖应该观察得仔细，已经接近人类生殖的真相。诸如此类先进的认知，使得伊斯兰教在释迦与基督的空缺之中东迅速发展，成为人类三大显教之一。

第二阶段迁徙，便是海侵与大洪水前后的人类大迁徙时期，《山海经》很有可能就是史前大迁徙中各种文明交流的集成结果，环绕青藏高原周围地区的史前各种文明彼此交流与互鉴，在1万年间，人类可能遇到过三次这类大规模的海侵与大洪水，第一次是距今8200年前，第二次是距今5400年前，第三次是距今4200年前。三皇燧人氏、伏羲与女娲是8200～5400年间的大神，精卫填海，女娲补天，夸父追日；五帝炎、黄、蚩尤是5400～4200年间的大神，蚩尤被征服，龙凤被呈祥，而同期，下埃及被征服，苏美尔、哈拉帕与良渚文明也相继消失了。三次大灾难的叠加认知，以及神授天机，出现"天、地、人"三道的思维框架与《河图洛书》的地缘认知，再汇聚到了青藏高原北侧高纬度地区传播的《山海经》与青藏高原南侧低纬度地区传播的《圣经》栩栩如生的故事里面。这段时间，人兽同祖，大都怪异荒诞，经历的是"圣战"，此消彼长，兼并融合。一个因应气候变化而共同成长的人类历程，地球上各种文明因语言文字不同，叙述与表达的方式便各自不同，巫鬼、神话也就各自精彩。

第三阶段推动，可以区分为由世俗王权推动以及由巫鬼神权推动的巫鬼神话两大类别。大概距今4200年前以后，中西方巫鬼神话发生分异，西周之后，敬天"爱"人，变"巫"为"儒"，巫鬼被图腾化、碎片化，最终被舞台化、世俗化，成为被人类可以蓄意编辑的素材，插入到特定的所指寓意语境或者文案之中，成为人类情感表达的寄托，或祈愿或诅咒，甚至有娱乐化与戏剧化的倾向。古希腊之后，敬天"贱"人，变"巫"为"神"，巫鬼被音律化、永恒化，最终被秩序化、宗教化，"神"统治着人类，教化人类的行为规范与道德标准，人类必须严格执行神的旨意，教堂的音律响彻在西方的上空。在这一点上，中国大致从西周开始，便结束了巫鬼统治，《论语》中说："祭如在，祭神如神在。"君王甚至可以给政治贤能者封神册圣。而西方大概从文艺复兴开始，先贤们在启蒙运动的理性中看到了人性的光芒，经过哥白尼、康德等先贤的不懈努力，社会才逐渐回归人本化，变"神"为"人"，在这同时，西方创造了人类历史上最丰富多彩的宗教艺术与古典音乐成就，直至现在仍在延续。

巫鬼神话，中国为图腾，西方为音律。

中国，敬天"爱"人，变"巫"为"儒"，巫鬼文化被群体化、图腾化、碎片化、舞台化、世俗化。中国只有巫鬼，没有神话或者神话体系，始终没有形成开天辟地的绝对神、至上神，更没有神话史诗，人是可以"封神"的。就像犹太教在宋朝就传入中国了，现在开封附近还能找到犹太人后裔，但犹太教没有了。为什么中国没有出现体系化的神话？那是因为中国神话从一开始就被世俗化了，这个世俗化的过程经历了巫鬼盛行、巫礼相渐、变巫为儒、儒外法内、儒道互补的几个过程。秦始皇焚书坑儒，大概因为儒术的进化尚不彻底，而项羽火烧咸阳，实际上是对旧思想、旧秩序的告别，为后世崇儒，以及儒法政治范式的建立扫清了历史障碍。神话被历史所代替，宗教信仰逐渐被祖先崇拜与"皇帝"崇拜所代替。在汉朝，黄帝就已经被世俗化了，炎帝也是这样，"皇帝"就是世俗的最高权力拥有者的名称。司马迁把这些毫不相干的神，包括伏羲、女娲、颛顼，归并起来，用一条虚构的单一主线，做了一个血缘传承的谱系，叫做帝王世系表，实际上就是汉族的族谱，它完成了祖先崇拜与血缘崇拜的宏大建制。不仅如此，单一巫鬼对象也被不断释义，开天辟地的盘古古意为葫芦图腾，之后为狗图腾，再后为狗首人身图腾，最终成为神人图腾，其释义的变化是中华文明文化要素进步的重要线索，影响着中国南方广大地区的民风民俗，譬如，瑶族、畲族盘古节，壮族、黎族地区葫芦崇拜，高州地区的葫芦迁址仪式等，反映在民族服饰（尾裙）、建筑悬板、屋脊宝刹以及风水阴宅等各个方面，甚至雷州半岛还有石狗文化，中国的单一神也被"群体塑造"。

　　西方，敬天"贱"人，变"巫"为"神"，巫鬼文化被个体化、音律化、永恒化、秩序化、宗教化。 西方不仅有巫鬼，还有神话以及神话体系，苏美尔、古埃及、古印度、古希腊、古罗马、北欧，甚至玛雅地区的神话被保留了下来，成为人类道德与行为，灵魂与肉体，罪恶与救赎的思维方式与框架，标准与典范，之后，上帝统治一切，神权压制王权，甚至教廷主宰世俗，直至"王权神授"。考古学家们在美索不达米亚到处都发现了苏美尔人时期宏伟华丽的石像与浮雕，苏美尔人的文化遗产在美索不达米亚历史上一直流传下来，纵贯巴比伦、亚述与波斯时期，以及古埃及、古希腊、古罗马时期，甚至向北到达了伊朗高原，向东来到了中国，他们的一神论的原始信仰也始终保持在各民族之中，渗透到现代宗教以及后来的政教秩序的创建与传播的各个方面。只是，苏美尔宗教有一个令人意外的特点：它并不主张有什么极乐的与永恒的后世，而更在乎于现世的生存，这种"现世观"在西方没有被保留下来，而在东方成为了共识，相较于古代西方的苦难黑暗，古代中国似乎要更加喜乐灿烂。这些神话看起来都非常完整，它们不仅有一个完整的神的体系，还有自己的神话史诗。譬如希腊神话，它是一个以奥林匹斯山为基地的众神体系，包括神王宙斯、天后赫拉，还有日神、地神、海神、雷神、丰收神、智慧神、爱神、商业神、酒神，还有冥王，专门负责收集亡灵。还有他们自己的脍炙人口的史诗，称之为荷马史诗的《伊利亚特》与《奥德赛》。北欧神话也是这样，甚至是多层体系，它由巨人（高纬度地区特点）、诸神、精灵、侏儒与凡人构成的，它也有自己的史诗《艾达》《尼伯龙根之歌》，还有《撒加》（*Saga*，或译萨迦），都是非常厉害的神话。

　　当然，把巫鬼神话故事当成历史是不科学的，但巫鬼神话故事可以印证历史。 我们可以在巫鬼神话故事中发现隐藏着的历史：它们是早期人类文明存在的共同记忆，而这些记忆的背后，或许隐藏着全球气候变化与人类起源的密码。大概可以看出，历代学者对上古时代各类大神的象征性描述或者结构式总结，不一定是实际发生的情况，也不一定有时间逻辑，但反映出古人与自然之间（气候与地缘）的博弈过程，以及人种之间（诸如棕、黄、白色人种）、民族之间（游牧与农耕）、君臣之间、嫡庶之间以至阶层之间的博弈过程，并由此完成对技术进步与社会发展的探索的结构式总结，这些工作在人类历史中不断重复出现，旋回，促成了人类历史不断迭代发展的辉煌成就。

　　其实，**不论中国变"巫"为"儒"，图腾广化，还是西方变"巫"为"神"，音律广化，"爱"人或"贱"人，都是人类当时（气候）当地（地缘）关系影响下特定人群的当下（政治）选择，在万物有灵的同时，强调人与人、神之间的规矩。** 是的，神可以成为人类精神生活的寄托，但不必成为现世生活的拘泥，人类融合发展与协同进化的力量是巨大的，文明总会向前猛烈地推进一步。

图腾音律

　　图腾音律与巫鬼神话不可分离，图腾是巫鬼的符码表意，音律是神话的语言表音。 福建莆田有"广化寺"，对应于"沉淀"，"广化"意为"广而运化"，图腾与音律的"广化"使空间成为"有意味的形式"，这是空间研究的重点问题。

　　人类的三大天问：我是谁？从哪里来？将到哪里去？人类对客观自然的认识经历了万物有灵的天地崇拜、自然崇拜、灵物崇拜等宇宙"它权"崇拜，之后的半人半兽图腾"它""我"崇拜，及至人体崇拜、生殖崇拜、祖先崇拜等人本"我权"崇拜的过程，这是世界各地先民的共同规律。"它权"灵物崇拜发达于母系氏族社会，先是幻想天地感应、动植物与他们的血亲关系，"我权"祖先崇拜发达于父系氏族社会，出现部落联盟以后，发展成为共同的男性祖先神崇拜，从"它权""宇宙"，向"我权""人本"不断进化，在空间上，则逐步形成"宇宙空间观"与"人本空间观"的两种倾向，及至"敬天爱人"，"它""我"一体，"宇宙"与"人本"一体。在这一过程中，图腾与音律被视作与巫鬼诸神交流的语言，后来图腾不断被综合化、符码化，音乐也不断被音律化、形式化，成为部落、民族以至国家文明的象征，譬如夏代，就以图腾作为国号，而国家有国歌或者剧种等。

"我"是谁？ "我"与天地同，化身为日月、山海、人人，万物有灵。

抟土造人

《太平御览》中记载女娲用泥土造人，而西方史籍中也记载耶和华用地上的尘土造成了人形，名叫亚当，同样在希腊神话中，普罗米修斯知道天神的种子蕴藏在泥土中，于是他捧起泥土，用河水把它沾湿调和起来，按照天神的模样捏成人形，并赋予其生命；这三个神话的共同点是人都是被神所创造，都是用泥土做成的。

日月崇拜

太阳是一切之主神，代表着统治力量。《易经》中记载了伏羲一画开天地的故事：有谓之天根者，以其混沌世界，黑暗无光，忽焉一画开天，而阴阳动静迭为升降，日月运行，天地定位，万物之生生不息。周易八卦中的日月、山海、人人以至万物，实际上是人类自然崇拜的对象，并且通过对它们的演绎而成事物发展的规律，也就是《易经》中所说的"道"，道法自然。

苏美尔人崇拜许多的自然神灵，如同中国人的"三元三官"，天神（"天官"阿努）、地神（"地官"恩利尔）、水神（"水官"奴恩）以及"星辰三联神"太阳神（乌图）、月神（南纳）、金星女神（伊南娜）等，苏美尔人认为神都是天上的星辰，是永恒而不死的，三星崇拜应该指"星辰三联神"崇拜，四川盆地的三星堆文化极有可能就是苏美尔人三星崇拜的延续，"三元三官"则包含在其中。在南美，墨西哥特奥蒂瓦坎的太阳神金字塔、月亮神金字塔和羽蛇神金字塔也是星辰三联神崇拜（因为羽蛇神主宰着晨星，所以羽蛇神金字塔同时也是晨星神金字塔）。

全球各种宗教、各种文化常根据日月运行的轨迹时间来祷告或开展仪式活动，譬如，伊斯兰教根据太阳运行轨迹时间来祷告，而佛教则根据月亮盈亏的时间来祷告。他们的神灵圣像，都会头顶圆光（Halo），这圆光可以是指"太阳"，可以是指"天意"，神灵通"天"，"天""圆"之光。其中，太阳神像不仅都顶有圆光，因为太阳在转动，还都驾着一辆由数匹神马拉着的天车。据说上世纪末，有日本科学家在人身上做了个实验，发现人头顶三尺上方，真的有光圈。一个人元气、运气盛，光就强；一个人元气、运气弱，光就弱。中国古语"举头三尺有神明"，非虚言也。日神，太阳神，伏羲、祝融、乌图（苏美尔）、拉（古埃及）、琐罗亚斯德，环南海地区的"铜鼓"，甚至太阳王路易十四等均是。

天地、方圆是地球留给人类最古老的图腾，代表着人类对生殖能力与生存能力的想象。具体到物（日月、山海、人人、植物、动物以及半人半兽等），便是图腾或者符码；抽象到数与几何（数理、形式、方形、圆形）便是象数或者象形，或者是某种"音律"，仍然是"天、地、人（物）"的概念。

天地图腾

天空图腾：鹰、猫头鹰、凤鸟、凤凰、鸿鹄、鲲鹏、神鸟、穹隆、万字符，等等。

地灵图腾：生肖动物，青蛙、鱼、龟、鳄鱼、狮子，等等；连接天地之间的生命之树：桫椤、枫树、建木、若木，及其果实葫芦、石榴、莲子、花生等，中国创造出与之匹配的空间物语；还有苹果，在《圣经》故事里它是禁果；再就是冈仁波齐，方山大川，昆仑、黄河，等等。殷商时期，甲骨或者可以看成是对乌龟的崇拜；狗图腾，濒临消失的石狗文化，却在现在的雷州半岛僚俚瑶地区神秘地出现；羊图腾，随九黎南下，过赣州，到广州，广州被称羊城，大概与此有关；蛇图腾，吴哥的蛇，为一座城增添了光辉，等等。

半人半兽：中国有葫芦娃，人格神化的植物崇拜；中华多为兽首人身，如良渚文化的神人兽面纹图像，三苗文化的狗首人身，孙悟空（猴首）猪八戒（猪首），现今东南亚一带象首、猴首，以及韩国的生肖人物；也有人首兽身，如人首蛇身的伏羲、女娲，河南南阳画像砖上的狮身人面像；西方则多为人首兽身，如埃及的狮身人面像，人头马，美人鱼，长翅膀的天使等，当然，古埃及也有许多兽首人身的巫鬼神话人物，等等；各路管天管地的天使（鸟）、神仙（蛇），等等。中西方也有许多相似的人兽，《山海经》中的一个神话形象，"其状马身而人面，虎文而鸟翼，徇于四海，其音如榴"，这一形象也在亚述王朝的宫殿遗址中出现；《山海经·海外北经》中还记载："某处东边有一个一目国。"这个国家的人只有一只眼睛，眼睛长在脸的正中间；而在西方的记载中，古希腊历史学家希罗多德也曾记述过在伊赛多涅斯人的东边住着独目人；甚至，在中国新疆的清河县、宁夏的贺兰山上以及云南的古彝人文化传说中也依次发现了独目人存在过的证明。苏美尔人相信世间充满了保护人类的神灵与祸害人类的魔鬼，神灵具有人形（这一点恰恰是西方神话的发展方向），都住在高山上，如同祖先所在的"冈仁波齐"，每位神仙掌都分工，分别管理着日月星辰、天地海空、风霜雨雪、山川河岳等，是永恒的人间体系，宇宙万物与人的生老病死等都是由神的意志所决定；魔鬼则是人与兽类和鸟类混合体的怪兽，也就是半人半兽。

方圆图腾

象数象形：象数崇拜，中国的二进制象数哲学、西方的五进制数理哲学、黄金分割，等等；或者象形崇拜，中国的"方"、《河图洛书》、太极、五行、八卦、九宫、"天干地支"等，西方的"圆"、几何哲学、八芒星座、同心圆等，都是对于天地要素本质的思考与认知，是天地语言的理性表达，也是宇宙认知的一种算法与形式。**而象形文字是图腾广化的结果**，在《圣经》故事里，象形文字是伊甸园里"初民的语言"，这种文字便是汉语（方块字）。另外，中国画讲究表意，也是图腾广化的结果，矩阵式象形，多点透视，多元一体，亦即中国精神。

天地之间：连接天地之间的有具象的"树""山""鸟""人"，或者羽人、羽化的动物（羽蛇神），或者"高台""天梯""塔""阁楼"等，以及抽象的象数或者象形，图腾或者音律，"九宫格"以及"同心圆"也都是"天地图腾"的一种"象形"方式。地球上人类能够感知最为宏大的"天地图腾"，莫过于"方"形的"冈仁波齐"，以及"圆"形的"地中海"或者冰期中国的"南海"。

其次，"我"从哪里来？关乎人类繁衍，尽管现代科学已经充分解析了我从哪里来，而之前，这个答案却是一个充满无数可能的文化现象。在这一进程中，图腾与音律的互动，代表人类的繁衍，以及种族、氏族与方国的融合。

生殖崇拜

人类生育行为，最基本的是两性行为，不单只为了繁衍后代，还为了满心欢喜。人类对这类行为充满了想象力，常常不可言喻而又扑朔迷离。男阳在天，奉天承运，追求这个世界最和谐的秩序，天人合一；女阴在地，女阴是大地最美的图案，中国人总结成为风水与堪舆"圆"相，庇荫万世。人类自身的行为诠释了这个世界，包括生育创世、成长进步与败亡盛衰，也构成了认知世界的全部知识，或者直接用生殖器形以及类似生殖器形的物质（阴、阳石、玉、圆环）作为崇拜对象，想想人类对自己的各种非生物学起源而与万物关联的描述，就会感到十分有趣，这是非"我"即"它"的权力，"它"们可以是多卵多籽的植物以及繁殖能力强的动物，包括葫芦、石榴、莲子、花生、裟椤、枫树、扶桑、榕树等，或者蛇、鸟、青蛙、鱼、羊等，以及高山、大海等也为人类所祭拜，譬如，纳西族的图腾就是青蛙，而来源则是北方的青藏高原（纳西人死后头朝北方象征青藏高原的玉龙雪山，彝、景颇等民族的送魂歌中都要把亡灵送回北方）。其中，最为瞩目的是蛇、鸟与生命之树。

圣灵感孕：天地感应童女可以受孕，成神。《精编廿六史·五帝》云，伏羲，其母华胥氏，居于华胥之渚。一日嬉游入山中，见一巨人足迹，羲母以脚步履之，自觉意有所动，红光罩身，遂因而有娠，怀十六月，生帝于成纪。这与耶稣的诞生极为相似，《圣经》里的耶稣是由圣母玛丽亚在河畔童贞圣灵感孕，所以伏羲与耶稣都是天地之灵，人间大神。

巽蛇交尾：在人类繁衍的故事里，蛇类是两性之间最常见的生殖象征，"巽"，巳蛇，双蛇共也，表示交配；半人半兽时期，人身蛇尾的伏羲女娲图腾图，多出现在夫妇合葬墓穴中，大部分被钉在墓室的顶部，画面朝下，也有的叠放于墓主人身边。新疆维吾尔自治区博物馆收藏的伏羲女娲图，长约220厘米，宽近100厘米。画面中心绘有一男一女，头部躯干为人形，腰以下作蛇尾，身形匹配相对，伸手相拥，蛇尾互相缠绕，契合伏羲女娲的神话形象。画面极具音律感，伏羲、女娲之面容、妆饰、冠服都各有不同，伏羲持矩（方），女娲执规（圆），方圆默契，有的还带有算筹、墨斗，象征伏羲女娲开启人智，教化人伦的传说。画面上方有日，下方有月，日月中多有装饰图案，日轮中或绘金乌，或绘光芒，月轮中可有桂树、玉兔、蟾蜍或山岳等形，北斗星辰遍布画面四周。类似伏羲女娲交尾图并不是中国独有，在苏美尔恩基与宁玛、古印度纳迦与纳吉以及古希腊神话伊希斯与塞拉匹斯中也都是。在《圣经》中亚当、夏娃就算是吃禁果，也是由蛇来指引的，广东惠州巽寮湾，其意指"双蛇的寮屋"，也可意为"双龙湾"，是初人之地。

龙凤呈祥

中国种族、氏族与方国的融合，则会通过"龙""凤"来描绘。

龙，是地灵之物。蛇类代表着"阴""地"，龙大概是蛇、鳄、鱼、鹿等图腾的综合，其中又以蛇图腾部落为主体，大致是西北方向第二阶梯以及黄河、西辽河流域各部落融合起来的象征。龙的图腾也可能与中国大陆特别是西辽河流域大量出土恐龙化石有关，人类不是现在才发现恐龙，只是现在才科学认知恐龙；古人也应该有发现它们，譬如《国语》中记载了孔子曾鉴定过据说是巨人防风氏的遗骨，热河走廊地区出土了许多古生物化石；贵州兴义关岭等地出土的贵州龙化石，与现在龙图腾的形态高度接近；而这些在远古时期，都可能会被古人认为是天地神奇灵验之应兆，是大地的象征，是"地龙"，这应该是龙图腾最早的模板，结合大地的"活龙"即蛇的形态，观察各种动物的象形性特征，譬如蛇、鳄、鱼、鹿，再以"地龙"骨骼为框架进行想象性复原它们生前的样子，最终塑造出了中华文明标志性"龙"图腾。现知"中华第一龙"是距今8000年前新石器早期辽宁阜新查海文化遗址出土的"石堆塑龙"，现知最早的"玉龙"则发现于内蒙古东北地区距今6500年前红山文化遗址，龙为圆柱形，细长身，头较小，长嘴，口似猪，吻部前伸，略向上翘，距今3500年前中原也发展出来"龙"文化（二里头文化遗址），从河南濮阳西水坡发现的"蚌壳塑龙"的形象的特征分析，大概是鳄鱼。《礼记》中龙是"龙、鳞、凤、龟"之首，因此，在历代中国人的心目中，龙以其稀有性与能力的强大性、地位的尊贵性成为祥瑞的象征。

鸟，是天空之神。鸟类代表着"阳""天"，在大部分的巫鬼神话故事里是通天通地的精灵，赋予人类两性身体之外最自由的感受，在中国大致是东南方向第三阶梯东夷各族以及长江流域的许多部落的图腾，在西方也是主神。良渚有很多刻有以鸟为原型的玉琮，鸟图腾上承7000多年前河姆渡文化，下启金沙的"太阳鸟"崇拜，以及楚文化的"双鸟朝阳"图腾（虎座鸟架鼓）。有"鸟"便有"卵"，中国的盘古、埃及的太阳神"拉"、印度的梵天都曾是宇宙"卵"生，"鸟"可以是天使，可以"卵"生"商"，《史记·殷本纪》里，殷契，母曰简狄，有娀氏之女，为帝喾次妃。三人行浴，见玄鸟堕其卵，简狄取吞之，因孕生契。"商"族的始姐"契"是其母吞卵而生，"商"字本身就是鸟的象形字，大概是指猫头鹰。

在中国文化传统中，蛇最终演绎成为了"龙"，它丰富而多彩，具备了这个世界最强大的动物基因，看似蛇、鳄、鱼、鹿，统合为中华民族进取阳刚的精神内涵，周代的褒姒也曾记载是踩到了龙涎的宫女后怀孕所生，可见龙在中国人的思想中可谓万能；而鸟则演绎成为了"凤"，最初的凤形，应当是诞生于距今4200年前石家河文化。与良渚文化同期的石家河文化的玉器制作工艺水准，在史前已经达到巅峰，制作出第一枚精致"玉凤"，让玉凤一诞生便显出高贵优雅，这是石家河人一个重要的文化贡献。凤是人类创造出来的最美丽、最阴柔的象征符码，风姿绰绰，更可母仪天下，并与龙找到了一个很好的关系，叫着"龙凤呈祥"，这背后是以鸟凤为图腾炎帝农耕部落与以蛇龙为图腾的黄帝游牧部落走向融合的事实。西方传统中更加崇尚自由，鸟类满足了西方人对自由精神的想象，成为了大部分西方国家的象征。他们创造了天使，并在鸟类中寻找到天鹅、鸽子的翅膀安装在人类的肩膀上，寓意善良、喜悦；他们也在鸟类中寻找到霸主，鹰或者是兀鹫，荷鲁斯鹰，将其放在他们的国徽或者是皇权的铭牌上，以凸显他们对这个世界霸凌统驭的雄心壮志，他们会把不同主张的人群划分为鸽派或者是鹰派。**中国人对"鸟"与"蛇"的想象力完胜西方人，在西方语境中鸟还是鸟，而非凤；蛇还是蛇，而非龙。尽管中西方文化价值取向有所差异，但中国祥龙与西方神鹰其实也可以"龙凤呈祥"。**

生命之树

生命之树是"龙凤呈祥"的一种表达方式，是"树"将"龙"（蛇）与"凤"（鸟）连接起来。玛雅文化干脆将"蛇""鸟"合体，他们创造了羽蛇神，也是"龙凤呈祥"的另外一种表达方式。同时，"龙凤呈祥"也是"天地呈祥"的概念，与后面讨论的"方圆默契"，甚至"太极八卦""象数矩阵"，都是对天地崇拜的多个方面的解释，**"龙"与"方"代表"地"，"凤"与"圆"代表"天"，也是同一对象的不同符码的解析方式。**

图 3-2 玉龙

生命之树，或许就是"天、地、人"的地球图腾。《山海经》中记载了三棵神树，分别是建木、若木与扶桑木，《海内南经》记载，都广之野有一棵建木，黄帝与太昊通过这里来到了人间，其中有一棵树应该是"海外"苏美尔人的生命之树。距今 4300 年前的苏美尔泥板上就记载，树上面住着老鹰，树下住着蛇。吉尔伽美什史诗中又专门讲了这棵树，叫做 Huluppu Tree，也是一棵居住着蛇与鹰的树，鹰就是苏美尔人的安祖鸟（Anzu-bird），蛇就是黑暗女仆莉莉丝（The dark maid Lilith）。这就是 Etana 传说，后来，蛇战胜了鹰，把鹰关到自己的蛇窝里面，准备饿死它。这个时候，一个国王从这里经过，鹰叫住国王，跟他说："我们做个交易吧。你看，你没有子嗣，我没有自由。如果你把我放出来，那我就把你驮到天上，让你与天上的阿努纳奇商量一下，或许他们会赐予你一个继承人。"这个国王就是 Etana，苏美尔王表上，大洪水之后的第一个统治全世界 1500 年的君王（按苏美尔六十进制，相当于 25 年，后同）。阿努纳奇赐给他的继承人叫做巴里，统治了 400 年。这棵树，就是苏美尔人崇拜的生命之树，是复杂的生命现象，是苏美尔人的地球图腾。它将"蛇"与"鸟"用树联系在一起，象征着阿努纳奇给了人类第一能力"生殖"，但没有给人类第二能力"永生"，于是人类就要创造"永生的神"。再之后，人类进入"人神一体"的崇拜，中华有逍遥的玉帝，西方有万能的上帝，或者是神化了的人，释迦牟尼、基督与安拉，或者是神的使者、先知、圣人，受人敬仰膜拜，它们便是"永生的神"。苏美尔人将这棵高达 3.95 米的青铜生命之树留在了三星堆遗址。

图 3-3 玉凤佩

不过，中国人将生命之树最终抽象成"天干地支人道"，依托"十"（天干）与"十二"（地支）最小公倍数"六十"，演变的"六十进制"，成为"人道"的甲子纪年、十二辰纪月、六十纪日的纪法，并与五行、八卦、二十四节气组合起来，一直影响到今天，深入到每一个中国人的生命之中。中国人无神，人巫分离，留下来的是图腾；西方人有神，人神合体，留下来的是音律。

最后，"我"到哪里去？由巫鬼神话延伸出来的后世宗教则明确并规范了人类的去途，或天堂，或地狱，或转世。也许"我"从出生到死亡，这个存在的过程让结果已经变得不再重要，物质或者精神的世界只是终将泯灭在宇宙空间中的尘埃，化入天地万千世界。

图腾广化

图腾传承文明，某一种文明被另一种文明取代，总是在舞台中心沉淀以后在四周广化，中国巫鬼的发展便是如此，它们以图腾象形或象数的方式继续传承，因图腾符码的加持而更加深入人心。

虽然中国巫鬼没有体系化，但中国图腾的符码体系却是十分强大，也就是，图腾广化，包括符码的象形化、象数化、图示化、公式化、系统化与结构化，从燧人氏"三道"，到"天圆地方"，到"《河图洛书》"，到

"太极八卦"，到"象数九宫"，形成一整套象形文字与矩阵图示有情感与规则的语言传播与认知体系，因而迥异于西方文明，成为后世中国空间释义与空间形式的宝贵财富。由此，西方变"巫"为"神"，神系具象为人，符码却相较式微；而中国变"巫"为"儒"，神话抽象为码，符码却异常丰富，生成一个庞大的符码"表意"系统，就是纹案与礼器、象数与象形文字（汉字），"方"与"九宫格"，以及"井田"与"井城"，等等。**图腾广化而来的表意系统，保持了意识的一致性，使得汉字以及"九宫格"可以跨越无数不同方言体系与小地缘特征而长期存在，客观上维护了中华文明的"大一统"的精神内涵。**中国图腾广化的研究还可以再深入一些，如同西方音律语言学研究，中国图腾象形学研究的潜力巨大，它是中华文明一切形式的源泉。

音律广化

不过，在图腾广化的同时，与"神"沟通的音律广化则逐渐演变成西方"表音"系统，那就是弦乐、钟声、拉丁文字（英文）、同心圆与穹隆。《礼记·乐记》："凡音之起，由人心生也。人心之动，物使之然也，感於物而动，故形於声。声相应，故生变，变成方，谓之音。比音而乐之，及干戚、羽旄，谓之乐。"这里"人心之动，物使之然也，感於物而动，故形於声"，反映出"人""音"与"物"的同一，声音具有绝对中心性，由强弱、调性、时长、音色等基本要素构成，是人的气息与感受，向外辐射与传播，表现出节奏与旋律，以示人对于神灵的情感。至今，不仅是西方的教堂，还是中国的庙宇，音律仍然是通往神界空间最为纯洁的语言。形式"表音"系统从平面到立体，古罗马"穹隆"的出现，则在形式上更进一步强化了这种由"物"及"心"的宗教共鸣与震撼，再加上语言"表音"系统选择腓尼基人字母创造的"拉丁文"（后有英文），"同心圆"与"伊甸园"，等等，准确无误地表达出人神之间的各种敬畏、救赎与祈愿。不过，**西方音律广化随音而变，形成不同小语种与小地缘文明，没有同一的文字，这使得西方国家长期处于分裂而非统一的"泛城邦"状态。**

当然，中国也有礼乐、藻井、女书（一种母系氏族传承至今的方言音节表音文字）与楚辞（一种父系氏族传承至今的方言音律说唱文化），西方也有图腾、符码、印记，只是相较于东方略微式弱而已，就语言而说，西方语言特别像拉丁语、法语，其音律感较中国汉语还是要强一些。不过，中国的音律也为"人"服务，**五音可调五脏。**《礼记·乐记》《史记·乐书》等古籍文献中，记载了古琴在平衡人体阴阳五行动态，调和人体气息，促进人们的身心健康等方面发挥着重要的作用。《黄帝内经》里讲到古琴与人体的五脏对应保健理论，其中明确指出一弦音对应人体的脾，二弦音对应人体的肺，三弦音对应人体的肝，四弦音对应人体的肾，五弦音对应人体的心，不同琴弦演奏出的不同音乐与对应的脏器产生物理共振效应，从而产生较好的音乐养生效果。东汉秦时桓谭在《新论·琴道》写道："琴七丝足以通万物而考至乱也。八音之中惟弦为最，而琴为之首。琴之言禁也，君子守以自禁也。大声不振华而流漫，细声不湮灭而不闻。八音广博，琴德最优。"古琴兼具有修心养性、礼乐教化的重要功能。

卡西尔认为："一切人类的文化现象与精神活动，如语言、神话、艺术与科学，都是在运用符码的方式来表达人类的种种经验，概念作用不过是符码的一种特殊的运用。符码行为的进行，给了人类一切经验材料以一定的秩序：科学在思想上给人以秩序，道德在行为上给人以秩序，艺术则在感觉现象与理解方面给人以秩序。符码表现是人类意识的基本功能，人就是进行符码活动的动物。"其实，图腾与音律本质上是对于空间的想象力，任何图腾都蕴含着音律，而任何音律均可生成图腾，图腾成为凝固的音律，音律则是流动的图腾。也因此，过去的图腾与音律，现在的绘画与音乐相关的那些工作，古老而神圣，既诠释着不可估量的空间想象，也彰显着光芒四射的职业荣耀。

中西方巫鬼神话的分异，本质上是东西方地缘结构的分异，旋回沉淀出来图腾"表意"与音律"表音"符码体系，自治广化成为中国"大一统"与西方"泛城邦"文明系统，可以包括但不限于与之匹配的"日"与"月"，"山"与"海"；"天"与"地"，"方"与"圆"，"九宫格"与"同心圆"；"方块字"与"拉丁文"，"礼器"

与"弦乐"；"空间"与"时间"，"辩证"与"逻辑"；"竞合"与"竞争"，"共同"与"联合"；"沉淀"与"广化"，"旋回"与"自洽"等属于空间意象学范畴的要素与形式，都是中西方各自对于"它""我"之间，巫鬼神话延续至今的隐喻传承，并发展出"宇宙空间观"与"人本空间观"的两种倾向，及至"敬天爱人"，"它""我"一体，"宇宙"与"人本"一体，几千年来形成了地球上始终一致且多彩分异的文明景观。

巫鬼与神话之后，是图腾与音律；而图腾与音律之后，就是哲学与神学的时代。

圣贤哲思

中西方从巫鬼与神话，到图腾与音律，到哲学与神学，到科学与玄学……阶段不同，但都殊途同归。相对而言，哲学是人类对"宇宙"从"无知"到"有知"的认知过程，神学是人类对"人本"从"它权"到"我权"的隐喻描述。本书以"哲学"为脉络，而不以"神学"为线索，更加注重人类活动的"入世"体验，而非"出世"因果，"大尺度"共生描绘，而非"小尺度"传承深究。

自从人类关注地球以来，所思考的"天地要素"与"方圆形式"其实大致相同，只是不同阶段的技术路径与思维角度不同而已，因而形成的显学框架也就存在一些差异，而无论佛教、基督教，抑或伊斯兰教，唯有以《易经》为代表的中国哲学其数理框架则更加缜密，可以涵括阿拉伯与西方哲学的所有门类，哲学的边界，就在《易经》八八六十四系辞中，中西方尽然。中国哲学以其"中"应万变，西方哲学万变不离其"中"，这个"中"指的是"规矩"，就是"天""地""人"三道的空间框架，而"天""地""人"三道的空间框架又是要素旋回与形式自洽的结果，因循自然规律不断变化发展，因而哲学本身也就不会绝对正确，只会不断发展。西方哲学将天、地、人视为要素，也曾经总结出"土、水、火、风"四大要素（气候与地缘），实证人与要素的关系，"爱、恨"连接，并从具体的要素与形式出发，很快进入亚里士多德的"三段论"与欧几里得的几何学，发展出逻辑推理的线性思维方式，以及后来的德意志古典哲学辩证反转的非线性思维方式，但他们忽略整体认知的框架建立，因而认知会被不断替代，文明会被不断替代，譬如古苏美尔、古巴比伦、古埃及、古希腊、古罗马，没有形成同一线索、统一框架，它们穿插式构建，使得西方文明断代拼贴，唯有"城邦"或者"家族"延续，就像魏晋时期汉文化体系连接与修复的"六都"或者"八族"，本质上是"地缘"或者"血缘"的延续。中国哲学曾对古代希腊罗马文明、西亚阿拉伯文明、中世纪欧洲文艺复兴、近代法国启蒙运动、德国古典主义哲学，以及"城邦"或者"家族"的延续，产生过深远的断代连接与文明修复作用。

同时，中国哲学其儒家体系"礼制"为"方"，道家体系"玄学"为"圆"；西方哲学其亚里士多德"形式"为"方"，柏拉图"理想"为"圆"。大致来看，哲学的"整体"即"宇宙"为"方"，哲学的"个体"即"人本"为"圆"，"相对"为"方"，"绝对"为"圆"，方圆默契。

3.1.2 中华脉络，孔孟向东，老庄向西

从农耕文明的轴心时代开始，中国人总结了史前智慧，借助文字的提炼，开始对后世治理提出各自的方案。道可道，非常道。名可名，非常名。无名天地之始；有名万物之母。（《老子》第一章）源于周易，诸子百家，农工商，兵法道，儒墨释，均有建树，唯儒家对人的研究居功至伟，透彻心扉。儒学自公元前孔子（公元前551年 ～ 公元前479年）建立以来，300年后在大儒董仲舒（公元前179年 ～ 公元前104年）推动为国学，获为显学，又经韩愈（768年 ～ 824年）、朱熹（1130年 ～ 1200年）、王守仁（1472年 ～ 1529年）以及近代曾文正（1811～1872年）等人精心演绎，成为人类思想智库中的瑰宝，其实质就是要管人，而人是一切社会关系的总和，管住了人就管住了事，用好了人，也就做好了事。这是一个基本的逻辑，中国人用"三道"管人、用人，历代

君王或者人上之人均知晓这个道理。儒家思想"共同竞合"，而道家思想"联合竞争"，儒、道从本质上看是互补关系。

中国哲学是"天、地、人"关系的总和。

从"天、地、人"三道到"孔孟""老庄""释迦"，中国哲学的一分为三，这是东方中国的思想总纲，在认知中旋回。 燧人氏时代立"三道"，缔造中华文明的初始思维框架；作"《河图洛书》"，总结"天、地、人"的象数关系，发现抽象化、概念化的宇宙图示，创立中华文明的初始地缘框架。

西周，文明原点

西周时期，由暖转冷，西周贵族集体开创了大地缘结构特征的中国哲学思考，全面订立了中华文明的思维框架、地缘框架、人伦框架甚至神格框架，成为中华文明思想的原点。从《河图洛书》到甲骨文传播的思想，西周时期，文王作周易，太公《山海经》，姬旦作《周礼》，太公《封神榜》，是三代时期敬天爱人、天人合一的普世化的理论成就，中华文明最为根本的思想体系建立起来了。

文王作《周易》，揭示了中华文明可以认知的主观精神路径；太公《山海经》，展现了中华文明所能统辖的客观物质世界；姬旦作《周礼》，实现了中华文明实践理性的制度形式安排；而太公《封神榜》，则表明了中华文明从一开始就主张以人为本，所谓神子诸系，不过是王权拥有者们假"巫"推动，"王授神职"的结果，于是中华文明世俗社会框架被确定下来了。

春秋，百家传承

这一时期代表人物：老子（生卒年不详，春秋末期人）、孔子（公元前551年～公元前479年）。

图腾广化，文字的成就，使得春秋战国的诸子百家，完成了史前中华文明的集体记忆，并逐渐梳理出各家学说，仿佛一个大书院，从农工商，到兵法道，到儒墨释，描绘出中华文明因果有序的哲学精要，也是历朝历代兴废显学。佛为心，道为骨，儒为表，大度看世界。呈现农家、工家、商家、兵家、法家、道家、儒家、墨家、释家发展的周期性；以农工商为用，以兵法道为技，以儒墨释为体，周而复始，旋回生长。

春秋是对西周的继承与弘扬，诸子百家，都在做着同样一件事情，就是"去巫化"，变"巫"为"道"，变"巫"为"墨"等，为后世中国的形成，进行了全方位的理论探索与诸侯"试政"，而儒家，变"巫"为"儒"，天地君亲师，敬天、法地、拥君、尊亲、师贤；修身、齐家、治国、平天下，囊括中国人几乎所有的行为准则，内法外儒，内圣外王的"儒法范式"由汉王朝定制，最终一体多元，并传承2000多年。

第一次：秦汉复兴，始皇定制，武帝范式。

代表人物：董仲舒，刘歆（约公元前50年～公元23年）。

汉初黄老兴起，之后武帝选择儒法范式。汉武帝时期，卫绾、董仲舒确立天人三策（天人合一，"大一统"，独尊儒术），三纲（父为子纲，君为臣纲，夫为妻纲）五常（仁、义、礼、智、信），提升"人人"修身的道德水平。

王莽新政，一种超越时代的理想。

王权，人人为仁，君本。

第二次：唐宋复兴，韩愈中兴，朱程理学。

代表人物：慧能，韩愈。

玄学兴起，外力干预，佛教传入，安史之乱。而此时，自北魏孝文帝开始，鲜卑人选择汉化继承。

盛唐时期，韩愈。总的来看，这是一次突破，可以广义地定义为一次采取明确的"入世转向"的精神运动。这次转型的"发起人"不是儒家，而是慧能（638 年 ~ 713 年）创建的新禅宗。新禅宗开始了"入世转向"的整个过程，先是将儒家，其后将道教卷入了这一运动，韩愈便是此次复兴的先锋。如果拓广视野，并尝试去辨明从唐末到宋初中国人精神发展的普遍趋势，我们就会发现，最重要的突破远超出通常被当作新儒家兴起的思想运动的范围，纵然对于新儒家从 11 世纪以来一直处在重要的中心位置是毫无争议的。

代表人物：朱熹，陆九渊。

两宋时期，程朱理学，是对孔子的继承，朱熹的贡献在于以宗祠为纽带，提升"宗亲"齐家的道德水平，深刻改变了中国社会的结构特征，并开启了儒家理学大发展时代。

民权，人人为仁，民本。

图 3-4 五夫，朱子故里，紫阳楼前"半亩方塘"旁，如今已成"万亩荷塘"

父亲朱松临终前把 13 岁的朱熹托付给崇安五夫好友刘子羽，又写信请五夫的刘子翚、刘勉之、胡宪等三位学养深厚的朋友代为教育朱熹，刘勉之更是将女儿许配给了他，朱熹缺失父亲，但并未缺少父爱，自然充满了对其父辈的崇敬与感激，这与朱熹始立父系宗祠，以及中兴书院、精舍之制有着必然的精神关联。

第三次：明清复兴，永乐大典，四库全书。

代表人物：王守仁，曾国潘。

元朝忽必烈，蒙古人选择汉化继承，从邢台试政开始。大明时期，永乐大帝建成周礼中最高等级的礼制建筑群（紫禁城），阳明重心。王守仁继承荀子、陆九渊等人的心学成就，开启了儒家心学的大发展时代。大清时期，满人选择汉化继承，康乾盛世，文正重用。

未来，中华复兴。

西周原点历三次复兴传续、三次汉化继承至共和时期，天下为公，共产党人接续传承，提升"治国""平天下"的道德水平，变"九州天下"为"五洲天下"，构建人类命运共同体，从地缘文明走向全球文明，中华文明走向整体复兴。

人权，人人为仁，人本，人民至上。

每次复兴与传承都是在向这一中华地缘致敬，革故鼎新，创造了新的文明现象。中国哲人矩阵式思维，具有极大的思想包容性，得益于这种思维所产生的豁达的地缘背景，本身也是一门地缘哲学，体现对社会体系的修复作用，始于"三道"，成于周礼，面对强悍的中原征伐，教化人心，且如涓涓细流，润物无声。不仅包容了不同种族、不同民系，也包容了不同宗教、不同信仰，文明互鉴，兼融并蓄，共同发展，这种思维的核心支撑就是不断改良的儒道显学，对一切人类社会现象具有教化与同化作用，以及团结与向心作用。

学界谈儒家哲学或思想，学者们往往将之等同于古代。实则儒学一直处于消化吸纳外来思想后不断前行的动态之中。汉儒消化吸纳道法、阴阳家，宋明理学消化吸纳了释迦、经学，现代中国学者李泽厚（1930～2021年）、成中英（1935年～）等吸纳了西方外来思想后，开创了新儒学，从而使儒学在全球化、大生产的时代，再获新的生命力。中国共产党人是5000年中华文明的继承者，正为人类的普世性注入中国文化的独特性，也使中国文化打破地缘的疆域，参与全球普世价值的建造，走向"共同竞合"。

中华文明在这一九宫地缘空间框架内，由西北向东南传播，从未中断且日新月异。

孔子向东：儒家学派

大约从公元前7世纪起，周代的封建统治开始衰落，皇族子弟的教师，以及某些皇室成员本人，都散落在民间，以教授经书为生，有的因谙习礼仪而成为人家婚丧嫁娶、祭祀或其他礼仪的襄礼（司仪）。这些人被称为"儒"。《扬子·法言》："通天、地、人曰儒。"即儒为会通天道、人道者。《周礼》曰，儒家得道以民。所谓得道，一曰礼乐，二曰仁义。先得礼乐者，乃儒家元圣周公姬旦也。

孔子主要承续周礼，并且真正地实现变"巫"为"儒"。儒家学派是孔子所创立、孟子所发展（理）、荀子所集其大成（心），之后延绵不断，为历代儒客推崇，至今仍有强大生命力的学术流派。儒家学派之前，古代社会贵族与自由民分别通过"师"与"儒"来接受传统的六德（智、信、圣、仁、义、忠），六行（孝、友、睦、姻、任、恤），六艺（礼、乐、射、御、书、数）的社会化教育。从施教内容看，中国古代的社会教育完全是基于中华民族在特定生活环境中长期形成的价值观、习惯、行为规范与处世准则等文化要素之上进行的，儒家学派全盘吸收这些文化要素并将之上升到系统的理论高度。

章太炎（1869～1936年）在《国故论衡》中认为，儒有三科，关达、类、私之名，达名为儒。儒者，术士也。（《说文》）儒之名盖出于需。需者，云上于天，而儒亦知天文，识旱潦。儒是指一种以宗教为生的职业，负责治丧、祭神等各种宗教仪式。他说："儒本求雨之师，故衍化为术士之称。"儒家是一个不断发展、与时俱进、昂扬向上的学术流派，堪称民族脊梁。

胡适（1891～1962年）在《说儒》中，根据东汉许慎《说文解字·人部》对"儒"的解释为："儒，柔也，术士之称。从人，需声。"将儒释为柔，引来许多不同的说法，甚至于立场截然不同的大辩论。胡适认为儒者为殷遗民，这些人于亡国之后，沦落为执丧礼者，"儒"为周代社会对有此类文化之术士蔑称。因已遭亡国，其文化只能以柔弱之势存在。据徐中舒《甲骨文字典》考释，甲骨文的儒，像人沐浴濡身之形。上古原始宗教举行祭礼之前，司礼者必斋戒沐浴，以示诚敬。这不仅证明了胡适的"儒"最早是殷商教士，是宗教神职人员的论点，也为儒教（非儒学）是宗教找到了证据。

李泽厚（1930～2021年）也认为儒家是巫师演化而来的。孔子曾经说过，"吾与史、巫同涂而殊归也"。但同时，他也指出了自己与专门沟通鬼神的术士有所不同，"吾求其德而已"。从孔子开始，"儒"的观念发生了变化，渐渐地脱离了巫的知识范围。孔子是中国历史上首开私学的教育家，人称"弟子三千，贤人七十二"，他及弟子把古代为贵族所垄断的礼仪与各种知识传播到民间，逐渐形成儒家学派。因此，儒家是承袭殷商以来的巫史文化，发展了西周的礼乐传统，是一个重血亲人伦，追求现实事功，礼教德治精神始终一贯的学派。

孔子变"巫"为"儒"，敬天"爱"人，是中兴王朝的政治选择，把"王权"牢牢掌握在自己的手中。

孔子一生清苦，然君子固穷，上学而下达，天下归仁。庄子后学评论儒家，"性服忠信，身行仁义，饰礼乐，选人伦，以上忠于世主，下以化于齐民。将以利天下"（《庄子·渔父》）。"巫"是人类的影子，其实是一种"能力"，变"巫"为"儒"，重"礼"归"仁"（义理），其续脉有三。首先，孔子重君（君王），君（帝）巫合一。泰山邹鲁，未过长江以南。孔子作古，"儒分为八"（《韩非子》），其中主要有两派，一是孟子出子思一系传道；二是荀子出子夏一系传经，这便是先秦儒学。300多年后董仲舒出子路一系实用，谏其为国策。其次，朱子重民（阶层），祖巫合一，续孟子一脉。阳明重心（心性），知行合一，续荀子一脉；朱子阳明，武夷余姚，未过长江以北；文正重用（实行），续仲舒一脉，上马杀贼，下马讲学，则纵横大江南北，立功为君，立德修身，立言持厚。再次，现代重人，人天合一，人人秩序，共同构筑中华显学。

儒因应礼仪，修齐治平，多强调人生"逻辑"。 儒没有原罪的观念，人之初，性本善，其核心是"共同竞合"。儒家的人生目标是"此世的福、禄、寿与死后的声名不朽"，其实为人类社会属性的思维方式。根据韦伯的分析，儒家"就像真正的古希腊人一样，他们没有超越尘世寄托的伦理，没有介于超俗世上帝所托使命与尘世肉体之间的紧张性，没有追求死后天堂的取向，也没有恶根性的观念，凡能遵从诫命者就能免于罪过"。其次，儒也缺少超验的价值，对现世的态度是适应世界，"适应外部世界，适应'世界'的条件"，而不是按照某种超验价值去改造世界，这是一般人能力所能企及的，所以东方中国人的现世是快乐的。

1922年，罗素（Bertrand Arthur William Russell，1872～1970年）在对中国进行了大半年的实地考察之后，出版了《中国问题》。罗素在这本书中对中华文化有一些非常精辟的评论："孔子与其后学所发展起的是一个纯讲习伦理的学派，没有宗教性与独断教诫，亦就不发生出一个有权力的教会机关与引致于迫害异教徒。……西方文化的明显特点，我以为就在科学方法；中国文化的明显特点则是他们对人生意义的正确认识。吾人希望此二者应当逐渐结合在一起。……我不否认中国人在与西方相反的方向上走得太远，但正为此之故，我想中西两方的接触将于彼此都会产生好结果。他们将得以向我们学取那些切合实际效用所必不可少的东西，而我们则向他们学习到某些内心智慧，这是当其他古老民族均先后衰亡而去，而他们赖之以独存至今者。……我写此书意在表明中华民族在一定意义上是优越过我们的；即因此义中国若竟为求其民族生存而降低到我们的水平，则于他们与我们都是不幸的。……中国的独立自主最终意义不在其自身，而宁在其为西方科学技术与中国夙有品德两相结合创开新局；若达不到此目的，纵然取得其政治独立抑何足贵耶？"

儒家学说的代表人物：孔子、孟子、荀子、董仲舒、刘歆、郑玄（127年～200年）、韩愈、程颐（1033年～1107年）、朱熹、陆九渊、王守仁、曾文正、章太炎、胡适、李泽厚等。其核心要义是入世的：互敬互信、仁而有序、恒产恒心、微言大义、重义轻利、格物致知、天人合一、内圣外王、为万世开太平、知行合一、修齐治平、立功立德。

老子向西：老子去哪了

中华文明史中老子如同"迷"一般地存在。孔子："鸟，吾知其能飞；鱼，吾知其能游；兽，吾知其能走。走者可以为罔，游者可以为纶，飞者可以为矰。至于龙吾不能知，其乘风云而上天。吾今日见老子，其犹见龙耶。"

老子则主要承续周易，并且真正地实现了变"巫"为"道"。 道家的起源，可以一直追溯到春秋战国时期。道家思想的形成是以总结、发展、著典籍为主要路径，每一次思想的跳跃都经历了极其长时间的众人积累，这也再一次凸显了道家的生命力。《老子》作者生活年代在学界尚有争议，或以为与孔子同时。针对孔子，老子主要批评了其所执之"礼"及"仁义"观念，杨朱（公元前395年～公元前335年）则主要批评了其所执之"予智自雄"及对"明王之治"的追求。老子之后，杨朱本人曾针对墨子（公元前476年～公元前390年）的"兼爱""尚

图 3-5 六法园制，口径 17.2cm，壬寅春月曹欢《老子出关》壶承

贤""右（明）鬼""非命"等核心价值观念进行了"非议"。杨朱后学子华子（春秋末期）则对当时社会存在的种种"六欲不得其宜"的观点与行为做出了双向的扬弃，詹何（战国时期）则将杨朱"为我""贵己"之说中"损一毫利天下不为也"的思想作了近乎极致的发挥。庄子（约公元前 369 年～公元前 286 年）本人与庄子后学都有对先秦诸子的学术批评，以魏牟（战国时期）为代表的庄子后学认为庄子之学大如东海，而名家公孙龙（公元前 320 年～公元前 250 年）等人则似坎井之蛙。以《天下篇》为代表的庄子后学批评诸子百家之学"皆有所长，时有所用"，皆为"不该不徧"之学。"稷下黄老道家"的学术批评以慎到（约公元前 390 年～公元前 315 年）、田骈（约公元前 370 年～公元前 291 年）与管子学派为代表，对先秦诸子思想进行了批评性总结。

道因应无方，唯变所适，多强调事物"辩证"。史公司马谈（约公元前 169 年～公元前 110 年）在《论六家旨要》所论。道家"与时迁移，应物变化""虚无为本，因循为用"，"无成执，无常形""因时为业""时变是守"。故太史公突出强调"变"，这得益于道家所具有的职业优势与深厚的知识背景。道家出自史官，在古代史官的职责主要为观察星象、制定历法、管理王室典籍与收藏档案。道家是秦汉后构建出来的学派，先秦时期没有"道家"一派，后世构建出来的"道家"遂不能不有较强的异质性。道家分为"黄老"与"老庄"两支，前者重外王，后者重内圣，但内圣与外王亦有连续性。黄帝、老子、庄子是道家传统中最重要的三个符码，追溯道家三子的起源，可追溯到神话的源头。黄帝源于天子神话，老子源于大母神神话，庄子源于飞仙神话，神话的源头不同，三子的思想定向也就不同。三子继承远古的神话，也继承了远古时期积极礼仪的斋戒实践。在从巫教（萨满教）到道家的传承中，后者也对前者作了批判的转化，三子在战国时期分别形成各自的体系，并在秦汉后被聚合成一家，即所谓的道家。

历史上有"老子化胡"，也有"老子化戎"的传说，据说都是为了教化百姓，传播和平，终结西方而至富庶天国。老子本人为东部鹿邑人，老子去时，秦国乃边陲荒蛮之地，两百年之后，秦国之强，六国为之惧；后世刘邦从沛县起义，西进入秦，封为汉王，建立大汉，创制汉文化，汉人、汉字、汉语、汉服等源远流长；再两百多年，沛县相邻丰县张道陵闻蜀民朴素纯厚，易于教化，且多名山，乃将弟子入蜀，于鹤鸣山隐居修道，创立五斗米教，青城一脉，天然图画，延绵不断。

老子西行，刘邦西行，张道陵也西行，都从东部沛泽出发，化入胡戎，或到秦蜀，使山地有灵，祖源有序，生生不息，其实为人类自然属性的思维方式。老子西传，经过"胡"或者"戎"，其实是中亚各民族的记忆与传承，深刻影响了欧洲小地缘国家思想的发展，与西方哲学体系高度同频共振。

近代西方，从理念上系统提出自由交易的市场经济概念的是英国的亚当·斯密（1723 年～1790 年），此人被现代欧美称为"经济学创始人"，其名著就是《国富论》。但是，亚当·斯密的思想并非原创，而是来自法国的魁奈。18 世纪欧洲普遍崇拜中国，以中国为发展榜样。魁奈、伏尔泰等当时法国名流都是对中国崇拜者。魁奈《中国专制政治论》对中国的社会与制度非常羡慕与赞赏，其中就包括对经济不加干涉的"自然"制度。为描述这种经济模式，他还发明了一个新词"自由放任"，然后发展所谓的"重农学派"的经济思想。这就是"市场经济"概念的雏形。亚当·斯密的《国富论》则进一步将"自由放任"的经济模式系统化，对当时西欧存在的种种限制做了系统性的批判。

魁奈的"自由放任"翻译自"无为"是对的，"无为"不仅是老子的、道家的，"无为而治"也是儒家的核心思想之一，实际上也是中国传统的核心政治理念之一，即所谓两大"宪政"原则——"不与民争利""不与民争业"。"无为而治"，联合竞争，"不与民争业"，共同竞合，都是对政府行为的限制，也是对政府的角色进行定位，让政府知道自己该做什么，不该做什么。这种古老的宪政原则与明晰的官民定位，对当下中国也是一笔巨大的财富，依然在当下中国发挥着基石作用。大概与亚当·斯密同期的康德，在蒙古人的征伐与统治下，几乎生活在中国版图与德国的交界处，其能够接受中华文化的影响，恰似老子的智慧，落叶知秋，见微知著。黑格尔也说："老子的主要著作我们现在还有，它曾流传到维也纳，我曾亲自在那里看到过。"（黑格尔《哲学演讲录》）

道家学说的代表人物有老子、列子（公元前 450 年～公元前 375 年）、关尹（先秦）、文子（生卒年不详，春秋）、杨朱（公元前 395 年～公元前 335 年）、慎到（约公元前 390 年～公元前 315 年）、田骈（约公元前

370 年～公元前 291 年）、庄子（约公元前 369 年～公元前 286 年）、尹文（公元前 360 年～公元前 280 年）、子华子（春秋末期）、詹何（战国时期）、邹衍（约公元前 324 年～公元前 250 年）、魏伯阳（151 年～221 年）、向秀（约 227 年～272 年）、杨泉（生卒年不详，西晋）、葛洪（283 年～363 年）、寇谦之（365 年～448 年）、范缜（约 450 年～515 年）、成玄英（608 年～669 年）、司马承祯（647 年～735 年）、吴筠（？～778 年）、杜光廷（850 年～933 年）、谭峭（860 年～968 年）、邓牧（1246 年～1306 年）、傅山（1607 年～1684 年）、陈鼓应（1935 年～）、胡孚琛（1945 年～），等等。

入世儒道，出世释迦，已经成为许多中国人的现世追求。其实，无论道家，抑或儒家，关键在"用"，他们成为思想家、政治家、科学家，等等。历时来看，空间研究大致为两大学派，研究空间共性的儒家学派，强调"礼制"，研究空间特性的道家学派，强调"玄学"。中国的"府苑模式"是两派合作的典范，无论皇家的宫殿园囿，还是士大夫的府衙花苑，甚至普通人家的宅邸菜圃都传承着儒道互补的哲学意味。

3.1.3 西方脉络，康尼向西，马恩向东

西方哲学与神学思想的脉络则比较艰苦曲折，从人到神，再从神到人，全方位地苦苦追索而又细细品味，才回到了人本的轨迹；从哲学到神学，再从神学到哲学，许许多多的哲人甚至为此付出了生命的代价。

西方哲学讨论的实质也是"天、地、人"的关系。

从"天、地、人"三道到"马恩""康尼""基督"，西方哲学的一分为三，这是西方特别是欧洲哲学的思想总纲，也是在认知中旋回。中国人把三者的关系说清楚了，"道"即"本原"；"道"生"一"，一种有形物质或者事物；"一"生"二"，物质或事物存在两种相对立的关系；"二"生"三"，对立关系相互运动统一实践的结果；"三"生"万象"，很多结果的集成，就是这个世界，而这一切的结果，都在太极、两仪、四象、八卦、六十四系辞之中了。

中华对西方的思想传播促成了西方两次形而上学思想体系的形成与回归。第一次，通过来自中亚的阿拉伯人法拉比（872 年～950 年）和阿维森纳（980 年～1037 年）传播与形成古希腊、古罗马思想体系，成就形而上学的第一次高峰，在结束 1000 年左右的神学旧教条禁锢后，经过文艺复兴回归人本主义；第二次，通过商人与传教士传播宋明理学与儒家思想，促成西方思想启蒙，德国古典哲学成就形而上学的第二次高峰，实现西方人文解放，推动工业革命与现代西方国家的建立。**简单来说，西方哲学涵盖于八八六十四系辞即范式之中，"天、地、人"的六十四范式就是六十四种理论体系，从古希腊罗马哲学到德意志古典哲学，穷尽所有西方哲学的流派。**

1. **早期活跃**，人与"人本""宇宙"的关系，朴素感性与理性认知，源自古巴比伦、古埃及的古希腊、古罗马哲学（公元前 6 世纪～公元 4 世纪）。

初为"一"，无限本原。

米利都，公元前 560 年，"本质"，"无限"，唯物，实在，一元；泰勒斯（Thales，约公元前 624 年～公元前 547 或 546 年，本原哲学之父）。爱利亚学派，克塞诺芬尼（Xenophanes，约公元前 565 年～公元前 473 年）的"一"。一样东西，万物都由它构成，都首先从它产生，最后又化为它（实体始终不变，只是变换它的形态），那就是万物的元素、万物的本原了。

而后"二",二元并存。

无定形（阿那克西曼德，Anaximander，约公元前 610 年 ~ 公元前 545 年），有定形（毕达哥拉斯，Pythagaras，约公元前 580 年 ~ 公元前 500 或 490 年）公元前 530 年，宗教，二元，"数"，"抽象"。

存在 + 非存在（巴门尼德，Parmenides，约公元前 515 年 ~ 公元前 5 世纪中叶以后）、无定形 + 有定形（赫拉克利特，Heraclitus，公元前 544 年 ~ 公元前 480 年）。

公元前 5 世纪，智者学派为认人乃万物尺度，普罗泰戈拉（Protagaras，约公元前 485 年前后至 420 或 410 年）接受了赫拉克利特关于万物流变的思想，认为变动不居的感觉现象是真实的，万物是在不断地运动变化的，但是他从这种素朴的感觉论走向了相对主义与怀疑论，断言每个人的感觉都是可靠的，人们对一切事物都根据各自的感觉作出不同的判断，无所谓真假是非之分。因此，他提出一个著名的命题——"人是万物的尺度"，认为事物的存在是相对于人的感觉而言的，人的感觉怎样，事物就是怎样，万物存在与否及其性质形态都是相对的，完全取决人的主观感觉，由此又断定"知识就是感觉"，主张只要借助感觉即可获得知识。他根据这种观点，对传统宗教神学提出了怀疑："至于神，我既不知道他们是否存在，也不知道他们像什么东西。"这种强调人作为认识客观事物的主体的意义，否定了神或命运等超自然力量对人生的作用，树立了人的尊严。但这种思想忽视了法律的作用，不利于社会稳定，后来苏格拉底提出"有思想力的人是万物的尺度"。

再为"三"，意识（天）、物质（地）与认知（人）的"三分论"思辨。

公元前 5 世纪，原子论学者，德谟克利特（Democritus，公元前 460 年 ~ 公元前 370 年，原子，虚空，影像）发展为伊壁鸠鲁学派，伊壁鸠鲁（Epicurus，公元前 341 年 ~ 公元前 270 年，原子偏斜运动，感觉主义，快乐论）说："快乐就是有福的生活的开端与归宿。"第欧根尼·拉尔修引用他在《生命的目的》一书中所说的话："如果抽掉了嗜好的快乐，抽掉了爱情的快乐以及听觉与视觉的快乐，我就不知道我还怎么能够想象善。"他又说："一切善的根源都是口腹的快乐；哪怕是智慧与文化也必须推源于此。"他告诉我们，心灵的快乐就是对肉体快乐的观赏。心灵的快乐唯一高出于肉体快乐的地方，就是我们可以学会观赏快乐而不观赏痛苦。因此，比起身体的快乐，我们更能够控制心灵的快乐。"德行"除非是指"追求快乐时的审慎权衡"，否则它便是一个空洞的名字。

小地缘结构特征的古希腊哲学家们完成了对西方哲学思维框架的构建。公元前 5 世纪，苏格拉底学派，苏格拉底（Scorates，公元前 469 年 ~ 公元前 399 年，70 岁）主张认识你自己，美德即知识，精神接生术。公元前 4 世纪，柏拉图学派，柏拉图（Plato，公元前 429 年 ~ 公元前 348 年，81 岁）主张理念论（理念，物质，可感）。公元 1 世纪，新柏拉图主义，斐洛（PhiIo，公元前 30 年 ~ 公元 40 年）将宗教信仰与哲学理念结合，基督教义之父。公元前 4 世纪，亚里士多德学派（Aristotle，公元前 384 年 ~ 公元前 322 年，62 岁，41 ~ 48 岁时是亚历山大大帝的老师，公元前 322 年亚历山大大帝去世后 1 年，亚里士多德去世，而希腊开始纷争）主张逻辑学（第一哲学，存在论实体，第一实体）；（形式，纯形式，潜能）、三大律、三段论。

苏格拉底自称"神"的使者，柏拉图承上启下的精神理念为后世欧洲哲学家们所注释，而亚里士多德代表古希腊罗马理性思辨与形而上学的第一次高峰，在他的思想指导之下成就了亚历山大王朝，然而随着亚历山大英年早逝而使其成为国学的愿望最终夭折，1 年后亚里士多德也随之逝去，希腊分裂。**苏格拉底建立了古希腊哲学的"混沌"基础，柏拉图与亚里士多德则从中发展出了"人本"与"宇宙"两大门类哲学源头，衍生出柏拉图式"圆"与亚里士多德式"方"两大空间原型脉络，深刻影响了后世西方神学、哲学以及与之相应的空间形式与形态，产生了神学时期奥古斯丁与阿奎那体系，文艺复兴时期莫尔乌托邦与蒙田怀疑论，启蒙时期魁奈与莱布尼茨，以及近代马克思主义与康德主义，霍华德与柯布西耶，列斐伏尔与吉登斯，新马克思主义与新康德主义等学派，他们之间不一定有继承关系，但是有相似关系，本质上是对人类自身（社会与自然）两大基本属性的探索，且过程曲折，仅从亚里士多德到康德，西方形而上学两次高峰断而又续花了 2000 年。**

当然，苏格拉底学派还分化成麦加拉派（欧几里德，Euclides，约公元前 330 年～公元前 275 年），普尼克派（安提斯泰尼，Antisthens，公元前 445 年～公元前 365 年，苏格拉底弟子），与普勒尼派（亚里斯提卜，Aristippus，约公元前 435 年～公元前 360 年）三派。

2. 纪元晦暗，人与"神本""宇宙"的关系，变"巫"为"神"，中世纪基督教、伊斯兰教神学发展（4 世纪～14 世纪）。

除了之前"佛教"已经兴起，中世纪"基督教"与"伊斯兰教"，也开始兴盛起来。

基督变"巫"为"神"，敬天"贱"人，是没落王朝的政治选择，把"王权"让位于"神权"的掌控之下。

基督的身世比较简单，公元 1 年～公元 33 年，耶路撒冷，木匠，农耕时代的手工业贵族，29 岁开始布教，33 岁殉难，中国贵州黔西南地区至今称木匠为"土博士"，受人敬仰。基督纪元以来，直至 300 年后，313 年罗马皇帝君士坦丁（306 年～337 年执政）颁布了米兰敕令，允许基督教与其他宗教并存，基督教才获得了合法地位，并开始为统治阶级所利用，于 392 年皇帝提奥多西（354 年～430 年）成为罗马王朝的国教。

在神学形式上，"一分为三"。源自散居在小亚细亚犹太社会底层及广大农村地区的基督教，其内部教义分异至今，集中体现在上帝基督的属性问题上，天主教主张圣父圣子圣灵"一分为三"，而又"三位一体"，即圣父圣子圣灵同体，基督是"神"；而东正教则认为基督在圣父圣灵之下，具有人性，是"圣"而非"神"。

325 年，君士坦丁亲自主持召开尼西亚宗教会议，认定基督为"神"，是因为他自认为"神"，君士坦丁从来就没有想到要以一种基督式的谦恭态度行事，与此相反，他使宫廷礼仪更加繁复，使得他自己就是"神"，527 年查士丁尼成为拜占庭皇帝，下令修建圣索菲亚大教堂，其马赛克画像中，描绘了自己与君士坦丁站立在圣母玛利亚面前的情景，于是，基督教世界里又多了两位拜占庭的"神"。有趣的是，这座基督教的圣殿，后来成为了伊斯兰教的清真寺。

唯神论世纪，基督教成为西欧不可侵犯的绝对意识形态，而哲学成了"神学的婢女"，扭曲了古希腊罗马哲人们对自然的思考，在人与自然之间，设计了上帝创世的篇章，从所谓教父哲学（柏拉图，奥古斯丁体系，经验论）到所谓经院哲学（亚里士多德，阿奎那体系，理性主义）的过渡反应了希腊罗马理性精神的丢失，而唯名论与实在论的对立让近代理性主义与经验论的讨论陷入了泥潭。

在神学思辨上，也是"一分为三"。从本质上开始了"上帝"等同于"道"，"一"的讨论，但对于"上帝之城"与"世俗之城""二"的讨论，又在经验论与理性主义之间交叉展开（奥古斯丁，Augustinus，意大利，354 年～430 年，原罪，救赎）；以及"三"生社会的形态，则表现出神授王权的制度设计，"天启真理"的上帝（托马斯·阿奎那，Thomas Aquinas，意大利，约 1225 年～1274 年），以及"唯独信仰"、"公议会主义"（威廉·奥卡姆，William of Occam，英国，约 1285 年～1349 年）的开端。

中东，伊斯兰教的崛起，从一开始就是"政教合一"。发端于耶路撒冷的基督教，自从成为罗马王朝国教后，统治欧洲 1000 余年，而在中东地区留下的空缺让伊斯兰教迅速崛起，成为人类三大显赫宗教之一。

穆罕默德（Muhammad，约 570 年～632 年）生于阿拉伯半岛麦加城古莱什部落哈希姆家族，其先祖曾掌管麦加克尔白祭祀、召集古莱什部落议事会议等权力，但从其曾祖父后家境开始衰落。穆罕默德是遗腹子，父亲阿卜杜拉在他出生前殁于经商途中，母亲阿米娜也在他 6 岁时病故，由祖父阿卜杜勒·穆塔里布抚育，8 岁时祖父去世，由伯父艾布·塔利卜收养。因伯父多子女，家境贫寒，他童年失学，替人放牧。12 岁起，他跟随伯父参加商队到叙利亚、巴勒斯坦等地经商，并接触与了解到基督教与犹太教的情况；20 岁时，参加了阿拉伯半岛部

图 3-6 圣地婆罗浮屠

落之间长达 4 年的"伏贾尔之战",为他提供了丰富的军事知识。他为人诚实谦虚,办事公道,乐善好施,赢得族人的赞誉与信任,被誉为"艾敏"(即忠实可靠者)。

25 岁时,受伯父的嘱咐,穆罕默德受雇于麦加诺法勒族富孀赫蒂彻,为她经办商务,并带领商队到叙利亚一带经商。他精明、诚实与善于经商的才能博得赫蒂彻的信赖。596 年,时年 25 岁的穆罕默德与 40 岁的赫蒂彻结婚。从此,穆罕默德的生活承赫蒂彻而走向富裕、安定,在麦加的社会威望日益提高,为他的传教事业提供了物质基础。

据《布哈里圣训实录》载,610 年,穆罕默德 40 岁时(赫蒂彻 55 岁),据传在莱麦丹(九月)的一个夜晚,当他在希拉山洞潜修冥想时,安拉派遣天使吉卜利勒向他传达旨意,并首次向他启示了《古兰经》文,所谓奉天承运,授命他作为安拉在人间的"使者",向世人传警告、报喜讯。此后他不断受到启示,传播主命,教导人们信奉伊斯兰教。与所有宗教的神秘路径一致,从此,穆罕默德接受真主安拉赋予的使命,以无限的虔诚献身于伊斯兰事业。伊斯兰教不仅改造了基督教的圣索菲亚大教堂,成为伊斯兰教的清真寺,也在亚洲挽救了佛教的圣地婆罗浮屠与印度教的神殿普兰班南,成为穆斯林的休闲之所,表现出极大的包容性。

穆罕默德是"圣"而非"神",伊斯兰教一经产生,便迅速扩张,100 年间统一阿拉伯、中东地区,又向东扩展到中国西部,向西扩展到西班牙。伊斯兰教是根据太阳运行轨迹时间来祷告的,1 日 5 祷,1 月 150 祷,日月星辰(商业贸易);基督教 1 周 1 祷,1 月 4~5 祷,所谓礼拜(手工业);而佛教徒根据月亮盈亏半月 1 祷,1 月 2 祷,初一十五(农耕)。宗教的祈祷频次,似乎说明佛教式弱的原因。伊斯兰的基层组织建立在每一个乡村上,这种效率在当时是其他文明很难匹敌的。它之所以有这么强大的组织能力,正是因为它是在对抗基督教中成长起来的,它的成长脚步遇到西方现代科学而止步。**来自中亚的法拉比(872 年~950 年)与阿维森纳(980 年~1037 年)改造了后来的阿拉伯哲学,甚至希腊哲学,进而影响了文艺复兴。**

3. **"人性"觉醒**,人与"神本主义"的怀疑,文艺复兴,近代早期西欧哲学(14 世纪~18 世纪)。

古希腊古罗马思想的重新认识以及来自阿拉伯与中国的影响,无疑,在近代欧洲思想启蒙变迁过程中起到了重要的作用。类似于中国的春秋与战国,人类进入工业文明的轴心时代,人们开始正视"神"与"人"的关系,并从伊斯兰教中吸取营养。这其中包括托马斯·莫尔,乌托邦;蒙田,怀疑主义;马丁·路德(德国,Martin Luther,1483 年~1546 年),因信称义,新教,他们分别代表社会、自然与神学属性的三大思维方向。

17 世纪经验论的主要学者霍布斯(英国,Hobbes,1588 年~1679 年),无神论,自然哲学,公民哲学,社会契约,王权民授;洛克(英国,Locke,1632 年~1704 年),凡在理智之中,无不在感觉之中(样式 - 实体 - 关系),双本质,三权分立。17 世纪唯理论的主要学者笛卡儿(法国,Descartes,1596 年~1650 年),普遍怀疑,我思故我在,天赋观念,心物二元,身心交感;斯宾诺莎(荷兰,Spinoza,1632 年~1677 年),神即自然(实体,属性,样式),身心平行。

泛神论是一种将自然界与神等同起来,以强调自然界的至高无上的哲学观点。其认为神就存在于自然界一切事物之中,并没有另外的超自然的主宰或精神力量。这种观点曾流行于 16~18 世纪的西欧,代表人物有布鲁诺(意大利,1548 年~1600 年)、斯宾诺莎(荷兰,Spinoza,1632 年~1677 年)等。斯宾诺莎(荷兰,Spinoza,1632 年~1677 年),其本为犹太人,犹太教会以其背叛教义,驱逐出境,后卜居于海牙,过着艰苦的生活。其不承认神是自然的创造主,其认为自然本身就是神化身,其学说被称为"斯宾诺莎的上帝",对 18 世纪法国唯物论者与德国的启蒙运动有着颇大的影响,同时也促使了唯心到唯物、宗教到科学的自然派过渡。戈特弗里德·威廉·莱布尼茨(德国,Gottfried Wilhelm Leibniz,1646 年~1716 年),德国哲学家、数学家,是历史上少见的通才,被誉为"17 世纪的亚里士多德"。弗朗斯瓦·魁奈(法国,Francois Quesnay,1694 年~1774 年)法国古典政治经济学奠基人之一,重农学派的创始人与重要代表。

近代早期西欧哲学从文艺复兴与宗教改革运动开始，演化出欧陆唯理论同不列颠经验论的对立，其核心是理性反思与对经验（外在或内在）的重视。唯理论演变成莱布尼茨 - 沃尔夫体系中的独断论，而经验论则在休谟（英国，Hume，1711 年~1776 年，怀疑，因果，历时，流动性）那里成为彻底的怀疑主义，这为法兰西启蒙思想与德意志古典哲学的出现埋下了伏笔。

4. "人"的理性，人与"人本主义"的探索，法兰西启蒙思想与唯物主义（18 世纪）。

洛克（英国，Locke，1632 年~1704 年）与笛卡儿（法国，Descartes，1596 年~1650 年）影响下的法国哲学。18 世纪法国哲学包括法国自然神论与唯物主义两块，探讨的核心问题是人与自然的关系，理论上则表现为思维与存在的关系。法国自然神论奠定了西方政治学的基础，而激进的卢梭（法国，Rousseau，1712 年~1778 年，自然本性，社会契约，民主共和制，文明批判）则引导了后世批判哲学（马克思与尼采）的出现。法国唯物主义者否定自由意志，但推崇人的理性，使理性主义成为法国哲学鲜明的特点。

5. 回归"人本"，人与"人本"，"宇宙"的关系，"一分为三"，德意志古典哲学（1770 年~1844 年）。

18 世纪末 19 世纪初，德意志古典哲学体系的出现标志着传统西方哲学的最高成就。它将考察重点转向主体与客体的关系，在经历中世纪的黑暗之后，实现了西方哲学继亚里士多德形而上学体系之后的第二次飞跃。康德（德国，Immanuel Kant，1724~1804 年）把哲学从天上拽回了人间，变"神"为"人"，回归"人本"，通过对自在之物与感知现象的严格区分，发展出认识论的先验自我意识统摄机能（知性唯物，先验演绎，先验原型）与道德实践领域的纯粹理性（理性唯心，形而上学），以及沟通两者的判断力批判 [感性实用，自在之物，审美判断（有机体，自然目的，道德目的）]。

费希特（德国，Fichte，1762~1814 年）我思即我在，自我意识等同于自由意志。黑格尔（德国，Hegel，1770~1831 年）通过辩证法三段论将整个世界容纳在绝对精神（唯心），从自在状态（唯物）过渡到自为状态（实用），最终达成绝对理性自我意识的宏大历史过程。因此，黑格尔 [精神哲学：主观精神（人类学，精神现象学），客观精神（抽象法，道德，伦理）、（家庭，市民社会，国家）、（存在即合理，合理即存在），绝对精神 [时代精神，艺术哲学（象征，古典，浪漫）] 成为最后一个形而上学大体系，并引发费尔巴哈 [德国，Feuerbach，1804~1872 年，宗教的本质乃人的异化，感性人类学（灵肉，人自，你我），我欲故我在] 与马克思对其的反思。

6. 过渡时期，19 世纪中后期，形而上学与理性主义的传统西方哲学走向终结，导致了向现代西方哲学的过渡时期（1844~1900 年）。

叔本华（德国，Schopenhaur，1788~1860 年）意志本体论，世界乃意志的表象，人生本质乃永恒痛苦，寂灭，虚无（理念，审美，天才）。马克思（德国，Karl Marx，1818~1883 年，犹太人）对人的感性活动即实践的确认使得马克思主义成为形而上学的终结者（海德格尔，Martin Heidegger，1889~1976 年）。

以尼采 [德国，Nietzsche，1844~1900 年，权力意志，价值重估，超人哲学（上帝已死，野兽良心）] 为代表的非理性主义则着重于人生命意志的实现。两者的思想都没有构成完整的体系，但对后世的现代西哲，现象学运动、结构主义、西马、精神分析学，乃至后现代哲学，产生不可替代的巨大启发。尼采于 1900 年去世，经最后 20 年日益恶化的精神病与孤独的漂泊后，这位德国哲学家在不被理解与世人的蔑视中去世了，他曾写到"有些人在死后才算出生"，十分困惑地宣称"上帝死了"，又担心由此产生人类目的与意义的真空，而这又恰巧被纳粹分子所利用——为了支持其日耳曼民族是优等民族的观点，随意歪曲尼采的理论，也让犹太人遭遇了现代历史上最惨痛人绝的灭顶之灾。

西方哲学由柏拉图与亚里士多德发展出两大源头，从东南向西北传播，近代出现了两大代表性哲学阵营，"人本"与"宇宙"互补，也就是人与"人本""宇宙"关系研究的集大成者：康德与马克思，他们对现代中西方思潮的影响更大。中国"儒道互补"，西方其实也是，柏拉图与亚里士多德互补，"马恩"与"康尼"互补；中西方哲学"一分为三"，中国释迦之于儒家与道家，西方苏格拉底之于柏拉图与亚里士多德，后世则为基督之于马恩与康尼，也就是中国释迦则类似于西方基督或者苏格拉底。大致看来，尼采之于康德，类似于庄子之于老子；恩格斯（德国，Friedrich Engels，1820～1895年）之于马克思，则类似于孟子之于孔子。虽然中西方哲学呈现高峰的时间不同，但从思维体系来看，中西方哲学出现了罕见的思想共振。

康德向西：老子与康德的神会

"不出户，知天下；不窥牖，知天道。其出弥远，其知弥少。是以圣人不行而知，不见而名，不为而成。"（《老子》）这是老子的理想，康德做到了。

18世纪"德国革命"是指腓特烈大帝倡导的思想革命与以康德为代表的哲学革命，这是大背景。首先，腓特烈大帝不仅深受莱布尼茨与沃尔弗的影响，高度推崇沃尔弗的思想，而且与伏尔泰保持了私交与友谊，不仅长期通信，而且曾见面交流，产生思想革命。腓特烈大帝曾经希望效仿中国政治框架成为一个"开明君主"。正是由于腓特烈大帝的原因，普鲁士的进步在国王的支持下自上而下推进，没有发生法国那样惨烈的"大革命"。

其次，莱布尼茨、沃尔弗的思想也对康德、黑格尔、费希特、叔本华与谢林的影响，产生了哲学革命。康德是莱布尼茨的三传弟子，是沃尔弗的弟子舒尔茨（Schultz）的弟子。其次是伏尔泰、狄德罗等法国思想家对康德等人的影响，实际上，康德等人都深受百科全书派人本主义与理性的影响。

伊曼努埃康德（Immanuel Kant，1724～1804年）出生于东普鲁士柯尼西斯堡（现俄罗斯领土，改名加里宁格勒），16岁入柯尼西斯堡大学念书，历任家教、讲师、教授、系主任、校长，直至73岁退休，在柯大搭出世界上最象牙的塔。康德活到差2个月10天满80岁，最远只去过俄罗斯元帅洛索夫的庄园，距柯城137.7千米，他固守柯城，只想当教授，私人藏书却不超过五百本，可见路不在远，书也不在多，重在才华。《礼记》说"独学而无友，则孤陋而寡闻"，康德深得其中三昧。据说，有个来自中国的旅行者听康德纵论中国之后认为康德肯定去过中国。此事涉嫌吹捧，但坐守柯城的康德对世间万象无疑并不隔膜。

执着者不一定成功，但成功者一定执着。苏格拉底说人类唯一的幸福秘方就是哲学。康德说，哲学永远是思想者的事业。康德，厚积11年，没有一篇科研成果。11年后，康德动笔，仅数月，856页的《纯粹理性批判》一挥而就。在这本让康德昂首进入世界哲学史的皇皇巨著中，康德在前言里展现了与他身材截然相反的哲学巨人的雄才大略："我在此斗胆宣称，这本书解决了所有的形而上学问题，提供了打开所有问题之门的钥匙。"在后期从1781年开始的9年里，康德出版了一系列涉及领域广阔、有独创性的伟大著作，给当时的哲学思想带来了一场革命，它们包括《纯粹理性批判》（1781年）与《实践理性批判》（1788年）以及《判断力批判》（1790年）。"三大批判"的出版标志着康德哲学体系的完成。

康德的伟大，在于他将哲学从天上摘回地下，变"神"为"人"。

康德带来了哲学上的哥白尼式转变。哲学从他起不再是神学。他指出，不是事物在影响人，而是人在影响事物。是我们人在构造现实世界，在认识事物的过程中，人比事物本身更重要。康德甚至认为，我们其实根本不可能认识到事物的真性，我们只能认识事物的表象。康德的著名论断就是，人为自然界立法。他的这一论断与现代量子力学有着共同之处：事物的特性与观察者有关。

18 世纪末至 19 世纪初，以康德、费希特、谢林与黑格尔为代表的德国哲学集西方哲学之大成，向形而上学顶峰发动了最富成效的冲击，终于建成有史以来规模最庞大、内容最丰富、包罗万象、精美绝伦的形而上学体系，实现了 2000 年前亚里士多德的梦想，让形而上学成为科学之科学。因此，欧洲古典哲学通常直接称为"德国古典哲学"。

康德的回归：以人为本，世界有三种"象"的呈现方式，第一种是自然属性的"象"的呈现，第二种是社会属性的"象"的呈现，以及第三种关于自然属性与社会属性之间关系的"象"的呈现，而第三种关系才是我们创造的世界，所谓"一体二性三形态"。

德国古典哲学是形而上学的顶峰与尽头，形而上学到此结束。康德形而上学体系之宏大，博得坊间名言，曰"说不尽的康德"。"形而上学"这个名词的来源，是有故事的。"形而上学在欧洲文字中写作"metaphysik"。流传较广的说法是，公元前 70 年，希腊罗多斯岛的安德罗尼科斯发现了亚里士多德的失传著作。这些著作编号靠前的是自然科学著作，希腊文写作"physis"，其形容词为"physikos"，这就是今天的物理学；而排在物理学后面的（"在……之后"在希腊文中由前缀"meta"表示）是研究存在原则的著作，因为它们"排在"物理学"之后"，所以安德罗尼科斯称之为"Meta Physik"（在自然科学之后），最后演变成"Metaphysik"，大家便以此来称呼自然科学之外的科学。中文把"Metaphysik"译成"形而上学"，源于老子的"形而上者，为之道，形而下者，为之器"。对该翻译，惊为天成者与怒斥伪谬者旗鼓相当。

康德说，只有民主政体能够保证人类的自由，人类的希望在于建立民主政体。康德继卢梭之后指出了实现这个理想的具体操作手段。1795 年，71 岁的康德在《致永久和平（永久和平论）》中提出世界永久和平的基础是公民的自由与权利。公民之间的权利由法律保障，全体公民作为立法者制订法律，公民服从法律就是服从自己的意志，公民因此而获得自由。《欧洲自由主义史》作者意大利人圭多·德·拉吉罗指出，18 世纪思想孕育了国家司法概念。从这个意义上说，全部德国公法都源自康德。康德认为，每个国家都应为共和国，它们组成世界公民体制，然后所有国家比照公民契约达成政府契约，建立世界政府，保障世界永久和平。二战之后，联合国秩序以及欧盟的建立正是基于这一思想的具体成就。

康德变"神"为"人"，尼采继而宣布"上帝已死"。

马恩向东：科学共产主义思想

不管老子去哪了，反正马克思主义来到了中国。

欧洲的"儒家"

现在可以确认的是，在当时所谓的阿拉伯哲学中，最前沿、最革命性的新思想，其实都来自中国。当时的阿拉伯哲学家也正是用来自中国的新思想，对希腊哲学做了重新的诠释，并在文艺复兴之前，就将希腊化的中国哲学传到了欧洲。17～18 世纪，欧洲有一大批哲学家受到中国哲学特别是儒家的影响，他们包括，莱布尼茨、魁奈、伏尔泰、霍尔巴赫、狄德罗、笛卡尔、沃尔弗、舒尔茨（Schultz）、黑格尔、马克思、恩格斯、李约瑟等人，魁奈更被誉为欧洲的"孔子"。

1697 年莱布尼茨用拉丁文出版的《中国最近事情》的卷首语："全人类最伟大的文化与文明，即亚欧大陆两端的二国，欧洲及远东海岸的中国，现在是集合在一起了。……中国民族为公众安全与人类秩序起见，在可能的范围内设立了许多组织，较之其他国民的法律真不知优越许多……我们对于自身不断地创造苦难，要是理性对于这种害恶还有救药的话，那么中国民族就是首先得到这良好规范的民族了。中国在人类大社会里所获得的效果，比较宗教团体创立者在小范围内所获得的，更为优良。"这个稳定的组织，就是中国的"士"大夫阶层。

1767 年魁奈出版了《中华帝国的专制制度》。他在书中指出，"自然法"不仅是中国伦理道德的基础，而且是中国政治制度与社会制度的基础。他认为中国诉诸于"天"的专制不同于欧洲的专制，是一种"合法的专制政治"。他说："人们由于理性之光而成为自然法的主人，而与禽兽区别开来。为要达到繁荣的、永续的政治制度之行政的着眼点，应该像中国一样不断地深深研究构成社会秩序的自然法。……所以政府第一应该着手的政治施设，是设立学校来教人这种学问。这种施设实为政治的基础，然而除中国以外，任何国家都不知道有此施设的必要。魁奈被视为"全盘中化论者"，被他的继承者们称为"欧洲的孔子"，当然，他也研究老子。魁奈提出的"以自然秩序为人类所有历史、所有政治、经济及社会行动的最高准则"，则来源于《中庸》所言"天命谓之性，率性之谓道，修道之谓教"。所以他说："自然法则为人类立法的基础与人类行为的最高准则……这种制度是政府的基础，但对这种制度的必要，在所有的国家中，除中国外，都被忽视了。"在魁奈的评价中，儒家哲学是高于希腊哲学的。

　　1773 年霍尔巴赫出版了反对宗教与倡导唯物论的《社会之体系》一书。他在书中说："中国可算世界上所知唯一将政治的根本法与道德相结合的国家。……国家的繁荣须依靠道德，道德成为一切合理人们唯一的宗教。"书中明确提出，"欧洲政府非学中国不可"，主张以道德理性取代宗教，与以道德理性指导政治。

　　伏尔泰的很多思想与儒家确实体现出一致性。譬如伏尔泰说"自然法就是令我们感到公正的本能"，他认为这种本能是"天下的人"所普遍具有的。这些天赋人性的思想，与儒家对良知良能的论述，包括人皆可以为尧舜的思想，在哲理上是相通的。再如他说"试把全世界的儿童集合起来，你只能从他们身上发现纯洁、温良与胆怯……所以说，人之初，性本善"。这种天赋人性本善的思想，则完全与孟子对人性本善论述方式相同。伏尔泰还把孔子所说的"己所不欲，勿施于人"，称为"人类的法典"。在法国《1793 年宪法》的人权宣言阐释自由时，就把此奉为道德上的唯一原则。伏尔泰在《哲学辞典》中说道："我觉得应该好好思考一下孔夫子，对于他的国家上古时代所作的见证；因为孔夫子决不愿意说谎；他根本不做先知；他从来不说他有什么灵感；他也决不宣扬一种新宗教；他更不借助于什么威望，他根本不奉承他那时代的当朝皇帝，甚至都不谈论他。"在另一处他说："再说一遍，中国的儒教是令人钦佩的。毫无迷信，毫无荒诞不经的传说，更没有那种蔑视理性与自然的教条。"

　　也有人对中国哲学充满着深刻的误解与敌视，譬如，孟德斯鸠为首的"贬华派"，把中国与鞑靼帝国同归于"东方专制"进行批判，同样是君主统治，西方人可以叫"君主制"（monarchy），而中国人只能叫"专制"（despotism）。他说，即便是西方的"君主暴政"，也要远胜于"东方专制"。又譬如，黑格尔，他不知道中国人关于抽象与具象之间的深刻辩证，不懂得中国人关于行为与道德之间的本质逻辑，难理解即使是备受后世推崇的中国人的矩阵式思维方式，更不明白中国画的六法技艺与意境彰显，实际上是不懂中国文化，却口若悬河地猛烈批判中国人的道德与自由。反过来，当他列举中国的老子、孔子以及《易经》《论语》等加以指责，将上述思想肤浅地与恩培多可勒"四元素"以及西塞罗"政治义务论"等进行比较并贬低的时候，已经暴露了他的无知与偏见。黑格尔显然是从中国哲学框架启示中学到了东西，探索出了属于他的印记的哲学思想，并深刻影响了欧洲，尽管如此，却远未及中国哲学之广阔与精深，那是他永远跨越不过的精神领域。其实，贬低别人就是为了拯救自己。

　　马恩的理想：从古希腊的柏拉图理想国，到维京人的诺曼底公国（巴黎与伦敦之间），莫尔的乌托邦社会，欧文的空想社会主义，霍华德的田园城市，以及由工业革命引发中国文化的思考与共产主义思潮。

　　马克思从古代罗马北都特利尔走出来，传承昔日古老王朝"一统"的遗风，接受自欧洲文艺复兴以来中国"大同"思想的影响，基于人类社会属性，历经欧洲多国的实践与研究，发展了欧洲的社会主义哲学体系，如同中国"儒家"的探索，努力提高人类社会的"道德水平"，建立起共产主义的人类夙愿。马克思主义，英文是"Marxism"，是马克思主义理论体系的简称，无神论者，它由马克思主义哲学、马克思主义政治经济学与科学社会主义三大部分组成，是马克思、恩格斯在批判地继承与吸收人类关于自然科学、思维科学、社会科学优秀成果的基础上于 19 世纪 40 年代创立的，并在实践中不断地丰富、发展与完善的思想体系。

　　第一次世界大战后受十月革命影响，许多国家成立了共产党，德国、匈牙利等国家还曾一度发生过无产阶级革命，建立过苏维埃政权。但马克思主义最终没有成为这些国家思想的主流，而在离其诞生地十分遥远的中国，得到了广泛传播，真正落地生根、开花结果，这除了马克思主义本身是严密的科学之外，还与中国特殊的文化传统有很大关系。马克思主义哲学中的唯物、联系、辩证、发展，类似于易经里的辞、象、变、卜，是人类与自然之间和谐共处的思想工具；其世界观，与天地同；其阶级观，与庶民同；其所有制，与天下同；其人类观，与世界大同。

　　艾思奇曾就此做过精辟论述：**"中华民族与它的优秀传统中本来早就有着马克思主义的种子。马克思主义是科学的共产主义，而共产主义社会，曾是中国历史上一切伟大思想家所共有的理想。从老子、墨子、孔子、孟子，以至于孙中山先生，都希望着世界上有'天下为公'的大同社会能够出现。中国的马克思主义，就是以马克思的科学共产主义的理论为滋养料，而从中国民族自己的共产主义的种子中成长起来的。"**尽管如此，马克思主义与中国的文化实践是有本质差异的，种子相同，土壤各异。所以，马克思主义的种子要同中国的土壤以及具体的实践结合起来。

中华文明博大精深，兼容并蓄，一体多元。

　　汲取南亚传来的佛教，中国化的佛教成为中华文明的重要组成部分。然而，有佛教的中国化，却没有佛教化的中国。中国政权从没成为佛教政权，中国主流政治理论也不是对佛教的继承与发展，而是现世利弊权衡的结果。当"弊"明显大于"利"，回归本源本根的选择就变得迫切。从小康现实到大同理想，这一中华古典思想延续 3000 多年了，不是 600 年（航海史），更不是 200 年（美国史）。同样，马克思主义被中国化，其实质与中华文明的精神内涵高度同频，中华文明有着根深蒂固的"以人民为中心"的政治理念，马克思主义作为深陷泥潭的近代中国能够选择的唯一的西方社会治理工具，深刻启示了中国现代国家的建设进程，当然，由于其间本质的差异，中华文明与马克思主义"同频"不"同源"，或方圆之别，有马克思主义的中国化，而没有中国的马克思主义化，这也应是不争的事实。中国共产党是 5000 年中华文明的继承者，是 100 年来马克思主义思想理论的结合者，是当代中华民族大家庭的政治核心。"以人民为中心"是中华古典历史哲学仁政理念的当代表述。中华文明树大根深，尽管汲取了 19 世纪马克思的杰出思想、20 世纪苏联实践的显著成就，以及近现代灿烂的西方文明，但 21 世纪的中国仍将是以 3000 年"大一统"文明继承者的身份重新崛起的，共产主义仍然是中国社会的奋斗目标。历史上，武帝崇儒拓疆，闯开"一带"，永乐再续大典，航出"一路"，为中华长治久安奠定礼乐之基；习近平的治国理念，以"人民至上"，持"一体多元"，合"一带一路"，创"亚欧共同"，构建"人类命运共同体"，既是中华文明地缘哲学的新时代，也是马克思主义思想理论的再结合，更是中华民族强国复兴走向世界舞台中心的理论支撑。

　　马恩为无神论者，康尼也是无神论者，构成现代西方哲学的两个重要分支，也成为全球化社会实践的两大理论基础。同时，促成了现代西方空间研究的两大关键学派，也即是新马克思主义空间学派，与新康德主义空间学派，打造结构化公共空间社会属性与个性化定制空间自然属性，也即中国人讲的"公权"与"民利"空间，实则都是"公民权利"的研究范畴。

　　人类智慧，总是殊途同归，儒家与道家互补，马恩与康尼互补。中国哲学是全要素（整体）与形式认知，抽象且混沌，具一统之长，西方哲学是具体要素（个体）与形式认知，具象且精准，具一技之长。中国哲学从全要素与形式认知到整体认知，直觉"天、地、人"，以至恒常；西方哲学从具体要素与形式认知到"近"整体认知，需要不断修正认知结论，去接近"天、地、人"，以近恒常。中国哲学倾向于强调永续、运动、变化、共同、竞合、包容性极强；西方哲学则倾向于强调永恒、静止、稳定、联合、竞争，排他性极强。但中国哲学一目了然，也可能导致一目茫然，西方哲学具体要素与形式的认知方法是对中国哲学全要素与形式认知方法的补充；而西方哲学一叶知秋，也可能导致一叶障目，中国哲学全要素与形式认知的方法可以为西方哲学具体要素与形式认知方法纠偏；撇开宗教取向与地缘差异等因素，中西方哲学总的来说是互补关系；"一体"之中存"多元"，"多元"之中求"一体"，老庄向西，与康尼同频，"联合竞争"；马恩向东，与儒家融合，"共同竞合"，中西方文明的各自轨迹（国家与城邦文明）不会改变，却应相互借鉴。就像《圣经》的伊甸在东方，《山海经》的乐土在西方一样，有东方，就有西方；有释迦，就有基督。而中华文明致广大而尽精微，为人类文明的进步构筑了共享、开放、包容与创新的发展框架，文明是共生的，中西方从地缘文明走向全球文明，一体多元，而又多元一体，中国的"龙"与西方的"鹰"，可以"龙凤呈祥"。

虽然因地缘结构空间差异中西方哲学或神学所呈现的方式不同，但其内在的思维体系却大致相同。无论巫鬼神话，还是哲学神学，抑或科学玄学，都是人类社会对自身以及外部世界亦即"天、地、人"时空框架的想象，提升了人类社会认知、实行与管控能力，转化为人类社会的信仰与道德，技术与秩序，历史与文明，以及时间与空间的成就，从而延续人类社会的生存与发展。

3.2 士农工商，日常生活

人类社会除了圣贤哲思之外，还要有士农工商的日常生活，形成了人类生产与生活的空间边界，或者生产人群与生活方式的空间框架，无数人类的这个生产与生活的框架承载着圣贤哲思与科学道理，以及广化的巫鬼神话与图腾音律，也形成了空间社会学。

神学连接了前世往生，也就是人类的所有愿望，而哲学则延续了过去、现在与未来，表现在人们的日常生活上。人类对气候、地缘与认知的变化，使得社会生产力不断提高，从而导致社会生产人群分化与生活方式改变，共时性沉淀为四类"人"，"士农工商"；四本"经"，"易经、佛经、圣经、古兰经（易、佛、圣、古）"，且"士农工商"各有行为准则，"士易、农佛、工圣、商古"，纵横成四条经纬，人本矩阵，"九宫格"，并且在巫鬼与神话、图腾与音律、哲学与神学、科学与玄学以及社会科学实践（道德水平）与自然科学实践（技术能力）不同阶段不断提升，也决定当时人类社会秩序的选择与空间活动的建构。而相对于人群而言，无论历时分化还是共时学说，关键在于"实用"。首先，属于社会科学实践范畴的人类道德水平就是社会认同，大概是"士"与"商"的工作，"行同伦"，所谓行为一致与公序良俗的规模化水平，即社会化水平，而后"礼序"；其次，属于自然科学实践范畴的人类技术能力就是社会进步，大概是"农"与"工"的工作，"技同法"，包括"文同书，车同轨"，所谓信息传递与交通可达时空范围的广大与精微，也即产业化水平，而后"营城"，所谓城镇文明实体与数字的空间营造，也即城镇化水平；最后，人类秩序的选择，则是"士农工商"共同的政治主张，"序同好"，由道德水平、技术能力推动的人类社会化、产业化、城镇化、全球化进程与未来星球化构建，向好而行，终至"乐和"。

士农工商

从全球范围来讲，从古至今，人类分为四类横向人群，"士农工商"；农与工是最基础的两类人群，然后士与农工商的人群分化。"士农工商"各有自己的纵向宗教或显学，拥有四大经书指引，心、佛、神以及先知。士，代表政治，"心性""义理"，以儒家为指引；农，代表农耕，佛性，大乘小乘，以佛教为指引；工，代表手工业，神性，旧约新约，以基督教为指引；商，代表商贸，先知，古兰经，以伊斯兰教为指引。易经（论语、义理、心性、实行）、佛经、圣经以及古兰经，相同气候、不同地缘，虽表述不一但大概都是一回事，构思均有相似之处，早期人类"天、地、人"及其之间的关系，以及人类自身男人、女人及其之间的关系，也就是人类对于历时性"天

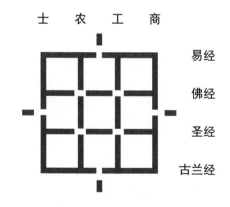

士 农 工 商

易经

佛经

圣经

古兰经

图 3-7 人文矩阵，四类人与四本经书线，
"四纵四横"九宫格

地"与"人文"以及共时性"宇宙"与"人本"之间的认知关系。就四部经书而言，易经相对较佛经早约 600 年，之后每约 600 年按"农工商"顺序各出一本经书。"士农工商"，无论哪一类人群，都会在"天地"之间取之平衡。**唯有"士"没有一种被称为宗教的约束，其本身来自"巫"却为道德所约束，孔子变"巫"为"儒"、为"士"，在"宗教"可能产生之前，"巫"的人群已经社会化"士"了，敬天爱人，重用"实行"。**而渊源于汉，创始于隋，订立于唐，大兴于明、清，科举制强化了这一人群的获得方式，莱布尼茨认为中国的"科举取士"，类似于柏拉图的"哲学'王'国"，是理想的社会治理范式，这意味着人类需要不断提高哲学认知与道德水平来推进文明的发展。

人类行为中最为抗拒的就是死亡，对死亡的认知颇费周折，但也不得不死，而宗教指引死亡，这就是宗教的魅力。佛经、圣经、古兰经是不同民族的集体记忆，它们是人类早期解释世界的精神工具，凝聚早期人类的卓越智慧，也成为现代人类的共同财富。公元前 6 世纪～公元 6 世纪，大概 1200 年，完成了一个小气候的更替，影响人类社会的儒家以及佛教、基督教与伊斯兰教三大教派也形成了。有意思的是，儒家、佛教以及伊斯兰教产生在小气候寒冷期向温暖期交替，比较讲究"义理"，礼乐德治；基督教产生在小气候温暖期向寒冷期交替，则相对强调"心性"，感恩赎罪。

基于农业背景的佛教公元前 523 年形成于尼泊尔，乔达摩 29 岁前贵为太子，后修身成佛，大成于中国（至公元 60 年传入），分藏、汉两脉各自传承，佛法僧三宝，佛为愿，法为本，僧为悟，分大乘与小乘，再经惠能顿悟，创建禅宗，一花开五叶，五叶合一花，大开大合融入日常百姓生活。

基于手工业背景的基督教纪元始年形成，基督 29 岁前是木匠，而后布道，33 岁殉难，而后成圣为神，短短几年，成教于天下，须有无数文化教义之推手共同努力，上下求索于统治阶级与意识形态之苟且，循序渐进，若无则断不可以立足于世，313 年成罗马王朝国教，分天主教与东正教，代表不同阵营。

基于商贸业背景的伊斯兰教产生于 611 年，穆罕默德 40 岁前是商人，麦加山上得悟成为先知，创建伊斯兰教，之后出现了强大的阿拉伯王朝（632 年～1258 年），7 世纪～9 世纪甚至覆盖了整个地中海地区，以此为教义的奥斯曼王朝（1299 年～1923 年）在欧洲存续到 20 世纪初，分什叶派与逊尼派，纷争至今。

富贵者传教，心性，"它权"。

宗教出世，宗教是一种生存愿望，以及愿望的精神实现方式，即仪式教义，人类按照这种愿望去生活。富贵者传教，佛主富贵，贵为太子；基督富贵，贵为木匠；先知富贵，贵为商贾，但他们以个体出世为宗，所成"神职"阶层，为"神"服务（唯一性）。富贵者守护富贵，传教者（僧侣、牧师、阿訇）神主一切，涵盖宇宙，良知善行，并引导一条平治齐修反向的苦难历程，倡导顺服，匍匐"它权"，为人供养。

苦难者传道，义理，"我权"。

儒道入世，儒道是一种生活理想，以及仁义的世俗实现方式，即形式教条，人类按照这种理想去生活。苦难者传道，孔子颠簸流离；老子避世消隐，但他们以群体入世成圣，所成"士人"阶层，为"人"服务（社群性）。苦难者负重前行，传道者（教职、公务、义士）君子固穷，天下归仁，授业解惑，并指明一条修齐治平正向的富贵通途，倡导进取，崇尚"我权"，为人敬重。

宗教道德（儒道）形成的年代（冷暖期）以及传播的地域（东西方）虽然不同，但发展的轨迹是一样的，它们都曾经代表当时气候、当时地缘与当时人类最根本的利益与前进方向，都曾经代表当时先进生产力与先进思想的发展方向，都曾经与国家政治、经济与社会制度深度结合，受到当时国家力量的捍卫，或者像伊斯兰教直接政教合一，使当时人类从更加愚昧的状态中解放出来，产生秩序与制度转型，成为地缘国家的基础信仰，形成种族、民族、信俗、信仰等各种文化特征，直至四大全球基础信仰文明，即儒道文明、佛教文明、基督教文明与伊斯兰教文明等。然凡事有兴替，从"它权"到"我权"，从"地缘"到"全球"，外重者内拙，"它权"宗教道德（儒道）在完成它们的历史使命之后也便会转化为与科学（哲学）结合的"我权"纵向文化现象，各自产生了覆盖所有人群"士农工商"的横向普世价值，更成为全球化进程中人类和而不同的地缘生活方式；工业革命以后，以"人人秩序"为标志的人类社会"我权"意识形态大转型，也逐渐将"神"与"先知"转化成为精神生活的一部分。现在看来，这个转变的过程还在继续，还远没有完成，毕竟才过去 200 多年，全球仍在纷争、蜕变之中，**或许要等待一次人类命运重大事件的发生，才会真正消除地缘政治与宗教信仰的羁绊与隔离，最终以科学（技术）时代的道德水平约束与指导人类社会的顺序发展，实现命运与精神的共同进步，以及秩序与制度的真正转型，归好为公，归仁为道，天下大同。**

根据《中华人民共和国国家标准学科分类与代码》可以分出自然科学、农业科学、医药科学、工程与技术科学以及人文与社会科学等 5 个学术门类，结合国务院学位委员会与教育部颁布的《学位授予和人才培养学科目录（2011 年）》14 个学科的设置类别，综合起来又可以分成三大类。其一是食物与医药科学，食（药）物技术：农业科学，医药科学，食药同源（民以食为先）；其二是自然科学与工程技术，工（器）具技术与营（制）造技术：理学（数学、天文学、光学、物理学、化学、地理学），工学［工程与技术科学（材料、营造、交通、信息等）］；其三是人文历史与社会科学，日常生活的方式与方法（包括哲学、神学、经济学、法学、教育学、文学、历史学、管理学、艺术学、军事学，以及中国传统儒、法、兵、道、墨、名、阴阳、纵横、厚黑，等等）。这其实也是人类自然属性与社会属性的相关科学。人类自然属性中食物与医药，工程技术与自然科学属于人类对技术的追求所形成的算力水平，**相当于"农"与"工"的工作**，食（药）物的获得与工（器）具的进步是人类生存与发展的基本技术保障。五帝之炎黄，一为"食（药）物"之神，神农氏；一为"工（器）具"之神，轩辕氏，并通过营（制）造空间活动，开启了人类社会的"技术与空间"文明。人类社会属性中人文历史与社会科学属于人类对"天、地、人"的认知所具备的算法能力（前文已述），**相当于"士"与"商"的工作**，反映出人类社会的道德水平，以及与技术能力适配的秩序安排，开启了人类社会的"道德与秩序"文明。

士农工商和而不同，既"竞争"，也"竞合"，以士之"义"为骨架，以农工之"用"为脉络，以商之"利"为血肉，代表人类道德、技术与秩序的不断进步。

3.2.1 道德水平

社会道德与人类发展如影相随，是人类共同生活及其行为的准则与规范，受到人口规模与技术能力的深刻影响，是人类发展过程中天地规律与人类认知的产物、自然现象与巫鬼神佑的产物、科学公理与宗教哲学的产物，或者科学技术与科学思维的产物。人之初，性本善。人类生存的本能促进人类社会趋利避害，构筑自己的认知与秩序体系；大致经历了巫鬼与神话、图腾与音律以及哲学与神学的三大发展阶段，人类社会最难的时候存信仰（心性），最好的时候讲规矩（义理）；人类社会的认知水平与组织能力（实行）的提升，就是让更多的人类生存下来。

"行同伦"，礼序。道德水平提高，是"士"与"商"的重要工作，关乎空间的秩序。

社会稳定的基础是政治，而政治稳定的基础则是从业人群"士"的"义"的恒久。中国之外的任何地方都不曾实现政治的专业化，仁义政治具备无限的超越性与适应性，超越现实经济，适应于任何时代、任何经济形态。在中国，仁义政治其实就是一种政文产业形态，而"士"，就是仁义政治的专业人群，是公权秩序的维护者。**中国社会奉行以"义"为要基于道德维新的政治贤能制，实现"义""利"分离，是"士政"**，政府公务员实则就是现代"士"的职业化，它是一种"专业政治"；政府成为社会的大脑，是社会中最会思考的职业团体。

"士"是"天生"（人同天）、"地造"（技同法）、"人伦"（行同伦）、"秩好"（序同好）的认知统筹者，形成制度性"优势"。**西方社会奉行以"利"为本基于技术创新的经济霸权制，没有实现"义""利"之区分，且"利"大于"义"，是"商政"**，即没有真正的独立政治，它是一种"兼业政治"，包括西方现代，都未实现"政治"的行业化、专业化，出现制度性"劣势"。

中西方价值观的差异，反映出不同社群对于社会属性与自然属性，亦即社会化（竞合）与自由化（竞争）的认同差异，也在于各自关注的对象的差异。西方哲学关注的是"事"，事理（他们也研究神，神学），更注重个体、技术、标准；而中国哲学关注的是"人"，仁义，更注重群体、伦理、道德。事理解决了，没有人，不行；仁义解决了，没有事解决不了。西方社会的"自由"，是"有条件的自由"，但这个"条件"不是"人人"秩序，而是"精英"秩序。由此，**中国发展出了基于政治贤能的空间政治学，而西方则发展出了基于经济霸权的空间经济学**。中国社会的"士"就是一群专业服务"人"的人，一群讲"仁义"求"竞合"的人，一群可以制"度"与制"衡"的人，农、工，因学而优皆可为"士"，也就是柏拉图讲的"哲学'王'国"；中国社会的"商"也是一群专业服务"人"的人，农、工，因资本累积也皆可为"商"，只是与"士"不同，"商"是一群求"民利"讲"竞争"的人。"士"与"商"都应以天下为己任，有道德伦理与家国责任，通过修齐治平，激发个体的潜能，实现自我组织、自我管理、自我驱动，从而高效协同去应对社会各种不确定性，实现真正自由、平等的"人人"秩序，最终由物质自由，到精神自由，抚育社会高效有序地发展。政治贤能能够促成经济繁荣，但经济霸权不可能做到政治贤能。**不过，无论中西方，"商"毕竟为"民"，"士"与"民"是有区别的，"商"人最怕还是"义""利"混淆，唯"利"是图，商人应该知道"利"的边界，以及边界之外"利"之"义"务，"民利"不可以践踏"公权"秩序，"公输平准，假民公田"是"士"之"义"，而"善加筹策，经营天下"则是"商"之"义"，大商要有大义，更要有"天下之心"。**

3.2.2 技术能力

到了距今大约 7 万年前，人类发生了**"认知革命"，使人与动物本质性地区分开来**。距今 1 万年前地球只剩下了智人。智人在与其他人种竞争中胜出的根本原因在于，智人率先在语言与信息交流上实现突破，建立了新的思维与沟通方式，形成了一种超凡的"信息认知"能力，人们不仅仅交流猎物或危险来源、抽象虚构事物，更重要的是可以设定同一目标集结大批陌生人进行灵活分工协作，技术创新以及技术革命应运而生。

"技同法"，营城。技术水平的进步，是"农"与"工"的重要工作，关乎空间的营造。

"技同法"包括造物（食物）、造城、"车同轨"与"文同书"，食物使人口聚集，而最后归于"营城"，是空间不确定性（流动性）与确定性（包容性）的存在方式。于是，食（药）物的获得与工（器）具的进步是一致的。工（器）具中，中国人还讲"行万里路，读万卷书"，"行万里路"就是利用"交通工具"的可达范围（地缘边界）以及可达方式（流动性管理），"读万卷书"就是利用"信息工具"的认知范围（知识边界）以及认知方式（创新性管理），构筑成秩序的时空边界，也就是空间的规模。

食（药）物，民以食为先。

在全球几千种野生禾本科植物中，种子最大（有采集、种植、驯化价值的）有56种，其中32种位于新月地带（今天的叙利亚地区，有小麦、豆类等），英国1种，东亚6种（水稻、小米与豆类），南部非洲（萨哈拉沙漠以南）4种，美洲11种（北美4种，中美5种，南美2种，玉米为其中之一），澳大利亚只有2种。从这个数字上可以很明显地看出，为什么西亚与东亚是两个最先产生原发性农业，人口大幅度增长，最早形成社会组织与文字的两个地区。而新几内亚与美国东部的粮食生产虽然已经起步，但却有着明显的缺陷。新几内亚没有谷物，只有两种蛋白质含量极少的作物（1% 以下），相较之下，西亚的小麦与中国的小米蛋白质含量在 10% 以上，豆类的蛋白质含量更高。美国东部农作物的重大缺陷是几种作物种子都很小，只有小麦的 1/10，其中含有 32% 蛋白质与 45% 油的菊草，是豚草的亲缘植物，凡是在菊草茂盛的地方，它的花粉都会引起花粉病，且有强烈刺激性气味。所以美洲基本只有玉米这种极难驯化的作物出现，出现的时间与西亚与东亚相比也相当地晚。

距今 1.3 万年前，食谱广化而石器细化的背景是温润气候，此即为博林 - 阿雷罗德震荡（Bølling-Allerødoscillation）的表现。距今 1.15 万年前，气候变暖，万物蓬勃生长，原始先民离开了原来居住的山地洞穴，逐渐在平原上江河湖泽地区定居下来，人口开始渐渐增多。依靠野外采集的食物不能满足部落族群生存需要，催生了原始农业。早期中国开始了农业革命，南方先民在珠江、长江流域种植水稻，北方先民开始在西辽河、黄河流域种植粟与黍，中东先民在两河流域种植小麦。从此，人类先后由狩猎采集步入原始农耕文化时期。

早期中国有着全球最大的农业区、最多的农民，以稻作（玉蟾岩遗址等）与粟作（磁山遗址等）农业为主体，养活了全球最多的人群。中国的水稻栽培在距今 1 万多年前出现于长江中下游地区，距今 9000 多年前扩展到淮河流域与黄河下游地区，距今 7000 多年前实现从渔猎到农耕的集体转型，距今 6000 多年前已经向华南、台湾甚至更远的地方扩散，距今 5400 ~ 4200 年前，炎黄部落，神农氏引导技术进步，农业生产大发展，距今 4000 多年前扩展到四川盆地。中国的黍粟栽培距今 1 万多年前出现于华北地区，距今 8200 多年前扩散到黄河中下游、西辽河流域大部地区，距今 5400 多年前西进干旱的河西走廊、西南踏上高耸的青藏高原，距今 4200 多年前已经到达新疆地区。史前农业在开拓发展过程中，需要不断适应各种不同的地理、气候与土壤（冻土）环境，需要克服无数的艰难险阻。

距今 5000 多年前以后的早期中西文化交流，只是将羊、牛、小麦等家畜与农作物传播到中国，并未改变早期中国以稻作与粟作农业为主体的基本生业格局，饲养的家畜也主要是依托农业经济的猪，此时，全球人口达到 1400 万人，中国人口大致 300 万人。**距今 1000 年前，从越南传入了占城稻，其适应环境能力很强，且生长周期很短，从种植到收获，只用 50 天，这项技术进步一定程度上也改变了中国，此时，全球人口突破 2.75 亿人，中国人口由 5900 万人增长到 1 亿人。**距今 200 年前，农耕社会背景下经济最盛之时，全球人口也超过 10 亿人，中国人口超过 3 亿人。之后工业革命极大进步，农业规模大幅度提升，对气候冷暖与干湿（旱涝）的管理，以及对粮食丰收与欠收的管理已经十分先进，特别是技术广化。

当然，作物的分布与地质、土壤（冻土）等分布有关，而且，不同地质、土壤（冻土）交接处，常常会出现令人惊喜的文化现象与地理特产。有意思的是，同样是高粱，同样是赤水河上，喀斯特地质环境下生产酱香型白酒，丹霞地质环境下生产的是浓香型白酒，喀斯特与丹霞地质交接处生产的则是酱浓兼香型白酒，譬如习酒或者郎酒，等等。就像是橘生淮南则为橘，生于淮北则为枳，叶徒相似，其实味不同。所以然者何？水土异也。

农业革命养活了更多的人类，人类的繁衍与生存质量得以改善的基础是食（药）物广化，并决定了人口增长质量与公共卫生水平，药食同源，食（药）物的核心是种子安全。由于农业选种育种的进步，以及食（药）物生产技术水平的提升，特别是工业革命之后，从自然选育，到人工培育，再到基因优育，生物技术不仅让作物得到大幅度增产，也使动物养殖技术，以及人类优生优育成为可能。足够的食（药）物，以及健康的生活方式，使得人口规模与预期寿命大幅度增长。袁隆平杂交水稻技术的成功，养活了全球 1/4 的人口，至 2020 年中国人口突破 14 亿人，全球人口则突破 76 亿人。

工（器）具，事以器为先。

工欲善其事，必先利其器。人类在这场没有尽头的生存竞争中，唯有掌握了先进的知识与工具、具有超强适应能力与强大组织能力的群体才能存活下来，而且世界万物只有经过提炼，才能成为生产要素（数据），进而形成生产力（算力），最终改变生产关系（算法），产生新的秩序形式，而工（器）具连接空间的生产要素（数据），并决定移动与在地条件下空间的流动性与包容性方式（算力与算法）。

交通工具的制造，"车同轨"。

交通工具，由流速、流量与流向决定，不同流速、不同流量，流向也会不同。人类生活在相对速度之中，感受不到绝对速度，交通工具的差异就是流速与流量的差异。可达范围与可达方式是交通工具中地缘包容性边界与人类流动性管理的两个方面，从可达方式来看，交通工具可以划分为陆运、海运、空运三个大类，"车同轨"是陆运时代的基本策略，大大提高了马车通勤以及后来的轨道通勤的效率，高铁、航空则满足了现代社会人们的所有期待，而水运特别是海运则提供了更加广阔而廉价的大运量载体。从可达范围来看，高效快捷的现代交通工具，已经将整个地球的各个角落都连接起来了，从而提高了人类流动性的范围，地缘包容性边界的象征意义超越了其实质上交通分异的价值，而这种流速的趋势，很快就会冲出地球，去连接星空。

陆运逻辑，地缘关系开始由分散变为统一。

驿道、公路与铁路，车同轨是一个进步。驿道与马车马道：马车逻辑，茶马古道，古长城、秦五尺道、汉南夷道、隋唐石门道及明清驿道。公路与高速公路：汽车逻辑（四个轮子上的民族），高速公路可以提供从点到点的客货运出行便捷。铁路与高速铁路：火车逻辑，高速铁路可以提供更加舒适的大运量陆运出行。西方文明对中华文明的两次重大交通技术的输入，就是马车与蒸汽机。马车传入中国，成就了"大一统"的秦汉王朝，蒸汽机传入中国，进一步发展出了高速铁路，则成就了现代中国的文明复兴。

相比之下，现时美国仍然是高速公路框架上的国家，而中国已经成为高速铁路框架上的国家。这意味着中美两国的政治逻辑、经济逻辑、社会逻辑以及城镇逻辑等都将会明显不同，中国已经建成了全球最快流速、最大流量的陆运网络，其形态已经深刻影响中国以至亚欧大陆的方方面面，也势必影响全球。

海运逻辑，使地球上的陆地全部联结在一起。

海运1万千米的成本与陆运300千米差不多，海上运输最关键的是确定航道，是使用船舶通过海上航道在不同国家与地区的港口之间运送货物的一种方式，是国际贸易中最主要的运输方式。国际贸易总量中的2/3以上、中国进出口货运总量的90%都是利用海上运输：海上运输主要有两种方式，即班轮运输与租船运输，所以更加适用于物流而不是客流。还有水运逻辑，江河水网是最天然的交通网络。修建京杭运河，打通南北，与东西河流及众多湖泊一起编织水运体系。

空天逻辑，更高速便捷的陆空、陆天联结方式。

在天空中划定航道比在海洋中划定航道更加复杂，使用飞机或者其他航空器，速度更快，但成本更高，更加适合客流，以及部分高净值或者紧急物质的运输方式。航天科技发展半个世纪以来，各航天大国相继建立功能齐备、设施完善的航天发射中心，包括中国酒泉、西昌、太原与文昌卫星发射中心，美国肯尼迪航天中心，西部航天与导弹试验中心，俄罗斯拜科努尔航天发射场，普列谢茨克航天发射场，日本种子岛航天中心，欧洲航天发射中心，意大利圣马科发射场与印度斯里哈里科塔发射场等，这些地方将会发展成为地球人类的航天城，成为地球星际交流的中心。银河系内大约有着4000亿颗恒星，每颗恒星都具备能力组建成一个小型的星系，类似于太阳星系。而每一个类似于太阳系的星系都有可能孕育出一颗生态星球。科学家在银河系中筛选出数十颗类地行星，其中距离地球最近的比邻星只有4.2光年。人类的未来是可期待的，人类依旧要对宇宙存有敬畏之心，更加不能小觑地球了。

空天逻辑，可以因应未来人类的发展之需，是未来的主要发展方向，人类建立起空天关系，是为了探索地球之外新的发展资源与生存环境，也可以成为人类太空中的避难之所。除此之外，应该还有一种逻辑，就是深海逻辑，地球上毕竟有超过71%的海洋面积，而人类对于深海的研究也才刚刚开始。

图 3-8 陆运逻辑

图 3-9 海运逻辑

图 3-10 空天逻辑

正如亚历山德拉·诺沃赛洛夫所言，世界，也不再只是国与国的拼图，逐渐变成了由供应链连通的网络。与全世界 25 万千米的国境线相比，基础设施的连线更值得惊叹，世界不再是分散平摊的块块，而是连起来的点与线，世界越来越像互联网。城镇化、全球化，其实就是把世界由平摊的面收缩为聚拢的点，然后连成网络。当人口都聚集在城市之后，城市必须要与其他城市连接在一起才能呈现自己的价值。

各类交通逻辑与方式深度融合，构成不同流速、不同流量以及不同流向的有序连接。2021 年 2 月 24 日，中国政府印发《国家综合立体交通网规划纲要》，国土空间的利用效率显著提升；统筹综合交通通道规划建设；强化国土空间规划对基础设施规划建设的指导约束作用，加强与相关规划的衔接协调；节约集约利用通道线位资源、岸线资源、土地资源、空域资源、水域资源，促进交通通道由单一向综合、由平面向立体发展，减少对空间的分割，提高国土空间利用效率；统筹考虑多种运输方式规划建设协同与新型运输方式探索应用，实现陆水空多种运输方式相互协同、深度融合；用好用足既有交通通道，加强过江、跨海、穿越环境敏感区通道基础设施建设方案论证，推动铁路、公路等线性基础设施的线位统筹与断面空间整合；加强综合交通通道与通信、能源、水利等基础设施统筹，提高通道资源利用效率；推进综合交通枢纽一体化规划建设；推进综合交通枢纽及邮政快递枢纽统一规划、统一设计、统一建设、协同管理；推动新建综合客运枢纽各种运输方式集中布局，实现空间共享、立体或同台换乘，打造全天候、一体化换乘环境；推动既有综合客运枢纽整合交通设施、共享服务功能空间；加快综合货运枢纽多式联运换装设施与集疏运体系建设，统筹转运、口岸、保税、邮政快递等功能，提升多式联运效率与物流综合服务水平；按照站城一体、产城融合、开放共享原则，做好枢纽发展空间预留、用地功能管控、开发时序协调，推动城市内外交通有效衔接；推动干线铁路、城际铁路、市域（郊）铁路融合建设，并做好与城市轨道交通衔接协调，构建运营管理与服务"一张网"，实现设施互联、票制互通、安检互认、信息共享、支付兼容；加强城市周边区域公路与城市道路高效对接，系统优化进出城道路网络，推动规划建设统筹与管理协同，减少对城市的分割与干扰；完善城市物流配送系统，加强城际干线运输与城市末端配送有机衔接；加强铁路、公路客运枢纽及机场与城市公交网络系统有机整合，引导城市沿大容量公共交通廊道合理、有序发展。

交通工具从人力到畜力，发展了几千年；能源动力的出现，却只有几百年，煤炭、油气、燃料、电力、核能、清洁能源等推动交通工具的快速发展。现代城镇，无一例外都是依托陆海空天港口发展起来，格网结构是应对交通切割以及开发无序最好的解决方案，可以快速扩展与连接。上述纲要特别重视统筹综合交通通道与综合交通枢纽一体化规划建设，从而强化了基于地缘结构特征的设施建造，并就基于不同流速、流量及流向的交通方式进行了系统阐述与优化配置，使得地域特征与交通廊道充分结合，在此基础上还要构筑不同等高层级与不同阶梯的生命通道，形成主次分明的多式融合的网络、通道与节点设施体系，包括水链、水网（航运、海运），路链、路网（公路、铁路），空链、空网（航空、航天），未来还要增添"星链、星网"，让人类主宰的地球乃至地球之外的星空连接起来。

信息工具的创造，"文同书"。

信息是不确定性下不同主体之间相互沟通交流、认知理解、请求反馈等过程中，用来消除不确定性而生成、传递与获取的语义表达。"语义表达"的载体包括书籍、音像、电话、光盘、网络等，"语义表达"形态包括消息、情报、指令、密码、符码、信号、声音、图形等，不同场景下信息的语义表达有着不同载体与形态。认知范围与认知方式是信息工具知识边界与创新性管理的两个方面，传播知识并且不断创新知识提升了人类的认知水平，信息工具的差异也是流速与流量的差异，即信息流的差异。

符码系统

人类的早期符码，基本上都是来自对自然现象的观察。最早的观察记录就是绘画，现在看到的上万年以前的岩画，还有刻在骨头上的图形，都是极早期的观察记录。我们看到的岩画，大多还是偶然性的记录，不具"重复性""工具性"。只有将观察记录变成工具，具备可重复性，才能成为"符码系统"。**符码系统的特征，就是将人类的意识存储变成了独立于人以外，这是一次飞跃性的突破。这是人类群体变成我们现代意义上的文明群体的关键一步。如果说人与动物的区别是什么，并不是人会使用工具，而是人发明了符码系统，一套延续"自我"发展的现实工具，也就是拥有了更高文明的信息技术。**

文字化，文同书

符码系统是图腾与音律广化的世界，"表意"与"表音"的背后是基于不同架构的知识体系。图腾广化形成的象形"表意"汉字，其最大优势就是与客观外界的事物一一对应，如"十""口""井""田"等，识字明义；而音律广化形成的字母"表音"文字就没有这种功能，以英文为例，它有26个字母，优点是能拼写出各种词语；缺点是除了表示发音外本身没有任何意义。随着历史发展，每一种新事物出来就需要创造一个新单词，词汇量越来越多。

汉语是《圣经》伊甸园里的"初民语言"。它是直接的"表意文字"，每一个字背后所代表的就是"知识"，跨越了时间与空间的限制，所表达的含义是固定不变的。因此，汉语这种"表意文字"才具有语言表述的"合法性"，是一种"真正的字""思想的符码"。用汉字解释《圣经》是欧洲汉学家的一个创举，目的是运用汉字这种古老的"文化权威"，来解释他们的"文化权威"，因为他们普遍有一种认识：在上帝创造世界之前，中华文明就存在了。1685年，勃兰登堡图书馆长门泽尔首开用汉字解释《圣经》的先河。譬如，他根据《字汇》里的"娲"这个字，"推测"出中华古典传说里的先祖"伏羲与女娲"，就是伊甸园里的"亚当与夏娃"："娲"由"女"字与"呙"字构成，在《字汇》里，"呙"是"咬"的意思，又解释为"口齿不正"，说明一个女人通过不正当的途径来吃树上的果子，这与夏娃经受蛇的引诱，吃苹果树上的果子意思是一致的。再譬如汉字的"公"字，它的古体是"△"，汉学家们解读出基督教的"三位一体"；再譬如"贪婪"的"婪"字，是一个女人走在树林里，因为偷吃树上的苹果而犯罪，"贪婪"正是一项罪过；最有意思的是对汉字"船"的解释：上帝降下大洪水毁灭世界，提前告诉诺亚造好方舟，诺亚与他的妻子，3个儿子闪、含、雅弗，以及3个儿媳妇，要躲进方舟里，40天后才能出来，大洪水淹没了世界，只有诺亚一家8口存活下来。汉字的"船"字正好由"舟""八""口"组成。因此，这个字隐含《圣经》史前大洪水的秘密。

迄今为止英文单词已经多达20～30万个，其中有20%的单词已经遭到淘汰，英国人读"二战"时期的报纸会有阅读障碍；汉语的常用字有1000～2000个，看似繁多，但运用起来可以随意组合，距今3000多年前甲骨文里就出现了"电"与"脑"这两个字，现在我们可以组合成高科技的"电脑"，不用再创造新字。**汉字的伟大之处，是图腾广化，直接继承了"初民"们观察宇宙万物的精确本质，这些符码没有发生剧烈的转化与歪曲，直至今日，保持了文明的稳定与传承，融入中国人的日常生活，延绵几千年。**巴比塔建造之后，世界上的语言就不同了，人类各自发展文明。在17世纪，欧洲知识精英们对汉字的解读与研究非常深入，普遍认为，如果在未来有一种"通用语言"的话，则最有可能是汉字与汉语。就像莱布尼茨所推断的，汉字在本质上是世界通用语言最理想的基础，而地球上的人类一旦可以使用共同的文字，统一了思维与认知，产生新的意识形态与哲学方式，那就可以形成更高的文明。

人类社会拥有信息工具与信息技术，包括文字、印刷术、烽火、驿站、电话、电报、无线电等，都曾发生过巨大的变化。人类历经的若干次大爆发，都要先经历信息大爆炸，距今3000多年前，文字的出现，甲骨文记载历史，西周大爆发；距今2000多年前，竹简春秋，儒学始兴，造纸术的发明，汉唐大爆发；距今1000多年前，印刷术的出现，朱熹理学进一步传播，明清大爆发；从今往后，互联网、物联网、区块链、人工智能、IT-BT融合的应用，人人秩序的建立将成为现实，让人人享有最实在的知识成果与全球文明，中华文明大爆发的时代也即将到来。

总之，"车同轨"与"文同书"，人类社会的两大重要的工具是交通工具与信息工具，人类通过数字化不断增强其流速与流量、规划其流向，形成可移动生态，并保持空间的流动性，提升社会的凝聚力与文明的传播力，推进区域化与全球化进程。就其本质而言，交通工具可以消除空间的差别，信息工具则可以消除时间的差别，是人类社会从它权、神权，到王权、人权的时空演替，无差别可达，无差别认知，最终改变"空间""时间"与"社会"的治理结构与治理能力，从而构筑最佳时空的数字与实体秩序。

营（制）造，居者有其屋。

营（制）造是人类编织地球的最重要的活动，包括工具制造（交通、信息），设施建造与空间营造。早期人类创造出斧、锛、凿等新、旧石器，主要是建造房屋所用的木工工具，聚族而定居是最主要的居住方式，而后工（器）具品类越来越丰富，建筑与城镇的营造能力越来越好，算力与算法越来越强大，形成可在地生态，并保持空间的包容性，构筑实体环境与数字空间共生的世界。

空间秩序的营造，"行同伦"。

空间承载着秩序，承载着各种社会关系，也承载了各种不确定性中的确定性，在这一秩序准则之下空间形态被格式化，呈现出空间秩序。社会道德"行同伦"、技术能力"技同法"规定了空间形制（矩阵）与空间活动的边界，实体环境与数字空间也就有了秩序的要求，源于人类道德（认知）水平与技术能力，地球表面空间形态在这种秩序的要求下也同样被格式化了，并使"序同好"，换言之，道德（认知）水平与技术能力在决定秩序形式的同时，也决定了空间形态。人类历史上四本不同的经书秩序，也就产生了四种不同的空间形态。

实体环境

无论"人本""神本"，居者有其屋。

中国伦理型文化孕育了人们强烈的血缘家族意识，每个血缘家族的成员都是为着一个共同的目标奋斗，团体成员的理想要高于个人意志的追求。也就是说，"我们的永恒感是生物性的，是寄望于后代之繁衍、后代之发达，换言之，我们寄望于新生"。虽然，传统的文化系统也重"人"与"人本位"的意识，但并非只是尊重个人价值与个人的自由发展，而是将个体与团体社会交融互摄，归根到底还是宗法集体主义意识，就是祖先崇拜，重"族"。所以，"盖中国自始，即未有如古埃及刻意求永久不灭之工程，欲以人工自然物竞久存之实。且既安于新陈代谢之理，以自然生灭为定律；视建筑且如被服舆马，使得而更换之，未尝患愿物之久暂，无使其永不残破之野心"，所以中国建筑"乃有以下结果：其一是满足于木材之沿用，达数千年，顺序发展木造精到之法，而不深究砖石之代替及应用。其二是修葺原物之风，远不及重建之盛；历代增修拆建，素不重原物之保存，唯珍其旧址及其创建年代而已"。

西方文化是以"神"为中心，也即"神本"的文化概念，重个人价值与个人的自由发展，认为个人的功道价值是属于个体生命的范畴，而与他人无关，个人生命的结束也意味着他的事业的告终。所以，在西方人的思想中悲剧趣味的纪念性占有很重要的地位。死亡神是永恒的，因而西方人用人造环境的永恒感来表达这种纪念性的需求。古代西方人是在神权与王权的交替演变中逐渐发展到人权意识，这个过程是漫长的。古罗马元老院宣布统帅屋大维（公元前 63 年～公元前 14 年）为奥古斯都，这个宗教性的称号其实赋予了他神圣的权利，之后神权被夸大到了对世间的绝对统治，出现了史学家称之为"黑暗中世纪"的时期，文艺复兴后法国"太阳王"路易十四倡导了"王权神授""朕即国家"，这虽然与秦始皇"四海之内，莫非我土"的帝王中心论相距 1600 多年，但毕竟进步了许多。又一个"恺撒"，拿破仑将君王的权力再次推向了颠峰，然而不久却败退下来，最终将权力还给了人民。尽管如此，他们曾经采用砖石来建造坚固的房屋以寻求永恒。

　　无论"人本"抑或"神本"，就建筑空间的本质而言其实是一致的，中西方之间的差异只是选择性的差异，"人"、"神"之间是可以转换的，"神"不过是人类想象中的另一群"人"。这个差异在双坡屋顶的房屋结构上尤为明显，中国人会选择从双坡房屋的坡面进入方式，奇数开间，中间进出，重内在结构；而西方人则选择从双坡房屋的山墙面进入方式，偶数均分，一进一出，重外在装饰。所以，木构与石构，只是中西方各自基于意识形态选择性的建造方式，前者择木，"人本"永续，后者择石，"神本"永恒。而在现代，建造材料趋同，建筑技术因而趋同，替代木构的钢结构，与替代石构的砖石、砖混与混凝土结构，满足了现代人类快速建造的所有愿望，人类可以真正实现"有生"建筑，即在有限的生命周期中实现最充分的建造价值，当然也就享受了最现世的人生快乐，永续则永恒，在这一全新的现代营造理念与建造技术的支持下，得益于中华地缘文明的古老智慧与强大基因的牵引，中国建筑产业似乎改变了整个世界，蓬勃发展。不仅如此，还"孪生"了数字空间。

数字空间

　　在实体环境中，我们看见了形式，认知了空间，却少有洞察隐秘其间的数字结构（托姆，曼德勃罗）。从"方"到"圆"，从"九宫格"到"同心圆"，从北京到罗马，从东京到伦敦，保留了无数有关空间形态"实"与"虚"的记忆，从中可探索发现在诸多重大事件中销声匿迹的隐秘的基础构造。事实上，这是一个夹杂在数学、建筑学、规划、地理学之间的关于解谜与理解的问题，要了解实体环境，我们必须弄清楚数字构造是如何凝聚成一个复杂且稀疏、由相互交错的大片"实"与"虚"空间所构成的空间形态。算力、算法的强大力量在于它们可使我们置身显而易见的表象之下，内部结构因而变得一览无余。数字空间向世人揭示了空间的诸多秘密，至少它们的生产模式直到今日也仍可被模仿，教会了我们很多有关可持续发展的城市结构与形态的规划等方面的知识。

　　每一处空间都会有自己的数字原型，其实就是标准。中国自宋以后，便有了完整的营造法式，这是建立在手工业化基础上的标准化，现在则是建立在工业化与智能化基础上的标准化与个性化相结合的定制化。地球上，交通流是人类建立起来的流动性管理（物质）网络，信息流是人类建立起来的创新性知识（意识）体系，空间是人类建立起来的相应于流动性的包容性实践（认知）场所，若三者叠加则生成实体环境以及相应的数字空间，相对而言，**交通流连接起实体环境，而信息流则连接起数字空间**。算力、算法从传统向现代的根本转变，促使空间不断致密化。**只要体验与交流的逻辑足够相似，便可以将空间从真实域转移到数字域，并且在两者之间任意切换，以实现更加随意的联网与社交，数字空间反过来会深刻地影响实体环境的建造。这样，时间与空间的差异就相应消除了，人们可以在不同时区体验同一处数字空间，及至实体空间本身。**使用参数化工具可以提供各种令人兴奋的可能性。这些工具能迅捷处理大量决策，用算力代替人力，从而可以潜在地缩短时间与空间的差距，或者至少可以产生类似的效果。这种新兴的能力可以控制与校准各种精确且机动的形制，允许城镇建筑在形体与行为之间建立新的类型，而使其摆脱某种公式化的状态，趋向"随意"。**于是，实体空间与数字空间之间，不仅是孪生，还是创造。**

　　数字空间包括但不限于数字建筑、数字城镇、数字国土与数字地球，以及数字政治、数字经济、数字社会与数字文化，等等，诸多空间要素与形式的数字化。现阶段，空间的要素数字化已近完成，而形式数字化尚未健全，没有形成基于不同气候条件、不同地貌分区与不同文化背景，且具有形式象征意义的数字化营造法式，包括但不限于选址与规划、功能与形式、单体与组合、材料与施工、景观与环境等，这是建筑产业化的基础。人类应该借助数字工具，由蓝绿结构，到城镇结构，矩阵结构，再到数字结构，构建数字共同体。

技术革命

技术革命的阶段大致可以分成农业革命、工业革命与数字革命。技术革命最早从狩猎时代就开始了，过去没有耕种，靠打猎为主，到农业革命，到开始选育、耕种与养殖，这其实是一个跳跃式发展。之后是工业革命，距今 200 多年前英国的工业革命开启了工业化之路，接下来工业化之路就是靠蒸汽机，靠机器代替牛、马的升级；靠电气化，靠发动的电力。再之后是数字革命（Digital Revolution），农工融合及其空间形式的革命，靠计算机，计算机不断的人类的生产能力大幅提高，包括大数据、云计算、互联网、物联网、区块链与人工智能，数字货币（人民币数字化）、量子通信、航海深潜、航空航天、常温超导、DNA 储存、IT-BT 融合等工具性技术。

数字革命是要素革命，其基础是"数据＋算力＋算法"。哲学通过"数据＋算力＋算法"的逻辑，象辞变卜，实现对要素与形式及其边界的呈现、分析、预测与决策，**要素数据化、边界算力化、形式算法化，等于哲学数字化**。2016 年，AlphaGo 的出现，是数据、算力与算法三者叠加出的人工智能技术的里程碑。劳动主体从体力劳动者、脑力劳动者变为知识创造者；生产工具从手工工具、能量转换工具变为数字工具。数据是生产要素，是数字体系，生产要素从土地、能源、资源到数据等发生着改变。2010 年全球产生的数据量仅为 2ZB，到 2025 年全球每年产生的数据将高达 175ZB，相当于每天产生 491EB 的数据，年均增长 20%（IDC 数据）。算力是生产力，是规则体系，云计算，泛在计算，边缘计算，核心芯片构成算力，技术能力。算法是生产关系，是思维体系，流程模型，机理模型，人工智能，数字孪生则形成算法，秩序规则。"数据＋算力＋算法"所带来的数字革命，是一个从局部到全局的过程，从数字 IT 到生命 BT 融合的最小单元，向系统级、系统之系统演进。

数字革命也是形式革命。人类可以利用极为简洁的编码技术，实现对一切空间要素与形式包括声音、文字、图像和数据的编码、解码，使各类信息的采集、处理、贮存和传输实现了标准化处理。**气候、地缘、思维、哲学、科学甚至神学及其一切空间要素与形式都可以被数字化，空间营造也走向数字升级**。数字革命是主体适应、改变、选择环境及其空间形式的各种行为能力，也是"数字 IT- 生命 BT"深度融合的革命。工业大脑、医疗大脑、城镇大脑、地球大脑等各种应用场景都有数字革命的影子。如同生产力决定生产关系，生产关系反过来影响生产力一样，算力决定算法，算法反过来影响算力。算法就是要素运行规律的模型化表达，其代码化形式就是软件。具体来看，算法是认知观，软件是一种以数据与指令集成对知识、经验、控制逻辑等进行固化封装的数字化（代码化）技术，构建了数据流动的规则与价值体系；算法是方法论，是业务、流程、组织的赋能工具与载体，是解决复杂系统的不确定性、多样性等问题的方法，因此，算法是哲学的表达方式。

数字革命加上交通工具，就是数字交通，数字革命加上营造活动就是数字营造。**地球留给人类的时间与空间是有限的，时间与空间是人类生存的宝贵资源，也是人类发展的终极成本，与未来竞争，既是与时间的竞争，也是与空间的竞争**。善谋不争，善建不拔，善言不辩，数字革命是对人与事物不确定性与多样性的有效回应方式，人类借助数字工具，构建数字共同体；预测未来，可以更快流速、更大流量传播知识，在象辞变卜的人类智慧中有了更加科学的数字手段。

当然，空间营造最终在保持算力趋同的情况下呈现出中西方地缘文明因算法不同（"九宫格"式与"同心圆"式）而各自差异。**这些差异本身是可以借鉴的，使得空间广化容得下更多的人类活动，表现在实体空间数字化倾向，规划实践其实是空间要素与形式的数字化架构实践，其本身是一套要素数据与形式象征体系，不断增强未来城镇气候韧性、地缘韧性、秩序韧性、空间韧性以及可能的数字延伸，提升人类从容应对冷暖更迭、陆海侵退等突发性自然灾害的疏散能力，以及干湿转换、流域丰枯等缓发性自然灾害的干预能力，实现全天候适应、全方位连通、全龄段友好，全时空感知、全要素集成、全周期迭代**。譬如，26℃全天候步行城市、沙漠中的海洋世界、热带中的冰雪世界，等等，以及数字虚拟、城镇之"脑"所带来的全新空间体验。空间营造（建筑、城镇、国土与地球是大制造）与设施制造［包括与之匹配的城镇基础设施（含信息基础设施）与公用设施的建造］，

图 3-11 怀柔科学城空间效果示意图

图 3-12 赣南科技城空间效果示意图

总体反映出空间技术与公权秩序的能力与水平。除此之外，其他的制造活动还包括装备制造等，譬如空天装备、深海装备等不在本书的讨论范围。

技术革命与技术创新的根本区别在于新技术应用是"链式反应"还是"边际递减"。这样的技术必定出现在交通与信息工具的质的改变上，是流速与流量的飞跃。真正的技术革命是极其罕见的，并由此改变未来人类认知活动及其空间秩序。技术革命是人类活动要素与形式及其边界的革命，技术革命的速度也随着人口规模的增长，从几千年，到几百年，再到几十年，甚至十几年，也越来越快。距今 2000 多年前中国引领了社会变革，图腾广化，变巫为儒，确定了儒法范式；距今 1000 多年前中国也引领了技术革命，四大发明、宋明理学影响了欧洲的启蒙运动。近代西方霸权更迭：印刷术革命前夜的十字军东征，打破了拜占庭王朝陆路贸易线的垄断利润，让威尼斯王国与汉萨同盟成为第一代霸权大国；蒸汽机革命前夜的欧陆三十年战争，彻底摧毁了哈布斯堡王朝的欧洲强权，让尼德兰成为第二代霸权大国；内燃机与电力革命前夜的拿破仑战争与 1848 年欧洲大革命，摧毁了北德意志的经贸力量，让英国成为第三代霸权大国；计算机互联网革命前夜的两次世界大战与冷战，摧毁了欧陆国家的殖民体系，让美国成为第四代霸权大国，从而建立美西方新的殖民体系。

自 20 世纪互联网发明开始到现在，人类已经到达了此次技术革命转型期，全球经济已经陷入技术增量乏力的存量博弈，再加上新冠病毒的肆虐、暖期气候的变化、海湖平面的上升、人口规模的增长、生物多样性危机以及环境保护的紧迫，面对如此百年未有之大变局，中华民族有着远比西方强大的技术集成显著优势，能够承接技术革命的大趋势，引领数字革命的大浪潮，努力驾驭食品安全与生物制造技术（生命体系），大力发展高速交通与数字信息技术（时空体系），积极探索地球深海与星球太空技术（宇宙体系），**人类社会再一次重复从制造崛起（纺织保障）、资本集聚（数字货币）、秩序重建（人人秩序）与文化繁荣（中华复兴）的历史进程，即将进入数字文明新的轴心时代。**此次转型中国已被推至前台，必然削弱霸权主义，主导新的"政治贤能"体系即"公权秩序"，产生新的治理形态（人类命运共同体）。如若这一进程管控不好，或许也要通过局部战争（军事能力）来实现，"以攻止攻"，"以战止战"，或者"不战而屈人之兵"，由"经济霸权"走向"政治贤能"，人类和平发展，共同进步，世界期待中国的智慧。

人类技术广化使得这个地球食谱广化、工具广化与空间广化，并构筑移动与在地生存环境，而每一次技术革命，都会带来同轴心时代思想的进步与社会发展秩序的更迭，必然促进人类文明的快速发展。

3.2.3 秩序兴替

史前人类的"它权"范式维持的最大"自然"团体大约是 150 人，三皇时代的契约范式，占卜、结绳，可以到族群"大人"；三代时的礼乐范式，巫鬼、书契，可以到国家"百官"；西汉汉武帝后到晚清，儒法范式，儒术、仁政，可以到"士大夫"精英阶层。如今，人工智能时代，统合认知的工具更加强大，普世体系也就更加完善，可以到"人人"秩序。中国社会完整经历了"它权"、结绳、书契、儒法范式以及王权、民权与人人秩序，"公务员"人群比例逐渐保持在合理水平，社会管理体系越来越稳定。

"序同好"，乐和。"秩，常也；秩序，常度也。"（《辞海》）

秩序指在自然进程与社会进程中都存在着某种程度的一致性、连续性与确定性。自然进程表现在气候的冷暖更迭，向阳而长，地缘的陆海侵退，向海而生；社会进程中人类道德水平与技术能力（算力）的旋回作用决定秩序（算法）选择，人类适应生存与发展的需要而发生社会范式的改变，即秩序兴替，而每一次秩序的兴替，都使天下归仁、归善、乐和，"士农工商"共同推进人类社会向好而行。

秩序选择

人类的秩序在不断兴替，由于人口规模的扩大与技术能力的提升，气候周期对人类的影响也越来越小，地缘关系也从小地缘联合到大地缘共同直至全球化进步，过去是用"私权"秩序来迭代，社会成本很大，现在则是用"公权"秩序来平衡，以道德与技术的进步换取最小可能的社会冲突，实现社会稳定，经济繁荣，天下为公，天下归好。

全球人口从距今 7000 年前的 500 万人，到距今 3000 年前的 5000 万人，到距今 2500 年前的 1 亿人，到 1804 年的 10 亿人，到 2000 年突破 60 亿人，再到 2022 年突破 80 亿人。距今大约 8200 年前，农业革命开始，人类聚集生活在一个特定地点，最早的聚落就出现了，距今大约 4200 年前，全球气候趋于稳定，城邦构成的国家开始出现，中国以方国"共同"，西方以城邦"联合"。此后，漫长的时间里，方国或城邦都处于比较平缓的发展之中，直到 19 世纪的工业革命使城镇迅速壮大起来。大量劳动力涌入城镇，使得城镇人口也不断快速上升。全球城镇化率从 1800 年的 6%，提高到 1950 年的 30%，至 2000 年达到 47%，从 2020 年的 56.2%，到 2030 年的全球城镇化率将达到 60.4%。

马克思的《资本论》里有句经典的话，叫做"抽象成为统治"。这里的抽象，应该就是"秩序"。全球人口不断增长，需要建立不同的秩序与之适应。**而人类存在的重要标志就是建立秩序，在这个历程中会有五个主要秩序阶段：氏族秩序，神（巫）权秩序，王权秩序，人权秩序（阶层秩序与人人秩序），以及未来星权秩序。氏族秩序的中心是宗祠；神（巫）权秩序的中心是庙宇；王权秩序的中心是宫殿；阶层秩序的中心是特权，人人秩序的中心是人民至上的广场与博物馆群。**第一阶段，全球 500 万～2000 万人，氏族秩序，由家庭到家族到氏族，空间自由，产生了原始社会；第二阶段，神（巫）权秩序，全球 0.2 亿～3.5 亿人，空间分割，借物创神来学习自然规律与人伦规则；第三阶段，王权秩序，全球 0.5 亿～10 亿人，空间争夺，赋能立君来统治农耕经济与道德社会；第四阶段，人权秩序，全球 10 亿人以上，工业革命回归人设（AI）来认知自然科学与社会秩序（目前人类处在本阶段的进程之中，其中又可以分为阶层秩序与人人秩序），生产力与生产关系的进步必然要超越地理空间中的物质界限，变成空间本身的再生产，空间致密，即走向人人秩序；第五阶段，数字革命之后星权秩序，统合地球而走向星系，空间外溢，探寻人类未来的存在空间，延续人类的生存。

同时，地球在不同流速与流量中进化，更快流速、更大流量的交通与信息工具要求有更加有效的社会秩序。从技术发展的角度来看，食（药）物的充沛与否对应人口的规模；信息技术工具，文字对应"王权秩序"的开始，印刷对应"精英（阶层）秩序"的开始，互联网与人工智能对应"人人秩序"的开始；交通技术工具，马车与水运对应"王权秩序"的开始，铁路与公路对应"精英（阶层）秩序"的开始，高铁与航空对应"人人（公权）秩序"的开始，空天技术对应于未来"星权秩序"；营（制）造技术的发展与人口规模的需求密切关联，人类发展的技术能力对应社会进步的秩序范式，人类治理能力越来越强大。

总之，人类社会化促进产业化，产业化促进城镇化，城镇化促进全球化，而全球化则反过来促进人类社会化水平的进一步提升，并走向人人秩序，推动星球化构建。

人人秩序

以人为本，人类回归到人权秩序以后，存在着西方发展的"精英（阶层）秩序"，以及中国发展的"人人（公权）秩序"两种基本形式。

西方"精英（阶层）秩序"的思想基石是"人人为我，我为人人"的"私权秩序"。古代西方，斯多葛派强调顺从天命，要安于自己在社会中所处的地位，要恬淡寡欲，只有这样才能得到幸福。所以，斯多葛学派强调人与自然的和谐共处，他们认为自然界的一切发展与变化都是有规律的、是符合理性的。用通俗的话来理解的话，就是"一切都是最好的安排"。在此基础上，斯多葛学派对后世最大的影响是，他们首次提出了人人平等的观念。他们在人类历史上第一次论证了"天赋人权，人生而平等"这一西方人文主义的核心理论。神权否定了人人平等，西方经历了漫长的中世纪黑暗，黑死病之后的文艺复兴发展出来的"精英（阶层）秩序"与中华文明存续至今的"人人（公权）秩序"成为现代人类秩序的基石。元朝之后，也就是蒙古人连接亚欧之后，文艺复兴实质上是带有明显中华文明与阿拉伯文明痕迹的古希腊、古罗马复兴。同期，在中国是西周礼制的明清复兴，它反映在永乐大典的编制与明清北京城的建设，以及补充了郑和下西洋航海事件的历史空白。工业革命以及人权的再次回归，"上帝已死"，尼采彻底否定了神权至上，霸权思想重新兴起。

中国"人人（公权）秩序"的思想基石是距今 2000 年前"天下为公"的"公权秩序"。《礼记·礼运》："大道之行也，天下为公，选贤与能，讲信修睦……"其意思是说天下是天下人的天下，为大家所共有，只有实现天下为公，彻底铲除"私"天下带来的社会弊端，才能使社会充满光明，百姓得到幸福。"天下为公"的思想使华人最终成为全球公民，从九州到五洲，全球各地的华人街门口都耸立着传统中华文明的牌坊，书写着这四个金色大字，演绎着华人地球村的美好愿望，丰富着人类共同的思想财富。中华文明人权秩序社会发展的三个阶段，即人人秩序的"君""民""人"。"仁"是二人关系，"义理""心性"，人人秩序。孔子倡导的"君"（君王），朱子倡导的"民"（阶层），以及现代倡导的"人"（人人），都是中国社会的"人人"秩序，由"君"之公权，"民（阶层）"之公权，到"人"之公权不断向前演进。近代以来，以人类的生存与发展为目标，以科学与民主为基础，实现人人秩序与精神（信仰）自由，成为各国政府共同的政治选择。数字革命后互联网、人工智能、生命科学是人人秩序建立的强大技术支撑，数字文明与人人秩序在精神维度高度同频。数字文明创造了现代人类的精神气质，无差别传送的主张，以及生活与思维方式。**数字革命不只是伟大的技术革命，还把人类引向了一个崭新时代，其核心要素既是人际关系的改变，开放、共享（分享）、合作、协同、绿色，也是人人秩序的回归：仁义、均等（均贫富，等贵贱）、兼爱，修身齐家治国平天下，使人心无贵贱，义无贫富。**

地球上共时存在的人口规模，从 500 万人到 5000 万人用了 4000 多年，从 1 亿人到 10 亿人用了 2000 多年，从 10 亿人到超过 80 亿人却只用了 200 多年，人类向阳而长，向海而生，向好而行，飞速发展。中国"人人秩序"对应的是"公权秩序"，西方"精英秩序"对应的是"霸权秩序"。"人人秩序"其中心是"人人"或者"人民"，"人民至上"，"公权"，建立以"服务人民"道德维新为基础的政治贤能制；"精英秩序"其中心是"阶层"或者"精英"，"精英至上"，"私权"，建立以"服务精英"技术创新为基础的经济霸权制。政治贤能倡导"竞合"，竞合为"人人"，和羹之美；经济霸权倡导"竞争"，竞争为"精英"，侘寂之美。习近平主席提出构建"人类命运共同体"，将人类的道德水平与地球的文明进程发展到新的高度，不仅是对人类思想的大解放，也是对人类秩序的大贡献，是新时代所有"共同体"理论的思想源泉。人类社会需要更加包容的态度与更加公平的框架，所谓联合国，即后天联合，基于竞争逻辑的精英阶层的行动游戏，为利往来，"联合竞争"；所谓共同体，即先天共同，基于竞合逻辑的人人平等的命运法则，共同进步，"共同竞合"。既要考虑"人人有别"，也要考虑"人人共同"，两种人权秩序可以相生共存，也可以互补互鉴，如同雌与雄，阴与阳，纵向联合，横向共同，纵横格网。"联合、联合，大联合"，"联合竞争"可以融入"共同竞合"，在"共同竞合"的框架下，有序"竞争"或"联合竞争"，"共同、共同，大共同"，多元联合，一体共同，合纵连横，最终形成更具包容力的全球秩序新框架与人类文明新形态。

人类真正实现"人人"秩序，第一要分步走，会经历冲突、妥协与共识的几个阶段；第二要找主要秩序，亚欧之间过去、现在与未来都是全球主要秩序，过去合纵，现在连横，"一带一路"就是亚欧大陆上的连横战略。人类只有形成了互补机制，实现了"人人"秩序，归仁为道，向好而行，历数字革命构建更加持久的文明框架，才会进入星权秩序。新兴秩序萌芽于既有秩序，各种秩序或累积或穿插，或发展或萎缩，都会共时性地存在于我们的现实世界，秩序越高，缔造的文明也就越先进，与宇宙图示相似，天下秩序，纵横九宫，人类对于自身秩序的探索永无止境。

秩序自洽

唯中华文明实现了秩序自洽。任何事物均有旋回轨迹，在相对时空中形成自洽框架。六合之内，亿年的巫、万年的神、千年的圣、百年的人，连接着人类的过去与未来。人类从观象（气候地缘）到想象（巫鬼神话）到辞象（矩阵哲学）到抽象（人本宇宙）再到具象（方圆默契），不断凝练，形成共同的认知智慧，从"它权"到"我权"，旋回为"秩序"，自洽为"公权"，而"公权"连接"它""我"，延续人类的发展。"巫鬼""神灵"，从创世至今，"它权"秩序。"天道""佛主""上帝""真主"等，无处不在，也无时不在，与科学相遇，是宇宙中永恒的准则；"圣贤""人人"，从诞生至今，"我权"秩序。"圣贤"，那些"传道者""行尊""先知"等，可以敦化众生，传授道理，成为人类的共同精神；"人人"，那些抱着梦想，每天进步一点的平常百姓，或者现世实现，或者来世修成，是日常生活的创造者。由此，**秩序自洽，也是秩序韧性，人类文明"巫鬼""神灵""圣贤"与"人人"，在四种不同时间尺度里的历时存在，及其"它权"与"我权"的两种方式，以至"贤能"与"公权"秩序安排，共同构成人类不断发展的集体智慧，在天地矩阵与人文矩阵"九宫格"网的框架下，形成诸如"宗庙""殿堂""博物"以及"日常生活"等四种不同空间尺度里的共时框架。**日月冷暖，空间在南北向旋回，自洽气候历史；陆海侵退，空间在东西向旋回，自洽地缘文明；两者叠加，趋利避害，空间呈东南至西北向沿地球折线旋回，自洽人类秩序。尤为特殊的是，中华文明儒法秩序历经2000多年，连接大秦以至大清等农耕王朝，稳定的气候韧性与地缘韧性，历时与共时的文明框架延续至今，是地球上最持久的"人人"公权秩序形式，而多元一体，革故鼎新，基于天地秩序的"九宫格"网，呈现出时间与空间上以人为本极强的秩序韧性，进而以更加宏大的空间框架容纳中西方既往文明，成为人类发展的新形态。

关注政治

关注政治，就是关注与天、地、人的即时关系。人类历史上，每一次技术的进步，都源自对天、地、人的再适应与再认知，均带来地球人口大规模增长与社会秩序的更替。政治主张推动秩序构建，秩序是人类社会最高级别的空间营造，它反映人类存在的利害与兴替关系，有效的空间要素、边界管控、空间形式及其营造法式，包括土地、资本与制度，城镇、产业与空间，地域、时代（技术）与文化等要素与形式，使得社会经济稳定发展，士农工商安居乐业。《易·节》说："天地节，而四时成。节以制度，不伤财，不害民。"王安石《取材》说："习典礼，明制度。"因此，制度可以是习俗、道德、法律、戒律、规制、规范、规则、条例等的总和。人类社会从来不乏制度工具，受气候与地缘特征的影响以及人类宗教与信仰的趋使，秩序是天、地、人平衡的最大公约数，而政治则是此天、此地最恰当的此人此策。

关注政治，就是关注要素与形式及其制度与秩序。社会是一个生命体，有人类社会就有政治，无论神权、王权、人权，抑或星权，政治选择制度工具与秩序形式，同时塑造空间形态。秩序主导空间，空间承载秩序。秩序是人类存在形式的政治主张，空间是政治主张格式化的边界产物，空间格式化的过程是政治主张突破韧性阈值秩序兴替的过程，也是空间营造突破形态边界分形迭代的过程。政治确定了一个地区与国家的性质及其边界，不仅是地缘结构的边界、经济结构的边界、社会结构的边界，也是空间格式化及其空间形式的边界。空间的要素与形式及其制度与秩序，都是政治选择，关心政治就要关注规划，关注空间营造。规划是制度的工具，道德与技术提供了空间秩序新的可能，规划成为空间格式化的依据，就是一项政治选择，用以制"度"与制"衡"。诸如中国的"井田城""八卦城"，罗马的"营寨城""维特鲁威城"，现代的"田园城市""光辉城市"，以至英国的爱丁堡，美国的华盛顿、曼哈顿，法国的巴黎，西班牙的巴塞罗那，印度的新德里等的规划都有明显的政治意图。**空间营造既是对公权资源要素与空间结构形式的政治主张，又是空间要素与形式重组以及空间原型与秩序构建的实践过程，任何一种人类生存、生产与生活的方式，都会形成空间及其边界，因而空间彰显政治主张，空间凸显公权框架，空间记录时代发展。**政治主张通过空间要素与形式再营造或者格式化来实现，强调天地山海、义理心性、公权民利，甚至"方""圆"选择，是对公权资源的挖掘与利用，敬天爱人，合纵连横，包括土地与资本、城镇与产业、地域与技术、制度与文化等相对要素。其中"土地"与"资本"相当于"国土"与"财政"是一切公权资源的基础要素，"制度"作用于"土地"与"资本"形成了基于技术（规范）的空间秩序与空间形态，并展示出关于政治（决策）、经济（资本）、空间（土地）、社会（规制）及其交易（规则）的人为约束力。习礼明节而至四时成，就"士农工商"而言，"士"所代表的政府，作用于"农、工"最直接的方式是"土地"，而作用于"商"最直接的方式就是"资本"，"制度"是政治的工具，政治通过"制度"的选择或者制定来完成对"土地"与"资本"的控制，构建"秩序"，呈现出"空间"的边界与形态。

关注政治，就是关注空间及其自由营造。未来中国，技术能力、数字货币（经济）以及背后的军事与政治体系（共同体）都将深刻影响中国以及全球的时间与空间系统构筑。空间是一种意识形态，近代思想家严复借助对 J.S. 密尔 *On Liberty* 的翻译，将现代自由的要旨归结为"群己权界"，所要劝谕国人的核心意旨，便在于"人得自由，而必以他人之自由为界"，就此为个体自由的实现，提供了一个现实性的边界操作原则，近代欧洲诸如詹姆斯·克雷格、P.C. 朗方、奥斯曼、塞尔达、霍华德、柯布西耶等等莫不如此，刘太格最了不起的贡献在于他完成了李光耀政治理念，也即国家意识形态的空间格式化进程，使新加坡城市建设获得了巨大成功。"打土豪，分田地"，就是空间格式化，亦即空间要素与形式再制度化"推到重来"的过程，本质上是"土地"与"资本"在"空间"范畴内通过"制度"以及可以制"度"与制"衡"的人（权力）来改变"秩序"，产生"价值"，并且获得再分配与再发展（格式化）的过程。在这里，"空间即政治"。关注政治，就是关注发展（人口、土地、资本及其制度），关注空间及其自由营造。

"士农工商"遵循自然法则（人同天）、人类道德水平（行同伦）与技术能力（技同法），对内构筑秩序，形成兴替，对外则参与全球化进程（序同好），促进发展。秩序是人类趋利避害的政治选择，秩序应为人人服务，未来社会，机器应该工作，"农、工"应该减少，人类应该思考，"士、商"应该增加。大国不欺，小国不争，天下归好。

3.3　向好而行，认知旋回

哲学首先关注事物对立的两面性，譬如"天"与"地"，"方"与"圆"，"意识"与"物质"本原等。其次关注这些对立面"天"与"地"或者"方"与"圆"相互作用的结果，统一到"人"本身，"人"是认知本原，就是"人文"与"天地"或者"人本"与"宇宙"的关系。"天""地""人"三道，就是"心性""义理"与"实行"；就是"唯心""唯物"与"实用"，就是"意识""物质"与"认知"，成为人类一开始思考就会关注的三个基本问题。人类趋利避害，向好而行，随着纬度旋回、阶梯旋回，辞象变卜，产生认知旋回。

3.3.1　与天地参

哲学也是对要素与形式管理的科学，是对要素与形式及其组织与连接方法的思想，结果是形成秩序。要素的原型是"天地"，秩序为"矩阵"；形式的原型是"方圆"，秩序为"格网"。每个人心中都会有一幅自己的空间图画，我们用表意图腾或者表音音律的方式来描述这幅空间图画，譬如乡愁，就是对那幅空间图画及其活动的场景回忆。人类心中的空间图画有了较之以往更加广大而精微的想象。

人有"气场"，便是"空间"。我们对他人的感知，除了他自己的呈现，就是我们感知的空间图画，这是一种想象力，以致我们会以"气场"来描述它的存在。一个人的成就，就看他的"气场"，给别人的空间想象力，格局至广，开物致精。最大的震撼，就是空间的震撼，无论音律与图腾，抑或音乐与绘画，如果突破了原有空间的边界，都会产生震撼感，所谓"气场"强大，而任何一次突破，都会是人类文明共同的进步。神的伟大在于其圣容（形式）的震撼，以及圣迹（仪式）的力量。神的"气场"之大，如天然图画，是人类心灵中的"彼岸"。修齐治平本是人类修为空间图画的层次变化，从人到宇宙的边界越来越广大，也越来越精微。人类通过修为去接近"彼岸"，却是无法到达；人类通过营造来获得形式与仪式，并彰显空间的"存在"。

人类只是时间与空间的一种存在形态，也即人类活动，两种属性，包括自然个体（阴、阳"原型"）属性，与社会整体（组织、连接"秩序"）属性；三条主线或三个本原，包括意识（天）、物质（地）与认知（人）本原。

人类活动，产生空间

没有人类，天地、方圆便失去了意义。地球启示着人类，人类便要与天地相参，与方圆相契，得到天地与方圆的指引。比较其他文明来说，在中华文明里，人的地位很高。宋朝赵普（922年～992年）所言："天下之大，道理最大。""天、地、人"三道纵横，"人"可以跟天地并列，讲"道理"，"参天地、赞化育"，可以参与"天"的运作。具体而言，这是人类社会与自然环境所构成的相互作用、相互影响的、动态的、开放的、复杂的巨系统，揭示要素动态演化、解析形式耦合机制、明晰空间优化途径，在天地与方圆之间促进人类社会可持续发展。

两种属性，空间两观

人类的两种基本属性是"自然属性"与"社会属性"，形成"人本"与"宇宙"空间两观；一切自然属性的基础是"性"，一切社会属性的基础是"利"，天下熙熙皆为利来，天下攘攘皆为利往，而"性"与"利"产生"权"，表现为上文讨论的道德、技术以及秩序。

人类社会的形态横看成岭侧成峰，回应人类的基本属性，人类的基本思想也就有两种倾向，前者适者生存，自由博爱，"联合竞争"，经济霸权；后者守望相助，仁义道德，"共同竞合"，政治贤能，使人类思想本身具有一体两面或多面性。随气候（天）变化呈现规律，冷期呈竞争状态，暖期呈竞合状态；不同地缘选择不同（地），小地缘呈竞争状态，大地缘呈竞合状态。反映在中西方，儒家与道家互补，马恩与康尼互补，其实质是"联合竞争"中有社会属性，与"共同竞合"中有自然属性，西方哲学更注重自然属性的研究，而中国哲学更加注重社会属性的研究，两种倾向相生互补，不同社会发展阶段、不同气候地缘条件而显性不同，空间两观、本原三道，并与道德、技术以及秩序所匹配，为政治所选择。

三个本原，本原三道

人类社会的形态虽然横看成岭，侧成峰，但却是一个整体，本原三道，是"意识""物质""认知"的统一，也是"天""地""人"的统一。因而，从这个意义上来看，现代人类科学道理与早期人类巫鬼神话一致，都是关于"天""地""人"的思想。

中国大陆有着地球上最完整的"九宫格"地缘形胜，四条温带纬度（全纬度），四大东西向流域（全流域），四大南北向地理阶梯（全阶梯），四大人群（士农工商），中国大陆有100万年的人类史、1万年的文化史、5000多年的文明史，也就拥有相对于地球人类而言最包容的地缘哲学。中国哲学从一开始就直觉划出了一道后世无法突破的边界，这是人类思想的共同边界。中国哲学将"天、地、人"视为共同，推演其中的因果关系，从而全面掌握要素集成的算法。源于《河图洛书》，天地矩阵，周文王被囚禁最难时演"易"，而周易强调事物有其共同的本质"道"，并总结事物发展的旋回规律，相当于要素权重的组合方式，由"爻""卦"及"重卦"构成，其"辞"，即为规律。"爻"分"阴""阳"，"天""地"、"人"为三"爻"，"天"分"日""月"，

"日"主之；"地"分"山""海"，"山"主之；"人"分"人""人"，"仁"主之，此合为六"爻"，并由"爻"生"卦"，"卦"生"重卦"，八八六十四系辞，即构成"天""地""人"的所有关系或者规律，亦代表"气候""地缘"与"认知"关系即要素与形式之"辞"的总和，而"辞"本身是人类的所有祈愿，以及象征"天""地""人"和谐统一的所有运行规律与宇宙图示。所以，**西周贵族之文王作周易，太公作山海经，姬旦作周礼，以成象天、法地、礼序之框架，发展出既有"辞象"（逻辑），又有"变卜"（辩证），且呈"统一"（矩阵）的整体思维方式，也就是哲学的六十四范式，从而实现了哲学的自洽。**在这个既定的思维框架内，无法大破大立，只能不断更新，三皇五帝，三代九朝，旋回性增长为清晰的历史周期率，使得中华文明传承永续。

而如果回到《河图洛书》的九宫要义，则不仅将八八六十四系辞包容其中，更是发展出九九八十一变阵的矩阵框架，这是更加直观而宏大的形式与数理自洽体系。对具体认知对象而言，横向三个本原辩证关系又会对应于纵向三条主线逻辑关系。

3.3.2 三道同源

无论中西，哲学是"天、地、人"关系的总和。

三分论，一分为三，三合为一。"一分为三"，就是对事物（空间）的辩证与解析，"一分为二"是"对立"，"一分为三"就是"旋回"。反过来，"三合为一"，就是对事物（空间）的逻辑与归纳，"二合为一"是"统一"，"三合为一"就是"自洽"。"天下皆知美之为美，斯恶已。皆知善之为善，斯不善已。……有无相生，难易相成，长短相形，高下相盈，音声相和，前后相随，恒也。"（《老子》）所以，季羡林说，文化包括三个层次：物的部分、心的部分、心与物结合的部分。心与物的结合具有不确定性，而这种不确定性，相生、相成、相形、相盈、相和、相随，就是旋回，恰恰使哲学具有了选择自洽的智慧，朱熹说，"和而不同，执两用中"。而就事物（空间）认知本身而言，重要的是既能"一分为三"，又能"三合为一"，也就是既知"旋回"，又知"自洽"，还知"韧性"。旋回是事物（空间）的可持续性，或者连续性或者流动性等不确定性的一体面性规律，自洽是事物（空间）的整体性，或者复杂性或者包容性等确定性的多元即时把握，旋回一体，自洽多元，旋回是一种周期现象，自洽则是一种可能的韧性选择，其实"周期"也是一种"韧性"。

自从人类关注地球以来，所思考的问题其实都大致相同，只是不同阶段的技术路径与思维角度不同而已，因而形成的显学框架也就存在一些差异，无论佛教、基督教，抑或伊斯兰教，唯有以易经为代表的中国哲学其数理框架则更加缜密，可以涵括阿拉伯与西方哲学的所有门类，**哲学的边界，就在《易经》八八六十四系辞中，中西方尽然。**中国哲学以其"中"应万变，西方哲学万变不离其"中"，这个"中"指的是"规矩"，就是"天""地""人"三道的空间框架，而"天""地""人"三道的空间框架又是要素旋回与形式自洽的结果，因循自然规律不断变化发展，因而哲学具有空间认知特征，也就不会绝对正确，只会不断发展。

中国哲学的一分为三

3000 年来有文字记载中国哲学的基本线索，"天、地、人"三道共同。在中国古代，一分为三的说法虽然没有被明确提出，但是，一分为三的观念却一直贯穿于中国传统文化的各种典籍之中。《史记·律书》也说："数始于一，终于十，成于三。"在古代，"三"的繁体字"叁"又通于"参"，"参"就是"参与"，即第三者参与到矛盾双方之中来，对矛盾双方进行调和、沟通与转化工作，人文与天地参，人本与宇宙参，就是旋回为道，道生一，一生二，二生三，三生万物；为象，象又不像，包罗万象。涵盖了物质本原数字 IT、意识本原生命 BT 与认知本原思维范式的方方面面。

如果将其与二进制 2 的次方结合来看，道生一，就是 2 的一次方，为二，"两仪"；一生二，就是 2 的二次方，

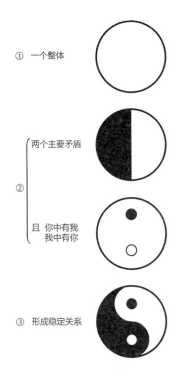

① 一个整体

② 两个主要矛盾

且 你中有我
我中有你

③ 形成稳定关系

太极解析图：一个整体，圆；二种"矛""盾"，且你中有我，我中有你；三元构成："矛""盾"及其之间的关系"S"，而不是"|"，这恰恰是中西方对对立关系之间的认识差异，中方，对立关系可以转换，西方，对立关系不可调和，非此即彼。

图 3-13 太极图解析

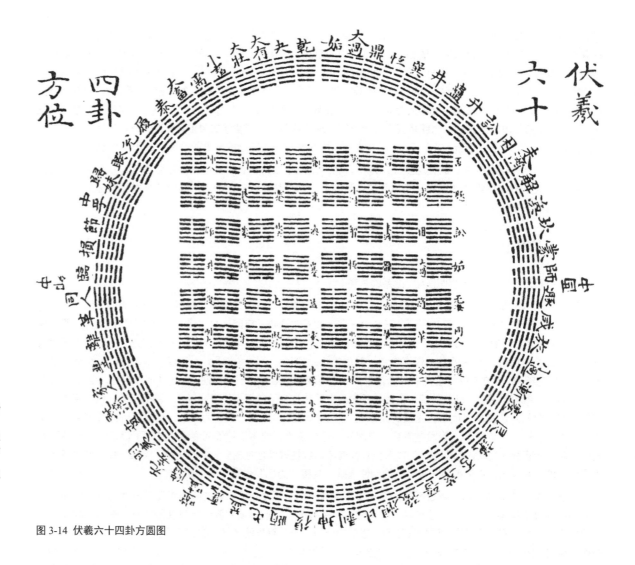

图 3-14 伏羲六十四卦方圆图

为四，"四象"，二生三，就是 2 的三次方，为八，"八卦"，三生万物，就是八卦生万物，连在一起，就是"太极生两仪，两仪生四象，四象生八卦，八卦生万物"的逻辑，"二进制"与"三进制"转换"道""象"一体的重卦六十四系辞的算法。

如果将其与遗传密码结合来看，易经六十四卦和遗传密码非常相似，华生和克立克于 1953 年发明了 DNA 的双螺旋，尼伦伯等人在 1966 年破解了所有的基因编码，它们的存在是对生活本质的最直观的描述；而易经之所以可以预言一个人的一生，是因为他自己就是一把打开他一生的钥匙。mRNA（核糖核酸）的密码子 U、C、A、G（尿嘧啶、胞嘧啶、腺嘌呤、鸟嘌呤）和四象的太阴、少阴、少阳、太阳呈对应关系，三个一级相联，按数学计算排列组成六十四个不同的三联体（即遗传密码），经实验结果推得六十四个遗传密码与氨基酸的对应关系《国际普适遗传表》中的基因编码可以应用于所有的生命，并在所有的生命中都是通用的，这也恰恰是人本（生命遗传密码）与宇宙（数字六十四卦）的对应关系。

如果将其与思维范式结合来看，道生一，《易经》；一生二，《道德经》，《论语》；二生三，儒家，道家，释迦；三生万象。易经中的"阴阳相交"，儒家的"中庸"、道家的"守中"、释迦的"中道"等，相对于"空间"而言，本书提出的"旋回"，都是一分为三观念的具体体现。空间三层次，意识、物质与认知本原，认知就是界，其上下，其左右，其前后，天地四方就是六合，或为虚实，或为内外，或为主辅，形而上或者是形而下；而时间三层次，是空间三层次的过去、现在与未来，历时性意识、物质与认知本原，传承有序，譬如佛教，有"横三世"与"纵三世"之别。

西方哲学的一分为三

在西方的哲学家那里，"一分为三"观念也处处体现在他们的主要观点与论述之中。亚里士多德就曾经指出"德行就是中道，是对中间的命中。……由此可断言，过度与不及都属于恶，中道才是德行"。与"中庸"所体现的"一分为三"思想如出一辙，一"左"一"右"，取其"中"；大哲学家黑格尔的"正、反、合"，简直也是"一分为三"观点的一个具体的翻版，一"正"一"反"，取其"合"，认知旋回存在的三个方面。

古希腊的星相学则崇尚"3"，认为"3"是个神圣的数字，象征着和谐、平衡、稳固、完成与实现旋回的结果。"3"在神秘几何学及命理学中，其外形与数字都被用来象征生命的自然周期，如下所示。其一，在降生时进入体内的灵魂；其二，生命；其三，死亡时灵魂回归其本源。因此，数字3象征着完成、完整，以及所有事物的起始、中间经过与终结。西方宗教也由此古老的3数崇拜信仰所支撑；最为典型的基督教的信仰中"一分为三"有圣父、圣子、圣灵，而又"三位一体"。巴比伦人将他们的诸神分类为三元一组。在古希腊占星术中，这种数字三合关系代表天、地、人所共有的精气神，表示和谐与完满的相辅相存，继承苏美尔文明还有星辰三联神，主宰着人类的命运。

现今的计算机都使用"二进制"数字系统，尽管它的计算规则非常简单，但其实"二进制"逻辑并不能完美地表达人类的真实想法。相比之下，"三进制"逻辑更接近人类大脑"多值逻辑"的思维方式。因为在一般情况下，我们对问题的看法不是只有"真"与"假"两种答案，还有一种"不知道"。现在科学的发展已经越来越认识到模糊化其实更接近事物的整体本来面貌，而有时候越清晰实际上是对事物的越来越片面的认识。在"三进制"逻辑学中，符码"1"代表"真"；符码"-1"代表"假"；符码"0"代表"不知道"。显然，这种逻辑表达方式更符合计算机在人工智能方面的发展趋势。它为计算机的模糊运算与自主学习提供了可能。人工智能是从解放人类体力向解放人类脑力跨越。其背后"一分为三"的逻辑在于构建一套赛博空间（Cyberspace）、物理空间（Physical）、意识空间（Human）的闭环赋能体系：物质世界运行、运行规律化、规律模型化、模型算法化、算法代码化、代码软件化、软件不断优化与创新物质世界运行，成数字化物质世界，或称"数字空间"。不仅如此，朗兰兹纲领指出了数论、代数几何、群表示论这三个独立的数学分支之间可能存在密切关系，可以通过一种L-函数联系起来，并由此细化发展成一系列猜想，这可能是对人工智能数学逻辑理论的关键贡献，也就是说"三"可以"一"自洽统合，"三合为一"。

当然，本书基于认知"三"分论，或者算法"三进制"来讲述，并不一定是认知或者算法的终点，只是认知或算法在旋回中自洽的一种结论。

中西方哲学的"三道"同源

纵观中西方哲学的发展历程，中国从燧人氏"三道"到周文王"易经"，从"三皇"到"五帝"，再从"三代"到"九朝"，孟子（约公元前372年～公元前289年）说"不虑而知者，其良知也"；西方哲学从柏拉图（公元前429年～公元前348年）、亚里士多德（公元前384年～公元前322年），到奥古斯丁（354年～439年）、阿奎那（约1225年～1274年），从莫尔（1478年～1535年）、蒙田（1533年～1592年），到莱布尼茨（1646年～1716年）、伏尔泰（1694年～1778年）、康德（1724年～1804年）、马克思（1818年～1883年），从经典哲学到中世纪神学，从文艺复兴到启蒙运动，从近代哲学到现代哲学，其实证、逻辑与矩阵的方法越来越分化细致，结论也越来越显著清晰。然"人心惟危，道心惟微"，无论是西方哲学的理性逻辑，还是中国哲学的感性顿悟，西方哲学的本原反应的三个方面，即"意识、物质、认知"或者"唯心、唯物、实用"，姑且对应于中国哲学的"三道"，即为"天、地、人"或者"心性、义理、实行"，要素旋回与形式自洽，都是对空间的隐喻。

其一，中国所说的"天"与"心性"，大致即西方所说的"意识本原"与"唯心主义"。中国心学荀子（约公元前313年～公元前238年）、阳明、陆九渊（1139年～1193年）等，产生虚、空、玄、道、常有、常无、贵己、小康（尹文）、无为、心意、心性、良知等诸多法则。而西方在唯心主义者中，毕达哥拉斯把数、柏拉图把理念、亚里士多德把形式、经院哲学家把上帝、莱布尼茨把单子、康德把纯粹理性、黑格尔把绝对精神看作是万物的本原；重本体论的古希腊罗马哲学直接地探讨本原，重认识论的近代哲学则从主客体关系着手间接地探讨本原，譬如，斯宾诺莎说："我把实体理解为在自身内并通过自身而被认识的东西。"

其二，中国所说的"地"与"义理"，大致即西方所说的"物质本原"与"唯物主义"。中国理学孟子、张载、朱子等，形成礼、乐、道、气、仁、义、术、合、中庸、义理、格物致知等诸多理论；而西方在唯物主义者中，泰利士把水、阿那克西曼德把无限者、赫拉克利特把火、德谟克利特把原子与虚空、斯宾诺莎把实体、霍尔巴赫（1723年～1789年）把物质看作是万物的本原；二元论者笛卡尔则把心灵与物体看作两个彼此独立存在的世界万物的本原。

其三，中国所说的"人"与"实行"，大致即西方所说的"认知本原"与"实用主义"。无论"天"与"心性"，还是"地"与"义理"，其旋回为"实行"或者"实用"。中国用学，商鞅、李斯、叶适、曾文正总结兵、法、王、贤、民、纵、横、实行、兼爱、非攻、尚贤、尚同（墨子）、躬行实践、经世载物、知行并进、上马杀贼、下马讲学等诸多认知；而西方感知实体，相信认知对象本身的客观存在，并且总结出以人的感知为基础的现象学、语言学、存在主义以及结构主义的众多认知方法，从而更加准确地把握实体本身。

实际上，**"三道"或者"三个本原"的旋回自洽，是空间关于"意识"的整体性与可持续性、"物质"的复杂性与连续性、"认知"的包容性与流动性，亦即事物的确定性与不确定性的"空间哲学"的三大层次及其核心思想，"意识"与"物质"是绝对的，而"认知"是相对的。**中国哲学所说的"天、地、人"都是比较综合的概念，"三道"说法各自均含有"心性、义理、实行"的内容，上述归纳只是为了中西方哲学对比的需要，并不绝对。"天、地、人"三道既可以独立，又可以合一，其所衍生的对立概念心与物、理与气、心与理、心与性、知与行、理与欲、虚与实，也都是合一而不可分割的。西方哲学经历了漫长的神权时代，所以在唯心、唯物之间的界限比较分明，非此即彼，而实用主义又走到了另外一个极端，对立于唯心，或者唯物而精致利己；中国哲学从一开始就被世俗化，所以实用与实行贯穿一个人、一个家庭、一个民族以及一个社会的全过程，修齐治平是人生的不同实现阶段，所需要的思想或者工具都不会相同，唯心与唯物，即心性与义理，均为实行工具，或者适用工具。其实，哲学惠人，无论"天、地、人"，或者"心性、义理、实行"，还是"意识、物质、认知"或者"唯心、唯物、实用"，都是事物三个方面的本原关联，不同气候条件、不同地缘差别、不同认知阶段，都会选择不同的存在形式，呈现人文与天地、人本与宇宙、生命与自然的认知倾向性差异。历时来看，冷期重"心"，暖期重"理"，交替则重"用"；共时来看，"强"时重"理"，"弱"时重"心"，平常则重"用"；同一个人，不同年龄段也不同，年轻的时候重"理"，年迈的时候重"心"，譬如牛顿、爱因斯坦晚年就热衷于对神学的研究。中国大陆有着间冰期以来地球上最完整的"天、地、人"空间关系，每一个人都希望于一生之中实现自己的最大价值，而且总有可能实现。中国人的生命观是积极的，向好而行，可以实现贫富、贵贱的自由转换，甚至往生也不忘"随喜"与"获得"，构成了中国人顺应自然生灭定律与宇宙秩序规则"自由喜乐""居安思危"的人生态度，以及"仁义、均等（均贫富，等贵贱）、兼爱"的价值取向。

构建空间哲学，走向全球化时期"联合"与"共同"的互补进程，中西方从地缘文明走向全球文明都需要进行流动性、连续性与包容性的哲学提升。空间哲学是关于人类活动空间思维的框架与规律，空间构成的要素与形式以及空间实践的方法与成就之探讨与阐述。**涵盖乾坤，宇宙与人本即空间两观；旋回自洽，意识、物质**

与认知即本原三道；天地纵横，皆为两观旋回；方圆默契，皆为三道自洽；格局开物，皆为和羹之美。所谓道生一，人类"活动"，对应于空间；一生二，"二种属性"，对应于空间的宇宙与人本（空间两观）；二生三，"三个本原"，对应于空间的意识、物质与认知（本原三道）；亦即**空间**生**两观**，**两观**生**三道**，**三道**生万象，要素流动，形式连续，边界包容，则成大千世界（**两观三道，六合九宫**）。中西方文明根植于各自空间两观与本原三道的深入表达，汇聚为人类生存繁衍与发展文明的共同成就。

本书"两观三道"接近于何镜堂院士的"两观三性"。二观，接近于何镜堂院士整体观与可持续发展观，亦即本书的"宇宙整体观"与"人本持续观"。三道，接近于何镜堂院士时代性（天时）、地域性（地利）与文化性（人和），亦即本书的"天时、地利、人和"的三道框架。

3.3.3 矩阵哲学

承前所述，哲学是人类对"宇宙"从"无知"到"有知"的认知过程，神学是人类对"人本"从"它权"到"我权"的隐喻启示。而无论"宇宙"哲学，或者"它我"神学，就认知而言，"一分为三"就是"旋回"，在事物的两个对立面中寻求辩证"平衡"，即事物的韧性存在，认知与实行，或者旋回沉淀，是对事物运动过程的描述。与之对应，"三合为一"就是"自洽"，在事物的整体认知中寻找逻辑"闭环"，即事物的本原存在，物质与意识，或者自洽广化，是对事物运行结果的描述。"流域"与"阶梯"构成的天地矩阵，以及"人群"与"周期律""经书"构成的人文、人本矩阵，中西方认知叠加，则成《河图洛书》与"结构主义"思维一致的九宫矩阵，就"哲学"思维而言，"逻辑"与"辩证"，旋回为"矩阵"，就是既见树木，又见森林的矩阵哲学，以及与之极化的极点神学。人类智慧，与天地相参，与方圆相契。子曰："知变化之道者，其知神之所为乎。"牟宗三说："一有抽象，便有舍象。"天地"宇宙"，人文"人本"，要素与形式结合，舍去其间的繁支末节，抽象成为"认知"与"隐喻"的本质，转化为思考的"矩阵哲学"或"极点神学"，呈现"方"与"圆"的自洽原型，以及"九宫格"与"同心圆"的旋回秩序，就可以应用于实体环境与虚拟数字的空间营造。

逻辑思维（知"辞"识"象"）

逻辑就是思维的自洽规律、规则，也即中国的"辞"与"象"，自洽为主，旋回为辅。

数学是逻辑的基础，所谓"天运无端，惟数可测其机"。中西方的哲人都各自发展出"数为万物之元"的宇宙观，即宇宙的真理可以通过数学完美诠释，涉及天、地、人等三大类别象数逻辑关系，无论n进制，其实都是数学规律，基于进制抽象的自然法则。古希腊毕达哥拉斯学派的思想家菲洛劳斯曾说过一段著名的话："庞大、万能与完美无缺是数字的力量所在，它是人类生活的开始与主宰者，是一切事物的参与者。没有数字，一切都是混乱与黑暗的。"

《易经》：充满着逻辑思维（"辞"与"象"），卦即辞，知"辞"识"象"。《易经》同时包含二进制、三进制与五进制（十进制）数学的逻辑思考，复合矩阵（象数）与太极（阴阳）辩证的认知方法，天才直觉构建哲学的结构框架。《易经·系辞》上部第二章："圣人设卦观象，系辞焉！而明吉凶，刚柔相推而生变化。是故吉凶者，失得之象也；悔吝者，忧虞之象也；变化者，进退之象也；刚柔者，昼夜之象也。六爻之动，三极之道也。即天、地、人共为三爻，冷暖、侵退、兴替为其二爻，合为六爻，六爻动而知变卜，其神也。"也就是说，任何事物都不会只有一个标准，都存在两个基本的标准（二爻），并且关联着与之相应另外两个并行标准（两个二爻，即四爻），影响着对事物的判断，而矩阵思维则要九宫动。《易经·系辞》上部第十二章，子曰"圣人立象以尽意，设卦以尽情伪，系辞焉以尽其言。变而通之以尽利，鼓之舞之以尽神"。象数是一种是抽象出来的"辞"。河图实际是1~10排列而成，5与10构成中宫，奇数为阳，白色，代表天数（生数）；偶数为阴，为黑，代表地数（成数）。洛书实际是九宫，即1~9排列而成，纵、横、交叉三个数旋回相加和都自洽为15。

河图、洛书形式不同，本质相同，都表示历法与卜筮，四面八方，四时八节。十月太阳历与河图有相通之处，原因在于它们有同样的源头。另外五行之数即五行之生数，就是水 1、火 2、木 3、金 4、土 5，1、3、5 为阳数，其和为 9，故 9 为阳极之数；2、4 为阴数，其和为 6，故 6 为阴之极数。阴阳之数合而为 15 数，化为洛书则纵横皆 15 数，这是象数最好的排列方式，为阴阳五行之数也，由此，五行、八卦及九宫是统一的象数矩阵思维体系。许多旋回现象，譬如气温与流域纬度、气温与海拔阶梯，或者热、湿度与人体适应范围等，都与数字 15 自洽有关。

几何原本：几何学、数学在古希腊兴起，毕达哥拉斯是其中的代表人物。从苏格拉底学说分化出来的麦加拉派，以欧几里德为代表写成了几何原本，基于数与几何的关系，建立线性或平面逻辑思维模式，实证推动经院哲学与自然哲学不断发展，欧几里德以天才的构思，总结了古希腊人的思维框架，即合理的假设 - 缜密的演绎 - 结论，这个思维模式的形成与传承比后世所有科学成就的总和还要大，是西方社会数理哲学原创性著作。这部书在一系列公理、定义、公设的基础上，创立了欧几里得几何学体系，成为用公理化方法建立起来的数学演绎体系的最早典范。全书共分 13 卷。书中包含了 5 个"公设（Axioms）"、5 条"一般性概念（Common Notions）"、23 个定义（Definitions）与 48 个命题（Propositions）。在每一卷内容当中，欧几里得都采用了与前人完全不同的叙述方式，即先提出五进制公理、公设以及后面的定义与命题，然后再由简到繁地证明它们。这样一套简单的思维模式在西方世界渐渐生根落地。文艺复兴后，数学原理所推导出的结构与自然现象所表现出的行为之间不断地对话，现代科学诞生了，爆发出惊人的力量，颠覆一切固有的势力，新的世界出现了，人类进入科学时代。

将逻辑思维一分为三，就是中西方哲学的"天、地、人"纵"三道"中具体认知对象三分"主线"，譬如"阴""阳"与"道"，《易经·系辞》上部第五章："一阴一阳之谓道。"道生之，德畜之，物形之，器成之（《老子》）。阴阳之间为"道"，各成主线。反映在空间上，形式的延续，顺序空间，矩阵纵列，逻辑竞争，呈现具体要素联合、关联性。资本关联产业与时代（技术），土地，关联城镇与地域，制度则关联空间（人口）与文化等，构成"天、地、人"的相互关联关系。

辩证思维（察"变"证"卜"）

辩证是思维的旋回规律、规则，亦即中国的"变"与"卜"，旋回为主，自洽为辅。

辩证思维是唯物辩证法在思维中的运用，唯物辩证法的范畴、观点、规律完全适用于辩证思维。辩证思维是客观辩证法在思维中的反映，联系、发展的观点也是辩证思维的基本观点。对立统一规律、质量互变规律与否定之否定规律是唯物辩证法的基本规律，也是辩证思维的基本规律，即对立统一思维法、质量互变思维法与否定之否定思维法。辩证思维的实质就是按照唯物辩证法的原则，在联系与发展中把握认识对象，在对立统一中认识事物。辩证思维的基本方法：归纳与演绎、分析与综合、抽象与具体、逻辑与历史的统一。辩证思维模式要求观察问题与分析问题时，从整体出发，以动态发展的眼光来看问题。易经中充满着辩证思维（"变"与"卜"），察"变"证"卜"。《易经·系辞》下部第八章："《易》之为书也。不可远，为道也屡迁，变动不居，周流六虚，上下无常，刚柔相易，不可为典要，唯变所适"。

首先，中国人理解的世界里，有两种或多种力量一直在竞争，它们共生相克，有妥协平衡，有进退旋回，这中国人 5000 年来每天生活的一部分，认为双方是相互依存的，旋回自洽是必然的选择。其次是它的包容性，中国人明白物极必反的道理，自身存在的前提是对手的存在，所以适度的旋回是理性的选择。世界上没有一个民族与文化能像中国人一样，是从心底里认同与对手是可以共存的。中国人明白一个对立体消失后新的对立体就会立刻出现。有天圆就有地方，有同心就有九宫，有逻辑就有辩证，有关联就有并行，有联合就有共同，有广化就有沉淀，有自洽就有旋回，中国人的世界观是有"空间性"的，或者称其为"空间观"，这套"空间观"的最大特点是它的适应能力，就像抱着的两条鱼，任何一方随时要适应对方的变化"旋回"。这种"空间观"与"方法论"决定了中华民族具有极强的环境适应能力，中国人不惧"旋回"，认为"旋回"就是生活的本质，也随时准备着适应世界的"旋回"，这决定了中华文明可以延绵不绝。

"合抱之木，生于毫末；九层之台，起于累土；千里之行，始于足下。"（《老子》）。事物发展从简单到复杂，是一个逻辑的过程；而从量变到质变，就是一个辩证的结果。"《易》有圣人之道四焉：以言者尚其辞，以动者尚其变，以制器者尚其象，以卜筮者尚其占。知"辞"识"象"，察"变"证"卜"，"辞"作规律，"象"为形式，"变"是化育，"卜"即预测，归纳总结，以趋利避害。"（《易经·系辞》）"其安易持，其未兆易谋；其脆易泮，其微易散；为之于未有，治之于未乱"（《老子》），强调对事物发展整体变化的动态把握。

将辩证思维一分为三，就是中西方哲学的"天、地、人"横"三道"中具体认知对象三分"本原"，即形而上意识本原、形而下物质本原与形式本体认知本原。反映在空间上，形式的两极，反转空间，矩阵横列，辩证竞合，呈现相对要素共同、并行性。文化并行地域与时代（技术），制度并行土地与资本，而空间并行城镇与产业等，构成"天、地、人"的相互并行关系。

矩阵思维（辞象变卜）

不论易经还是几何原本，其实一个真正经得起历史检验的思想，本质上一定是个抽象而自洽的逻辑体系，只是自己不自觉地运用而已。易经的表达更多的是二进制与三进制的结合，几何原本表达更多的是二进制与五进制的结合，而现代完整的思维，则应该将二进制、三进制、五进制、十进制，甚至七进制、十二进制、六十进制（古羌人、苏美尔等）完美演绎，大致来看，微观层面采用二进制、三进制；中观层面采用五进制、十进制；宏观层面采用十二进制、六十进制等；二进制、三进制是基础，相当于阴阳、三道，以及"方"与"圆"；十进制、十二进制是框架，相当于天干、地支，以及"经纬"与"地球"，六十进制则包含全进制规则，是"天地"规律。进制是一种算法思维，不仅是逻辑思维，同时也是辩证思维，若置于九宫之中，还是矩阵思维，隐秘着丰富的数学范式。

矩阵思维就是结构化整体要素与形式从线性到矩阵的认知方法，是辞象变卜，逻辑与辩证的统一，要素旋回，形式自洽。结构主义是 20 世纪下半叶最常使用来分析语言、文化与社会的研究方法之一。广泛来说，结构主义企图探索一个文化意义是透过什么样的相互关系（也就是结构）被表达出来。根据结构理论，一个文化意义的产生与再创造是透过作为表意系统即物质本原的各种实践、现象与活动。不止于语言、文化与社会，事物之间的差异，其实就是结构性的差异，如前所述，气候差异、地缘差异、哲学差异，以至空间差异，其本质则在于结构性差异。

结构主义的方法有两个基本特征，首先是对整体性的强调。结构主义认为，整体对于部分来说是具有逻辑上优先的重要性。因为任何事物都是一个复杂的统一整体，其中任何一个组成部分的性质都不可能孤立地被理解，而只能把它放在一个整体的关系网络中，即把它与其他部分联系起来才能被理解。因此，对语言学的研究就应当从整体性、系统性的观点出发，而不应当离开特定的符码系统去研究孤立的词。其次是对共时性的强调。索绪尔认为，既然语言是一个符码系统，系统内部各要素与形式之间的关系是相互联系、同时并存的，因此作为符码系统的语言是共时性的。至于一种语言的历史，也可以看作是在一个相互作用的系统内部诸成分的序列。索绪尔提出一种与共时性的语言系统相适应的共时性研究方法，即对系统内同时存在的各成分之间的关系，特别是它们同整个系统的关系进行研究的方法。

相较于空间而言，结构分析的基本规则：其一是结构分析应是现实的（即物质本原）；其二是结构分析应是简化的（即意识本原）；其三是结构分析应是解释性的（即认知本原）。

《河图洛书》，是中国古代流传下来的两幅神秘图案，蕴含了深奥宇宙的空间哲理，是中华文化、阴阳五行术数易经之源。"河图"之意，本意指"星河"，星河，银河、宇宙也，寓意极多极广，玄妙无穷，深奥无尽。"洛书"之意，本意指"脉络"，是表述天地空间变化脉络的图案。《河图洛书》图示演变成"九宫格"，是人类最早的矩阵思维，反映出中国人象数要素的规律崇拜与宇宙时空的形式观念。于是，矩阵思维成为中国人哲学的基础思维，从线性到矩阵，囊括万物万象，是认知复杂事物较全面的思维方式。"河图"为体，"洛书"为用；"河图"主常，"洛书"主变；"河图"重合，"洛书"重分；且方圆相藏，阴阳相抱，相互为用。此后周易、太极、六甲、八卦、九星、风水等皆可追源至此。"九宫格"，"在天为象，在地成形也"，中国天地矩阵、人文矩阵、思维矩阵以至空间矩阵，在人则象形，也概由此而出。中国大致东西向四大流域与大致南北向四大阶梯，横四线与纵四线，以及地缘所反应的宇宙形式，构成天地、宇宙矩阵；中国"士农工商"与其三皇五帝、三代九朝的历史周期，甚至全球范围"士农工商"与其四大"经书"，构成人文、人本矩阵。这种古老的矩阵思维与认知图示，是中国古人直觉的产物，还融合了二进制、三进制、五进制、十进制、十二进制以至六十进制等全进制规律。要素归纳（九宫矩阵）、结构认知（辩证逻辑）、整体描述（旋回自洽）是现代人类认知的矩阵图示，包含了形式、逻辑、辩证与矩阵共同的思维方式。实际上"九宫格"是最为精妙的一方矩阵，饱含要素与形式丰富的象征意义，实现了中国人对空间系统与宇宙规律最直观的把握，也形成中国人特有的思维方式与"宇宙空间观"。

思维方式决定了认知层次，本书将逻辑、辩证等线性思维置于九宫框架之中，纵横为矩阵思维，并由此展开基于空间要素与形式的理论思考。"九宫格"可以是二维平面，也可以是三维六合，二维平面就是九宫平面矩阵；三维六合就是九宫立体矩阵。具体而言，将西方结构主义的思维矩阵与中国《河图洛书》的"天、地、人"九宫框架结合起来，也就是将要素与形式结合起来，如同魏晋变"象"为"意"，用"要素"取代"象数"，赋值纵横逻辑与辩证排列构成"要素"矩阵，可以将认知对象按逻辑思维"三合为一"，关联纵列，相同要素之中的旋回与自洽，即逻辑旋回与逻辑自洽；然后再将认知对象依据辩证思维"一分为三"，并行横列，对立要素之间的旋回与自洽，即辩证旋回与辩证自洽。进而旋回成矩阵，自洽为哲学，于是旋回"一分为三"，"三三得九"；自洽"三合为一"，"九九归一"，构成"天、地、人"的相互关联、并行的纵横要素思维矩阵，纵向要素则具有"主线"联合性，逻辑关联，横向要素具有"本原"共同性，辩证并行，三个本原，三条主线，纵横"三道"，呈现哲学意味的"九宫格局"，思维不被具体要素的片面性所带入，任一要素居于中宫都是其他四组要素纵横旋回与自洽的结果，假若单独存在，这些要素既不充分也不全面，更难以立体地表现空间"物质"的复杂性与连续性，或者"认知"的包容性与流动性等概念，从而建立纵向与横向的要素综合，反映出"意识"的整体性与可持续性。当然，应用于空间营造之中，空间矩阵的实际形态会随地球"经向"或"纬向"蓝绿折线而发生变化，需因时（冷暖）适应、因地（侵退）制宜，并由"六合九宫"，"天地纵横"，终至整体认知。

无论气候、地缘、认知与空间，旋回是一种周期现象，自洽则是一种韧性选择。至此，流域旋回、阶梯旋回，天地九宫，以及辩证与逻辑的认知旋回，思维矩阵；气候自洽、地缘自洽，天地具象，以及辩证与逻辑的认知自洽，思维抽象，两者相加，纵横捭阖，就是哲学的旋回与自洽。天地矩阵、人文矩阵、思维矩阵、空间矩阵，历经8000年（自燧人氏起）自相似性（原型自洽）实践与分形迭代（秩序旋回）成为中国人空间自洽与旋回的形式特征，将中国人象天法地与直觉思维所生成的"天、地、人"框架，转化成为自然科学与矩阵思维所形成的"天、地、人"框架，体现出气候韧性、地缘韧性、秩序韧性与空间韧性，结合"数字IT-生命BT"融合技术，进而将中国地缘文明的维新成就转化成为全球文明的创新基石。在"方"中有"圆"，在"九宫格"中有"同心圆"（可以"方"或者"圆"）；在"算力"中有"算法"，在"生产力"中有"生产关系"；在"竞合"中有"竞争"，在"共同"中有"联合"；在"对立"中有"统一"，在"辩证"中有"逻辑"；在"天地矩阵"中有"人文矩阵"，在"思维矩阵"中有"空间矩阵"。总之，"沉淀"至"广化"，"旋回"生"自洽"；合纵连横，循环往复，敬天爱人，迭代维新，人类不断提高自身认知水平与哲学高度，并呈现出矩阵式规律的认知方式，这就是"天、地、人"三道纵横的"矩阵哲学"，而源自于天地象形四线格网的"九宫格"，或者天地（宇宙）、人文（人本）、思维（纵横）及其空间（立体）矩阵也便是"矩阵哲学"的形式表达。

要素的原型是"天地"，秩序为"矩阵"；形式的原型是"方圆"，秩序为"格网"。要素六合，形式九宫，终成空间魔方。"九宫格"三道四线的要素与形式，既包含"矩阵哲学"的矩阵要素，也成为"矩阵哲学"的格网形式。矩阵要素与格网形式基于空间与时间的各种表征，从线性到矩阵，从二维到三维，从平面到立体，反映出矩阵要素运动旋回与格网形式瞬间自洽的平衡规律，也是"矩阵哲学"的"空间观"与"时间观"。人类通过自洽来结束旋回，但旋回"永无止境"；自洽只是"短暂瞬间"。旋回是时间在空间的延续，自洽是空间对时间的记录。旋回是绝对的，自洽是瞬间的，而韧性则是相对的，气候、地缘与认知，在相对"空间"与"时间"中的稳定状态，在旋回中自洽，在自洽中旋回。

相较于入世的"矩阵哲学"，就会有出世的"极点神学"，将这套九格正交坐标系统，转换成圈层极点坐标系统，九宫格"矩阵哲学"，便转换成了同心圆"极点神学"，这也是哲学之"方"，神学之"圆"。**虽然科学与玄学是未来的主旋律，但哲学与神学依旧是其基础，在已知与未知之间，科学是哲学的化育，玄学是神学的延续。而相对本原而言，神学归于意识，科学归于物质，哲学则归于认知，神学与科学都是绝对的，"圆"；而哲学则是相对的，"方"。哲学维护了神学，而又维新了科学，并将神学与科学连接了起来；或者说，执两用中，哲学在神学与科学之间取得了平衡。**

本章小结

综上，一分为三，三合为一；旋回自洽，辞象变卜，构筑"矩阵哲学"。"天、地、人"是一个时空框架，"天"分"日月"演"易"，"地"分"山海"成"经"，"人"分"人人"归"仁"，人类只是时间与空间的一种存在形态，一体两观三本原，一体两性三形态。间冰期1万年来，人类文明呈现出时空传播的显著特征，亚欧文明各自向海沉淀。在东方，气候随阶梯北南向，地缘随流域西东向，叠加成西北至东南向，改变中华文明的历史进程；在西方，气候随阶梯南北向，地缘随流域东西向，叠加成东南至西北向，改变西方文明的历史进程。人"天"关系，向阳而长，不断适应；人"地"关系，向海而生，不断进取；人"人"关系，向好而行，不断兴替。人类因地球而繁衍，地球因人类而精彩，天地人常，多元一体。

04 与时俱进，空间承载秩序

天地，礼序；方圆，默契。

"天、地、人"三道之"形"：人"工"关系，善建不拔。

空间矩阵观（学），时空旋回

天地与方圆是空间营造的要素与形式。要素主天地,形式主方圆,其主要关系是"天"与"地"以及"方"与"圆"之间的关系，空间承载秩序。天地人形,指的是天地矩阵与方圆格网,沉淀自洽为思维矩阵,广化旋回为空间格网,也即是天地蓝绿结构与方圆城镇结构。其"天地"要素与"方圆"形式是日月、山海、人人、万物，以及基于"巫鬼与神话""图腾与音律""哲学与神学""科学与玄学"等认知的要素与形式隐喻，本书提出"矩阵+"空间营造的方法，形成空间营造"一方矩阵""三道四线""六合九宫""天地纵横"的认知过程；河洛之"方"与太极之"圆"，亚里士多德之"方"与柏拉图之"圆"，"九宫格"格网与"同心圆"圈层，在地"方"中有天"圆"，在"九宫"中有"同心"，从"线性"到"矩阵"，从"原型"到"秩序"，构筑人类多元多样多值的生息框架，由"哲学自洽"，实现"空间自洽"。

规划师用"空间"记录"时代"，书写"历史"，既有繁荣，也有衰落，一方矩阵一方城。

第三阶段运用自如，规划是一种天地人形的思维矩阵：变也。

空间无国界。空间是人类活动所有要素与形式及其边界关系的总和，承载着人类历史、文明与秩序。通天地人常，立天地人形。九宫格，既是天地要素的矩阵，也是方圆形式的格网，更是空间营造的边界约束与形态特征。

善建者不拔。（《老子》）

地球留给人类的两大"空间启示"，一个是"天地"，一个是"方圆"，两相关系，"天圆地方"，要素的原型是"天地"，秩序为"矩阵"；形式的原型是"方圆"，秩序为"格网"，六合之内，直连直达。

空间营造一分为三，纵横三条主线与三个本原：意识层面，包括地域空间、文化空间以及时代空间等；物质层面，包括土地空间、制度空间以及资本空间等；认知层面，包括城镇空间、人口空间以及产业空间等。自从人类意识产生后，空间营造便成为哲学的实现方式，使空间活动（矩阵认知）与边界管控（规则约束）具有特定意图。就空间要素、边界与形式关系而言，要素的边界就是形式，形式的边界构成要素，空间活动适应气候冷暖变化与地缘蓝绿特征，需要边界的约束，而空间边界是连续的，可以穿透，内外连接，包括意识、物质与认知的所有边界。

气候影响历史，有"象天"说；地缘决定文明，有"法地"说；人类趋利避害，有"礼序"说；空间承载秩序，有"营城"说，源于"气候"、"地缘"与"认知"的时空"九宫"，空间活动实现它们之间的要素管理与形式呈现，就是天地人形，"象天，法地，礼序，营城"。空间研究应从空间营造与空间活动等范围展开讨论。空间要素，"天地"纵横，基于"天、地、人"系统的复杂哲学矩阵，分为"三条主线"与"三个本原"，纵列为逻辑，"不同层次"空间进一步"一分为三"的"同一关联"要素，再"三合为一"；横列为辩证，"同一层次"空间"一分为三"的"对立统一"。空间形式，"方圆"默契，实则"天、地、人"的默契，趋利避害，取其吉象，天地之间，犹如方圆之间，象天取圆，法地择方，由圆及方，大方则无隅。要素空间边界，凿户牖以为室，边界围合，当其无，有室之用，便是人之活动。而人与空间，其实为人工关系，而空间营造应善建不拔，护祐苍生，在旋回空间中自洽，在自洽空间中旋回，有为利（空间），无为用（活动）。

空间营造，包括要素与形式两大基本内涵，天地要素，隐喻天地，方圆形式，彰显方圆。从天地要素来看是"矩阵 +"，而从方圆形式来看则是"格网 +"，在这里，矩阵化也是格网化，"矩阵 +"就是"格网 +"，"天地合"就是"方圆合"，与天地相参，与方圆相契，天地礼序，然后方圆营城。

空间哲学：地球上的主要空间关系，"天地"与"方圆"，空间哲学是一部要素与形式及其空间边界永续旋回的管理科学。

4.1 天地人形，天然图画

全球文明进程中，唯有中华"九宫格"，其文明存续至今。

人类生活在一个结构精巧的世界，天地人形，多元一体，日月、山海、人人以至万物，沉淀广化，旋回自洽，并以某种空间的形式（九宫格或者同心圆）予以呈现、持续与演绎，人类寻找其中的平衡，其核心就是"天地"与"人文"、"宇宙"与"人本"以及"哲学"与"神学"的平衡。具体过程，由天地（宇宙）矩阵，到人文（人本）矩阵，再到空间（立体）矩阵，是一个连续且复杂的矩阵思维（纵横）的过程，结合"九宫格"的古老智慧，可以涵盖乾坤，构成了空间矩阵所呈现的要素纵横规律与形式构成法则，使得这个 1000 亿人曾经生活过的地球空间，不断被格式化，呈现出周期性的规律。

4.1.1 纵横九宫

尸子（公元前 390~公元前 330 年）：天地四方曰宇，往来古今曰宙，天地人常，周而不殆。"天地之间，九州八极。土有九山，山有九塞，泽有九薮……"是《淮南子·地形训》叙及盘古开天地时中国的地貌，也是西汉淮南子编写组对上古历史的一个描述，加上国有九州，民有九服，即所谓"天人合一"响应地缘与气候关系、共时与历时相结合的"天地""宇宙"矩阵。

梁启超认为，中华文明的起源及其特点，在中国特有的地理环境中都可以找到相应的答案。"中国何以能占世界文明五祖之一，则以黄河、扬子江之二大川横于温带、灌于平原故也。"当然，还有西辽河-塔里木河与珠江"次"大川，"东北诸胡种，何以两千余年迭篡中夏……彼族一入中国，何以即失其本性，同化于汉人，亦地质使之然也。……何以不能伸权力于国外，则以平原膏腴，足以自给，非如古代之希腊、腓尼西亚，及近代之英吉利……凡此诸端，无不一一与地理有极要之关系。故地理与人民二者常相待，然后文明以起，历史以成。若二者相离，则无文明，无历史。"

这段话反映了梁启超对地理环境与中国古代文明之间基本关系的认识，并着重分析了南北地理环境的差别对于中国古代文化的影响。他认为，中国文化上的风格与流派"千余年南北峙立，其受地理之影响，尤有彰明较著者"。"大而经济心性伦理之精，小而金石刻画游戏之末，几无一不与地理有密切之关系"。

南北环境的差异造成了不同的学术流派。以先秦诸子论，"孔墨之在北，老庄之在南，商韩之在西，管邹之在东，或重实行，或毗理想，或主峻刻，或崇虚无，其现象与地理一一相应"。到了汉朝，虽然窦后文景笃好黄老，楚元王崇饰经师，也不能改变北方盛行儒学、南方崇尚道家的传统。宋明理学时代，"康节（邵雍）北人，好言象数，且多经世之想。伊川（程颐）之学，虽出濂溪，然北人也，故洛学面目亦稍变而倾于实行焉。关学者，北学之正宗也。横渠（张载）言理，颇重考实，于格致蕴奥，间有发明，其以理学提倡一世，犹孔荀之遗也。东莱（吕祖谦）继之，以网罗文献为讲学宗旨，纯然北人思想焉。濂溪（周敦颐）南人，首倡心性，以穷理气之微；陆王皆起于南，为中国千余年学界辟一新境，其直指本心，知行合一，蹊径自与北贤别矣。凡此者，皆受地理上特别之影"。

地理环境对中国文化的影响，既有南北差异，其实也有东西不同，呈渐进变化。

譬如，佛教的五百罗汉堂，长江上游，成都新都宝光寺的五百罗汉堂位居宝光寺一隅，仅为附庸，其中的济公和尚是"梁上君子"，没有尊位；到了长江中游，武汉汉阳归元寺的五百罗汉堂则与大雄宝殿并重，其中的济公和尚占据一角，是个大位；再到了苏州西阊门外西园寺（旧时也称归元寺）的五百罗汉堂，则据寺院最显著位置，其中的济公和尚更高居中堂。由此我们看到，长江上、中、下游都会不同，按照地理属性，这是东西差异，越往西边越是正统，越往东边越是张扬。

文化背景的不同导致空间营造方式也就不同，中国社会一体多元，北方多以礼制（玄学）空间为主，南方多以堪舆（风水、文人思想）空间为多，北方"方城方院"，南方则"圈层方院"，这个圈可"方"可"圆"，随形就势，因地制宜，但大概是内"方"外"圆"，譬如，村落以九宫格网布局，村后回抱后土，村前回抱月塘，两侧环抱砂山，或者风水林补气，很有特点。

中国大陆，六合之内，留下阶梯、流域（纬度）纵横"四线"。纵四线，就是四条南北向阶梯线；横四线，就是四条东西向流域线，也称纬度线，包括西辽河-塔里木河线、黄河线、长江线与珠江线。气乘风而散，界水则止。聚之使不散，行之使有止，故谓风水（郭璞《葬经》）。纵横四线也就是中国大陆的旋回线，藏风纳气，迎风接水。

流域旋回，横四线为蓝脉，"天"之所在，"日""月"沉淀。暖期活跃在黄河一线，冷期活跃在长江一线，冷暖更迭并在黄河一线与长江一线之间旋回，北至长城西辽河-塔里木河一线，南至南岭珠江一线，横四线是气候的边界。

阶梯旋回，纵四线为绿脉，"地"之所在，"山""海"沉淀。暖期活跃在第二阶梯，冷期活跃在第三阶梯，

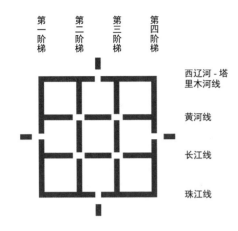

第一阶梯　第二阶梯　第三阶梯　第四阶梯

西辽河 - 塔
里木河线

黄河线

长江线

珠江线

图 4-1　"天""地"矩阵，四条南北向阶梯线与
四条东西向流域线，"四纵四横"九宫格

冷暖更迭并在第二阶梯与第三阶梯之间旋回，西至第一阶梯线，东至第四阶梯线（海底大陆架线），纵四线是地缘的边界。

海权时期，拓展至环渤海湾地区、长三角地区、台海地区、珠三角地区与北部湾地区。

阶梯旋回其通道就是横四线，就是流域文明，这在前面已经作了阐述；流域旋回其通道就是纵四线，就是阶梯线。而无论阶梯或者流域旋回，都与海拔有关，这是一个立体的空间图示。

横四线与纵四线，就是空间的边界，构成"天""地"矩阵，同构于宇宙图示；横四线为蓝脉，在长江一线与黄河一线之间旋回；纵四线为绿脉，在第二阶梯线与第三阶梯线之间旋回，大致正交为"十"字形结构，且西北地势"高"，高纬度、高阶梯、高海拔，东南地势"低"，低纬度、低阶梯、低海拔，综合而言，是西北与东南向之间的旋回。横四线与纵四线构成中国大"蓝绿结构"，万物有"成理"，这样的"成理"是中华文明大地缘结构所构造出来的大"九宫格"，"天、地、人"三道蕴藏其间。其中心，也就是中宫所在的位置，本书认为是在泰山而不是秦岭，这是地球公转与自转，以及气候变化在这片土地上所形成的地球穴位，是王权的象征、封禅的圣地，进而演绎了中国丰富多彩的地缘文明，泰山安，则四海安，中华文明顺着这个"成理"与"结构"而蓬勃发展。

受地缘条件的限制，顺应地理折线大蓝绿结构，中国大陆人类与物种迁徙以及候鸟迁飞通道也呈现纵四线与横四线"九宫格"网式特征。

梁启超认为中国的地理环境具有很大的优越性。他说："我中国之版图，包有温寒热之三带。有绝高之山，有绝长之河，有绝广之平原，有绝多之海岸，有绝大之沙漠。宜于耕，宜于牧，宜于虞，宜于渔，宜于工，宜于商。凡地理上之要件与特质，我中国无不有之。"西方文明则没有这种大地缘条件，被山水分割的小地缘环境，可以发展出特定地缘之具体要素文明的竞争优势，形成赢者通吃的霸权文明。而中华文明拥有从第一阶梯到第四阶梯，四条东西向流域，耦合四条温带纬度线，最适合人类生存的全类型"九宫格"地缘结构，可以整合出最适合人类发展的全要素"九宫格"公权文明，也就能形成统一市场形态，全产业链的"九宫格"经济结构，以及一体多元，政治贤能形态的"九宫格"社会结构，无须侵犯他人就可以屹立千古。

总之，气候与地缘，冷暖与侵退，干湿与丰枯，造成中国南北东西的空间差异。纵横四线，西北方向"高"，发之义理；东南方向"低"，成之心性。文明的重心，暖期向西北，冷期向东南。北南互补，西东渐进，北儒南道，北理南心，儒道互补，理心相容。阶梯纵四线与地球生物南北向迁徙线是一致的，流域横四线与亚欧文明东西向交流线是一致的。阶梯纵四线与流域横四线，纵横旋回，沉淀为天地"九宫"的宇宙空间图示，暖期由第三阶梯从南往西北到第二阶梯，冷期顺时针再由第二阶梯从北往东往南到第三阶梯，中国《河图洛书》的古老智慧，演绎成"九宫格"，却为现代自然科学四纵四横的地缘结构所印证，往复自洽，广化为中国人所依附天地与宇宙的大"蓝绿结构"。

天地矩阵，"九宫格"反映出中华文明在空间上的地缘韧性，呈现为蓝绿结构。

4.1.2 历史旋回

人类对气候与地缘空间变化存在着积极的响应机制。历史赋予了天地九宫的生命周期，人类不断新生，历史不断重复，文明不断维新，秩序不断兴替，这就是旋回、自洽的自相似性与迭代生成的历史周期律。

人类的思想与理性，结晶为"神"与成果为"圣"，梦想秩序，迎接光明，诅咒黑暗，对抗灾害，人类将"神"与"圣"融入到了日常生活，或者旋回性地重塑，或者自洽性地出现，代表着不同地缘人类的共同情感，会在一个短暂的生命里出现，可以是一位具体的人，也可以是一类抽象的人，或者就是一个象征性文化符号，却能长期影响人类的成长，分化为"士农工商"四类不同人群。从"神"到"圣"到"人"，再从"人"到"圣"到"神"，这就是地球文明，它是一个时间框架下的空间体系，当它进入星球文明之时，新的旋回又将开启。

气候无国界，客观上也促进了人类的集体思考与共同行动，中西方思想呈现出相似性与周期性，如良渚与苏美尔，孔子与亚里士多德（形而上学），秦始皇与亚历山大大帝，六祖慧能与奥古斯丁［即心即佛（神）］，宋明理学与德意志古典主义（形而上学），入世儒道与出世释迦、基督及安拉，每次思想浪潮过后，都会产生属于那个时代的新的形态与伟大王朝，缔结人类越来越强大的命运共同体。

迄今为止，以气候（冷暖更迭）、地缘（陆海侵退）与认知（秩序兴替）矩阵变化断代，以中华文明为序，人类文明已经经历了三大发展周期，大约距今 8200 年前开始，距今 4200 多年前海侵结束，是第一个发展周期，原始农耕文化周期。中国人口从 100 多万到 700 多万，出现了"三皇五帝"，大概对应巫鬼与神话阶段，氏族与巫权秩序；距今大约 4200 多年前开始，至工业革命发生时结束，是第二个发展周期，农耕文明周期。中国人口从 700 多万到超过 3 亿，出现了"三代九朝"，大概对应哲学与神学阶段，王权与神权秩序；大约从工业革命开始，进入第三个发展周期，工业文明周期，社会化、产业化、城镇化与全球化。中国人口"七普"超过 14 亿，大概对应科学与玄学阶段，精英与人人秩序。大约从数字革命开始，人类迎来第四个发展周期，农工融合，数字 IT- 生命 BT 融合文明周期，已知的发展周期主要以矩阵面性旋回的方式为主，沉淀广化；而不以螺旋线性上升的方式发生，中心扩散；属于地球（人本）文明大周期，再之后人类进入未来星球化构建过程，属则于星球（宇宙）文明大周期。

三皇五帝、三代九朝历史周期率

气候变化导致王朝迭代，随着地球间冰期大周期冷暖气候变化的节奏，特别是两次大洪水与海侵的影响带来的人类大迁徙、种族大融合、地理大发现，人类集体进入了一个又一个的发展大区间，不断重复提升累积性成长起来，中华文明 8000 年巫鬼传说、5000 年考古发现、3000 年文字记载，呈现出"三皇五帝、三代九朝"的历史规律，可以看到，三皇时期确定的文明框架在五帝时期不断深化落实，三代时期进一步总结归纳，并在九朝时期最终实现，旋回往复，迭代而至。

距今 8200 多年前开始，地球资源充沛，人类开始认知世界，进入了第一个发展周期，即原始农耕文化周期。

三皇时期，大概对应距今 8200～5400 年前这段时间。

燧人氏时代始分"天、地、人"三道，天生万物，发现天纲、天纪，《十天干》，右枢天乙为北极星，太极印与太极涡旋宇宙生化模式，此为天道；地育万物，大山樽木太阳历，河图、洛书，此为地道；人为万物之长，与兽区分（此前，人兽同祖，半人半兽，《圣经》中记载上帝发洪水毁灭人类，可能指的就是这段时期，然燧人氏此时已作区别），燧石取火，氏族图腾徽铭制，八索准绳圭表纪历，《陶文》，立伦理道德，此为人道。

伏羲氏时代将八索演绎成八卦，驯化动物；有巢氏造房屋，女娲氏定制婚姻。

神农氏是上古时期的三皇之一，一种说法是他与伏羲、女娲并称为三皇，另一种说法是他与燧人氏、伏羲氏并称为人皇、天皇、地皇，史称三皇。

五帝时期，大概对应 5400～4200 前（公元前 2146 年）。

进一步继承与发扬了三皇时代"天、地、人"三道文明框架，结合技术的进步，更加具体地完成了这个框架的建设。

譬如炎帝，制耒耜，种五谷，立市廛，奠定了农工商基础；尝百草，开医药先河；治麻为布，为民着衣裳；作五弦琴，以琴乐百姓；削木为弓，以箭威天下；制作陶器，从而改善生活。炎帝还进一步现了太阳黑子，并发明了荧惑历（火星历）等。再譬如黄帝，黄帝在位时间很久，国势强盛，政治安定，文化进步，有许多发明与制作，如文字、音乐、历数、宫室、舟车、衣裳与指南车等。及至帝喾、颛顼、尧、舜、禹，也在这一框架中不断实践，试错与修正。

并且，三皇五帝的时代记载与苏美尔王表有着很多相似之处，苏美尔王表记录在位时间上万年的君王一共有八位，第三位是女性，三皇五帝也是八位，第三位是女娲；苏美尔王表记录第八位君王之后发生了大洪水，而三皇五帝之后也发生了大洪水，也就是大禹那个时代的海侵。

距今 4200 多年前是一个重要的历史分水岭，人类的第一个发展周期完成了，不同种族融合之后，先汇聚到了第二阶梯，再延伸至第三阶梯，进入第二个发展周期，即农耕文明周期。

三代时期，大概对应公元前 2146 年～公元前 256 年这段时间。

气候变化致夏商周迭代，《国语·周语上》载伯阳父之言，"昔伊、洛竭而夏亡，河竭而商亡。今周德若二代之季矣，其川源又塞……"，塞必竭而周亡。三代文明发生与演替也因此成为往复规律，孔子得出结论："殷因于夏礼，所损益，可知也；周因于殷礼，所损益，可知也。其或继周者，虽百世可知也，""周监于二代，郁郁乎文哉！吾从周。"

在三代王朝由盛转衰的过程中，自然灾害的影响不可低估。大致有以下三种情形：

其一，自然灾害迫使王都迁徙。商代帝王常用迁徙的方式来应对自然灾害。《今本竹书纪年》载："仲丁即位，元年，自亳迁于嚣，河亶甲整即位，自嚣迁于相，祖乙胜即位，是为中宗，居庇。"这里至少涉及三位帝王迁徙都城，一是仲丁将都城迁于隞，从仲丁到河亶甲之间将都城迁到了相，祖乙之时又将都城迁到了耿。此外，还有盘庚之时迫于水患的压力，将都城迁于殷地。

其二，自然灾害加速王朝覆灭的步伐。孔甲时期，发生了严重的旱灾，王朝从此走向了衰落。周厉王后期，连续 5 年大旱，使得民不聊生，宣王之时，虽有中兴之意，然而旱灾时时侵扰，《诗经·大雅·云汉》曰："旱既太甚，蕴隆虫虫。"王朝衰落的颓势已经难以挽回。

其三，自然灾害导致统治的终结。大旱必有大震，夏太康时期的旱灾、夏桀时期的旱灾与地震、商纣时期的旱灾与地震、周幽王时期的旱灾与地震等成为三代王朝灭亡的直接诱因，使统治者失去对部落的领导权，或被赶出原来的统治区域。

三代之后的都城迁移反映气候的冷暖更迭、干湿转换、陆海（湖）侵退与流域丰枯，三代主要在第二阶梯，所以，黄河流域的中原地区发展迅速。

"周虽旧邦，其命维新"，到了西汉，董仲舒与司马迁对历史周期率有进一步研究。董仲舒提出了制度上历史是"夏、商、周"周流循环的著名的"通三统"理论。司马迁将这种历史循环的内涵做了更进一步的说明："夏之政忠。忠之敝，小人以野，故殷人承之以敬。敬之敝，小人以鬼，故周人承之以文。文之敝，小人以僿，故救僿莫若以忠。三王之道若循环，终而复始。"

这一时期，西方古两河、古埃及文明相继落幕，进入希腊 - 罗马时期；而中华文明则浩浩荡荡，进入九朝时期。

九朝时期，大概对应公元前 256 年～公元 1912 年这段时间。

秦以后至清结束，包括秦、汉、魏、晋、唐、宋、元、明、清等皆称为九朝。秦始皇废封建、设郡县，创建了"大一统"的中央集权政体。秦朝虽短，然秦制绵延悠长，中国自秦至清延续了 2000 余年，朝代虽屡变，而政体少异，虽时而分裂，终归于一统。历史周期率实际上就是中国历史上的气候变化与朝代兴替相对应的周期性现象，王朝起讫点与气候起讫点并不一定完全对应，但大致 300 年为 1 个周期。在汉朝之后，这种朝代兴替规律依然在发挥着作用，又历经了唐、宋、元、明、清五个朝代，表现以农耕民族儒法秩序的三次复兴，即秦汉复兴、唐宋复兴与明清复兴，以及游牧民族的三次汉化，即鲜卑、元蒙、清朝都选择了继承。事实上，中华儒法政体愈演愈烈，至明、清两朝复兴而极盛。

传统上，将这种历史的变化与朝代更替的因素归因于天子、国君们的道德败坏，认为朝代之所以败落，完全是天子的败德、无道所致。到了西周，这种思想已经成为很系统的政治理念，可以概括为："皇天无亲，惟德是辅。"秦汉以后，这种因天子失德、无道而导致朝代兴替的观念被很好地继承，一直在此后的历史中居于主导地位。近代，黄炎培与毛泽东在讨论历史周期率时，也沿用了这一观点。但气候变化所形成的"天灾"也是造成兴替的重大诱因。

总体来看，气候变化决定农业经济水平，农业经济影响人类温饱程度，人类温饱奠定社会稳定状态，社会稳定制约历史发展进程。暖期以洪涝水患终结（较少），冷期以地震干旱终结（较多），物质的短缺又或带来战争。除了人祸之外，天灾对于历代朝野的损害也是十分严重；夏商灭于火山，秦朝灭于洪涝，汉朝灭于瘟疫，唐朝灭于地震，宋朝灭于洪涝，元明朝灭于瘟疫，清朝灭于火山。**自秦汉以来的 2000 年内，呈现一定的历史规律，31 个盛世、大治与中兴，21 个发生在温暖时段，3 个发生在由冷转暖时段，2 个发生在由暖转冷时段；而在 15 次王朝更替中，11 次出现在冷期时段；而暖期王朝更替，盖由"人祸"，15 次更替中，4 次皆然；冷期王朝中兴，皆为"人治"，王朝拥有极其强大的领袖，31 个盛世中，只出现了 5 次，基本上顺应了冷暖期更替规律。**

当然，"天灾"是一种自然现象，是常数，也呈现出一定的自然运行周期与规律。它出现时，并不必然就导致政权的灭亡，只有当政权已处于风雨飘摇时，这种自然灾害会起到"雪上加霜"的作用，催化政权的崩溃。由于中国古代史家受"天人感应"思想的影响，往往突出地将自然灾害的出现与政权的灭亡紧密地联系起来，而对自然灾害的正常性认识不够，周期性认知不足，气候韧性工具不多。其实，在商周初年，文献记载也均出现过严重的自然灾害，如《吕氏春秋·顺民》记"昔者，汤克夏而正天下，天大旱，五年不收，汤乃以身祷于桑林……"《吕氏春秋·制乐》记："周文王立国八年，岁六月，……五日而地动东西南北……"而这些"天灾"均未引起新兴政权的衰亡。由此可见，"天灾"不能视为政权灭亡的主要原因，是在一定条件下才会起作用的；随着人类掌握自然规律的能力提高，应对气候韧性的办法增多，可以保持更加稳定适宜的社会发展基础，对内进取，对外开放，包容创新，就可以让人人获得更加健康、安全、富足、自由的生存条件。

九朝时期延伸至第三阶梯，长江流域乃至珠江流域发展起来。地球气候与地缘关系的周期性变化，导致中西方文明发生周期性同步变化，但因地缘不同其结果也是不同的，中国历史的周期性变化，是朝代兴替，中华文明的基因（原型）并没有改变，从一开始就在哲学基础与儒法范式的框架中升级提升，中华文明传承延续至今；而西方文明的历史则更多的是文明的更迭，由一种文明跃升至另一个文明，且相互兴替，历史上古巴比伦、古印度、古埃及文明相继灭亡。而且，中西文明发生周期性的同步变化时，中西文明之间都有交流与互动，史前如此，史后亦如此，全球文明是协同演进的。

如同气候、地缘、认知自洽，文明也在自洽。距今 200 多年前，工业革命结束了人类第二个发展周期。中西方文明激烈对抗，各种要素与形式不断均衡汇集到全球各国，人类第三次发展周期已经开始，即工业文明周期。

1763 年瓦特改良蒸汽机开始，全球格局发生了巨大的变化，在这一过程中产业化、城镇化仅是基础，而基于数字革命的农工融合以及数字 IT- 生命 BT 融合的全球化进程与星球化构建才是未来主旋律。1912 年以后，中国也从过去的保守封建，转向开放包容，这是一个质的转变，从地缘文明中走出来的现代中国正积极探索构建基于全球关系的新的认知与秩序体系，会把这个属于中国人特有的地球上"九宫格"地缘结构经营得更好；而随着中华文明复兴，中西方之间应该寻求全球化进程与未来星球化构建中新的平衡，具有新的普世价值的"共同竞合"体系将与近代以来单一存在的"联合竞争"体系，"二元"共存，互为补充。知其雄，守其雌，在"竞合"中"竞争"，和谐发展，共同推进人类文明的进步。

如果之前人类经历自然、农业、工业与农工融合四个文明周期总称为地球（人本）文明大周期，那么数字革命之后将迎来星球（宇宙）文明大周期。

历史周期律因气候适应能力而变化，反映出中华文明在时间上的秩序韧性，向后兼容，向前发展，而面性旋回还在继续。中国三皇、五帝、三代、九朝"四个阶段"，全球易经、佛经、圣经、古兰经"四本经书"，以及生民"士农工商"的四类人群，叠加成为日常生活响应气候与地缘关系且历时与共时相结合的"人本""人文"矩阵，并最终在中华大地上与大"蓝绿结构"耦合匹配，被赋予价值与文明，沉淀广化为中国人所创造的"人本"与"人文"旋回自洽的大"城镇结构"。

人文矩阵，"九宫格"反映出中华文明在时间上的秩序韧性，呈现为城镇结构。

4.1.3 空间活动

空间活动的本质是空间在时间维度上的自相似性与分形迭代。空间因为历时性天地与人文以及共时性宇宙与人本共同营造而成为空间矩阵；天地矩阵与人文矩阵，也即是蓝绿结构与城镇结构，沉淀自洽为思维矩阵，广化旋回为空间矩阵。反过来，空间矩阵又遵循思维矩阵将人文矩阵结合起来，融入到天地矩阵。如同"九宫格"，空间矩阵既是空间的要素纵横规律，也是空间的形式构成法则。在天地矩阵中，人类空间结构大致是确定的，空间要素与形式及其边界可以多式连接；在人文矩阵中，人口规模化、空间格式化使空间致密，周期性空间营造成空间遗产，形成空间韧性。**在天为象，在地成形，空间营造就是一场人类活动与自然环境深度融合的生命礼遇，故在人则象形。**而随着人类历史的发展，人口的增加、技术的增强、韧性的增持、秩序的兴替、空间生长与致密且呈现出日常生活与技术可能相适应的认知特征，不仅是基于自然与在地适应形式的具有丰富视觉冲击的物质现象，还是充满哲理与所有潜在秩序的令人兴奋价值倾向的意识表达，更是居安思危与应对不确定性灾难的集成智慧趋利避害的韧性坚持。

人类空间结构大致是确定的

空间活动大的地缘结构相对是稳定的，天地矩阵；小的地缘结构也是基本不变，蓝绿结构。空间通过渐进式营造实现的适应过程，可能导致巨大的变化与丰富的形态多样性，**而无论空间经历了多少种形态，其营造初期，特别是其蓝绿与城镇空间结构及其形式都将是最根深蒂固的属性。**譬如西方，以英国巴斯城为例，建城时由罗马人奠定的街道布局历经几千年依然保持至今，尽管其间也曾遭遇破坏与灾祸，然而现在的居民仍走在罗马人走过的同一条街道上。再譬如中国，西安有3000多年的建城史，1000多年的国都史，13朝古都；中原地区郑州、开封、邯郸、邢台、安阳等都是3000多年以上的建城史，这些城镇目前还是中原文化的核心地。大希腊时期的众多城镇依然屹立在地中海周围；伊斯坦布尔的清真寺占据了拜占庭教堂的巨大低洼空间。西方有"泛城邦"文明，没有"大一统"文明，西方的"国家"近乎"泛城邦"的概念，国家、民族，来来去去，而城邦依然屹立，或者可称其为"泛城邦"文明。"你很快就会忘记世界，世界也将忘记你。"这是马库斯·奥尔留良（Marcus Aurelius）的一句名言，但他那时在费里尼中的罗马依然存在，"罗马可能永恒，但谁会相信意大利的永恒？"（Serge Salat）。而在中国既有"三代"之后城邦文明，也有秦汉之后"大一统"文明，国家、民族，延绵至今，方国、方城，掠过千年。其实，在这一漫长的过程中，空间的形式大致是确定的，虽然每个人能在改变空间，但改变的幅度十分有限，只是顺着既有的蓝绿与城镇空间结构向外延伸，人类空间的营造活动及其要素与形式，成为遗迹、遗址与遗存，涉及食（药）物、工（器）具与营（制）造等，随气候、地缘而变化，但结构与秩序基本不变，空间遗产也使得空间在时间维度上叠加致密。所以，历时性呈现，共时性存在，多元（文化）、多样（生物）、多值（叠加），以及多维度、多尺度，形成丰富的空间遗迹、遗址、遗存以及现在的状况，不仅在同一时期生成，也在不同时期生成。无论中西，空间在过去 200 年发生的变化超过了以往 2000 年，然而表现出来的基于空间、时间两个维度原型的自相似性与秩序的分形迭代也大致是确定性的。

要素与形式及其边界的连接

空间活动内涵包括要素与形式及其边界的连接。空间边界是交通或信息要素可达或可知流动性的最大位置，或者算力与算法包容性的最大尺度，主要指物质本原的要素与形式，可以是"方""九宫格"格网边界，也可以是"圆"、"同心圆"圈层的形式边界，交通可及；或者通过意识本原与认知本原的宏观认同与微观感知所能涉及的自然、技术与社会等的要素边界，信息可及。

历时来看，流域旋回，人类向阳而长，平均 15℃的气温差异就足以影响人类纬度超过 2000 千米、海拔超过 2000 米的大规模来回迁徙，并可能深刻改变后来的历史。阶梯旋回，人类向海而生，四条海岸线，高差不到 200 米，却足以影响到人类在四大阶梯上高差超过 2000 米的大规模来回迁徙，并可能重新定义后来的文明。

共时来看，天地纵横带来空间要素与形式及其边界的连接、流动与渗透、反转方式的改变，其实质是人的交通（可达）与信息（可知）活动的逻辑与辩证关系的改变，并通过空间要素与形式及其边界管控（规则）来予以实现。李清照的蓦然回首，良渚人的事死如生，回头之间，生死之间，或喜出望外，或寂灭为乐，呈现空间要素主体之间交通与信息边界的反转之美。基于人类自身道德水平与技术能力的提升，空间要素与形式及其边界可以不断扩大，在既定区域内，从"无界"到"有界"，从"有界"到"跨界"，再从"跨界"到"无界"，打破非法定"要素"与"边界"，将"同心圆"圈层融入"九宫格"格网，就是为了获得更大的空间自由。而无论圈层、格网，对空间要素与形式的规划确认以及对空间边界的管治方式都反映出人类自我约束与规则控制的能力，国土空间规划所涉及的"三区三线"，是中国具有法定意义的控制要素与形式及其边界，涉及生态的多样、农业的稳定、城镇的质量以及国家的安全，不可以随意突破。

空间格式化过程使空间致密

空间活动中道德、技术与秩序的变革使空间格式化，边界也不断突破，自治广化，旋回沉淀，致密成网。人口致密、技术致密、形式致密，不同层级的空间所呈现的文化意义不尽相同，地球上没有一处相同的空间，空间按层级生长，因流速、流量与流向而变，承载人类秩序与活动。

空间致密是人口增长的结果。人口的流速、流量与流向是秩序的基础，秩序的本质是人与人之间社会关系或者秩序的安排，人类社会从产生到现在已经发生了巨大的变化，在二里头甚至"三代"之前没有国家，无论中西均为城邦，或者聚落，之后，中国发展出以国家为基础的"大一统"文明，而西方则赓续以城镇为基础的"泛城邦"文明。全球人口从距今 7000 年前的 500 万人，到现在近 80 亿人，数量增长超过了 1500 倍，社会秩序也随之不断进步，人类对秩序的追求也从最初群落生存安全需求，到地区生产安全需求，再到地球生态安全需求不断升级，在这个漫长的过程中，人类社会以发展促秩序，以秩序保发展，让更多的人安全地生存下来。而随着人口规模的增长，空间也在不断生长，并且朝着致密化、立体化与集约化方向发展，空间秩序也随之不断调整，生存、生产空间规模不断扩大，人均空间资源占有量不断缩小，生态空间规模受到挤压也相应缩小。反过来对全球人口规模的控制也就显得刻不容缓，必须确保生态空间的底线安全，生存与生产空间才会安全。不仅如此，随着全球人口平均预期寿命由距今 7000 年前 20 岁左右，到距今 200 年前 30 岁左右，再到现在 75 岁左右，而

图 4-2 要素与形式及其边界的连接，广西富川县
油沐青龙风雨桥，1991 年 9 月钢笔画

且预计 2040 年会到达 80 岁左右，空间的全龄段营造也纳入认知范围，密度、强度增加，层级致密，细分为各个年龄段的适宜空间，出现儿童友好、青年友好、中年友好以及老年友好等全龄友好的生存空间的需求。

空间致密也是技术能力提升的结果。食物广化使人口增长，工具广化使边界扩大，而空间广化则使形态致密。各种流速、流量与流向，形成更加密集且流向集中的网络体系，而高速铁路与数字工具使这种空间致密成为可能，将空间中处于各种不同流速、流量的交通与信息方式连接起来，也更加强化了基于"九宫格"空间格网高度包容的形态特征。交通技术方面，从步行（时速 5 千米及以上），到 1790 年发明的自行车（马车）（此后时速 20 千米及以上），到 1814 年发明的铁路（此后时速 60 千米及以上），到 1886 年发明的小汽车（此后时速 80 千米及以上），到 1964 年开通高铁（此后时速 300 千米及以上），人类流动的速度自工业革命之后越来越快，通道越来越直，有序分布在地缘节点上的城镇体系也越来越直接地被连接起来，从而更加强化了地缘结构的特征，扩大了通勤的范围，全球地缘形态越来越清晰，中华大地上"九宫格"阶梯、流域以及海岸线被这种交通结构凸显出来。信息技术方面，从文字的发明，到距今 1000 年前左右印刷术的出现，到工业革命之后电报、电话、无线电，再到现在数字革命开始的互联网、人工智能、量子通信等，则大大强化了人群的联系，事物的信息沟通与即时统筹，从而更加强化了人类协同的能力，提高了认知与道德水平，而只要明白了事情的道理，不好会变好，好的会更好。信息技术也大大提升了交通技术的位置感知能力，各种流速、流量与流向，致密成网。

空间致密更是空间要素与空间形式不断被格式化的结果。冷暖更迭、干湿转换、陆海侵退、流域丰枯塑造了空间形式，地球上可能发生包括自然与生态的变化取决于空间要素与形式的演变。构筑"九宫格"与"同心圆"耦合不同层级的自相似性与分形迭代，人类活动的流速越高流量越大，与地缘阶梯、流域与海岸线的纵横走向就越紧密，连接通道的线形也会越直接，地球"九宫格"格网结构自然不断扩大，包括但不限于"同心圆"圈层在内的结构关系也会融入其中。譬如在中国，各层级城镇或城镇群在大"九宫"格网之中沿阶梯线，流域线，叠加海岸线布局沉淀，甚至因为食物链丰富也会在地质断裂带、地震带上大规模沉淀，天地九宫、方国九土、方城九门、方院九围、方物九鼎。历经无数代人的传承与发展，空间致密，大"九宫"格网中又有众多小"九宫"格网，城镇空间同心"圆"，或者共心"方"，多中心的二元及三元组合，城镇群或双城一体（譬如成都 - 重庆，

西安 - 郑州等），或稳定三角形生长形态 [譬如长三角上海 - 杭州 - 南京，珠三角广州 - 深圳（香港）- 珠海（澳门），京津冀北京 - 天津 - 雄安，长江中游城镇群武汉 - 长沙 - 南昌等]。无论人口增长，还是技术提升，抑或形式选择，其流速、流量，连续性旋回，密度、强度，复杂性自洽，最后得到各种秩序、层级叠加的致密性空间。同时，气候冷暖、降水干湿、海（湖）侵海（湖）退、河流丰枯、战争瘟疫以及技术工具与技术能力的提升，道德水平的提高（譬如哲学与神学的分异，秩序兴替），使得这个 1000 亿人曾经生活过的地球空间，不断被格式化，呈现出周期性的规律，譬如，奥斯曼计划就将中世纪的巴黎拆成了 18 世纪崭新的巴黎。在这一过程中，一些空间活跃至今，一些空间则被抹去了痕迹。

周期性空间营造成空间遗产

空间营造就是对人的活动要素与形式及其边界的营造。旋回与自洽，是空间营造的周期，也是绕不过去的营造风险，是既往空间格式化所致，也是秩序与技术变革所致，在既定的空间矩阵中此消彼长。尽管与现在不同，地球上大部分陆域地方都曾宜居过，都曾精彩过，就算是南极也曾森林密布，蒙古人也有过自己的农耕时代，自从人类意识产生后，自然空间被对象化，历史记忆依托某个物质性或认知性空间而存在，时间分形，留下了丰富的空间遗产，包括空间遗迹、空间遗址与空间遗存三个方面的内容。

空间遗迹：人类社会生存要素（包括石器、陶瓷、玉器、祭祀、屋宇、墓葬、工具或其他）或者地球气候、地质与物种（包括古气候、地质金钉子 GSSP、古生物化石、沉淀物、孢粉、石油、煤炭或其它）存在遗迹的空间分布状态；**空间遗址**：时代久远、放弃使用、较为完整的人类社会种群、民族、国家及其生产（作坊、装置，如造纸、窑炉、工具、工事、材料、工艺技术等）、生活（祭祀、庙宇、宫殿、房屋、聚落、街道、城镇、墓葬、设施、战争、灾害等），以及气候、地质（火山、地震、地裂、地陷等）、物种迁徙（灭绝物种、甲骨等），或者仍然使用的重大文化活动场所遗址的空间分布状态；譬如作为全球奥林匹克第一个北京双奥场址，可以纳入 UNESCO 世遗名录，并将继续使用。**空间遗存**：时代较长、仍在存续、基本完整的人类社会种群、民族、国家及其生产（古法、古械、工具、工事、材料、工艺技术等）、生活（祭祀、庙宇、宫殿、房屋、聚落、街道、城镇、墓葬、设施、语言、文字、哲学、思想、书籍、碑文、宗教、仪式、法律、法规、民风、信俗、食物、器具、服装、歌舞等），以及气候规律（气温、降水等）、地缘特征（风雨、水质、土壤、矿产、资源等）与物种特色（濒危、化石物种、水杉、桫椤、海龟、蜥鳄等）物质与非物质活化遗存的空间分布状态。

除了那些因为气候变化而枯竭的空间遗产少量的考古发现，**实际上大量的空间遗产及其历史信息应该存续在现在人们习以为常的空间环境里**，只是这些信息已经演变成为一种新的对话与表现形式，融入到了更大规模的人类群体生活之中，其中一些特定的物质与非物质文化现象仍然活跃或者潜在存在，需要我们予以发现并传承。

空间营造就是一场生命礼遇

空间营造是关联自然（气候、地缘）、技术（食物、工具）、秩序（公权、民利）的人类活动（生存、发展）的旋回生产，其间蕴含气候冷暖、地缘侵退、技术进步与秩序兴替的丰富信息。世间万物，日月、山海、雷电、风雨、雄雌、刚柔、动静、显敛、经络、骨肉，**一体之盈虚消息，皆通于天地，应于物类。**人类冷期从北往南，从西往东，暖期从南往北，从东往西，冷期自西北向东南生长，暖期自东南向西北收缩，人类迁徙旋回与自然纬度旋回，阶梯旋回同步。

生命系统由于经过 40 多亿年的进化而愈加复杂，可作为人类在地球的生物条件下长期生存之复杂系统概念的最佳样板。特别是地域生态系统能够告诉我们很多关于在地球某个特定区域维持生命的最佳组合方式，我们可通过观察生命系统来了解空间系统。因此，承载生命体的空间也就自然有了生命属性，成为生命空间，是生命赖以组成、生长、存在、运动的场所，是生命活动的形式延续，包含有自然（气候与地缘）、物理（实体与数字）与社会（秩序与活动）等空间的内容，通过社会秩序构建物理场所形态融入自然环境，空间成为联贯生命体各种功能要素与形式的纽带，各要素与形式之间形成了一个内外相连的、完整的、适度开放的有机整体。如同经络之于人体，是生命空间的一部分，是存在于生命体中相对稳定有序的基本空间通道；**空间之于土地，水脉山脉，是"血"与"肉"，风脉雨脉，是"经"与"络"**。风脉是对气温的调节，雨脉是对降水的调节。空间之于建筑，古代中国人常说："宅以形势为身体，以泉水为血脉，以土地为皮肉，以草木为毛发，以舍屋为衣服，以门户为冠带。若是如斯，是事俨雅，乃为上吉。"空间之于城镇，除了自然的要素流动，人类还建立了更加强大的交通与信息等形式网络，来实现人类空间活动（生活与生产）要素更加充沛的流动性需求，而正是这套物质与社会的空间活动包容性形式网络的建造，使人类迥异于动物。这是把空间生命化，将空间活动与自然生息结合起来，说明格局如果搭配得当，对空间与人都是很重要的。自然是以复杂的方式组织起来，所以，必须加强空间系统的复杂性以接近自然系统的复杂性。

空间可按类型分类，随着时间变化，空间类型也会发生变化（即使它们保持很高的稳定性）。然而，空间的整体结构来自空间与其局部秩序的一致性，复杂的秩序来自小规模进化及其对大规模的影响。当然，人体空间的障碍，也会导致机体内部的微环境发生新陈代谢异常，"痛则不通"，需要予以干预。而实体环境的空间营造则需要先行勘察，避免气候与地缘的危害，察风理水，藏风纳气，择高地而立，向宽处而行，可以使得风调雨顺，以致国泰民安。

物种在不断进化过程中得以生存，空间亦然。虽然生物进化与空间生长之间明显不同，却也存在一些共性，存在着一种极为重要的关于生命与精神的准则。这一准则业已由人类社会无数世代的改进，越来越清晰地展现出来了，而且它的完整性及深入的程度常常令人吃惊，如同"人体"本身，**空间生长不仅是时间的文明叠加，还是生命的蓝绿延续，具有移动、在地与共生的属性，空间凝固了时间，时间连接了空间。这一过程中，要素由时间选择与连接，形式不过是空间自治在旋回构建中的一种短暂结果，空间在时间之中不断生长，也因此人不能两次进入同一处空间。**

空间矩阵，"九宫格"反映出中华文明在要素形式上的时空韧性，呈现为矩阵结构。

九宫之中，可以时空矩阵，容天地礼序。

4.2 要素矩阵，天地礼序

空间生要素，要素生纵横，懂得运用空间要素（数据）、边界管控（算力）与空间形式（算法）的纵向规律与横向法则；纵横生矩阵，矩阵至人本，回归人类秩序的本质，言天地大美，议四时明法，说万物成理，喻人人规矩；同时，通天地人常，立天地人形。"九宫格局"，象天，法地，礼序，营城，矩阵格网，多元一体，实体环境与数字空间深度结合；"法式开物"，体现既适应气候，也因地制宜，可形成特色，会融入生活，能集成技术，最终创造价值的纵向规律，推动形成数字化营造法式；"人人竞合"，遵循生态法则、发展法则、空间法则、特色法则、集成法则以及竞合法则的横向法则，实现社会秩序、日常生活与场所空间的主动建造。"九宫格局""法式开物""人人竞合"，三重构建，横向到"边"，纵向到"底"，矩阵一体，要素多元，化育为人类普世性的一种正确的行为方式，这就是空间"方法论"，天地纵横。

从形式到要素，空间要素则从"线性"到"矩阵"，三道纵横，矩阵 +，礼序，"天地合"。

4.2.1 一方矩阵

如同形式的原型是"方圆"，秩序为"格网"，要素的原型是"天地"，秩序为"矩阵"，所谓天圆地方。

亚里士多德式的"三段式"矩阵"九格"同中国式"九宫格"类似，但在意义上却大相径庭。中国式"九宫格"除了具有亚里士多德式"三段式"矩阵"九格"组合的一般意义，还具有更加复杂的"九宫"创造的象征意义，"九格"是字母"a,b,c"，或者数字"1,2,3"分段简单排列矩阵；"九宫格"则是象数 1~9，或者要素基于"天、地、人"系统的复杂哲学矩阵。从本质上讲，空间便可以分为"三条主线"或"三个本原"。本书关注空间矩阵的六合立体维度及其可能的九宫诸多要素，以"人与天地相参"为主线：自然（日月山海）与技术（可知可达）、哲学（辞象变卜）与秩序（公权民利）以及形式（九宫同心）与空间（共生立体），以"天、地、人"为本原，与天地相参，即"天地合"，意识本原空间（"天"与"唯心""心性"），物质本原空间（"地"与"唯物"、"义理"）以及认知本原空间（"人"与"实用""实行"），根据矩阵思维纵横组织规则，变九宫象数为九宫要素，"三条主线"或"三个本原"纵横综合对应"六合九宫"，意识本原空间对应"秩序"与"哲学"，物质本原空间对应"自然"与"技术"，认知本原空间对应"形式"与"空间"，可以集成"六合六面"，六面均为"九宫"，根据各类要纵横三分提炼，九宫结构赋值。纵列为逻辑，"不同层次"空间进一步"一分为三""逻辑关联"的主线要素，横列为辩证，"同一层次"空间"一分为三""辩证并行"的本原要素；再"三合为一"，由二维到三维，要素共生形式立体，旋回成三阶矩阵，自洽为"六合九宫"。同时，本书未就要素选择拟定标准，但都以"人本"为基础，相关矩阵要素则据经验组合取值，为认知对象六合之内九个方面共计 54 类要素之间的共生编织，或者 54 类要素此时、此地、此境构成人类空间活动的逻辑、辩证与矩阵，纵横规律与形式法则，所谓约定俗成，并不是唯一的方式，仍然有许多组合的可能性，存在要素自身权重与规律的差异，但可做类比，从要素选择到要素规则，且与时俱进，可以直连直达，衍生出空间规划与设计实践所有的数据指标体系。

天地要素

其实，上文讲的都是要素概念，包括气候、地缘与认知，《庄子·齐物论》："六合之外，圣人存而不论。"这里的"六合"是指上文所梳理的知识框架，亦即"秩序"与"哲学"、"自然"与"技术"以及"形式"与"空间"等，由"本原三道"，生"要素六合"；与天地相参，与方圆相契，是空间要素"九宫共生"的矩阵"天地合"，也是空间形式"六合立体"的格网"方圆合"。

1）"意识"本原空间对应"秩序"与"哲学"维度。

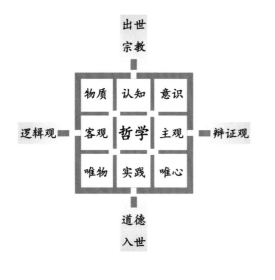

a- 哲学：

哲学（思想）维度九要素，道德水平，行同伦。

意识、物质与认知之间的旋回，结构化思想认知矩阵。

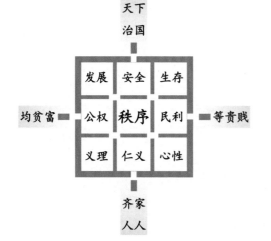

b- 秩序：

秩序（社会）维度九要素，社会发展，序同好。

秩序义理与心性及人的选择之间的认知旋回，心无贵贱，义无贫富。

2）"物质"本原空间对应"自然"与"技术"。

a- 自然：

自然（"三道"）维度九要素，自然法则，人同天。

自然乾天、坤地与人之间的旋回，对应八卦图腾，天地乾坤、日月坎离、风水（山）巽艮、雷泽震兑。

山脉决定水脉、流域，艮山与艮水关联，自然要素的三对主要关系：日、月驭风，天、地得水，风、水相生，其实为蓝绿空间，一切自然规律都是辞象变卜的依据。

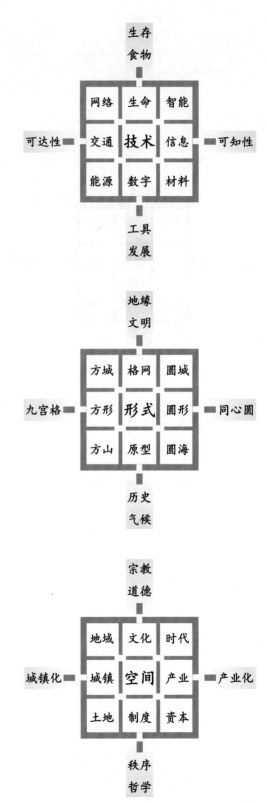

b- 技术：

技术（工具）维度九要素，技术能力，技同法。

技术"食物"与"工具"的进步带来人类巨大的发展，可知与可达之间的相互成就。

3）"认知"本原空间对应"形式"与"空间"。

a- 形式：

形式（方圆）维度九要素，方圆默契，格网同构。

形主"方圆"，方圆旋回，自相似性（原型自洽）与分形迭代（秩序旋回）。

形式是人类社会的政治选择，融入天地经纬蓝绿结构、城镇结构与数字结构之中。

b- 空间：

空间（立体）维度九要素，城镇营造，卜未来。

矩阵+，格网+

矩阵中的九要素"空间"围绕"人"展开。

空间生要素，要素生纵横。九要素以"人本"为中心的"混沌"概念而展开，"空间"可生"一"，人类"活动"，"活动"可生"二"，两种"属性"，"属性"又可生"三"，三个"本原"、三条"主线"。但可以要素变阵，"十"字中心，可以是城镇、空间、产业、制度、文化、土地、资本、时代与地域，"十"字成"五位"，为主要素，其余为次要素。城镇是土地的形态，产业是资本的形态，社会是制度的形态，可以形成更具地域性特征、更具时代性特点，以及更具文化性特色的地缘文明。而无论哪一种要素，规划实践都可以遵循这一矩阵式的认知线索来展开工作，从人类空间开始，分析"一方矩阵""三道四线"，以及"六合九宫"，进而实现有意味的营造，要素旋回，形式自洽，"天地纵横"，"方圆默契"。

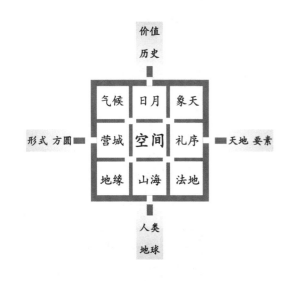

规划实践全要素与形式的整体思维，就是一方矩阵。

纵横生矩阵，矩阵至人本。**一方矩阵就是一套基于生命共同的空间要素（数据）、边界管控（算力）与空间形式（算法）的纵向规律与横向法则。**它包括空间营造的要素选择、技术能力、思维方法及其相应的规律与法则，可以是实体环境，也可以是数字空间，是遵循自然规则，反映道德水平，满足人类需求，具有时代意义的空间秩序与空间形态。

"象天"知"冷暖"（日月、冷暖），向阳而长；"法地"知"侵退"（山海、侵退），向海而生；"礼序"知"兴替"（人人、兴替），向好而行；"营城"识"规矩"（方圆，默契），善建不拔。尼古拉·特斯拉说：如果知道了3、6、9的秘密，你就知道了通往宇宙的钥匙。本文则强调三道、六合、九宫。"一方矩阵""三道四线""六合九宫"与"天地纵横"，最终带来一套空间要素（数据）、边界管控（算力）与空间形式（算法）的纵向规律与横向法则，以及复杂系统的深度适应的空间营造及其制度安排，要素"共生"，形式"立体"。具体来讲，规划实践将引领空间营造的数字革命，机器学习自有营造法式以来的空间技法，通过空间的要素（数据）变化，与或"方"或"圆"的形式选择，使"空间适应人类"而不是"人类适应空间"；与此同时，将数字空间与自然生息结合起来，形成空间要素与形式及其边界管控的规则（算力），以及具有空间适应性"三维六合"共生立体的矩阵（算法），成为具有感知功能的"生命场所"，这也是数字融合发展的路径，按照《易经》的说法，可以有八八六十四种"路径"或者"范式"，象数要素化，要素与形式数字化，在营造实体环境的同时孪生数字空间，构成IT-BT融合的数字与生命融合矩阵，"九宫数字与生命魔方"，直至数字化营造法式。毕竟，"自洽"是对矩阵关系此时此"境"的瞬间把握，而"旋回"则让矩阵关系永无止"境"，基于"旋回自洽"的规划实践也就永无止"境"。

空间营造，包括要素与形式两大基本内涵，从要素来看是"矩阵+"，而从形式来看则是"格网+"，在这里，矩阵化也是格网化，"矩阵+"就是"格网+"。

矩阵化或矩阵+

规划实践真正的创新不在于创造"九宫格"式或者"同心圆"式的实体，而在于设计出可操作的结构性策略以应对多样而复杂的不确定性，这些关联式的复杂系统框架，可以抽象成为空间矩阵，使各种要素能够变阵演绎，敬天爱人，纵横捭阖，并由此展现激活空间营造"六合九宫"及其数字孪生的新途径。正如克里斯托弗·亚历山大所述，这种深度适应性是复杂系统理论与空间问题之间最有效的结合点。

矩阵，涵盖乾坤。

矩阵是关于"天、地、人"要素空间关系的具体呈现。

矩阵中的天地框架，天地、宇宙矩阵。

矩阵中的方圆框架，方圆、格网矩阵。

矩阵中的人文框架，人文、人本矩阵。

矩阵中的思维框架，横向辩证、纵向逻辑，思维、纵横矩阵。

矩阵中的空间框架，空间、立体矩阵。

由天地（宇宙）、人文（人本）、思维（纵横）到空间（立体）矩阵，涵盖乾坤。

矩阵也是蓝绿结构，城镇结构。

矩阵，旋回自洽。

矩阵中的旋回自洽，以义理为框架、心性为血肉，以公权为框架、民利为血肉。

矩阵，敬畏传承。

矩阵中的时间框架，历史经纬，亿年的巫，万年的神，千年的圣，百年的人。

矩阵，大发展时期，格网使低效到高效快速扩展。

矩阵中的蓝绿结构，将格网融入自然，融入地球经纬，格网化落地为蓝绿化，快速扩张。

矩阵，深发展时期，格网使无序到有序品质发展。

失序的郊区，扩大了的城市，重大设施如高铁高压线高等级公路的切割，伦敦、怀柔、大足、九龙峰等，将无序与切割，框在矩阵之中，并融入自然。

矩阵，稳发展时期，格网使竞争到竞合均衡发展。

更大区域，以至全球化过程，最佳的状态就是从竞争到竞合的共同发展。

矩阵，天地纵横。

源于"天、地、人"三道纵横，即纵"三条主线"或横"三个本原"的不断分解与整合、逻辑与辩证，应用到具体的理论研究与规划实践，构成本书三道四线、六合九宫的书写线索与规划范式。

意识本原，"秩序"与"哲学"，矩阵综合。

"象天"知"冷暖"（日月、冷暖），向阳而长；"法地"知"侵退"（山海、侵退），向海而生；"礼序"知"兴替"（秩序、兴替），向好而行；"营城"识"规矩"（方圆、默契），善建不拔；"规划"卜"未来"（格局、开物），善谋不争；"空间"生"旋回"（格网、矩阵），善言不辩。

哲学（辞象变卜）、秩序（公权民利）、自然（日月山海）、技术（可知可达）、形式（九宫同心）、空间（共生立体）。

物质本原，"自然"与"技术"，横向综合。

本与底、连与通、城与乡、中而新、技与能、竞与合。

生态法则，发展法则，空间法则，特色法则，集成法则，竞合法则。

认知本原，"形式"与"空间"，纵向综合。

全天候，全方位，全龄段，全时空，全要素，全周期。

适应气候、因地制宜、形成特色、融入生活，集成技术、创造价值。

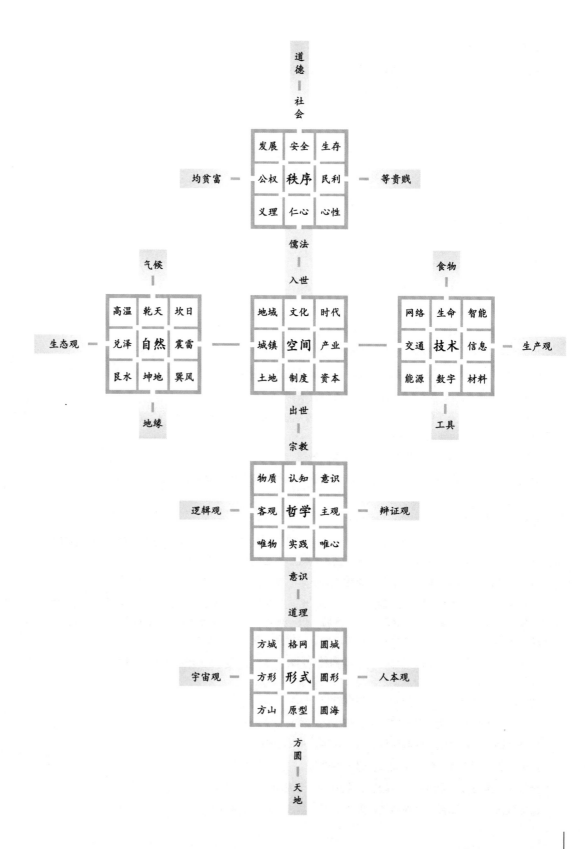

图 4-3 要素矩阵汇总图

矩阵，方圆默契。

矩阵中的格局开物，致广大尽精微。

格局为规划。

矩阵中的等值（15）垂直或水平格网并行，相切或四角圈层放射，以及以人为本的稳定直角三角形或者 1/4 与 1/2 圆。

矩阵中的圈层 [区域（四至）、边界（城墙）、中心（宫墙）]、路径（通道、脊梁、生命线）、节点（空间、时间、标志）、中心与原型（方、圆）。

开物为设计。

矩阵中的稳定三角，如中国向海三角、中原三角、环勃海湾三角、长三角、珠三角、雄安三角、长安街的三角。

矩阵中的东西长街，节点是步行者的中心，而非机动车的中心，长安街，东单西单应该是步行者的中心，机动车可以在外围环绕。

竞合为人人。

矩阵的中心建立，是交通、信息、人文（交往、博览、经济、政治）等各要素的综合。正交矩阵中的极点圈层，中轴对称结构，矩阵可容方圆，矩阵在，则中心在。

矩阵中的日常生活，日常生活圈及其社会网格化治理，为生活圈建"核"。

矩阵，哲学意味。

人法地（地缘），地法天（气候），天法道（规则），道法自然（法则）。格网中总有不同层级的象天、法地、礼序、营城，特定意图。

风水模式，八卦九宫，自然生息。

矩阵中的四象，可以是"文化"（空间、地域、时代、文明化）、"制度"（空间、土地、资本、制度化）、"产业"（空间、资本、时代，产业化）与"城镇"（空间、土地、地域，城镇化）等 1/4 直角三角形四象；也可以是"土地""地域""产业"与"资本"等 1/2 直角三角形叠加四象。

矩阵，数字孪生。

实体环境与数字空间深度结合。

空间营造的数字革命，是将气候、地缘、思维、哲学、科学甚至神学及其一切空间形式数字化，产生数字规划。因此，规划不仅是一套空间形式体系，还是一套拥有算力、算法的天地数字体系、人文规则体系以及矩阵思维体系，是我们的文明、人类的文明。而且，要素矩阵也同样可以孪生为数字矩阵，甚至数字 IT—生命 BT 融合矩阵。要素数字化，在规划实践中表现为要素指标化，譬如土地指标化，形成面积、密度、容积率等指标体系。数字矩阵可以进行数学运算，包括矩阵的加法、减法、数乘、转置、共轭、分解、分块、相似、相合、旋转等，六合之内，空间中所有要素均直连直达，从平面到立体，从纵横到共生，应用于宇宙、人本、思维、空间等层面，以及政治、经济、社会、文化等方面，覆盖规划与设计实践的所有指标体系。

规划实践对应要素"三道"矩阵的深度适应性时空关系，以及形式"四线"格网深度适应性的时空营造。矩阵至人本，格网生宇宙，空间阐释时间，时间塑造空间。规划实践真正的创新不仅在于创造"九宫格"式或者"同心圆"式的实体，还在于设计出可操作的结构性策略以应对多样而复杂的不确定性，规划实践是对"天、地、人"三道四线要素与形式及其红利与韧性的结构性再组织过程，在既有的规律与法则指引下，蓝绿化、城镇化、数

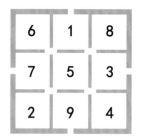

图 4-4 要素矩阵变阵图

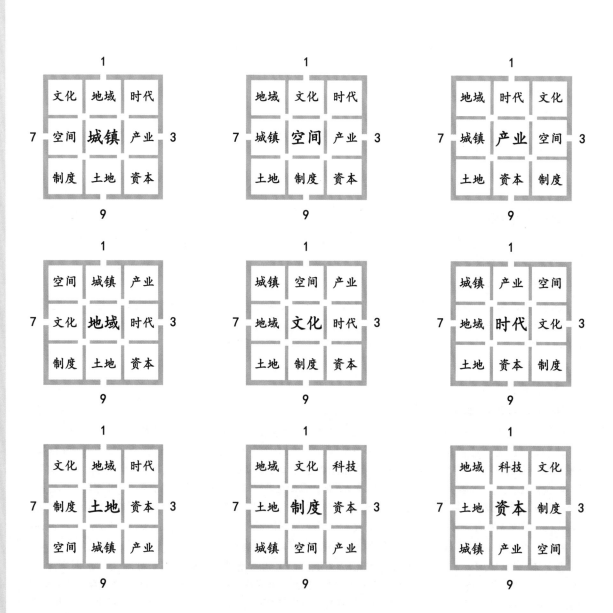

要素相关关系而无绝对数理关系

字化、矩阵化，从共生到立体，预见可知的未来，涵盖乾坤，旋回自洽，天地纵横，方圆默契，万变不离其"宗"。而其中，六条逻辑纵向综合线索以及六种辩证横向综合规律的阐述，都是空间形式与空间营造深度适应性复杂系统探索的策略，以至天地要素，六合九宫。

一方水土一方人，一方矩阵一方城。

4.2.2 纵向规律

空间全要素逻辑思维，当时间与空间脉络旋回到某一具体场所的时候，便形成了瞬间的场所自洽，所谓此时此境，适应气候变化，顺应地缘经纬，集成技术成就，形成特定空间，创造秩序价值，构筑美好生活，这也是六条逻辑纵向综合规律。

适应气候变化

冷暖与干湿的逻辑：懂得并运用纬度旋回冷暖更迭的主要道理，气温，降水，密度，提升气候韧性。

气候的基本要素为气温与降水，人类应对气温与降雨的变化是建造屋居的原始动因，从依赖天然洞穴到走出洞穴，建造穴居，到屋居，聚落直至城镇，人类走过了漫长的岁月，气候不仅影响了人类的居住方式，也影响了人类的生产方式，更影响了人类的历史进程。适应气候变化就是适应并主动调节各种气候条件下气温、降水与密度的变化，可以是气温"热适应"、降水"湿适应"与密度"风适应"，也是对于"天（天候）"、"地（地候）"与"人（物候）"关系的精准把握。

基于气温适应，气温是对降雨的响应，建立全天候"26℃城市"的概念，热适应。南北方城镇的气候差异较大，26℃城市（人体热适应在 20 ～ 26℃），冬天会暖，夏天则凉；形成点、线、面立体网络覆盖智能控制的室内全天候空间，即地下连续通道、空中连贯通廊、地面分布式控温装置；利用可再生能源，零碳排放；实现恒温、助力以及无障碍步行体系，与各式交通工具无缝连接。赤道、低纬度地区，以及寒地、高纬度地区，全天候步行系统应该是连续不间断，譬如香港、卡尔加里、雄安新区；中纬度、温带地区则不一定连续，如长江流域地区。城镇气候韧性是通过室内公共空间的改善来实现的，建立 26℃公共空间热湿气候调节系统，其比例越高则适应气候的能力亦即气候韧性也就越强。

基于降水适应，降水是对气温的调节，建立高台坚基、藏风顺水的概念，湿适应。营城先治水，高地、高台与高栏是防范水害的最根本的解决方法，避开雨窝风窝，山地城市，依山傍水，择高地而立；平原城市，吉象环水，筑高台而居，赣州的选址与治水（刘彝）、元大都的选址与治水（郭守敬）、雄安的选址与白洋淀系统治水都是全地候适应的经典案例。建立城镇降水变化所带来的干湿、雨洪、旱涝等级评估系统，划分干湿、雨洪、旱涝结构性与非结构性多级管理体系，确定 20 年、50 年、100 年以及 200 年一遇不同标高、不同层次城镇与建筑的立体防范标准，并确保城镇公权物业及其公共物品的安全。构建城镇"蓝绿结构"，充分利用降水与植被系统，将城镇与自然连接起来，并有效调节城镇气温。

基于密度适应，密度是对气温与降水带来的冷暖与干湿压差变化的空间调节，建立冷巷，暖街的概念，风适应。城镇密度、强度，道路流速、流量，空间尺度、层级是城镇韧性管理的调节工具。极寒、极热与高密度人口地区，窄路密网，城镇密度都会比较大；反之，则逐渐减小。北纬 30 ～ 35 度地区的城镇密度较为适中，可以独栋、独院，无须集中建设。香港，低纬度高密度地区，尽管在高楼林立的夏季，城镇街巷总会有一种凉爽的感觉。卡尔加里，高纬度高密度地区，中心高层裙楼建立二层连廊，可以抵御漫长冬季的严寒。同时，大洋沿海地区避开常年风力线，高密度城镇形态也是防范太平洋台风与大西洋飓风侵扰的有效解决方法。当然，防火分区的标准或强条就是密度的极限。

地球自转，十二时辰，二十四小时是日复一日的规律；地球公转，十二月令，二十四节气则是年复一年的旋回，节气是一年之中太阳运行的规律，是中国人测度天候、地候、物候与应对气候变化的有效工具，也成为了人类测度冷暖的一把尺子。人类通过空间迁徙与空间营造（"26℃城市""蓝绿结构""密度适应"）等被动或主动的办法来管控人体对热、湿、风的适应，地球冷暖期人类存在的空间形态是不同的。缓发性干湿转换，会影响城镇盛衰，譬如从西北向东南塔里木盆地、毛乌素草原、陕甘黄土高坡甚至庐山脚下的厚田沙漠等区域城镇盛衰，而突发性冷暖更迭则会使文明产生流域性转移，年平均气温在 2～3℃的温差范围，就会发生洪涝干旱或者蝗灾瘟疫等重大自然灾害；3～5℃的温差范围，就导致国家的兴替，文明的重心发生纬度（流域）或阶梯（海拔）转移。

顺应地缘经纬

阶梯与流域的逻辑：懂得并运用阶梯旋回陆海侵退的主要规律，察山，理水，点穴，建立地缘韧性。

平原之人依东西，山地之人就地势，滨海之人靠港湾。地缘从家开始，到种族、民族、国别，到东亚、亚洲、亚欧，到亚太、联合国组织、人类命运共同体，脉络曲直、流域丰枯、城镇盛衰，其内涵不断扩大，人类多元化、全球化的趋势不可抵挡，呼唤全球化的空间安排，从点到线到面，从无序到有序，边界越来越大，要素直连直达，一个与自然大脉络生息与共，均衡、高效、清洁、美丽的地球文明，使众生平等，人人自由。

关联地球折线：察山，脉络曲直。察明地球经、纬向蓝绿构造折线，城镇空间应顺从大地理的山脉、水脉、风脉以及雨脉，巧用风窝、雨窝，耦合构筑城镇小地理微循环，接山迎水，调风顺雨，至"万物同构"。中国的地球折线由南向北与纬线夹角不断增大，珠三角地区的地球折线是纬线夹角 33 度左右；四川盆地的地球折线是纬线夹角 45 度左右；华北平原的地球折线是纬线夹角 60 度以上，东北平原的地球折线则是纬线夹角 75 度以上等。这些地球折线会深刻影响城镇空间形态。不仅如此，城镇的给排水雨洪体系也应"嵌套"在蓝绿结构之中，在流域自净能力允许的范围之内，使其成为自然山水体系中的一小部分。顺应地球脉络曲直，就可以避免结构性地缘失序，从而大幅减少对自然的冲突，以及潜在的自然灾害。

关联流域阶梯：理水，流域丰枯。不同阶梯塑造不同海拔立体城镇空间，而流域关系塑造不同纬度脉络城镇空间，阶梯与流域叠加，使得地球上城镇空间呈现出立体的流域性脉络格局特征，在海拔 66 米良渚 - 苏美尔线、海拔 20 米凌家滩线，以及海拔 5 米现代海岸线之上，积极蓄淡，分级构建能够防范缓发自然灾害、有效应对海湖平面升降的流域阶梯城镇共同体。同一阶梯建造立体城市，开展城镇蓝绿空间矩阵式规划，就丰枯期、水道、水面率、寒暑期、绿廊、绿地率、迎风导风，散热降温等布局，水面率或绿地率高对工程措施的要求也会很高，宜集中建设。同时，进行科学雨洪管理，构筑共同沟、调蓄池、重力排水，采用诸如"高、坚、守、护、引、导、蓄、排"等治水原则；高台高线，保证城镇不受洪涝侵蚀。

关联城镇强度：点穴，城镇盛衰。察山理水，然后点穴，寻找城镇最适宜位置，所谓"明堂"，确定城镇规模及其开发强度。围绕"明堂"，界定城镇多圈层四方边界，向阳而长，向海而生。顺着地球公自转，东西向是城镇空间营造的交往轴向，连续街区，次第展开，譬如，北京长安街、广州东风路、雄安大道（22 千米）等；南北向是城镇空间营造的序列轴向，秩序安排，譬如，北京中轴线、广州花城广场、雄安文化轴等。围绕"明堂"所展开的东西向关联比南北向关联更加紧密，南北相通，东西适当，往往东"富"西"贵"，"东山少爷西关姑娘"，等等。这跟全球文明发生的特征相一致，文明是在温带东西向发展出来的，东西关联，既是地缘关联，也是文明关联，中国四大东西向流域成为 5000 年来气候变化文明的空间载体。

历史都有相似之处，譬如四川彭县两江口，走出了 2000 年茶马古道；山西平遥，汇通从俄罗斯到中国的贸易走廊；安徽徽州府（盐，漕运，宏村汪宅）、云南朱提府（银，秦五尺道，僰道，云南王龙云与卢汉的故里）、新疆罗布泊，兴盛与衰败都随流域丰枯与交通改变而发生。大致看来，缓发性流域丰枯，城镇盛衰，不会以人的意志为转移。流域丰沛，人口聚集，产业兴旺，交通方式发达，则城镇兴盛。反之，流域枯竭，人口流失，产业没落，交通方式不再具备优势，则城镇衰败。而突发性陆海侵退则会从根本上改变阶梯关系，四条海岸线高差不到 200 米的变化，却足以影响到人类在四大阶梯上高差超过 2000 米的大规模来回迁徙，并可能重新定义后来的文明。

形成特定空间

原型与秩序的逻辑：懂得并运用空间旋回九宫自洽的主要方法，原型，秩序，数字，增强空间韧性。

天与地以及方与圆，是"日月""山海""人人"与"万物"之要素与形式隐喻，这些相对要素其所展示的实体环境与数字空间之形式特征，甚至是用"中国"与"西方"所指而呈现出来的要素与形式隐喻，可以天地礼序，可以方圆营城，图腾之"方"与音律之"圆"、哲学之"方"与神学之"圆"，或者中国之"方"与西方之"圆"。

深挖空间原型：在地球格网中找出天地人形的资源禀赋，掌握气温冷热、降水干湿、风压强弱、脉络曲直、流域丰枯、城镇盛衰的规律，用好淡水、土地、人口以及各类资源存量的大数据。这是一个要素收集与整理、组织与利用的过程，也是一个矩阵思维的过程。任何一种形式，日月、山海，人人以至万物，都是"方、圆"自洽的一种结果。河洛之"方"与太极之"圆"或者礼制之"方"与风水之"圆"，柏拉图之"圆"与亚里士多德之"方"或者巴黎之"圈层"与巴塞罗那之"格网"也是如此。哲学强化了对"方"的认同，神学则强化了对"圆"的认同，"山海"之间，如同"天地"之间，也是"方圆"之间。

巧构空间秩序：在地缘结构中找出时空九宫的定位关系，确定原点、原型以及空间组织的具体方式（算法），空间层次的展开首先是定点，点为"天心"、"的穴"、几何中心；其次是定线，线为以原点为中心的轴线，分横轴、纵轴，主轴、次轴，放射、连接；最后形成由"轴"或"网"构成，多层边界，圈层围合的群体空间，空间原型可以是"方"，也可以是"圆"，空间组织可以"方"或者"圆""同构"，也可以"方"以及"圆""嵌套"，或者内"方"外"圆"，或者内"圆"外"方"，根据形式法则，"九宫格"格网为"底"，"同心圆"圈层为"图"，在九宫四线"格网"之中，原型自洽，秩序旋回，而又因地制宜，相得益彰。

数字空间营造：空间营造最终在保持算力趋同的情况下通过具体的数学分析、数字结构的搭建，构筑适宜的实体环境，以及与其相应的数字空间，实现对技术（算力）的突破与秩序（算法）的改变，使得空间广化容得下更多的人类活动，表现在室外空间室内化以及实体空间数字化倾向，不断增强气候韧性、地缘韧性、秩序韧性、空间韧性以及可能的数字延伸，提升人类从容应对冷暖更迭、陆海侵退等突发性自然灾害的疏散能力，以及干湿转换、流域丰枯等缓发性自然灾害的干预能力。譬如数字虚拟、城镇之"脑"等所带来的全新空间体验。

基于资源禀赋（气候、地缘）、治理体系（公权、民利）与技术能力（食物、工具）的判断，营造活动是一个高度智能化的工作过程，表现出对地球生命的共同与人人秩序的尊重，包括对空间营造与设施制造。数字文明时代，智慧社会化、智造产业化、智能城镇化的全新思维满足人类各种空间活动的需求。空间承载着秩序，承载着各种社会关系，也承载了各种不确定性中的确定性，而源于人类认知水平与技术能力，地球表面空间形态在这种秩序的要求下也同样被格式化了。换言之，认知水平与技术能力在决定秩序形式的同时，也决定了空间形态与特色。

构筑美好生活

格局与开物的逻辑：懂得并运用象天、法地、礼序、营城的主要逻辑，格局，开物，竞合，实现人民至上。

"天"分"日月"演"易"，"地"分"山海"成"经"，"人"分"人人"归"仁"，人类文明呈现出时空传播的显著特征。"人天"关系，向阳而长，不断适应；"人地"关系，向海而生，不断进取；"人人"关系，向好而行，不断兴替，从而推动人类社会化、全球化进程与未来星球化构建。象天法地，格局；礼序营城，开物；仁义均等，竞合。

象天法地格局： 空间是人类所有活动及其边界，要素旋回与形式自洽的结果，旋回是一种周期现象，而自洽则是一种韧性选择。格局，格要素之局，其实就是一种矩阵式规划，天地矩阵、人文矩阵、思维矩阵、空间矩阵，历经 8000 年自相似性（原型自洽）实践与分形迭代（秩序旋回）成中国人空间旋回与自洽的要素与形式特征，将中国人象天法地与直觉思维所生成的"天、地、人"框架，转化成为自然科学与矩阵思维所形成的"天、地、人"框架，体现出气候韧性、地缘韧性、秩序韧性与空间韧性，进而将地缘文明的维新成就转化成为全球文明的创新基石，尽格局之重。

礼序营城开物： 任何一种形式，日月、山海、人人以至万物，不过是"方、圆"或者空间自洽的一种结果。开物，开形式之物，其实就是一种法式建造。总的来看，中国河洛之"方"与太极之"圆"，西方柏拉图之"圆"与亚里士多德之"方"也是如此，哲学强化了对"方"的认同，神学则强化了对"圆"的认同，只是不同于西方亚里士多德之"九格"，中国"九宫格"的意义则在于使"格网"有了"天、地、人"三道四线哲学的意味；也不同于中国太极之"圆"，西方"同心圆"的意义在于使"圈层"有了"上帝"的人本神学意味，中国之"方"与西方之"圆"，其间大致可以"互补"，使开物致精。

仁义均等竞合： 中华文明人权秩序经历三个阶段，即人人秩序的"君""民""人"。"君"之公权、"民"之公权、"人"之公权不断向前演进。竞合，竞人人之合，其实就是一种对于生命的尊重。互联网与人工智能创造了人类新的精神气质，可以无差别传送主张、价值、生活与思维方式，不只是伟大的技术创新，还把人类引向一个崭新的时代，其核心要素是人际关系的改变，开放、共享、合作、协同、绿色，也是人人秩序的精神要素，仁义、均等（均贫富，等贵贱）、兼爱，使人修身齐家治国平天下，心无贵贱，义无贫富，则无论格局，抑或开物，都会让人类赏心悦目，显竞合之美。

竞合之美就是和羹之美，和羹之美在于合异，使规划实践参与引领城镇共同体的构建，走向区域竞合，辩证地将不同的空间要素与形式符合数学逻辑与音律特质的设计编织于城镇之中，格局为规划，开物为设计，竞合为人人，构筑优质生活，满足人们对美好生活的向往，而人民至上，安居乐业心归处，就是人民的美好生活。当然，规划实践及其空间营造其本身就是乐和喜悦的过程。

集成技术成就

技术与集成的逻辑：懂得并运用空间营造集成技术的主要成就，技术，集成，结构，贡献技术韧性。

地球是个精密的大结构，人类空间是顺应这个结构的衍生产物。无论自然科学，还是社会科学领域，任何技术都是对物种基因、物理单元、物质原型按既定价值取向的选择、改造、编辑的过程，随着算力的增强、算法的改进、审美的偏好，而呈现出人类社会空间形式结构性特征，以及多彩多姿的万千风貌。

走向未来技术： 空间营造是对未来技术的肯定与运用，技术为人类生存与发展，为人类政治与秩序服务。技术的进步，不断扩大地缘链接与价值认同。梁启超认为，地理环境对中国文化的影响，在唐朝以前较为显著，唐朝以后逐渐式微，其原因是运河的开通加强了南北的联系。梁启超因而指出，"天行之力虽伟，而人治恒足以相胜。今日轮船是路之力，且将使东西五洲合一炉而共冶之矣，而更何区区南北之足云也"。就是说，随着人类文明程度的提高，气候地理环境的作用力在量变的过程中将会越来越小，技术的作用力会越来越大，而各种技术创新并不代表技术能力的自然生成，需要将各种创新性技术统筹起来，使技术协同的价值展现出来，居间提升，然后集成适用。

总结提升集成：集成适应气候、顺应地缘、公权民利的新技术成就，全面系统地应用到空间营造中，技术关联的三个方面，包括食（药）物、工（器）具与营（制）造技术，且集成本身就是一种结构性创新，是人类生存竞争的成就。空间营造是对各类技术整合与适用，可以保障26℃城市、蓝绿结构、城镇密度、脉络肌理、规模强度等技术策略得以实现，规划实践体现"以人民为中心"，对未来美好人居环境的发展愿景，形成"城""镇""村""苑"的空间矩阵，以及"城市功能""特色小镇""文化村落"与"苑围休憩"的产业平台。通过流量、流速的合理分配，城市主要公共空间结合景观形成连续的地下、地上立体活力连廊，实现南北纵深地区冬日"暖城"或者夏日"凉城"的宜居目标。

整体编织结构：技术能力成为一种公权资源，技术的边界即可达性与可知性编织，就是空间规模，技术的形态及其数字化营造法式。引领空间营造数字革命，数字城镇与实体城镇同步规划、同步建设、同步编织、数字孪生。规划是空间要素与形式数字化过程，其本身是一套数据体系，建立城镇之"脑"智能治理体系，完善智能城镇运营体制机制，构建统筹城镇数据与管理运营的智能管理中枢，推进城镇智能治理与公共资源智能化配置。根据发展需要建设多级网络衔接的市政综合管廊系统，推进地下空间管理信息化建设，保障地下空间合理开发利用。以城镇安全运行、灾害预防、公共安全、综合应急等体系建设为重点，提升综合防灾水平，构筑未来城镇范型，呈现格局之重，开物致精，竞合之美，让人民享用技术创新与数字革命的成就。

技术是一种人与自然更广大、更精微的空间协同能力。人类历史上，每一次技术的进步，都源自人类对气候、地缘的再认知，以及对时间、空间的再编织，人口不断增多，交通不断进步，信息不断融合，亦即空间致密与格式化的过程。同时，每一次技术进步，还是产业发展与社会更替的动力，人类技术广化使得这个地球食谱广化、工具广化与空间广化，而每一次技术革命，都必然地促进人类快速发展，带来思想的进步和社会秩序的更替。

创造秩序价值

公权与民利的逻辑：懂得并运用认知旋回趋利避害的主要思想，公权，民利，空间，体现秩序韧性。

空间营造是政治实现的一种范式。政治为人，孟子将人民分成两个行业群体："士"与"民"，"士农工商"，"士"在第一位，"民"指"农、工、商"。用以制度，孟子说："民之为道也，有恒产者有恒心。……无恒产而有恒心者，惟士为能。"国以义为框架，以利为血肉，"民"以"士"为"依"，均输平准，假民公田；"士"为"民"所"用"，善加筹策，经营天下。成就秩序，公权空间是义之恒产，民利空间是民之恒产，公权是空间的骨架；民利是空间的皮肉，没有骨架，鄢覆皮肉；秩序则是将它们连接起来的制度体系与政治主张。

发展公权空间：公权空间也是中国人讲的"义行业"，义理空间，公权秩序。以人民为中心的公权秩序必须大力发展公权物业及其公共物品，避免公权资源小产权化倾向，以及城镇发展过程中由于缺乏足够的公权物业而不断要寻找民利物业变更的窘境，让人民享有使用最大价值土地的公有权利，保持社会的稳定、经济的发展与文化的繁荣。城镇一开始就应该将最好的资源预留出来，包括高台、绿地、水岸、湖畔，成为公权物业及其公共物品的所在位置，公权物业及其公共物品可以由政府公权机构或社会非赢利机构持有或运营的非私有化结构性大产权物业，它是人民至上城镇治理的基本制度与立体框架，能够包容城镇重大要素承载与日常要素流动以及救灾或应急要素管控的所有需求。

保障民利空间：朱熹说"国以民为贵"，政治家在创造足够的公权框架的同时，必须关注"利行业"，私权，民利空间。民利如水，水可载舟，亦可覆舟，民利空间是在公权框架下的人均获得的私有空间，可以是土地、资本，也可以是房屋及其空间权益，是一个国家或地区基本的民生要务。历史上，一次均田免赋的空间格式化过程（或称"革命"），可以构成 300 年朝代周期的制度基础。适度的人均居住面积也是社会稳定的空间单元，中国香港人均居住面积 20 平方米以下，新加坡人均居住面积 30 平方米以上，而中国大陆人均居住面积则在 40 平方米以上，居住状况的满意度一目了然。"居者有其屋，是对生命的尊重，也是一个国家或地区的基本制度安排，并反映出这个国家或地区治理的政治主张。

优化公民权利：无论公权还是民利，其实质是"公民权利"。任何一场深刻的社会变革最终都表现在对土地、资本与制度的变革上，土地是城镇建设的物质基础，土地的资本化过程实际上是城镇政府对土地价值以及经营管理的操作过程，并通过土地的收益来发展公权物业，使公权包容、民利流通，因而制度成为推动城镇建设发展的强大政治动力。制度是政治的工具，制度构建政治，呈现出秩序的边界与形态，努力提高社会的道德水平、人民的生活品质以及权利的配置效率。香港回归之后的短暂失序实际还是空间权利的公平性问题没有得到解决，香港的人均居住权利必得到制度性提高，这需要一个根本性的制度改造，即空间格式化。而为此目的，新界的开发便具有了极大的战略价值。

人人秩序，具有极大的秩序韧性。秩序主导空间，空间承载秩序，将公权与民利很好地组织起来，顺序礼成，两方面都需要做好制度安排，基于公权的法律、法规，以及基于民利的标准、指引，使人民有获得感，而其间对"公民权利"的"度"的把握则需要政治家的智慧。我们在雄安新区东西主轴规划以及北京长安街提升规划中都强调了这一点，将"政治主张"转化为"空间格式"，坚持"以人民为中心"，人人秩序置于公权框架之下，将人类文明在地形成的历史文化、现代成就、生活体验以及未来发展共时性地呈现出来，政文适度分离，打造文明展示、博览交往与文化娱乐相结合的城镇中心，制定未来空间要素与形式数字化营造法式，形成中华风格，创造"人民城市为人民"的秩序价值。

4.2.3 横向法则

空间全要素辩证思维，是基于六条逻辑纵向综合呈现，全要素之间形成的六种辩证横向综合，即是法则，包括生态法则、发展法则、空间法则、特色法则、集成法则以及竞合法则。

生态法则：生命共同体

生态是公权资源。生态兴则城镇兴，生态衰则城镇衰；城镇是生态演替的红利，是人类利用自然的结果，顺应地球经纬，城镇结构依附蓝绿结构，城镇盛衰，则文化兴废，文明得以发生，人类与山水林田湖草是一个生命共同体，人类以生态为底，方可持续发展。譬如，海河是古黄河的入海口，发生过史前万年的文化史，而白洋淀号称华北之肾，白洋淀的生态修复关系到整个海河流域与环渤海湾地区的生态安全，雄安新区则可承接白洋淀湿地生态治理的红利。中国南北方城镇的差异很大，各自在不同气候条件下生长出来，有着自身丰富的实践理性与实践智慧，守望有情的山水环境，稳定富饶的地质条件，饱有充沛的淡水资源，林田绿野，走兽飞禽，生物多样，孕育着城镇的繁荣兴盛。而基于生态共同的原则，规划实践首先要做的工作，就是展开生态因子、生态敏感性及其适应性分析，尤以气候适应与因地制宜为重点，以最小的生态冲突去营造新区。又譬如，对于地处热带海洋性季风气候与滨海地区的江东新区启动区，我们传承中国村落前塘后林的空间格局，以塘为点，以沟为线，水系统为面的水资源体系；积极改善上游面源、中游湿地、下游压盐的河沟特征，充分发挥入海红树林的调节作用；主动减灾，防风消浪，韧性海绵，使之成为生态改造红利下立体复合的自贸区 CBD，遮阴避雨，亲水导风，将建设融入自然，将新区融入生命共同体。除了生态红利下的文化多元，世界自然遗产名录中的江苏条子泥湿地国家公园，则是更大范围，涉及地球生态共同的候鸟大型迁飞地，涉及生物多样，我们将方案主题确定为：留住鸟，留下一个世界。适应气候、因地制宜，是实现生态法则的必然路径，短期内，无论新城发展区，还是旧城更新区，中国城乡都面临着系统性生态修复的艰巨任务，多元、多样、多尺度的立体空间营造可以回应气候、地理与生命共同的未来需求。

发展法则：土地，资本，制度

发展是公权资源。发展的根本动力是在制度的框架下土地与资本的演绎，是制度对于土地、资本的顶层设计，也是土地的充分使用、资本的高效流动，以及制度的不断创新的过程；土地是自然、历史、城镇与产业等各种社会关系的载体。土地决定城镇的边界与形态，要做好土地适宜性的研究，以及由此延伸出来空间规划、用地规划、总体规划、控详修详以至城市设计的准备工作，使土地拥有空间的价值；资本决定产业的边界与形态，厘清政府与市场的资本配置差异，重视土地投入与产出的关系研究，采取税务前置的办法引导城镇与产业布局，避免规划建设，招商引资与财政税收的关联环节之间的脱节；制度则依据秩序的选择规范土地与资本的使用关系以及边界与形态的要素控制，根据发展的条件，确定发展的定位与发展的规模，不同发展阶段制度的着力点有所不同，制度设计要有历史观与包容性，既要考虑当前发展的需要，也要关注长远发展的可能，保持规划实践中各要素的充分流动与发展效率。发展法则实则为土地与资本的战略思考与哲学思想，也是政治选择。中国改革开放所取得的成就，就是发展法则的充分演绎，它既包括逻辑的概念——无论生产生活、产业选择与生活品质，发展是有计划，一步一步地实现的，逻辑发展，也包括辩证的概念——发展是由被动到主动，由无到有，由弱到强，由追赶到引领，辩证发展，还包括矩阵思维的概念——总体目标明确，那就是朝着中华复兴的道路前进，整体发展。与此同时，"土地"与"资本"相当于"国土"与"财政"，是一切公权资源的底层要素，"制度"作用于"土地"与"资本"形成了空间秩序与空间形态，展示出政治（决策）、经济（资本）、空间（土地）与社会（人口）交易的人为约束力。政治通过"制度"的制定来完成对"土地"与"资本"的控制，并且构建"秩序"，呈现出"空间"的边界与形态。关注政治，就是关注发展（土地、资本及其制度），关注空间的规划及其自由营造。雄安新区就是这样一座展现新时代发展理念的未来城市。

空间法则：城镇，人口，产业

空间是公权资源。人类从观象（天气地理）到想象（神话图腾），到辞象（哲学认知），到抽象（原型秩序），再到具象（空间社会），不断形成认知智慧，从"它权"到"我权"，旋回为"秩序"，自洽为"公权"，而"公权"连接"它""我"，延续人类的发展。"十"字经、纬向构造折线是地球给人类或者万物活动立下的"规矩"，或者刚性"约束"，可以形成包括"蓝绿结构"与"城镇结构"的空间秩序。"三十辐共一毂，当其无，有车之用。埏埴以为器，当其无，有器之用。凿户牖以为室，当其无，有室之用。故有之以为利，无之以为用。"这是空间的辩证关系，空间之用，就是使人口聚集，其规模、结构反映出城镇与产业的边界与形态。人口是城镇与产业存在的基础，城镇与产业则促进人口规模的集聚。空间为城镇与产业存在的要素与形式及其边界，源于"九宫格"，"井田制"是中国早期城镇与产业（农业）基本的土地形制，直至现代"空间矩阵"也仍然是非常有效的城镇与产业的空间组织与连接方式，具有对城镇与产业的空间流动性与包容性。城镇与产业之间一般会经历"以产兴城，以城促产，产城融合"发展的过程，其间要特别注意产业关联、产服关联（又包括产资、产税、产学的关联）与产城关联等问题研究，确保规划实践具有较高的建成品质。顺应生态法则，将空间、城镇与产业的结构融入地球经纬结构，天地矩阵与人文矩阵，也即是蓝绿结构与城镇结构，沉淀自洽为思维矩阵，广化旋回为空间矩阵。反过来，空间矩阵又遵循思维矩阵将人文矩阵结合起来，融入到天地矩阵。如同"九宫格"是中华文明的要素矩阵与形式总图，空间矩阵既是空间的要素纵横规律，也是空间的形式构成法则。在天地矩阵中，人类空间形式大致是确定的，空间要素与形式及其边界可以多式连接；在人文矩阵中，人口规模化、空间格式化使空间致密，周期性空间营造成空间遗产。在天为象，在地成形，空间营造就是一场人类活动与自然环境深度融合的生命礼遇，故在人则象形。

特色法则：地域，文化，时代

特色是公权资源。规划实践要有特色，避免千篇一律，而一切特色的基础在于空间的"原型"与"秩序"。何镜堂院士两观三性的思想，能够帮助我们建立规划实践中"原型"与"秩序"特色所构筑的审美法则与象征体系。"两观"指整体观与可持续发展观，"三性"为地域性、文化性与时代性（技术性）。首先，"三性"是规划实践的认知过程。规划实践需要分别解读所在特定空间的地域属性、价值取向及技术能力，即地域性、文化性、时代性（技术性）问题，发现特色法则，寻找空间"原型"与"秩序"；其次，"两观"是规划实践的方法总结。"三性"的和谐统一反映出规划实践的"整体观"，具有从"原点"定位到"原型"创作到"秩序"耦合的全过程特点，可以是"九宫格""方"，也可以是"同心圆""圆"，或者"方、圆"结合，或者基于"方、圆"的参数化选择，因时（冷暖）、因地（侵退）制宜；"三性"的相互作用，这又反映了规划实践的"持续发展观"，共同推动空间认知与空间特色的形成；再次，"两观三性"是形成空间特色的实践体系。两观之"整体观"是空间的内稳结构，而"可持续性观"则是空间的演替过程。空间特色即多样性与差异性则源于空间所在的"地域性""文化性"及"时代性（技术性）"等"三性"特征的精确把握以及对"三性"之间的相互关系的尊重。"两观三性"是对规划实践在空间系统上所做出的矩阵式指导，为规划实践提供基于延续原有空间象征体系的全方位边界感知与审美情趣，同时创造形成特定时间更具特色且革故鼎新的象征体系，这种象征体系本质上是对于"原型"与"秩序"的认同，并通过形式、音律来强调，而形式是凝固的音律，音律便是流动的形式，这一过程既可以是一种旋回式，也可以是一种自洽式构建，存在着周期性且包容式的空间重建规律。中国传统建筑具有十分丰富的空间象征体系，自宋以后的各种营造法式，仅单座建筑就会有300多个不同构件，且各具象征意义，而传统城镇则具有更加复杂与连续的空间象征体系，指向中国人的生命方式，关乎"天、地、人"和谐共处。现时气候分区，以及其间的传统建筑，大都是适应气候的结果，历史上并不一定如此，因而是不断变化的。而随着技术的进步，建筑适应能力增强的同时，建筑形态也逐渐趋同，相对而言，20世纪之后，中国现代建筑与城镇的空间象征则相形见绌，大多没有体系可言，南北方建筑的差异性也跨越地缘逐渐减少，所以我们要为未来建筑与城镇制定"数字化营造法式"，以延续那些经过历史验证、别具特色的中华文明。何镜堂院士"两观三性"思想的主要内涵，将空间表达的意识、物质与认知本原结合起来，保持着地缘差异的地域属性以及传承至今的文化属性，创作可以"得意忘象"，做有哲学思考的建筑与城镇，展现出令人兴奋的时代属性，从而挖掘出空间新的象征价值。

集成法则：数字共同体

集成是公权资源。集成能力与空间形式的塑造是匹配的，是结构性的资源，人类应该在可控的范围内实现空间的最大化适用，满足人类生存需求的最大化可能。三大类技术集成广化：食（药）物技术的空间关联，作物的分布与地质、土壤等分布有关，而且不同地质与土壤交接处，常常会出现令人惊喜的地理标志性特产与文化差异性现象，包括国土空间中的基本农田与生物多样性、城镇空间中的特色小镇、种子胚胎、交易市场、体验中心（美食、娱乐）等，食（药）物的核心是种子与土壤安全，药食同源，并决定了人口增长质量与公共卫生水平，推动食物广化。工（器）具技术的空间关联，包括交通工具的空间关联，城镇空间中的陆海空港站与各类通道，如未来的航天港、深海港等，以及信息工具的空间关联，城镇空间中的信息引导及其基础设施，诸如信息港、信息中心、政文中心、知识中心、创新中心、科学城、教育培训。交通与信息工具的关键是材料与能源进步性以及数字化进程，使得工具广化。营（制）造技术的空间关联，建筑、城镇与国土空间营造包括但不限于策划、设计、结构、水电、市政、道路、信息、公用、环卫、绿化、材料、建造与运维等多方面的智能技术集成。同时，随着算力、算法从传统向现代的根本转变，土地与资本可以被控制与校准各种精确且机动的形制，使其摆脱某种公式化的状态，趋向"随意"。实体空间与数字空间之间，不仅是孪生，还是创造，空间之"脑"，促进空间广化。集成法则是一个独立的体系，规划实践引领空间营造，要善于驾驭包括数字革命在内的各类技术创新的成就，需要多学科参与，既要有土地、规划、建筑、景观、交通、水利、生态、人工智能等背景的技术力量，还要兼有社会、经济、历史、文化、气候、地理、哲学、政治等学科的知识支撑，共同协作，集成智慧。现阶段，空间的要素数字化已近完成，而形式数字化尚未健全，没有形成基于不同气候条件、不同地貌分区与不同文化背景的数字化营造法式。其实，空间营造的形式法则不被确定，建筑的工业化、产业化水平就上不去，城乡面貌就得不到根本改变，人们的归属感、获得感就不能保证。集成能力在创造未来生活方式规划实践的同时，也会改变规划实践的思维与方法。集成法则其命维新，人类应该借助数字工具，由蓝绿结构，到城镇结构、矩阵结构，再到数字结构，构建数字共同体。

竞合法则：城镇共同体

竞合也是公权资源。人类两种属性，既竞争，又竞合。竞合非竞争，竞合为人人，竞合的基础是竞争，竞争终竞合。历史上，墨子倡导"非攻兼爱"，面对事物"以攻止攻，以爱兼爱"，不采取对抗的方式，而采取兼容的方法，这就是竞合法则。物质环境与社会治理的构筑方式是一样的，中国人采取竞合的方式来构筑物质环境与社会治理，榫卯便有了特定意义，榫卯是中国古代木构建筑的主要结构方式，不使用螺栓钉钩，可以相互咬合，构筑一处建筑、一座城镇，当然也就构筑了一个社会、一种文化，成为中国社会治理的主要结构方式，人民至上，集成共生。适用竞合法则可以将城镇与国土的空间营造与经济发展及社会治理统筹起来，小区域竞合、大区域竞争，形成竞争优势，然后在更大区域内实现竞合，也就在更大区域外参与竞争。区域内城镇的联合发展形成城镇群，城镇群竞合的结果就是城镇共同体，城镇共同体是城镇群的演替产物，它不仅是城镇数量上的集群发展区，更是城镇高质量的集成发展区，城镇之间的分工会更清晰、关联度更强、协同能力更好，是区域城镇集群发展的方向。同时，城镇与国土空间的形态是变化的，应根据气候冷暖与海（湖）侵退及时调整国土空间形态，并为此做好预案。规划实践能够引导建设更具竞争力的城镇共同体，人人秩序，和而不同，达成人类文明的新阶段。

总之，"六种横向综合规律"是空间营造的辩证阐述，也是对"六合九宫"复杂体系的深度响应："生态"与"自然"，"发展"与"哲学"，"空间"与"空间"，"特色"与"形式"，"集成"与"技术"，"竞合"与"秩序"等要素六合矩阵式相互响应。规划实践是空间营造，要素矩阵、形式格网的分化与集成，就空间形态而言，城镇是土地的形态，产业是资本的形态，社会是制度的形态，可以形成更具地域性特征、时代性特点，以及文化性特色的地缘文明。规划实践要算账，空间营造有成本，就是要为基于土地的城镇、资本的产业，以及制度的社会算账，引导人们有序而经济地营造与运维。规划实践还将开启未来数字（智能）文明时代新的营造格局，需要突破现有行业的思维惯性，探索精准高效且更加适宜的数字营城逻辑；规划实践的本质就是空间（数字）格式化推演，而空间（数字）格式化就是政治选择下空间旋回与自治的营造，遵循天地人文与原型秩序分形迭代的旋回法则，演替道德认知与技术能力复杂连续的自治形态。**规划是一种快乐的空间实践，其至高境界，不仅是基于自然规律的场所构建（物质本原），也是基于秩序规则的社会构建（意识本原），还是基于美好生活的日常构建（认知本原），更是应对各种不确定性的韧性构建（趋利避害），因而是空间哲学的实现方式，能够呈现出天地之大、方圆之妙、现世之乐，以及格局之重，开物致精，竞合之美。**规划师要懂得洞察，谨慎创新，具有觉悟、思辨与化育能力，寻找到空间（数字）营造的破局路径，编制有哲学思考的规划，并使其恰到好处，所谓"妙用方圆"。

九宫之中，可以方圆默契，容空间旋回。

4.3 形式格网，方圆营城

空间生原型，原型生方圆。河洛之方，化为太极之圆，方为初始，圆为终极。西方人可以把圆做方，由"绝对空间"到"相对空间"，落地为"十"字（方形）；中国人也可以把方做圆，由"相对空间"到"绝对空间"，落地为太极（圆形）两仪四象八卦六十四系辞。早期人类借助"它权""神学"，完成对"天、地、人"的被动认知，并形成中西方不同地缘条件下"九宫格"格网与"同心圆"圈层的空间结构；现代人类则变"神"为"我"，通过"我权""哲学"，完成对"天、地、人"的主动认知，并形成全球化跨越地缘与意识形态之畛域，复合"九宫格"格网与"同心圆"圈层之空间矩阵。方圆生格网，格网生宇宙。就两种模式的基本形式"方、圆"而言，假定"方"代表已知边界，"方"中有"圆"，"圆"即为已知边界；"方"外有"圆"，"圆"即为未知边界，未知"圆"不断被认知，"方"就越来越大，反之亦然。"圆"受地球经、纬向蓝绿折线的自然限制，不可以无限扩大，而"方"则可以分解为"格网"，或者近似于"格网"，并无限连接，即为"大方"，然"大方无隅"，地球"表面"维度上的一切形式又必然融入到地球"经、纬"，再由"经、纬"聚合为"球体"，成为"球体"维度上的"点、线、面、体"，最终汇入到浩瀚无垠的宇宙之中。于是，我们看到的任何一种形式，日月、山海，人人以至万物，不过是"方、圆"或者空间自洽的一种结果。

从要素到形式，空间形式则从"原型"到"秩序"，四线格网，格网+，营城，"方圆合"。

4.3.1 空间营造

空间营造，是人类对空间要素（数据）、边界管控（算力）与空间形式（算法）的组织能力，就形式而言，是边界生产，是对各种"原型"与"秩序"的响应，是人类对地球的主动适应性活动，有着相似的组织原则，是政治选择的产物。

伏羲持矩（方），女娲执规（圆），方圆可以默契。"方、圆"母型，是"天与地""山与海""人与人""宇宙与人本"，以及基于"巫鬼与神话""图腾与音律""哲学与神学""科学与玄学"等认知的"公权与民利"之形式隐喻，这些相对要素所展示的实体环境与数字空间之形式特征，甚至是用"中国"与"西方"所指而呈现出来的形式隐喻，旋回自洽，如图腾之"方"与音律之"圆"，哲学之"方"与神学之"圆"，或者中国之"方"与西方之"圆"。

就地缘特征来看，"方、圆"母型，是"山、海"的形式隐喻。环绕青藏高原东西两端的地缘特征大致相似，不仅有美索不达米亚的两河流域（幼发拉底河、底格里斯河），也有中华文明的两河流域（黄河、长江）；不仅有亚非欧之间的地中海，也有东南亚之间的中国南海。"两河"传续的是"方"的文明，隐喻"冈仁波齐"；"两海"传续的是"圆"的文明，隐喻"伊甸园"。"方"是"山"，"圆"是"海"，"山海"之间，如同"天地"之间，也是"方圆"之间。青藏高原一带流传至今的曼陀罗坛城唐卡表现的就是一

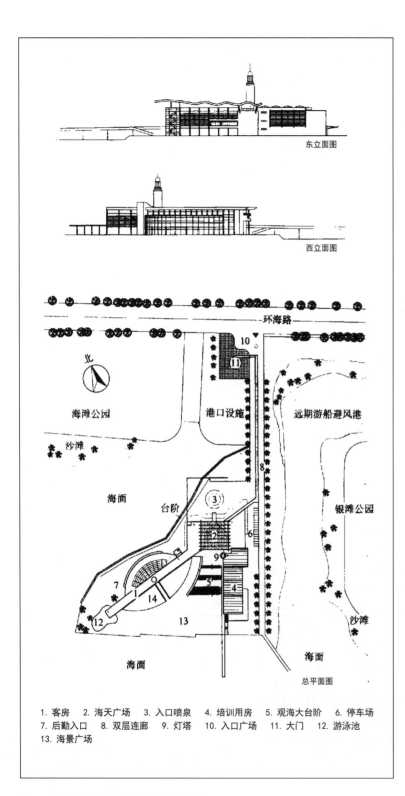

东立面图

西立面图

环海路

北

海滩公园　　港口设施　　远期游船避风港

沙滩

海面　　　　台阶　　　　　　　银滩公园

沙滩

海面

总平面图

1. 客房　2. 海天广场　3. 入口喷泉　4. 培训用房　5. 观海大台阶　6. 停车场
7. 后勤入口　8. 双层连廊　9. 灯塔　10. 入口广场　11. 大门　12. 游泳池
13. 海景广场

图 4-5 阐述亚热带海滨与城市意向的建筑

种"方山圆海""方地圆天"的"宇宙空间观"。同时，"山"是"天根"，"海"是"地穴"，黄帝内经说"天根地穴常往来，三十六宫尽是春"，则是另外一种雌雄交泰的"人本空间观"。

而就神学启示而言，"方圆默契"纳入终归"圆满"的佛法，成为江西宜春洪江沩仰宗庭的一道宗风，"方"指事物，"圆"指道理，沩仰宗奉行"不说破"原则，交流时较少用语言，多用"圆相（象）"，即先用手画一个圆圈，然后在圈中写一个字或画一个图（象形），在这种手势交流中，方物圆象，传达一种基于"方"的智慧与默契之"物象空间观"，以及与之相对的基于"圆"的音律与意象之"音意空间观"，那是一个音律所呈现的意象世界，广泛运用在宗教、礼仪、庆典、娱乐、静思与哀伤之中，以强化空间场域的情感气氛。

人类适应自然，有其必然的"价值选择"，空间"原型"与"秩序"是空间的"两种属性"，"方"与"圆"，即个体的"对立"自然属性；"九宫格"与"同心圆"，即整体的"统一"社会属性。空间营造，是"原型"及其"秩序"的营造，是人类社会不断构建的过程，原型自洽，秩序旋回。空间营造，与方圆相契，即"方圆合"，知其"圆"，守其"方"，九宫之下，格网之中，可以"方""圆"，是人类对生命的敬畏。

象天法地

距今 8200 ~ 5400 年前，三皇时期，祭祀中心性，简单分区，小规模聚落与邦国，非确定性定居。

早期人类，从日月、山海之间寻找隐喻"方圆"的秩序。

距今 8000 多年前，在属于裴李岗文化的河南舞阳贾湖遗址，较大的成年男性墓葬中，随葬品骨规形器、骨律管（骨笛）等被认为可能用于观象授时的天文工具，中国天文学已初步产生。随葬品中装有石子的龟甲，龟甲上刻有字符，应当与用龟占卜和八卦象数有关。龟背甲圆圆而腹甲方平，或许"敬天爱人""天圆地方"的宇宙观已有雏形。

在辽宁阜新查海及附近遗址，也发现了石头摆塑的长龙与獠牙兽面龙纹形象，位于一个中央广场上，周围围绕着许多房子，基本都是中央有火塘的方形或者长方形房屋，有的火塘后面还有石雕神像，在追求建筑空间规整对称的同时，同样存在"中心"观念。在内蒙古敖汉旗兴隆洼、兴隆沟与林西白音长汗遗址，还发现外面有壕沟的聚落，里面的房子排列整齐，大房子（宫殿）在最中央，社会很有秩序。这与同时期西亚等地比较随意的聚落布局有明显不同。在湖南洪江的高庙遗址，精美白陶上出现了最早的八角星纹图案，这种图腾广化的纹样符码可能表达了八方九宫、"天圆地方"的空间观念；还有太阳纹、凤鸟纹、獠牙兽面飞龙纹以及天梯纹等图案，其中的兽面纹、八角星纹后来影响到全国，商周时期青铜器上饕餮纹或兽面纹的源头就在这里。结合遗址"排架式梯状建筑"的存在，发现了面积达 1000 多平方米的大型祭祀场，里面有 4 个一米见方的大柱洞，原来应该有非常高的建筑物，发掘者推测可能是与宗教祭祀有关的通天的"天梯"，展现出浓厚的通天、敬天的原始宗教气氛。

大体同期，在浙江义乌桥头、萧山跨湖桥遗址，发现了彩绘或刻画在陶器、骨器等上面的六个一组的阴阳爻卦画、数字卦象符码，与周易、八卦符码很像，与贾湖的龟占数卜当有密切联系。

远在中东，在沙特首都利雅得西北约 700 千米的 Al-Faw，发现了一个新石器时期人类的定居点。其神庙、神坛与坟墓，是一种较为典型的史前聚落"组合元素"即"坛、庙、冢（祭坛、神庙与墓）"。人类文明不同分支在世界各地的漫长发展进程中，却有着诸多时空相隔遥远却惊人相似的步调。

距今 7000 多年前，八角星纹、獠牙兽面纹图案在中国大部地区流行开来，表明"天圆地方"的宇宙观及其敬天观念得以大范围扩展传承，譬如在河南濮阳西水坡遗址发现距今 6000 多年前的蚌塑"龙虎"墓，被认为将中国二十八宿体系的滥觞期提前了数千年。距今 5000 多年前安徽含山凌家滩的"洛书玉版"与兽翅玉鹰，在它们的中央部位都雕刻有八角星纹图案。

图 4-6 17世纪初唐卡

　　距今 6000 多年前，陕西西安半坡、临潼姜寨、宝鸡北首岭等仰韶文化遗址，也都发现了环壕村落，"外圆内方"，譬如姜寨环壕村落有五片房屋，每片房屋中都有大、中、小之分，大房屋可能是举行祭祀等公共活动的场所，几乎所有房子的门道都朝向中央广场，周边还有公共的制陶场所、公共墓地，看得出当时的社会向心凝聚、秩序井然。已有 6000 多年历史的湖南澧县的城头山城址，是中国目前所知最早的城址。

　　距今 5400 多年前，西辽河流域进入红山文化晚期，在牛河梁女神庙、祭坛、积石冢的结构与布局中，发现距今 5000 多年前的由三重石圈构成的祭天 "圜丘" 或 "天坛"，外圈直径恰好是内圈直径的两倍，与《周髀算经》里《七衡图》所示的外、内衡比值完全相同，被认为是 "迄今所见史前时期最完整的盖天宇宙论图解"，与北京的天坛、太庙和明十三陵，坛、庙、冢三合一的布局如此一致，表明一直延续到封建帝制结束，华夏民族对先祖、先帝的祭拜形制，在此时已具雏形。而红山人只以玉随葬、唯玉为礼的习俗，**如同陶器由南至北、玉器**

由北至南传播，成为迄今为止得到确认的中国最早的礼制形式。至此，红山部落集团凝聚在共同的宗教信仰之下，从自然形式的母系氏族社会，发展到具有秩序、等级，将神权与族权统一在一起的原始社会形态。

中国古人乃至全球人类，都意识到宇宙的基本形式就是"方"与"圆"，"天圆地方"以及与此相关的观象授时、天文历法、象数龟占、阴阳八卦、通天敬天等，与四维八方、四时八节、四象八卦的观念相系，是一种将日月、山海、人人以至万物统一起来，强调普遍联系、动态而非静止的整体性宇宙观，在中国被归纳为"敬天爱人""天人合一"思想。而与之伴生的绘画艺术，则表现出西方以人体为比例的单点或二点透视具象式写实，而中国以宇宙为图示的多点或九宫透视抽象式意境，这其实也是中西方巫鬼文化的差异。

河洛之"方"

距今 5400～4200 年前，五帝时期，祭祀中心，氏族标志，大规模非确定性定居聚集（生存残余增多后迁移），初步的功能分区，有了天人雏形。

这一时期，中国很多地方已经站在了文明社会的门槛，有了更加宏大的日月、山海、人人以至万物秩序。黄河流域中游或者中原地区的文化重心有两个地方，一个是陕甘黄土高原，一个是河南中部，都属于仰韶文化晚期以及后来龙山文化的范围，而长江流域的良渚文化，也都熠熠生辉。

距今 5400 年前以后，甘肃秦安大地湾遗址出现了 100 多万平方米的大型聚落，有 420 多平方米的宫殿式建筑，已初步形成前堂后室、东西两厢、左中右三门这些中国古典建筑的基本格局特征。而河南中部的巩义双槐树是经过精心选址的都邑性聚落遗址，有 117 万平方米，发现三重大型环壕、大型夯土基址，其周边已经形成一个规模巨大的聚落群，这里发现的长排宫殿式建筑与大地湾前堂后室式的宫殿式建筑有一定差别，分别成为夏商周时期两类宫殿建筑的源头。大地湾与双槐树聚落，可能分别是仰韶文化晚期陕甘与豫中地区两大"邦国"的中心聚落，都已站在了文明社会的门槛或者初具文明社会的基本特征，河南灵宝西坡遗址数百平方米的宫殿式房屋，中部靠前还有神圣大火塘，以四根对称的大柱子支撑，只是缺乏东沿海地区的奢华玉器与厚葬习俗等，仍具有"中原模式"或"北方模式"特征。

距今 4800 年前以后，双槐树遗址代表的"河洛邦国"走向衰落，但在陇东、陕北地区仍有较多大型聚落，其中甘肃庆阳南佐遗址发现前厅后堂式宗庙宫殿，建筑面积达 800 多平方米（室内 630 多平方米），宫殿前面两侧还有九处直径各约 100 米的夯土台，所显示的社会发展程度比大地湾更高。

距今 4500 年前以后，进入龙山时代，黄河中游地区，尤其是陇东与陕北的中心地位继续加强，出现面积达 600 万平方米的灵台桥村遗址，与核心区面积就有 200 万平方米的延安芦山峁遗址，在两个遗址都发现较多板瓦、筒瓦，可能用于宗庙宫殿建筑，还出现了玉器（礼器），在芦山峁遗址已经揭露出 1 万多平方米的夯土台基，上面有中轴对称、主次分明的宗庙宫殿建筑群，与大地湾的建筑格局相似，只是更为宏大复杂。此时，在山西南部兴起了面积 280 万平方米的陶寺古城，里面有大型宫城、大型夯土建筑基址、大型宫殿，还有半圆形的"观象台"，以及随葬大量玉器、漆器、龙盘等的豪华大墓。陶寺晚期还发现用朱砂写在陶器上的比较成熟的文字，以及小件铜器。此外，内蒙古呼和浩特清水河县后城咀石城城门区域基本确定了由瓮城前通道、瓮城壕沟、瓮城、瓮城城门、城门组成的半月形防御体系。后城咀石城瓮城结构与已发掘的石峁、下塔等同期石城存在明显差异，却与中原二里岗文化望京楼城址同类建筑相似，即以壕沟间隔处形成进入瓮城的通道，通道两侧分立"阙"式建筑，瓮城内空间充足，入城为直线门洞式等，外瓮城下面还有 2 条地下通道，兼具进攻、防御双重功能。后城咀石城瓮城是龙山时期中国北方地区已知最早的具备完整防御体系的瓮城遗迹。

这一时期，长江流域最为耀眼的区域文明就是良渚文明。距今 5100 年前以后，良渚文明进入兴盛期，在浙江余杭的良渚遗址，面积约 290 万平方米，略呈圆角长方形，向心式三重结构，自内而外由宫殿、内城与外城组成，遗址有规模宏大的水利设施，以及大型祭坛、豪华墓葬等，有的"王墓"随葬玉器500多件，玉器、漆器、陶器等精美异常，玉璧、玉琮等可能是与祭祀天地相关的礼器，玉琮可能是王权的象征，神人兽面纹则可能是良渚人崇拜的宗神，良渚陶器上刻画的类似文字的符码不少，有的可能就是当时的文字。此外，稻作、手工业、聚落分化、高度发达的科学技术、深彻的社会动员能力、高效的组织管理能力、明显的城乡差别、"畿内"、军事、宗教与社会、"中央"与"地方"等方面的社会组织结构已经相当成熟，良渚文明完全具备早期文明的基本特征，属于中华大地上最早进入文明社会的区域文明之一。

距今8200～4200年前，中华文明总体处于混沌发展周期，而之后，则进入农业（耕读）文明发展周期。存世文物，石雕、青铜、泥板或者石构建筑，就工艺而言，古两河、古埃及明显优于同期的古中华地区，古中华地区则发展了陶瓷、玉雕、丝绸以及大木作工艺，并成为了自己文明的特色，陶瓷、丝绸更是成为国家的标志，而红山文化的猪龙、石家河文化的玉凤、良渚文化的玉琮，与后来的唐宋大木作、明清紫禁城等都达到了极高的工艺制作水平。

早期形制

距今4200～3000年前，三代时期，夏二里头、商安阳、周"考工记"，生存残余处理能力提升，自商末开始大规模确定性定居聚集，明确功能分区，逐步形成早期形制。

井田、井城

中国人尚"方"，"九宫格"是这一时期的伟大创举。从意识本原来看，"九宫格"是一种天地象形的意识形态；从物质本原来看，"九宫格"又是一种物质世界的结构方式；而从认知本原来看，"九宫格"更是一种社会存在的实践方法。九宫格局，既是士农工商的生活方式与生产方法，也是约定俗成的要素逻辑（辞象）与要素辩证（变卜）的思维矩阵，还是喜闻乐见的形式原型（分形）与形式秩序（迭代）的空间格网。

最早的"井田"，见于《谷梁传宣公十五年》，"古者三百步为里，名曰井田"，"井田者，九百亩，公田居一。"其实则为四周开放、无边界的"九宫格"，夏代曾实行过井田制，商、周两代的井田制因夏而来。井田制大致可分为八家为井而有公田与九夫为井而无公田两个系统。记其八家为井而有公田者，如《孟子·滕文公上》载："方里而井，井九百亩。其中为公田，八家皆私百亩，同养公田。公事毕，然后敢治私事。"记其九夫为井而无公田者，如《周礼·地官·小司徒》载："乃经土地而井牧其田野，九夫为井，四井为邑，四邑为丘，四丘为甸，四甸为县，四县为都，以任地事而令贡赋，凡税敛之事。"当时的赋役制度为贡、助、彻。皆为服劳役于公田，公田居中，其收入全部为领主所有，而其私亩收入全部为个人所有是一种"劳役租税"，虽然"井田制"作为经济制度在商鞅时期被废除，但作为空间营造"矩阵＋"却延续下来。

最早的"井城"，河南偃师二里头都城遗址的中心呈现"九宫格"式的布局，祭祀区、宫殿区与官营作坊区这三个最重要的区域恰好在中路，宫殿区位居中心，重要遗存拱卫在宫殿区的周围，显示了王权的至高无上。二里头都城遗址出现了分区而居、区外设墙、居葬合一的布局，多条道路与墙垣，将二里头都城分为多个方正、规整的格网区域，不同等级的建筑与墓葬都分别位于不同的区域内；出现了中国最早的宫城"紫禁城"（面积达10万平方米的宫城），符合"择天下之中而立国，择国之中而立宫，择宫之中而立庙"的都城规划特点。二里头都城遗址还出现了中国最早的"井"字形大道，即"井城"，井田城市。空间形制与其气候特征、地缘结构、认知体系高度匹配。《周礼》所确定理想的营"城"形制，"井"＋"田"叠加，或者"九宫"＋"十"字叠加，就是匠人营国，方九里，为四周封闭、有边界的"九宫格"，宫殿宗庙居中，在这里"城"即"国"，"方城"即"方国"，"国"被"城（镇）"化，"国"为大九宫，"城"为小九宫，而"院"则为最小的九宫，中间围合为"天井"。陕西岐山凤雏的"四合院"式西周宗庙建筑，堪称中国古典宗庙宫殿式建筑走向成熟的标志，也是西周贵族崇尚秩序、稳定执中的集中体现。西周时期所确定的这些"国""城""院"的营造制度，是秩序（礼序）与空间（营城）的高度结合，是前序文明的历史积累与经验总结。九宫格局，法式开物，自唐宋以后，营造法式的建立，更是将这一空间理想落实到中国人的日常生活之中，三重构建，人人竞合。

"九宫格"是中国理想的空间形制，在西周时被确定下来，作为农业生产方式，九宫划"井田"，即"井"+"口"（九宫）；而作为农耕生活方式，九宫营"井城"，即"井"+"田"字（秩序），实质上为中国最早的"井田（田园）城市"，天下为"公（宫）"，将源于"《河图洛书》"思想的"九宫格"，落实到了方国的"空间营造"，同构于"井田"的基本形制，并成为"井城"的基本形制，"井城"化本身就是"文明"化，是西周原点文明框架下创造出来的空间理想，是中国人日常生活的要素集成与形式总图，一直延续至今，这应该成为空间哲学与空间营造史上的第一次重要理论飞跃，成为 3000 年来中国人空间营造的逻辑。

同时，天授"《河图洛书》"所衍生出来"井田"与"井城"的九州"里坊"治理结构，三代"井田"，九朝"里坊"，自汉以后里坊制、市井制、坊巷制，北京胡同、上海里弄、福州三坊七巷，乃至现在的街道、街区、格网等社会管理形制也应运而生，"九宫格"空间单元转换成为管理单元。二里头都城遗址不仅是宫城居中，而且周围还有用围墙围绕起来的区域。而这些区域中既有遗址又有墓葬，是"聚族而居、聚族而葬"的社会管理单元。商代有族邑，就是有亲缘关系的人住在一起、葬在一处。二里头的"九宫格"格网化布局是汉以后里坊制度的先河。汉朝的棋盘式街道将城市分为大小不同的方格，这是里坊制的最初形态。开始是坊市分离，规格不一。坊四周设墙，中间设十字街，每坊四面各开一门，晚上关闭坊门。市的四面也设墙，井字形街道将其分为九部分，各市临街设店。到唐朝后期，在如扬州等商业城市中传统的里坊制遭到破坏。坊市结合，不再设坊墙，由封闭式向开放式演变，此外夜市也逐渐兴盛。三国至唐宋是里坊制的极盛时期，三国时的曹魏都城邺城开创了一种布局严整、功能分区明确的里坊制城市格局：平面呈长方形，宫殿位于城北居中，全城作棋盘式分割，居民与市场纳入这些棋盘格中组成"里"。这些管理单元不仅在大小城镇，而且在乡村也广泛出现。江西南昌安义县，江夏黄香第十六代孙克昌唐广明元年（880 年）为避乱由蕲罗迁至安义县石鼻镇约五里许，亦称"罗田"，其后裔昌盛，南北相通，东西适当，里坊有序，十字成街，有"南北通街通南北，东西当铺当东西"，"小小安义县，大大罗田黄"之说。

总之，近 1 万年来，源自燧人氏天人感应的宇宙图示，以及冷暖更迭、陆海侵退、秩序兴替，人类实践的历史积累已经覆盖了几乎所有空间形制的"原型"。中国人天圆地方、《河图洛书》、九宫象数、井田城市，"方"的母型以及"九宫格"格网轴序的空间形制已经在三代时期基本形成，并在西周时期将这些空间概念，系统、规范地写在周礼考工记之中，成为制度，延续至今。同样，西方人也从亚特兰蒂斯，到伊甸园、"理想城市"，发展了"圆"的母型，以及"同心圆"圈层放射的空间形制，并于公元前 1 世纪记录在维特鲁威的《建筑十书》之中，达·芬奇据此绘就了著名的"维特鲁威人"，霍华德则发展出"花园城市"的光辉思想。而无论中西方"九宫格"，还是"同心圆"，常常"方"中有"圆"，"圆"中有"方"，不仅是"原型"，也在于"秩序"，更入"格网"，从意识本原、物质本原，到认知本原，都是人类在中西方不同地缘关系下的伟大成就，涵盖乾坤，旋回自洽，然后天地纵横、方圆默契。

价值选择

"宇宙"与"人本"是人类两种"空间思维"，人本是小小的宇宙，宇宙是大大的人本。

人类的生存空间应在大自然的框架下，顺着它的生灭结构作出有秩序的因果循环。中国人"象天法地"，直觉地顿悟人与自然的关系，然后"礼序营城"，实际上是"敬天爱人""天人合一"的思维方式，起源于"图腾广化"，并为之建立起一整套基于哲学的"宇宙空间观"，其空间原型大致为"方"。西方社会则经历了由人权到神权，再由神权到人权的演绎，实际上是人与神之间"它我"权界的关系演绎，起源于"音律广化"，并为之建立起一整套基于神学的"人本空间观"，其空间原型大致为"圆"。两者文化根源一体两面，实质空间环境有许多相似之处，以正交格网为共性基底，而以"方""圆"母型为显性特征，表现出"与天同构"以及"与人同构"价值选择。

与天同构："宇宙空间观"。中国人思维是感性的、直觉的"表意"体系，大地缘结构，天地矩阵、人文矩阵、思维矩阵、空间矩阵，几千年中国哲学不停阐释的是源于《周易》的儒家与道家哲学，"儒道互补"，儒尚"礼制"，河洛之"方"；道尚"玄学"，太极之"圆"，但以"礼制"为主、"玄学"为辅，也就是以"方"为主、"圆"为辅的形制特征。哲学延续日常生活，几千年中国建筑不停演绎的是以住宅为原型的院落精神。院落空间也突出了"天、地、人"意识，强调了"土中"的价值体系；"土中"意识又是"天邑"意识的发展。"天邑"概念来自早期先民对天象的观察，在"众星拱卫的北极天区，提供了一个中央称圣的具体模式，中华民族对北极天区神秘性的发现与体认产生了中央崇拜的秩序性情感"。这种"中央崇拜"的情感移植到实质的环境中，"与天同构"，形成"宇宙空间观"。中国的神系还在发育的初期，世俗的礼制就将其扼杀了，在中国历史上不存在神权统治，"人治"成为中国政治的基本特征，神学也就难以健全起来，因而坛庙建筑也就不太凸显。哲人们会将"巨神"想象归化为某种虚妙的物质，譬如《周易》把"太极"认为是天地的起源，儒家思想很大程度上认同"太极"的概念；道家学派把"道"视为宇宙的本源，并将其拓展到整个宇宙，宇宙的一切事物可综合为"天、地、人"，"一体三道"，而又"三道一体"，人应顺应自然，"则可以与天地参矣"，最终儒道形成的共同理想是"敬天爱人""天人合一"的"九宫"矩阵思维，这是中国人的思想总纲，也是对自然宇宙的根本认识，更反映出中国特有的全类型"九宫格"地缘结构特征。图腾广化，《周易》中的八卦图以符码的形式生动地反映了这种传统的宇宙意识，天圆地方。八卦以物示人又分别体现在八个方向上，如果将八卦的八个物象与八个方向叠加，就可以得出每个方向上的物质属性，也即八个方向的空间意识：震、兑、离、坎四卦对应东、西、南、北四个方向；坤、乾、巽、艮四卦对应西南、西北、东南、东北四个方向，四面八方再加其"上、下"以及"天心十道"，一个立体而又完整的宇宙"魔方"也即时空"九宫"便成为思想的形式，并通过井田形制确定下来。院落空间正是实现了"敬天爱人""天人合一"的空间理想，建立了人与自然的交流场所。院落与房屋成为一个整体，房屋在天的庇护下，院落则是无顶的金字塔，虚位土中，可以天地往来。这是两个空间重心的变换，反映儒道思想的互补与阴阳八卦的互合，构成"方"的九宫矩阵。因此，由"人"及"天"，由"院"及"城"，方院方城，住宅原型与"九宫格"实践了中国人基于哲学的"宇宙空间观"。

以天地为中心，"方"，强调平衡与对称，以及整体的连续与服从。

与人同构："人本空间观"。西方人思维是理性的、逻辑的"表音"体系，小地缘结构，源于希腊，苏格拉底之后柏拉图与亚里士多德发展出了两大门类哲学倾向与空间原型，柏拉图式"圆"与亚里士多德式"方"，至神学再分奥古斯丁与阿奎那两大门派，西方神学发达，音律广化，围绕巫鬼、神话与圣经故事而展开的庞大"表音"体系，反映出当时人类的社会价值观念，神学的空间原型是一种平面到立体的空间"十"字，强调"人"与"神"通灵的序列感与中心性，追求绝对的空间感应，以期平衡现世的空间秩序，"神主万物"，庙坛原型控制了实体环境。神学将人类价值的永恒性通过神的意念昭示给现世，使世人去遵守这种价值观，因而神学空间原型具有明显的人文价值倾向，即"人本"。而"人本"得益于"神本"，神学总用人类价值观去阐述，也就难以再自圆其说，而且先"神本"后"人本"，自然也就合为一体了。古希腊雕塑家费地说："再没有比人类形体更完善的了，因此，我们把人的形体赋予我们的神灵。"西方自文艺复兴时代再建了以人为中心的宇宙观，并继承了维特鲁威的人体作为"匀称"的完美典范的观念，人处在任何环境中，希望其周围的建筑物与环境，就像人体比例一样完美，"建筑物必须按照人体的各部分式样制定严格的比例"，处处均匀对称，"与人同构"，人是空间的尺度，形成了以人体为审美倾向的"人本空间观"。中国也有类似的思想，最著名的就是盘古开天地传说，天地与人体本身就是同构，战国《五纪》把人当成了万物的尺度。"武跬步走趣，两足同度曰计，拳扶咫尺寻，再手同度曰衷，是谓计衷。标躬惟度，四机组律，道盈纬十"。

中国的"人本空间观"还隐含在自己特有的"风水堪舆"之中，风水与母阴图示高度一致。四川犍为的罗城，是这一母阴图示的空间营造，它是一种生殖崇拜，是人类自身的形胜。后来我们在海南江东新区的起步区规划中也适用了这种形式，所谓"罗众智以成城"。西方神权时期展示了人类膜拜的极限创造，其建筑非常注重竖向空间的创造，强调人与神的接近；神学在强调"上帝"的同时，也强调了"人"，文艺复兴之后，莫尔的乌托邦与蒙田的怀疑论，使西方人文主义的建筑成为主流，再至霍华德与柯布西耶两大思潮，由于城镇空间资源的制约，高层建筑应运而生。尼采说"上帝已死"，人类就不再只是为神而是为人本身而建造，因而人的获得感也极强。这时，人类不仅在水平方向，也在垂直方向为人类自身建造了人本"十"字空间，上帝其实也是人，在他的神性世界中，有许多人格属性。相较于中国"四坡"屋顶，西方穹隆是表达神学愿望"天空之圆"的最好图示，可激发音乐、语言与神沟通，也代表"天穹"，强调"同心圆"空间秩序。由"人"及"神"，由"神"及"天"，穹隆圆城，坛庙原型与"同心圆"实践了西方人基于神学的"人本空间观"。

以人本为中心，"圆"，强调圈层与放射，以及个体的高耸与威严。

由于中西方建筑的原型差异与空间观的不同，建筑所追求的表现形式也迥然不同，大致可以描述为，中国建筑是以"住宅"（方）为原型发展而成的院落组群空间结构，方院方城；西方建筑是以"坛庙"（圆）为原型发展而成的独立组群空间结构，穹隆圆城。**中国 19 世纪末之前的建筑史是"方院"的历史，而西方 19 世纪末之前的建筑史是"穹隆"的历史**。这些形式特征及其象征意义，深刻影响着人们的价值认同与日常生活，使得中西方文明即使时常同频，却又根源迥异。就本质来讲，中国人认同"宇宙空间观"，西方人认同"人本空间观"，人类是宇宙万物的一员，人类的空间生息应顺从自然生灭定律。所以人要"修身齐家治国"，终使其"平天下"，而不是"治天下"，这就是人类在天地之间达成的空间理想，同心"圆"或者共心"方"在"九宫格"中都可以实现空间形式更加有序的迭代，而任何空间形式也都能够更加明确地分形成"九宫格"。

4.3.2 天圆地方

虽然空间的多样性早已是地球上的不争事实，但这种事实往往并未被某些"老死不相往来"的人所真实地感知。而在全球化的背景下，由于各民族间的相互接触与碰撞，空间对于人类生活的重要性便开始跃入人们的眼帘，成为一种可感知、可比较的存在。有些人将现代人类都无法解释的创造力，如方形金字塔或者圆形巨石阵，认为是外星生命在地球上有意留下的星球印记与可能隐藏的宇宙力量，它们具有超出人类想象的知识与能力，较之人类，形态更加巨大，它们后来离开了地球，而早期人类只是发现并利用了这些外星生命创造的方形金字塔或者圆形巨石阵，譬如朝着某个星宿的方向修筑墓室通道，建造墓穴或者祭拜神灵，将其奉为人类或方或圆的圣地，成为人类空间活动最古老的图腾，人类不断学习、认知以及传承它们启示的知识与力量，慢慢地将其转化成为人类自己天地礼序的世界观与方圆默契的创造力，进而点燃了人类文明的曙光。

图 4-7 江西宜春洪江沩仰宗庭——方圆默契

空间原型

空间生原型。从西方理论渊源上看，原型概念的产生与发展至少分别受益于以下三个不同学科，它们是以弗雷泽为代表的文化人类学、以容格为代表的分析心理学与以卡西尔为代表的象征形式哲学。"原型"（archetype）一词，意为"原始的或最初的形式"，与"基因"相似。弗莱对原型的交际性（自洽）与社会历史性（旋回）的阐释具有重要意义，认为原型是那种典型的反复出现的意象或象征的可交际的单位（communicable unit），原型是一些联想群（associative dusters），在既定的语境中，它们往往有大量特别的已知联想物，这些联想物都是可交际的，因为特定文化中的大多数人都很熟悉它们，也就是分形几何的自相似性（原型自洽）与迭代生成（秩序旋回）原则。原型批评理论应用于空间定位研究主要表现在对空间价值的判断与空间的要素构建方面，这种方法的优点：首先，在于宏观中的微观认知，空间原型要求一种宏观的研究视野，把对空间本身的微观分析建立在空间的宏观透视基础之上。宏观中的微观比单纯的微观要更为深刻一些，它能把一些潜隐在空间背后的东西挖掘出来，深化我们的空间经验，从根本上把握空间。其次，在于经验中的系统传承，把单个空间的研究放到整个空间大系统中，使之成为空间总体中的空间。空间原型的这种系统性的特点突出地表现在对空间传统的高度重视上，空间不再是某个人的凭空创造，而是传统的产物，其特殊意义是社会集体的，是超越个人的。再次，在于要素中形式升华，空间原型力求避免要素与形式的分裂，使空间哲学获得独立的科学地位。形式绝不是少数个人天才的发明，而是无数具体的空间构建经过了一代又一代的发展而生成的东西。从来就不存在纯粹的形式，只有人们共同理解的、具有约定俗成的交际意义（要素）的空间形式，它包括空间原型性的意象、原型性的母型、原型性的结构、原型性的秩序，及其构建程式与表现程式。空间原型是可交际的、在空间中反复出现的，从而也是社会性、历史性的。当然，原型性的归纳与概括也就成为原型理论的重要内容。最后，在于重认知轻判断：与其他批评方法相比，空间原型的另一个重要特点是强调对空间的客观性认知，轻视对价值的主观性判断，关注对原型的有机性构成，因而从属于科学的领域。

原型生方圆。空间的复杂性与连续性来源于人与气候的不确定性以及地缘的差异。寻找空间原型要从分形几何学开始，分形几何学的本质是自相似（原型自洽）原则与迭代生成（秩序旋回）原则。就像生物学遗传分子机制，分形几何学揭示了世界的本质，那就是空间其实都具备"自相似性"的"要素"或"原型"自洽，在无限的杂乱中呈现"迭代生成"的"形式"或"秩序"旋回，可以看到空间原型不规则的复杂性，以及原型与原型之间的连续性，也包括共时性与历时性分形之间的复杂性，及其共时性与历时性存在的连续性，构成了我们所熟知的物质世界及其空间形态。人类1万年来，无论早期探索，还是现代演绎，人类两种基本属性、两种思维倾向，形成了两种空间原型，或者称形式基因，就是地"方"与天"圆"、山"方"海"圆"，只是"圆"无法分形相连，而"方"则可连"九宫"，可以实现快速扩展与连接。在中西方文化迥然不同的背景下，空间原型有着极其深远的哲学或神学意味，虽然各自呈现大致相似的"方"形基底，但其间显性表现却是大相径庭，形成中国以"住宅"为原型的方中之"方"直至"四坡"，与西方以"坛庙"为原型的方中之"圆"直至"穹隆"的形式差异，呈现图腾之"方"与神学之"圆"，哲学之"方"与神学之"圆"，或者中国之"方"与西方之"圆"，其间还可以"方""圆"默契，相互"转换"，或者"互补"。

方形母型

地方，河洛之"方"，"地"的宇宙图示为"方"，是空间的方形母型。典型中国，哲学之"方"，四纵四横，宇宙九宫。

"住宅原型"：中国建筑的整体背景是传统农耕经济，是中国农耕文明与自然经济的产物，与西方建筑实证式发展特征不同的是，中国建筑从一开始就以宇宙秩序为依据，2000年来单体平面同一，相对稳定，以哲学与日常生活之"住宅"为原型，渐变发展。中国建筑的形制与分类十分丰富，涵盖宫殿、住宅、寺庙、陵墓、坛庙、会馆、园林、商市、作坊以及城镇等。中国建筑空间有着鲜明的生命个性，单一院落空间与中国阴阳四方五行八位九宫格有关，也与自夏以来"井田制"生产方式有关，《董生书》中讲道："天子之宫在清庙，左凉室，右明堂，后路寝，四室者，足以避寒暑……""无院不成群"，"院""组""路""群"构成等级分明、秩序井然的空间结构体系，如同单一细胞所裂变生成的有机生物一样，使得中国建筑空间具有强烈的生命属性。

中国空间原型：方城方院

天地象形，汉字本身就在描述空间的形式，如十、井、田（"口"+"十"）、九宫（"井"+"口"）、井田、井城（"井"+"田"，或者"九宫"+"十"），方（地），圆（天），大方无隅。

越"方"越中国，中国传统则将方形母型发挥到了极致，中轴对称的方国方城，方中有方，方院方物。偃师二里头都城遗址疑似为夏代王都，《考工记》的匠人营国，以及1420年完成的明清故宫，都在传承这一理想，且大方无隅，地方天圆，山方海圆，物方相圆，将方与圆完美诠释。

中国古代空间营造还有自然至上理念：管子（公元前723年~公元前645年）"因天材，就地利，故城廓不必中规矩，道路不必中准绳"，灵活应变，因地制宜。

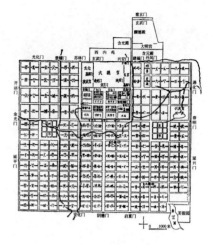

图4-8 唐长安平面图

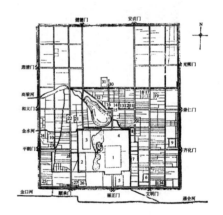

图4-9 元大都平面图

图4-10 明清北京城平面图

图 4-11 巴塞罗那规划，1859 年

图 4-12 华盛顿规划，1791 年

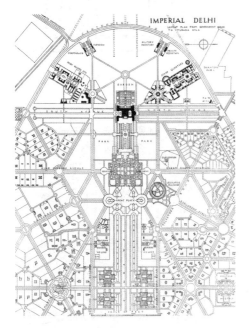

图 4-13 新德里鲁琴区规划，1920 年

平面原型：河洛之"方"；立体原型：金字塔，四合院。

"礼制"与"风水"：中国空间形式的发展脉络清晰，旋回性传播。传统思想对空间形式的影响是十分明显的，可以分成礼制、玄学、风水以及文人思想四大组成类别，在空间形式的整体思辨上，礼制及玄学的思想起着重大的支配作用，至于风水理论及文人思想，则进一步深入到空间形式的营构之中。中国，"礼制"与"玄学"是影响空间营造的两种很特殊的思想因素，它们支配着构筑活动的计划与内容、形状与图案，中国很早就把空间的内容与形式看作是王朝的一种基本制度，并将其反映在"礼制"传统之中，而玄学的思想在空间的整体把握上则用心于实质环境之间的关系。西周中国住宅、城镇形制受礼制思想的影响，体现为社会等级、宗教礼法。《考工记》所记载的周王城图，实际上是礼制在城镇整体布局上的杰出成就，同时也蕴藏着丰富的玄学思想，具体反映在八卦象数之中。"匠人营国，方九里，旁三门。国中九经九纬，经涂九轨。左祖右社。面朝后市，市朝一夫"。"经涂九轨，环涂七轨，野涂五轨。"《六经图》中有一幅周王城平面想象图，就是在八卦图的影响下演变成以"九宫格""四方八位"格律式构图的，城镇中各功能与八卦图中各卦位对应，体现了西周"因阴阳定消息，立乾坤，以统天地"的意绪及"天行健，君子以自强不息"的追求，其象征的色彩重于其功能的表达。风水理论从根本上是一门与自然环境深度响应的"圆"相"方"物定位理论，所谓"寻龙、点穴"，将"龙、穴、向、水、砂"之"圆"相融入地球经纬，"水口"处建"楼、台、亭、阁、榭"以崇蓝绿其胜，所谓"揆地势、凝人心"，之于城镇与建筑的构筑具有十分重要的指导价值，又常常叠加到"九宫格"的要素与形式之"方"物，使"方"中有"圆"。文人思想则强调理性之中的非理性表达，注重个人修养与自我实现。因此，在具体的空间形式表现在与自然之间哲理化、艺术化的结合上；留下了不少的遗迹，特别显彰的当数中国园林艺术的伟大成就。大概来看，由于中国南北气候、地缘差异较大，空间营造北方多以"礼制"与"玄学"为主，南方则多以"礼制"下的"风水"与"人文思想"为主，"礼制"为"一体"，"玄学""风水"与"文人思想"为多元。

"方"形平面的立体形态为"金字塔"。源于"九宫格"的四合院，其四坡面向上延伸，交汇就成了四坡"方院"，中国人将其"虚心"就是"四合院"，形成住宅的基本原型，而其中虚空的"天井"，正好表达"人"与"天地"相参，这是一种哲学想象，基于"九宫格""天地图腾"关系的再创造，在人则象形，是中国古代百姓、士大夫及至"天子"日常生活的方式，并由官式最高级别重檐歇山"四坡"屋顶形式，到达中国礼制建筑的顶峰，而无论"四坡方院"还是"四坡屋顶"都隐含对"金字塔"某种记忆，让人联想到青藏高原上人类膜拜的"方山""冈仁波齐"，或者分形学者洛伦·卡彭特（Loren C.Carpenter）的"金字塔"。**而无论两河古苏美尔、古巴比伦，尼罗河古埃及、南美古玛雅，或者东、南亚古印度、柬埔寨（吴哥窟）以及古印尼（日惹婆罗浮屠或者古农巴东巨石建筑），更或者隐喻在"四合院"日常生活之中的中国，拥有黄种人基因特征的地区大概都有类似"金字塔"的建筑，或者城镇。**

中国古代规划的典型格局：唐长安、元大都、明清北京（1420 年紫禁城）等城镇都完整体现了中国古代礼制城镇典型格局；明朝都城南京依山傍水，布局灵活，体现了人文环境与自然环境相协调、融合的城镇空间格局。

当然，方城方院不仅仅只是中国有，全球各地也都开展了"方"形构建的实践，譬如，亚里士多德式"方"与"九格"，古希腊米利都、古罗马营寨城、柬埔寨通王城（又称大吴哥，是吴哥王朝的首都，东南亚历史上最宏伟的都城，鼎盛时人口达上百万，多次毁于战火，后几经重修，元人汪大渊称其为"桑香佛舍"，最终在 1426 年被废弃），乃至 1766 年的爱丁堡新城、1811 年曼哈顿、1859 年的巴塞罗那方格形规划，等等。不过，西方一直追求"圆形"的表达可能，从平面到立体，其印记无数，从维特鲁威的理想，到西克斯图斯的罗马、奥斯曼的巴黎，以至 1791 年华盛顿的矩阵大方格加放射则是两者的结合。

圆形母型

天圆，伊甸园之圆，"天"的宇宙图示是"圆"，是空间的圆形母型。典型西方，神学之"圆"，神主万物，人本同心。

"坛庙原型"：西方建筑的发展是阶段性继承，自治式传播的。从古希腊、古罗马、似罗马、哥特、文艺复兴、巴洛克、洛可可、古典主义到新艺术派都有自己鲜明的个性，也同时与原有历史形态密切关联。以神学与神灵殿堂之"坛庙"为原型，显性发展，简单而论：在西方建筑史中，风格特色相差较大的两种流派就是罗马风格与哥特风格，历史上多次出现过这两类风格的复兴浪潮。由于各自迥然不同的结构支撑体系，罗马风格建筑与哥特风格建筑分别向水平方向与垂直方向发展，构成了西方古典建筑两大独立空间倾向，在后来的建筑发展过程中，它们时而交叉，时而并行，奠定了现代西方建筑空间创造的雄厚根基。西方建筑的形制与类型都非常丰富，有神庙、宗教、皇宫、剧场、角斗场、浴场、广场以及居住建筑等，尤以神庙、宗教建筑成就极高，而且技术的突破与结构的创新很大程度上来自这两类建筑，构成了西方建筑的显性特征，譬如坦比哀多，其穹顶的不断演进，成为近代美西方之国家权力的象征。

西方空间原型：穹隆圆城

相较于方城方院的"方"，西方空间独特的是穹隆圆城的"圆"，大致源于柏拉图的著述，姑且称之为柏拉图式"圆"，西方将圆形母型发挥到了极致，同心圆结构的地中海、亚特兰蒂斯、伊甸园、田园城市，迪士尼乐园的平面图也有许多圆形母型的共同点，此外还有"苹果"（乳房，禁果，穹隆庇护，伊甸园）与"蛇"（男阳，高耸通天，巴比伦塔）。

柏拉图式"圆"，是柏拉图在对"圆海"亚特兰蒂斯记载中的形式，亚特兰蒂斯城有海洋与陆地彼此包围间隔，一共有两片土地与三片水域，有一个中心岛，中心岛外有一圈海；海外又有一个环形岛，环形岛外又有一圈海；第二圈海外还有一个环形岛，岛外还有一圈海；这三圈之外就没有海了，而是一个宽广的环形陆地。他还曾说"我们环绕着大海而居，如同青蛙环绕着水塘"，似乎在传递他所感受的这种理想的喜悦。亚特兰蒂斯城的外观与撒哈拉之眼的外观非常相似。上帝在东方的伊甸，为亚当与夏娃造了一个乐园。园子当中有河水在园中淙淙流淌，滋润大地。河水分成四道环绕伊甸：第一条河叫比逊，环绕哈胖拉全地；第二条河叫基训，环绕古实全地；第三条河叫希底结，从亚述旁边流过；第四条河就是伯拉河。作为上帝的恩赐，天不下雨而五谷丰登，这是一种亚特兰蒂斯式的"同心圆"结构。有意思的是，中国的铜鼓面饰纹最常见的是太阳纹，也是三晕圈或者四晕圈类似亚特兰蒂斯式的"同心圆"，晕圈之间是各种吉祥纹，鹭鸟纹、竞渡纹、云纹、雷纹、火纹等，鼓面外晕圈有立体的青蛙或者羽人浮雕，晕圈是环绕的河流，纹饰则是天、地、人的关系，似乎印证了柏拉图"青蛙环绕着水塘"的描述。铜鼓流行于滇、黔、桂、粤、海南等省区，以及东南半岛越南、老挝、缅甸、泰国，甚至文莱、菲律宾、马来西亚、印度尼西亚诸岛，涉及彝、苗、瑶、侗、壮、布依、毛南、水、黎、白、土家、纳西、仡佬、佤、傣等百越各族与克木人、亻革人的敲击体鸣乐器，或是史前南亚语系族群对于宇宙空间的想象与刻画，似乎在隐喻距今1万年前环南海地区中国南方及巽他大陆古人类聚居的欢乐场景，更或者是古人类对更加遥远的冰川时代的记忆，就是《圣经》中描绘的东方伊甸。

"神授王权"，"朕即国家"，这种"中心"或者"同心圆"结构扩张成高度集中的形制，在路易十四"太阳王"时期得到了加强，由"神界"转到"人间"，由"天国"转到"地上"，"中心"加"放射"的形制不仅在法国凡尔赛、巴黎，而且整个欧洲如奥地利、德意志、俄罗斯等都在效仿这种形制，其甚至传播到新德里、华盛顿以及堪培拉等全球各洲。

图 4-14 亚特兰蒂斯首都波塞多尼亚想象图

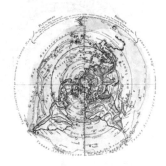

图 4-15 伊甸园

图 4-16 田园城市

图 4-17 中国的"铜鼓"圈层面饰（常用）

平面原型：亚特兰蒂斯"圆"；立体原型：巨石阵，大穹隆

失去的乌托邦：根据美国著名城市学家 L. 芒福德的总结得出城镇自然形成之初便分为两种典型形式，一种是古典城郭，另一种是比较松散的开放型城镇，这似乎是两个极端的形态，前者高密高层、紧凑高耸，后者低密底层、宽松适宜，反映了古典城镇发展的两种空间理想。而历史总在一些基本原型上旋回往复，如同希腊与哥特建筑交替发展并复兴一样，城镇的建设在 20 世纪乌托邦的理想下演绎成为柯布西耶的"光辉城市"与霍华德的"田园城市"，发展并复兴了亚里士多德式"方格网"与柏拉图式"同心圆"。20 世纪最伟大的规划师应该是那些乌托邦的思想家，他们的观念对于现代空间规划具有长远的影响，这两种方式在 20 世纪的大多数时间里都是并肩存在的。在"光辉城市"运动逐渐主导空间的同时，田园城市运动也在影响新市镇、人口过密的住宅区与郊区的建设。更有甚者，当这种影响渗透到城镇的组织结构中时，其理念就变得非常相似并开始相互促进。由此，柯布西耶的"光辉城市"是对"方"形母型的现代演绎，是现代版"天梯"或者"巴比塔"，而霍华德的"田园城市"是对"圆形"母型的现代演绎，是现代版的"亚特兰蒂斯"或者"伊甸园"，构成西方空间"天""地"概念的隐喻，柯布西耶的理念实际上是将低密度的田园城市的理想应用于高密度的立体城市的构建，"光辉城市"本身也多少带有"太阳崇拜"的色彩，赋有西方绝对中心的空间价值。

欧洲人有谚语"光荣归于希腊，伟大归于罗马"，古罗马光辉的拱券技术使得"穹隆"成为可能。"穹隆"是从平面的"圆"到立体的"穹"（球体）的飞跃发展，遗存较早的有罗马圣贤祠、伊斯坦布尔圣索菲亚大教堂、佛罗伦萨圣母百花大教堂、伦敦圣保罗大教堂、巴黎圣贤祠、华盛顿国会大厦等。技术不断提高，空间也更加复杂，苹果公司总部形式也是呈"圆形"，这便是希腊之光荣、罗马之伟大、西方之"精神"，让人联想到上帝为亚当夏娃建造的东方"圆海"伊甸园，或者分形学者贝若特曼德尔布罗特（Bnoit Mandelbrot, 1927～2010 年）的"上帝的指纹"。**而无论地中海古希腊、古罗马、南欧、西欧、北欧、东欧，还是新大陆的北美，抑或非洲、南美殖民地，拥有白种人基因特征的地区大概都有类似同心圆的建筑，或者城镇。**

西方古代规划的典型格局：古希腊经历了奴隶制的民主政体，城镇以广场与公共建筑为核心取代了国王的宫殿，体现了民主平等的城邦精神。中世纪的欧洲进入了封建社会，教会势力强大，教堂占据了城镇中心，其庞大体量与高耸尖塔成为城镇空间与天际轮廓的主导因素。文艺复兴以后，艺术、技术与科学都得到了飞速发展，在人文主义思想下修建了大量古典风格的街道广场，而随着资本主义的兴起，教会力量与封建割据势力被削弱，建立了一批中央集权的国家。"同心圆"结构，即放射性街道、宏伟的广场、宫殿成为当时城镇的中心，而放射性则代表权力与秩序深远的连接。

图 4-18 坦比哀多剖面图

坦比哀多的穹顶，影响了后世伦敦圣保罗大教堂，巴黎圣贤祠，华盛顿国会山等的穹顶。

当然，圆城穹顶也不仅仅只是西方有，虽然越"方"越中国，但并不意味着有"圆"非中国。相较于"天"，中国古代祭天用的"圆台"、距今 5000 多年前红山文化里的"圜丘"，及至距今 600 年前的北京城的"天坛"，"圆形"母型在东、南方地区小地缘环境下也广为流行，玄学、风水、堪舆说乃至文人思想的"府苑"其实就是"圆形"母型。环南海地区的"铜鼓"饰面图腾文化、福建龙岩地区的客家"圆形"围屋、前塘后土左右砂山环绕而成的"圆形"村落，以至于城镇形态，如长江流域上距今 6000 年前石家河城头山遗址"圆形"环壕、距今 4200 年前良渚遗址"圆形"城池、距今 1000 年前南宋嘉定"圆形"水城，以及近现代新疆兵团城市"八卦城"，等等，比比皆是。只是，相较于"地"，中国"礼制"思想下的"方形"特征则更加突出。

"住宅原型"与"坛庙原型"互为补充：比较中西方建筑的两大空间原型，我们不难发现，中国住宅建筑发育完善，并影响到其他各类礼制建筑，使其形式具有明显的住宅特征，主"方"、"四坡"，相对而言，由礼制建筑而不是宗教建筑发展而成的坛庙建筑却没有得到足够的发育；反过来，西方坛庙建筑发育十分完善，主"圆"、"穹隆"，而住宅建筑的成就远不如坛庙建筑，这恰恰形成了互补，也是哲学与神学的互补，中国基于哲学的住宅建筑与西方基于神学的坛庙建筑共同构成了人类文明基本的显性空间原型。

4.3.3 方圆默契

　　人类织衣蔽体，建屋庇族，空间形制"方圆默契"是人类顺应自然、生存与发展的必然选择，是人类适应气候、因地制宜最重要的思想与实践成果，是个体行为与集体行为的高度集成，以及技术工具与道德秩序的完美结晶，是一个地区或者国家特定价值与美好生活的基本制度安排。

空间秩序

　　而中西方无论哲学，还是神学，本质上都是"抽象空间"，它是权力的综合体，延续人类的日常生活与前世往生。空间的表征指的是被概念化的空间，是人们脑海想象中的那种知识性的、概念性的空间，也就是能够代替日常与往生之现实空间的一种符码系统（地图与图纸、交通与通信系统、由图像与符码传播的信息）。空间表征，这个符码系统，成了统治权力，秩序牵引空间，就是空间所表达的秩序意图，"同心圆"是"圆"的秩序，"九宫格"是"方"的秩序，以及抽象之下神学的"绝对空间"与哲学的"相对空间"。

绝对空间：神本，神学，"圆"，"同心圆"

　　列斐伏尔认为，绝对空间是神圣的、中心化的、纪念碑式的、永恒构建的社会空间，也是神学的膜拜空间。譬如，希腊式城邦、罗马王朝、基督教的中世纪。在这个过程中有大量对自然的征用，也就是在对自然的征用中构建出权力的绝对性，而使空间之间不会关联而断裂的。采用石头建造，以"穹隆"为特征的绝对空间，"同心圆"是它的空间组织方式，是血缘与地缘、语言与土壤混合而成的产物。我们看到的神像、寺庙、教堂，都是绝对空间的表现。而到后来的抽象空间，对自然的这些征用都被排除掉了。在绝对空间中，列斐伏尔说，"生产空间的人与管理空间的人不是同一群人"，表明使用的不一致，这里面揭示了一种权力联合机制。绝对空间总是独立于其他空间之外，联合空间的分散与切割是权力维系自身的重要手段。

相对空间：宇宙，哲学，"方"，"九宫格"

　　与此对应，本书认为，相对空间是宇宙的、自然的、生物式的、永续传承的社会空间，也是哲学的日常空间。譬如，中国的三代九朝，直至现在。在这个过程中有大量对自然的适应，也就是在对自然的适应中构建出文明的相对性。中国社会强调人与自然，即"天、地、人"的和谐关系，所谓"敬天爱人""天人合一"，空间呈现本质的关联性与连续性。采用木头建造，以"方院"为特征的相对空间，"九宫格"是它的空间组织方式，也是血缘与地缘、语言与土壤混合而成的产物。我们看到庙堂里的天地君亲师，四合院原型的不断重复，都是相对空间的表现。而在相对空间中，生产空间的人与管理空间的人都是同一群人，保证了空间使用的一致性，即现世实现，后代传承前人，顺应不断进步的技术能力与建造力量，可以原址重建。这里面揭示了一种文明共同机制。相对空间永远是整体空间中的一部分，共同空间的永续生产与连接是文明维系自身的重要手段。

　　"天、地、人"是一个时空框架，人类只是时间与空间的一种存在形态。绝对空间是具体要素与形式的绝对化构建，是"圆"（穹隆），以及它们的"联合体"（"同心圆"）；相对空间是整体要素与形式的相对化构建，则是"方"（四坡），以及它们之间的"共同体"（"九宫格"）。"同心圆"显具体要素与形式"个性"，"九宫格"呈整体要素与形式"共性"，就是"联合体"与"共同体"之间的"规矩"，方圆默契，永续则永恒，人类只是在接近正确。

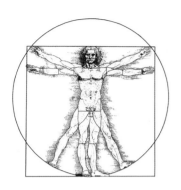

图 4-19 维特鲁威人

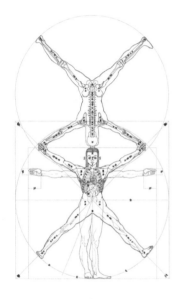

图 4-20 神司人体推拟图

天人合一

就地球表面而言，无论"方""圆"，空间旋回的层次依顺序展开："天心""的穴"，"十"字结构，圈层环绕，轴序节点，天人合一，包括原型、中心、节点、路径、圈层、特定意图等内容。中心性越强，圈层特征越清晰，"九宫"意图也越明显。"天地之间"的宇宙图示"十"字，是空间自洽的基本格网形式，中轴对称。

"天心""的穴"，同构同源。空间第一步要做的就是确定中心位置，中国人称之为"天心""的穴"或大小"明堂"，西方人则讲"几何中心""坐标原点"或是"高程基准点"，其实为九宫，矩阵在，则中心在。对此，中西方都有丰富的建筑实践。西方教堂中心的位置十分重要，这里除了祭坛、地宫，就是通向神明的天穹，定了中心，然后方位一概是朝向圣地的西方，再用"希腊十字"或是"拉丁十字"将平面的形式组织起来，或用"罗马原型"或用"哥特原型"（几乎不采用"希腊十字"平面），建造出来的教堂自然又成为城镇的中心，"神授王权"之后旁边还坐落着政府机构（或者以政府机构为原点），共同形成城镇的地标，所以西方的建筑物以及城镇的识别性极强，就是在于人们可以通过教堂或政府机构来判断它的中心，而教堂的中心是"穹隆"，站在穹隆之下，与神交流，接受神的庇护，是"神"的中心。中国人的宇宙空间观所要求的"同构同源"也是对中心的膜拜，《诗经》中"定之方中，作于楚宫。揆之以日，作于楚室"，首先是确定"中心"，然后根据日出日落确定东西，以北极星的方位确定南北。"中心"即"穴场"，风水术以"十年寻龙，三年点穴"来强调其重要性，中国人的"穴场"在庭院，站在合院的"中心"，便可以"独与天地往来"，转换成"人"的"中心性"，"盖粘倚撞，吞吐沉浮，八法显然"。

"十"字结构，复合肌理。源于天地宇宙认知的"十"字图示，构成了由"点"到"轴（线）"到"面"的"十"字空间，也即是复合空间的概念。《庄子齐物论》："六合之外，圣人存而不论。"这里的"六合"，是指天、地、东、南、西、北六个方位，六合为"宇"，也就是一个抛开时间参数的"十"字空间正交立体坐标系。几乎在同一个时代（公元前 4 至公元前 3 世纪）的古希腊，也由数学家欧几里德建立了这种空间系统，称之为"欧几里德空间"。究其实质，"十"字空间则是反映基于地心重力作用的"天、地"关系，以及基于地球自转作用的"东、西、南、北"关系，它所形成的是一种征服重力的垂直纵向空间，与顺应方位的水平横向空间，进而"格网"正交或者"圈层"放射连接。中国古典建筑由于结构体系的制约（简支梁体系），难以满足更大、更复杂的空间的需求，因而它是用群体组合方式来形成虚拟"十"字空间形式，通过单体建筑在各方位的秩序设置，形成以"方院"为中心的"十"字格网正交空间结构；西方建筑则可以在单一建筑之中构成"十"字空间，譬如"希腊十字"或是"拉丁十字"的平面在庙坛建筑中广为使用等，同时也形成许多院落群体，譬如西班牙的埃斯库里阿尔宫，将教堂与宫廷建筑融为一体，城镇总体空间的组织方式往往向心性很强，譬如，锡耶纳、巴黎等形成以"穹隆"为中心"十"字的圈层放射空间结构。

圈层环绕，轴序节点。中轴线的观念在中西方传统中都存在，但中轴线的含义与来由则均不相同。西方人的中轴线观念是来自人文精神的追求。而中国人的中轴线观念则是来自对"土中"意识的追求。可见，同为中轴线，西方的观念是"神主万物"概念的继承，出于对人本几何美学的探索，而中国的观念则是"中央崇拜"情感的表达，出于对宇宙空间模式的发现。中国"九宫"格网形式布局的特征在于方中之"方"，"方院"。譬如，明清北京宫殿紫禁城，东西宽 760 米，南北深 960 米，周围有护城河环绕。中轴线序列十分清晰，始于大清门到景山收止，总长 1600 余米，一气呵成，蔚为壮观。轴线两侧，有次轴几列，并以横轴相连，数理关系明显，从而完美地实践了中国人的"宇宙空间观"，也符合阴阳八卦所要求的空间意象。而西方"九格"同样是格网形式布局其特征则在于方中之"圆"，"穹隆"。譬如，古罗马卡拉卡拉浴场是一组庞大的建筑群，占地 575 米 ×363 米。地段中央是浴场的主体建筑物，长 216 米，宽 122 米，卡拉卡拉浴场的突出成就，在于主体建筑物内部空间的完美组合，简洁而又多变，开创了内部空间中轴序列渐次推进的艺术手法，是空前的成就，从单一空间到复合空间，形成了典型的格网平面"十"字空间形式，与中国的格网形式差异，在于卡拉卡拉浴场中心为"圆"，"穹隆"建筑。其实，"九宫格"与"同心圆"均可形成圈层环绕，叠加时间分形，可以扩大到城镇以及城镇群，形成城镇发展的年轮，譬如，巴黎由西缇岛扩展出去的三个圈层，中国城镇的"院墙""宫墙"以及"城墙"组成的三个圈层及其所在风水格局空间序列，北京城由故宫扩展出去的六环圈层，珠三角、长三角以及京津冀地区等城镇群的圈层或者"湾链"构筑，都是轴序、圈层形制的实践。与此同时，由于地球经纬向折线的限制，这些地区更大的格网也因此形成，"同心圆"被叠加到了"九宫格"之中，赋予更加宏大的哲学、神学或道德的意味。

宇宙人本，天人合一。中西方近现代空间理论著述繁复，千变万化，然空间承载秩序，万变不离其"中（宗）"，功能演变，秩序兴替，空间的形式会变，唯框架不容易改变（相对确定），变的是内涵之"人"与"事"，以不变之框架应对不确定性之内涵。我们应该去寻求一方矩阵，使其更加具有普适性，它源于人类古老智慧，又呈现当代风华物茂，主观来说，是特定意图，即秩序表达，使空间营造能够在"天人合一"的框架下，不是让人类被动适应空间，而是让空间更好地适应人类需求。客观来讲，地球自有人类以来，其空间活动经历选择性适应（迁徙）、技术性利用（工具）、社会化发展（秩序）三个阶段。中国从"巫""符码"，到图腾广化、方块字、方格、四坡，到九宫格、方田、方院、井田城市（二里头"井城"），历秦汉、唐宋至明清，以至现代北京城；西方从"神""天梯"，到音律广化、拉丁文，到"伊甸园""巴比伦塔"，到"同心圆""穹隆"，再到"田园城市""光辉城市"，以至巴黎、巴塞罗那、华盛顿、曼哈顿等。中西方空间发展既是两个系统，也是人的属性各自表达的两种形式，中国人强调人的社会属性，"方"连成"九宫"，响应"宇宙空间观"；西方人则更加强调人（神）的自然属性，"圆"绝对"同心"，响应"人本空间观"。人类顺应自然所构筑的空间序列，不仅构筑了人类的社会秩序，也构筑了地球的表面肌理，反过来，地球的公转与自转也影响人的空间的存续，气候变化、地缘变迁，或"兴"或"败"。然岁月不堪数，空间不如初，人类的实体空间毕竟是地球的附着物，只有不断维护、革故鼎新才能存其意向，好其表里。而就空间营造本身而言，我们有必要将中国"宇宙空间观"与西方"人本空间观"有机地结合起来，可以看出它们既与哲学的宇宙秩序相融默契，也有对神学的人本属性的审美追求，既有"方"，也有"圆"；既有"九宫格"，也有"同心圆"；既是"天神"与"天象"的二合为一，也是崭新意义的"天人合一"，人法地，地法天，天法道，道法自然，天地永恒，人之永续。人与天地相"参"，"人本空间观""参"于"宇宙空间观"，人在天地之间，就好像"联合竞争"在"共同竞合"之下，"同心圆"在"九宫矩阵"之下，人类的空间活动才会实现充分的自由。人本是小小的宇宙，宇宙是大大的人本，它是一种理想，也必然成为一种未来主流，它尊重人，更尊重自然，有着看不见的诗赋与音律，在这一理想下，人类建造的空间形式也必将被赋予更加深远的意义。

相对与绝对之间，空间形式存在"去格网化与再格网化"，以及"去中心化与再中心化"两种倾向，九宫格"格网化"之中不存在"去中心化"的问题，因为这些中心原本就是天地"方""圆"、地球"经""纬"格网的中心。基于"方"形平面的"九宫格"格网将基于"圆"形平面的"同心圆"圈层融合其间，在更大的空间范畴内，"方"形立体又被组合成再大一点的"圆"形球体之中。相对而言，"九宫格"是人类从极点神学，到矩阵哲学，再到空间形式，最适用也是最艰难的选择，需要更加广阔的视野，融入宇宙的进程。

河洛之方，化为太极之圆，方为初始，圆为终极。西方人可以把圆做方，由"绝对空间"到"相对空间"，落地为"十"字（方形），无论"拉丁十字"，还是"希腊十字"；中国人也可以把方做圆，由"相对空间"到"绝对空间"，落地为太极（圆形）两仪四象八卦六十四系辞。敬天爱人，"它权""我权"皆可融"方""圆"，隐喻"天地（气候，地方天圆）"与"山海（地缘，山方海圆）"、"宇宙"与"人本"，以及基于"巫鬼"与"神话"、"图腾"与"音律"、"哲学"与"神学"，或者未来"科学"与"玄学"等认知能力的"公权"与"民利"。早期人类借助"它权""神学"，完成了对"天、地、人"的被动认知，并形成中西方相同气候不同地缘条件下"九宫格"格网与"同心圆"圈层的空间结构；现代人类则变"神"为"我"，通过"我权""哲学"，完成了对"天、地、人"的主动认知，并形成全球化跨越地缘与意识形态之畛域，复合"九宫格"格网与"同心圆"圈层之空间矩阵。于是，空间旋回，九宫自治，中国之"方"，西方之"圆"，"方、圆"可以默契，"龙、凤"亦能呈祥。

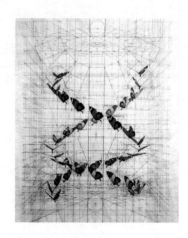

图 4-21　方圆的世界

譬如委内瑞拉的理工科男生 Rafael Araujo，表面上看起来是艺术绝缘体的他，却用伏羲之矩（方）、女娲之规（圆）画下了一个令人震撼的世界，而这就是方圆的世界。

大方无隅

矩阵哲学或者极点神学的形式表达，是由人类早期巫鬼文化认同，经几千年变"巫"为"儒"、或为"神"，直至为"人"的发展历程，所形成的"方"与"圆"形式分异，及其空间哲学之"方"或者神学之"圆"倾向性的演绎，所呈现的"九宫格"格网与"同心圆"圈层的结构选择，旋回自洽出来的人类空间形制的精神内涵。

亚里士多德式"分段排列"具有"三段式"矩阵属性，主导了西方古典艺术与众多建筑传统的所有形态，作为一种通用的构建原则，它在希腊、罗马与印度等地被广为运用，在城镇形态、音乐与古典文学领域也同样广为运用，譬如古罗马营寨城，姑且称之为亚里士多德式"方"。"三段式"矩阵带来了区分的原理，根据切萨里亚诺版本的维特鲁威《建筑十书》，亚历山大·佐尼斯指出，最简单的"三段式"矩阵是"正交"与"十字"，这种矩阵图示的作用非常类似古典音乐中的八拍分段，通过要素与形式复制、删除、融合、增加，这种最小的结构能够生成任何建筑物，"三段式"矩阵图示出现在西方古典建筑的所有层面与所有细节中。不同于空间形态的数学模型，"三段式"矩阵即"格网"并不限制创造力，而是"组合术"，它提供了无数的选择，而非某个想法的无止境重复；对这种"三段式"矩阵即"格网"的应用只会凸显出古典主义的创造力：它们证明其通用特质，却不会破坏构建的规则。

近代城镇发展西方领先于中国，十七八世纪见证了许多西方城镇的发展，由于面临着容纳日益增长的人口与修复过度拥挤的旧有城镇肌理的发展需求，这些要素与形式不断向外扩张的延伸通常采用正交格网规划，有时采用放射圈层模式的规划来指导城镇建设。到了 19 世纪与工业革命颠峰时期，欧洲城镇又面临着一系列新的发展需求，深层次调整城镇功能、面积与组织，无可避免地大幅度扩张，改善交通运输，增建工厂宿舍与厂房扩建等。另一方面，城镇中心仍然是权力中心，尤其表现在巴洛克式建筑的传统上。这样就出现了两种不同的模式：奥斯曼的巴黎放射"圈层"模式（圆）与塞尔达的巴塞罗那正交"格网"模式（方）。在奥斯曼巴黎模式中，呈对角的宽阔街道贯穿城市，如同西克斯图斯五世时期古罗马城的扩张，打破了正交取向模式，将街道集中汇聚于各政府建筑，火车站与剧院，放射"圈层"模式还影响了华盛顿、新德里、巴西利亚以至堪培拉等；而除了塞尔达的巴塞罗那，正交"格网"模式还影响了曼哈顿、巴里等的空间规划。曼哈顿下城区的街道模式，见证了美洲城镇有机形成的快速增长。这一时期，土地征服的逻辑很快以格网形式强加其上，正如大希腊以及随后的罗马统治区域，大量建造了"营寨城"。1785 年的土地法令将土地划分为镇区，每一边为 9.66 千米，再进一步细分为区段。这种土地划分原则一直应用到美国大发展结束，它在很大程度上强化了空间规划中格网模式的倾向，其影响覆盖了国家、地区与城市三个尺度。格网的分形结构类似于谢尔宾斯基地毯。这种分形结构促使所有尺度采用同一秩序原则，应用于开阔土地、地区或城市尺度。这种格网的分形结构可见于 1796 年巴克（W.Barker）对俄亥俄河西北部土地的规划，1717 年罗伯特·蒙哥马利（Robert Mongomery）确立的南卡罗来纳州地区规划，或 1747 年马修斯·修特（Mathias Seutter）的新伊博尼泽（New Ebenezer）规划。

亚历山大·佐尼斯发现，正交坐标的巴塞罗那正交"格网"模式也可生成为极点坐标的巴黎放射"圈层"模式，也就是说"方"可作"圆"。这些极点坐标放射"圈层"模式被用于建造圆形空间，建筑或者城市；它们还可同正交"格网"模式结合使用。此极点坐标放射圈层模式出现在意大利文艺复兴时代的一些理想城市中，如霍华德的"田园城市"，也出现在 18 世纪的某些法国城市项目中，以及之后华盛顿、新德里（等边三角形）的放射连接，巴西利亚的放射格网、堪培拉的放射圈层，等等。

方圆生格网，格网生宇宙。 就两种模式的基本形式即"方、圆"而言，假定"方"代表已知边界，"方"中有"圆"，"圆"即为已知边界；"方"外有"圆"，"圆"即为未知边界，未知"圆"不断被认知，"方"就越来越大，反之亦然。"圆"受地球经、纬向蓝绿折线的自然限制，不可以无限扩大，而"方"则可以分解为"格网"，或者近似于"格网"，并无限连接，即为"大方"，然"大方无隅"，地球"表面"维度上的一切形式

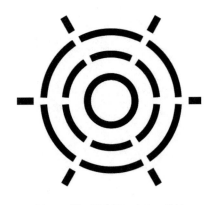

图 4-22 圆及同心圆，中心 + 放射

又必然融入到地球"经、纬"，再由"经、纬"聚合为"星球"，成为"星球"维度上的"点、线、面、体"，最终汇入到浩瀚无垠的宇宙之中，这其实就是空间的旋回，如同中国人"儒与道"或者"礼制与玄学"，西方人"柏拉图与亚里士多德"或者"马恩与康尼"，形式之"方、圆"也能互补。**于是，我们看到的任何一种形式，日月、山海，人人以至万物，不过是"方、圆"或者空间自洽的一种结果。总的来看，中国河洛之"方"与太极之"圆"，或者礼制之"方"与风水之"圆"，西方柏拉图之"圆"与亚里士多德之"方"，或者巴黎之"圈层"与巴塞罗那之"格网"也是如此，哲学强化了对"方"的认同，神学则强化了对"圆"的认同，只是不同于西方亚里士多德之"九格"或者巴塞罗那之"格网"，中国"九宫格"的意义在于使"格网"有了"天、地、人"三道四线宇宙哲学意味；也不同于中国太极之"圆"或者风水之"圆"，西方柏拉图之"圆"或者巴黎之"圈层"，西方"同心圆"的意义在于使"圈层"有了"上帝"的人本神学意味。而且，"九宫格"与"同心圆"之间可以相互转换，也就是说，正交坐标的"九宫格"，也可以生成极点坐标的"同心圆"。但源于"九宫格"的"格网+"可容"日"与"月"、"山"与"海"、"人"与"人"以及"方"与"圆"，人类应该顺应这个"格网"，共生立体，并不断赋予其结构性价值与文明。**

于是，基于空间哲学要素与形式的矩阵与格网，自然就跨越神学的极点与圈层，并且极大地丰富了人类的空间营造以及日常生活。

九宫之中，可以空间旋回，容无界规划。

要素的原型是"天地"，秩序为"矩阵"；形式的原型是"方圆"，秩序为"格网"。要素六合，形式九宫，终成空间魔方。

如此再进一步，从"九宫格"到"天地（宇宙）、人文（人本）、思维（纵横）以及空间（立体）矩阵"，象数要素化，要素矩阵化，将中国人象天法地与直觉思维所生成的"天、地、人"框架，转化成为自然科学与矩阵思维所形成的"天、地、人"框架，人类古老智慧与现代成就紧密地结合起来，体现出气候韧性、地缘韧性、秩序韧性与空间韧性，沉淀广化为地球"蓝绿""城镇""矩阵"与"数字"大结构，这是一套象征体系，可以解释为微观人类活动（生活、生产）与宏观价值构造（宇宙、人本）相结合以实现资源（自然资源与社会资源）兑现率最大化的一种政治、经济、社会与空间关系，要素纵横从天地到矩阵，形式法则从方圆到格网，矩阵至人本，格网生宇宙，三道四线，旋回自治，全天候适应、全方位连通、全龄段友好、全时空感知、全要素集成、全周期迭代，由生命共同，到城镇共同，再到数字共同，善谋者格局而不争，善建者开物而不拔，善言着竞合而不辩，进而将中华文明的维新成就转化成为全球文明的创新基石，这也应该成为空间哲学与空间营造史上的第二次重要理论飞跃。

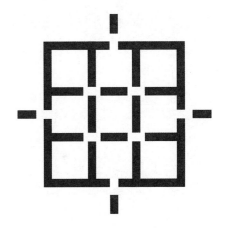

图 4-23　方及九宫格，中心 + 对称

本章小结

综上，"一方矩阵""三道四线""六合九宫"，要素矩阵化，形式格网化，终至空间九宫化，与天地相参，与方圆相契，外师蓝绿，中得城镇，"同构"在间冰期 1 万年来"天地九宫"四线格网的时空"魔方"之中。要素旋回，形式自洽，韧性生长，实现"天、地、人"三重构建，可以是实体环境，也可以是数字空间，天地人形，多元一体。

05 通透嘹亮，规划预见未来

格局，开物

"天、地、人"三道之"用"：人"**事**"关系，善谋不争。

空间实践观（学），格局开物

规划是预见未来的空间实践。用，用主竞合，其主要关系是"格局""开物"之间的关系，规划预见未来。天地人用，"天"分"日月"演"易"，"地"分"山海"成"经"，"人"分"人人"归"仁"，人类文明呈现出时空传播的显著特征。无论要素与形式、矩阵与格网，还是共生与立体，均涉及"敬畏与传承""生存与发展"以及"灾害与安全"三大基本内容，历经"旋回性沉淀""自洽性广化"与"周期性提升"三阶段过程，都是对空间韧性恰当的把握与运用；象天法地，格局；礼序营城，开物；仁义均等，竞合。遵循"矩阵＋"空间营造的理论，从无序到有序（道德水平，行同伦，礼序）、低效到高效（技术能力，技同法，营城）、竞争到竞合（全球化，序同好，乐和）的主动作为，天地之间，趋利避害，象天取圆，法地择方，矩阵＋三道、四线、六合、九宫，将纵向规律与横向法则应用于丰富多彩的规划实践。传播文明，"城"就未来。

规划师其实大有作为，日月顺变，山海制宜，人人归仁，向善而为，既是实体环境的营造者，也是数字空间的架构者。

第四阶段通透嘹亮，规划是一种预见未来的空间实践：卜也。

涵盖气候、地缘与认知，以及未来可能出现的新的形态，一体多元的地球，其任何空间现象，一定不是单一要素或者脉络的简单形式表达，而是各种纵、横要素，历时、共时且符合逻辑与辩证的完整脉络与复杂形式的人类实践共同体，它受到不同气候条件的影响，依托地域或地缘呈现，却是人类文明共同的成就。

可以编织的空间，天地十字＋方圆九宫，就是城。

"天、地、人"，气候影响历史，地缘决定文明，人类趋利（社会性）避害（安全性），空间承载秩序，而规划则是对未来的预见。当我们觉得规划越来越接近落地的时候，其实就越来越懂得在地文化，同时，也就越来越接近规划的正确方法，总结出来，并且将这种方法传递下去。规划实践就是格要素之局，开形式之物，竞人人之合。

三重构建

为天地立心（天心十字），为方圆立形（格局开物），为生民立命（人人秩序），为往圣继绝学（传承发展），为万世开太平（人类共同）。[1]

哲学与道德、技术与秩序是空间要素、形式及其边界关系的认知能力与认知水平、行为能力与行为选择。空间哲学是六合之内，要素流动与形式连续的立体思维与实践方法。规划实践就是空间的要素流动性、形式连续性及其边界包容性的制度安排与营造实践。

历时来看，九宫格局，法式开物；共时来看，规划格局，设计开物；整体来看，就是"天、地、人"三重构建，先格局，后开物，终至人人竞合。

天地之大，格局之重：格局，致广大

格局就是格要素之局，空间结构形制，格局为规划。

"九宫格"格网＋"同心圆"圈层。

格局，其实就是一种矩阵式规划，全要素集成，全周期迭代。适应气候、因地制宜、形成特色、融入生活，集成技术，创造价值。

全天候，全地候，全物候，由温带到寒、热带，建筑密度由疏至密，暖街冷巷，在寒、热带地区首倡26℃城市。

全地貌，全流域，全方位，山地城镇据地球经、纬向蓝绿折线，平原城镇可依南、北向传统营城，若有可能则略呈偏角，与同纬度折线相合，就像为城市设置结构性预应力，可反向平衡地球自转应力。

创造以"人民为中心"的城镇格局，人人秩序的中心应该是记录在地文明的场所、人民的仪式与文化活动（博物馆群），兼顾公权民利，是空间精神之所在。中心性越强，圈层特征越明显，仪式感也越强。

方圆之妙，开物致精：开物，尽精微

开物就是开形式之物，空间营造法式，开物为设计。

原型，自然法则，宇宙图示。

---

1 改张载言，原文横渠四句，即："为天地立心，为生民立命，为往圣继绝学，为万世开太平"。

开物，其实就是一种特色性建造，全天候适应，全方位连通，"天心"的穴，"十"字结构，圈层环绕，轴序节点。

区域讲结构（圈层），边界讲属性［城乡（苑）］，路径讲节点（枢纽），中心讲秩序（人人）。

城乡发展，空间构建。对营造法式进行更加全方位的探索，包括但不限于选址与规划、功能与形式、单体与组合、材料与施工、景观与环境等。

建筑、城镇、国土、地球、宇宙，自相似性与分形迭代。

现世之乐，和羹之美：竞合，继往来

竞合就是竞人人之合，空间礼序乐和，竞合为人人。

乐和，其实就是一种对于生命的尊重，全龄段友好，全时空交往，大规划要能"统"，一统之长，无界，工竞合（共同）；小规划要能"特"，一技之长，有界，工竞争（联合）。

遵循生态法则、发展法则、空间法则、特色法则、集成法则、竞合法则。格局为规划，开物为设计，做有设计的规划，竞合为人人，发展公权空间，保障民利空间，优化公民权利。

人类共同，和羹之中有侘寂，传承创新，美美与共。

何镜堂指出，推动文化的发展，基础是继承，关键是创新。要传承中华文化以和谐为核心的价值观，和而不同，不同而又协调；传承中外优秀的建筑文脉，古今中外，皆为我用；传承维护建筑本体的基本理念，以人为本，筑为人用。创新就要突出地域性：使建筑与自然和环境融为一体；强化建筑的文化内涵：在继承优秀文化传统的基础上有所突破与发展，既本土又现代；突出时代性：彰显生态与技术的进度，引领时代精神[1]。

不同层级

国土空间、城镇体系、总体规划与土地利用规划涉及全天候、全地候、全物候、全地貌、全流域、全方位、公权空间、民利空间，以及空间格式等方面的内容。即使是公权属性重点地区的详细规划与城市设计，也都将涉及这些内容。而城市设计是关键，是一种城市价值体系（要素）与城市意识形态（形式）的设计。

任何规划本身都只是空间旋回过程中的一次可能性的自洽方式。

规划实践是通过物理环境继承、兴建、提升所确定的特定意图公权场所结构性的秩序安排，所有空间的集成则都是满足人类空间活动的需要，是一套要素与形式的数据体系，并以制度的方式在相对的时间予以呈现。本章案例均为笔者主持或参与的具体规划实践，是不同层次格网的空间营造，赋予其相应的价值，涉及"敬畏与传承""生存与发展"以及"灾害与安全"三大基本内容，历经"旋回性沉淀""自洽性广化"与"周期性提升"三阶段过程，本质上是对空间韧性恰当的把握与运用，可以分为历时性正向、反向与共时性即时适应等韧性特征；同时涉及国家层面、省域层面，以及城镇层面特定意图场所的空间认知与空间营造，是遵循自然法则的前提下空间治理水平、空间技术能力、全球化进程与未来星球化构建的具体呈现，具有现实的意义。

增量时期，求发展，哪里有人哪作为；存量时期，补短板，哪里没人哪作为。

规划实践：人类规划实践的主要关系，就是"天、地、人"，是对"天时、地利、人和"短暂自洽的三重构建。

1　根据何镜堂院士在 2018 年 5 月 8 日的市长培训会上，以《文化传承与建筑创新》为题作出的演讲。

土地	制度	资本
地域	文化	时代
城镇	空间	产业

5.1 敬畏传承，继往开来

传承文明脉络，赓续历史进程。

基于"矩阵+文化"，敬畏传承。

矩阵中的时间框架、历史经纬，亿年的巫、万年的神、千年的圣、百年的人，呈现空间的历时性正向适应韧性特征。

5.1.1 丽江记忆

丽江，文化的祭拜

规划面积 44.26 平方千米。

从长江头（丽江），到长江尾（嘉定）。

丽江坝子呈现蛇山、象山双龙戏珠（四方街）的精彩地理格局，无论从白沙到束河，还是四方街，都是几股清冽甘泉激扬出来同构的村落形态，自然怡人。四方街更是由黑龙潭一泉生二股，二股成三股，三股生万象的"易经"村落形态，十分精妙。丽江古城形态由典型民居大片有序组成，而不是都市里的高楼大厦；流水串联各功能区域，清晰的路径将休闲 Mall、吃喝游创住等公共功能联结，形成旅游集散地。

基于"矩阵+文化+线性"再建，生命脊梁

最重要的是四线，即生态线、文化线、生命线与记忆线，遥远的地方但让人会常来。

保护生态线

西南湿地，中部水库，北部雪线，南北水脉（束河与黑龙潭）是关键的生态要素。丽江生态脆弱（自然生态、文化生态、民族生态），在西南方向建城可能导致黑龙潭水源枯竭，玉龙雪山雪线上升。

守护文化线

当前丽江人口比例中，纳西族构成失衡。为保护纳西文化的象征意义，应保证纳西族构成不少于总人口比例的 26%；抢救与保护、重建文化生态，建设丽江博物院新馆，其设计道法自然。

连接生命线

丽江坝子是印缅 - 西南大通道上的一小段。

连结打造城镇生命线（大脉络）：从白沙到束河再到四方街的新茶马古道，年流量 400 万人次，由静（束河）而闹（四方街）重构四方街，激活古束河，带动悦榕庄、铂尔曼，释放流动性。

2001 年丽江概念性规划是丽江最早开始的国际咨询，来自法国建筑科学院的专家与国内顶尖级专家共同参与，首次完善了丽江发展框架，重建了自白沙、束河至黑龙潭、四方街的文化生命线，奠定了丽江格局，深入阐述了以保护纳西民族为本底的文化生态构成，提出纳西族人口比例不宜小于总人口的 26%（法国的经验），以及以保护黑龙潭出水量为目的的自然生态构建，指出丽江坝子西南片区为丽江之肾（后为新城所毁），足够的含水量保障黑龙潭的源源不断，同时催生了旧村（城）改造的束河模式，至今仍然保持了规划理念的先进性与科学性，获得了广泛的认同。

延续记忆线

一个真实的丽江，而不是被过度消费的丽江，将传统演绎成现代时尚。

5.1.2 大足石刻

大足，刻石则足大

大足与石刻，规划破题不假于外。

基于"矩阵+文化+圈层"再建，人文年轮

区域协同研究面积 140 平方千米，总体城市设计面积 33 平方千米，详细城市设计面积 5 平方千米。

产业策划

四十年前笔者游学到过大足，看的就是石刻，四十年过去了，人们过来看的还是石刻。大足只有两种产业，一种是不变的石刻，一种是万变的产业。所以，石刻产业多大都不为过，而变化的产业则须用包容的平台予以承接，以"不变"应"万变"，创新土地的使用方式，使土地不要过分地私有化或小产权化，构建"公权物业"体系，提高土地的使用效率。

文化融城，创新赋能

石刻文化与工匠精神是大足土地的根，思考如何在现代城市生活中重拾失落文脉，将文化与创新传承融合，培育大足"文化+产业"体系，寻找大足城市新竞争力。发挥文化资源源头作用，建立文化引领的五大城市功能组团，形成相应的空间发展模式，携领文化产业平台加速区域协调和创新迭代；结合传统石刻艺术、海棠文化、民间艺术，植入沉浸式体验节点，打造大足文旅新 IP，演绎市井烟火图景。

城市格局："井田城市"，大足可传

在天为象，在地成形，源自《河图洛书》的九宫格，是中国古老的营城智慧。在人则象形，基于矩阵建造，四纵四横，天地矩阵，可以将大足现状"无序"的"山、水、城区"变为"有序"的"井田城市"。

东西向穿越城市的河流与南北向铁路枢纽的连线，构成"十字"结构，中心便凸显出来；然后，"一链聚心"，既是文化链，也是产业链；"一城创新"，既创学、创投，也创意、创新。城市在精致的山水结构之中，婉如翩翩少年，仰世而立，鼓瑟前行。

伦敦、佛山、大足都是基于格网的再建。

以水定城，山城共栖

大足自然生态山水，三山凝成，一水织景，北山环，南平原，宽谷穿，但城市发展逐步向东南扩张，新区旧城散乱布局逐渐与山水隔离。规划时考虑重塑山水格局，引导城市有序发展：基于丘、林、田、水交织的自然生境，因借风景，三山入城，顺势连通 9 条山水生态廊道，引入清凉季风，构建可持续的蓝绿骨架；以溪谷为脉络，连山通水，适应地形，连接郊野林溪、城市水岸、河湖湿地等，生成长久韧性的大足水安全体系。

十字链心，云水相映

南北云境，东西水廊，十字交汇处的水脉绿心是大足未来的文化中枢，由昌州古城与世界石刻论坛古今嵌合，承载着千年大足文化走向游、赏、研、产的全链条发展。快速通道连接两大城市流量站点，以城聚人；五大功能段落构建旅游、工作、生活的超级链接，延展轴线；一条云道汇集田园溪谷、水脉绿心、圣迹湖景、海棠水苑。

四相聚核，繁华盛境

绿心既成，以蓝绿廊道为界塑造出"一环·四相"格局。大足文道环串联山、城节点，并链接四大公共服务

主中心；通过"外联内优"的高效交通体系，激活公共中心网络，为新城引流量、聚动能。精心组织出倚山为伴、水城相依的城市天际线，嵌入山川之间，打造独具大足风格的城市地标，焕发新城活力、彰显繁盛形象。

重点地区："刻石、刻城，刻度大足，刻度山水"，把城市当作石刻艺术来雕琢

刻度山水，文旅溪谷

聚焦石刻文化产业发展，打造"石刻文化走廊"，串联5大场域及6大核心文化节点，以场核联动促文化再生。对巴蜀文化的聚落风貌进行梳理分析，对江村、院落、场镇等形式肌理进行演化重塑，以水库、山谷、田园、水脉等场地资源为线索，建立新区文脉结构，形成新城肌理。

以现状山谷为空间基底，以谷地田园肌理为点缀，谷地与山峰通廊顺势而为，生态廊道东西贯穿场地，将山野的绿色空间引入城市，既是畅通气流的城市风廊，又是野生动物穿越城市的安全绿廊；同时串联山顶构筑群、石渡槽遗址，打造蔓延的景观体系。

石刻圣地，山水运城

往事越千年，能人巧匠，登崖凿石，祈愿大丰大足；忆往看今朝，山水依旧，文化盛景，大足文化公园新城正以全新面貌走向世界。

图 5-1 大足石刻文化公园新城城市设计空间效果示意图

一链聚心，一城创新，
仰世而立，鼓瑟前行。

5.1.3 嘉定古城

嘉定，因水而生，"一环十字"

从长江头（丽江），到长江尾（嘉定）。

基于"矩阵＋文化＋线性＋圈层"再建，人文年轮。

整体风貌研究面积 3.92 平方千米，西大街片城市设计面积 18.7 公顷，南门片区城市设计面积 28.89 公顷，法华里建筑概念设计面积 1.94 公顷。

先有嘉定再有上海。

定位，引流，露水，聚市，风格；顾维均与中华复兴，陆俨少与嘉定风格。

从渊源、定位、逻辑与风格四方面入手，制定规划方案。

嘉定渊源

因水构城，"环加十字"是嘉定八百年以来的不变格局，也是这座老城的灵魂与骨骼。从内陆到滨海，再从元朝以后向外通过海上丝路沟通海外。

汇文荣城，嘉定建县伊始，即开建孔庙。县学建成后，嘉定最早的文化世家龚氏龚天定在嘉定创办了嘉定第一所书院：北府书院。逐步形成了多种层次、多种形式的教育网络，是嘉定有"教化之城"美称的社会文化支撑。

聚市立城，练祁市是嘉定县城建立之前即形成的集市，顺着水路，人的集聚逐渐形成，起初的嘉定县城也是以东西向集市为最核心的城市形象区域。城内古时分为东市、西市，东市主要为如今的州桥老街区域，西市主要为西大街。嘉定形制得以完整保留也很大程度上依赖着其核心城市结构与集市息息相关。

筑景识城，从古至今，嘉定县城内几大要素，如城墙、水街、桥、塔等形成了城市的形象框架。与水相依、水街与古桥形成城市的景致，与水共生的嘉定，其城市景观也多与水相关，以水映塔、以水映山、以水映月、以水映桥，这里的水与景构筑起城市的象征。

嘉定定位

一座可以识别的老城：嘉定为明清古镇，历有"教化嘉定"之美称，延续千年风貌特色，打造沪苏"伊甸园"，成为可以承载国家重大事件发生地，逐步走近世界中心。

水韵古城·文荟嘉定

因水而生，"一环十字"的独特水系与城市肌理，是嘉定元代以来成型的独具特色的城镇格局。环护城河守护着千年古城，十字水道（横沥河、练祁河）构建江南水乡风貌与活力。人文荟萃，嘉定古镇素有"教化嘉定"之美誉，历来崇文重教，文脉相承，名人辈出，民风敦厚淳朴。

营城逻辑

一环十字·三圈四点

保存完好的嘉定古镇护城河，水质良好，与在古镇中心十字交叉的南北向的横沥河及东西向的练祁河相通，形成江南古镇中特有的"环加十字"水系。十字水系南北展开成为现代城市发展带，东西延伸城市滨水风貌带。

在练祁塘、横沥两河十字交会处，建起法华塔，至今犹为嘉定老城标志性建筑。以法华塔和西大街、南门为核心，形成三大控制圈层，核心控制区 - 协调控制区 - 缓冲控制区，作为老城重要的风貌保护区域。以法华塔、护国寺、孔庙，以及规自局（观景台）为四大标志性节点，成为嘉定从古至今最为特色的标志体系。

南门古城，兴贤之地、重振文心，链接历史风貌的节点，塑造城市文化的核心；焕新街坊、伸展文脉，延伸传统文脉的轴线，演绎宅院文化的景观；识城之台、仰高之园，呼应片区地标的节点，承载地域精神的场所。

西大街，水街相依、古今相宜，延续肌理，梳理文化要素，再现水巷街市的特色风情；古韵新传、活力西街，活化历史建筑，融入现代文创，营造活力新地标，展时空交错美；志士之途、商旅后街，沿百家之迹，展文化博览魅力，迎时代需求，塑时尚商旅体验。

风格模式

南门片区从中心向南延展，通过小、中、大的建筑肌理，协调老城风貌、融合新旧建筑、赋能新产业，打通一条从古到今、从城市到自然的复兴之路。小肌理建筑控高 12 米，与老城协调，营造古今对话街巷空间；中肌理建筑控高 18 米，新旧相间，集体验、文旅、时尚活力业态于一体的新街坊；大肌理建筑控高 60 米，产业集聚、多维复合焕发文化新活力。新街起承转合处设置开敞空间和标志性建筑。

西大街片区从西向东延展，通过围合空间、街巷空间、开放空间引导人流。大屋顶集中式建筑退让聚合出公共空间，唤醒西街驿站的繁华景象，引导人流进入，形成标志门户；街巷空间以同质异构形式，实现新建筑与保护建筑的遥相呼应，中间广场成为新旧时空的链接点，建筑外侧界面塑造街巷空间，提供观赏老街的新平台，各建筑组团塑造内部院落，完善西大街肌理；建筑围合向水系打开，营造亲水聚合空间，再现城水相依、因水而兴的美好画面。

图 5-2 嘉定古城空间效果示意图

5.2 生存发展，行稳致远

基于"九宫"矩阵的创新规划实践。

无常，《孙子兵法》曰："故兵无常势，水无常形；能因敌变化而取胜者，谓之神"。意思是：变化才是常态，那些能够根据事物变化而适时调整自己取得胜利的人，可以称之为神人。

规划实践是空间旋回中的自治，具有空间的共时性、在地性与即时性等韧性特征。

5.2.1 大发展时期，空间创造，和羹之美

引领高效增量，彰显地缘价值。

基于"矩阵+地域"，大发展时期，格网可以快速扩展，格局为规划。

矩阵中的稳定三角形，中原三角、环勃海湾三角、长三角、珠三角、雄安三角、长安街的三角。

矩阵中的篮绿结构，将格网融入自然，融入地球经纬。

与天地相参，与方圆相契，面对气候特点（天）、地缘特征（地），以及文化特色（人）三大关系的增量发展。湾区层面、省域层面、国家层面谋局，制定战略，提升空间治理能力，边界管控能力，以及参与全球治理体系建设能力，满足人类社会发展的未来需求。

网络聚能，省域向海

城镇体系是对城镇气候、地缘与文化的结构性探索，挑战的是结构的韧性，冷期向海，暖期向山，是国家经济体系结构性支撑。

基于"矩阵+地域+稳定三角形"的山海城镇群规划实践，网络聚能。

根据 2023 年数据，广东省域面积 17.98 万平方千米，涉及 21 个地级市，下辖县级行政区 122 个。

以"阶梯+流域+海湾"为单元的生态修复、文化守护与国土综合治理。

生态修复

结合广东的自然地理格局，特别是与七大流域所构成的地理特征，区划以"阶梯+流域+海湾"为蓝绿结构的生态修复与国土治理的空间单元，保护生物多样性。

厘清广东全境山脉、水脉，特别是风脉、雨脉，以及风窝、雨窝的历史路径与规律，顺应蓝绿结构地理特征，正确区划省级生态敏感区与生态控制走廊。在流域内，体现上、中、下游不同生态修复保护的重点：上游的修复保护重点是筑牢生态安全屏障，以山地森林生态系统的保育与恢复为主，加强水资源保护、生物多样性保护、生态系统梳理与生境保护等；中下游的重点是促进城镇与自然和谐发展，建设田园、公园与家园，修复城镇群公园绿地系统、森林农田生态系统、河湖湿地生态系统等，保护好环珠江口地区河海交汇的生态环境；近海则是保护海湾、海岸、海岛，推进滨海湿地、海岸线、海岛及近海海域生态修复，保护海洋生物多样性，维护鱼窝生态平衡，建设魅力海湾。海洋大省，重点在沿海，危害也在沿海，要把沿海地区研究透，应对海平面继续上升，做好生命保障线（生命通道）预设准备，划定海平面上升浸害等高线、台风危害强度等级线，山体滑坡

损害保育线，有序组织向安全海拔地带撤离通道。新加坡安全海拔正从 4 米提升至 5 米，珠三角地区也应相应调升到 5 米及以上，设置韧性缓冲区。

参与具有全球意义的生物多样性保护，统筹保护生物多样性关键空间，建设全球生物多样性热点区；构筑全球候鸟迁飞驿站，划定加强全球候鸟迁飞通道重要节点保护与修复，提升广东沿海湿地作为全球候鸟迁飞重要停息地与越冬地作用；重点推进珠三角地区候鸟生态廊道建设，打造"候鸟湾区"。

1994 年笔者在清远总规编制中，强调修复生态环境，策划生态廊道，设置小动物通道，提出构建让一只兔子穿城而过的人与自然和谐共生的城镇理想模型。

人多的地方，给动物留下一条生路；动物多的地方，给人留下一条通道。

文化守护

信仰是国家力量，沉淀几千年历史的公序；信俗是地方特色，使人记得住岭南乡愁的良俗。在维护"大一统"政治传统的同时，广东守护好地方信俗也是文化多元化的有效方式。与生态地理单元相匹配，广东文化地理也呈现"流域＋海湾"分布特征，并随阶梯、流域顺次发育，出山近海，构筑成广府、客家、潮汕与福佬等多元文化特征。城镇分西江、北江与东江三大流域向三角洲汇聚，譬如西江，顺次梧州、封开（良渚）、肇庆、佛山、广州，分东西两岸，深圳、珠海等，海上的船大一点，只能行驶到佛山，则佛山旺；再大一点，只能行驶到广州，则广州旺；再大一点，只能行驶到深圳、珠海，则深圳、珠海旺。齐国国相开拓羊城；正定赵佗建立南越；西江龙母消灾避难；岭南圣母唯用好心；南华慧能一花五叶；归善谭公护佑客家；翠亨中山践行民主。另外，诸如佛山祖庙、韩公祠、光孝寺、雷祖祠、陈氏书院（岭南艺术），满是岭南文化丰硕成果。

有意思的是，在空间形式上，不管"方"还是"圆"，东南客家围（圆）屋是传统中国"最小的城"，而广东方形碉楼则是旧时岭南的"天空之城"。

国土空间

广东省域规划要用好"阶梯线""流域线"与"海岸线"所构成的蓝绿结构，岭南地区、珠江流域尚处于全球气候红利期，**"出山近海，内优外拓"**是总的方向。

规划的前提是城镇化发展，城镇化的战略包括以下四个方面：其一，提升珠三角城镇群的综合竞争实力，成为亚太地区主要的都市连绵区之一；提升粤东、粤西沿海地区经济地位，成为全省经济发展新的增长点；重视北部山区作为全省生态屏障的战略地位，加快北部山区保护性开发的步伐。其二，构建珠三角中部、东岸、西岸，粤东潮汕、粤西湛茂与粤北韶关六大都市区，成为区域发展的极核。其三，强化广州、深圳在全省及华南地区中心城市职能，培育潮州 - 汕头 - 揭阳、湛江 - 茂名的省域副中心城市职能，努力建设成为具有国际影响的现代化城市；壮大佛山、珠海、惠州、东莞、中山、江门、肇庆、韶关、清远、梅州、阳江、汕尾等一批大中城市，充分发挥其辐射带动作用；积极发展县级市、县城镇与发达镇等中小城市，成为新增城市人口的重要载体。其四，加大小城镇整合力度，扩大规模，控制数量，以中心镇为重点，提高小城镇的规划建设水平，提高城镇品位，优化人居环境，多方位增强其对人流、物流、信息流的集聚与扩散功能。总之，广东城镇化是以内涵发展为主、外延发展为辅，实现城镇集约发展，以大、中城市特别是都市区作为提升城镇化质量的战略重点，以中心镇作为快速推动城镇化快速发展的战略基地，走大中小城市与小城镇协调发展的道路。

城镇化的战略选择实际上确定了空间结构的发展方向，全天候、全地候、全物候、全地貌、全流域、全方位、公权民利及其空间格式等，城镇空间发展总体上实现"出山近海，内优外拓"，近期进一步加强生产要素向沿海地区特别是珠三角地区集聚，"出山近海"；中期形成以珠三角及粤东、粤西沿海地区为重点，点轴结合、梯度推进、扇面拓展的发展格局；远期依托发达的区域交通网络"内优外拓"，在省内人口空间分布、产业空间协调、城镇空间布局、生态空间结构不断优化的基础上由内向外拓展，全方位加强与省外区域的合作，形成全省相对均衡、有序、开放的网络化发展格局。

广东省城镇空间结构形成"一环（生态屏障）、三江（西江、东江、北江流域），一主（珠三角地区）、三副（寒江、鉴江、曲江流域），一带（沿海大通道）、三轴（京广、玉湛、梅汕通道），一省、三阶梯"的三角"同构、嵌套、对称、可拓展"立体网络城镇空间系统基本形式。

一环（生态屏障）、三江（西江、东江、北江流域）：全省河流仅西江为省外进入，其余河流，韩江、西枝江、东江、北江、潭江、莫阳江、鉴江等均发育于北部山区，且沿珠江口呈东西对称分布，是广东重要的水源保护地，所以生态屏障十分重要；以珠三角外围生态屏障区域为大绿环，连接西江、东江与北江流域所形成的珠三角平原地区。

一主（珠三角地区）、三副（寒江、鉴江、曲江流域）：形成以珠三角地区为主区域，以粤东寒江流域、粤西鉴江流域与粤北曲江流域为副区域。

一带（沿海大通道）、三轴（韶广、玉湛、梅汕通道）：形成东西向沿海大通道，韶广、玉湛、梅汕主通道，以及南北向云（浮）阳（江）、河（源）汕（尾）次通道。

一省，三阶梯，立体网络城镇：应对海平面的变化，建立一省之内山海三大阶梯抗海侵韧性立体网络城镇保障体系，提升韶关地区的战略价值，辅以梅州、梧州（外省）等形成山区高阶梯（海拔 60 米良渚 - 苏美尔线及以上）城市带；河源、清远（山区）、肇庆（山区）、云浮等形成山区中阶梯（海拔 30 米超过凌家滩线及以上）城市带；强化汕头、揭阳、汕尾、惠州、深圳、东莞、广州、中山、珠海、江门、阳江、茂名、湛江沿海低阶梯城市带（海拔 5 米及以上）。韶关（60 米及以上）、清远（山区 30 米及以上）、河源（30 米及以上）、肇庆（封开 50 米及以上）为环珠江口湾区后方城市；梅州（80 米及以上）为粤东潮汕地区后方城市；云浮（60 米及以上）为江门、阳江后方城市；湛茂地区后方向玉林方向转移；韶关为粤湘赣合作门户城市，是广东省域城镇大后方，南方人类最稳定的聚居地，旧石器时代距今 12.9 万年前的马坝人曾在此居住。因此，阶梯式立体网络城镇体系能够适应广东较大幅度的气候变化，建立战略"后方"，海侵时可以"上山去海"，实现小阶梯旋回与地缘自治，是广东独特地域文化形态发生的基础。

这种结构表现为明显的内外三角"同构、嵌套、对称、可拓展"立体网络的城镇空间系统特征，即珠三角地区内三角（广佛 - 深港 - 珠澳）与门户城市外三角（韶关 - 潮汕 - 湛茂）的同构对称关系，直接反映广东自然地理蓝绿韧性，无疑对广东城镇空间结构的优化与拓展十分有利，是实现广东城镇"出山近海"的重要战略依托。用好"阶梯线""流域线"与"海岸线"所构成的蓝绿结构特征，城镇空间将出现沿海、沿江及沿线并快速向六大核心（广佛、深港、珠澳、潮汕、湛茂与韶关地区等）聚集发展的强劲势头，同时，兼顾山海通道，构建两级阶梯抗海侵韧性城市保障体系。

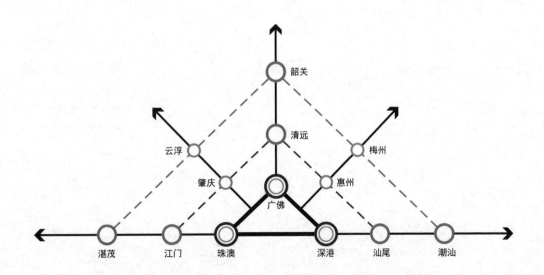

图 5-3 同构、嵌套、对称、可拓展的内外三角结构示意图

城镇体系是对城镇气候、地缘与文化的结构性探索，挑战的是结构的韧性，冷期向海，暖期向山，是国家经济体系结构性支撑。

图 5-4 广州中轴线城市景观

价值传承

广东城镇"内优"方可"外拓",未来空间结构的发展将呈现竞争与合作的态势,粤港澳合作进一步加强,省内城市**"无地界合作"与"跨区域竞争"**将成为广东城镇空间发展的两个重要趋势。加强广东与港澳地区和相邻、相关省份的合作,建立区域协调机制,促进省内不同地区在产业发展、重大基础设施布局、生态环境保护等方面的和谐发展,将大大提升区域与城镇的协作能力。

加强粤港澳大湾区合作

发挥广东经济实力强劲与发展潜力巨大的优势,积极建设湾区城镇共同体,形成三级湾链,以香港 - 深圳 - 广州地区为脊梁,集约土地与资源,大力发展国际贸易、金融、航运、科技、信息、海洋以及文化传播等产业,进一步提高广东与粤港澳在口岸管理、商贸旅游、基础设施、金融保险、科技教育、环境保护、市场开拓与中介服务等领域的合作水平,提升粤港澳都市连绵区在亚太地区以及国际城镇群体系中的重要地位。中国沿海通道连接三大城镇群,京津冀(黄、辽三角)、长三角以及珠三角城镇群,台海就是长、珠三角城镇群哑铃状通道,湾区强,则台海稳,则南海旺。

省内城市"无地界合作"

提倡省内区域与城市间的"无地界合作",其实就是"共同竞合"。以政府管控为主、市场调节为辅,加强对省内重大设施、产业布局、重要资源开发的统筹安排,协调区域内部共享资源的合理利用,兼顾各方利益,避免职能与产业同构,完善区域间协调机制,实现各区域之间、各城市之间对共享资源的"无地界合作",保证全省整体效益,参与更大区域范围的竞争,包括地域分区的协调、沿海城镇的协调、流域城镇的协调、城乡空间发展的协调,以及重点发展地的协调,如环珠江口湾区、广州 - 佛山地区、潮汕 - 梅州地区、湛江 - 茂名地区、阳江 - 云浮地区、汕尾 - 河源地区以及韶关地区,等等。

门户城镇"跨区域竞争"

积极推动环珠江口湾区城镇群参与全球化进程,重视与邻省(区)城镇群出口的通道建设。环珠江口湾区是华南地区的门户城镇群,宜构筑城镇共同体,实现"跨区域竞争",其实就是"联合竞争"。加强与福建、江西、湖南、广西、海南、台湾六省(区)在区域性大型基础设施、资源开发与利用、生态保护等方面的沟通与协调;加强人才交流,共建区域性全要素市场;发挥合作优势,在毗邻的具有共同或相似资源与文化地理特征的区域内,倡导共同开发、共同发展。邻省(区)之间的主要合作方式为:建立粤闽台经济合作区,加强粤闽台以贸易交流、资源开发为纽带的经济合作;加强粤桂琼"环北部湾地区"(包括雷州半岛、海南岛西部地区、广西沿海地区及越南北部地区)在资源开发、区域性基础设施建设标准、时序等方面的协调,实现共建共享;建设加强粤湘赣经济合作区,加强韶关对粤湘赣接壤地区的综合性服务功能与吸引辐射能力;以及加强两广在西江流域的经济合作,共建西江经济走廊,等等。

无界竞合，湾区圈链

基本上任何河流在下游都会有沉淀现象，尤其是一些较长的河流为甚。全球最大的冲积平原是亚马孙平原，而中国的黄淮海平原与长江中下游平原亦属这一地形。

基于"矩阵＋地域＋圈层"的湾区城镇群规划实践，无界竞合

截至 2020 年 12 月，粤港澳大湾区面积 5.59 万平方千米，常住人口达 8617.19 万人。

从 2002 年开始，《广东省城镇体系规划》将"环珠江口湾区"概念纳入广东省官方文件，成为全省协调一致的行动战略。环珠江口湾区由临近珠江出海口水域的区域组成，是珠江下游冲积扇珠三角地区发展的核心，环珠江口湾区即后来的粤港澳大湾区（GBA），包括香港特别行政区、澳门特别行政区和广东省广州市、深圳市、珠海市、佛山市、惠州市、东莞市、中山市、江门市、肇庆市。地球冷期，环珠江口湾区气候地缘条件优越，"三面环山，三江汇聚"，具有漫长的海岸线、良好的港口群、广阔的海域面与经济腹地，且泛珠三角区域拥有全国约 1/5 的国土面积、1/3 的人口和 1/3 的经济总量，因此粤港澳大湾区成为中国海上丝绸之路经济带重要枢纽节点与粤港澳一体化发展的战略性空间载体。

粤港澳大湾区是国家价值的主要承载地，是国家安全的战略支点，是全球金融中心，是全球供应链创新保障基地，以及中华文化主要输出地（华侨信俗），构筑湾区城镇共同体（融湾），实现"无地界合作，跨区域竞争"，湾区强，则台海稳，则南海旺。同时，湾区生态也是华南地区最为敏感的区域，应在保护生态的前提下寻求发展。湾区宝地，若不自污则无污物之扰。本书基于气温适应、降水适应、流域折线、阶梯层级、公权民利、交通信息、营造法则等，从"本与底、连与通、城与乡、中而新、技与能、竞与合"六个方面对粤港澳大湾区未来发展进行了阐述。

本与底：修复生境，环境重塑流域性红利

生态为底，水与土，泄与托，江海交汇，守住生态红线与基本农田红线十分重要；湾区生态体系十分复杂、敏感，"联山理水"，湾区有"四线"，两实：山脊线（33 度）、海岸线（海退）；两虚：磁力线（经线）、台风线（高频）等蓝绿结构特征。

山脊线（33 度）：是地球自转形成的经向 33 度折线。它是山逼出来的，是水冲出来的，是风吹出来的，是日月锤炼出来的 33 度线。磁力线：九龙磁力线以及鼎湖磁力线，凝结在岩石之中，凝聚在历史往生，此处水好物华，如恐龙、海龟、海藻（多糖多肽）、绿奇楠、桫椤、中华秋莎鸭、中华穿山甲、萝卜、生蚝等特有物种，以及已知四大蝴蝶洞，九龙、博罗、永和、鼎湖等。海岸线（海侵）：研究海（湖）侵海（湖）退历史，应对海（湖）平面上升，设置等高层级生命通道，10 ~ 12 米，20 ~ 24 米，30 ~ 36 米及其连接线，连接海拔 66 米良渚 - 苏美尔线（全球冰川融化）及以上至第二阶梯城镇。台风线（高频）：风与水一定相关，有大水就一定有大风。珠江口就是一个风力场，河口两岸城市深圳与珠海是台风发生的主要登陆点，其强度、路径，影响到安全、产业，其实沉香产业是台风产业，有沉香的地方一定有台风。环珠江口湾区的山水结构，影响这里的城乡结构、社会结构以及产业结构。

湾区最为重要的是生态安全，其次才是生态红利。湾区生态的敏感性非常高，城镇结构应匹配于蓝绿结构，要密切监测大气、土壤、江海的变化，给自然要素如候鸟、咸淡水动植物等生物多样性留足过往通道，为台风、洪涝、风暴、海平面上升等突发缓发性灾害留足消减空间，顺应空间"四线"，提高空间韧性，塑造空间特色。

连与通：打通脉络，为要素流动的各种可能性形式而建造城市

湾区的流域性红利，包括水、土地、人口、产业，可以满足超过 1 亿人的生存可能。各要素集成资源化，包括城市形态都是资源。促进要素结构化流动，人口流量，流动性社会形态的建设，以及与之对应的公共服务，交往、交流、展示、游憩、共享，使人民有结构性获得感；产业流量，生产要素特别是资源型生产要素聚集比例应该相对较高，构建结构化产业园区，客、物流应当适度分离，避免混流；资本流量，所有产业都是资本的形态，保证足够的流量及其结构化资本平台，创新金融服务，多中心层级联合，构建全球性湾区金融中心；设施效率，高效利用结构化大型基础设施，包括交通与信息基础设施，如海陆空港等，大型公共公用设施，如奥林匹克中心等，以及各类特定功能区，如大学园区、科学中心等，统筹设施管理与运营。推动制度包容性改革，去制度成本，把好公权民利之"度"；创新空间，包容共享，通道与节点，城市建设应包容流量变化的各种可能，以不变应万变；进行流量管治，将通道与节点纳入管治范围；设置特别意图区，动态管理（准入、监管、交易、退出）等。

城与乡：向湾演进，渐成湾链

湾区城镇群空间形态上呈现向湾演进的发展趋势，具体空间表现：原有城市节点不断生长，在边缘区域新的节点不断培育；城市发展边界的不断拓展，部分边界有融合蔓延发展趋势；城市节点依赖公路交通路径不断拓展，形成明显的发展路径；湾区城镇群整体空间成型。

在二次极化的作用下，临湾地区逐渐形成围绕湾区发展的湾链型空间圈层结构。环珠江口湾区空间结构呈现出以临湾一线的南沙、前海、横琴、虎门、翠亨等地区形成的第一湾链（内湾），以广州、深圳、珠海、东莞、中山等核心城市形成的第二湾链（主湾）。第二湾区（主湾）是湾区"脊梁"，主要是东莞大岭山、中山五桂山以北地区的湾区地势较高地区，是湾区经济的主要承载地。第一湾链地区与第二湾链核心城市相互依托、相互促进、融城发展的格局，城镇群由单向传动向湾链之间的双向传动转变。湾链形成湾区核心动力弧，辐射惠州、佛山、江门等其他珠三角城市所形成的第三湾链（外湾）。

湾区重中之重为生态保育，第一湾链（内湾）海河交汇，生态极为敏感，是湾区"锅底"，应积极消释海河能量，扩展河口排泄与海水顶托区域，禁止填海造地，不宜固化河口岸线。合理建造城镇，不宜连片发展，各区之间应设置禁止建设区（生态缓冲沿河直至主湾第二湾链），第一湾链（内湾）地区无论大气、土壤，还是水资源都不是建城选址的理想条件，应强化空间韧性，谨慎建设"一江两岸""两江四岸"或"三江六岸"，防止河口"紧约束"而导致后方城镇内涝发生。湾区城镇空间形态要顺应自然规律，并线（33 度线）、向海（海岸线），湾区城镇应该有很强的自律特征，山城田海、水脉城乡，最为根本的还是对建城标高的控制以及生命通道的布局，任意改造或违背自然规律的做法都应该禁止，并建立决策与建设灾害追责制度。提升单位人口、单位面积的 GDP 产出，由湾链形成海陆空港链，以及城链、产业链，各类技术能力创新平台，引领湾区发展。

南沙地区江海交汇，侵蚀性强，水面率超过 55%，大气、土壤、地质条件复杂，属于生态敏感性高、价值敏感性也高的区域，水利、交通等基础设施投入巨大，且建成维护成本不低，要做出与之相适应的定位选择。

中与新：岭南风格，湾区特色

岭南风格是公权资源，须尽心打造。首先是结构特色，应集中建设，筑心强链，提高建城密度，反映岭南地区的地域特征，疏能走马，密不透风。岭南地区的空间特征，无论选址布局，还是城镇、建筑形态抑或园林景观，表现在大疏大密，向吉水抱，采光通风，遮阴避雨（通道、骑楼、连廊），亲水见绿（开敞、绿化、疏松），包容共享（使用、时尚）等方面。其次是空间特色，采取超混布局、韧性生态、活力街道、卓越服务、国际社区以及智慧网络等空间策略，反映岭南地区的文化特征。结合 33 度地理经向折线，以及炎热地区滨海、台风等自然条件，城镇形态因地制宜，适度提高密度标准，包括国土空间、城镇空间以及建筑空间或者园林景观，形成基于传承有序及现代营造体系的岭南风格。同时，岭南人文荟萃，可以活化信俗文化，包括广府、客家、潮汕、福佬、军、官、畲等文化共存，重视载体建设，如中山故里、佛山祖庙、陈氏书院（岭南艺术）、谭公祖庙，促进湾区文化多元化发展。1994 年 5 月我们开始策划广州华峰寺建设（永和蝴蝶洞附近），这里曾经是东江纵队的秘密联络点，在经济快速发展的同时保护传承优秀的地方文化，历经 19 年，2013 年 12 月 19 日广州华峰寺大雄宝殿落成典礼及佛像开光法事，来自顺德、番禺、南海、增城等地的信众参加，彰显了这一地区生态与文化的影响张力。最后是环境特色，构建适宜未来的环境品质，吸引人才迁入，特别是满足年轻人喜好，吸引其愿意过来工作生活，反映岭南地区的时代特点。

就湾区空间形态而言，大结构，内外三角"同构、嵌套、对称、可拓展"立体网络的城镇空间系统，即珠三角地区内三角（广佛 - 深港 - 珠澳）与门户城市外三角（韶关 - 潮汕 - 湛茂）；小结构，广佛三角体系，即广（佛）清肇；深港三角体系，即深（港）莞惠；以及珠澳三角体系，即珠（澳）中江等；向外转移阶梯城市可以是肇庆、清远以及河源等地。

技与能：构筑脊梁，服务国家

湾区吸收高素质人才的集聚，加强技术创新能力与技术应用集成建设，创新发展，集成适应气候、顺应地缘、公权民利的新技术成就，全面系统地应用到空间营造中，在技术关联的三个方面，包括食（药）物、工（器）具与营（制）造技术等关键领域实现突破，集成应用到湾区城镇的建设之中。构筑结构性国家创新平台，强化资本创投、技术创新、文化创意能力建设。依托香港、深圳、广州、珠海、澳门，建设全球性资本创投网络，健全全要素金融市场，培育艺术品交易与消费中心；建立全球性技术创新高地，共建国家科学中心，在互联网、AI 智能、数智制造、生命科学、空间技术、深海利用等领域实现世界领先；打造全球性时尚、创意市场，依托

图 5-5 广州永和华峰寺海门禅院鸟瞰图，1994 年 5 月绘

华峰山风景区是广州经济技术开发区永和片区的文化要素组成，这里是广东省生态景观四大蝴蝶洞之一，有着丰富的文化资源，规划景区区划合理，流线通畅，重建岭南名寺华峰寺，并于规划 19 年后，华峰寺主殿开光落成，成为广州及至珠江三角洲地区又一知名文化休闲去处。

广泛的粤人华侨资源，创新文化观念，将中国悠久的文化内涵以崭新的介质形式向世界传播。切实维护台海稳定，加强经贸往来与人员交流，分享湾区红利；参与南海国家共同体建设，在资本、科技、文化与国家基础设施建设方面做出贡献，造福南海各国，实现南海繁荣。

现时，广州重大基础设施的布局应该是有战略缺陷的，特别是白云机场的选址，让广州失去了珠三角中心位置，使深圳宝安机场获得了飞速成长的机会，从而促成深圳完善城市结构，超越广州。之前，我们做过两次努力：一次是在2002年广东省城镇体系规划的编制过程中，主张将当时的新机场选址放在广州番禺的海鸥岛，可以与广州南站连线，成为广州发展的两大引擎，但由于各种原因错过了这个机会；另一次是2012年编制广州南站的规划过程中，主张采用上海虹桥枢纽模式，高铁航空联运体系（缺水运），在广州南站西部片区设置机场，可以建造比虹桥枢纽还要综合的陆空海（高铁、航空、水运等）多式交通转换枢纽，但这个机会也错过了。

不过，在更大尺度的气候变化期，特别是发生极端气候事件的情况下，譬如海侵等，广州白云机场的选址又是安全的。当然，在更广视域的国际关系中，广深之间，应是竞合而不是竞争的关系，应打破边界的桎梏，做粤港澳大湾区珠江左岸（东岸）的脊梁。白云机场拥有3000平方千米大腹地（流量流向），包括广州北腹地（花都、白云、空港经济区），辐射湾区腹地，乃至东南亚、南亚，特别是南海周边国家，都是可链接的重要目的地。空港产业兼容流动与圈层分布，越近流动性越好，灵活用地，铁打的营盘流水的产业，提升土地包容性与流动性。加强多式联运，轨道交通是重点，做好环机场交通体系（包括环机场高铁联运体系）安排。空铁不仅仅是联运，更要一体，武广、湛茂、广河高铁空运流量直接融入，留住人，留住物，就有大发展。对于广州或者湾区来讲，空港地区既是一个离世界最近的地方，更是一个特色风貌区，湾区的门户、客厅、第五立面、旅游目的地，空间结构很重要，形成一批标志性建筑，一看就好，越建越好，体现四时花都山水城苑，高品质开发创新性形象。

竞与合：粤港澳大湾区生命、数字、城镇共同体

环珠江口湾区的现状犹如春秋战国，应该连纵抗衡，实现"大一统"。竞与合，解决湾区不充分、不平衡问题，从划界、跨界，到"无地界合作，跨区域竞争"，不假于畛域，实现区域要素充分平衡地流动，创新制度，高效财政，重建生态环境结构，健全公共服务设施，完善公用基础设施。

治理水平：环珠江口湾区是一省之治，珠三角强则台海稳、南海旺，这是国家战略层面的关键平台。湾区宜轻建造、重价值，过去欠缺的，以后重点补上。过去的观念认为公共设施是配套，而实际上是实现社会价值的结构性平台，引导一个社会的发展，是宜居基础，应满足不同年龄段的体验需求，完成全龄友好社会闭环构建。建设湾区之"脑"，统一、统令、统筹，全面提升环珠江口湾区城镇群治理能力。技术能力：引领数字革命的浪潮，建立创新高地，形成创新网络，包括食品与卫生水平、信息与交通网络、制造与营造能力，挖潜存量，精准增量，全面引导与展示未来城镇生态、生产与生活方式。

全球进程：资本与文化的传播。建立全球资本视野，服从国家资本结构（国、省、市资本投入），优化本级资本体系（含土地出让、产业税收、公权物业、主权基金、投资收入、社会资本、股权收益），参与全球金融构建；基于全新技术指引、源于优秀岭南传统、融入现代生活方式，引领全球文化发展。

粤港澳大湾区开展"无地界"合作，构筑生命、数字、城镇共同体，促进要素流动与推动制度包容，共商、共建、共享，促进城乡居民基本权益平等化、要素配置合理化、公共服务均等化、产业发展融合化、居民收入均衡化，建设新型社会公权民利价值体系，提升湾区治理水平、技术能力，利用香港、澳门的全球化基础，推进湾区全球化进程，竞合为人人，最终实现"跨区域"竞争。

环珠江口湾区在地球大暖期是不适宜居住的，所以要珍惜现在的地球气候时期，做好较长远的规划。好的规划可以择期（机）实施：整体谋划，系统塑造，重点突破，全面提升。大湾区，创造美好生活，应勤勉耕耘，行稳致远。

图 5-6 "矩阵 + 方城 + 园囿"九宫格网示意图

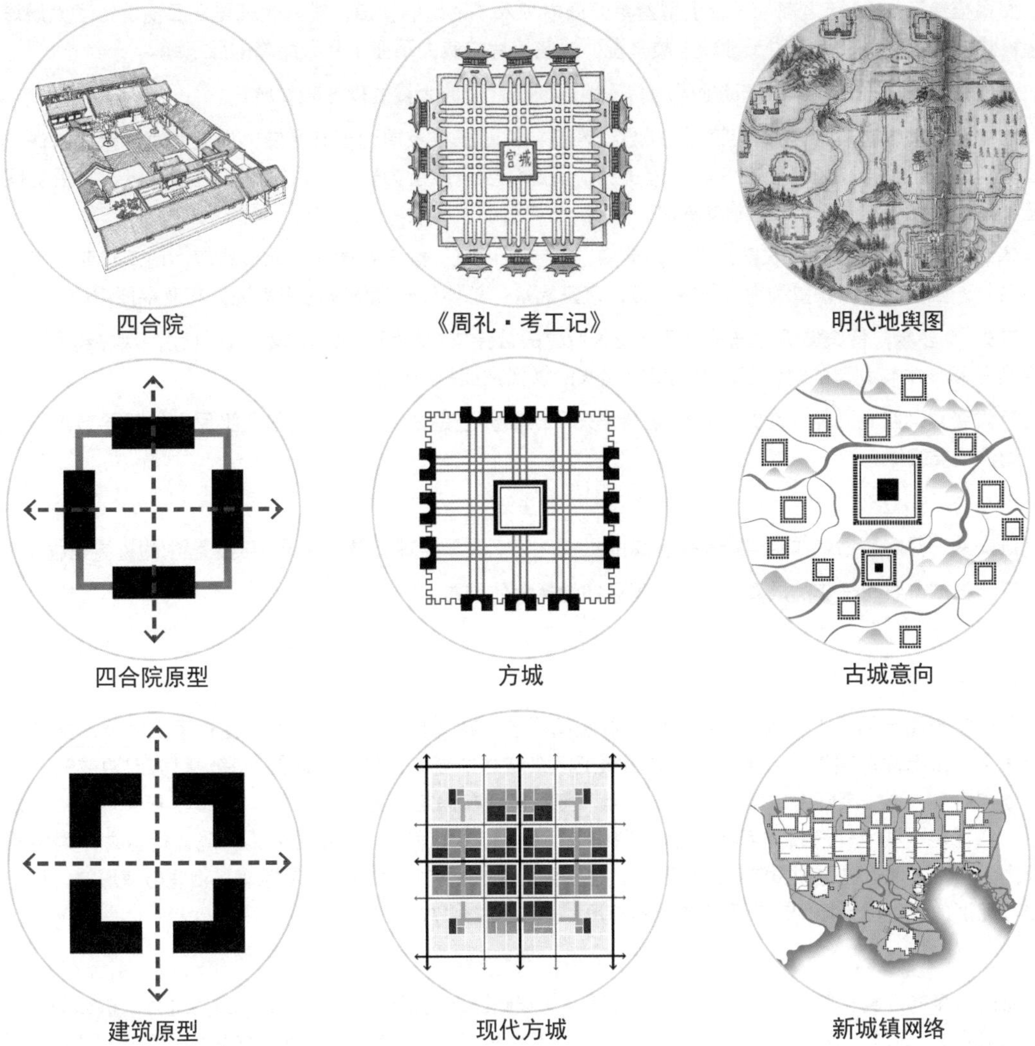

四合院

《周礼·考工记》

明代地舆图

四合院原型

方城

古城意向

建筑原型

现代方城

新城镇网络

未来典范，雄安新区

雄安，执其雄，守其安。

基于"矩阵 + 方城 + 圆囿"的规划实践，"城"就未来典范

新区总面积 1770 平方千米，白洋淀 366 平方千米。起步区面积 198 平方千米，其中建设用地 100 平方千米，启动区面积 26 平方千米。

雄安新区采取九宫格网嵌套的自相似性与分形迭代的空间布局特征。

据《孟子·滕文公》记载："望古之际，四极废，九州裂，天不兼覆，地不周载，火炎炎而不灭，水浃浃而不息。"

文章描绘了5400年之前，一颗小型彗星无意中闯入了地球的轨道，进入大气层之后便发生了大爆炸，整颗彗星被炸成了碎片，但是，对于地球人类来说，这些碎片的威力不亚于从天而降的原子弹。

这次巨大的灾难造就了白洋淀地区的特殊地形地貌，形成大量的碟形陨石坑。

雄安新区规划范围涉及白洋淀地区雄县、容城、安新三县及周边部分区域，地处北京、天津、保定腹地，区位优势明显、交通便捷通畅、生态环境优良、资源环境承载能力较强，现有开发程度较低，发展空间充裕，具备高起点、高标准开发建设的基本条件。

华北平原意向：森林，农田，河流，淀泊，城镇，古城；雄安新意向：北极星座，地理显赫，燕山以南，泰山以北，西依太行，东望渤海，长城环卫，京畿福地，总体处于海河流域三角洲，华北平原中心。

过去40多年，传统城镇化进程中经济增长所欠的社会成本与环境成本越来越显性化，现在到了不得不支付40多年累积成本与利息的时候了，中国经济增长的换档减速是必然的。

气候变暖，红利向北，北方城镇会逐渐复兴。雄安新区是古黄河冲积扇华北平原上的重要节点，是国家复兴计划的重要载体。

雄安从一开始策划就注定了雄安是全球的雄安，它汇聚了全球智慧，属于人类进程中的重要里程碑。

千年的城市要有千年的故事，伟大的思想铸就伟大的城市。

中国之"方"

基于宇宙图示的"天下观"是中国传统的空间观念，在"普天之下，莫非王土；率土之滨，莫非王臣"的逻辑之下，京师被设定为天心土中，由方城拱卫，京城之中复有宫城，以居住皇室。京城周边或曰"京兆"或曰"顺天府"，再外围则为"直隶"，1729年，雍正皇帝在保定设置直隶总督府；2017年4月，中央设立雄安新区，在保定区域所辖的白洋淀畔，建成后将与天津一起拱卫京畿。直隶之外为行省，行省之外为藩属，藩属之外则为蛮荒之地，通过朝贡制度维持联系。这种天心结构的"空间"，既是地理、物理与有形的，也是哲学、历史与无形的，更在天地间对应千年城市的尊严，是中国之"方"。

生态安全的红利：气候旋回，地球由冷转热。雄安新区北有燕山，南有泰山，西有太行，东邻渤海，居北，太行山的耳蜗，白洋淀湿地，九河入淀，华北之肾，古黄河旧道，曹操为了治理河北先后修了白沟、利灌渠、平虏渠、泉州渠、新河等工程，形成了整个海河水系的雏形，雄安新区正位于海河水系之上，治理就会有流域性生态红利。

区域经济的红利：地缘旋回，沉淀发展势能。环渤海湾地区与北京天津三角鼎立竞合，三城之心，大兴机场，政治、经济、文化发展、技术进步，结构性调整，催生区域经济的补位大发展，雄安新区可以沉淀华北经济发展的强大势能，成为未来世界新经济发展的主要平台，能够展现国家经济发展的主要成就。

历史传承的红利：认知旋回，华北京畿腹地。历史上，万年前人类遗址，西辽河流域文明接入，红山文化外延，太行大通道，蚩尤由此入涿州，战国遗址，燕赵文化，从正定到保定，定，天下之心在河朔，河朔之心在正定；直隶总督署雍正1729年开始，署理清王朝183年历史，拱卫京畿，拱卫渤海湾。

技术发展的红利：数字革命，创造美好生活。生命、信息、交通、空间、营造、金融、保险、环保、清洁能源等一大批新技术系统地集成应用，方圆默契，创造全新的城市秩序与形态，全天候、全方位、全龄段，成为城市新场景、新生活的有力支撑，雄安新区的建设代表着未来城市多元、多样、多值的全球技术发展方向。

城市文明的红利：中华复兴，创新发展理论。新的理论、新的思想，形成新的空间哲学，产生新的文明景观，构建城镇稳定三角形结构，通过虚实城市、智能时代、城市之脑等技术集成，塑造中国城市发展经验的总结与转型时期发展探索的典范，体现燕赵地区深厚的文化基因，是既有城市文明的总结，也是未来城市文明的典范。

国家治理的红利：制度贡献，承载国家意志。太平洋两岸容得下中西，雄安新区探索人类生存发展的本质需求以及人类治理结构的全面体系，呈现人类命运共同体的制度贡献，与既有国际秩序形成互补，符合人类需求的联合国与共同体的新的治理结构与形态，以千年城市的建造构筑人类文明的里程碑，使人人秩序与空间秩序相得益彰。

旋回发展的趋势，自洽发展的红利。

营城先治水，雄安新区的关键是做好"水"的文章。"天下莫柔弱于水，而攻坚强者莫之能胜，以其无以易之。弱之胜强，柔之胜刚，天下莫不知，莫能行。"把"水"的文章做好了，就有了广阔的建设空间与发展红利。

千年城市，千年故事。

北方营城，冬暖夏凉。

雄安新区规划之前，我们已经获得了一些北方城市的设计经验。其中，2012 年《河北正定新区城市设计》以及 2014 年《新疆哈密红星城市总体规划、城市设计以及中心城区控制性详细规划》，两个地区的规划实践，虽然定位完全不同，但也直接影响了我们对雄安新区方案的选择。

图 5-7 雄安方城格局图

雄安新区是对国家高速发展之后的价值转型，和对发展红利之后未来城镇的价值探索，千年价值才能成就千年城市，淀水方城，淀城共荣，是国家治理体系结构性支撑。

图 5-8 雄安新区空间效果示意图

正定新区

溽沱河畔

规划面积 358.1 公顷。

气候、地缘、历史以及规划的策略

正定新区规划在雄安新区选址附近，拥有燕赵城市的文化特性。对正定古城的认知，包括与广东的联系——南越王赵佗的故里在正定古城，顺着太行燕赵通道、赣江通道，经佗城、古竹，过东江来到广州，路径与齐国宰相入粤大致一样，连接珠江文明。

天下之心在河朔，河朔之心在正定，天下，不正则不定。

正定之"心"

城市原点：城市东进发展的坐标原点，石家庄未来城市的标志形象。

城市客厅：市民活动聚会的空间载体，自然人文气息浓厚的休憩中心。

永续传承的精神地标："山 - 城 - 水"紧密相连的空间纽带，新老辉映交融的策略节点。

融古通今，荟萃正定

挖掘古城人文特质，提炼城市特色与内涵，打通新旧空间脉络，塑造独特景观风貌，文化与自然相交融。

都会绿核，活力正定

强化中心公园价值，往外延伸城市绿脉，城市功能复合多元，营造人性尺度空间，生态与生活"立体化"。

图 5-9 正定新区城市设计空间效果示意图

智慧低碳，幸福正定

街区功能混合使用，增加绿色空间覆盖，构筑绿色交通网络，建筑环境数字智能，提升生活、工作幸福感。

东西向的历史与文化联系轴

从正定古城东门广场开始，通过向东延展的一系列开放公共空间的设计，在延续和强化正定的文化基因的同时，成就并彰显正定新区的都市新特色。序列式的城市空间节点，包括东城门前广场 - 民俗风情街街区 - 园博园与行政中心区之间的开放广场节点，周汉河畔休闲带，等等。

南北向的生态化城市生长轴

作为正定新区的启动片区，本项目着力倡导一种健康积极的新都市发展模式，追求都市活力和生态化发展的生长逻辑，以及这种发展逻辑下清晰可读的空间形象。

以文化建筑组群融入城市公园作为启动区的空间核心，向北与行政中心和园博园相接，向南与会展中心和滨河公园相融，直至与滹沱河以开放的姿态相互渗透。核心区东侧的城市综合商务区、西侧的总部经济区，同样强调以南北向的带状开放空间贯通全区，向河而生，都市活力与水绿景观和谐共生。

贯穿新区的公共开放空间格网

延续相邻街区的连续绿带，与立体的带状公共空间通廊，相间设置，构筑起正定新区的绿色空间与都市活力的"并行系统"，它们在未来高强度开发的城区内，作为公共开放空间的整体骨架，让城市躯体保持经月永通畅，健康生长。

与古城意象对话的新区天际线

正定新区文化中心区，着力打造具有整体性的城市形态。交叠、掩映的层次丰富的天际线，清晰的制高点组群，是对正定古城"佛塔"之意象的现代性复兴，与古城内不同朝代建造的古塔组群遥相呼应，都市意象有异曲同工之喻、新老交集之妙。

图 5-10 正定新区文化中心建筑效果示意图

丝路支点

看得见雪山的城市：红星市。

红星市市域面积 505.38 平方公里，中心城区面积 32.75 平方公里。规划总建设用地 28 平方公里，核心区城市设计面积 3 平方公里。

丝路本底（物流及其文化），是史前生物与人类迁徙、东西方交流的重要通道，亚欧大陆的物质与精神的纽带。

绿洲生态约束下的中心城区空间框架

按照红星建市勘界批复文件，市域范围包含黄田农场、红星一场与红星四场三个团场，总面积 505.38 平方千米。红星市地处北纬 41～44 度，属于典型的温带大陆性干旱气候地区，年均降雨量仅为 34.9 毫米，而蒸发量达 2799.8 毫米，地表水极为匮乏。水源补给主要依靠天山降水与冰雪融水，绿洲整体上呈与天山平行的东西走向，东西长约 120 千米，南北 10～20 千米不等。

红星市中心城区选址于黄田农场北部绿洲，以庙尔沟河为独立水源。中心城区北部为戈壁与交通走廊，南部现存一片非流动性沙漠，对城区的南北向拓展形成生态约束。

夏热冬冷气候影响城市四季活力

红星市气候特征为春季多风，冷暖多变，有大风沙尘暴；夏季酷热、炎热日在 30～40 天以上，平均最高气温 31～35℃；秋季晴朗，降温迅速；冬季寒冷，低空气层稳定，冬季持续长达 110～120 天，其中 1 月平均最低气温 -18～-15℃。夏季酷热与冬季寒冷对城市生活影响最大，不利气候时间长，居民普遍减少了在漫长的夏季与冬季公共活动频次。

红星市地域性城市设计的几个主要策略

优生态，建立连通天山与沙漠的绿洲生态框架。

在对区域绿洲生态具有关键影响的生态因子进行判读的基础上，通过低冲击开发，优先保护连接天山与绿洲的水生态廊道，合理控制城市发展的规模，建立北望天山南临沙漠的城市中央生态轴线，突出"看得见天山"作为居民心理方向的指引作用，通过合理布局广场、绿地、道路等开敞空间，使各个城市组团都能够通过视线通廊北望天山，形成极富地域性形象与特色的城市空间。

兴文化，军垦文化的空间传承。

绿洲城市是西汉以来陆上丝绸之路通道的贸易节点，也是地域性文化的传承与展示场所，哈密素有西域襟喉、中华拱卫之称，在城市建设上广泛吸取了中原地区的造城经验。结合兵团历史渊源与丝路文化特点，红星市中心城区设计从中国北方传统的"方城中轴"结构出发，建立"中"字型空间结构。历史遗存是城市发展的灵魂，不同发展阶段的文化遗存反映出人类活动特征的"年轮"，是城市设计需要重点解读与继承的空间内容。把城市发展的"年轮"，融入历史文化遗存保护与控制体系，保护兵团人的历史记忆"乡愁"。结合生态绿带与道路等线性要素，保护红星渠、坎儿井、整齐的白杨树队列、地窝子等兵团拓荒时期的历史印记。城市组团与道路网络，顺应"条田林网"绿洲农田，成片保留城区内的生产连队作为军垦文化的重要展示与体验基地，延续军垦时期形成的空间肌理。城市核心区以军垦文化博物馆为核心，通过系列反应军垦历史的城市雕塑小品，展示十三师前身作为延安教导旅与中国军队第一支仪仗队的一系列光荣历史，形成面向未来的文化创意体验空间。

乐民生，冬暖夏凉的宜居城市实践。

塑造一个冬暖夏凉的宜居城市，夏季遮阳的重要性超过冬季保暖，在空间上首先要解决寒冷冬季的挡风与酷热夏季的遮阳问题。考虑气候对城市影响的全面性与综合性，建立城市二层连廊步行体系即城市回形步行空间，设计形成三个层面的空间策略。宏观层面，主动调整城市路网与建筑布局，与冬季盛行的东北风向形成偏斜角度，同时将人流密集的商业街道设置在垂直于冬季盛行风的方向。中观层面，借鉴防风林的营造手法，采取"风屏障"设计对策，在组团上风向建设环绕的长板式多层建筑；用地布局以紧凑蓄热为主旨，适当加大街区密度，利用"热岛效益"减少热量流失。微观层面，围绕"邻里中心"组织城市公共生活，邻里中心结合城市商业与公共服务设施，将居民的日常活动引入室内。住宅区建立连接邻里中心的二层连廊，创造丰富的城市空间与连续舒适的步行环境。在主要街区内部，利用围墙、构筑物、廊道、建筑物的围合形成廊院，廊院设计可采用冬季关闭、夏季开启的落地门窗形式，兼顾冬季保暖开阳与夏季遮阳双重需求。

承前可以启后。

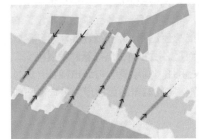 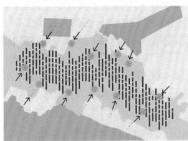 

图 5-11 环境友好城市低生态冲击发展策略示意图

原有的田园环境　　　　　　城市建设对环境的影响　　　　生态廊道——城市与环境融合

图 5-12 红星市中心城区城市设计空间效果示意图

雄安新区

雄安新区起步区范围 198 平方公里，启动区范围 38 平方公里。

雄安新区是对国家高速发展之后的价值转型，是对发展红利之后未来城镇的价值探索，千年价值才能成就千年城市，淀水方城，淀城共荣，是国家价值体系结构性支撑。

雄安新区的建设逻辑已经转到由全球创新高地向全球治理平台发展的道路上来，千年的城市要有千年的故事，雄安新区应该是中国人民贡献给人类社会的创新典范与治理体系，是人类命运共同体的集中承载地。

新区的营造法则与城市设计的价值取向

规划是思与想的过程，中国人讲"顺天理，尽人事"，首先是"顺"，然后是"尽"。顺应自然的逻辑，然后将人与自然的关系处理到极致；除了已知的一般城市发展规律，规划是预见未来的智慧。

国家发展改革委城市和小城镇改革发展研究中心副主任乔润令指出，40 年中国快速发展，有研究数据显示，全国新城新区规划人口达到 34 亿。这意味着现在中国一倍的人口也装得下。与此同时，清华大学龙瀛指出，有超过 180 座城市在过去近 20 年里人口在流失，已经出现了城市发展收缩状态。房屋过剩，为什么还要建设新区？这意味着国家对于发展的观念在转变，国家已经不再需要过去的增长方式，而是必须变轨，选择新的发展模式，寻找新的价值贡献，并以此为示范，带动城市深化改革。空间营造源于历史责任、国家意志与城市精神，通过空间营造来获得经验，展现成就，共享成果，建立空间营造逻辑，革故鼎新，实现城市由高速度发展向高质量发展的转型。

2017 年 7 月 9 日，为国谋划，笔者团队成功入围雄安规划咨询人。

图 5-13 城市拼图

图 5-14 自然矩阵

踏勘

规划范围：流域协调区 3.1 万平方千米，修复控制区（新区）600 平方千米，环湖治理区。白洋淀属大清河水系，九河入淀，扇形分布，华北之肾，九河入淀，苇海荷塘。

气温：寒冬酷夏，冬天很冷，夏天很热。

降水：来水很快，或有洪涝；蒸发量极大，为降雨量的 2～3 倍。

生态：退化较严重，生态空间挤占严重。

场地生态问题特别是水问题严重，因缺水、水污染，白洋淀在消失，生物多样性减少，系统维持能力脆弱。

结论：新的开发应该对场地小心敏感处理，重点任务逻辑为生态空间重构，控源、截污、治理。

生态修复规划：苇田状态，生境恢复，国家公园建设，政策制度创新、环境管理实施机制创新。

地利

雄安规划从历史开始。

距今 1 万年前的黄河入口，是西辽河流域与黄河流域文明的交汇处，环渤海湾大通道。

先竭拜，直隶总督署，传承历史，知晓雄安，拱卫京畿。

后参访，新宾满族自治县，清永陵，赫图阿拉（八旗子弟，八方归一，一统天下）。

雍正时期 1729 年直隶总督（"一座总督署，半部清朝史"），乃华北平原中心地，燕山以南，泰山以北，西依太行，东望渤海，长城环卫（耳涡），京畿福地，存续 183 年，曾文正、李鸿章曾在此署理。

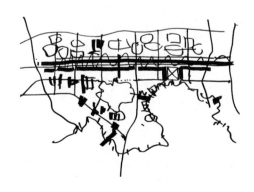

图 5-15 淀水方城方案构思草图

文化传承，燕赵基因。

京津冀协同发展，解决两个基本问题：经济与环境问题。

两个核心目标：治理大城市病与探索人口高密度地区优化发展路径。

伦敦、纽约、东京、首尔都采取了经济、政治手段缓解首都功能，城市不同的发展阶段，采用不同手段，如巴黎采用行政性管治；东京一直采用规划调节与外围地区关系；首尔用企业税收调节与外围地区的供需关系。

东京 2000 万人时很糟，但 3000 万人时却很好，根本原因在于对湾区结构的调整。雄安新区的设立具有极大的战略意义，织补了华北平原的稳定三角形，北京、天津、雄安，是对京津冀地区城镇的结构性调整。

人和

思路转型：创造美好生活。

先选择居住的城市，再选择适合的就业岗位（布隆伯格）。企业的布局根据人群决定，从人跟企业走到企业跟人走，营造吸引人才的环境就是吸引企业。

中国最具创新活力的地区具备的要素：在这一轮新经济的背景下，高质量的生活环境＋高水平的公共服务＋好的山水环境＋独特的文化特色，不同背景、不同阶层人群混合，宜人的交往空间，既能吸引中高收入人群，又能为低收入服务人群提供就业的地区。

宏观上，需要考虑的是城淀布局关系优化（地，198 平方千米）；微观上，需要考虑的是空间环境舒适宜人（人，200 万人）。伦敦周边的剑桥、牛津，有着历史文化积淀，但空间有限，密尔顿凯恩斯环境好，但缺少文化魅力，雄安可否将两者融合？做好空间，吸引人群、机构，这样的逻辑也是成立的。人民性，公共性，最有价值的土地为人民服务。

愿景

中国方案

2017 年 7 月 27 日，习近平总书记在省部级主要领导干部专题研讨班开班式上发表重要讲话：中国式社会主义不断取得的重大成就，意味着近代以来久经磨难的中华民族实现了从站起来、富起来到强起来的历史性飞跃，意味着社会主义在中国焕发出强大生机活力并不断开辟发展新境界，意味着中国式社会主义拓展了发展中国家走向现代化的途径，为解决人类问题贡献了中国智慧、提供了中国方案。

格局之重，就要有千年大计（历史事件，主动构建）

人类历史上不同发展时期均贡献出与时代相对应的世界中心：譬如两河流域时期的古巴比伦（宗教，法典，巴比伦塔）、地中海繁荣时期的古罗马（宗教，法典，共和）、汉唐时期的长安（方城）、启蒙时期的巴黎（圆城）、工业革命时期的伦敦（公司法）、布雷顿森林体系的纽约（联合国宪章）。中国在全球化进程中经过了深圳经济特区、上海浦东新区改革开放的丰富实践，在新的数字革命时期，雄安将是中国面向世界，展现大国担当，引领丝路经济全球化深度发展，共建人类命运共同体（世共体）的重要空间载体，是中国社会对人类进步的最新贡献。

自然的特质： 自然遗产，山，水，珍稀动、植物，人类及生物太行大通道，山海一体生态空间系统。

文化的特色： 文化遗产、遗址，文物，非物质文化，艺术，哲学。

价值的创造： 一种全新的未来城市的价值体系，基于意识、物质与认知本原空间的全面提升。

新城营造理论： 空间哲学。

技术的进步： 三类技术，即食（药）物（生命科学）、工（器）具（交通与信息）、营（制）造（空间技术）。

营造的法式： 空间记录，城市（方城、方街、方院），建筑（标准化，工业化，智能化），景观（人文情怀、城市价值的公园化实现方式），交通（多式智能交通与管治），水利（山海一体，海河大流域与雄安小系统之间有利无害的连接与畅通工程），控温（蓝绿结构，冬暖夏凉，26℃城市），智能（城市营造及运维技术高度集成系统，大数据协同，人工智能，城镇输出）。

秩序的改变： 国家意志，制度遗产，法典（汉莫拉比，查士丁尼，科举制，公司法，民法），全球秩序：联合国宪章，人类命运共同体。

巴比伦、雅典、西安、罗马、君士坦丁、巴黎、伦敦、纽约、雄安……

规划：淀水方城，规划工作经历了起、承、转、合四个过程

城市是社会经济发展的空间载体，承载着互联、精准、智能、文明的未来生产生活方式。设计团队需要拥有全方位的技术能力，服务雄安新区社会进步、经济发展、城乡统筹、生态安全、文化繁荣、低碳智慧的全面技术领域，为未来之城（跨地域空间共享）人类宜居典范贡献价值。

灵活开发框架，集约高效开发，未来型产业。

本方案从生态修复、城淀共融、未来城市与雄安风格四个方面形成"淀水方城"的整体规划构思，创造一座充满可能性的城市。

加强基于生产、生活、生态等全球性要素的流动性管理，以土地、资本为平台，制度创新为引领，空间、产业、人口为载体，在满足疏解首都功能的基础上，主动构建未来全球化格局下数字文明时代各种可能性的人类命运共同体。

不忘本来，吸收外来，面向未来。

关键：空间营造拟解决的关键问题

空间营造凝聚新的智慧。人类的智慧基于人本身，来源于自我的无限认知能力，这一认知从人类出现就已经开始，并延续到现在，乃至未来，它反映了人类治理能力的提高，指导着社会的发展与进步。

泛白洋淀治理的生态法则：生态红利

城市建设需要有生态红利。

生态修复：针对白洋淀水面逐年减少、现状水质恶化、内涝严重等问题，方案梳理区域河道，畅通外水，截污减排，整治淀区，修复湖岸，退耕还淀。水系统考虑到季节性差异，以生态手段为调节方式，应对雨季旱季的不同地表水量，最大化生态雨水收集处理基础设施。

生态框架：水系＋绿化，蓝绿结构，构筑山海一体的生态框架。

a- 区域性策略

白洋淀修复水体，水网区域性整治治理。

外水流畅：引水，南拒马河自西向东向萍河，中水，白沟引河注水至新区。

淀区边界生态隔离带整体治理，淀内苇田修复。

淀区：分期修复，配合城市建设，形成水面／芦苇荡结合的生态景观，重塑区域景观区域特征与性格；芦苇产业与生态结合，形成良性互动，有助于区域的生态修复。

b- 起步区内根据高程，配合开发形成生态格局

内水充盈：补水，地表塘，渠，深沟苇田补水系统至低洼地段，经堤入淀。

高地：林地与林下季节生态池，减少蒸腾，保持地面适度，鼓励下渗；植物为速生林、混生林、经济林等

中地：城市公园，蓄洪排洪；城市草沟，收集净化雨水；城市地下蓄水池，雨水回收利用，减小高峰水流压力。城市疏林，本地生草花花园，多功能草坪。

低地：城市湿地，城市蓄洪，承接上游来水，净化渗透，再排向白洋淀；城市湿地，芦苇荡，莲花池。

c- 水系统组织：旱季水网＋雨季水网

突出水面逻辑（水安全），引水，贮水，补水，滨水，节水，保持丰枯期沟渠水深。

淀水：本底。

蓄水：南拒马河中水引入。

场地：高，中，低，策略，森林城市。

贮水：地面（水面率、水深设置、控制蒸发量）；地下（深隧、坦克，丰水期贮水，枯水期补水）。

滨水：临淀带 100 米（城）、200 米（村）、300 米（淀），堤路结合，堤房结合，滨水体验。

活水：景观用水。

年水量估算，水与城（寻找城淀共融的空间法则，积极与消极）：积极 14%～19%～23%，消极（资源型缺水与水质性缺水并存）。

节水存水：存水，形成深隧，连接水坦克与水潜艇形成地下存水设施。

规划区域既缺水又怕水，需要注重节水与存水措施的研究，有序组织地下潜艇、坦克及深隧连接，尤其应关注在工程技术层面的论证与具体做法，并与地面深沟苇田结合，形成立体景观；地下存水系统空间结合未来可能的地下公共空间场所营造进行设计，综合利用，形成方案特色。

d- 绿地系统：以生态支持与城市服务为目标

自然公园／栖息地：湿地公园、植物园、门户森林公园、栖息地与自然走廊，需要连续。

城市公园（提供社会生活的基本服务，休闲娱乐，城市核心）：城市核心开放绿地（与枢纽相连，围绕高

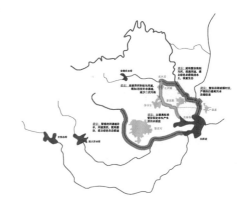

图 5-16 白洋淀生态水系修复示意图

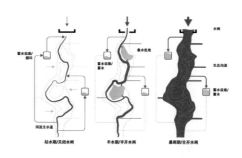

图 5-17 雄安新区地表水闸系统运行示意图

强度开发区域，建设城市型公共空间）；社区公园（服务周边社区，以日常休闲娱乐为主，通过运动、儿童游乐、社区花园等吸引公众参与）；滨湖公园（观景，亲水，水上活动）；城间隔离绿化（栖息地之间自然走廊，改善环境）；滨湖生态保护区（与白洋淀的平滑过渡或是安全生态衔接区，栖息地）。

  e- 总的策略：开发框架，即以适应性与示范性为目的

  挖，围，填，架，疏；充分利用原地形标高最少土方挖掘建造；构筑安全立体台地。

蓝绿结构

  配合整体生态格局，构筑水网绿网交织结构。水网：外水流畅，内水充盈，层级水法，深沟苇田，水网荷塘，城淀共融，结合水系全方位塑造多层立体城市公共魅力空间。绿网：形成多样化城镇绿地，提供各种休闲、教育、亲水活动、林荫大道、生态栖息地等细化成不同类型绿地系统。通过蓝绿斑块及通风绿廊布局缓解热岛效应，提高全区绿化率至38%，实现夏季体感温度降低2～3℃。同时，与城镇外围生态空间紧密结合，将建设融入自然。

  雄安新区的建设也增强了环渤海湾地区城镇群的生态韧性。

订立中华复兴的发展法则：人民至上

  以人民为中心，在满足北京非首都功能疏解集中承载地要求的同时，积极构建以国家意志为导向，文化、技术、资本为支撑的国际事务发展新区，是中国积极参与全球化治理与未来星球化构建，构建人类命运共同体的主旨功能区。

  城市设计是雄安新区的建设的一项基本的制度设计，它规定了城市的空间形态（土地利用）与开发强度（资本投入），确定了"人民至上"的人人秩序，与"以人民为中心"的规划建设理念与格局，建立健全了城市公权框架（制度设计），设置公权物业，将最好的公权资源留给人民。

  古淀湾区，暖城暖心（以人民为中心，轴心原点不是纪念碑也不是行政中心，非仪式暖人心，是人民对美好生活的向往，是全球赏心悦目的商品体验以及丰富多彩的文化娱乐，是暖心；如同校园的轴心是图书馆，迪士尼的轴心是梦想城堡。建设全天候步行系统，形成暖心体系，探索平原建城的营造方式）。

公权物业

  以人民为中心的公权秩序必须大力发展公权物业及其公共物品，避免公权资源小产权化倾向，以及城镇发展过程中由于缺乏足够的公权物业而不断要寻找民利物业变更的窘境，让人民享有使用最大价值土地的公有权利。城镇一开始就应该将最好的资源预留出来，包括高台、绿地、水岸、湖畔，成为公权物业及其公共物品的所在位置。公权物业及其公共物品可以由政府公权机构或社会非赢利机构持有或运营的非私有化结构性大产权物业，它是人民至上城镇治理的基本制度与立体框架，能够包容国家或城镇等重大要素承载，生活或生产等日常要素流动以及救灾或应急（战时）等不确定性要素管理的所有需求，是城镇文明程度的表征。

  公权物业及其公共物品可以保持人口结构稳定，控制人口平均年龄，使人民有公权民利的获得感，享有充分就业与美好生活，从而保持社会的稳定、经济的发展与文化的繁荣。

  雄安新区之于京津冀，不仅需要功能的疏解，更加需要彰显大国风范的担当，也必然汇入人类发展的历史长河。

重塑中国城镇的空间法则：方城方院

天地十字＋方圆九宫，就是城，格网中的方城方院。

平原城市：象天为太子（星座），法地为东西（顺水），秩序为九宫，形式为"方城"。

空间法则：空间生成从场地，水系，原点（天心土中），原型（十字方城），轴网（秩序逻辑），秩序，到新城的形态。

淀水方城，城淀共融

形成北城中苑南淀，"一带，一湾，两轴三角"的空间结构；"城 CITY（密集紧凑）、镇 TOWN（低密分散）、村 VILLAG（有机更新）、苑 PARK"的四级形态系统，以及"城（高铁枢纽与中轴组团）、湾（城市湖岸滨水区）、镇（产业特色小镇）、村（文化坊）"四大重点地段，淀水方城，方"城"圆"囿"。

一带：东西城市带，串联文化，科技，资本，国际事务。

一湾：起步区东部沿烧车淀的用地以及白洋淀沿雄县的岸线构成的湾区，充满活力的城市型岸线。

两轴：城市主轴 400 米，城市次轴 800 米。主轴为文化礼仪轴，北部与南部将以森林湿地公园广场连接各类不同主题的公园，譬如森林公园、文化公园、体育公园、购物公园等，轴线中段布置与国际事务相关的各种文化设施；城市次轴为城淀活力轴。

城市主轴长且窄，临淀次轴短且宽，东西城市带设 200 米宽绿带连接公园与设施 [轨道，河道与集成共同沟（深隧）]。

窄路密网

密度控制，高度控制，典型类型建议如下。

形态：原点＋轴序＋最小街区单元。"小街区、密路网"，5 平方千米（街区东西 200 米 × 南北 100 米），城（扩大组团间绿地）；3 平方千米（街区东西 100 米 × 南北 100 米），镇；1 平方千米（街区东西 50 米 × 南北 50 米），村，苑（森林湿地）。

轨道、无人驾驶公交、共享汽车（库）、单车、私人汽车，多层级交互式联运交通体系及全天候步行系统。打造"公交＋自行车＋步行"的城市出行模式，实现绿色交通出行比例 90%，全天候步行系统，冬日暖城。

全方位，立体（-42 米大铁）建设，共同管沟。

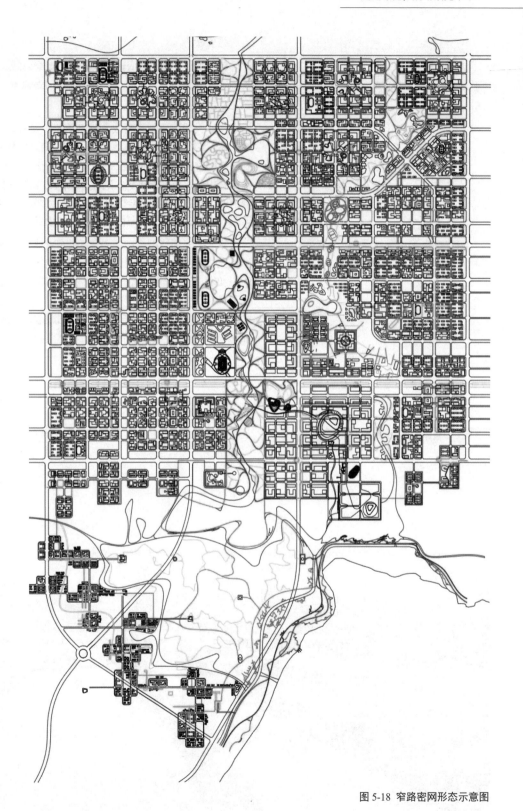

图 5-18 窄路密网形态示意图

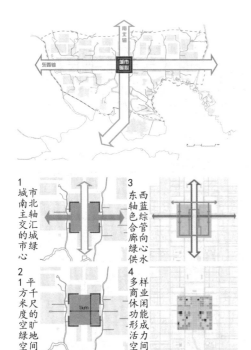

雄安暖心

　　中国客厅，雄安暖心；大殷古淀，雄安苑囿。暖心为"府"，古淀为"苑"，方"城"圆"囿"，府苑同序；礼序之轴正交人民之轴，"十"字经纬铸造雄安"原点"。

　　而原点就是博物馆群。

　　中华文明馆造型意向取自国之重器：青铜鼎。鼎是中华文明的见证，也是中华文化的载体，自古以来有国家大事，必铸鼎方可崇其胜，为国之印记。中华文明馆宛如大器方成，传承于燕赵文化之基因、汉学礼仪之规制，统御雄安城市轴心，象天法地，居中而立，向上伸展，收分有度；整体形态庄重而凝练，造型挺拔而骄傲，象征着中华民族奉天承运，继往开来的雄心与气魄，表现出中华5000年之悠久文明，渊源流长，鼎立在人类发展的浩瀚历史之中，是全体中华儿女勠力同心、奋力实现中华民族伟大复兴的中国梦，日益走近世界舞台中央、不断为人类做出更大贡献的新时代之雄安印记（千年之城，雄安印记）。

　　中华复兴馆造型意向取自传统建筑的构件：榫卯。古代的榫卯是中华木构建筑及家具的主要结构方式，是中华民族贡献给人类社会的一种卓越的结构关系，也反映出中国文化哲学与社会治理的主要构建方式，象征凸凹与和谐、对立与统一、生长与整体的辩证理念；中华复兴馆的建筑在既定的框架下逐级悬挑，水平展开，南北通透，和序建造，其形态稳健而大气，开放且包容，生生不息，大美无言，表现出新时代中国人民禀持汉学文化传统的古老智慧，勇于担当，开拓进取，宣示为实现中华民族复兴的伟大梦想，与积极构建新型国际关系、推动构建人类命运共同体的伟大工程之坚定信念（伟大事业，人类福祉）。

图 5-19 雄安暖心人民轴空间结构示意图

图 5-20 雄安暖心人民轴空间效果示意图

探索建筑传承的特色法则：中国风范

中国是方形的复兴，西方是穹顶的复兴。

知其"圆"，守其"方"，方城方院，燕赵基因，雄安风格，永续传承，"方"是中国人的风骨与气度，大"方"则无隅。

开物致精，就要有雄安风格（方城方院，燕赵基因）；湾区湿地，暖城暖心（非仪式暖人心，平原建城的营造方式）；融入南阳古城，燕赵长城，延续文化基因。

中国建筑历经几千年的发展，有着清晰的发展脉络与鲜明的传统特色；到了现代，这些特色似乎没有了，民国之后，中国式样的建筑便停止了前进的步伐；也许过去的快速发展让我们来不及去深入思考，但雄安规划实践应该是个机会，让我们可以重新审视自己的历史、自己的文化，在燕赵大地上记住"乡愁"，那一定是中华民族走向复兴的文化自觉。何镜堂院士指出：推动文化发展，基础是继承，关键是创新；空间营造担负着实现文化基因延续的历史使命，要把建筑形式作为公权资源来打造，并成为空间营造过程中重要的制度安排，努力创造适应当代的中而新的时代风格与形式法则。

在规划上，方案借鉴了中国传统方院与方城格局形成城镇与自然和谐共生的雄安城镇网络。在建筑设计上通过营城理念的再现、飞檐反宇的现代演绎及园林空间的诗意表达对重要节点区域建筑进行风貌控制，对一般区域以建筑原型的方式给予风貌引导，形成"中而新"的雄安风格。既要体现中华文化天人合一的和谐理念，又突出雄安的地域特色、人文特征、时代风貌，体现地域、文化、时代融合的特色。

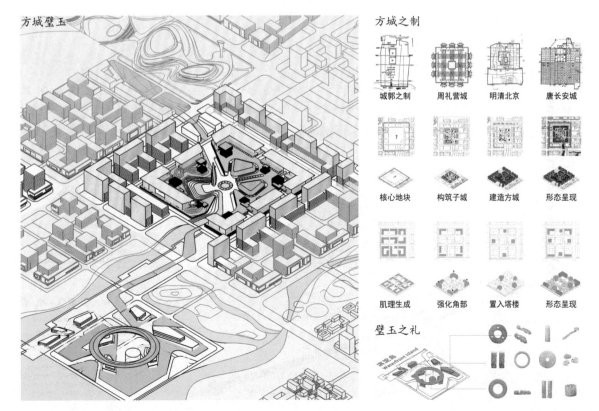

图 5-21 雄安新区启动区金融岛建筑形制示意图

方城壁玉

方城之制

城郭之制　周礼营城　明清北京　唐长安城

核心地块　构筑子城　建造方城　形态呈现

肌理生成　强化角部　置入塔楼　形态呈现

璧玉之礼

整体规划的低密度、高弹性，让人民共享城市的红利。把建筑作为资源来打造，实现中华文化基因（原型）的延续，形成中而新的雄安风格，建立一套行之有效的风格控制与引导机制，分别为一般区域引导与重点节点控制，形成性格鲜明、类型丰富、和而不同的城市整体形象。

中国 3000 年空间营造逻辑，雄安风格，营造法式，建筑十书，城市意像，雄安三角。

复合功能产学创研社区，占地 0.5 ~ 1.2 平方千米，为三圈层布局：含有公共服务的生态绿心；适宜于雄安未来发展的学科集群；公寓与生活服务智慧社区，复合、活力、交流、公共、环境、人性化，学术性、环境交往、传统院落，现代坡顶。

集成时代前沿的技术法则：高质高效

技术的边界即可达性与可知性编织，就是空间规模，技术的形态及其数字化营造法式，就是空间特色。

26℃城市

26℃城市与地下空间开发，可以局部形成地下连廊，远期结合废弃蓄水空间。

建立 26℃公共空间气候调节系统，控温控湿。26℃城市，冬天暖，夏天凉，形成点、线、面立体网络覆盖的城镇公共空间（地下连续通道、空中连贯通廊、地面散点控温控湿装置）。

线性空中连廊、线性地下连廊、空中与地下的连廊共同形成连续的步行系统。

立体控温控湿组团，高铁枢纽与金融岛形成的密集功能服务区、综合立体商业空间，以及绿色生态连续空间，

图 5-22 26℃立体城市空间关系示意图

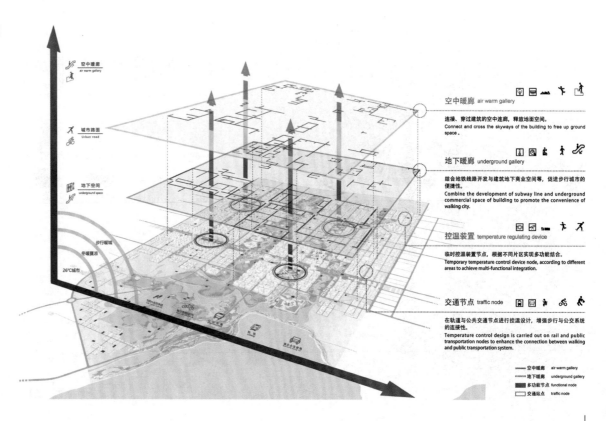

点式装置服务于公交站点、多功能服务设施的控温控湿。采用可再生能源，如地热能与太阳能，对于公共空间的气候调节系统进行能源供给，实现零碳排放。

26℃城市通过绿色设计与智慧控制，形成智能控制体系。

立体城市

建设全天候步行系统，1/3地下、2/3地上的立体城市，让酷夏寒冬的南北方城镇更加和谐，夏日凉城，冬日暖城，形成优质的公共服务与资源配置能力，构建宜居典范，健康喜悦。

立体城市最早起源于二战后1945年，世界著名建筑大师勒·柯布西耶为解决欧洲房屋紧缺的状况，提出"城镇必须是集中的，只有集中城镇才有生命力"的理念。

多元、多样、多尺度的立体空间营造回应气候、地理与文化的特征。立体城市坚持蓝绿格网、竖向发展、产城一体、立体公服、绿色低碳、智慧高效的规划策略。通过自然蓝绿结构，城镇天际线与自然形态的充分融合，实现从城镇到自然的过渡以及人与自然的和谐，实现城镇可持续发展；同时，通过窄路密网、共同管沟、地下空间、二层连廊等手法构筑立体城市，适用空中花园、遮阳措施、垂直绿化、26℃城市、全天候步行体系等策略，完善城镇的布局和形态，改善城镇的低密度分散化倾向，适度提升城镇密度，形成优质的公共服务与资源全方位配置能力，立体城市其本身也是蓝绿格网的台地式立体建造，进而实现节地、节能、生态宜居的未来城市。

城镇之"脑"

引领空间营造数字革命，数字城镇与实体城镇同步规划、同步建设、同步编织、数字孪生。规划是空间要素与形式数字化过程，其本身是一套数据体系，建立城镇之"脑"智能治理体系，完善智能城镇运营体制机制，构建汇聚城镇数据与统筹管理运营的智能管理中枢，推进城镇智能治理与公共资源智能化配置。根据发展需要，可建设多级网络衔接的市政综合管廊系统，推进地下空间管理信息化建设，保障地下空间合理开发利用。以城镇安全运行、灾害预防、公共安全、综合应急等体系建设为重点，提升综合防灾水平，让人民享用技术集成与技术创新的成就。

动态规划：自我评估与自我完善；发展历程：划界 - 跨界 - 无界发展。

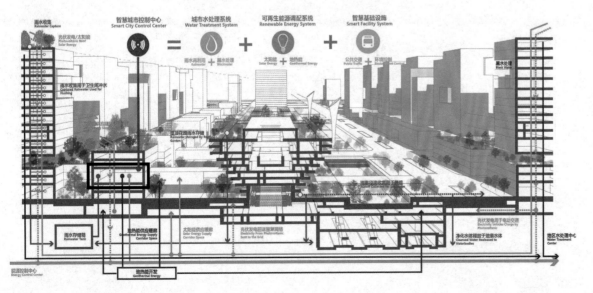

图 5-23 智慧绿色城市技术集成创新示意图

图 5-24 雄安新区启动区空间效果示意图

参与全球治理的竞合法则：开放包容

中国经历了近代苦难与发展的深刻现实，雄安新区将是中国文化要素重建与形式复兴之地，是中国文化走向世界的舞台，将承载几千年来发展的脉络，以全新的、开放包容的文化特征向全世界展现敬天爱人、天人合一的空间理想与和羹侘寂、美美与共的发展理念。雄安必然会与其他世界城市一道构成共享经济时代全球城市网络的重要组成，也必然会承载国家重大历史与文化事件的体系构建。

习近平总书记指出，人类正处在大发展大变革大调整时期。世界多极化、经济全球化深入发展，社会信息化、文化多样化持续推进，新一轮技术革命与产业革命正在孕育成长，各国相互联系、相互依存，全球命运与共、休戚相关，和平力量的上升远远超过战争因素的增长，和平、发展、合作、共赢的时代潮流更加强劲。

制度贡献

在历史前进的逻辑中前进，在时代发展的潮流中发展。雄安新区是新时代国家发展的政治选择，规划则将这一政治理念空间格式化。

千年城市要有千年的故事，如同贡献汉谟拉比法的古巴比伦、贡献查士丁尼法的尹斯坦布尔、贡献公司法的伦敦、贡献布雷顿森林体系及联合国宪章的纽约，中国贡献"人人秩序"，构筑全球无国别人类命运共同体"连横"竞合体系，是对全球有国别人类行动联合国"合纵"竞争体系的补充与完善，形成人类社会发展的经纬与纵横网络，也是人类社会秩序对应宇宙秩序"九宫格"，以及人本秩序"同心圆"，兼容并蓄的新形态。中国还可以在生存安全秩序、生产安全秩序、生态安全秩序等方面继续做出贡献，包括但不限于太空、深海、极地、气候变化、环境保护、人口控制、人工智能、文化以及生物多样性等方面的贡献，中国应当参与构筑这些新秩序空间载体的伟大历程。"周期"也是一种"韧性"，"周期"可锤炼"韧性"，不断累积、构建的中华文明从地缘文明走出来，在更加持久的未来，开拓更具"秩序韧性"与"空间韧性"的全球文明新格局。

基于"大一统"的社会制度（人人秩序，以人民为中心）和与之相应的空间数字化营造法式，以及基于"天下为公"的人类命运共同体和与之相应的空间承载地，是中国社会在人类第三个发展周期历程中人类秩序的关键贡献，雄安新区应当主动承担构建新时代这一影响人类文明进程之伟大历史命题的责任，并为此探索建立与之匹配的空间法则。伟大的思想，必然产生伟大的时代，中华文明在宇宙时空中生生不息。

未来城市

基于文化自信，全天候（季候、时段）气温适应、全地候降水适应、全物候密度适宜、全地貌淀城关联、全流域台地关联、全方位东西关联、全龄段友好关联，公权民利、人民至上及其空间格式等方面的内容是雄安对规划的贡献；而基于发展自信，未来人类治理体系（秩序）、未来科技发展体系（技术）、未来城市建造技术（营造）则将是雄安对世界的贡献。走向未来的雄安，对未来美好人居环境的发展愿景，形成"城"、"镇"、"村"、"苑"的空间矩阵，以及"城市功能区""特色小镇区""文化生态村落区"与"苑围休憩区"的产业格网，用地规划弱化功能分区，强调多元混合与街区式社区布局。通过流量、流速、流向的合理分配，人车分离，城市中轴及主要公共空间结合景观与水系，形成连续地上、地下立体活力连廊，实现冬日"暖城"与夏日"凉城"的宜居目标。

雄安新区体现"以人民为中心"，构筑中国未来城市的典型范式，能够呈现格局之重、开物致精、竞合之美。

雄安规划要做得通透，要在新区还没有建好之前，寻找到新区的营造逻辑，生成机制，让新区的肌理与形式，符合地域、文化与时代的审美需求，把建设过程中的所有问题，想得清楚、看得明白，把雄安新区的方方面面做得透彻，有所理论。雄安规划其实是一种能力展示，是对空间物理形式的构建能力，也是对社会价值形态的构建能力，还是对城市文明进程的构建能力，更是应对各种不确定性韧性的构建能力。雄安规划所获得的经验、成就、模式，是人类社会的共同财富，未来中国之于全球，不再是单一产品的输出，而是由雄安新区集成的价值传播，是城镇输出。在不断变化的认知世界里，雄安新区是新时代中国人民贡献给人类社会的生存典范，是对未来城市的创造与美好生活的全新探索。

一个贡献伟大制度的地方，也一定会产生与之匹配的壮丽景观，能够呈现天地之大、方圆之妙、现世之乐。

规划本身

规划要有新思想，还本归真，不能成为行业惯性思维的牺牲品。一座城市要有一部理论，实践以人民为中心的空间哲学。对规划及其行业惯性有意识的批判性否定，是本次雄安规划成功的关键，也是旋回自治、矩阵哲学的具体运用，中国应该有自己自信的规划思想，继承中创新，要在中国深厚的文明与文化积累中展开规划溯源，而不应该照本宣科，认为西方规划如此，我们也要如此，那个时代已经过去了，新时代我们更加需要的是"不忘初心"。旋回之道、自治之理，为雄安新区的发展奠定一处持久的"原型"与深刻的"结构"，是建城之处的重要工作。同时，我们看到对大雄安新区的统筹，也应该提到日程之中，临近的雄县、容城、安新与雄安新区同城发展的势头不可阻挡，如果不为这些地区给出发展的空间安排，则必然扰乱雄安新区的整体风貌，应该避免这些地区的不协调的增长方式，特别是控制容东地区的扩张形态。

中国营城历来遵循《礼记·考工记》的方城模式，这很好地适应了气候、地缘、文化与生产、生活的需要，及至今日，我们仍然需要传承这一理念，"淀水方城"，雄安新区的规划是对中国城市变轨发展时期空间营造的逻辑探索，是国家高速发展之后，试图通过参与这一变轨的国家重大建设项目的实践成果，实现城市或新区理性发展且不拘于行业思维惯性的实证梳理。归于本质，启迪未来，总结空间营造逻辑，即规划所述生态、发展、空间、技术、审美以及竞合法则，同时形成新区城市设计的价值取向，顺其自然、传承历史、专业自信以及26℃城市、蓝绿结构、窄路密网、公权物业、立体空间、城市之"脑"等观点亦具有很好的实践意义；在全天候（季候、时段）适应、全方位连通、全龄段友好构建实体城市的同时，构建数字城市，实现全时空感知、全要素集成、全周期迭代的实体与数字相结合的城市；且基于构建人类命运共同体的国家共识，规划认为雄安新区应当积极参与，承载这一重大历史命题，这将是中国古老智慧的现代演绎，念念不忘，通透嘹亮，让人们期待美好生活。

雄安新区显赫，但要一步一步地建造，人们要有点耐心，此乃千年大计、国家大事。雄安新区作为北京非首都功能疏解集中承载地，中央管、河北建、北京用，不如建议设置京雄合作区，由北京管、北京建、北京用。

雄安新区是留给子孙后代的历史遗产，代表人类文明与秩序发展新的里程碑，新的盛世典范，是中国基于全球治理结构的主动作为。要有功成不必在我的境界，《朱子语类》·卷七六："凡事见得通透了，自然欢说"。

边界赋值，蓝绿城镇

基于"矩阵+地域+蓝绿"规划实践，边界赋值。

边界产生价值，网络凝聚力量。管控边界，将建设融入自然，打造蓝绿城市。

边界的价值

1）价值观：规划要有价值观，每一轮规划都是对既有价值观的认知提升。

人与自然的三种关系，第三种关系才是我们创造的世界：

第一种是人与人之间的社会关系，反映在社会结构中；

第二种是自然与自然之间的食物链关系，反映在生物多样性中；

第三种是人与自然之间的生产关系，反映在城市中。

2）生态修补：大系统，大网络，从河到江；四季分明，旱雨季；产业公园，花世界，水天堂；生物多样性。

3）城市控制：城绿相间，坐绿而拥城；城边间，绿相随，好资源配好产业；以产为主，产城融合，产业人口大于居住人口；公权物业，城市社会关系的沉淀。

4）流动性管理：城市发展要素在包容性空间里的流动性管理，土地、人口、产业、物权、生态、公共服务，务必使城市保持活力。

5）重点区域：

特色小镇：自然而然，健康平安，艺术神灵，可以持久，一分为三，自然本底，健康乐和，神灵护佑。

雄安新区、江东新区的成功，也将是边界管控的成功。

图 5-25 玉环新城（漩门三期）空间效果示意图

海塘

湾岸

岛链

河网

海绵

玉环漩门

雁荡之漩门、台州之玉环、通海之水城，**基于"矩阵 + 生态 + 枢纽 + 平台"的规划实践。**

协调发展片区总面积 145 平方千米，整体城市设计面积 38.5 平方千米，详细城市设计面积 10 平方千米，重点地块设计面积 1.75 平方千米。

雁荡之门，因门而生

玉环，位于东海之滨，北雁荡山脉余脉延伸于此，与海相汇，青峰叠嶂，七湾拥海，离岛星罗，孕育了玉环独特的山城海格局。山体整体呈现东北至西南走势，自北向南分为六列；三面环海，漩门湾从中部将玉环一分为二，整体呈现山水交融的情景，海岸线蜿蜒变化，形成七个各具特色的湾区；岛屿众多，岛群各具特色；山 - 城 - 海格局明晰，山为骨、水为魂，塑造了玉环山海之门特色。

台州之环，因环而显

生态韧性环，梳理双脉夹谷、廊网交织的山海生态环网，构建"养林汇水、山麓陂塘滞蓄、绿廊集水与末端排蓄"分级汇流的海绵体系，营造"兼顾绿度与温度"、人与自然和谐相处的共生网络，促进区域生态从无序到有序的发育生长。

交通效率环，落实区域轨道环线，构筑环岛放射通道体系，通过不同尺度的交通环线融入湾区交通网络，加速区域交通从低效到高效的完善升级。

产城价值环，通过深化两岸经贸合作，融入沪宁杭创新链、延伸温台产业链，构建特色产业价值链条，实现产城价值闭环，推进区域经济从竞争到竞合的共富发展。

通海之城，因海而兴

依循"海 - 湾 - 城"空间发展逻辑，以海为起点，由海及湾，以湾活城，形成蓝绿嵌城的中心枢纽，成就玉环城市演进的新高度，规划一座"海上花园，台州明珠"。

两栖韧境：应对围填海的脆弱生态本底，构建"海塘 + 湾岸 + 岛链 + 河网 + 海绵"的五级复合生态骨架，重塑海陆完整生境。海塘与湾岸连成 18 千米的生息之环，消减风浪，为候鸟和多样物种提供栖息地；开辟内河道，划分出链状离岸岛屿，岛链 80% 覆盖生态防护林；连通 8 条河谷廊道，导风降温，营造山海微风之城；海绵系统覆盖全域，自然积存、渗透、净化，打造内涝适应性海绵城市。

多彩漩湾：水口为门，围绕水门打造八桥，贯通漩湾，点亮水岸门户；依托环湾公园带，打造多情景、多感受的海湾水际线，结合片区功能定位，赋予不同主题，营造多元、个性鲜明、缤纷连续的八大港湾。

缤纷榴岛：环线 + 放射的超级流动基础骨架，外联内接，承载各要素流动；传统产业赋能升级与新兴产业原始创新，形成现代化产创共享平台；15 千米城市动脉融合自然公园与各类服务设施，形成富有特色的城市交往空间；沿城市活力动线，打造包容全龄段的多主题活力社区。

台城中轴，园廊入城

背靠百丈岩山列，拥抱漩门海湾，构建"顶 - 寺 - 城 - 堤 - 岛 - 海"城市轴线。水绿园廊入城，功能汇聚形成城市府轴空间；3 千米的城市云道，形成云山远上的意境。新城核心与休闲园廊有机结合，呈现府园共荣的空间意象。

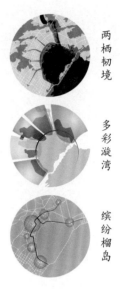

两栖韧境

多彩漩湾

缤纷榴岛

图 5-26 玉环漩门空间策略示意图

临湾筑湖，以海上玉环、洁白如玉的形象，展现新城开放共享、活力集聚的新面貌；中轴建筑提取当地石屋聚落原型，采用复合廊道与底层平台形制，构建向海叠落的开放街巷基盘，垂直交互的建筑塔楼向山递增；政务方城，采用中国传统方城布局，四座塔楼分布四角，形成仪式感与秩序性并存的行政中心，方城环绕、大气平和；通过山峦叠翠、屋檐反宇的形象营造，结合公园绿地缝合城市地块，为市民提供多维度的空间体验，勾画滨水绿廊两侧层叠的城市风景。

结构性管理确保未来城市建设不变形

严格管控生态边界，有效控制城市开发边界，维护城市功能和蓝绿结构平衡发展；设置不同阶梯立体观海景观体系，堤防道路标高5米及以上，应对台风风暴潮、海平面上升等突发、缓发性灾害。划定层级城镇结构管理开发系统指导城镇建设，最大化交通效率与设施利用率，保证城市建设的鲜明形象。数字化赋能城市管理，实现城市建设中所有部件、事件信息的数字化、精细化、高效化、规范化。建筑营造法式二八定律保障城市风貌，确保城市基本形象统一与城市特色亮点突出结合。

玉环，因门而生，因环而显，因海而兴，依托漩门三期，将叩开发展之门，建成未来之城。

图 5-27 玉环新城整体空间引导控制示意图

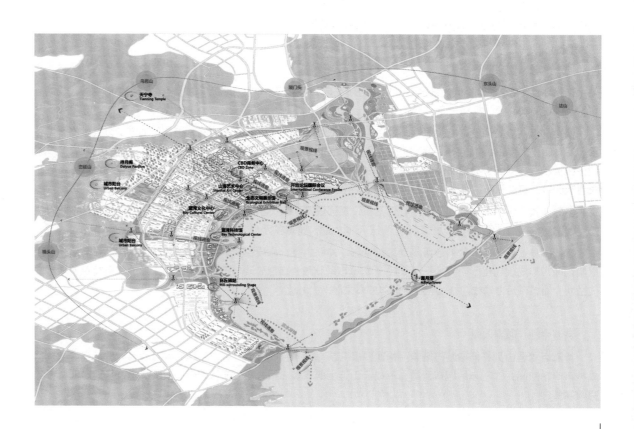

5.2.2 深发展时期，功能转型，侘寂之美

深挖存量资源，发展公权空间。

基于"矩阵＋时代"，深发展时期，格网使无序到有序，开物为设计。

失序的郊区，扩大了的城市，重大设施如高铁、高压线、高等级公路的切割，伦敦、怀柔、大足、九龙峰等，将无序与切割，框在天地方圆、矩阵格网之中，并融入自然。

矩阵中的中心建立，充满哲学意味，构成元素包含交通，信息，人文（交往、博览、经济、政治）。

矩阵中的东西长街，节点是步行者的中心，而非机动车的中心，长安街，东单西单应该是步行者的中心，机动车可以在外围环绕。

矩阵中的生活圈构建，包含日常的人及其社会治理。

存量时期，城市公权物业流动性管理，是城市要素流动的关键，保持一定的流量及流速，是城市更新演替的生机源泉。

《吕氏春秋·尽数》："流水不腐，户枢不蝼，动也。"法国人称化腐朽为神奇，城市更新就是空间重构，价值提升，形态往往具有持续性，功能则会变化。

城市更新除了空间整治、功能提升、要素演替、经济振兴之外，还有社群重构与社区营造，具有以下特征：

精打细算；需求方管理；社区更新，就是价值差，与房东合作二房东，功能演替付费需求；使用者付费，用时间（20年）换空间；政府投入资金管理；激活低效用地与物业，由无序到有序，由低效到高效，由竞争到竞合；人群运营，信任；从空间构建到时间运营；专业化，集成化，标准化，产业化，价值化；规划师是握有技术工具的社会工作者；城市更新永恒主题，物质空间与社会治理，倡导一种新的生活方式，示范引领，标准引领，模式引领。

围绕重大交通基础设施、信息基础设施、文化博览设施以及景观价值表达，提升城镇单位效率与时空价值，吸引全要素集聚发展。

中国式的城市更新，实现集成价值、高度、宽度、深度、温度以及模式创新。

海陆空港，区域引擎

大型公共交通枢纽是公权资源，是交通工具的多式集成高地，包括陆海空港，促进城市之间直连直达，可采用圈层结构布局。

基于"矩阵＋时代＋海陆空港＋圈层环状"的设施规划实践，是区域发展的引擎。

要素特征：流量经济，流量红利，流量风口，城市客厅。

发展策略：以站兴城，以城促产，站城一体。

发展要点：重点在"城（湾）"，不在"港（站）"，城市盛衰，在于交通的方式改变以及流量丰枯。

枢纽特征

多式集成、直连直达；

高效流量、圈层结构；

区域特色、快消慢享。

港城一体

海陆空港，城镇门户，直连直达，是城市离外面的世界最近的港湾。

江东新区（空港），广州南站（陆港），秦皇岛西港区（海港）

陆港：广州南站地区

规划总面积 36.16 平方千米，核心区面积 4.5 平方千米。

多式集成、直连直达

中国五大枢纽之一，集合 5 条国家高铁（武广、贵广、南广、广深港和沿海铁路）、3 条城际（广珠，广佛环线，广莞惠）、5 条地铁（广 2、广 7、广 18、广 22 和佛 2）、4 条高快速路（广珠西、东新、广明和南大干线）、10 条区域干道、1.4 亿人次 / 年客流、40 万人次 / 日客流。

大血库，流量红利

空铁联运，无缝链接各大机场，设定"20/30/60"时空目标（20 分钟直通海空港，30 分钟覆盖三角洲，60 分钟覆盖环三角洲），设定"80/80"公交导向目标（总流量的 80% 通过公共交通承担，公交的 80% 通过轨道交通承担）。

高效流量、圈层结构

站城综合体：广州南站牵涉广州层面的规划修正与功能完善，是广州城市竞争力形成的重要资源。

定位：华南商贸中心（商贸、商务、会展、旅游、医疗等），功能高度复合，带来 33 万人口以上就业机会。

空间：结构性，层次性，高强度，大规模，生态智慧，"一心二轴三环六片"圈层式辐射发展的空间结构，通过打造集交通、市政、人防、服务及科教文卫五大功能的复合型地下空间，实现区域地上地下功能的一体化。核心区地上 658.73 万平方米，地下 103.4 平方米，总面积 2719 万平方米。

功能：调合各方矛盾，如市与区、区与街、街与村；各种可能的业态招租与试错，如土特产、泛珠、长隆、恒大足球、华南城和中山医等，不断试错，像永远无法结束的游戏，耗尽人力、物力，历经 10 次以上的修改与讨论，仍然没有结果。

为什么不选择"以不变应万变""以流量定功能，以功能来定业态"？整体建造，持续发展，充分体现广州城市发展的意志与决心，建造崭新的南站新城。

弥补规划缺陷：广州层面上，城市竞争力不足之重大问题是规划的缺陷，重大基础设施的布局失误已经造成广州结构性失利（当年反对白云机场在花都布局而倡导海鸥岛布局失败，造成深圳机场空前大发展），广州南站可以功能区先行；就形态本身而言，广州与佛山是呈"镜像"关系的两座城市，广州的重大设施布局均靠佛山一侧，白云机场、广州南站以及南沙港大致在这条"镜像"轴上，对佛山已然形成了强大的交通辐射能力，因而广佛同城的基础条件非常好。

抓住流量红利：广州层面上，广州南站远离广州中心，有条件形成巨大的流量红利功能区，1.3 亿人次的流量，但凡留住 3% ~ 5% 的客流，广州南站地区就能得到全面发展。

广州南站四方城：

1）源城，力量之源，以多式交通构筑珠三角城镇群强劲发动机，与广州第二机场联合，形成水运复合枢纽；

2）活城，生物单元，规划会呼吸的低碳、智慧城市，基于数字革命、互联网与可再生能源的结合，保护岭南生物圈；

3）善城，首善之城，构建完善的社会结构，以公服引导城市建设而非简单配套。通过配置当量设施，加大枢纽流量服务能力，引导流量有序聚集。

广州南站综合枢纽的建造将极大地凸显番禺在珠三角城镇群中应有的价值，为改善番禺经济与社会结构提供强大力量。

1）因站得城：以高铁站为核心。

2）以城促产：形成产业圈层结构，连接广佛城市空间框架。

3）站城一体：筑高铁综合服务平台，形成复合活力环，连接功能组团。

4）产城融合：公共服务、产业服务、商业配套、人才居住、公园绿地等功能（用地），实现产城融合。

5）城苑共栖：植入基地蓝绿空间网络，形成城苑相映的绿城意向。

6）快消慢享：岭南特色，亲水见绿，遮阴避雨，通风纳凉，毛容积率 1.56。

多维空间的利用。

高铁建造深刻改变了城镇格局，城镇需要较长时间来适应并驾驭这种改变，全面提升城镇形态使其成为未来城镇。

图 5-28 广州南站地区核心区空间效果示意图

海港：秦皇岛西港区

秦皇岛西港

1898年开埠建港，百年大港；位于汤河以东，新开河以西，国铁以南；道南西港区，大码头，甲码头，戊已码头。

规划面积8.91平方千米，启动区面积1.35平方千米。

天开海岳，秦皇记忆

公元前215年，秦始皇东巡"碣石"，派人入海求仙，秦皇岛因此而得名。从历史发展及文化脉络演化来看，秦皇岛在古代便是重要的通海门户，博大多元的城市文化由此开始孕育，到了近代成为中国第一批通商口岸之一。如今的秦皇岛坐拥着百年老港、千年古迹、万里长城，新时代发展下，既是环渤海经济带重要节点，也是京津冀城市发展新增长极。

秦皇岛在城市发展过程中，城区受到港的制约，具有一定缺陷。当前亟需把西港片区与整体城市相结合，使之作为一个服务地与集散地，成为连接南北的核心区。

重点在"湾"，而不是"港"

流量导入：人口，流量。

全市新增常住户籍人口导入，旅游集散常驻服务人员导入，旅游集散停留人口导入，分别为200万人次流量/年，400万人次流量/年，800万流量人次/年。

四大产业板块：荷尔蒙产业，即创新、娱乐（反季节）、会奖、健康。

融城、湾城、暖城、旺城

以人民为中心，主张人人秩序，方案提出"融城、湾城、暖城、旺城"设计理念，以一轴、三圈、四象圈层发展为规划结构，连城拥湾，汇通海岳。

融城，以港兴城，以城定港，港城融合；湾城，构建三圈四象的规划结构，形成宜居活力的中国北方港湾城市特色；暖城，规划建设系统而重点的地下空间开发，塑造全天候、无季候的冬暖夏凉城市；旺城，以多元化文旅设施与景观营造引导，汇聚人流，做旺淡季，做靓夜晚，做旺城市四大策略，以实现秦皇岛西港片区从城市到城央，从港口到港湾的华丽转型。

融城

"融城"是指把城市生活、旅游、港口、公共设施，完全融在一起，不但是在空间上由北向南打通，东西海岸沿线也将具有活力，重新定义西港片区及岸线功能，构筑连续的功能水岸，将海、港、城进行连接，提升产业功能，打造城市门户形象，完善城市服务，传承特色历史文脉。

秦皇岛在成为国际一流旅游城市的路途上，人流量无疑是个屏障，西港片区流量不足是一个长期问题，消除流量屏障显得至关重要。

通过旅游人口带动人口总量增加，构建大旅游设施，打造旅游目的地，吸引本市居民，扩容国内及海外游客。打造秦皇岛的核心地标，完善全域旅游集散地的配套功能，依托邮轮母港重点发展邮轮核心片区，建立汇聚"山海文化、长城文化、旅游文化"的多元文化交流地的品牌形象。

秦皇岛文化旅游资源的重大价值在于集生态、海滩与人文特色于一体，展现历史文化与港口城市的浓厚气息及现代活力。建设国际一流的旅游城市的愿景下，西港片区应该主要发展国际邮轮业务、多元的滨海旅游业与文化康养产业。港口贸易制造向港口消费服务转变，单一"自然或人文旅游资源"向滨海综合健康旅游服务提升，使秦皇岛西港片区成为一站式的"吃住行游购娱"目的地，未来环渤海湾与秦皇岛高端产业创新孵化和服务中枢，以及"全健康"养老度假目的地。

湾城

西港，东岛，北城，南湾；动港，静岛，连城，拥湾。

打造西港片区成为世界级的湾区，不仅要为当地居民服务，同时也要为将来世界各地的游客服务。构建"一轴、三圈、四象"的规划结构，形成中国北方港湾城市特色，打造魅力港湾，旅居共享。

连城：在产业逻辑与背景下，如何形成空间法则，是方案研究的一个重点。"一轴"指建立城市发展中轴线，串联山、城、湾与海，强化西港片区在秦皇岛市的核心地位。

拥湾：形成三个城市发展圈，以海洋为原点，由里向外依次是滨海休闲圈、综合服务圈与城市生活圈。产业布局以邮轮母港为核心，与城市建成区衔接融合，形成从旅游服务向城市服务的过渡延伸，从而带动整个城市经济转型升级。滨海休闲圈——结合邮轮母港布置，以旅游服务、会议会展、文化展示为主导功能；综合服务圈——城市服务与旅游服务圈层，以旅游度假、商业贸易、娱乐消费、科创教育、商务金融、文创交流等为主导功能；城市生活圈——城市生产生活圈层，以居住社区、商业休闲、商务办公、公共服务配套、休闲体验为主导功能。

成象：打造"四象"，建设港、湾、岛、城四大城市服务组团。北城为宜居休闲城，南湾为魅力国际湾，东岛为史文化岛，西港为邮轮活力港。邮轮活力港里设计两到三部大型邮轮的进驻，预计每天可引入 5000～8000 人次的流量。在一期建设中重点强调历史文化岛，保留历史建筑，港口工业遗迹与新兴业态相结合，使其成为启动区的亮点。

交通：大交通，微循环。

图 5-29 秦皇岛西港区空间效果示意图

海陆空枢纽体系联运，实现区域快达，包含一个机场（秦皇岛北戴河机场）、一个游轮母港（秦皇岛西港）、三个高铁站（北戴河站、秦皇岛站、山海关站）。山海小火车强加海陆空枢纽（主要流量导入场所）与游轮母港快速联通，实现空铁联运、空港联运、铁港联运。

暖城

全天候：北方城市最大的问题是冬季气候寒冷，城市公共空间缺少活力。通过各式交通无缝衔接各公共中心开敞空间，构建地上、地下一体化的全季候步行环境，形成冬日暖城的城市特色步行网络。

全天候体系的冬日暖城，通过 2 层（6 米 +）空中漫道将海公园、west edmonton mall、四季 MALL、游轮码头等商业娱乐设施全域连接，并赋予百年文化印记，形成旅游集散中心，同时打造宜居城市。

包含联系各重要节点的二层连廊空间、地下步行与商业通道、地面主要步行系统，从而连接地铁站点、地下商业及停车的地下空间系统等多种空间形式，为市民营造舒适宜人、全天候的街区空间。在高密度公共活动空间轴线及重要公共区域，打造地下商业空间，与地面功能相互补充，形成活力的人群交往空间。整个空间保持 26℃左右的温度，用暖冬的业态吸引冬季游客。

便捷：在各个组团内合理布置各类公共服务设施，形成 5-10-15 分钟公共服务生活圈，打造功能复合、便捷可达的城市生活服务体系。同时，形成一些有趣的活力带，形成滨海活力文脉。从新开河到汤河，城市公共活动空间沿海湾有机分布，形成一气呵成的海岸线。

旺城

做旺淡季：冬日暖城（年）；做亮夜晚：北方之夜（日）。

淡季做旺：七八月份是秦皇岛旅游的旺季，而其他月份里城市却是一片沉寂。方案中试图寻找一个突破，把淡季做旺。于是规划大量的设施与空间，打造西港片区的全年气候，以多元化文旅设施与景观营造引导，汇聚人流。秦皇岛西港区以自身的利用港岸码头与历史文化优势，设计布置了多样化的旅游主题项目。在旺季与淡季结合季节气候进行不同重点的项目，创造出全年旅游的可能性。同时，在一年四季举办不同的活动与节日，集聚人气促进旅游发展。

在冬季享受夏天的温暖，在夏季期待冬日的冰雪。

对于秦皇岛而言，想要成为旅游集散地，辐射山海关与北戴河的旅游资源，夜间活动的基础设施尤为重要。通过多样化的活动功能，形成 24 小时不夜城。秦皇岛港的城市夜景照明规划以突出重要城市公共空间为主导，营造秦皇岛港的海滨不夜城之景。通过绿带与沿岸滨水空间将零售商业、海港文化会展中心、滨海公园、特色小镇、开放式社区公园、商务与会议交流空间等联系起来，构筑一系列连贯的公共生活场所，实现公共空间不同时段的活力的提升。

为了营造秦皇岛港的海滨不夜城之景，将照明等级划分多层级，对于地标式的建筑采用艺术性的多样照明方式，突出地标的特色。对于保留的塔吊、龙门吊等工业记忆的构筑采用特色照明方式，彩色射灯、灯带等量身定制的照明方式，凸显构筑物的魅力。在视线通廊上设置多个重要的景观建筑及开敞空间，形成功能延续与体验变化。沿滨海岸线设置多个滨海眺望空间，将最美海景引入城市。

好的建筑是城市的灵魂、名片，一座建筑如何改变一个城市？譬如西班牙毕尔巴鄂古根海姆博物馆、悉尼歌剧院，被建筑师赋予其文化意义，才能对社会起到持续的影响，能代表城市的未来与追求，甚至代表一个国家、一种创新精神。

在重点设计起步区内，秦皇岛宝贵的港口工业文化融入到港口文化博物馆、文化演艺建筑、四季 MALL 等重要建筑节点中。保留工业海港的龙门吊等大型器械，保护与利用打造百年古港遗址，重点发展文化娱乐、健康旅游产业。结合媒体中心、海洋文化馆及海港风情小镇等，塑造具有高识别性与公共性的城市文化客厅。

"昨日重现"：港口文化博物馆（群）。

由于秦皇岛港口百年的历史盛衰，将形体通过象征手法设计成为犹如一艘载满货物的泊船承托起珍珠圆环，结合博物馆功能再续当年的往事。

文化演艺建筑：媒体中心与海洋文化馆分别位于城市东轴的末端，成双辉映。从城市空间层面，作为文体轴通向海边的收端之作。两个文化演艺建筑结合场地内庞大的景观设计，致力创建一个文化景观区。

四季MALL：为城市东轴的中心节点，西南方向经望海视觉通廊可饱览沿海美景，视线通达性好。建筑守齐场地边界，内部围合出层次丰富的景观庭院，更为城市提供活跃的公共空间。

海港风情小镇：将成为港口区域的活力地段，打造以休闲商业为核心的风情街区，开放的建筑形态可以让每一位来客在购物中享受海洋风光，并在夏季体验丰富的水上活动。

铁路记忆，绿意公园：起步区南部尽可能保留原有的铁路轨迹，依照铁路构建整体建筑空间，打造生态美丽的沿海铁路绿线公园。铁路作为承载秦皇岛市民记忆的载体，从原本的运输功能转变为康体旅游、健身休闲的新去处。

连城拥湾，汇通海岳：参与西太平洋邮轮母港群格局的建构，连接台海、南海区域，是未来全球邮轮产业发展的新增长极，与加勒比海、地中海、波罗的海以及南澳邮轮母港群构建未来全球海上旅游移动生态。

图 5-30 秦皇岛西港区整体形态控制示意图

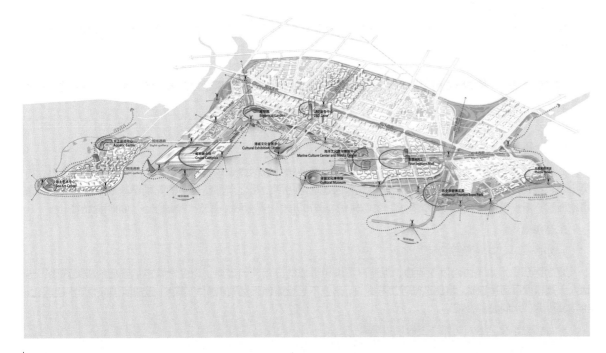

空港：海口江东新区

江东新区是对复杂气候、复杂地缘等复杂条件下的城镇空间营造的探索，是台风、地震、河口、海管岸以及大型机场的共同塑造。面对南海，也是国家自贸体系结构性支撑。

规划研究面积 418 平方千米，规划面积 298 平方千米，起步区面积 1.79 平方千米。

江东新区，位居海口主城区与文昌木兰湾地区之间，松涛水库南渡江流域下游三角洲地区。城市向东发展的重要腹地，是一座海、港、江环抱的绿色基底城市。

南海的安全：众智成城（罗城）

将建设融入自然，构筑生态改造有限红利下的立体复合城市。

人类与山水林田湖草是一个生命共同体，人类以生态为底，方可保证持续发展；生态兴则城市兴，生态衰则城市衰，城市是生态演替红利的获得者，规划则是这一旋回过程中的自治结果。

规划区面海纳田，拥有百里海岸线资源。境内山、水、林、田、湖、草等生态要素兼具，整体呈河流、农田、乡村相互交织的自然形态。

空港，水系，空间法则下的城市；池塘，蓝绿，气候影响下的乡村；指状，其实是一种"同心圆"结构，城、镇、村、岛共同建造，将"半城半乡"连接起来。

做好生态，做成产业，做对规划，做出典范，做旺海南。

主题：江海水城，南海客厅

海口，南中国著名的滨海田园城市，是国家"一带一路"倡议与南海战略的重要支点，肩负海南国际旅游岛、自由贸易区、海澄文一体化的核心使命。

以美兰机场为契机，江东新区将成为城市"一江两岸，东西双港驱动，南北协调发展"的东部核心区，与文昌深度融合，与海口共谋国家大计，划千年战略。

做好生态：南渡江出海口，生态韧性安全格局，防风、防水（潮洪）、防震、防高温

生态安全

随着城市建设快速化发展，灵山镇、桂林洋等主要乡镇的城区建设规模明显扩大，沿江开发建设突出，自灵山镇、桂林洋以西北的区域出现具有一定规模的建成区组团，加之南部新美兰国际机场基本修建完成。城市用地面积不断扩张、生态基底不断萎缩，生态保护与城市开发边界模糊，呈现"半城半乡"的明显特征。

生态挑战

a- 如何应对"水问题综合征"？

规划区历史上本是由南渡江西移、泥沙自然堆积形成的三角洲河漫滩，为应对城市扩张后的极端降雨，当地人大规模开展河道改造、填塘造陆等工程建设，这些不当措施使天然"海绵体"萎缩，造成洪涝频发、水质恶化、生物减少等"水问题综合征"。

b- 如何最小化"台风走廊"上的风灾影响？

规划区地处"台风走廊"，风灾发生频率较高，建设区的蔓延日渐蚕食原有的防风林体系，导致防风压力进一步增加。

c- 如何保障地震断裂带上的城市安全？

规划区存在东西、南北两条隐伏地震断裂带与较大范围的沙土液化区域，东寨港为明朝时期地震沉陷区，未来城市建设将面临较大的地质安全隐患。

生态策略

水生态基础设施系统解决水问题。

a- 引水入城，韧性防洪（潮）。通过就地填挖的简易工程措施，恢复南渡江与潭览河、迈雅河、道孟河及芙蓉河的联系，形成沙上港、东营港、珠溪河与溪头港四大滞洪片区，弹性应对洪潮灾害，积极改善上游面源、中游湿地、下游压盐、江海红树林。

b- 大小海绵，分散滞涝。通过海绵城市、海绵道路、海绵田园、海绵水系、梯级净化水岸、末端净化湿地等一系列生态措施，实现自然积存、自然渗透、自然净化的海绵城市目标，多重林网与指状结构缓解台风灾害。

c- 防导结合，协同减灾。多重林网与指状结构缓解台风灾害，依据海口常年风向，重构海岸、道路、农田、乡村等多重防风林网，结合指状导风廊道，降低台风灾害影响，同时缓解城市热岛效应。

d- 化整为零，蓝绿镶嵌。传统栖居智慧塑造特色城市形态，规避地震灾害。借鉴传统趋吉避凶栖居智慧，将城市以指状形态镶嵌于蓝绿系统之中，保障城市安全；楔形绿地形成的开敞空间与景观廊道，串联起滨海景观、湿地绿心景观与滨江景观。

蓝绿格局

规划以水生态系统、防风与减灾系统为基础，梳理蓝绿脉络，形成"一核两心多廊"指状生态空间结构，发展现代农业，利用太阳能、风能与潮汐能，助力未来零碳城市与智慧城市建设，构筑健康"生态共同体"。

做成产业：创新引领空港，自贸，商务，金融，文教，科技，大健康，国际交往产业发展，促进城市要素充分流通

核心理念

江东新区坚持产业、空间、资本三项顶层规划同步，自然生态建设与产业生态建设并行的总体理念，以"政府引导、市场主导"的方式，统筹推进资源协同融合，形成产业的"集聚发展、协同发展、共生发展"。

产业逻辑

江东新区应发挥交通条件与资源环境优势，大力发展临港（机场）经济，重点打造"一带一路国际交流区""健康文教产业集聚区""创新产业国际集聚区""空港自贸产业聚集区"四大产业板块，融入大海口产业体系。

四大产业

一带一路国际交流区：通过引进全球人文交流与国际组织总部，发展会展、国际论坛、高端会议、大型赛事以及细分产业领域的专业展会等内容，共建海南命运共同体。

健康文教产业集聚区：依托国内外著名教育机构，大力发展产学研学科高地，打造以"国际教育、中国标准、血脉相通、文脉传承"为目标的面向东南亚地区的中国教育体系。

创新产业国际集聚区：依托新区建设提供的科技成果应用场景，布局科技成果转化、科技成果交易，超前规划 AI+、区块链、智能硬件、专业交易所等内容。

空港自贸产业聚集区：借力海南打造中国深化改革与发展的示范窗口，规划布局通航产业维修基地与运营基地、直升飞机完工交付中心、共享航材保税中心等内容。

图 5-31 海口江东新区城市设计空间示意图

做对规划：江海水城，海南气派

规划定位

以海促城、以水营城，打造生态、零碳、独具特色的亚热带滨海城市典范；以港兴城、以产融城，建设开放包容、共享、深化改革开放的国际交往城市先锋。

总体城市：空港为掌，指状岛链

江海水城：

控制适宜规模，通过高低有序、适度紧凑的开发强度控制，实现职住平衡。

指状结构：

以生态优先为原则，我们提出蓝绿交织、城水相依的指状空间，生态与城市咬合结构。

指状生态结构，以大海为出发点，形成多条指状蓝绿脉络，联通海、田、林、湖、江，成为网络化的生态框架。

以空港为掌，指状岛链结构，避开地震断裂带、台风的影响，择高地及优化原有建设区，形成五条城市发展轴，承接国际、国家、以及海口市重要功能，激活空港流量，发展未来产业。

"一核、五轴、两湾多廊道"的指状岛链结构，将有效的控制生态边界与积极塑造城绿共荣的空间发展框架，形成三湾五区多岛的功能区，构筑健康"生态共同体"。

交通枢纽：

以美兰机场为"核"，引入东寨港水系，打造集空港、高铁、高快速路与水运为一体的海陆空联运枢纽。

形成快速轨道、智能快运系统 ART、滴滴打船等水城特色出行服务相结合的城市公共交通体系，直连直达各重要节点，将组团公交可达性提升到 90%，在组团内部形成全天候步行系统。

图 5-32 海口江东新区启动区空间效果示意图

江东新区是对复杂气候、复杂地缘等复杂条件下的城镇空间营造的探索，是台风、地震、河口、海管岸以及大型机场的共同塑造。面对南海，也是国家自贸体系结构性支撑。

街区尺度较雄安密，适应南方气候 80×120 米，街区最适宜建筑量。

优质生活：

以人民为中心，提供多元化商业服务、公共及文化服务、商务办公及产业服务。

商业与公共文化设施按"城市 - 组团 - 社区"分三级设置，打造 15 分钟步行生活圈。

商务办公及产业服务适应创新人才的工作游憩综合模式，提供全天候公共活动空间与创意交流空间。

结合人才引进计划，建立多元化住房供给体系，实现职住均衡的同时满足不同人群的住房需求。

魅力岸线：

合理控制建成区轮廓与开发强度，南渡江、海岸沿线是重点，与岛链结构边界，最大化增加亲水岸线，以生态化改造形成丰富的景观感受，提升土地价值。

海南风格：

设计从地域性入手，探索建筑空间形式与场所文化内涵，并与现代材料、技术、美学相结合，凸显"世界眼光、南海基因、中国风范、滨水宜居、地域特色"的新海南风格。通过亲水环境、风廊规划、遮阳措施、屋顶花园、地下空间、全天候步行体系等，彰显适应亚热带气候特征、形式现代简约、空间"秀、雅、清、透"的建筑风貌，打造一片清凉世界。

面向南海，面向东南亚，中国（海南）自由贸易试验区海口江东新区必将成为亚热带滨海城市建设典范，主动承载国家一带一路的发展战略，不辱使命，共同打造中国南海命运共同体。

规划以包容、共享、灵动、自然为特色，采用混合用地模式；畅通南北（顺应水道）、联系东西，弹性组织开发空间（公共产权）；立体化交通体系，融入步行、水城（滴滴打船）等特色模式，打造生态、智慧、低碳、清凉城市。

构建陆海空立体特色交通体系，直连直达各重要节点，形成全天候步行系统。

坚持生态为底，可持续发展的规划理念。

重点设计：三湾（东营商湾，东寨绿湾，空港蓝湾）多岛。

结合场地特征及国家重大战略部署，立足地域文化基因、气候特点、功能需求，在规划区形成"三湾多岛"的空间特色，展现"蓝网绿脉"为本底、"水城湾岛"为要素、"清凉城市"为特色的总体城市风貌。

商湾：依托东营港原有水体扩展而成，指状布局的都市岛群指向商湾，展现未来都市多元、多面、功能高度复合的活力与魅力。都市岛尖青华荟萃，生态 CBD、文旅免税购物岛、企业总部商务区、国际交易中心区、演艺中心、博物馆、海洋主题公园、绿心生态花园等环绕湾区布置，团聚成簇，精彩纷呈，共同构建海口未来的城市商务客厅，打造具有国际水准的魅力湾区。

绿湾：环抱东寨港自然保护区，严控红树林生态保护线，在避让地震断裂带的前提下，引水环岛，构建岛链环绕的空间特色。红树林观览公园、南海命运共同体论坛与国宾馆三大零碳示范组团共同构建国际交往生态绿湾。

蓝湾：集聚美兰国际机场及高铁站，整个区域地块呈岛状，农田密布、用地集约、尺度宜人。以机场为发展引擎，南渡江沿岸为窗口，美兰湖为核心，打造一个水系内聚、绿带纵深、圈层排布、活力环绕、功能复核的创新生态友好型临空经济区。

弹性管控：落实"三区三线"规划管控，优化 52.6 平方千米基本农田控制区，保障 271 平方千米基本生态控制线与管控 147 平方千米城镇开发边界，实现生产、生活、生态的健康发展。

技术方案：同时，我们提出一整套滨海城市的技术解决方案，使江东新区城市生态安全友好，城市要素充分流动，城市形态生趣盎然，城市生活品质保证，城市运维高效智慧的亚热带滨海城市典范。

做出典范：亚热带滨海城市典范

生态 +CBD，通透：生态改造红利下的立体复合 CBD，满足江东新区启动区与城市客厅的价值诉求。

场地适应

水是这片土地最重要的资源之一，塘、溪、湖、江、河、海等水景在此交融，水与城市、水与生态、水与生活、水与安全是构思的起点。在梳理基地外围水系的同时，构建起步区湿地环，作为保障蓝绿交织、和谐自然的生态基底，并利用清淤土方适度垫高建设用地，筑岛疏淤，兼顾生态品质与城市安全。

以人为本

整体建造，融城，凉城，水城，旺城。

融城：全要素的融合之城。围绕滨海生态 CBD 定位，打造集企业区域总部、商务金融、文化展示、生态旅游、智慧生活等功能于一体的总部复合组团；单元采用圈层布局，由中心向外布置"活力交往 - 产业服务 - 人才居住 - 休闲活动"，实现城市向自然融合过渡；慢行系统串联城乡塘田，将乡村田园作为市民休闲游憩的后花园，带动乡村发展，实现城乡共同繁荣。

凉城：全天候的清凉之城。引风入城，组团间留出通风廊道，有效疏导自海洋吹向陆地的风，给城市降温；绿建筑城，通过绿色低碳技术和自遮阳建筑手法，实现自然通风降温；林水依城，建筑围绕水塘展开，让风先经过水塘，降低温度，减小城市热岛效应。

水城：延续江东新区城市设计思路，围绕起步区设计环 CBD 水系湿地网，修复生境，营造水系微循环；借鉴传统村落"前塘后林"的空间格局，建筑前挖塘蓄水，构建大小海绵，降低城市内涝风险。

旺城：全时段的活力之城。中央活力带采用地下、地面和空中连廊三维一体的开发方式，实现全时段全天候活力城；生态客厅由总部 mall、企业枢纽组成，功能复合、体型活跃，友好吸引各项人流。游艇码头延续中央活力商业街，丰富水上游乐体验，将人引向滨海休闲带；塑造特色水岛景观，形成相应的体育主题岛。

空间结构

一轴三带五组团。城海复合轴，连城通海，南向北依次布局入口门户、生态客厅、观海景观塔与湿地公园，形成功能复合、立体化的城市活力核心；中央活力带，结合轨道交通及企业总部底层文化商街，连接各重要节点，地下空间、地面空间和空中连廊三位一体综合开发，实现全天候、全时段活力之城；滨海体验带，结合海岸退线和地震断裂带避让，活化海堤，增加特色文化体验，打造融生态景观与活动设施于一体的滨海湿地公园；城景交融带，融合城乡建设风貌，运用景观和建筑一体的手法，营造启动区的特色风貌展示面。自西向东布局创智文旅、商务金融、智慧总部（2 个）、优尚生活五大组团。

功能安排：区域总部、商务金融、文化展示、休闲旅游、智慧生活全要素集成，其中住的统筹，5700 人。

土地利用：充分混合，便捷舒适，创新单元均为产城融合的复合系统，在不同种单元尽量提供足够居住空间。

综合交通：梳式结构完善内部道路系统，打造生态 CBD 脊梁，调整丁字路口，环岛疏解高峰流量；依托轨道站点有限发展城市公共交通，结合绿地水系，设计便于步行、骑车、交流的城市慢行网络。

立体城市：通透敞亮，清凉城市（26℃城市）。水网为底、经纬为序，从地块延伸至城市，形成紧凑集约的方城空间和水城相映的城市形象；通过空中花园、遮阳措施、垂直绿化和全天候步行体系，实现 26℃凉城。

城乡统筹：提高城镇化水平、促进城乡要素自由流动、均等化城乡公共服务、推动规模经营消除城乡二元经济，改善乡村环境，实现城乡生态环境融合，打造美丽乡村。

众智成城，南海边上的一条船。

做旺海南

南海客厅：展水城风貌，筑三大客厅（国际商务、国际自贸、国际交往），迎八方贵宾。

行动计划：以生态 CBD 为核心引领，推动指状岛链开发。坚持"世界眼光、国际标准、海南特色、高点定位"的指导思想，按照"两年出形象、五年出功能、十年基本成形"的总体部署，全面组织开展海口江东新区规划建设工作，实现城市与生态融合的可持续发展。

离世界最近的空港：

多元、多样、多尺度的立体空间营造回应气候、地理与文化的特征。城市天际线考虑两大生态绿心保护，重点控制向心组团轴线的天际线，实现江到绿心的过渡及人与自然的和谐。坚持"世界眼光、国际标准、海南特色、高点定位"的指导思想，全面组织开展海口江东新区规划与建设工作，实现城市与生态融合的可持续发展。起步区利用窄路密网、共同管沟、地下空间、二层连廊等手法构筑"立体城市"，适应南方气候，展现生态 CBD 脊梁。建筑设计结合地域特色、海南文化及时代精神，通过空中花园、遮阳措施、垂直绿化、全天候步行体系等建筑语言，体现可持续发展的建筑风格。

规划是一种未来可期的愿景，其实，未来还会有许多可能的规划。

江东新区是中国全面深化改革开放的新标杆，规划尊重气候、地缘、价值与生活方式，努力营造"全天候适应（凉城），全方位连通，全龄段友好，全时空感知，全要素集成，全周期迭代"，将建设融入自然，是中国城市转型中发展的积极实践，建设一个韧性安全、环境优美、功能完善的亚热带河口滨海城市，旋回自洽，多元多值，依托美兰机场，与世界直连直通，我们期待江东新区成为可持续发展新的盛世典范。

创新提升，科学高地

科学城、科技城等科学高地，也是公权资源，是生命、材料、智造、交通与信息科学的前沿技术高地；能够为城市赋能，提升城市核心竞争力。

基于"矩阵＋多中心＋圈层环状"的规划实践，是城市创新发展高地。

创新要素特征：

包含创新源头、技术红利、重大技术等，从农业革命、石器、青铜、铁器、四大发明、工业革命、蒸汽机到数字革命、互联网、人工智能。

创新产业构成：

科学装置，引导原创基地发展；

实验室经济，包含孵化产业、金融服务、会展陈列、教育培训等；

荷尔蒙产业，以潮流引导，包含运动演艺、健康医疗等；

现代服务业，构建创业圣地。

创新产业特征：

技术是资本与产业的紧密结合。

产城一体

产业关联：产业链接，创新引领集群发展，形成几大产业集群，由初始自发单一分散功能区到创新引领产业集群发展综合城市，重建产业链。

产研关联：与高校、科研机构形成产研关联。

产服关联：产资关联，资本改变世界，创新金融，新建金融平台物业必须支持流动性；产税关联，税收结构，税务前置，税收指向，最佳税种结构，关注房地产税，丰厚增长。

产城关联：由园到区，产城融合，空间圈层，绿心城市，花园居住，产业外围组团（科学城，知识城，东区，永和），在地产业员工优先购房计划，优化产城关系（现状房地产业沿交通干线发展，站点土地出让预支了政府议价空间）。

城市边缘，从无序到有序，从低效到高能，参与城市竞争力的提升。

以产兴城，以城促产，产城融合。

充分考虑技术的时效性、空间的包容性与要素的流动性之间的关系。

科学高地，离科学的高峰最近的高地。

规划的作用

1）创新影响，定位区、市、国家 3 个层面贡献。

2）创新标准（具有珠三角特色的产业结构，人口结构，资本结构，土地利用，城市结构等）。

a- 创新要素，创新要素聚集比例应该相对较高，制定合理的创新要素聚集比例标准。

b- 创新人才，年轻化社会形态的建设，以及与之对应的公共服务，交往、交流、展示、共享。

c- 创新资本，所有产业都是资本的形态，保证足够的创新资本平台。

d- 创新空间，包容共享，城市建设与创新产业的周期性矛盾，创新有度，有投资的边界，城市建设应包容创新的各种可能。

3）创新管理，制度改革，去制度成本，动态管理（准入，监管，交易，退出），留足公权物业，创新空间载体，应当成为创新的基本成本。

利用规划工具实现土地与公权物业的最大价值，创新资源的充分利用，编织城市公共资源平台，强化资源的流动性管理，创造适居宜业的城市空间，为创新的各种可能性而建造城市，从而体现规划的自我修复能力。

科学高地，运用信息并创造信息的地方。

广州科学城片区提升

规划研究范围面积 486 平方千米，优化提升设计面积 144.65 平方千米，详细规划设计面积 4 平方千米。

规划目标：聚心（神）融城（业），价值提升（地价，租金，税收，就业）

技术路径：

1）评估（找到问题，合理定位）；

2）提升（系统改善，重点突破，城乡更新，补联聚优）；

3）落实（控详调整，城市设计指引，技术支撑）；

4）策略（动态管理，行动计划）。

财政前置，以产兴城

核心发展策略：以水资源收益、土地收益、产业收益、公权物业等资产性收益，以及投资性行为产生的资本性收益和人口红利机遇，获得发展空间。

公共安全策略：包含气候、地质、生态、生物等。

经济发展策略：政府强调将财政前置于规划策决，重点关注土地开发（机会地块）、公权物业租赁（公权物业）、产业税收投资股权（产业升级、资本收益），并通过规划的动态评估与自我修复，实现资源的精准投放目标。

三个阶段：以产兴城，以城促产，产城融合

结合"创新，协调，绿色，开放，共享"原则，推动三个创新：观念创新（本质）、内涵创新（协调，共享，开放）和方法创新（绿色）。

首先，观念创新（本质）。

价值观（为科学城正名）：

定位为国家自主创新示范区，广州国际科技与产业创新枢纽主引擎，新黄埔政治文化中心。

其次，内涵创新（协调，共享，开放），实质是创新能力建设。

① 关联性，功能业态设计，提升关联性

产业结构，创新引领，补联聚优，精准投放（黄埔区层面，科学城片区层面），分阶段提升（2017-2020-2030-远期提升），提高土地产出率，优化产业结构。

a- 智造业升级换代，设置大科学装置，孵化创新业态宜占据较大比例；

b- 创新生产性服务业，科创、文创、金创、运动、健康；

c- 其他产业，重视房地产税的基础作用，发展金融，文化，旅游产业；

d- 激活社会消费需求。

② 公共性，SOD，创新人才引领的年轻化社会形态，充分吸引 25～40 岁创新创业生力军，重视区委区政府迁址对政文产业，公共服务设施的结构性影响以及带动作用。

a- 层级平台，公服引导，社会服务能力的层级平台建造，共享；

b- 细分生产性与生活性多层级公共性建造；

c- 服务引领，社会经济与空间的耦合，对资源的充分利用，分散产权与公共利益需要之间的矛盾，优化供给侧配置，改善供给与需求分离的状况。

③流动性，激活存量，加强创新要素流动，物权相对稳定的情况下促进生产要素的充分流动，城乡更新演进与政府公权物业，产业的流动性管理。

a- 土地整理，（重点），存量挖掘，机会地块，机会物权，为创新产业留足空间，土地产出（地均产值目标）；

b- 城乡更新，以三旧微改造入手，各类要素的有序集聚，植入与演替，将物业权属（国有，集体，私人）与产业升级分离，鼓励物业价值提升；

c- 公权物业，公共平台，加强物业的流动性管理（货币的流动性），企业公馆（多余绿地改造），众创平台（低能产业改造），办公公寓（空置办公改造）；

d- 私权物业，开放企业小产权自我提升政策（对招商项目完成度进行检查，实时清理问题企业，保持企业活力及开放度）。

④可达性，以流定型，精准输运，便捷交通组织。

a- 枢纽（产业功能区与住区连接区设置枢纽，枢纽组织慢行交通微循环网）；

b- 通道（枢纽之间的快速连接），强调公共运能，轨道交通（快慢轨），客运专线，小汽车分类；

c- 连接，建立多模式的交通走廊实现科学城与广州各大城市级功能中心的直接关联，如传统大学城、金融城、珠江新城、交易会、琶洲城，重大基础设施（白云机场、南站）。

⑤空间感，两观三性，共享包容，织补耦合，混合生长，宜居宜业，文化旅游，空间数据，句法与热力。空间结构，双环趋动 + 圈层放射，翡翠珠琏

两观：

a- 整体建造，翡翠珠链，圈层放射，行为载体（感知，判断；斑块，连接；节点，标志），空间形态 [绿心，圈层（山环，居住，产业）]；

b- 持续发展，织补耦合 [与社区（街区）结构，经济（格网）结构充分匹配]，混合生长。

三性：

a- 地域特色，显山露水；

b- 文化属性，岭南风貌；

c- 时代特性，时尚现代。

再次，方法创新（绿色）。

①系统性，绿色集成，高效管治，技术支撑体系，低碳，海绵，共同沟，智慧，高能与高效。

②操作性，动态控制，随机应变，数字规划体系，规划方法创新，从定性到定量，保证土地及平台物业的精确投放，大数据，动态控制与实施评估。

③提升

阶段提升：2017-2020-2030- 远期提升，分阶段提升的目标数据。

社会价值：扩大就业以及年轻人聚集。

经济效益：土地出让，物权出租，股权收益，产业税收（政府以财政 PE 方式，带动社会各类资金的全面投入）。

经验借鉴：科学城 VS 商业 MALL 。

通过招商局（招商部）、经贸局（经营部）、国规局（设计部）、税务局（财务部）几个部门建立共同规划目标，实现资源投放、未来发展的统一方向。

借鉴 MALL 的经验：完善业态链，从业态定位、选择、比例全方位入手，提升高端体验业态比例，植入金融业态创新发展。

期待在广州层面获得成功，更成为城市提升的典范。

一"链"聚心，一"城"创新。

本次规划以"创新、提升、精准、规划"为关键词，以"创新、协调、绿色、开放、共享"为发展理念，进一步明确新时期下科学城片区的发展定位，系统性完善各类规划子系统，重点性提升关键领域与城市空间内涵，为地区创新转型提供基础性指导。然而，城市建设与创新产业之间存在着周期性矛盾，创新有度，有投资的边界，城市建设应包容创新的各种可能，整体设计，持续发展，以不变应万变。

图 5-33 广州科学城空间效果示意图

一链聚心·一城创新

怀柔科学城

怀山柔水，怀柔百神。

规划面积 100.9 平方千米，城市建设用地面积 40 平方千米。

文化特征：渔阳郡，渔阳古城，渔阳鼙鼓动地来，惊破霓裳羽衣曲。

规划要点：尊重科学发展规律规划，打造以中科院为核心的材料、空间与信息科学学科高地。

五个问题

1）山城的不协调：基地周边山水资源丰富，但水系的切割会对城市发展造成一定制约；区域交通联系及内部路网骨架已形成，但对科学城产业发展的支撑效用较差。

2）功能的不确定：现状第二产业类型与科学城整体定位及发展需求不匹配，亟需转型升级；上下游科技创新产业链延伸带动产业所需的空间规模需求较大；大科学装置及学科交叉研究平台具有一定生命周期，现状规划无法满足与应对其集聚效应、建设规划、更新换代的需求。

3）环境的不完美：现状街道空间、建筑风貌、开敞空间、滨水空间等环境要素缺乏特色，与科学城风貌不匹配。

4）需求的不充分：现状商业服务、文化交流、休闲娱乐资源与科技人才居住资源缺乏，无法满足科技人员对生活便利、交往丰富、环境优美的设施需求。

5）发展的不平衡：目前各建成区板块之间功能独立、布局分散，缺乏必要的联系，产业发展不均衡、用地布局不合理。

创新，协调，绿色，开放，共享

本与底：大山大湖，怀柔百神，搭建三层生态空间框架。内部科学公园生态绿心，依托沙河主要流域及基本农田保护区，建设生态湿地；中环城市休闲绿环，平衡城市工作生活与自然环境，构筑城市生态网络；外围

图 5-34 怀柔科学城空间效果示意图

区域生态涵养区，精巧复合的蓝绿系统将为地区提供长久持续的生态基底。

连与通：活力（荷尔蒙）之城［大科学，科技创新（未来之城）、文化创意（影视基地）、体育休闲（长城滑雪徒步）、健康养生］，多式连通（对内对外，交通畅顺，要素连接，平台相通），科学城需要体验（未来），需要激情（影视），需要冒险（攀登），需要健康（养生）。

城与区：山水有情，学城有度，山水林田湖草渠，温暖科学城街村；留园筑心融城。以城市休闲绿环及水系蓝绿网络划分城市功能组团，形成产业功能圈层。中心部分通过升级改造现状村落，植入科创文化、生态旅游等休闲服务功能，内部圈层以科技研发产业为主，外部以城市生活服务功能为主。最终形成城市街区与文化村落两级城市形态空间群落。

中而新：怀柔凝翠，暖城绿心，优质生活。怀柔科学城的建筑设计将充分彰显文化自信，输出新时代中国特色文化，面向未来；吸收中国建筑文化，融入"新"的建造材料与先进建构技术，形成中西结合，以中为主，创造既富含传统韵味又不失现代特征，兼具创新精神的"中而新"的怀柔风格。

技与能：大科学高地。在城市街区紧凑高效发展的前提下，尊重现状农田村镇格局，形成内静外动的"科学公园生态圈层、科学街区创新圈层与外围科学配套支撑圈层"布局，以科技综合服务平台为对外窗口，环绕科学公园形学科组团＋综合服务＋科创服务的科学功能环，并预留空间承载未来新一代大科学装置，外围各组团优化原有产业结构，完善城市配套，支撑构建"科研-生活-生态"一体的结构。

竞与合：未来怀柔科学城将面向世界科技前沿和国家重大需求，建设世界级原始创新承载区和开放科研平台，引导和推动高端创新资源要素加快集聚，打造科技创新中心新地标，参与全球的竞争与合作。

赣南科技城

源源不断，继往开来。

战略规划面积 50.57 平方千米，重点城市设计面积 17.85 平方千米。

图 5-35 赣南科技城空间效果示意图

源

生态底线：山水交汇，三山环抱、五水汇流，三潭聚气，构成了赣州这座独特的山水城市。设计恢复并增加更多样的栖息地斑块类型，如特色的储潭等滨江湿地，为未来的生态城市开发奠定基础；遵循国空指南，形成三水五潭多廊的韧性基底，延续近山为园、远山为屏的场地特色，构建西岸足用、东岸巧用的保护与发展并重的发展框架。

文化底蕴：宋城八景，赣州拥有千年城池，又因古驿道而兴，融汇多元文化。连点成线，未来科技城将串起两条古今共舞体验道，向北延伸并环扣。宋韵新街、水西花舟、船厂艺坞、西隐大观、未来画廊、双潭琴桥，无不诉说着这座城市的未来魅力。

科技创新：战略资源。赣江创新研究院国家级创新平台引领产业升级；南方最大稀土储备，引领稀土产业从前端走向高附加值的后端环节；时空优势助推赣州与粤港澳大湾区在稀土产业的协同合作。

空间边界：山，田，城，江（浅滩坑塘）。梳理山林、溪流、坑塘、江岸、滩涂等自然要素，绵延三十里，自东向西形成山林趣野带、田丘创新带、城园活力带与滨江风光带。

空间框架：大交通，小循环。通过构建完善的内外交通体系持续为科技交流赋能，对接区域交通的环道向内连通各发展组团，街区间打造低碳出行网络，并连通组团中心营造学科集群交流平台，为科技社交、知识研讨和科普教育提供空间场所，无缝慧链，智创未来。

空间形式：扇形结构，扇面＋扇骨。在水东之滨，城市形如竹扇开合，融入风景，尊重基地地形顺势而为，由山岛江形成多级叠落、城市与自然虚实相间的骨架，生成"一山为屏、四带为面、十廊为骨、山-田-城-水共生"的未来空间格局。

空间秩序：一边在稀金谷，一边在宋城。依托湘楚、岭南、客家的多元交融与独一无二的江南宋城，进一步诱发文化与科技的裂变，将赣南科技城打造为科技与人文融合发展创新示范区，并成为具有国家影响力的区域性新文化的复兴高地。

韧性城市：扇形台地，山水联通，生态脉络，生物多样性。借鉴赣州传统营城智慧，构建韧性防灾体系，修复多样生境，将开挖土方用于提高城市下垫面，形成龟形台地与清凉溪谷，为科技城提供持续发展的生态基底，蓝绿基底占比约 65%，构建城市建设健康的韧性框架。

强度控制：预留未来强度。谋高做实，以"就近谋远、弹性预留、分阶渐入、精准开发"为思路，依据必要性、紧迫性识别近期可开发实施项目，考虑未来发展的不确定性，积极战略留白，预留弹性用地。

战略谋划

赣州，过去历经商贸中转地、重稀土资源地到湾区产业承接地。如今依托赣创院国家创新平台、南方最大稀土储备、湾区科技产业腹地，升级为国家战略性机遇。

聚源，强芯，融湾，向海。

聚源：打造专业性国家科学中心、世界级重稀土的源创高高地，强化源动力，延展创新链。

强芯：放大赣南创新研究院创新势能，做强人才培养、应用创新与成果转化。

融湾：依托高铁站主动对接粤港澳湾区，做好稀土船业创新转化与写作。

向海：对接沿海，连接全球，做好稀土产业创新交流与合作。

区域性生态多样性，绿水青山就是金山银山，中华文化复兴的重要承载高地，全球重稀土科技关键源创高地。

发展法则：扇形，辐射东南沿海，这把扇子在东南沿海展开，一边在东海（长三角）一边在南海（珠三角）赣州与粤港澳大湾区还有距离，应当采用精明作为，着重关注经济成本与时间成本。

重要节点

水东区：

商业建筑以小体量、文化感强的街区式为主，营造亲人的街巷尺度、提供立体化的空间体验；文化建筑强调与大地景观结合，控制建筑体量；商住建筑水平展开架空长条体量为特色，适当增加屋顶公共空间；商务建筑保持文化性的同时体现现代感。整体建筑风貌延续宋城文化韵味，新式结构、轻盈飘逸、素雅大方。

高铁区：

建筑风貌（现代，客家排屋演绎，扇面股），开放延续。

取意赣州山水之源，受客家文化建筑元素启发，遵循依山傍水、前塘后林的布局特征以及群聚而居的形制法则，用现代手法演绎"客家排屋"空间，创造丰富地域文化联想与传承。整体形象以起伏的曲线纽带链接地脉、文脉、绿脉，开放延续、大气舒展、飘逸灵动，表现山水交织的动态特征。

未来港：

建筑风貌以未来、科技为特色。

以"稀（析）金"为意向，折线切割塑形，引领区域主题，展示科技质感、创新未来、朝气蓬勃的未来城市中心形象；山水通廊贯穿地块，奠定"山水城"生态基调。

实施路径

三期，预控战略：

分阶渐入、精准开发思路，制定弹性的预控战略。分近、中、远三个渐入成长阶段，构建开发建设项目库，形成一套适配未来的开发模式工具箱，针对性提出开发模式建议。充分考虑未来发展的不确定性，采取预控战略，积极"留白"，并提出适应未来的BX混合用地，根据实际需求确定主导功能。

赣州模式，赣州现象，赣州行动

科技创新的赣州模式：谋高务实，源头＋市场，科学牵引产业，产业反哺科学，应用加速。

文化创新的赣州现象：守正出奇，文化新生活，中华文化复兴的重要承载地。

空间包容的赣州行动：刚柔并济，巧用而不是满用，守住生态底线，用好空间边界，健全空间框架，预留战略空间（北站，中心，水西），实施总量管控，因应未来不确定性。

往来长街，礼序乐和

长安街是对新时代人民至上国家价值体系的有益探索，未来城镇的中心可以是博物馆群为载体的交往中心。

文明的绿谷，欢乐的长街

长安街及其延长线核心地段两门段（复兴门至建国门）全长 7 公里，设计范围面积 118 公顷。

公权资源
基于"矩阵＋时代＋街道"规划实践，实现"礼序乐和"。

人民至上

东西大街

东西向的街是城市的舞台，南北向的街是城市的序曲。

东西大街，城市形象

绿谷长街，礼序乐和

展示大国形象，政治、文化、国际交往中心功能，满足国家重大活动与市民美好生活需求，并具有多元文化体验与活力的高品质公共空间。

问题（矛盾）与对策：从混杂到分明

1）政务优先：群众行为与国家行为之协调，对策是政文分开（政务优先＋文化礼仪，双十字轴线），功能回归；现有功能（自然形成）与国家价值（国家礼仪大街）之再塑，集散分宜，集中置换（形成政务轴），东西单文化属性，中山公园与劳动公园升级使用。

2）空间有序：长安街东西两侧，南北街区都不均衡，结构乏力，对策是层级分理，三区四片五标志七节点。

3）交通明晰：人车混合与活动组织之矛盾，缺乏活动类别区分，对策是人车分流（由单（东西单）圈至三圈，政务圈；西单圈；东单圈）；大循环（分区交通闭合，单圈至三圈）；微循环（单体交通闭合）；智停靠（公交港湾，小车驿站，共享单车）；亮广场（升旗仪式切割，东西单全天候步行连接）。

4）长安风貌：长安街建筑风貌与国家形象之呼应，对策是街道分享（和而不同）；道，礼仪性；街，交往性；屋，融入街道。

5）首都文明：景观特色与首都文明之更新（景观是价值载体），对策是万象更新，突出特色，提升表现力；景观价值，收纳唯美。

6）人民共享：舒适体验与被动限制之改善（人民性），对策是礼乐和畅。体验感，人民性，大数据因应需求，因应提升。

整体（结构性）谋划，系统（性）重塑，重点突破（三节点），全面提升。

秩序，以人民为中心。

展示政治性、文化性、国际性、人民性；政文分开，集散分宜，街道分享，人车分流，万象更新，礼乐和畅。

整体谋划（区域）

结构，东西长街，南北辅街，一条街的三个影像。

一街双轴三段四片，五标志十三节点。

政务优先（政务十字轴），文化繁荣（泛博物街区），国际交往（泛交往街区）

1）一街：南北街区共筑东西长安街，主街与铺街（平安大街与前门大街之间），背街与直街；主轴与次轴（东单与西单次轴）；

2）双轴：政务区双十字轴，须构建中心区新华门政务办公十字轴＋天安门文化礼仪十字轴，沿新华门政务办公十字轴线新增国家政务中心，缓解天安门广场国家政务压力；

3）三环段：中轴对称并立三圈层，改西单东单大环为并立三环；

4）四片区：东单，西单，前门，后海；

5）五标志：天安门，东单，西单，建国门，复兴门等五标志；

6）十三节点：天安门，东单，西单，建国门，复兴门，府佑街口（音乐厅），北河沿大街口等十三处活力点。

流量

长安街功能指引下流量组织 [人流与车流以及公共交通组织，重大交通设施（北京站）连接]。

三环：政务圈；西单圈；东单圈。释放东西单节点价值，回归东西单文化属性。

人车分流：使人流舒适，车流顺畅。

充分微循环：完善自行车道路系统。

交通有序，骑行顺畅，步行有道，过街安全。

系统升级（一街）

风貌重塑，景观重塑（景观要素，植物，水法，照明）。

风貌

长安风格：通过建筑材质、建筑色彩、天际线等多维度展现长安街风貌，形成"和而不同"的长安风格，彰显国家气派、城市风韵。

五标志：天安门、东单、西单、建国门、复兴门等五大节点标志性建筑确定，通过行道树、广场铺装变化、景观水景控制，形成长安街活力节点空间。

十三节点：天安门、东单、西单、建国门、复兴门、府佑街口（音乐厅）、北河沿大街口。

东西单牌坊（瞻云就日），长安街上东单牌楼与西单牌楼呈对称形式，设计将重塑东单牌楼并以此为轴线创造文化广场来强化东单节点的文化地标。

建国门复兴门标志（彩虹），通过钢结构或结构加固，结合景观水景环境升级共同打造长安街门户标志。

家具设施、装置设计：

地铁出入口升级，打造长安街风格地铁站、增强标识性，增强引导性、升级地铁站周边景观环境空间；

图 5-36 长安街博物馆群空间效果示意图

257

过街隧道口注重便捷性和人性化设计，统一塑造，形成长安特色；公交停靠站提高公交车的行程时间可靠性，减少公交车进站对动态交通的干扰，停靠站不打断自行车道的连续性。

景观：景观承载国家价值

1）长安绿谷（整体性，连续性，人民性）

分区分段，街道分离；甄繁就简，凝炼特色

临道整齐（树阵礼仪大道，礼仪空间），靠街繁华（交往空间），各部委楼道门前段中分段，礼序乐和，和而不同。

2）要素管控

道路（主路辅路）、连续小广场、公交停靠站场、地铁与人行过道出入口、坡道、植被（区域识别）、座椅与休憩区、自行车道、步行区铺装、触觉铺装、人流管控设施场地优化、街道家具、标识、雕塑、照明、停车场、无障碍设计、协助犬设施等 18 个部分。

智慧

3）精准定位

大数据确定现状及整治后空间意向，人流驻足点，景观引导节点与最佳拍摄点选择。

重点突破（三节点）

出彩的节点，可以分步实施。

指向任务书三节点；高度混合与主动组织，积极引导与被动适应。

全面提升（分阶段，由点，到线，到面，全面提升）

欢乐长街：通过节庆与日常的各类活动，迎接国宾与外国友人，不仅是一种政治形式与仪式，也是和平与欢愉的文化交流、喜乐与欢快的日常交往。

精准设计：全天候（冬季雪冷夏季雨热，季候与时候）、全方位（全面连接、多元对接，地上地下空间一体化形成立体空间网络）、全龄段（以人民为中心，共享开放）、全时空、全要素、全周期，能够反映过去、现在、未来的精准设计。

人人秩序，政文分离，博物馆群。

政务优先（政务十字轴）：基于现有的文化礼仪轴，远期将分散的中央政务设施点于新华门中央政务轴集中置换，形成政务服务区，强调国家价值及文化礼仪的国际形象。

文化繁荣（泛博物街区）：长安街两门段沿线文物古迹与文化设施集聚，制定主题探访路线，展示沿线街区历史人文景观，实现其文化体系完善与形象再提升，满足中外游客对大国首都的向往追求。

国际交往（泛交往街区）：交往设施先行，搭建长安街两门段沿线形象功能，推动国际交往街区品质服务升级，沿线绿地拓展与功能整治，形成连续而开放的开敞空间，为交往提供更多可能性。

万象更新，礼乐和畅。

长安街主要是对新时代人民至上国家价值体系的有益探索，未来城镇的中心可以是博物馆群为载体的交往中心，本次方案建议沿新华门政务办公十字轴线在长安街以南新增国家政务中心，缓解天安门广场国家政务压力，是国家礼仪体系结构性支撑。

景观赋能，再现文明

基于"矩阵＋时代"既定框架内及"自然要素"的规划实践，再现文明。

城镇价值的景观实现方式，城镇是大地的景观，景观是文明的彰显。

关于景观概念的释义可以归纳成下面的两大类别：其一，即是侧重于景观实存对象的释义：景观是地形与地表形成的富有深度的视觉模式，其中地表包括水、植被、人工开发与城镇（Jones and Jones）；景观是地表某一地区区别与其他地区的总的特征，这些特征不仅是自然力的造化，而且是人类占有土地的产物（U.S.Forest Service）。其二，即是侧重于景观主体对象于客体之中的释义：景观是地方性品质的传达方法与策略（Brian Goredey）；景观是具有价值的环境，并由文字勾勒的地方经验来讨论它的价值与实践（DavidLowenthal）。

综合上述的释义，新人文主义学者涂安（Tum）则指出，景观乃"研究人与自然的关系也即人与所在的地点、空间、及其行为、感情与观念的关系"的科学。可以看出涂安的解释是具有合理性的，他的研究是从主客两方面着手的。既然这样，我们可以得出更进一步的看法，即把景观看成是一种形态的观念、一种社会的认同。可以这样理解，景观是自然界与社会系统双向作用的结果，由于社会系统对自然界的作用力并非等量等效，景观的实存部分（景素）也就相应表现为由纯自然到人工的诸多层次来，因此，景观可以区分为自然（景素）景观及文化（景素）景观的两大类别。作为一种观念的传递，文化（景素）景观是经由历史记载、诗文、绘画、雕刻等文学艺术品以及传说、风情、建筑遗产来完成的。城镇作为景素，其景观称之为城镇景观，则大抵属于文化（景素）景观的范畴，它的传递是经由可被感知的具有地物特征的构筑对象来实现的，反映出城镇的空间价值，表现为实存对象，以及对象的指称价值；需要完成城镇景素的生态链接、生产链接、生活链接以及特定人文价值链接，以期实现景观对象自身价值的构建。

而游憩则是一种权力。我在追随夏义民教授开展聚落景观研究的时候就有了这些看法，并且多年以后运用到包括雄安新区在内的规划实践之中，当然，也包括城里、城郊与郊外的景观实践。

城里

城镇蓝绿结构的枢纽节点，连接大生境。

伟大的城市，需要伟大的公园，是城市精神的承载地，是城市重大事件的策源地。

因水得园、适应气候、形成特色、融入生活、集成技术、城园共荣。

海秀公园，金牛岭公园

文脉连接与崭新呈现

金牛岭公园规划面积 103.6 公顷，海秀公园规划面积 108.25 公顷。

因水得园

将消极的秀英沟与工业水库重塑成为秀美的城市公园是景观设计的重点。

活化水体的生态基础设施建立起收集、净化及再利用的可持续生态景观体系，构建多级湿地系统。无论枯水、丰水或是洪泛期，公园均能韧性应对并形成丰富的适应性景观。

打造多样化的岸线亲水体验，将湿地、栈道、草坡、广场等要素有机组织在滨水空间，激活岸线，创造舒适的水岸生活。

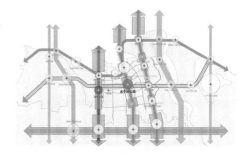

图 5-37 海口主城区公园城市建设结构示意图

图 5-38 金牛岭公园改造规划设计空间效果示意图

适应气候

环通的公园林荫漫步道将打造入园即入树荫的宜人体验，结合景观廊架、服务驿站等设施提供遮荫避雨的人性化体验。

亲水导风

滨水区域种植季相丰富的乡土植被，亲水以软质的草坡入水为主，空间舒朗通透，并能更好地导风降温。

形成特色

公园布局风格统一协调的 3 座主题游客中心、6 座景观塔、12 个服务驿站，构筑地标特色，成为公园中集聚活力的场所。

公园也是户外生态与人文科普教育的绿廊，以园载文，传承文化基因。

公园提供了高品质公共空间，并为节庆活动提供弹性场地，创造活力价值。

融入生活

城园共生的开放式公园，能无缝对接周边城市功能，有助于塑造积极的城市空间形态。

高效率与慢生活通过园内构建的城市便捷通道与贯通的慢行步道得以共生。

居民与动植物共享乐园是海秀公园的美好愿景，承载全龄段活动，动静有序，老少皆宜。公园也是动植物成长乐园，营造动植物赖以生存的生态环境。

创造价值

公园将为周边城市区域带来较大的土地价值提升，以生态为驱动，成为城市价值高地。公园提供的优质公共空间将为周边片区整体环境品质提升带来契机，为城市带来新活力与增长点，支撑城市可持续发展。

5.2.3 宜居社区：社区是守望相助的纽带

守望民利空间，享有美好生活

创造全龄友好社区，城镇社区与乡村社区是社区的两种基本形态。

空间活动的主体是人，城镇是"人口"聚集的主要载体，城镇的居住职能仍然十分重要，有"人"才有"事"。

基于人本的"矩阵+"，人民至上，竞合为人人。

城镇社区

城镇社区是城市框架下的主动集群，是人类情感中最骄傲的地方，也能够体现社会制度编织。

社会"转型"

社会转型带来城市居民物质生活水平的巨大改善，但物质文明与技术的进步并不必然直接自发地产生与构建起非物质文明的进步与发展。我们所遇见的问题已不再是近代城市迅速发展的物质文明问题，而是 20 世纪大发展所遗留下来的非物质文明问题，譬如人际关系的冷漠、快餐文化的蔓延、"二世祖"的颓废、文化景观的断裂等"城市忧郁症"导致社区感的消失，使得城市有"住区"没有"社区"，而城市社会公权物业及其公共物品大量欠账，更彰显了社区价值的迷失。因此，重新发现并创造人们想要居住的有吸引力的可持续城市社区，成为未来社会的需求。

社区"空间"

社会利益共同体。20世纪30年代，中国社会学前辈费孝通在结合原文的"社群性"（社）与"地域性"（区）两个最基本内涵基础上，自英文意译创立"社区"一词，便一直沿用至今。与"社区"一样，"空间"成为一个独立的概念来被理解与研究也是从19世纪开始的。知觉现象学家梅洛·庞蒂对空间与身体的关系作过深入论述，认为身体不是在客观的空间中，身体的空间性是身体存在的展开，即并不是物体的"位置性"空间，而是一种"处境性"空间。他认为空间感的形成是由外部空间与身体空间的双重界域的显现。由此，空间具有了整体的"共时性"与个体的"历时性"双重意义。

社区评估

现阶段有"住区"没有"社区"的现象本身说明社会公权物业及其公共物品的缺乏，而日益扩大的公共服务需求与相对不足的公共服务供给矛盾扩大，已成为当前社会的突出矛盾，本书强调公权物业及其公共物品不再是社区"配套"的物质对象，而是社区"主体"的精神场所，传承社会的核心价值，关注社区空间就是关注社会健康发展。基于此，本书认为结合社区营造的重要环节就是展开社区空间影响评估，其方法是针对设计对象社区与相关环境系统的各种内在关系而展开的评估方法。需要收集社区基地状况、人口构成、家庭类别、阶层定位、使用功能、出行方式、民俗习惯、自然条件、景观资源、技术规范、投资计划等资料。在此基础上，做出社区需求分析，注重社区空间容量的测算与社区功能的供求关系（特别是公权物业及其公共物品的安排）等两个主要内容，并对所确定的可能空间形态予以分析。

构建过程："旋回性"、"自治性"与"周期性"

社区空间本身是个物质概念，在这些物质要素的背后实际隐藏丰富的功能与组织的关系，可以通过空间要素去感知社群性价值的存在，同时通过空间的结构反映出社群性价值的组织方式。社区空间基于社区原型，其地域性与社群性、空间形态与价值精神可以是旋回性沉淀，自治性广化以及周期性提升的过程，互为依存，共同作用，历时性构建，共时性存在，选择性呈现，总是寻找一种最为适宜的方式，满足人们生产、生存活动的各种潜在可能性。譬如，巴黎空间形态的年轮特征就是这种周期规律的明显反映，以西提岛为原点，经过多位伟大君主与行政长官的赓续努力，整理、提升成为人类社会的共同资源与财富，至今仍焕发出蓬勃的活力。

双重共生

社区空间价值观的建立其关键就是塑造社区空间原型结构，社区空间原型是社区生活中可以独立交际的单位，是社群与地域的空间结构单位，它们在社区生活中反复出现，具有约定性的联想，体现着城市传统的力量，它们把孤立的社区联结起来，使社区成为社会交际的特殊形态；同时，社区空间原型根源于社会心理与历史文化，它把结构单元同生活沟通起来，成为二者相互作用的媒介。发现并塑造社区空间原型，是社区价值构成中不可或缺的组成部分，这极大地丰富了实体环境的构成，是社群精神与实体环境的"双重共生"，是经济增长与社会发展的共生，也是地域性与社群性的共生，当然还有气候性共生，以及历时、共时与现时的多重共生。

保障公平

社会和谐是发展中国式社会主义的基本要求，是实现经济社会又好又快发展的内在需要。本书指出中国经济的快速发展业已产生数量不少的非成熟社区，大量已建社区缺乏应有的社区氛围，本书认为中国当前城镇建设的重点宜转移到公权物业及其公共物品的保障与公平使用上来，应该倡导"后社区发展计划"，旨在通过社区重建，为生活圈建核，使其逐步成熟，以加强不同阶层之间的开放与流动，促进社会结构的快速发展。近几年，国内多数城市加强了公权物业及其公共物品的设置管理，北京、上海、重庆、天津、成都、厦门、南宁等城市采取了更加全面的保障措施，可以看出这种趋势日益明显，社区空间开始更加注重价值的建设。

跨界，生长，自由，喜悦

社区友好，不仅着眼于大空间大序列（两观特征），也关注微空间微循环（三性表达），提出社福制、社群演绎等观点，促进社区各阶层充分交流与融合，实现社区肌理从斑驳到有序的构筑过程，最终形成社区积极友好型城市社会治理结构。

街道社区涉及到区域的位置、自然的形式、邻里的特性以及与城市传统之间的关系，其个性来源于功能的大量混合，有一个产生于其街道设计与其建筑设计并且影响到整个社区空间品质的统一体。建筑要素与周边地区很好地协调，并通过空间的渗透体现了城市的整体性，这是街道社区成功的重要原因。

三类住区，根据城市住区的位置与服务供给区分为街区型住区（混合住区）、半街区型住区与独立住区（文旅住区与养老住区）。

1）跨界（混合），多式功能充分混合，为不同人群提供分享、交流、创新的平台。

跨界住宅：除了睡眠时人们必须回归住宅，其余的生存活动似乎都在移动之中。

简·雅各布（Jane Jacobs）说："如果用途的一致性不加掩饰地展现出来，那么只有一种效果，那就是单调。从表面上看，这种单调或许可以被视为一种秩序，尽管毫无生气。但是从审美效果上来看，很不幸，这种单调性实际上表现出深层次的混乱：一种失去方向感的混乱。"小威廉·H·法伊恩（William H.Fain jr.）说"对规划师而言，当形态包围住促进重叠与复杂社会交流协作的空间时，其表现是最佳的。"在智能经济时代，住宅将成为一切活动的中心，住宅也在跨界，与大多数人的生存活动关联起来，如生产、工作、购物、交往与游憩等，因而已经不再单调。

从功能至上的原则转向重视城市空间在物质形态之上的人文与社会价值。人们最需要的就是住宅，可以兼容工作、娱乐与运动，由此，住宅变成一种资源，是另类综合体。家庭层面上，家庭核心化独立性加强，个体空间重要性加强；在中国，过去 40 年靠房子参与社会红利的获得，未来 40 年则靠孩子来参与社会红利的分配，家庭多子与交际日益减少，带来公共设施与住宅形式的变化。社会层面上，互联网技术为核心的支撑体系对生产、生活带来的新变化，人类应该思考，机器应该工作，生产将可以是分散式，"扁平化的世界"中生产与生活的兼容性提升，功能与空间的跨界、交融。城市住区承担更多的功能之间跨界与广化，更加强化了对城市住区社群性的需求（它包括空间设施层面、事件活动层面的相关内容）。

2）生长（呼吸），两观三性的原则。

跨界其实是事物适应环境的主动性作为，跨界才能生长。

战略分析引导设计；网络综合且可以互动；产出源于投入，与场所紧密相关；策略及由之产生的组织方式应该灵活有弹性。

都市学语境下的结果就是通用空间的同质化，否定了诸如地形、文化差异等环境特征，多数情况下无力创造富有空间价值的复杂新场所。即使这样的空间真的出现，它们也不是按照规划师的意愿出现的。规划师总是热忱地试图用一种管理的方式组织居民，"将人类活动划分为不同的事件，用时间、地点、语言、流派及学科进行标记"。这样的规划方法与社会干预（管理型城镇化的做法）无法应对联系日益紧密的多样化新世界，设计方法要在各种逻辑与多种尺度间均可操作。

要素

住区发展到社区，从人口的聚集到社群性的满足需要的要素，居住社区的社群性则强调交往、便利、运动与节庆活动。

区域，形态，地段，认同，社区规模，组织，基本业主单元（300 户 1000 人）；

边界，街区制，围合，区域识别，有设计感；

路径，人车分离，300 米以上的慢行系统，宽敞舒适的出入口，车行友好界面，足够的停车位；

标志，有意味的标志物，社区 LOGO，精神图腾；

场所，动静分区，血缘社区，祖庙祠堂，100 人左右室内多功能厅（议事，聚会，活动），阅览室，健身房，餐饮服务（社区食堂），茶室，300 人左右室外小广场（对内对外，仪式性），游泳池，150 平方米的集中绿化，幼儿看护活动场地，老年照护健身场地，屋顶花园；

活动，步行为主，功能混合，15 分钟步行，100 米内见绿，200 米之内餐饮，1000 米之内小学医院，大扫除，儿童节，重阳节，社区精神；

安全，主动的物业管理，隐患排除，犯罪遏制，有告示，没有广告。

形式

量化规模，设施比例，微空间，微循环（环路，万步模数）。

在现有居住区及生活圈设计规范中，适度增加 20% 左右的社群性空间，设置除集中绿地外，应配置小型集散广场（100 人左右，约 80 ~ 100 平方米），同时，按社会福利体系设置非赢利社会福利内涵，以及满足交往、便利、运动、节庆与自组织活动空间。

为生活圈建"核"，"社区 MALL"

对象：存量人口，老人、小孩、残障人士、弱势群体、待业在家以及白天社区的工作人员，社区生活晴雨表，更加综合的社区管家，将社区 MALL 延伸到居家服务。

社会福利中心，"社区 MALL"是社区生活的晴雨表，生活圈如同"细胞"，"圈"就是细胞"壁"，有"圈"就必须要有"核"，"核"在则"圈"在。

全龄友好，有社群性的社区，照顾好老人与孩子。

城市更新，为社区的价值而谋划，保障公平，优化服务，以设施导入，激活社区。

社群性，为社区营造社群性空间（社群本就是资源，所以能发展社区产业、楼宇社区、产业社区、居住社区），倡导社区按年度周期性、仪式性的活动。

地域性，综合社区，包括街道社区、郊区社区、乡村社区。3 ~ 5% 有策划的功能用房，30% 有策划倾向性的场地，生活圈建"核"，"社区 MALL"。专能社区，包括游憩社区、老年社区。20% 以上的专能服务用房，30% 有设计的场地。

面向社区居民提供生活服务的中小企业，要求在空间上与服务对象保持合适的近距离。而这正是推行开放式街区、推行"小地块、窄路网"、营造适宜步行空间的意义所在，即增加道路比例，增加沿街商业面积，从而维持合理的低租金，给中小企业提供现实的生存空间，而非只能靠电商来降低成本（电商的畸形发达，正是大尺度模式下城市商业空间供需不匹配、商业租金虚高的反映）。这也可以在一定程度上弥补大地块模式下造成的社区配套商业严重不足。"宽街无闹市"，老祖宗都明白的道理，现代人不会不明白。

3）自由（智慧），心智一体，随心所欲的自由生活。

还原性的、自上而下的及平面而非立体的规划方式盲目地侧重速度与效率，消极地服务于现状，制造出泛型、分裂与静止的空间。这种标准化的做法带来居民被标准化的危险，这是我们必须积极抵制的。当空间与居民被根据事先制定的门类进行划分时，他们变成了被分裂的颗粒，只呼应其自身，被迫与一个缺乏交往的世界对话，而这种交往恰好可以将空间单元编入一个集群。由于不能培养出社会协作或创造一种有保证的公共氛围，个体将会向内撤退，直至进入我们的私有空间。流畅的信息交换与快捷反馈都赋予设计更大的自由，首先扩大可能性，继而增强可行性。因此，我们在方案中有意地将"什么是可能的"图示化，在进行应用研究之前，通过数据收集与概念交流确立可测试的假设条件，并形成矩阵而非线性认知系统。在校准数据的过程中，方案不再是结论性的，而是充满各种可能性的，且始终基于需求的旋回生成的过程。

4）喜悦（乐享），获得感，完善的社区结构，SOD 引导，2000 人拥有 1 个便利店，4000 人拥有 1 座精神场所，社会福利中心。

社区营造的实践表明，中国人注重环境的社会价值往往凌驾于技术发展之上，象征意义也往往比实际使用更加重要。换句话说，一个具有完整的物质条件以及合理功能的社区环境并不一定是好的社区，人类有自己的希翼、渴求、恐惧，而只有将这些情感通过在创造自己的生活环境中表现出来，才构成一个真正的理想生活场所。因而社区的社会价值基于营造活动而言，具有十分显现的作用。

长期居住的社区会有比血缘关系更持久的地缘精神，万物之灵，一个记得住乡愁的地方，一定是有故事的地方，这可以是祖先，也可以是神灵，是社区中的灵魂空间。

老有所享

老龄化正在重塑整个世界

七普数据中国中位数年龄已经高达 38.8 岁，即：有 50% 的人的年龄 >38.8 岁。全球，10 亿以上的人口在未来进入 80 ~ 100 岁区间，将出现大量富裕的老年人，推动了人类对时间价值的全面重估。

本质上讲，老年群体面临两个属性终结，一个是自然属性终结，即生理终结；一个是社会属性终结，即心理终结。养老产业是生活服务，所需要的并不只是一个舒心的居所，更是一个融合起居服务（住、食、行）、健康服务（健康管理）、乐活服务（运动、学习、娱乐、旅游）、医疗护理服务（护理、康复治疗、就以辅助）以至临终关怀服务于一体的服务体系，需要的是高品质的综合服务。老年生活的品质，取决于养老综合服务的品质。养老产业还是价值服务，引导、帮助老年群体对自己人生的圆满终结。因此，养老产业的核心是服务，养老就是一个产业。

随着中国步入老龄化社会，伴随着市场经济的发展与优质养老服务的需求，养老市场已经涌现老年服务业（家政、餐饮、护理服务等多个行业）、老年房地产业（养老院、养老公寓、居家养老住宅等产品的开发与经营）、老年医疗保健业（体检、医疗、养生、理疗等特殊行业机构）、老年用品业（生活起居、饮食保健、康乐器材等方面）、老年旅游业（候鸟式旅游、度假式旅游、组团旅游、自助式旅游等多种形式）、老年娱乐文化产业（老年大学、老年俱乐部、才艺展示、互动体验式娱乐等业态）、老年咨询服务业（政府产业发展顾问、企业产业发展转型资讯、个人养老指导等）、老年金融投资业（保险服务业、金融理财、养老基金管理等业务）等八个板块十个细分产业。因此，围绕着养老市场已形成一个横跨第一、二、三产业的独立的产业门类：养老产业。全社会应该构建养老产业在地生态与移动生态环境，同时，加强养老产业行业制度建设，完善人才结构培养，健全职业发展规划，保障养老产业健康生长。

中国社会"65 大节奏"

中国改革开放以后，产业发展与人口需求的关系密切，大致顺着 20 世纪 60 ~ 70 年代出生高峰时期的人群需求的轨迹，取中间值，也就是 1965 年左右出生的人群，构成中国社会"65 大节奏"。1985 年前后，这群人进入了大学，感受到了知识的力量；1995 年前后，中国经历了深度的经济变革，由计划经济向混合经济转型，许多人开始创业，以单位分房为主，房地产也开始酝酿，当时，深圳买房送蓝印户口，房子都卖不出去；2005 年前后，福利分房结束，房地产开始兴盛，互联网产业艰难发展；2015 年前后，房地产高峰到了末期，互联网产业开始

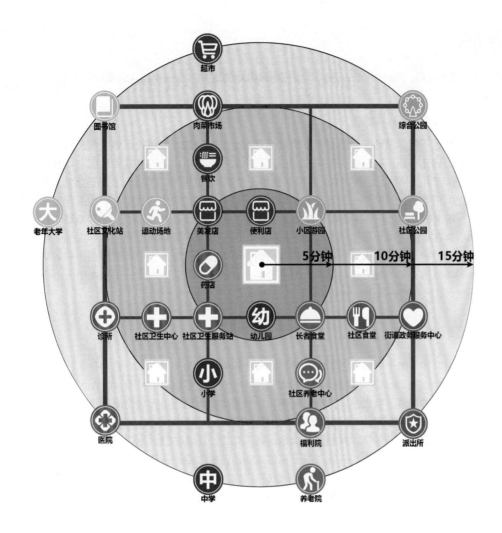

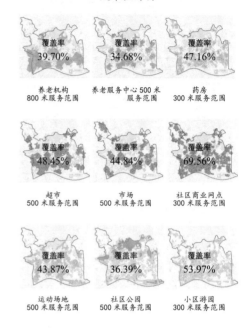

图 5-39 广州越秀区社区公共服务设施评价与优化

效率性评价

覆盖率 39.70%
养老机构 800 米服务范围

覆盖率 34.68%
养老服务中心 500 米服务范围

覆盖率 47.16%
药房 300 米服务范围

覆盖率 48.45%
超市 500 米服务范围

覆盖率 44.84%
市场 500 米服务范围

覆盖率 69.56%
社区商业网点 300 米服务范围

覆盖率 43.87%
运动场地 500 米服务范围

覆盖率 36.39%
社区公园 500 米服务范围

覆盖率 53.97%
小区游园 300 米服务范围

公平性评价

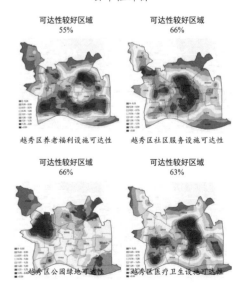

可达性较好区域 55%
越秀区养老福利设施可达性

可达性较好区域 66%
越秀区社区服务设施可达性

可达性较好区域 66%
越秀区公园绿地可达性

可达性较好区域 63%
越秀区医疗卫生设施可达性

兴盛。而此时生命科学产业探索前行，养老产业意识抬头；大约 2025 年前后，互联网高峰将要结束，生命科学产业则开始兴盛，干细胞治疗与抗衰成为产业亮点，养老产业继续起步，文化产业开始培育；大约 2035 年前后，生命科学高峰将过，养老产业开始兴盛，像其它产业一样，都有持续十年左右的黄金期，与此同时，中医药产业、文化产业则迅速发展，中国人开始向外传播，这就是"65 大节奏"，或者"65 生命大轨迹"。

因循"65 大节奏"，养老产业具有非常高的市场发展潜力。因此，经济、社会各要素纷纷向养老产业方向集聚。养老产业所涉及的房地产、健康医疗、金融资本、政策法律等各发展要素对产业的发展、促进与支撑研究，将对养老产业的良性发展起到举足轻重的作用。中国自 2013 年开始进入养老产业培育期，2025 年左右进入养老产业增长期，2035 年左右进入养老产业高峰期，2045 年左右进入养老产业稳定期。发展养老产业，释放 65 人群红利，是促进国家二次分配、实现社会公平与共同富裕的关键抓手。

华南是中国在气候条件、饮食环境、服务能力与医疗水平等方面最适合养老的地区，也将是养老产业红利获得区，尤其在广州，促进养老服务设施公平绩效与空间优化，建立养老产业市场格局与动态适应机制，是十分必要的。

以效率性和公平性为价值取向，从设施供应与老年人需求的匹配角度，构建既有城市住区公共服务设施的评估体系。

美丽乡村

乡村社区是自然框架下被动生长，是人类情感中最柔软的地方，有一种约定俗成的仪式感。

乡村振兴

产业、形态、城乡一体、获得感。

与城镇其他社区不同，设计一种更加自然的社区形式也是可能的。乡村社区的空间具有浓郁的地域征与文化特色，清晰的同质化特征，独立的位序关系，以及明确的中心场所，同时其基于生态友好及与周边自然、农业景观紧密结合，使得乡村社区能够独立、自然地生长。譬如，丽江古城四方街，在纳西族特有文化的背景下，完美结合自然空间资源，虽然偏于一隅却贵为全球明珠，成为人类共同的文化遗产。本书希望这一文化能够继续地传承下去，最关键要素之一是保证纳西民族文化的独立性，在 2002 年的丽江城市发展概念规划中，城市社会学家提出纳西族在丽江城市全部民族构成中不得低于 26%，这也许是纳西文化延续下去的底线。再如，城乡差异在法国不会十分明显，法国人大都有城市与乡村两种心理情节，在其工业化过程中，资本从农业社会转向工业社会，乡村与城市有着千丝万缕的联系，不可分离；特别在心理认知领域，如同中国人心目中儒道互补的精神，根深蒂固。远离巴黎去法国外省看看，巴黎人像是进入了自己的后花园。

中牟的乡村振兴

乡村是生长出来的，每个村有自己的山水格局，每个人有自己的向对八字，合和仁义，每个群有自己的祭示祈福，人神一体，这才能长久，才能持续，才能孕育生命……。建造自己的家园，自然而然；建造自己的群落，乡规民约；建造自己的灵魂，祖先恩泽，神灵庇佑。乡村是最小的地理单元与空间原点，形式的原型与秩序，如果空间营造的形式法则不被确定，乡村建筑的工业化、产业化水平就上不去，城乡的面貌就得不到根本改变，人们的归属感、获得感就不能保证。乡村属于大地，融入血缘，山水乡愁，地缘归属，与生态、生活、生产的一致性，是有意味的乡村，有情感的房屋，属于现时人们的诗意生活……设计指向建成环境，满足住宅底层多样性，居家作业，庭院经济，居住上楼，形式、风貌与门庭，更多的居家情怀与不可替代性。保持一种基于场所基本形制与营造法式更精致的建造方法，工业化、生产化、生活化、生态化（通风采光防寒避暑）、娱乐化，将城市与乡村振兴结合起来，建造周期 70 年，包容现在与未来。

设计方法

中牟特色民居设计凝练了当代中原民居的五大特色，分别是文化传承、因地制宜、适应气候、创造价值、美好生活。

文化传承：根植传统的色彩与材质设计出统一有序的中原民居整体风貌。

因地制宜：根据中牟不同用地条件与使用需求的适应设计出因地适宜的民居方案。

适应气候：充分考虑当地的地域性特征，主要用房南向朝阳布置，室内空间力求南北通透；冬季保温防风，民居空间北闭南敞，北高南低，南向大窗，北向小窗；夏季纳凉通风，南向庭院、南向阳台与露台，组织自然通风；纳阳节能减排，向坡屋顶设置太阳能光伏板，节能环保。

创造价值：主要从适应乡村生产生活的功能布局、结构布置的精细化设计、环境景观的精细化设计，以及设备设施的精细化设计进行体现。

美好生活：通过统一有序的设计，营造出质朴的农家院落生活场景、农村聚落的生活化街巷场景。

建造体系

3 类住宅用地、26 个平面户型、26 个建筑造型平面户型、3 种色彩体系、3 种功能类型、2 款建造标准。

根据凝练的五大特色，构建出系列化、菜单化的设计体系，基于 A、B、C 三种用地，设计 26 个平面户型，对应单独的建筑造型。根据村民不同的经济情况，形成了两种造价不同的建造标准，分别是适用简洁、朴素淡雅的经济版，以及在经济版的基础之上，追求大方优雅、装饰精致的舒适版。

从现状调研中提取中原民居典型色彩，形成了灰白色彩、黄白色彩和灰白色彩为主、红色辅助点缀的三大色彩体系，使其融入现代民居设计，更好的传承中原文化，留住中牟乡愁。

功能需求上，以 13×13 米、12×14 米、11×15 米三种不同尺寸的宅基地和近郊、农耕、文旅三种不同的功能类型满足人群的差异化需求。充分考虑民居发展文旅和民宿的可能性，设计基本平面套型可在农耕型、近郊型和文旅型之间适当转换（限框架结构）。

生成机制

考虑不同人群的差异化需求，提出了文旅、农耕、近郊三种不同的功能类型。文旅型在考虑传统家庭聚集的生活习惯的同时，也充分考虑空间使用的可变性与适应性。比如兼具娱乐性质的多功能房间，带有民宿特色的庭院经济等。农耕型功能紧凑，流线合理，内部空间布局满足四代同堂的使用需求。首层设置公共活动空间及老人房，在用地范围内设置前院，满足农村地区的晾晒需求。近郊型平面设计通过围合院落的形式，打造出别致的前院。加之框架结构的单体，让空间划分变得灵活，各功能区使用也更为方便。

一分为三，三层次建造：寻找原型，打造标准，提升工业化水平，改造乡村。公众参与全过程，是乡愁与现代生活相结合的生产过程，是文化。

做成典范，中牟，郑州，河南，中原，国际范例。

技术支持

不同文化区域民居的产业化水平是国家实力的象征。

采用标准化、模块化、系列化的设计理念，具有技术引领性的全新产品平台。

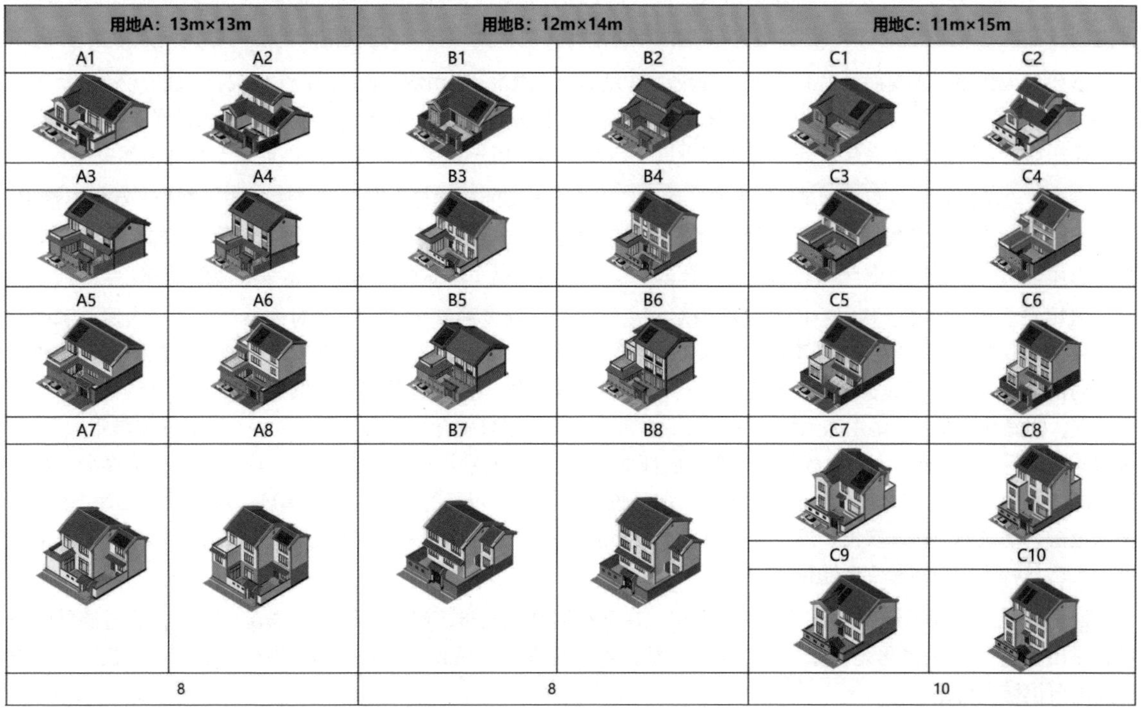

图 5-40 基于用地形态的中原（中牟）特色民居平面设计一览表

整屋一体化：提高了建筑的一体化、集约化水平，系统更加稳定可靠。

部件模块化：模块化使造房子就像"搭积木"一样，可以大大缩短研制周期，快速满足用户需求，降低建筑设计、制造与维护成本。

功能配置化：功能实现"菜单式"配置，可"个性化定制"。

产品系列化：不同面积、不同功能产品系列化建造，满足用户不同需要。

产业规模化：依托先进的建筑科技优势和产融结合平台，通过装配式在建筑、装饰、园林等方面实现专业化施工、产业化制造、精细化装修，打造新农村节能环保住宅、智能光伏产业、信息化技术等新型产品。利用 BIM 技术、物联网、计算机、大数据等数字平台进行数字串联，布局并逐步推进乡镇综合体、乡村振兴示范村、文化旅游产业等创新产业发展。

中牟，改变过去因黄河侵扰而简易建造的恐慌洪患历史，过去的乡村统一了屋顶坡面形式，不再是方盒子的样子，风貌就明显好了许多，现在对营造法式进行更加全方位的探索，包括但不限于选址与规划、功能与形式、单体（屋基、屋身、屋顶、门楼）与组合（自然村与行政村）、材料与施工、景观与环境等，从乡村的原点开始营造，是改变城乡景观差异的根本解决办法，从而使人们共享国家发展红利，创置未来美好生活。

5.3 往而不害，空间韧性

人类趋利避害，增强空间韧性。

基于"矩阵＋气候＋地缘＋人类"，往而不害，安平泰。

天、地、人，任何一样失衡，都将是灾难性的。天失衡，主要是太阳辐射失衡，地失衡，主要是海湖平面失衡；人失衡，主要是人口规模失衡，都会是灾难性的结局，所谓"天地人祸"，呈现空间的历时性反向适应韧性特征。

从死亡人数看灾难排名为：1 战争，2 瘟疫，3 地震，4 洪水，5 海啸，6 台风，7 火灾，8 泥石流，9 旱灾，10 雪灾（含雪崩），11 龙卷风，12 沙尘暴，13 虫灾（主要是蝗灾），14 火山爆发，15，大萧条。不同国家不同时代一些排名可能发生变化。前两项虽然不属于自然灾害，但一旦爆发，人员伤亡远大于其他自然灾害。

安全：通常指人类没有受到威胁、危险、危害、损失。人类的整体与生存环境资源的和谐相处，互相不伤害，不存在危险的隐患，是免除了不可接受的损害风险的状态。安全是在人类生产过程中，将系统的运行状态对人类的生命、财产、环境可能产生的损害控制在人类能接受水平以下的状态；安全是人类思想的底线。

城镇安全构建应逐步从以空间与设施为落脚点转变为构建全面整合的灾害应对体系。《中华人民共和国突发事件应对法》定义灾害为突发事件，指突然发生，造成或可能造成严重社会危害，需要采取应急处置措施予以应对的自然灾害、事故灾难、公共卫生事件与社会安全事件。我们需要划分自然生态系统与经济社会系统两个维度，明确水资源、陆地生态系统、海洋与海岸带、农业与粮食安全、健康与公共卫生、基础设施与重大工程、城镇与人居环境、敏感三大产业等重点领域适应任务，以及应对气候与地缘灾害，包括但不限于气温、降水、台风、海（湖）平面、冰川（雪）线上升、流域性、地质性灾害等所有可能的结构性应急措施，高度关注沿海岸线 200 千米范围内的城镇、基本农田、海（湖）河流水位与淡水资源存量等的变化，平衡第二、三阶梯城镇体系布局，设立人口与物质应急转移生命通道。

康德曾说："我们鲜少在光明时想到黑暗，在幸福时想到灾难，在安逸时想到痛苦，不过，反过来的想法却经常出现。"他的意思是，我们应当居安思危。我们建造的城镇越大，面临的危害也将越大，城镇有必要进行空间分区防灾切割。

5.3.1 气候灾害

日月失衡：冷暖干湿

气候灾害是指由气候原因引起的自然灾害，主要包括热浪灾害、寒流灾害、干旱灾害、洪涝灾害、风灾雨灾（包括台风、狂风、风暴潮）等，以及由此引起的土地沙漠化、沙尘暴、盐碱化、山体滑坡、泥石流、农作物生物灾害等。

大部分的气候灾害，人类是阻止不了的。现阶段，由于自身活动因子而造成的气候灾害，人类只有通过有限的空间韧性修正其聚居地，管理冷暖与干湿、沙尘与洪涝、瘟疫与蝗祸，或者迁徙以避免这些气候灾害。

气温

气候平均值与变异性改变，会严重扰乱人类与生物系统，而人类文明依据这些变化而进行文化或生物方面的调整。

经历 6 个世纪的小冰川寒冷期，19 世纪 20 年代，地球气候迎来温暖期。

全球气候正在显著变暖。20 世纪中叶以来，全球平均气温增速达 0.15℃/10 年，预计到本世纪中期，气候系统的变暖仍将持续，气候变化不利影响与风险将不断加剧。与全球气候变化整体趋势一致，中国气温上升明显，1951 ~ 2020 年平均气温升温速率达 0.26℃/10 年，高于同期全球平均水平。

2020 年，俄罗斯维尔霍扬斯克地区遭受到了罕见的热浪袭击，气温突然飙升，直接达到了 38℃的高温，创下有记录以来北极圈内最高气温。

当气温升高之后，北极圈的冰融化会导致海湖平面的快速上升，那么对低洼地区或者小岛屿地带肯定会带来影响，如果海湖平面上升速度过快，那就会导致岛屿很快就不适合动植物等生命体生存了。

地球上最令人担心的永久冻土。在永久冻土之中，存在大量的温室气体，包括二氧化碳、甲烷等物质，这次物质在气温上升之后，会缓慢地被释放出来，从而会加速地球升温的"二次效应"，并且甲烷一旦增多，比二氧化碳产生的效应更加可怕。科学证实，甲烷的效应是二氧化碳的几倍，永久冻土融化越多，地球的升温会越强，这就形成了温室效应的"回路"，极端性气候只会越来越多，地球的大变也会被"一触即发"。而在北极圈被封存了很多微生物随着冻土的融化会被缓慢地释放出来，其中病毒是人类最担心的，根据英国自然科研旗下《科学报告》杂志曾发表研究指出，在部分的海洋哺乳动物已经发现了一种名叫海豹瘟病毒（PDV）。从 2002 年以来的 PDV 大面积暴露与感染、病毒在各种海洋哺乳动物之间的传播，并且可能会随北极海冰的持续消退而变得愈加频繁。

与此同时，南极高温也超过 20℃，几千万只企鹅死亡，万年前古老病毒已经被释放出来了。

虽然，人类改变不了太阳辐射作用，其变化是地球气温变化的主要原因，但是，人类能为地球所做的就是节能减排，全球一致控温势在必行。同时，增强温度适应与调控能力，建设可控温度生存体系，譬如 26℃城，至少在全球年平均气温发生 3 ~ 5℃变化时，人类不致于出现流域性的迁徙。

气温变化带来寒冷与温暖，冷暖更迭会引发陆海侵退。冰川、海洋与山地、平原并存。冰川（雪）线上升，则海岸线上升，反之亦然；山地增加，则平原减少，反之亦然。大部分人类是在海岸线一带生存与发展，海平面上升会挤压人类的生存空间，从而出现阶梯性迁徙，且冷期主瘟疫，暖期主蝗祸。

降水

地球气候升温已是不可逆的了，如果这种情况继续持续下去的话，中东会在十年内恢复变绿，沙漠将消失。降水增多会导致北美的一半土地变成沼泽，即北美地区会在十年内进入到以前曾经的沼泽状态，而密西西比流域会变成盐碱地（因为海平面上升海水倒灌）。俄罗斯雨水已经过乌拉尔山了，新西伯利亚地区的降水增多，导致东欧地区的阔叶一年生草进入到了新西伯利亚地区。也就是说，如果不出意外，俄罗斯会取代美国变成全球最大粮仓。因为气温升温导致了俄罗斯很多地方，出现了冻土融化，冻土带的房子陷进沼泽了。

地球气候正在加速发生令人难以置信的巨变，中国气候的临界点出现大面积漂移。中国的气候历来以秦岭为分界线，一侧是湿润温暖，另一侧则是干旱寒凉。四川盆地以前之所以雅安地区降水过多的原因，是因为气温不足够高，驱使水分的动力无法使含水汽的云层飘越过秦岭与川北高原，所以水分就全部泼在雅安。而这些年丰沛降水不但过了秦岭，而且还穿越青藏高原了，非但穿越整个青藏高原，并且在新疆两大盆地（塔里木、柴达木）下雨。

宁陕甘青藏蒙新疆植被将变化，变绿，河流恢复。如果能这样保持下去 10 年，黄河就会变清了。黄河流域最近 3 年，河套的植被也开始恢复了。河套植被 3 年恢复的数量是过去 20 年的总量。因为以前是靠种树，但是树下没草（降水不足），现在降水充沛后，河套地区的树下已经开始长灌木与草了。并且，发现了兰花，就是土壤的含水开始稳定了。雨水更多的是出现在了陕西汉中一线，而且是全线推进的雨极，最近 3 年来黄土高坡变绿了。然后，甘肃的植被也随之开始恢复了。现在新疆的植被变化，以 1 年 150 千米的速度在狂奔。内蒙古的植被，以 40 千米的速度在狂暴地恢复。黑龙江的林区也开始出现大量的肉植阔叶树木。哈密地区的植被也开始恢复，塔里木盆地连续 3 年出现了降水覆盖的现象。如果这种情况可以继续保持的话，那么降水就会覆盖柴达木盆地。而一旦柴达木被降雨覆盖了，古河流就会重启了，最快 10 年内，古河道就会开始重新流动起来。若羌的四条支流恢复水流了，阿里无人区居然开始长树了。也就是说，根据预测，从气候的角度上说，中国长江以南的地方，气温会逐步升高，茂林生长，蕉类植物过秦岭了，未来 40 年气候可能恢复进入唐朝的温润年代了，韶关也就可能成为岭南最适宜生存的地方了，再次成为岭南中心。

图 5-41 混沌之中含味象，马继忠作，
138cm×68cm

气候变化，纬度旋回，城镇随着气候盛衰，中国人的宜居中心又会来到了中原，梅树与竹子回到了关中平原，又将是一个历史大周期。2021 年的郑州年降雨 1569 毫米，超过华南地区广州 1543.7 毫米，成了中原地区的雨窝，或许就是开端。

降水变化带来潮湿与干旱，无论冷暖期，降水不均衡导致潮湿与干旱并存或者前后若干年交替。如同人体的热、湿适应，可以是寒冷潮湿（湿寒），或者寒冷干旱（干冷）；也可以是温暖潮湿（湿热），或者温暖干旱（干热）等等，潮湿会带来洪水，暖期更大；干旱会带来沙尘，冷期更多。

台风

台风（Typhoon）是西北太平洋及其沿岸地区对热带气旋（Tropical Cyclone）的称呼。台风移动路径长，影响范围大，是地球物理环境中最具破坏性的天气系统之一。台风塑造南海地区自然与城镇形态，给这个地区带来丰富水源的同时也带来极强的破坏。

2018 年 9 月 14～17 日，北太平洋一个山竹 17 级台风王，北大西洋一个佛罗伦萨 5 级飓风王，袭击中美，造成前者数十亿美元，后者超过 1700 亿美元的巨大损失。

广东是中国沿海台风活动最频繁、影响程度最严重、全年影响时间最长的区域之一。2017 年 8 月 23 日台风"天鸽"在珠海南部登陆，给珠海、澳门、香港、深圳等城市造成了上百亿元人民币的经济损失。气候变化使超强风灾的危险可能性增大，给中国沿海城镇群发展敲响了安全警钟。

台风是环珠江口湾区面临的主要区域性气候灾害之一，面对台风灾害的不确定性与周期性，构建主动适应的韧性安全观具有重要意义。湾区属于典型的冲积平原，地势低平，平均海拔较低，缺乏抵御台风的自然屏障。基于环珠江口湾区 1949～2017 年间的 135 个相关台风路径数据，发现湾区台风风险由珠江口东岸向内陆地区递减。

台风自太平洋与南海生成后一般由东南向西北移动，登陆后形成四条主要路径。路径 1 在粤东红海湾岸段登陆后，向西进入湾区内陆；路径 2 在大亚湾一带登陆后，向西横穿珠江口；路径 3 在珠江口西岸登陆后西移；路径 4 在广海湾登陆后，向西进入广西。其中惠州市与江门市的台风频次居湾区前列，分别达到 76 次与 66 次，这也与两市面积大、海岸线长有一定的关系。

台风具有成灾强度大、灾害种类多、影响范围广，是典型的区域型灾害。由于台风灾害无法通过人工措施来"抵抗"与"避免"，如何提升对应台风灾害的"恢复能力"与"韧性"，成为湾区城镇群安全发展的重要挑战。

基于湾区台风的核密度分析结果表明，台风影响的强度由沿海向内陆逐渐递减。其中珠江口东岸受台风影响最大，香港、深圳以及惠州南部是台风风险最大的区域；珠江口西岸影响次之，主要风险区域位于珠海、澳门，以及中山、江门的滨海地区。从湾区城市建设空间来看，广州、佛山、肇庆、中山、江门、惠州等市中心城区受台风影响较小，香港、深圳、澳门、珠海等中心城区台风风险较高。

该研究有助于增强对于气候变化背景下的风险认知，其结果可以帮助空间营造更好地践行气候适应性原则。湾区应从区域/城镇群、城市与城镇/社区三个层面构建湾区韧性体系。区域/城镇群层面着眼于空间均衡发展与分级管治；城市层面提升生态安全格局与工程防御韧性；城镇/社区强化学习与自组织能力。同时，建立城镇群协同治理机制，围绕台风的季节性特征制定周期性强韧方案，从而有效提升城镇群应对台风灾害适应能力与恢复能力。

具体措施：巧妙利用自然地形地貌，适度增加城镇用地密度，减少城镇迎风承灾面，积极防范雨洪次生灾害等。

东京没有台风，但有雨灾，30 年前规划设计多处地下巨型储水调蓄纳洪设施，后来发挥了巨大的作用。台北规范人均滞洪面积，设置地下纳洪池罐，公共场所透水率 70%，以应对台风。在过去近 100 年广东沿海发生的 130 多次台风记录里，没有一次台风在广州境内登陆，广州没有台风，也没有雨灾，雨都落到了四会、三水、里水一带，但要防洪涝。如果持续这样的气候变化，除了择高地建造外，未来低海拔地区城市地下空间对于降水适应性改造成为必然，台风"山竹"的记忆犹在，高层楼宇的地下室可能成为"调蓄池"，大楼的水电设备则要调整到裙楼，或者顶楼安置，而楼宇之间需要设置空中入户连接，或应急船艇停靠位置。

IPCC（国际气候变化专门委员会）在 2007 年的工作报告中正式对"气候适应性（climate adaptation）"概念进行了官方解释，强调在气候变化逐步加速以及气候影响日益显著的大背景下，"自然或人类系统对实际或预期的气候变化或其影响，需要作出反应，以缓解气候变化带来的危害或寻求有利的机会"。

中国在气候问题上也早有布局，国家发展改革委曾于 2014 年发布了《国家应对气候变化规划（2014～2020年）》，其中有专门提到气候适应性的重要性。文件提出城乡建设规划要充分考虑气候变化影响，新城选址、城区扩建、乡镇建设要进行气候变化风险评估；积极应对热岛效应与城市内涝，修订与完善城市防洪治涝标准，合理布局城市建筑、公共设施、道路、绿地、水体等功能区；加强雨洪资源化利用设施建设；加强供电、供热、供水、排水、燃气、通信等城市生命线系统建设，提升建造、运行与维护技术标准，保障设施在极端天气气候条件下平稳安全运行。2022 年生态环境部、国家发展和改革委员会等 17 部门联合印发《国家适应气候变化战略2035》，对当前至 2035 年适应气候变化工作作出统筹谋划部署。

气候变暖导致的极端高温与强降水将在未来 30 年甚至更长时期内更频繁地出现，且强度还会不断增强。随着气候变化与极端天气气候事件造成的影响越来越大，未来经济社会发展面临气候变化的挑战会日益加剧，城市人口密集，应尽早把应对高温与暴雨灾害纳入城市建设与管理规划，以减少气候变暖带来的不利影响。《国家适应气候变化战略 2035》提到，减缓与适应是应对气候变化的两大策略，二者相辅相成，缺一不可。减缓是指通过能源、工业等经济系统与自然生态系统较长时间的调整，减少温室气体排放，增加碳汇，以稳定与降低大气温室气体浓度，减缓气候变化速率。适应是指通过加强自然生态系统与经济社会系统的风险识别与管理，采取调整措施，充分利用有利要素、防范不利要素，以减轻气候变化产生的不利影响与潜在风险。多层面构建适应气候变化区域格局，将适应气候变化与国土空间规划结合，并考虑气候变化及其影响与风险的区域差异，提出覆盖全国八大区域与京津冀、长江经济带、粤港澳大湾区、长三角、黄河流域等重大战略区域适应气候变化任务；更加注重机制建设与部门协调，进一步强化组织实施、财政金融支撑、科技支撑、能力建设、国际合作等保障措施。

5.3.2 地缘灾害

山海失衡：陆地伸缩

重格局（第二、第三阶梯合理均衡城镇布局，第三阶梯城镇按不同海拔设置层级，同一城镇按不同标高设置分区），控密度（完善不同阶梯城镇密度与人口密度的控制办法，不能过于集中），设通道（不同海拔生命通道，连山达海），防海侵（相同海拔建设，留足撤离时间，探索海上城市），知应急（做好应急预案与管理，保护好淡水资源，防洪防火，防灾减灾），谋未来（预测未来城市发展形态，海陆空，技术进步，动力，材料，制氧，给水，海水淡化，食物，交通，信息，低碳，绿色，清洁，保持生物多样性），气候、地缘、人类智慧没有畛域，构筑人类安全共同体。本书重点讨论流域性灾害、火山与地震灾害，以及海平面上升等内容。

流域性灾害

以黄河为例，黄河在 2000 年内决口成灾 1500 多次，重要改道 26 次，水灾波及范围达 25 万平方千米。

黄河冲积扇十分庞大，历史上黄河频繁的决口、泛滥与改道，直接导致黄河中、下游地区生态环境恶化，迫使中华文明的核心地带逐渐离开黄河流域。唐、宋时期，中国古代都城逐渐呈现出一种自西向东发展的趋势，唐、宋以后，中国古代著名的大城市大多都远离自然环境日趋恶化从而导致经济衰退与贫瘠的黄河流域。邹逸麟认为，元明清三代黄河流域城市的布局、规模，由于政治与自然的原因，产生了新的变化：一是城市重心东移，主要分布在大运河一线；二是中部城市由于黄河的泛决，经济明显衰落；三是西部城市亦因整个黄河流域环境的恶化与经济重心的东移，也渐趋衰落，长安、洛阳、太原、开封均不如汉唐时代。

在全球变暖的大背景下，同时引发强降水事件与干旱事件等极端天气的频次与强度会有增加的趋势。Trenberth 指出，地面气温的升高会使地表蒸发加剧，大气保持水分的能力增强，这意味着大气中水分可能增加，强降水与干旱的风险同时存在。

近些年的有关研究表明，地球气候变暖将导致未来 50 年中国年平均降雨量呈增加趋势。预计到 2050 年可能增加 5～7%，其中，东南沿海增幅最大。全国年平均降雨量的增加将会增加区域暴雨频次与强度的可能性。

防洪止涝，最直接的办法是在高台上建城，避水，中国几千年来的经验就是这样，或能利用人工设施疏导、透水、储水，也能解决一些问题。

位于古黄河通道上的雄安新区也是在冲积扇上，与现有海岸线保持了一定的距离，雄安新区的城市标高设定在 15 米以上是合理的。

而且，流域出海口压力提升，在不考虑流域出海口洪水顶托的情况下，如果海平面上升 1 米，会影响距现有出海口近 100 千米范围内的江河淡水资源（取纵坡降 0.01‰），以及全球超过 10 亿人口的生存与生产环境；而若海平面上升 2 米，则会影响距现有出海口近 200 千米范围内的江河淡水资源（取纵坡降 0.01‰），以及全球超过 30 亿人口的生存与生产环境，逼迫人类阶梯大迁徙。

如果河流是"脉络"，湖泊就是"穴位"，海平面上升的同时，湖平面也在上升，上游降水增压，下游海水顶托，还会出现大面积内涝，造成更大的流域性灾害。

火山地震

火山

几次超级火山都带来大瘟疫以及朝代更迭。

公元前 1650 年～公元前 1600 年希腊米诺斯的锡拉岛火山爆发，可以直接影响地球气候，生成约 30～35 千米高的喷发柱，1 万年来最严重的火山爆发之一，史称"米诺斯火山爆发事件"。

公元 79 年维苏威火山是欧洲最危险的火山，海拔 1281 米，位于意大利南部那不勒斯湾东海岸，公元 79 年发生过一次大规模的喷发，伴随而来的是大量的石块、碎片、灰尘，当时拥有 2 万多人的庞贝古城就这么被摧毁了，死亡人数超过 1 万人。

535 年～536 年从南极与格陵兰的冰芯取样重建的气候演化证据表明，超级火山喷发造成的气候极端事件，导致了持续多年的火山冬天，全球农业生产崩溃、饥馑肆虐，从而导致瘟疫流行性大爆发。

1199 年～1201 年长白山天池火山毁灭性最大的一次爆发大约发生在 1199 年～1201 年，产生了一个巨大的火山喷口，是全球近 2000 年来最大的一次喷发事件，据说当时喷出的火山灰还殃及到了日本海及日本北部。

1815 年 4 月 5～15 日，印度尼西亚松巴瓦岛，坦博拉火山开启一系列喷发，当时造成了 1 万人丧生，喷发过后的几个月内，致使 8.2 万多人死于饥饿与疾病，火山灰充满到整个大气层，削弱太阳辐射强度，全球遭遇气候异常降温事件，1816 年全球气温急剧下降，北半球农作物欠收、家畜死亡，导致 19 世纪最严重的饥荒；1816 年亦称为"无夏之年"，气候变化直接影响人类的生活与生存环境，严格限制国家资源承载力水平。

环太平洋火山带，包括日本富士山火山（富士山被日本人民誉为"圣岳"，是日本民族的象征，却是全球最大的活火山之一。自 781 年有文字记载以来，共喷发了 18 次，最后一次喷发是在 1707 年，此后休眠至今）、日惹火山（莫拉比火山是全球最活跃的活火山之一，它最近一次喷发是 2006 年。莫拉比火山的喷发带给日惹无尽的灾难，婆罗浮屠与普兰班南不是毁于人为的破坏或岁月的侵蚀，而是被火山吞噬）、马尼拉火山（2019 年 11 月 2 日菲律宾侨领向中方推荐塔阿尔湖项目，笔者发现用地是在火山口附近，不予支持，两个月后，即 2020 年 1 月 12 日火山爆发，从而印证了此前的判断）等都是中国周边活跃的火山。

地震

地震的直接原因是地壳内部应力的集中释放，虽然释放应力的速度很短，但孕育的时间却很长，在孕育地震的过程中，不仅有力学过程，同时伴有热、电、磁等各种物理化学反应。在这个过程中，释放出来的大量能量会导致低空大气出现异常变化。

旱（涝）震理论

1972 年地质学家耿庆国提出旱震理论，他在研究地震与气象关系的时候发现，6 级以上大地震的震中区，在震前一至三年的时间里，往往是旱区，旱区面积越大，震级也会越大，如果是旱灾之后第三年才地震，那么震级会比第一年更大。本书采信这一理论，但也相信大"涝"也会大震。

据统计从公元前 231 年（秦始皇十六年），到 1971 年，两千多年里，华北及渤海地区总共发生了 69 次六级以上地震，其中只有两次震前没有出现旱灾，其余 67 次震前都是旱灾。但是地球上气候的冷暖、旱涝是相对的，特别是旱涝，一定时间内会保持平衡，华北及渤海地区干旱，华南及西南地区则可能是洪涝，许多关于都江堰地区的传说，都指向"电闪雷鸣，地动山摇"，前者指的是"洪涝"，后者指的就是"地震"，再譬如"库震"，即水库地震，也不是因为干旱的原因。因此，极端旱涝气候都会带来地质变化，甚至是旱涝之间两股地球神秘力量平衡的结果，譬如中国神话里代表"涝"的水神"共工"与代表"旱"的火神"祝融"。

中国历史上最大的地震

水神"共工"与火神"祝融"，因水火不相容而发生惊天动地的大战，最后"祝融"赢了"共工"，"共工怒撞不周山"。而在《列子·汤问》中，记载的是："共工"与"颛顼"争当帝王，进而"怒撞不周山"，反正，共工氏不论什么目的，是怒了，并且撞了不周之山，然后，折天柱，绝地维，"女娲补天"……，这就是由"涝"引发的史前河南万仙山一代的地震。

相信都江堰"离堆"是史前鱼凫地震"天工"塑造的"水利工程"，后李冰父子利用这个地震裂口，借"离堆"疏浚，灌溉天府。

夏末火山，商末地震，唐宋数十次地震，给王朝带来深沉的灾难，甚至衰败。

明朝嘉靖三十四年（1555 年 1 月 23 日）夜间，在陕西渭南一带与山西蒲州等地发生了强烈地震，死亡 83 万多人。这次地震是中国历史上有明确文字记载的最大的一次地震。

明人朱国桢《涌幢小品》载：地震发生时，陕西、山西、河南等地同时发生地震。渭南、蒲州等地地震时："（震）声如雷，鸡犬鸣吠。"受地震影响，黄河、渭水因河道壅塞，河水上涨泛滥，华山、终南山"山鸣"。地震后，渭南城门陷入地中，华州城墙全部倒塌，潼关、蒲坂两地城墙全部塌陷。至于民居、官舍更是成为一片废墟。

此次地震死亡人数有姓名记载的 83 万多人，不知名的死者及未经奏报的死者更是不计其数。大体上，潼关、蒲坂的死亡人数约为当地人数的 7/10，同州、华州为 6/10，渭南为 5/10，临潼为 4/10，陕西省城为 3/10，其他州县因位置不同，死亡人数也不同。

地震时，有许多家庭同时遇难。如居民米仲良全家 85 人同时遇难，居民陈朝元全家 119 人同时遇难。其他全家死亡人数达百人的尚有许多。

在死者当中有一些朝廷官员，其中有致仕南兵部尚书韩邦奇、南光禄卿马理、南祭酒王维桢，其他还有郎中薛祖学、员外贺承光、主事王尚礼、进士白大用、御史杨九泽等。韩邦奇在地震时掉入火炕灶中，被烧成灰烬。薛祖学在地震时落入一丈多深的水穴被淹死。马理被深深地埋入土窟。地震当夜，祭酒王维桢在母亲房中聊天。二鼓时分，母亲让王维桢回房休息。王维桢回屋，还未到床，地震发生。王维桢急忙奔出，呼唤母亲，此时母亲已入睡。随之，王维桢被倒塌的墙壁压死，而王维桢母亲的房屋虽然也发生倒塌，但她却侥幸存活。

明朝万历年间（1605 年）海口的一次大地震，史载：大地"初如奔车之辗，继如风揖之颠，腾腾掣掣……寝者魂惊，醒者魂散……"，沧桑巨变，已成云烟。出现东寨港 72 个海底村落群，就这样，沉睡了整整 400 年。东西、南北两条隐伏地震断裂带经过的海口江东新区便位于东寨港沉陷村落群西侧，地质条件十分复杂。

未来，日本海底板块传来异动，发生 9.1 级大地震概率高达 85%，海啸随之而来；北美黄石火山公园的地质活动又开始了，假如黄石公园火山爆发，这可能是 21 世纪最大的灾难。

火山、地震会带给人类猝不及防的灾害，应该在城镇选址之前就予以避开。

海平面上升

海洋孕育了多彩的生命，但海洋引发的危险与灾难绝对无法忽视。随着气候变化导致的海平面上升现象，潮汐、巨浪与风暴潮正从沿海推进内陆。

2020 年 9 月 30 日发表在《自然》杂志上的一项新研究中，研究人员表示，他们对冰川进行建模，结合卫星数据与野外工作，来了解格陵兰冰川的过去、现在与未来。目前，冰川融化速度是"极端与不寻常的"，去年冰川的融化量创下了新纪录，比过去 1.2 万年来的任何时候都快 4 倍，新的研究强调了本世纪预计的损失会十分严重，如果我们不大幅减少温室气体排放，地球两极的冰川终将全部融化消失。

北极的变暖速度大约是地球其他地区的 3 倍，使其成为地球上变暖最快的地区。2020 年，在经历了北半球有史以来最炎热的夏天之后，导致北冰洋最大冰架尼奥加夫峡湾附近一段 54.72 千米长的冰架断裂并破碎。研究人员指出，目前冰川融化速度与上次冰河时代的融合速度相当，大约每世纪 61 亿吨。未来的大规模损失可能是灾难性的，根据温室气体的排放水平，融化量将在 88 亿至 359 亿吨，地球的表面气温将在本世纪末超过当时的全球平均气温，研究人员称之为"令人警惕"的预测。格陵兰冰川融化是造成海平面上升的最大原因，它储存了足够多的冰冻水，使海平面上升至少 6 米，南极洲紧随其后。随着海平面的上升，沿海的风暴变得更加强烈与具有破坏性，这意味着沿海城市要么需要建立更强大的防风暴设施，要么完全撤退收缩到内陆。

海平面上升的是全球变暖最直接、最严峻的影响后果。科学家根据最新模型模拟结果得出，即使人类从此时此刻完全终止温室气体的排放，到 2100 年全球海平面仍将上升约 0.45 米，那些没有战略后退阶梯的沿海国家会变得十分艰难。

2001 年，太平洋岛国图瓦卢决定举国迁往新西兰，成为世界上第一个因海平面上升而计划放弃自己家园的国家。2005 年 8 月，平均海拔低于海平面的美国南方城市新奥尔良遭受飓风"卡特里娜"的袭击，城市海岸防护系统被严重破坏，整个城市成为一片汪洋，2000 多人丧生，损失超过 1200 多亿美元。2008 年 11 月，由于海平面的不断上升，马尔代夫面临被淹没的危险，政府计划每年动用数十亿美元的旅游收益为 38 万国民购买新家园，继图瓦卢之后，马尔代夫将成为又一个因海平面上升而搬迁的国家。2008 年 12 月 1 日，狂风带来大量海水，形成短期的海平面上升，海水淹没了意大利著名"水城"威尼斯的大街小巷，著名的圣马可广场成为一片汪洋，水深达 800 毫米。海平面上升会导致海岸带侵蚀加剧，盐水入侵增强，淡水体系破坏，耕地逐渐减少，并影响沿海地区红树林与珊瑚礁生态系统的正常生长。海平面上升还导致热带气旋频率与强度的增加，海洋灾害越来越频繁，危害程度越来越高，沿海国家海洋环境安全的研究也越加急迫。

澳大利亚墨尔本大学的工程师 Ian Young 长期致力于对未来沿海洪灾的全球规模研究。今天，全球有超过 6 亿人生活在海拔不到 10 米的海岸线上，即使海平面稳定上升，也意味着数量庞大的人口、房屋与基础设施被海浪摧毁。根据《国家地理》杂志制作的互动地图显示，如果地球上的冰川全部融化并流入海洋之中，最高将会导致海平面上升 66 米，这将吞没全球很多国家，彻底改变各大洲与海岸线的外观，不少国家的领土都会进入到海底。美洲的北卡罗莱纳州、弗吉尼亚州与马里兰州，澳洲的北领地，欧洲的英国、法国北部与德国北部，都受到海平面上升的严重威胁；位于旧金山的山丘会成为岛屿，圣迭戈会永远消失，亚马逊平原与巴拉圭河流域都会成为大西洋的海湾；亚洲的孟加拉国的大部分地区与印度的部分地区也会被淹没；非洲埃及的亚历山大与开罗都会被淹，变成水城；而在中国，根据清华大学环境研究所提供的数据，海洋将淹没中国经济最发达的 100 多万平方千米，人口超过 6 亿的地域，一些内陆主要城市如济南 51.6 米，南昌 46.7 米，长沙 44.9 米，杭州 41.7 米，沈阳 41.6 米等都将在海平面以下。

国外的研究已经比较全面，新加坡决定将国家最低设施海拔提高到 5 米，纽约对于海平面上升做了湿地计划，利物浦对此作了预测，默西塞德被水包围，利物浦的港口位置，塞夫顿海岸与威拉尔半岛，预计 2100 年将遭受洪水袭击。

市中心附近的地区，塞夫顿海岸、哈尔顿、威拉尔，由于气候变化，2100 年靠近水域的地区可能面临洪水泛滥的危险。

这是人类可能面对的艰难时刻，全球各国需要减少温室气体排放，需要进行节能行动，需要改变生活方式，譬如少坐飞机、安装太阳能电池板与驾驶节能汽车，以减缓冰川融化速度与减缓海平面上升速度。

同时，全球各国应该积极应对海平面上升可能带来的影响，提出相应的准备方案，提升高等级公路、铁路设施框架网络现状海拔高度至相应的水平。

中国的紧迫感

海平面监测结果表明，中国沿海海平面波动上升，中国沿海海平面上升速度有加速趋势。20 世纪 50 年代以来，中国沿海海平面平均每年上升 1.4～3.2 毫米。受全球继续变暖的影响，中国海平面将继续上升，据中国海洋局《2016 中国海平面公报》，2016 年中国沿海海平面较常年高 82 毫米，是 1980 年以来的最高位，中国沿海海平面已连续多年处于高位。到 2050 年将上升 120～500 毫米，珠江、长江、黄河三角洲附近海面将上升 900～1070 毫米，江河冲积扇三角洲地区将受到极大的侵害。海平面上升将导致许多海岸区遭受洪水泛滥的机会增大，遭受风暴潮影响的程度加重，这将严重影响沿海地区的防洪形势。

特别是珠三角的绝大部分地区海拔高度不到 1 米，当下有 1/4 的土地在珠江基准面高程 0.4 米以下，大约有 13% 的土地已在海平面以下。若海平面再涨 0.45 米，珠三角超过 1/4 土地或变海的一部分。联合国政府间气候变化专家小组公布的数据显示，随着海平面上升，珠三角的城市广州、东莞、中山、珠海、深圳等将来都可能被海水包围，广州由于地势低平，被淹没面积最广。而在淹没之前，海水顶托，河口三角洲城市因淡水与耕地资源匮乏也会开始衰退。

就紧迫性而言，广州是全球范围内高风险地区之一，事实上，早在 2007 年，OECD 就发表题为《世界沿海城市洪水风险排名》的报告。广州以潜在受灾人口排名，水风险位列全球第三（紧随胡志明市，上海第六，天津第十二）；广州以潜在财产损失排名，水风险位列全球第二（紧随迈阿密，上海第五，天津第七）。而 Hallegatte 等学者 2013 年在 Nature Climate Change 期刊上发表的最新成果《世界主要沿海城市洪水损失预测》中，广州以 6.87 亿美元的潜在损失，水风险位列全球排名第一，未来广州应将城市标高设定在至少 5 米以上。

珠三角地区有战略后退阶梯，距今 4200 年珠三角海侵时，曾经淹没到花都，花都层状地貌明显，存在海拔 350～400 米、150～200 米、100～150 米三级夷平面与 60～80 米、30～40 米、15～40 米、15～25 米四级岗地或阶地。

本书认为，可以统筹设置 2～3 个城市等高层级，依据环珠江口湾区三级湾链构成，以及现有道路及供水体系，重新组织并全域统筹三个不同等高层级生命通道，沿海地区内湾链设置海拔 10～12 米等高层级生命通道，城镇地区主湾链设置海拔 20～24 米以上等高层级生命通道，外湾链设置海拔 30～36 米以上等高层级生命通道，连接海拔 66 米良渚 - 苏美尔线（全球冰川融化）及以上至第二阶梯城镇，再设置不同湾链等高层及之间的连接线与避难点，依山而筑，构造环珠江口湾区刚性生命通道，保障淡水资源安全以及海水淡化处置能力，这是一个巨大的工程，但能够满足环珠江口湾区关键时候人口转移的需要。

中国大陆地区有战略后退阶梯，可以积极开展第三阶梯特别是沿海地区的陆域应对海侵与海上空间建设技术实验，获得更加丰富的海上空间建设技术经验，以及推进海水淡化工程；积极开展四大阶梯、四大流域城镇发展研究，均衡各阶梯、各流域、各层级城镇空间布局，探索合理的人口空间分布及聚集密度要求；统筹各阶梯、各流域设施建设，特别是基础设施建设的水平；建立各阶梯特别是第三阶梯等多级（海拔高度 10～12 米、20～24 米、30～36 米等）大致南北向不同等高层级生命通道，不同等高层级间大致东西向疏散联系通道，连接海拔 66 米良渚 - 苏美尔线（全球冰川融化）及以上至第二阶梯城镇，相应的给排水、强弱电、信息及物质保障，以及水上救援体系，防止救援与逃生通道受阻措施等。沿海地区的道路及海堤设施应该在海拔 5～6 米以上，高等级公路、高速铁路应该提升至海拔 10～12 米以上，并且互联成网，这些不同等高层级生命通道虽不能保证不被淹没，但可以保证获得足够的时间转移生命财产至相应的安全线以内。同时，因势利导，系统性评估与建造海啸、风暴、洪水、内涝等减缓灾难工程设施，保持社会稳定、经济发展、城乡建设与水安全之间的平衡。第二阶梯永远是第三阶梯的战略后方。

历史上，人类建筑长城，开辟大运河，修筑范公堤，以及沿海、沿湖、沿江地区至今从未停止的大规模水利设施，都是在保障在这片土地上人类正常生产、生活与繁衍发展的需要；我们已经取得了设施建设的巨量成就，在这同时，我们需要关系到人类生存与发展的不同阶梯、不同流域和各个层级更加宏大的思考与布局，以及统筹更好质量、更广区域、更高精度的设施规划与建设，维护好流域生态与安全，提前做好预案，避免阶梯大规模迁徙所带来的秩序混乱与行为践踏，以及绥靖融合与战争征伐。

当然，海退也是灾难，湖州长兴的"金钉子"既是二叠系与三叠系界线的标志，又是中生界与古生界之间的标志，发现的大量伴随全球大海退等灾难事件所留下的动物尸体化石，反映了当时全球动物大灭绝的悲惨景象。

假如地球再一次海（湖）侵退，在这条海（湖）岸线上人类应该做好能退、能进的准备。

5.3.3 人类灾害

人口失衡：战争瘟疫。

人类的密度与总量起初是通过温暖期的洪涝与寒冷期的瘟疫来调节的，而后人口大规模增长，出现种族与国家，争夺土地与资本、生存权与发展权，则会发生贫穷与战争，以及贪婪与战争。这与社会发展阶段（道德水平）与生产力水平（技术能力）高度关联，人类灾害是聚集性灾害，其烈度是以人口死亡数量来划定，控制人口规模是人类高质量发展的主动方法，战争与瘟疫则是人类减员存续的被动方式。

在地缘文明时代，战争是地缘政治的延续；在全球文明时代，则不再是贫穷与战争，而是洪涝与瘟疫。某种意义上战争与瘟疫也是气候与地缘灾害延续的人类聚集性次生灾害。

战争苦难

人类期待均贫富，等贵贱，而战争的根源则在于掠夺财富与占据资源（包括殖民地），在于财富与资源的再分配。

受气候与地缘特征的影响，以及人类宗教与信仰的趋使，秩序是天、地、人平衡的最大公约数，而政治则是此天、此地、此人的此策。政治制造战争，战争在贫贱与富贵之间发生，贫贱生饥饿，富贵生贪婪，不论气候是好是坏，不同地缘的政治选择之间总是有战争，人类文明史就是一部战争史，寒冷期为贫贱、饥饿而战，温暖期为富贵、贪梦而战，人类的痛苦永远挥之不去。

"战争无非是政治通过另一种手段的继续"，战争的本质属性就是其对于政治的从属性。这是克劳塞维茨对军事理论最卓越的贡献，它拨开了笼罩在战争理论研究上的重重迷雾，第一次正确揭示了战争的根本属性，把研究战争的视野扩展到了政治领域，即军事与政治体系。这一论断主要包含着四个方面的内容：一是政治制造战争；二是政治支配战争；三是政治贯穿于战争；四是政治不能违背战争的特性。

就空间而言，战争是对空间要素与形式及其边界管控的失衡。

二战三大灾害，南京大屠杀、奥斯维辛、广岛，穿插式记忆。

知其荣，守其辱

中国在 19 世纪之后，先是遭到了鸦片侵害，之后就是战争侵略。

在 1800 年美国建国之初，其人口只有 530 万，到 1840 年也只 1710 万，与中国当时的 3 亿多人口相距甚远，而那年代中国亦是世上最富裕的国家，英国人一早便明白，要赚钱就必须到中国去，美国人很快也懂得同一道理。不过，中国社会一向自给自足，对洋人的奇巧淫技不感兴趣，18 世纪末，英国人发现输出印度种植的鸦片才可在中国制造瘾君子，从而赚取大钱；美国后英国一步，好几个名门望族便是靠当毒贩而赚得盆满钵满，佩坚斯（Perkins）家族、皮布迪（Peabody）家族发现土耳其也产鸦片，将其运到中国也赚了大钱。这不奇怪，香港科技大学经济系前系主任雷鼎鸣指出，19 世纪鸦片是全球最重要的单一商品，初期以百万计、后来以千万计的鸦片烟民所付出的钱，足以推动英国与美国的经济，美国好几条铁路便是鸦片资金所建成的，而美国工业革命的起点，麻省洛厄尔市（Lowell）的纺织中心，也是靠政客与鸦片商人古盛（John Cushing）所赚回来的钱发展起来的。

而在鸦片侵淫下逐渐势弱的中国，内忧外患，饥饿穷苦，而历列强暴力与贪婪，叠加天灾与人祸，无夏之年、鸦片战争、太平天国、丁丑奇荒、甲午战争、八国联军侵华，终至 100 年后日本军国主义对华战争侵略，中国积弱，日本邪恶，期间最惨痛的就是造成 30 万人死难的南京大屠杀。

国家公祭：自净其意，寂灭为乐

侵华日军南京大屠杀遇难同胞纪念馆周边地区城市设计，研究范围面积 1338 公顷，规划面积 330 公顷。

2014 年 2 月 27 日第十二届全国人民代表大会常务委员会第七次会议通过决议，将 12 月 13 日设立为南京大屠杀死难者国家公祭日，以悼念南京大屠杀死难者与所有在日本军国主义侵华战争期间惨遭日本侵略者杀戮的死难者。

南京大屠杀惨案是人类历史的一次浩劫，侵华日军南京大屠杀遇难同胞纪念馆群是中国最高规格国家公祭场所。为此，城市设计提出圈层管控营造理念，以功能为基础，交通为支撑，形态为依托，风貌为表征，通过战争与和平的反思，死与生的感悟，历史与未来的对话，形式与仪式的互补，该地区将成为南京集国家公祭、纪念展览、教育感化、商务商业、服务配套等多功能于一体的重要城市活力中心，每年吸引超过 2000 万人次来此参观。中国人相信："自净其意，寂灭为乐"，人们在此铭记悲情过去，展望美好未来，城市设计期待塑造一处具有强烈心灵振憾的世界记忆遗产的地景式空间载体，并借此传承历史。

营造原则

《大般涅盘经》云："诸恶莫作，众善奉行，自净其意，是诸佛教。"意为通过自觉的修持断恶修善行为来净化自己的思想意念。亦云："诸行无常，是生灭法，生灭灭已，寂灭为乐。"意为世间万物无一得以常住不坏，凡生者必灭。因此，唯有超脱此生、灭的世界，才可达到寂静、快乐的境域。"自净其意，寂灭为乐"作为国家公祭场所的设计愿景，目标在于塑造一种极致的空间感。当承载空寂、死亡的空间到了极致，生存的伟大与喜乐就会被唤醒，从而形成一种过渡与复合的体验，也是纪念馆独有的场所精神。新一轮城市设计站在世界文化遗产保护的高度，以圈层管控为营造原则。以纪念馆作为地区保护核心，功能发散原点，统筹周边地区的建设，使"国家公祭，复兴伟业"成为整个场所的核心价值取向。以功能为基础，梳理土地利用，改善存量，优化增量；交通为支撑，激活微循环，创造合理舒适的动线；形态为依托，优化界面与高度，形成庄严的"特定意图区"；风貌为表征，统一场所的"形式"与"仪式"。

功能提升

由纪念馆到纪念馆群

纪念馆的访客量虽然居全球前三，但占地面积非常有限，与纪念功能相关的用地只有 10.06 公顷。设计对纪念馆周边的军事用地、江汉路北段旧房区、云锦博物馆与南京云锦研究所、江东门小学等共 17.31 公顷用地进行整理与置换，将其功能调整为图书展览、小学、商业设施、供应设施、公园绿地与道路广场用地。最终，与纪念功能相关的用地增至 13.02 公顷。

流线优化

纪念馆及周边地区交通流线组织的核心问题是大交通流量集散需求与道路及交通设施承载能力的不匹配。城市设计首先提高支路密度，激活微循环。经过土地利用置换后，纪念馆北侧开辟新支路，连接了江东中路与北圩路，有效组织与疏导纪念馆及周边街区交通。

其次，以纪念馆所在街区为中心进行圈层式交通流线优化，并规划相应功能。调研数据显示，纪念馆设置的地下车库不足以应对高峰日访客量与未来不断增加的大流量访客。内、中圈交接处是重要缓冲区，设计建议利用该处商业停车设施提供的约 15,000 个停车位满足访客乘用私家车的需求，且访客在 5 至 15 分钟内便能从停车场步行到纪念馆入口。

最后，在内圈层设置连通云锦路站与汉中门大街站的地下空间。通过调查，约 80% 的访客与 50% 的周边居民选用公交出行，其中地铁是首选。地下空间的出入口，与地铁站厅层、地面大巴临时停靠点的无缝衔接，使大流量访客可以在云锦路 1 与 2 出口处集散。访客从地下走到地面后，也可观赏到纪念馆的主要展示面，留下震撼的第一印象。

形态建序

城市设计从整体上把握建筑、街区、地域等契合关系，从二维平面对功能与流线进行组织与引导上升至三维的空间营造，形成纪念宣誓、和平祈求、胜利喜悦、环境和谐、民族复兴的空间秩序。

馆周边地区城市设计空间效果示意图

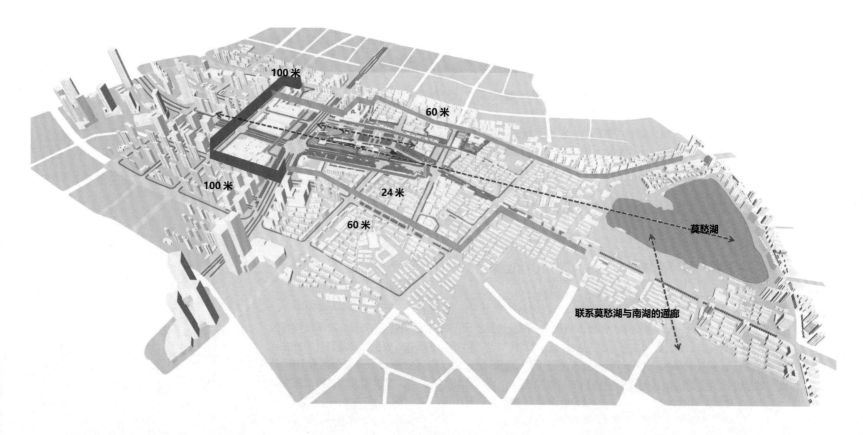

図中文字：
100 米

60 米

100 米

24 米

60 米

莫愁湖

联系莫愁湖与南湖的通廊

图 5-42 南京大屠杀纪念馆周边地区空间管控圈
层界面引导示意图

从功能、流线、形态与风貌四个方面，
进行圈层管控，重塑一个符合国家
公祭活动，纯净、高品质的纪念空
间。知其荣，守其辱，提升地区活力，
释放发展潜力，是国家公祭体系结
构性支撑。

以功能圈层为基础，规划梳理现状建筑改造的可能性，最终确定纪念馆及周边地区的城市肌理。纪念馆周边 50～150 米的范围内，建筑均可拆除，并按新版土地利用规划建设纪念性街区。外围与研究范围内区域，基本保持原肌理与按已批复的规划设计条件局部塑造新城市肌理。对空间界面塑造有重要作用的地块，城市设计给出建筑设计的总体布局建议。

地区的空间营造应建立长远的价值目标，强化从空间矩阵哲学演化出来的场所精神。纪念馆的人文内涵是由纪念活动对遇难同胞的缅怀，历史遗址对访客心灵的撼动及外延活动所产生的凝聚力形成。在空间上，需要为该精神场所营造独特的空间界面，因此，城市设计塑造了明确界面与模糊界面两层空间界面。明确界面是纪念馆及周边绿地广场的活动空间边界，距纪念馆建筑边界最多 150 米，城市设计严控明确界面的高度与连续度，控制为 24 米，通过该界面的限定，"仪式与形式"基本统一，纪念馆真正从单一场馆转变成街区型的纪念场所。

模糊界面是在明确界面外围，距离纪念馆建筑边界 150～500 米范围内，由 60 米高的建筑所限定。该界面围合的空间形状接近长方形，长轴方向与纪念馆轴线，馆内主要眺望方向相互吻合，是访客从馆内向四周眺望的景观背景。地区西侧有超高层建筑作为制高点，东侧有历史人文资源丰富的莫愁湖公园，具有"历史与未来"的意境，也有"寂灭与和平"的对比，使"特定意图区"在更大的空间范围统一纪念的活动"仪式"与周边地区的空间"形式"。

在空间界面的界定下，周边地区的建筑高度以纪念馆为中心向外成阶梯状提升，明确界面与模糊界面则是高差与连续性较为明显的位置。最终，纪念馆上空形成一个类似机场净空保护区形状且视线开阔的空间。中心最低矮的空间开发强度低，开敞空间较多，满足大流量访客集散要求。

图 5-43 南京大屠杀纪念馆周边地区风貌管控圈
层引导示意表

核心区

主色调	1262 SPB3.5/1	1273 10B7.5/1
辅色调	1261 N2.5	1262 SPB3.5/1
点缀色	1466 1.3Y8/2.4	0901 9.4YR8.5/1.2
场所色	6085 10G6.5/5.6	0072 6.3Y8.5/3.6

核心区：南京大屠杀纪念馆一二三期主馆地块。
纪念馆以灰调为主，为整个周边色彩控制奠定了灰色调的基地，辅以绿化颜色作为场所色，形成沉重与明亮的对比。

缓冲区

主色调	1262 SPB3.5/1	1273 10B7.5/1
辅色调	1.3Y8/2.4	0901 9.4YR8.5/1.2
点缀色	1466 1.3Y8/2.4	0523 3.1pb8/5.6
场所色	6085 10G6.5/5.6	0072 6.3Y8.5/3.6

缓冲区：紧邻纪念馆的外围 100 米范围内，以绿化景观为主的地段。
结合纪念馆主色调，缓冲区色彩基调以浅棕、浅褐色调为主，玻璃幕墙为蓝色，属于冷色调。

☐ 缓冲区内，位于西面的金盛国际家居、万达广场等对色彩控制基本符合城市设计指引要求。
☐ 位于纪念馆入口附近的千峰彩翠大厦，色彩较为繁复，应去繁就简，减弱其体量感。
☐ 南面的万达金街主建筑较为符合色彩控制，但建筑上有一些广告牌颜色较为鲜艳，应将其进行整改。

协调区

主色调	1262 SPB3.5/1	1273 10B7.5/1
辅色调	1466 1.3Y8/2.4	0523 3.1pb8/5.6
点缀色	1.3Y8/2.4	0901 9.4YR8.5/1.2
场所色	6085 10G6.5/5.6	0072 6.3Y8.5/3.6

协调区：缓冲区区外，规划研究范围以内。
风貌协调区遵循核心区与缓冲区灰色基调为主，局部以蓝色玻璃的冷色调与红、黄等暖色调形成冷暖色彩对比，增加色彩丰富度，降低凝重感，使得场所较为活泼。

☐ 场地内部色彩控制，协调区内大部分建筑对色彩控制基本符合城市设计指引要求。

风貌重塑

风貌重塑是纪念馆周边地区场所营造的表征层面建设引导，提高各圈层识别性。建设引导针对街区、街道与建筑三种城市空间要素展开。街区分两种性质进行二维空间引导：一是特色街区，包含纪念馆建筑及其周边的景观绿化带，街区内需烘托出庄重、肃穆的场所感；二是基本街区，约占 80% 的用地比例，塑造整齐的基质空间，保护纪念馆及周边景观空间的视线及空间完整性。街道网络与整个纪念场所的特征相呼应，其中仪式型街道是城市风貌的重要展示窗口之一；交通型街道是疏散区域流量及构建快速、安全、舒适城市空间的基础，生活型街道体现空间环境与人文特色的融合。建筑尺度则从色彩与形态两方面进行导引。

城市设计回应国家公祭场所定位，延续上版设计的主要思路，从功能、流线、形态与风貌四个方面进行圈层管控，重塑一个符合国家公祭活动，纯净、高品质的纪念空间。在圈层管控的引导下，纪念馆周边地区实现了从单一建筑到建筑组群，从纪念功能主导到城市功能复合，从单纯的悲痛氛围到哀乐交融精神体验的价值目标。这场战争因为当时的中国积弱贫穷，也因为当时的日本贪婪邪恶，国家公祭是民族自信的表现，民族崛起的象征，也是国家与民族意识形态构建工程一部分。知其荣，守其辱，通过战争与和平的反思，死与生的感悟，历史与未来的对话，形式与仪式的互补，纪念馆周边地区将形成一个"自净其意，寂灭为乐"的多重意向场所，提升地区活力，释放发展潜力，并有力推动着南京市成为国家民族复兴顶层战略的空间载体。

人类应该管控战争，战胜贫穷与贪婪，建设一个和平的世界。

疫情侵扰

瘟疫的宿主是动物，随气候与地缘灾害的变化而释放，也有可能是生物实验室，出于某种目的或意外泄露传播。大型哺乳动物也是各种致命病菌的重要来源，即便是现代，这样的例子也很多，譬如艾滋病病毒、艾博拉病毒、禽流感等等，都是从动物身上传播出来的。

历史上，瘟疫大流行曾是比政治、经济、军事都要重要的事件：古希腊雅典大瘟疫，整个雅典几乎被摧毁；14世纪开始的欧洲鼠疫，欧洲死了1/3的人口，动摇了基督教与封建制度的根基；1919年西班牙流感大流行造成全球约2500~4000万人口的死亡，致使一战停歇告终。瘟疫在历史上的巨大影响可见一斑。

瘟疫祸害

公元前430到公元前427年，雅典发生大瘟疫，近1/2人口死亡，短短3年，整个雅典几乎被摧毁。

古罗马发生"安东尼瘟疫"（164年~180年），夺走了两位罗马帝王的生命。第一位是维鲁斯（Lucius Verus），于169年染病而死，第二位是他的继承人马可·奥勒略·安东尼（Marcus Aurelius Antoninus）。据罗马史学家迪奥卡称，当时罗马一天就有2000人因染病而死，相当于被传染人数的1/4。估计总死亡人数高达500万。在有些地方，瘟疫造成总人口的1/3死亡，大大削弱了罗马兵力。

与此同时，东汉末年也发生大瘟疫（171年~220年），从瘟疫开始发生的171年，人口约5600多万，到220年前后，人口不到800万人，近50年的时间里减少了6/7，损失合计4800万，包括战争、自然灾害、瘟疫，以及其他各种正常死亡及非正常死亡的人口，但是相对来说，瘟疫死亡人数最多，这是相当惊人的数字，比较来看，瘟疫至少死亡了4/7的人口，也就是3400万人左右，以致出现了"田野空，朝廷空，仓库空"的严重局面。

张仲景（约150~154年~约215~219年）广泛收集医方，潜心研究伤寒病的诊治，结合自己丰富的行医经验，写出了传世巨作《伤寒杂病论》，成为"医圣"。

第一次鼠疫大流行：

查士丁尼瘟疫（541年~542年）结束了罗马王朝。欧洲在542年~592年，长达50年，爆发了大瘟疫疾病，死亡近2500万人，待气候停止恶化、开始转好，瘟疫似乎也平息下来。

第二次鼠疫大流行：

黑死病（1347年~1351年）。欧洲1342年~1353年，爆发闻名于世的黑死病，后来波及全球，大约1352年~1353年中国大疫，长达10余年，全世界死亡约7500万人。

黑死病在人类历史上是最致命的瘟疫之一。黑死病造成全世界死亡人数高达7500万，其中欧洲的死亡人数为2500万到5000万。引起瘟疫的病菌是由藏在黑鼠皮毛内的蚤携带来的。在14世纪，黑鼠的数量很多。一旦该病发生，便会迅速扩散。14世纪20年代当此瘟疫细菌再次爆发之前，它已经在亚洲戈壁沙漠中潜伏了数百年，之后迅速随老鼠身上的跳蚤中的血液四处传播，从中国沿着商队贸易路径传到中亚与土耳其，然后由船舶带到意大利，进入欧洲。欧洲密集的人口成了此疾病的火药筒。3年里，黑死病蹂躏整个欧洲大陆，再传播到俄罗斯，导致俄罗斯近1/3至1/2的人口死亡。

明朝兴也瘟疫，败也瘟疫。

吴又可（1582年~1652年）的《温疫论》专门讲了温疫。他说"疫者，感天行之疠气也"，疫是自然界疫疠之气。"此气之来，无论老少强弱，触之者即病。"结合黄帝内经，中医有成熟的应对邪症的完整策略。轻清宣透，很多经验源自明朝大疫，也直接指导了全球新冠疫情中国的防治工作。

第三次鼠疫大流行（1885~20世纪50年代）

第三次鼠疫大流行是指1855年始于中国云南省的一场重大鼠疫。这次全球性大流行以传播速度快、传播范围广超过了前两次而出名。这场鼠疫蔓延到所有有人居住的大陆，先从云南传入贵州及广州、香港、福州、厦门等地后，这些地方死亡人数就达10万多人。中国南方的鼠疫还迅速蔓延到印度，1900年传到美国旧金山，也波及到欧洲与非洲，在10年期间就传到77个港口的60多个国家。单在印度与中国，就有超过1200万人死于这场鼠疫。这次流行的特点是疫区多分布在沿海城镇及其附近人口稠密的居民区，家养动物中也有流行。

西班牙大流感（1918～1919年），是人类历史上致命的瘟疫，在1918～1919年曾经造成全球约5亿人感染，2500万到4000万人死亡（当时全球人口约17亿人）；其全球平均致死率约为2.5～5%，与一般流感的0.1%比较起来较为致命，感染率也达到了5%。

对公共卫生方面的风险，不仅应考虑地震、洪涝、地质灾害等自然灾害与战争、事故灾难等引发人员伤亡产生的医疗需求，也要将包括突发瘟疫与其他灾后疫病传播在内的公共卫生风险纳入城镇灾害风险评价体系。

瘟疫控制

瘟疫与规划、社会组织能力，交通与信息安全，以及营养、卫生防疫、物质保障有直接的关系；瘟疫在暖期持续时间短，在冷期持续时间长。社会组织能力与人口规模适配时，疫情能够在短时间内得到阻断，反之人口规模过大，就会快速扩散，造成人员的重大伤亡，直至与社会治理能力相匹配。

规划

灾害相对来说是小概率事件。有用的规划不应只有静态设施的规划图，还应使人流、物流与信息流能在灾时顺畅，规划应提出完善的应急预案体系指引，包括树立科学的基于风险评估的应急预案编制理念，进行合理的空间区划，公权框架的结构组织，发展不同承灾阶段的公权物业及其公共物品，健全以情景构建为主线的应急预案流程管理，完善以应急演练检验为重点的应急预案优化机制，提高以个性化服务为特征的应急预案数字化水平。

公共卫生水平

空气、水、食物是病毒的传播载体；可把好呼吸关（口罩）、触觉关（洗手）、粪便关（马桶）、动植物关（检疫）、物流关，以及对人的病毒检测与治疗。而面对2020年的新冠肺炎疫情，全球的疫苗研发速度前所未有，科学家仅用一年时间就研制出了多款新冠疫苗。

医学自诞生起到20世纪中叶，瘟疫一直是医学应对人类死亡的主要疾病，对抗瘟疫是医学千年不变的主旋律。1967年，英国医学社会学家托马斯·麦克基翁的研究发现，英国过去150年里结核病死亡率一直在下降。这期间，医学领域取得了三个重大科学突破：发现结核杆菌、链霉素与卡介苗。但是麦克基翁认为，英国结核病死亡率持续下降的趋势，与这三项突破没有什么关系，而是营养、卫生与社会组织能力的作用。2007年《英国医学杂志》做过一个调查，评估生物医学领域过去160多年最重要的科学突破是什么。人们熟知的抗生素、疫苗、麻醉、DNA等都榜上有名，但名列第一位的却是卫生。首次成功在人身上完成心脏移植的克里斯蒂安·巴纳德在1996年的世界外科大会上说，三种真正对人类健康有贡献的人是：抽水马桶发明者，解决了人粪尿处理的问题；压力泵发明者，解决了自来水的问题；还有一类人，是最先使用塑胶布做房屋地基防潮材料建筑业者。巴纳德认为，这三类人对人类健康的贡献比所有外科医生加起来都要多。其实，这些工匠背后的医学理论就是"卫生"。

社会组织能力

彼得·德鲁克（Peter F. Drucker）所说"寻找人的潜能并花时间开发潜能"，实质上就是舍己牺牲的表现，组织的建立，不论是组织本身还是其中的带领人与成员，都需要奉献自己的生命与时间，这就是中国"士"的精神，以及这种精神所表现的修齐治平的家国情怀。根据统计学显示的规律，任何组织都不可能找到足够多的"优秀人才"，一个组织能够在知识经济与知识社会中成为杰出的唯一途径是使现有的人们产生更多的能力，即通过对"人人"的管理产生更大的社会协同力量，让凡人做非凡之事。此次，中国社会能够成功阻断疫情，源于中华优秀文化传统的延续，中国"士"的精神所连接的举国体制，以及中国社会对疫情的正确、及时的判断，以及决策、动员、组织、保障与执行，使得中国社会高度团结起来，共同参与到抗疫的行动中来。反之，西方国家，则缺乏"士"的精神，组织动员能力明显不足，社会分裂，一片混乱，一些国家尽管拥有很高的医疗技术条件，也未能有效阻断疫情，反而造成巨大人员死亡。由此可见，像德鲁克这样的西方学者，虽然理论水平不错，也无法指导实现对美西方社会的有效管理，但这却是中国的制度与文化的优势所在。

信息与交通保障

中国的经验也证明，数字化及互联网技术等非医疗手段在疫情防控中同样可以发挥重要甚至决定性的作用。疫情要求信息及时、准确、无差别传送，实现全民动员，共同防御。同时，对人流、物流、实施交通控制，以阻断疫情传播，保障生活、生产、科研的顺利进行以及抗疫物质（包括食药品等）的及时补充。

历史上，大疫之后，全球产业链生态都会重新建立，新纺织制造、新金融格局、新艺术形态渐次兴起，伦敦、巴黎、米兰、巴塞罗那、纽约迅速成为全球中心城市，影响欧洲人文进程。而此次新冠疫情被成功阻断之后，是中华民族强国复兴的最佳时机，北上广深与中国其他一线城市，以及雄安新区都将成为全球中心城市，共同促进人类社会的进步与发展。

面对聚集性风险，人类应该避免战争与瘟疫所带来的"人祸"，共同应对气候与地缘所带来的"天灾"，并因此提高生存环境的空间韧性。

空间韧性

暖期洪涝，冷期瘟疫，天地人祸，都会正、反双向塑造文明，与空间形式正向构建不同，这是空间旋回的另外一个研究角度，空间形式反向适应即空间韧性的构建。

甘德森（Gunderson）与霍林（Holling）的"多尺度嵌套适应循环"模型为韧性城镇构建提供了理论基础，适应性模型包含反抗（Revolt）与记忆（Remember）两个转折点，反抗点意味着一个低层次的关键变化可能会引起高层次的变化，记忆点表明上一层次会对下一层次的灾后重生有很大影响，适应能力取决于自下而上或自上而下的相互作用。

在城镇高速发展时期，往往能够通过增量发展来缓冲自然灾害的损失，而当城镇进入稳定增长阶段，自然灾害冲击后果便开始凸显。现代技术进步促使城镇更多依赖工程技术建立安全防御体系，在面对极端天气与地质的灾害时却显现出不适应。韧性理念本质上强调接受与包容挑战，客观承认不确定性扰动对城镇空间造成的负面影响，从被动的工程防御转向主动的动态适应转变，增强系统冲击之后弹性与恢复力。

按照适应性循环模型，不同尺度的空间要素与形式在灾害周期面前具有不同的承灾韧性阈值。在空间尺度上，大尺度的地缘系统主要通过建立有效的韧性空间组织结构，诸如原型"方"形或"圆"形，以及"原型"生成的"九宫格"或"同心圆""秩序"，形成"记忆"阈值；小尺度的地缘系统则主要采取综合性的防御措施，诸如"台地""密度""强度"等形成"反抗"阈值。在时间尺度上，不仅应该考虑诸如台风等灾害突发性破坏作用的"快变量"，更应该重视诸多缓发性长期作用的"慢变量"，诸如生态湿地面积减少、城镇防风防洪排涝标准过低，或者海湖平面上升等，最终造成灾害来临时叠加成巨大灾难，"慢变量"是推动系统跨越阈值的关键力量，须提前规划诸如阶梯、流域，以及它们之间等高层级生命通道等。在更长时间尺度上，历史城镇能够在不断发展变化中保持其基本"原型"，以及"原型"所生成的"秩序"。

在瓦尔特·本杰明（Walter Benjamin）看来，巴黎是 19 世纪的世界之都，虽然 1900 年以前的建筑物只有不超过一半存在于其历史边界内，错综复杂的基础设施、分区与道路网可追溯至中世纪甚至罗马帝国时期的营寨城，但城镇仍得以保留其建立在塞纳河畔六个小山包的地缘特质，这要得益于奥斯曼男爵创建的坚固耐久适应新需求的城镇"原型"与"秩序"。绝大多数历史城镇都具有这样的空间适应力，都具有在灾难中生存，甚至从灰烬中重新崛起的强大能力，历经许多世纪，常常比这座城镇诞生文明的时间还要长久，譬如 1666 年大火后的伦敦，1755 年大地震后的里斯本，1788 年天明大火后的京都，1923 年大地震后的东京，就是本书所说的空间韧性，这是一个与地缘记忆持久性相关的复杂概念，适应气候冷暖、干湿变化与地缘经纬、蓝绿结构，具有物质性、社会性与象征性等要素特点，并为城镇结构带来"原型"与"秩序"的确定性。

空间韧性是整合要素密度、强度、流量、流速，以及空间层级的复杂性与连续性，考虑形式"原型"与"秩序"特征，实际上是人口、技术与形式格式化致密的旋回与自洽，将各种有效防灾途径与工程性措施结合起来，保持城镇响应不同承灾阶段要素流动与形式结构的空间稳定性。

风险识别、不确定性规划、协同管治、数字化及互联网技术是构建空间韧性的四个核心维度。

风险识别是通过分析评估城镇群系统暴露于不利影响或遭受损害及其不同承灾阶段的脆弱程度，确认空间所面临的扰动与风险的种类、特征、强度与分布等要素；"凡事预则立，不预则废"，以不确定性为导向的规划着眼于尊重不确定要素并以适应性形式做出指导，制定应对多种情景的动态规划响应方案。未来城镇应主动适应变化与不确定性，建立与社会性相适应的安全性，人类需要关注城镇与区域安全研究的尺度、焦点与方法，科学合理、因地制宜地选择评价指标与模型，开发具有较高信度与效度的城镇和区域安全量表与系统，准确揭示城镇与区域安全的影响因子、作用机制、空间分异与演替规律，增强城镇与区域的在空间要素与形式上的稳健性、多元性、智慧性与冗余性，构筑公权框架，发展不同承灾阶段的公权物业及其公共物品，从而避免灾害通过城镇物理环境即空间形式的损坏传导到人类自己。区域协同管治的作用在于实现城镇群空间韧性的制度途径，包括承灾城镇之间，以及承灾城镇与未承灾城镇之间的跨地界合作。数字化及互联网技术使得空间数字格网与社会数字治理迅速统合，形成稳定的社会网格化治理结构，可以有效应对大规模不同承灾阶段公共安全事件。中华文明"九宫格"地缘结构特征拥有社会动员与治理能力的制度优势；相比之下，西方国家即使没有"人祸"的发生，其在社会动员与治理能力上均无法满足对疫情的管理需要，导致制度性的溃败。同时，人类也需要将空间化适应与社会化学习结合起来，形成法规准则，在国家，城镇与社区层面深入落实，保证城镇与区域安全思想的有效执行，使人人有责，避免与减缓聚集性灾害。空间（要素与形式）韧性使得人类更高质量地生存下来，人类规模也因此扩大。当然，做好城镇的最初选址比提高城镇的空间韧性更为重要，那些经受历史检验延续至今的城镇相对比较安全，而那些从零开始快速发展的城镇还要经受历史检验，假如城镇后期发展会遭遇毁灭性灾害，那就是城镇最初选址犯下了战略性错误。这样的案例，历史上非常多，地球上那些衰败与消失的城镇，譬如庞贝（火山）、汶川（地震），以及现在过于拥挤的海岸带城镇（海侵），或许正在诉说着这个道理。

泰戈尔说，苦难是化了妆的祝福。

1351 年欧洲黑死病，阿尔卑斯山脚下的米兰由于成功隔离阻击，成为欧洲的应急物质与纺织业保障基地，至今仍是全球服装与时尚高地，美第奇家族也因此创造了全球第一个金融托拉斯，保持了近 200 年的金融霸权，并且催生了文艺复兴几乎所有的巨匠，包括达芬奇、米开朗基罗、拉斐尔、提香、伯鲁乃列斯基（圣母百花大教堂）等等，深刻改变了欧洲的文明进程。

1919 年西班牙大流感，巴塞罗那走了米兰相似的路径，加泰罗尼亚成为欧洲的保障中心，纺织业基地，也是后来的全球服装时尚高地，造就了神圣家族，并催生了高迪、毕加索、达利等新艺术巨匠，并对现代欧美文化形态产生了深远的影响。

1351 年后的米兰，1760 年后的伦敦，1919 年后的巴塞罗纳，1945 年后的美国以及 2020 年后的中国，历史总是惊人的相似。中国成为全球物质的保障地，全球资本集散地，全球文化发展高地，会改变国际关系格局，中国的未来城镇，以及高铁、大飞机、人工智能、空间站等集成技术，都会在这场大危机中走入世界，中国也终将完成国家的统一。"中国"字眼会成为全球先进文化与生活方式的代名词，中国式现代化更会成为全球人类文明发展的新形态。对此，我们保持战略定力，矢志前行。

本章小结

　　综上，空间营造是哲学实现的一种方式，敬畏传承，格局开物，趋利避害。规划实践遵循自然规律，赓续历史文明，综合与提炼共时存在的纵横要素，修正与累积复杂形式的人类成就，是一项基于"九宫格"矩阵哲学将格网空间与人类活动紧密结合的未来实践，而任何规划本身都只是空间旋回过程中的一次可能性的自洽方式，格局为规划，开物为设计，竞合为人人。同时，在这一空间旋回与旋回空间，空间自洽与自洽空间的韧性演绎过程中，我们不仅要预测发展，精准增量，也要高效利用，激活存量；还要面对衰败危机，防止与避开可能的灾害，提高城镇与空间的韧性，保证人类社会的自由、喜悦、跨界与永续生长。处格局之重，享开物致精，得竞合之美，天地人用，多元一体。

06 传播文明，"城"就空间哲学

大方，无隅

"天、地、人"三道之"巧"：人"我"关系，善言不辩。

人与天地参，"象天"知"冷暖"（日月、冷暖），人"天"关系，向阳而长；"法地"知"侵退"（山海、侵退），人"地"关系，向海而生；"礼序"知"兴替"（秩序、兴替），人"人"关系，向好而行；"营城"识"规矩"（方圆、默契），人"工"关系，善建不拔；"规划"卜"未来"（格局、开物），人"事"关系，善谋不争；"空间"生"旋回"（格网、矩阵），人"我"关系，善言不辩。学天地，形方圆，做永恒，向善而为。

规划师也能有"三不朽"：立德，善谋不争，宇宙人本，涵盖乾坤；立功，善建不拔，天地纵横，方圆默契；立言，善言不辩，二观三道，旋回自洽。"

象也者，像也，象又不像，可以包罗万象，通天地人常、立天地人形、善天地人用、避天地人祸、享天地人和。化无常为有常，做矩阵式规划，所谓"通透嘹亮"。

《左传》·襄公二十四年："太上有立德，其次有立功，其次有立言，虽久不废，此之谓不朽。"孔颖达疏："立德，谓创制垂法，博施济众；立功，谓拯厄除难，功济于时；立言，谓言得其要，理足可传。"

作为规划师，能够生活在激变的中国是幸运的，过去几十年各行各业快速发展，1965～1975年的人群是其中的主力军；2020年春节，就在他们开始退休之际，全球新冠疫情突然爆发，接下来进入防控、放开与恢复阶段，中国的成功防控避开了疫情最复杂与最危险的阶段，在经历近三年不同承灾阶段的防控之后，适时选择了放开并进入恢复阶段；与此同时，2022年中国人口首次出现了负增长，这些基本面的改变促进了学者们对未来中国发展的深入思考，而无论哪个方向，应该在未来十年内都会出现大量的理论创新与理论成就。这三年期间，笔者有了较多的闲暇，将过去自己的规划实践好好地总结一下，也思考了一些基于空间营造的基本问题、框架问题与理论问题。2023年春节之后，这本书仿佛有了一个样子，决定交予出版，不一定正确但可以呈现给同行参考，算是为未来空间理论的大发展抛砖引玉。

顺应历史，传承文明，敬天爱人，空间应该是要素流动，形式连续与边界包容的营造过程。人类趋利避害，规划可以"度人"，也可以"度己"。

规划实践不仅是一种技术实践，也是一种哲学实践，多元一体，涵盖逻辑与辩证的矩阵思维，技术解决问题，哲学指明方向，规划师应该是现代社会的"士"人，在深度认知的世界里修齐治平，规划人生，规划未来。规划师编制规划就是在制定社会发展的公共政策，可以制"度"，也可以制"衡"。规划师还可以从哲学的角度认知"宇宙"与"人本"，柏拉图说哲学王治国，而规划师编制有哲学思考的规划应该是一种境界。

6.1 天地方圆，格局开物

中西方地缘结构的差异决定了中西方文明形态的差异，中西方巫鬼神话的分异，本质上是中西方地缘结构的分异，旋回沉淀出来图腾"表意"与音律"表音"符码体系，自洽广化成为中国"大一统"与西方"泛城邦"文明系统，可以包括但不限于与之匹配的"日"与"月"、"山"与"海"、"天"与"地"、"方"与"圆"、"九宫格"与"同心圆"、"方块字"与"拉丁文"、"礼器"与"弦乐"、"空间"与"时间"、"辩证"与"逻辑"、"竞合"与"竞争"、"共同"与"联合"、"沉淀"与"广化"、"旋回"与"自洽"等等属于空间意象学范畴的要素与形式，都是中西方各自对于"它""我"之间，巫鬼神话延续至今的隐喻传承，并发展出"宇宙空间观"与"人本空间观"的两种倾向，及至"敬天爱人"，"它""我"一体，"宇宙"与"人本"一体，天圆地方，格局开物，几千年来形成了地球上始终一致且多彩分异的文明景观。

不确定性

大象无形，世上有三种不确定性，人的不确定性，物是人非；空间的不确定性，步移景异；以及时间的不确定性，时过境迁。人的不确定性靠智慧来因应，空间与时间的不确定性靠定位来因应；人类趋利避害，因应不确定性而形成秩序，承载不确定性而形成空间，秩序与空间也是变化的，它随人类的道德水平与技术能力而不断提升，规划是应对各种不确定性的工具，是对各种不确定性在空间与时间上的引导与预测。

任何确定性＋人，都等于不确定性，不确定性只能被包容，无法被确定。两观旋回，三道自洽，以应无常。

空间思维

"宇宙"与"人本"是人类两种"空间思维"，中西方空间思维即空间两观的呈现方式各自不同。

中国有两种空间思维，一种比较擅长于共性（儒）研究，尊重历史，敬畏自然，普世价值，订立标准、规范；另一种则比较擅长于特性（道）研究，基于历史、自然的特定价值，追求场地差异化的创新表达。现代西方也呈现两种空间思维，新马恩与新康尼、海德格尔与尼采、列斐伏尔与吉登斯等，如同中国的儒道所展现的空间思维（譬如"府苑""城圃""礼制""九宫"与"风水""的穴"等），其实可以互补，不必过于坚持非此即彼的观念，共性为底，特性为图，和谐发展。不过，无论共性还是特性，或者规划的诸多不确定性，还是不确定性的诸多规划，大致属于共性"宇宙"空间观，与特性"人本"空间观，人本是小小的宇宙，宇宙是大大的人本。

保持共性，谨慎创新。"我引以为自豪的是，许多事情我们选择不去做，而许多事情我们又坚持去完成。创新就是对一千件事情说'不'。"史蒂夫·乔布斯说，我尽量保持这样的说法，在今日去模仿那些古老的但经过了证明的东西，总比去生成一些新的但却要冒着引起人们痛苦的东西要有用得多。"守正才能创新，真正的创新需要懂得旋回与自洽的道理，应该是韧性创新，没有气候与地缘引领的创新，没有空间与矩阵认知的创新，必定是短视的、苟且的、浅尝辄止的，所以，规划需要管理好创新思维。

"天地"与"方圆"是地球两大"空间启示"，化无常为有常，做矩阵式规划，那些因循自然，象形天地，妙用方圆，自由喜悦的创新才会更有价值。

两观旋回，旋回规划

规划无常应对大象无形。地球经、纬向折线，构成的地球格网，人类顺应地球格网而营造的"九宫"空间格网，以及基于这种格网细化所形成的蓝绿格网、城镇格网、数字格网与社会格网"同构同源"，成为人类最易编织的且具有价值的形态。这种"九宫格"式的自相似性（原型自洽）与分形迭代（秩序旋回）成为人类永不停歇的工作，在人则象形，将人类秩序同构于天地方圆、矩阵格网，人与"天、地"相参，与"方、圆"相契。

规划本身是一种居间集成技术服务，在这一矩阵格网中，规划师可以自由地表现各种可能的空间意图。旋回概念应用到实体环境的空间营造可以解析各阶段技术服务（规划、建筑与景观）之间的相互关系，在这里，旋回就是居间集成。因而空间营造的整体设计服务是居间集成的过程，它围绕空间营造的共同价值而展开，并试图实现这一价值在规划、建筑与景观各阶段技术服务中的深入表达。传统空间营造的技术服务模式存在的问题在于：各阶段技术服务专注于自己阶段局部的技术完整性，很难将技术服务与空间价值进行高度整体性的统一；同时各阶段技术服务与前后阶段技术服务之间局部与局部的错位搭接，不仅造成工程成本的增加，也降低了空间价值。这种现象引起了空间营造者们的高度重视，而居间集成正是这种现象的解决之道。在"设计创造价值"的理念下，居间集成将空间营造过程中各阶段专业门类进行链接优化与创新，通过居间集成可以有以下三方面作用：其一，空间价值目标清晰化。居间集成的目标十分明确，解析了空间营造过程中的"是什么"、"为什么"与"怎么做"的问题，是目标与手段的高度统一。其二，技术过程最优化。在空间营造过程中各阶段可以获得最佳的技术支持，并且形成完整的专业链，规避了专业门类之间的技术脱节现象，具有极好的可操作性。其三，空间价值最大化。居间集成使得空间营造的技术服务能一气呵成，营造目标清晰，专业结构完整，有效控制了工程成本，最终使得空间价值最大化，实现空间自洽。居间集成包括规划、建筑、景观的构成、次序、连通等最基本的技术关系，使空间营造具有整体性、流动性与连续性。

图 6-1 福建龙岩市永定区湖坑镇南溪土楼群

La Pagode，48 rue de Courcelles，75008 Paris。1925 年，亚洲艺术品收藏家卢芹斋买下建于 1880 年的两层路易菲利普风格豪宅，并在建筑师费尔南德·布洛赫的帮助下将其改造成中式风格的"巴黎形阁"。

图 6-2 La Pagode，48 rue de Courcelles，75008 Paris

人类只是地球特定时间与特定空间的产物，时间与空间是人类生存的宝贵资源，也是人类发展的终极成本。地球留给人类的时间与空间是有限的，与未来竞争，既是与时间的竞争，也是与空间的竞争。善谋不争，善建不拔，善言不辩，数字革命是对人与事物不确定性与多样性的有效回应方式，数字空间包括但不限于数字建筑、数字城镇、数字国土与数字地球，以及数字政治、数字经济、数字社会与数字文化等，诸多空间要素与形式的数字化。现阶段，空间的要素数字化已近完成，而形式数字化尚未健全，没有形成如同传统建筑那样，基于不同气候条件、不同地貌分区与不同文化背景，且具有形式象征意义的数字化营造法式，这是建筑产业化的基础。人类应该借助数字工具，由蓝绿结构，到城镇结构、矩阵结构，再到数字结构，构建数字共同体；预测未来，可以更快流速、更大流量传播知识，在象辞变卜的人类智慧中有了更加科学的数字手段。

尽管如此，任何规划都只是空间旋回过程中的一次可能性的自洽方式，格局为规划，开物为设计，竞合为人人。空间营造应该建立一种长远价值目标即时间属性，从实质环境、数字秩序、旋回一体、自洽多元等角度，都赋予空间以生命力，从而强化从"天、地、人"关系所演化出来的矩阵精神，使其在人类活动中得到忘我的延伸。同时，旋回规划还是一种动态规划：划界、跨界、无界，动态评估、自我完善的一体化过程，其本身也会随着规划的深入而发生改变。换句话说，我们需要为规划建立一套动态评估与自我修正的机制，当我们用既定的规划去营造空间时，划界、跨界、无界，我们与这些规划必定会被改变了的空间所改变，我们不应抗拒它，而应该去驾驭这种改变，善于利用各种新技术（如人工智能等）的手段，不断旋回，评估与修正，自洽为各种可能性而规划。

三道自洽，自洽法式

形式有数理关系，象征意义，形式归属，寄托意识。

我的老师米歇尔·马洛特是一位德高望重的法国建筑师，1966 年曾在人民大会堂受到了中国领导人的接见。1999 年我在巴黎的时候，米歇尔带我去看凯旋门旁边不远处的一座中国式样房子，我特意换了部相机，镜头里对准这座花了许多心力也被认为是中国式样的房子，刹那间我竟然没有了按下快门的兴趣，米歇尔笑着看看我：喂，雅克（我的法国名字），这不是你们的房子？我说不是。他沉静了一会，告诉我他在中国也看到了许多貌似法国式样的房子，严格地说，本也不是他们的房子，并补充说，中国式样的房子其实很有特色，曾几次来中国，最想去看的还有福建永定的客家围屋，以及宁德的山海景色。之后我明白，老师想告诉我的道理是：中国人要做中国式样的房子。

空间是意识形态的表达方式，也是哲学认知的实现方式，形式法则要与要素规律相匹配。以往理论或者现行规划"重"要素体系（天地人常）而"轻"形式体系（天地人形），表现为以表音音律要素规律为基础的模式语言，而非表意图腾形式法则为基础的分形迭代。要素规律健全起来了，形式法则也要尽快确定，补强形式连续性，提升边界包容性。营造法式是空间基本的制度安排。而中华文明走向复兴的载体就应该是有营造法式的空间，以及空间表达的意识形态，格局为规划，开物为设计，做有设计的规划。

19 世纪前，中西方空间形式差异十分明显，井田与花园、四合院与穹窿成为中西方空间形式"方"与"圆"、城镇与建筑的各自显著特点，空间成就与价值并存；而近 100 年来，西方强势发展符合其自身哲学的形式现代化，尽管中国在民国时期脉络尚存，此后则短期处于空间形式的"失忆"状态，建筑教育也缺乏对于中国文化的要素学习与形式探索，中国建筑在蓬勃发展的同时也留下了些许遗憾，以至于中国在近四十年来几乎成为西方空间形式殖民泛滥的试验场，许多奇奇怪怪的东西严重影响了中国人的现实感知与价值判断，进而影响了民族的精神气质，譬如哈尔滨，一座曾经饱受殖民伤害，却还在延续殖民形式的城市，这种混乱情况需要改变。不复古、不泥古，传承维新，重塑中国内涵及其中而新的空间形式是对中华文明的回归，城市设计是实现这种回归的重要技术工具；而基于中国哲学及其象征意义的数字化营造法式也正是引导这种变化必要的制度安排，是中国高速度增长之后的高质量发展选择，有利于重构中国式城市的空间系统与形态现代化能力，提升中国式建筑的形式标准与建造产业化水平，从而彰显形式逻辑与中国精神。

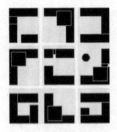

商务建筑肌理

展贸建筑肌理

文化建筑肌理

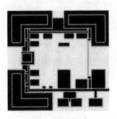

商业建筑肌理

商住综合建筑肌理

居住建筑肌理

图 6-3 建筑形制肌理示意图

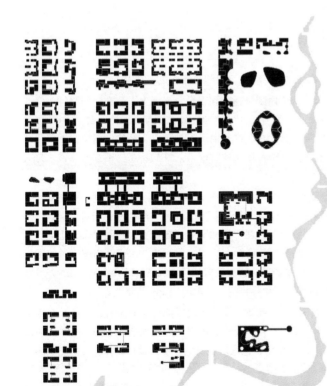

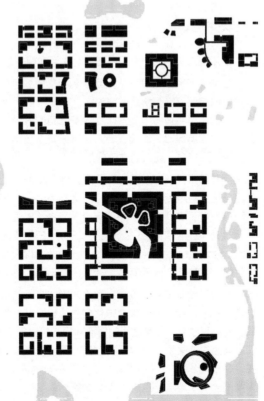

立体城市，低层建筑或有第五立面要求的建筑。空间营造产业化水平将决定未来城镇化质量，有形式法则要求的空间营造其产业化设计体系、产业化技术体系与产业化生产体系将是其中的关键环节。而无形式法则要求的空间营造则需要提升基于天、地、人三道自洽的定制化能力。

形式迷失，导致中国建筑教育基因缺陷，而基因缺陷又导致中国城市与建筑的形态混乱，这种基因缺陷应在规划师、建筑师，甚至景观工程师的职业继续教育中予以补强。要素流动、形式连续、边界包容，是保持空间特色的关键所在。从要素规划到形式规划，自然规划部门管要素，出指标；住建部门应该管形制，出方案。法式开物，人人竞合，这是一项艰巨的任务，也充满了新的挑战，更新，更或者重建，将成为这种哲学及其营造法式指导之下的中国式空间形式回归的内生动力。

营造法式的策源地，可以出大师，才是建筑教育成功的基础原点，西方有格拉斯哥艺术学院（The Glasgow School of Art，简称 GSA）、巴黎国立高等美术学院（Ecole Nationale Superieure des Beaux-Arts）、德国魏玛包豪斯大学（Bauhaus-Universität Weimar）、伦敦建筑联盟学院（Architectural Association School of Architecture，简称 AA）等，中国也可以有这样的学府，关注政治，也受到政治的关注，成为中国现代式营造法式的策源地，当然，也可以出大师。

两观旋回，三道自洽，通天地人常，立天地人形。如同传统建筑，基于特定气候、特定地缘、特定文化的数字化营造法式，包括但不限于选址与规划、功能与形式、单体与组合、材料与施工、景观与环境等，可以遵循二八定律，即营造法式覆盖区域内大致 80% 左右的空间营造，在这个既定的营造框架内及外不超过 20% 比例，辅以特定价值的空间创新，便有了特色。维特鲁威《建筑十书》，深刻影响欧洲城市与建筑形制的发展，编著《岭南十书》也应该是岭南学者的努力方向。如此累积经年，中西方空间形式的显性特征重回共存，天地礼序，方圆营城，可以使得这个地球的现代景观也更加精彩。

天下归好

生活在东方的人想去西方看看，生活在西方的人也想来东方走走，喜玛拉雅山的东西互为乐土。

之前的研究，各领域从点到线到面，譬如经济学，从个体到渠道，到平台，实际上，还有空间属性，亦即有边界的空间领域，所谓四方为宇，往来为宙，六合之内，直连直达，六合之外，则存而不论。自 1900 年以后美国兴起，"中西方"变成了"中美（西）方。"中美（西）方在许多情况下是可以互补的，就像自然造化，世间万物都有雌雄，中美（西）共存既符合自然的规律，也符合地缘的特征与人性的特点，相互的关系才是人类社会精彩所在，让人们交流起来。

两种思维倾向可以互补：思维法则。 人的"社会属性"求"同"，辩证旋回；人的"自然属性"求"异"，逻辑自洽；人类社会发展求同存异。雌雄互补，阴阳互补，儒道互补，"马恩"与"康尼"互补，亚欧互补，中美（西）也可以互补，在"竞争"中"竞合"，在"对立"中"统一"，在"旋回"中"自洽"，旋回"永无止境"，自洽只是"短暂瞬间"，"一分为三""三三得九"；而又"三合为一""九九归一"，辩证与逻辑，旋回与自洽，为天地、人文、空间矩阵，六合九宫，敬天爱人，纵横捭阖，将古老智慧与现代成就结合起来，人类从"地缘哲学"走向"全球哲学"，即本书主张的从"线性哲学""矩阵哲学"，走向"空间哲学"。

两种政治制度可以互补：政治法则。 义理与心性，仁政与宪政，专业政治贤能与兼业经济霸权，社会主义与资本主义，自洽为一种全球化的"公权"互补秩序。美国社会一开始建造就创造性地选择了两大基本党派即共和党与民主党，使其之间的博弈（相互对立与补充）成为推动社会经济发展的基本力量；这如同传统之中国，儒家与道家的关系一样（儒道互补），既考虑"人人有别"，也考虑"人人共同"，人类在"共同"之中存"联合"，在"联合"之中求"共同"。"天下"最难的事情，就是"公允"，所以，"天下人"的追求就是"天下为公"，人类同处一个地球，走向"公权秩序"。

两种经济形态可以互补：经济法则。人民币经济与美元经济，有其各自的规律，以及中美（西）关系塑造下的第三方形态"数字经济"。人民币经济是社会化竞合经济，美元经济是自由化竞争经济。人民币经济体，即在社会主义市场经济中，存在担纲执首的公有制经济与自由适度的非公有制经济的两种基本形态；美元经济体，即在资本主义市场经济中，也存在着达尔文经济学与亚当·斯密经济学两种倾向，以及基于这两种倾向形成的经济秩序。而旋回生成的数字时代则将平衡两种经济形态，重塑未来经济关系，人类在"竞合"中"竞争"，在"竞争"中"竞合"，走向"数字货币""数字经济"。

数字经济时代，产业链空间生态构建，即通过互联网、人工智能、区块链、云计算等技术在不同时空之间建立新的空间联系路径，实现了创意、创新、生产、交易、物流、运营等供应链不同功能在不同空间实时、便捷地连接，根本上改变了要素流动与空间配置的路径。以"功能层级"为主体的体系结构，空间上相分离的功能在地区之间将会成为不受地理空间限制的更复杂的交互式网络关系，随着功能网络的拓展而不断延伸，城镇产业将基于功能形成不同产业生态，支撑城镇不同功能打造与演进。城镇不仅可以利用在地要素环境，还可利用周边城镇群、区域乃至全球的要素环境，站在全球产业链、价值链分工的视角，聚焦各类创新要素，通过空间经济、结算经济实现各类创新要素在本区域的变现。因此，城镇对区域与全球数字、资本、科技、人才等资源要素的聚集、连接、变现能力，并由此形成区域产业生态，生态则是有边界的空间，未来宏观经济提供空间，形成生态，而非简单渠道或者平台，以区域与全球为单位，边界越大，规模越大。工程师或者经济学家不断定义边界，促进要素流动，形式连续，如俄罗斯套娃，使其包容各种可能性，以追求边界与规模价值最大化。这决定了其链接融入区域与全球数字经济网络的水平，更决定了其在区域与全球城镇体系中的角色地位与竞争能力。

当然，两种思维、政治、经济、社会形态，甚至两种地缘、空间形态都可以在"九宫格"矩阵格网中求同存异，形成共同的空间哲学、空间政治学、空间经济学与空间社会学。未来人类，其共同的敌人，不再是饥饿、贫穷与战争，而是气候、地缘与认知，深海、外空与星权秩序，"人本"与"宇宙"可以合一，则不论人类自然与社会的意识属性，还是联合与共同的治理体系，或者竞争与竞合的经济形态，以至这个过程中形成的诸如"公权秩序""数字文明""矩阵认知"与"空间哲学"都将共同服务人类的发展，并塑造未来的全球更加持久的关系。

大国不欺，小国不争。过去，中西方之间"二分"对立是分异；未来，中西方之间"三分"旋回是和羹，人类终将打破时间与空间的边界与畛域，全球共建、共享地球经纬大结构，从竞争到竞合，从联合到共同，而基于天地与方圆秩序的"九宫格"网，更是呈现出时间与空间上极强的秩序韧性，"一体"之中存"多元"，"多元"之中求"一体"，进而以更加宏大的空间框架容纳中西方既往文明从分异到和羹健康发展，累积沉淀为与蓝绿结构匹配的城镇结构以及数字结构共同构成的"地球格网"。

其实，宇宙的空间足够大，容得下人类的繁衍生息。天下归好，人类生活在哪里，哪里就应该是乐土。

未来已来

假设有一个台算力无限的超级计算机，可以模拟出系统中的所有粒子的运动与相互影响，那是否意味着，由无数粒子组成的这个世界，未来是可以被模拟预测的呢？这个理论便是轰动一时的宿命论。而在 1961 年，美国气象学家爱德华·洛伦兹在使用电脑程序计算他所设计的大气中空气流动数学模型的实验中，发现初始条件的微小变化，带动了长期且巨大的连锁反应，最终使结果产生了天差地别。这便是"蝴蝶效应"，洛伦兹也进而提出混沌理论，指出非线性系统具有的多样性与多尺度性。再加上类似量子纠缠的现象存在，粒子级别的"蝴蝶扇动翅膀"也能造成意想不到的"大洋彼岸的龙卷风"。

因此，未来不可预测，但未来是从现在开始，全球化进程不可阻挡，千里之路始于足下，我们可以做好现在的事情，在既有的规律指引下，蓝绿化、城镇化、数字化、矩阵化，多元一体，做矩阵式规划，构筑未来城镇范型，呈现格局之重，开物致精，竞合之美。

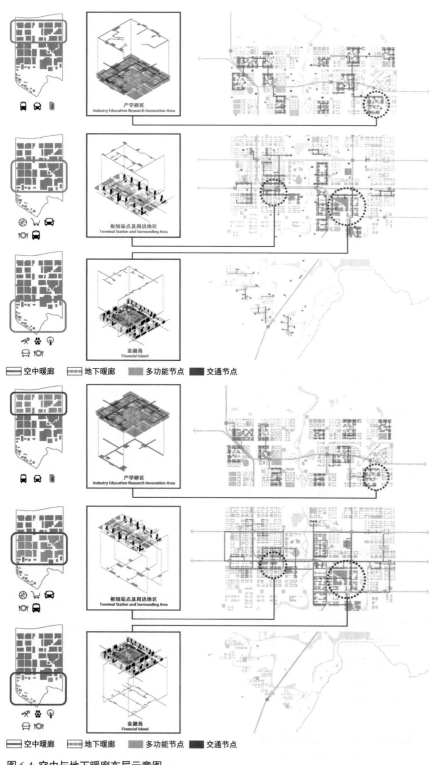

产学研区
Industry Education Research Innovation Area

枢纽站点及周边地区
Terminal Station and Surrounding Area

金融岛
Financial Island

产学研区
Industry Education Research Innovation Area

枢纽站点及周边地区
Terminal Station and Surrounding Area

金融岛
Financial Island

▭ 空中暖廊　▭ 地下暖廊　■ 多功能节点　■ 交通节点

图 6-4 空中与地下暖廊布局示意图

全球气候韧性

适应全天候变化，构筑 26℃共同城市，积极应对全球气候变暖趋势。

26℃城市，气候共同。 建立 26℃公共空间气候调节系统，冷热、干湿管理，控温控湿。冬天是暖，夏天则凉，形成点线面立体网络覆盖的城镇公共空间（地下连续通道、空中连贯通廊、地面散点控温控湿装置）。线性空中连廊，线性地下连廊，空中与地下的连廊共同形成连续的步行系统。立体控温控湿组团，密集功能服务区、综合立体商业空间，以及绿色生态连续空间。点式装置服务于公交站点、多功能服务设施的控温控湿。采用可再生能源，地热能与太阳能，对于公共空间的气候调节系统进行能源供给，实现零碳排放。26℃城市通过绿色设计与智慧控制，形成智能控制体系。建设全天候步行系统，1/3 地下，2/3 地上，立体城市，让酷暑寒冬的南北方城镇更加和谐，夏日凉城，冬日暖城，形成优质的公共服务与资源配置能力，宜居典范，健康喜悦。

南北方城镇的气候差异较大，26℃城市（人体热适应 20 ~26℃之间），冬天会暖，夏天则凉；形成点线面立体网络覆盖智能控制的室内全天候空间，即地下连续通道、空中连贯通廊、地面散点控温装置；利用可再生能源，零碳排放；实现恒温、助力，以及无障碍步行体系，与各式交通工具无缝连接。赤道、低纬度地区，以及寒地、高纬度地区，全天候步行系统应该是连续不间断，譬如香港、卡尔加里，雄安新区；中纬度、温带地区则不一定连续，如长江流域地区。城镇气候韧性是通过室内公共空间的改善来实现的，建立 26℃公共空间热湿气候调节系统，其比例越高则适应气候的能力亦即气候韧性也就越强。

26℃城市全球支持体系，可以帮助人类跨越温带，在更加广阔的南北纬度，高低海拔，南极北极，太空深海，直至宇宙空间，实现自由的生存。

全球地缘韧性

顺应全地候明法，构筑立体蓝绿体系，积极应对全球海平面上升趋势。

蓝绿结构，生态共同。 蓝绿化，顺应地球折线，适应气候，因地制宜，修复格网化蓝绿空间系统，发现结构性地球。配合整体生态格局，形成水网绿网交织结构。水网：外水流畅，内水充盈，层级水法，结合水系全方位塑造多层立体城市公共魅力空间。绿网：形成多样化城镇绿地，提供各种休闲、教育、亲水活动、林荫大道、生态栖息地等细化成不同类型绿地系统。通过蓝绿斑块及通风绿廊布局缓解热岛效应，提高城镇绿化率，实现冬季与夏季体感温度舒适。同时，与城镇外围地区生态空间结构连接起来，顺着地球大蓝绿结构，将建设融入自然。

持续发展，生命共同。冰川融化，海湖平面上升，森林大火……由于人类活动造成的气候变化所带来的负面影响正在不断显现。每年的 6 月 5 日是世界环境日。2021 年 6 月 4 日，联合国秘书长安东尼奥·古特雷斯警告称，"未来十年是避免气候灾难、扭转致命污染浪潮、终结物种灭绝的最后机会。"古特雷斯表示："我们正在破坏维持人类社会运转的生态系统。在自然界退化的过程中，我们面临着丧失赖以生存的食物、水与资源的风险。"环境退化已经破坏了世界上 40% 人口的福祉。但他还明确表示，地球是有恢复能力的，人类仍然有时间扭转自己造成的破坏。城镇作为一个供大量人口生活的人造空间，在经过近百年来蓬勃的发展后，必须要正视并思考与自然的关系。零碳排放是许多未来城镇的构想之一，通过设置高效自足的能源系统，有效处理城镇污水与废弃物，减少城镇在更长的时间跨度中对自然界的影响与破坏，实现长久、可持续的城镇生活。

外师蓝绿，中得城镇。未来的城镇与自然并非对立关系，我们可以通过可持续的设计共存。监测海岸线与冰川线的变化，控制 200 千米海岸线内人类的生存密度与开发强度，实现不同阶梯、不同流域人类有序流动与均衡发展，类似意大利的台地园，构筑全球阶梯式立体网络城镇体系。第三阶梯高台（海拔 5 米及以上，分层级）建城，立体城镇；顺雨脉、雨窝蓄淡（自然地貌海拔 20 米、66 米及以上多级蓄淡），低海拔海岸带城镇要与后方高海拔内陆城镇结盟，建立阶梯之间生命通道，保持高等级公路、铁路 10～12 米及以上连通。预计到 2050 年，全球 90% 的大城市都会面临海湖平面上升的问题。在此前提下，还应设计出漂浮在海面上由模块化社区组成可以无限扩展的新型城镇形式，保证人类的活动不会对海洋生态造成破坏。实现不同阶梯、不同纬度城镇格局的均衡布局，全球城镇格局与建城方式将发生重大改变。生态盛衰，则城镇盛衰，外师蓝绿，中得城镇。

全球秩序韧性

坚持全人类至上，促进地球文明进步，积极构建人类命运共同体。

合理增速，命运共同。人口的快速增长，使得城镇化井喷，从 1800 年的 6%，发展到 2020 年近 60%；人口规模也从 10 亿人，发展到 2022 年的 80 亿人，人类只用了 200 多年的时间。全球人口的急剧膨胀，给人类赖以生存的地球造成了无形的压力与沉重的负担，查尔斯·哈珀在数十年前就已指出："庞大的全球人口数量，意味着我们将会有更少的选择余地、更少的斡旋空间，一个级别更低的资源基础与比以往历史更缺乏从环境损害中吸收与恢复的能力"，将人类拖入高位 - 低水平均衡的"规模泥潭"，陷入贫穷，而贫穷是无法通过无限制的物质增长终止的；它必须通过人类物质收缩来解决。适应地球气候的变化，积极应对海（湖）平面上升，保持人口合理规模与人均空间资源占有量，控制人口结构，减缓老龄化进程，保持生物多样性与文化多元性，避免战争与控制瘟疫，是人类解决资源短缺、应对天地人祸、远离饥饿贫穷的正确途径。

保持稳定，人民至上。坚持以人民为中心的公权秩序必须大力发展公权物业及其公共物品，避免公权资源小产权化倾向，以及城镇发展过程中由于缺乏足够的公权物业而不断要寻找民利物业变更的窘境，让人民享有使用最大价值土地的公有权利。城镇一开始就应该将最好的资源预留出来，包括高台、绿地、水岸、湖畔，成为公权物业及其公共物品的所在位置。公权物业及其公共物品可以由政府公权机构或社会非赢利机构持有或运营的非私有化结构性大产权物业，它是人民至上城镇治理的基本制度与立体框架，能够包容国家或城镇等重大要素承载，生活或生产等日常要素流动以及救灾或应急（战时）等不确定性要素管理的所有需求，人民广场与博物馆群是未来城镇中心的重要选项，是城镇文明程度的表征。匹配"人人秩序"，竞合与竞争，共同与联合，保持社会的稳定、经济的发展与文化的繁荣，中华文明"一体多元"，全球文明"多元一体"。

全球空间韧性

遵循全物候成理，让空间格网具有思维属性，三重构建智慧数字地球。

图 6-5 不同气候条件下的珠江新城

重格局，结构性地球，格局为规划。

城镇结构，城镇共同。 城镇化，是人类文明与社会生产力发展的必然趋势。百年来，人们对于未来城镇提出了各种各样设想，在科技不断进步的当下，一些设想正在不断接近现实。未来城镇不仅应该是高密度、高科技、高效率的，还应该更加人性化，为居民提供更多体验与交流的空间；面对更广阔的自然环境，未来城镇将不再是强烈对抗的姿态，而是顺着蓝绿结构，通过新的能源方式与自然之间寻求长久共存；同时，未来城镇还应该保留自己的历史，不再是推到重来，而是顺着历史脉络，不忘过去的记忆，将老城镇改造成为未来城镇。部分未来城镇的设想已经在老城的实验与评估之中，而更多新的可能，正在等待人们去创造与发掘。家是小小城，城是大大家，城镇结构里的蓝绿以及蓝绿结构上的城镇依旧是未来人类存在的主要形态。

精开物，精细化文明，开物为设计。

共生立体，法式营造。 多元、多样、多尺度的立体空间营造回应气候、地缘与认知的特征，法式营造。立体城市坚持蓝绿格网、竖向发展、产城一体、立体公服、绿色低碳、智慧高效的规划策略。通过自然蓝绿结构，城镇天际线与自然形态的充分融合，实现城镇到自然的过渡及人与自然的和谐，实现城镇可持续发展；同时，通过窄路密网、共同管沟、地下空间、二层连廊等手法构筑"立体城市"，适用空中花园、遮阳措施、垂直绿化、26℃城市，全天候步行体系等策略，完善城镇的布局和形态，改善城镇的低密度分散化倾向，适度提升城镇密度，形成优质的公共服务与资源全方位配置能力，立体城市其本身也是蓝绿格网台地式的立体建造，进而实现节地、节能、生态宜居的未来城镇。

法式营造就是要将天地要素、方圆形式与认知实践结合起来，将古老智慧、传统神韵与现代技术结合起来，可以保持相对少数的传统形式，建造相对多数的现代形式，在传统形式与现代形式之间建立关联，低层建筑有第五立面要求，而高层建筑则注重底层街道景观以及顶层天际轮廓线的安排，得意立形，得意见形，营造形意兼备的中西方现代化景象。

享竞合，数字化世界，竞合为人人。

数字结构，数字共同。 数字化，引领空间营造数字革命，数字城镇与实体城镇同步规划、同步建设、同步编织、数字孪生。规划是空间要素与形式数字化过程，其本身是一套数据体系，建立城镇之"脑"智能治理体系，完善智能城镇运营体制机制，构建汇聚城镇数据与统筹管理运营的智能管理中枢，推进城镇智能治理与公共资源智能化配置。根据发展需要，可建设多级网络衔接的市政综合管廊系统，推进地下空间管理信息化建设，保障地下空间合理开发利用。以城镇安全运行、灾害预防、公共安全、综合应急等体系建设为重点，提升综合防灾水平，让人民享用技术集成与技术创新的成就。

数字孪生，地球之"脑"。 将城镇连接起来，给地球装一个"脑"，数字地球，顺应地球结构性关系，蓝绿结构，城镇结构，矩阵结构，数字结构，让地球思想起来，参与星权秩序的构建。规划实践可以看成是数字地球的架构实践，人类终究会消除时间（信息）与空间（交通）的鸿沟，文明实现自洽，天下渐进归仁，共同开启以地球文明为基石的星际文明的历程。

矩阵格网，包容流动。 矩阵化——天地矩阵与人文矩阵，也即是蓝绿结构与城镇结构，沉淀自洽为思维矩阵，广化旋回为空间矩阵。反过来，空间矩阵又遵循思维矩阵将人文矩阵结合起来，融入到天地矩阵。如同"九宫格"，空间矩阵既是空间的要素纵横规律，也是空间的形式格网法则。规划实践对应于要素"三道"矩阵的深度适应性时空关系，以及形式"四线"格网深度适应性的时空营造。矩阵至人本，格网生宇宙，空间阐释时间，时间塑造空间。规划实践真正的创新不仅在于创造"九宫格"式或者"同心圆"式的实体，还在于设计出可操作的结构性策略以应对多样而复杂的不确定性，规划实践是对"天、地、人"三道四线要素与形式及其红利与韧性的结构性再组织过程，在既有的规律与法则指引下，从共生到立体，从形式到意义，预见可知的未来。

人类就是这样从被动迁徙到主动适应，积极应对气候变暖与海平面上升，从"气候（冷暖）韧性"、"地缘（侵退）韧性"、"秩序（兴替）韧性"，到适应全天候、全地候、全物候的"空间（立体）韧性"，以及基于气候的"格局"，基于地缘的"开物"，基于人人的"竞合"，三重构建地球数字共同体与人类命运共同体，避免与减缓聚集性灾害发生，知止而安，因定生慧，地球的"韧性"以及"任性"的地球，使人类在更加广阔的天地里繁衍生息。

中西方文明的各自轨迹不会改变，却可以相互借鉴、共建、共享，而中西方从地缘文明走向全球文明则需要构建空间哲学。混沌世界中的认知在不断地旋回自洽。中国哲学，将自然视为混沌，为人类之始，万物之源，天地之道，方圆之理，人类从中发现、感悟、组织与成长。这种学说可以使人类主动驾驭与组织各类要素与形式，紧扣人类生存与发展的需要，创新"三生万物"的崭新天地，从而推动人类社会化、产业化、城镇化、全球化进程与星球化构建。需要一种更为整体包容、矩阵格网的认知方法，走向更加连续复杂、共生立体的空间哲学。

6.2 天地人常，空间哲学

天地人常，天地相参，宇宙同源，可以涵盖乾坤；历时气候，共时地缘，可以旋回自洽。中西方文明的各自轨迹不会改变，却可以相互借鉴，共建、共享，而中西方从地缘文明走向全球文明需要构建空间哲学，则是中华文明对人类社会的贡献。中国大陆有着地球上最完整的"九宫格"地缘形胜，四条温带纬度，四大地理阶梯，四大东西流域，四大人群（士农工商），中国大陆有 100 万年的人类史、1 万年的文化史、5000 多年的文明史，也就拥有最包容的地缘文明，由天地（宇宙）矩阵，到人文（人本）矩阵，再到空间（立体）矩阵，是一个连续且复杂的矩阵思维（纵横）过程。有之以为利，无之以为用（《老子》第十一章）。

涵盖乾坤

空间哲学是关系总和，是要素与形式管理的科学，"天、地、人"空间关系总和，**空间两观，涵盖乾坤。**

空间是人类活动所有要素与形式及其边界关系的总和，空间可以一分为三，即要素、形式与边界，要素的边界就是形式，形式的边界构成要素，天地要素旋回，方圆形式自洽，本质是"天、地、人"空间关系的总和，天，天主气候，气候影响历史，主要关系是"日"与"月"之间的关系；地，地主地缘，地缘决定文明，主要关系是"山"与"海"之间的关系；人，人主秩序，人类趋利避害，其主要关系是"人"与"人"之间的关系。而"日"与"月"，"山"与"海"以及"人"与"人"关系的边界，从形式到要素，三道四线，天地纵横；再从要素到形式，六合九宫，方圆默契，一体多元，旋回自洽，八八六十四系辞，中西方尽然。

空间气候观（学），流域旋回。气候是空间营造的历时属性。天，天主日月，主要关系是"日""月"之间的关系，气候影响历史。流域、纬度相差 13 ~ 17 度（平均 15 度），海拔、阶梯相差 1300 ~ 1700 米（平均 1500 米），与年平均气温差异值 13℃ ~ 17℃（平均 15℃）相当；流域、纬度累积 13℃ ~ 17℃（平均 15℃）或者阶梯、海拔累积 7.8℃ ~ 10.2℃（平均 9℃）的温差变化，就会完成一次单向纬度（流域）或者阶梯（海拔）旋回，与人体热、湿适应与可忍受的温度、湿度范围基本一致（增减 15℃ 或 15%）。天地矩阵中的四条流域线与四条纬度线，人类随冷暖更迭、干湿转换，在流域、纬度或海拔、阶梯之间，通过密度调节实现空间营造。人类向阳而长，平均 15℃ 的气温差异就足以影响人类纬度超过 2000 千米、海拔超过 2000 米的大规模来回迁徙，并可能深刻改变后来的历史。四时有明法，实现"气候自洽"。

可以衍生出空间气候学（天地矩阵之天）、空间历史学、空间考古学、空间进化论等。

空间地缘观（学），阶梯旋回。地缘是空间营造的共时属性。地，地主山海，主要关系是"山""海"之间的关系，地缘决定文明。在亚欧大陆北纬中段 25 ~ 40 度之间的区域，是人类活动相对安定的 15 度，呈现的是农耕林状态，而南北 15 度，即北纬 10 ~ 25 度之间的热带季风海域，以及北纬 40 ~ 55 度之间的寒温带草原，则呈现的是渔猎与游牧状态。青藏高原是地球第三极，人类文明的宝库。天地矩阵中的四条海岸线与四条阶梯线，人类随陆海侵退、流域丰枯，在海岸、冰川、阶梯与流域线之间形成蓝绿、城镇结构，以及立体网络形态。海拔 200 米以下、海岸线 200 千米以内的海岸带是食物来源与淡水资源最丰富与最充沛区域，人类向海而生，四条海岸线，高差不到 200 米，却足以影响到人类在四大阶梯上高差超过 2000 米的大规模来回迁徙，并可能重新定义后来的文明。天地有大美，实现"地缘自洽"。

可以衍生出空间地理学（天地矩阵之地）、空间文明史、空间工程学等。

空间价值观（学），认知旋回。天地是空间营造的认知属性。人，人主秩序，其主要关系是"人"与"人"之间的关系，人类趋利避害。一分为三，合三为一，中西方哲学"三道"纵横，都是"天、地、人"或者"意识、物质、认识"的关系总和，天地人常，无论巫鬼神灵，还是圣贤哲思，抑或日常生活，神学连接了前世往生，而哲学则延续了过去、现在与未来，都深刻表现在人们的日常生活上，形成价值与秩序。四类"人"群，士、农、工、商；四本"经"，易经、佛经、圣经、古兰经。在天为象，在地成形，天地矩阵，人文矩阵；道德水平，技术进步，九宫秩序，在人则象形，同构同源，化作图腾之"方"与音律之"圆"；哲学之"方"与神学之"圆"；或者中国之"方"与西方之"圆"，人类向好而行，基于气候、地缘与认知通过秩序调节实现空间营造。万物有成理，由"气候自洽""地缘自洽"到"认知自洽"，三合为一，从而实现"哲学自洽"。

人的不确定性，六合之外，存而不论，六合之内，直连直达。可以衍生出空间社会学（天地矩阵之人，穿透阶层）、空间经济学（经济霸权学、亚里士多德、亚历山大、殖民、美国，六合之内不必经过渠道、平台，要素可以直连直达）、空间政治学（政治贤能学、仁政义理、柏拉图哲学治国、马克思、列斐伏尔、福柯，跨越地缘，人类命运共同体之内人人可以直连直达）、空间意象学（符码与语言，图腾与音律的象征体系）、空间思想发展史、空间技术发展史等。

空间矩阵观（学），时空旋回。天地与方圆是空间营造的要素与形式。要素主天地，形式主方圆，其主要关系是"天"与"地"以及"方"与"圆"之间的关系，空间承载秩序。天地人形，指的是天地矩阵与方圆格网，沉淀自洽为思维矩阵，广化旋回为空间格网，也即是天地蓝绿结构与方圆城镇结构。其"天地"要素与"方圆"形式是日月、山海、人人、万物，以及基于"巫鬼与神话""图腾与音律""哲学与神学""科学与玄学"等认知的要素与形式隐喻，本书提出"矩阵+"空间营造的方法，形成空间营造"一方矩阵""三道四线""六合九宫""天地纵横"的认知过程；河洛之"方"与太极之"圆"，亚里士多德之"方"与柏拉图之"圆"，"九宫格"格网与"同心圆"圈层，在地"方"中有天"圆"，在"九宫"中有"同心"，从"线性"到"矩阵"，从"原型"到"秩序"，构筑人类多元多样多值的生息框架，由"哲学自洽"，实现"空间自洽"。

人的不确定之确定。可以衍生出空间原型学（基因）、空间矩阵学（九宫格与同心圆的转换，矩阵哲学、极点神学，"矩阵+"，"格网+"）、空间方法论等。

空间实践观（学），格局开物。规划是预见未来的空间实践。用，用主竞合，其主要关系是"格局""开物"之间的关系，规划预见未来。天地人用，"天"分"日月"演"易"，"地"分"山海"成"经"，"人"分"人人"归"仁"，人类文明呈现出时空传播的显著特征。无论要素与形式，矩阵与格网，共生与立体，涉及"敬畏与传承"、"生存与发展"以及"灾害与安全"三大基本内容，旋回性沉淀，自洽性广化以及周期性提升的过程，都是对空间韧性恰当的把握与运用；象天法地，格局；礼序营城，开物；仁义均等，竞合。遵循"矩阵+"空间营造的理论，从无序到有序（道德水平，行同伦，礼序）、低效到高效（技术能力，技同法，营城）、竞争到竞合（全球化，序同好，乐和）的主动作为，天地之间，趋利避害，象天取圆，法地择方，矩阵+三道、四线、六合、九宫，将纵向规律与横向法则应用于丰富多彩的规划实践。传播文明，"城"就未来。

一切学问，到了顶峰，都会是一种时间框架下的"空间"状态。

综合起来可以分成三大空间研究类别。其一是空间食物与医药科学，食（药）物技术：农业科学，医药科学，食药同源（民以食为先）；其二是空间自然科学与工程技术，工（器）具技术与营（制）造技术：理学（数学、天文学、光学、物理学、化学、地理学），工学［工程与技术科学（材料、营造、交通、信息等）］；其三是空间人文历史与社会科学，日常生活的方式与方法（包括哲学、神学、经济学、法学、教育学、文学、历史学、管理学、艺术学、军事学，以及中国传统儒、法、兵、道、墨、名、阴阳、纵横、厚黑等等）。这其实也是人类自然属性与社会属性的相关科学的空间研究。

空间内涵要素与形式选择，与其气候特征、地缘结构、认知体系高度匹配，是一种意识形态。中国巫鬼以图腾广化方式传播，后世"九宫格"是这一文化最准确表"意"形式，呈现出矩阵旋回的空间或时间并行的面性运动方式；而西方巫鬼以音律广化方式传播，后世"同心圆"是这一文化最准确表"音"形式，呈现出螺旋上升的空间或时间向心的线性运动方式。这其实也是空间延续中西方巫鬼文化要素，以及"方"与"圆""原型"形式的分异，空间"秩序"层次展开就是要素与形式的连接与组织方式，也就是全天候、全方位、全龄段等天地人常的管理方式，空间哲学成为定位哲学，定位"人"，定位"事"，定位"空间"。在中国人看来，"天地十字"+"方圆九宫"，就是城（City），就是文明（Civilization）。在既定的空间价值观的影响下，空间即政治，空间营造是"一个构建的过程，而不是恢复的过程"，主要是由现在的道德、技术、秩序所形成的政治选择。空间营造既可以看作是对过去的一种旋回式的构建，也可以看作是对过去的一种自洽式构建。人类通过对过去空间价值观的自相似性研究来启迪现在，而现在又是未来的过去，人类就是这样旋回性、自洽式地构建自己，赋予空间生长以生命体征。同时，受时间参数的影响，空间构建过程也存在着明显的周期性规律，空间通过旋回强化，天时、地利、人和，要素特点、形式特征与边界特色才会被最终自洽彰显出来，从而实现人类生命与空间场所自由构建与利用。相应于"数据＋算力＋算法"的逻辑与辩证，要素与形式可以量化为数据矩阵，算法确定数据关系，算力决定数据边界，算力有多强，要素与形式的边界就有多大。规划师象"天"知"象"，大象无形；法"地"识"辞"，大道至简；礼"序"应"变"，大音希声；营"城"预"卜"，大方无隅；由天地（宇宙）、人文（人本）、思维（纵横）到空间（立体）的矩阵特定要素，知其圆，守其方，原型自洽，秩序旋回，并以空间特定形式，或"方"或"圆"予以呈现、持续与演绎，而后实现营造特定意图，人间乐和。天地人常，多元一体，日月、山海、人人，以至万物，人类寻找其中的平衡，其核心就是"天地"与"方圆"、"宇宙"与"人本"以及"哲学"与"神学"的平衡，涵盖乾坤。

旋回自洽

空间哲学是规律总结，是要素与形式关于"意识"的整体性与可持续性，"物质"的复杂性与连续性，以及"认知"的包容性与流动性，亦即事物的确定性与不确定性的三大层次的规律总结，**本原三道，旋回自洽。**

旋回成矩阵，自洽为哲学，矩阵哲学是空间哲学的基础。人类生活在一个结构精巧的世界，"天、地、人"是一个时空框架，人类只是时间与空间的一种存在形态。决定空间活动的三大要素是"天、地、人"。天地人常，本书以气候（冷暖更迭）、地缘（陆海侵退）与认知（秩序兴替）的矩阵演绎综合断代，"天"分"日月"演"易"，"地"分"山海"成"经"，"人"分"人人"归"仁"，人类文明呈现时空传播的显著特征。无论早期人类的巫鬼神话，还是图腾音律，抑或无论现代人类圣贤哲思，还是科学道理，再或者无论士农工商，还是宗教道德，最终是关于"天、地、人"的认知能力，产生基于意识、物质与认知的"本原"形式；以及形成基于逻辑、辩证与矩阵的"思维"方法。日月冷暖，空间在南北向旋回，自洽气候历史；陆海侵退，空间在东西向旋回，自洽地缘文明；两者叠加，趋利避害，空间呈东南至西北向沿地球折线旋回，自洽人类秩序。天地人形，本书将逻辑、辩证等线性思维置于九宫框架之中，纵横为矩阵思维，并由此展开基于空间要素与形式的理论思考。思维不被具体要素的片面性所带入，任一要素居于中宫都是其他四组要素纵横旋回与自洽的结果，假若单独存在，这些要素既不充分也不全面，更难以立体地表现空间"物质"的复杂性与连续性，或者"认知"的包容性与流动性等概念，从而建立纵向与横向的要素综合，反映出"意识"的整体性与可持续性。

无论气候、地缘、认知与空间，旋回是一种周期现象，自洽则是一种韧性选择。至此，流域旋回、阶梯旋回，天地九宫，以及辩证与逻辑的认知旋回，思维矩阵；气候自洽，地缘自洽，天地具象，以及辩证与逻辑的认知自洽，思维抽象，两者相加，纵横捭阖，就是哲学旋回与自洽的要素规律。天地矩阵、人文矩阵、思维矩阵、空间矩阵，历经 8000 年（自燧人氏起）自相似性（原型自洽）实践与分形迭代（秩序旋回）成为中国人空间自洽与旋回的形式特征。在"方"中有"圆"，在"九宫格"中有"同心圆"（可以"方"或者"圆"）；在"算力"中有"算法"，在"生产力"中有"生产关系"；在"竞合"中有"竞争"，在"共同"中有"联合"；在"对立"中有"统一"，在"辩证"中有"逻辑"；在"天地矩阵"中有"人文矩阵"，在"思维矩阵"中有"空间矩阵"。总之，"沉淀"至"广化"，"旋回"生"自洽"；合纵连横，循环往复，敬天爱人，迭代维新，人类不断提高自身认知水平与哲学高度，并呈现出矩阵式规律的认知方式，这就是"天、地、人"三道纵横的"矩阵哲学"，而源自于天地象形四线格网的"九宫格"，或者天地（宇宙）、人文（人本）、思维（纵横）及其空间（立体）矩阵也便是"矩阵哲学"的形式表达。

空间是流动的，人不能两次进入同一处空间。**旋回"永无止境"，自洽只是"短暂瞬间"。**

人类通过自洽来结束旋回，但旋回"永无止境"，即永续；自洽只是"短暂瞬间"，即永恒。旋回是时间在空间的延续，自洽是空间对时间的记录。旋回是绝对的，自洽是瞬间的，而韧性则是相对的，气候、地缘与认知，在相对"空间"与"时间"中的稳定状态，永续则永恒，在旋回中自洽，在自洽中旋回。

矩阵思维是空间哲学的基础，空间哲学是对"宇宙空间"与"人本空间"的认知，应用于"天、地、人"或者人类意识空间、物质空间，以至认知空间要素纵横"三道"矩阵的构建，而最终又归结于对"宇宙空间"与"人本空间"本身形式纵横"四线"格网的构筑实践。一方水土一方人，一方矩阵一方城，就是指人类在相对的时间（水）与空间（土）中思想（矩阵）与文明（城）的成就。因此，空间哲学是一种实践的哲学，是实现方式。反映人类社会的自然法则（人同天，成理）、道德水平（行同伦，礼序）、技术能力（技同法，营城）、全球化进程（序同好，乐和）与未来星球化构建，延续人类历史与文明。

虽然科学与玄学是未来的主旋律，但哲学与神学依旧是其基础，在已知与未知之间，科学是哲学的化育，玄学是神学的延续。而相对本原而言，神学归于意识，科学归于物质，哲学则归于认知，神学与科学都是绝对的，而哲学则是相对的。哲学维护了神学，而又维新了科学，并将神学与科学连接了起来；或者说，执两用中，哲学在神学与科学之间取得了平衡。

旋回之道，自洽之理，空间哲学不就空间营造具体技术讨论，而就空间认知整体框架探索。无论中西，寻求空间关联学科的共同基础，包括有空间气候观、空间地缘观、空间矩阵观、空间原型观，以及空间实践观等五个方面的知识构建，就自然、技术、思维、形式、秩序与空间等，暨自然科学与社会科学领域自相似性原型自洽（广化）与分形迭代秩序旋回（沉淀）作出规律性探索，这当然也是人类生存空间的韧性探索，即纬度旋回，气候自洽；阶梯旋回，地缘自洽；认知旋回，哲学自洽；空间旋回，九宫自洽，历经 3000 年成为中国人空间矩阵共生立体的形式特征，也在之后，由"九州"到"五洲"，演变成为全球化进程中人类"天地人常、天地人形"的空间理想。

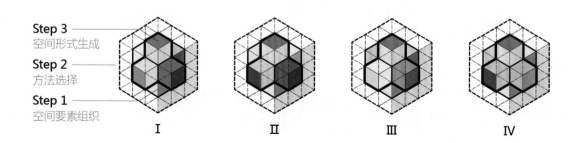

图 6-6 天地要素魔方图

方圆

文明

方城 格网 圆郭
方形 **形式** 圆形
方山 原型 圆海

历史

食物

网络 生命 智能
交通 **技术** 信息
能源 数学 材料

工具

生产观

入世·道德

社会

等贵贱

发展 安全 生存
公权 **秩序** 民利
义理 仁义 心性

均贫富

礼法

气候

离日 乾天 坎月
兑泽 **自然** 震雷
艮山 坤地 巽风

地缘

生态观

宗教

辩证观

物质 认知 意识
客观 **哲学** 主观
唯物 实用 唯心

意识

出世·道理

逻辑观

地域 文化 时代
城镇 **空间** 产业
土地 制度 资本

Step 3
空间形式生成

Step 2
方法选择

Step 1
空间要素组织

Ⅰ   Ⅱ   Ⅲ   Ⅳ

304

6.3 天地人形，永续永恒

天地人形，六合九宫，矩阵格网，可以天地纵横；象天取圆，法地择方，可以方圆默契。中国哲学是全要素与形式思考，矩阵认知，是指导空间营造的最全面认知与方法，主张"相对空间"与"相对正确"，永续传承；而西方哲学是具体要素与形式思考，线性推演，是指导空间营造的具体认知与方法，主张"绝对空间"与"绝对精神"，永恒传承。天地纵横，要素流动；方圆默契，形式连续；永续永恒，边界包容，而边界也是形态，可以化腐朽为神奇，经得住时间的检验。

天地纵横

空间哲学是要素矩阵，是关乎人类空间及其属性，"天、地、人"三道四线衍生出来的自然、技术、秩序、哲学、形式与空间等恒定不变要素矩阵的六合九宫，**两观旋回，天地纵横。**

"空间"的主体是人类"活动"，对应于人类"二种属性"（"自然"与"社会"属性，即宇宙与人本，空间两观，天人合一）和哲学的"三条主线"与"三个本原"，"天、地、人"三道纵横，即"意识"本原（"天"与"唯心""心性"），"物质"本原（"地"与"唯物"、"义理"）以及"认知"本原（"人"与"实用""实行"），本原三道，"纵、横"排列。"三道四线"对应"六合九宫"，"意识"本原可对应"秩序"与"哲学"维度，"物质"本原可对应"自然"与"技术"维度，"认知"本原则可对应"形式"与"空间"维度。本原空间均可"孪生"为数字空间，数字空间也可"实证"为本原空间，反映在空间的生长、致密与边界控制，以及人类早期探索，从"原型"到"秩序"，从"形式"到"形态"，"个体"到"整体"，终至"天地纵横"。

空间生要素，要素生纵横。"之所以极深而研几也，唯深也，故能通天下之志；唯几也，故能成天下之务"。"唯深唯几"，形成基于人本与宇宙的空间（营造）要素六合大九宫：首先，"一分为三，三三得九"，构成了"天、地、人"的相互关联、并行的纵横要素思维矩阵，纵向要素则具有"主线"联合性，逻辑关联，横向要素具有"本原"共同性，辩证并行，呈现哲学意味的"九宫格局"。纵三列为"三条主线"，生存与发展逻辑关系，经济发展为"天时"，资本、产业、时代，生产空间主线；社会发展为"人和"，制度、空间、文化，生存空间主线；城乡发展为"地利"土地、城镇、地域，生态空间主线。横三列为"三个本原"，要素与形式辩证关系，形而上者为"天时"，地域、文化、时代，"意识"本原（在自然与形式范畴内也可转化为"物质"本原）；具体形式为"人和"，城镇、空间、产业，"认知"本原；形而下者为"地利"，土地、制度、资本，"物质"本原（在秩序与哲学范畴内也可转化为"意识"本原）。其次，"三合为一，九九归一"，"十"字"五位"，自洽归纳，空间就是对"人"的所有活动要素与形式及其边界的营造，需要"天时、地利、人和"，组空间"十"字，以人为本，横三列为城镇、空间、产业，纵三列为制度、空间、文化，"十"字中心为"空间"，一切活动的主体，空间与城镇、产业、制度、文化"五位一体"。再次，价值关联为生态安全（城镇、自然、生态、生存权）、意识形态（文化、宗教、神圣、继承权）、国土安全（产业、资源、安全、发展权）以及国家意志（制度、国家、意志、自主权）等，空间矩阵有着丰富的价值内涵。最后，纵"三条主线"，横"三个本原"，形成共时性二维九宫格，加上三条主线或三个本原所相对六要素维度，则构筑了营造"天、地、人"全要素"六合九宫"，六个中心块即自然、技术、秩序、哲学、形式与空间等恒定不变，实际上是空间与54类要素（6种9要素）之间的共生立体关系，"唯神也，故不疾而速，不行而至"，同构于"天地矩阵"，变"九宫象数"为"九宫要素"，旋回自洽成三阶空间魔方，这就是"六合九宫"。

纵横生矩阵，矩阵至人本。空间（营造）大矩阵，是关于空间全部要素与形式的共生立体大框架，因为要素规律与权重的差异，可以推演出无限可能的空间形式。空间要素与形式的数字化过程，也是空间哲学的数字化过程，可以孪生或者创造各种可能的空间来注解哲学，并以持续的营造成就人类所有可能的需要，为不确定的未来，带来空间的矩阵确定性。要素六合，"秩序"与"哲学"、"自然"与"技术"以及"形式"与"空间"等，与天地相参，与方圆相契，是空间要素"九宫共生"的矩阵"天地合"，也是空间形式"六合立体"的格网"方圆合"。人类遵循自然法则（人同天，成理），不断提高道德水平（行同伦，礼序）与技术能力（技同法，营城），终将打破彼此的畛域，推动自身社会化、产业化、城镇化与全球化的进程（序同好，乐和），延续人类历史与文明。其实，大道至简，基于认知思想的通透，规划的方法也就明朗了，隐喻哲学之"方"，神学之"圆"，本书提出"矩阵+"空间营造方法，这是一套关于规划实践的学问，懂得运用空间要素（数据）、边界管控（算力）与空间形式（算法）的纵向规律与横向法则，回归人人秩序的本质，言天地大美，议四时明法，说万物成理，喻人人规矩；同时，"九宫格局"，象天、法地、礼序、营城，矩阵格网，多元一体，实体环境与数字空间深度结合；"法式开物"，体现既适应气候，也因地制宜，可形成特色，会融入生活，能集成技术，最终创造价值的纵向规律，推动形成数字化营造法式；"人人竞合"，遵循生态法则、发展法则、空间法则、特色法则、集成法则以及竞合法则的横向法则，实现社会秩序、日常生活与场所空间的主动建造。因此，规划是一种快乐的空间实践，其至高境界，不仅是基于自然规律的场所构建，也是基于秩序规则的社会构建，还是基于美好生活的日常构建，更是应对各种不确定性的韧性构建，因而是空间哲学的实现方式。

是故《易》者，象辞变卜象也（易经系辞上部第三章）。规划实践是一种承上启下的历史责任：象也；规划实践是一种天地人常的管理方式：辞也；规划实践是一种天地人形的思维矩阵：变也；规划实践是一种预见未来的空间实践：卜也；象也者，像也，象又不像，可以包罗万象。这也是本书写作的主要目的，"一方矩阵""三道四线""六合九宫""天地纵横"。

方圆默契

空间哲学是形式格网，是关乎气候（冷暖）与历史、地缘（侵退）与文明、人人（兴替）与秩序、空间（立体）与营造等形式格网的实现方式，**三道自洽，方圆默契。**

就地缘特征来看，"方、圆"原型，是"山、海"的形式隐喻，即"方山"与"圆海"。青藏高原的标志不是珠穆朗玛，而是"方山"冈仁波齐，人类建造的金字塔概源于此。源于"九宫格"的四合院，其四合坡面向上延伸，交汇就成了四坡"方院"，中国人将其"虚心"就是"四合院"，形成住宅的基本原型，而其中虚空的"天井"，正好表达"人"与"天地"相参，这是一种哲学想象，基于"九宫格""天地图腾"关系的再创造，在人则象形，是中国古代百姓、士大夫及至"天子"日常生活的方式，并由官式最高级别重檐歇山"四坡"屋顶形式，到达中国礼制建筑的顶峰，而无论"四坡方院"还是"四坡屋顶"都隐含对"金字塔"某种记忆，让人联想到青藏高原上人类膜拜的"冈仁波齐"，或者分形学者洛伦·卡彭特（Loren C.Carpenter）的"金字塔"。而无论两河古苏美尔、古巴比伦，尼罗河古埃及，南美古玛雅，或者东、南亚古印度、柬埔寨（吴哥窟）以及古印尼（日惹婆罗浮屠或者古农巴东巨石建筑），更或者隐喻在"四合院"日常生活之中的中国，大概拥有黄种人基因特征的地区都有类似"金字塔"的建筑，或者城镇。上帝在东方的伊甸，为亚当与夏娃造了一个"圆海"。园子当中有河水在园中淙淙流淌，滋润大地。河水分成四道环绕伊甸：第一条河叫比逊，环绕哈胖拉全地；第二条河叫基训，环绕古实全地；第三条河叫希底结，从亚述旁边流过；第四条河就是伯拉河。作为上帝的恩赐，天不下雨而五谷丰登，这是一种亚特兰蒂斯式的"同心圆"结构。有意识的是，中国的铜鼓面饰纹最常见的是太阳纹，也是三晕圈或者四晕圈类似亚特兰蒂斯式的"同心圆"，晕圈之间是各种吉祥纹，鹭鸟纹、竞渡纹、云纹、雷纹、火纹等，鼓面外晕圈有立体的青蛙或者羽人浮雕，晕圈是环绕的河流，纹饰则是天、地、人的关系，似乎印证了柏拉图"青蛙环绕着水塘"的描述。"穹隆"是从平面的"圆"到立体的"穹"（球体）的飞跃发展，遗存较早的有罗马圣贤祠、伊斯坦布尔圣索菲亚大教堂、佛罗伦萨圣母百花大教堂、伦敦圣保罗大教堂、巴黎圣贤祠、华盛顿国会大厦等，技术不断提高，空间也更加复杂，苹果公司总部形式也是呈"圆"形，这便是希腊之光荣，罗马之伟大，西方之"精神"，让人联想到上帝为亚当夏娃建造的东方"圆海"伊甸园，或者分形学者贝若特·曼德尔布罗特（Bnoit Mandelbrot）"上帝的指纹"。而无论地中海古希腊、古罗马、南欧、西欧、北欧、东欧，还是新大陆的北美，抑或非洲、南美殖民地，大概拥有白种人基因特征的地区都有类似同心圆的建筑，或者城镇。

伏羲持矩（方），女娲执规（圆），无论早期探索，还是现代演绎，人类两种基本属性，形成两种思维倾向，产生两种空间原型，或者称两种形式基因，就是地"方"与天"圆"，冈仁波齐"方"与亚特兰蒂斯"圆"，只是"圆"无法分形相连，而"方"则可连"九宫"，可以实现快速扩展与连接。早期中华文明强调"宇宙空间观"说，而早期西方文明强调"神本空间观"说，就形制而言，中国巫鬼以图腾广化方式传播，后世"九宫格"是这一文化最准确表达形式，呈现出矩阵旋回的空间或时间并行的面性运动方式；西方巫鬼以音律广化方式传播，后世"同心圆"是这一文化最准确表达形式，呈现出螺旋上升的空间或时间向心的线性运动方式。

空间生原型，原型生方圆。河洛之方，化为太极之圆，方为初始，圆为终极。西方人可以把圆做方，由"绝对空间"到"相对空间"，落地为"十"字（方形），无论拉丁"十"字，还是希腊"十"字；中国人也可以把方做圆，由"相对空间"到"绝对空间"，落地为太极（圆形）两仪四象八卦六十四系辞。敬天爱人，"它权""我权"皆可融"方""圆"，隐喻"天地（气候，地方天圆）"与"山海（地缘，山方海圆）"、"宇宙"与"人本"，以及基于"巫鬼"与"神话"、"图腾"与"音律"、"哲学"与"神学"，或者未来"科学"与"玄学"等认知能力的"公权"与"民利"。早期人类借助"它权""神学"，完成对"天、地、人"的被动认知，并形成中西方不同地缘条件下"九宫格"格网与"同心圆"圈层的空间结构；现代人类则变"神"为"我"，通过"我权""哲学"，完成对"天、地、人"的主动认知，并形成全球化跨越地缘与意识形态之畛域，复合"九宫格"格网与"同心圆"圈层之空间矩阵。于是，空间旋回，九宫自洽，图腾之"方"与音律之"圆"；哲学之"方"与神学之"圆"；或者中国之"方"与西方之"圆"，"方、圆"可以默契，"龙、凤"亦能呈祥。

方圆生格网，格网生宇宙。就两种模式的基本形式"方、圆"而言，假定"方"代表已知边界，"方"中有"圆"，"圆"即为已知边界；"方"外有"圆"，"圆"即为未知边界，未知"圆"不断被认知，"方"就越来越大，反之亦然。"圆"受地球经、纬向蓝绿折线的自然限制，不可以无限扩大，而"方"则可以分解为"格网"，或者近似于"格网"，并无限连接，即为"大方"，然"大方"无隅，地球"表面"维度上的一切形式又必然融入到地球"经、纬"，再由"经、纬"聚合为"球体"，成为"球体"维度上的点、线、面、体，最终汇入到浩瀚无垠的宇宙之中，这其实就是空间的旋回，如同中国人"儒与道"或者"礼制与玄学"，西方人"柏拉图与亚里士多德"或者"马恩与康尼"，形式之"方、圆"也能互补。于是，我们看到的任何一种形式，日月、山海，人人以至万物，不过是"方、圆"或者空间自洽的一种结果。总的来看，中国河洛之"方"与太极之"圆"，或者礼制之"方"与风水之"圆"；西方柏拉图之"圆"与亚里士多德之"方"，或者巴黎之"圈层"与巴塞罗那之"格网"也是如此，哲学强化了对"方"的认同，神学则强化了对"圆"的认同，只是不同于西方亚里士多德之"九格"或者巴塞罗那之"格网"，中国"九宫格"的意义则在于使"格网"有了"天、地、人"三道四线宇宙哲学意味；也不同于中国太极之"圆"或者风水之"圆"，西方柏拉图之"圆"或者巴黎之"圈层"，西方"同心圆"的意义在于使"圈层"有了"上帝"的人本神学意味。而且，"九宫格"与"同心圆"之间可以相互转换，也就是说，正交坐标的"九宫格"，也可以生成极点坐标的"同心圆"。

地球上总有两种正交的构造"力"，使"十"字经、纬向构造折线成为地球上一切空间形式存在的基础，多元一体，无论"方"、"圆"。不仅是定位，也是空间组织的基本依据，所谓"天心十字"，从意识形态到实存环境，以及中国的象形文字（十、口、井、田）、九宫、营城等，宇宙"十"字均无处不在，融入地球经纬，而或"方"或"圆"组织空间形态，则是中西方文明分异的"选择"。"十"字经、纬向构造折线就是地球给人类或者万物活动立下的"规矩"，或者刚性"约束"，可以形成包括"蓝绿结构"与"城镇结构"的空间格

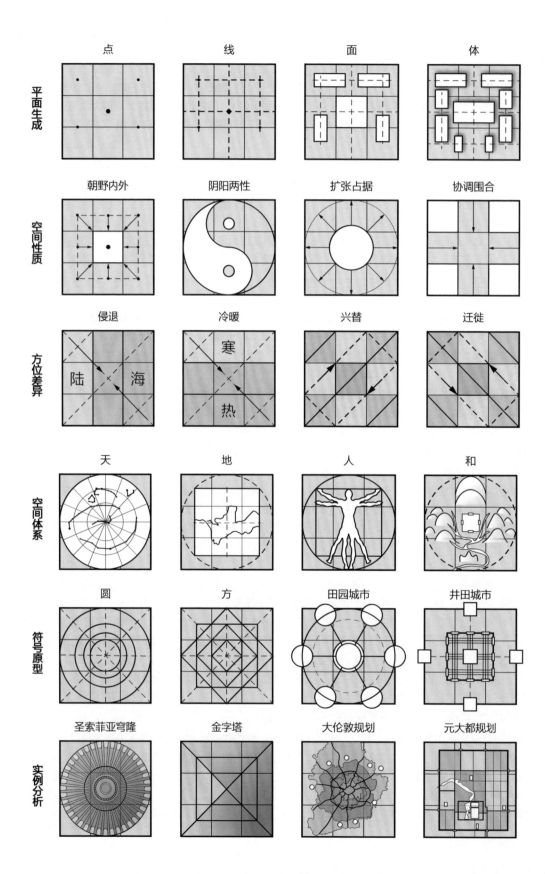

点　　　线　　　面　　　体

平面生成

朝野内外　　阴阳两性　　扩张占据　　协调围合

空间性质

侵退　　　冷暖　　　兴替　　　迁徙

方位差异

图 6-7　方圆形式九宫格

天　　　地　　　人　　　和

空间体系

圆　　　方　　　田园城市　　井田城市

符号原型

圣索菲亚穹隆　金字塔　大伦敦规划　元大都规划

实例分析

308

网秩序。源于"九宫格"的"格网+"可容"日"与"月"、"山"与"海"、"人"与"人"以及"方"与"圆"，人类应该顺应这个"格网"，共生立体，并不断赋予其结构性价值与文明。

要素的原型是"天地"，秩序为"矩阵"；形式的原型是"方圆"，秩序为"格网"。要素六合，形式九宫，终成空间魔方。

"九宫格"，既是士农工商的生活方式与生产方法，也是约定俗成的要素逻辑（辞象）与要素辩证（变卜）的思维矩阵，还是喜闻乐见的形式原型（分形）与形式秩序（迭代）的空间格网，是中国人日常生活的要素集成与形式总图，这应该成为空间哲学与空间营造史上的第一次重要理论飞跃。如此再进一步，从"九宫格"到"天地（宇宙）、人文（人本）、思维（纵横），以及空间（立体）矩阵"，象数要素化，要素矩阵化，将中国人象天法地与直觉思维所生成的"天、地、人"框架，转化成为自然科学与矩阵思维所形成的"天、地、人"框架，人类古老智慧与现代成就紧密地结合起来，沉淀出气候韧性、地缘韧性、秩序韧性与空间韧性，广化为地球"蓝绿""城镇""数字"与"矩阵"大结构，这是一套象征体系，可以解释成微观人类活动（生活、生产）与宏观价值构造（宇宙、人本）相结合以实现资源（自然资源与社会资源）兑现率最大化的一种政治、经济、社会与空间关系，要素纵横从天地到矩阵，形式法则从方圆到格网，矩阵至人本，格网生宇宙，三道四线，旋回自洽，全天候适应、全方位连通、全龄段友好、全时空感知，全要素集成、全周期迭代，由生命共同，到城镇共同，再到数字共同，善谋者格局而不争，善建者开物而不拔，善言着竞合而不辩，进而将中华文明的维新成就转化成为全球文明的创新基石，这也应该成为空间哲学与空间营造史上的第二次重要理论飞跃。

总之，空间哲学是关于人类活动空间思维的框架与规律，空间构成的要素与形式以及空间实践的方法与成就的深入探讨与阐述。涵盖乾坤，宇宙与人本即空间两观；旋回自洽，意识、物质与认知即本原三道；天地纵横，皆为两观旋回；方圆默契，皆为三道自洽；格局开物，皆为和羹之美。所谓道生一，人类"活动"，对应于空间；一生二，"两种属性"，对应于空间的宇宙与人本（空间两观）；二生三，"三个本原"，对应于空间的意识、物质与认知（本原三道）；亦即"空间"生"两观"，"两观"生"三道"，"三道"生万象，要素流动，形式连续，边界包容，则成大千世界（两观三道，六合九宫）。中西方文明根植于各自空间两观与本原三道的深入表达，汇聚为人类生存繁衍与发展文明的共同成就。

日月顺变，山海制宜，人人归仁，向善而为，其结果就是文明。本书试图打通与空间哲学关联的"天""地""人"知识框架，打开与规划实践关联的"天""地""人"专业视角，格局为规划，开物为设计，竞合为人人，向阳、向海、向好；善谋、善建、善言，推动形成具有形式象征意义的"天""地""人"三重构建，多元一体，蓝绿化、城镇化、数字化、矩阵化，将人类的智慧应用于全球化的空间营造。执其雄，守其安，让地球上每一个人都能够共享文明，共同发展，礼序乐和，美美与共。

常无则常有，永续则永恒。

间冰期1万年来，人类在"天、地、人"的空间框架中，不断探索。道可道，非常道。名可名，非常名（《老子》第一章）。无名天地之始；有名万物之母。故常无，欲以观其妙；常有，欲以观其徼。地球在飞速地奔跑，绕着太阳旋转，1秒钟运行29.8千米，随着宇宙穿梭，1秒钟运行360千米，人类在空间上的存在，时间仅为一瞬间，尽管如此，人类还要继续生存，还要延续发展，还要谦逊守常，还要笑对无常。人类智慧，本无畛域。是谓深根固柢，长生久视之道（《老子》第五十九章）。中华以其"中（宗）"应万变，西方万变不离其"中（宗）"，空间营造将使更多的人类永续生存下去。

人本是小小的宇宙，宇宙是大大的人本，地球是一个生命共同体。有"天地人常"，敬天爱人，纵横捭阖，其涵盖乾坤，且旋回自洽；有"天地人形"，在"天"，冷暖更迭；在"地"，陆海侵退；在"人"，秩序兴替；在"形"，其六合九宫，至方圆默契；有"天地人用"，九宫格局，法式开物，其多元一体，皆人人竞合；当然，还会有"天地人祸"，而无论天、地、人，任何一样失衡，都将是灾难性的。所以学天地，形方圆，做永恒，享"天地人和"，可以传播文明，"城"就未来。《老子》第三十五章：执大象，天下往。往而不害，安平泰。

2016 年 7 月 8 日，花城广场印象，笔者硬笔速写画

致谢

真诚感谢我的导师何镜堂院士，以及众多至亲挚友，他们的鼓励与支持，使我潜心思考，最终完成此著。

姜洪庆铭记于五羊学舍

参考文献

[1] 姬昌 . 易经 [M]. 杨权，邓启铜，译注 . 南京：南京大学出版社 .2019.

[2] 伯益 . 山海经 [M]. 方韬，译注 . 北京：中华书局 .2011.

[3] 周公旦 . 周礼 [M]. 吕友仁，译注 . 郑州：中州古籍出版社 .2018.

[4] 许仲琳 . 封神榜 [M]. 北京：大众文艺出版社 .2008

[5] 方诗铭，王修龄 . 古本竹书纪年辑证 [M]. 上海：上海古籍出版社 .2005

[6] 老子 . 老子 [M]. 饶尚宽，译注 . 北京：中华书局 .2018.

[7] 孔子弟子及再传弟子 . 论语 [M]. 陈晓芬，译注 . 北京：中华书局 .2016.

[8] 庄子 . 庄子 [M]. 孙通海，译注 . 北京：中华书局 .2016.

[9] 左丘明 . 国语 [M]. 陈桐生，译注 . 北京：中华书局 .2018.

[10] 左丘明 . 左传 [M]. 李梦生，译注 . 上海：上海古籍出版社 .2016.

[11] 先秦诸子 . 尚书 [M]. 顾迁，译注 . 郑州：中州古籍出版社 .2017.

[12] 司马迁 . 史记 [M]. 陈曦，译注 . 北京：中华书局 .2022.

[13] 贾思勰 . 齐民要术 [M]. 北京：中国书店出版社 .2018.

[14] 释迦摩尼 . 大藏经 [M]. 鸠摩罗什，译 . 沈阳：万卷出版有限责任公司 .2008.

[15] 摩西，马太 . 圣经 [M]. 吕振中，译 . 香港：香港圣经公会 .1970.

[16] 穆罕默德 . 古兰经 [M]. 马坚，译 . 麦地那：法赫德国王古兰经印制厂 .1987.

[17] 柏杨 . 中国人史纲 [M]. 杭州：浙江文艺出版社 .2020.

[18] 柏杨 . 柏杨全集 11：历史卷 [M]. 北京：人民文学出版社 .2010.

[19] 司马光 . 资治通鉴 [M]. 北京：中华书局 .2019.

[20] 北京大学哲学系外国哲学史教研室 . 西方哲学原著选读（上卷）[M]. 北京：商务印书馆 .1982.

[21] [意] 马可·波罗 . 马可·波罗游记 [M]. 余前帆，译 . 北京：中国书籍出版社 .2009.

[22] 解缙等 . 永乐大典 [M]. 北京：国家图书馆出版社 .2003.

[23] 永瑢等 . 四库全书 [M]. 南京：江苏科学技术出版社 .2008.

[24] [澳] 威廉斯 . 第四纪环境 [M]. 刘东生，编译 . 北京：科学出版社 .1997.

[25] [美] 撒迦利亚·西琴 . 地球编年史 [M]. 张甲丽，宋易，译 . 重庆：重庆出版社 .2010.

[26] 许靖华 . 气候创造历史 [M]. 甘锡安，译 . 上海：生活·读书·新知三联书店 .2014.

[27] [美] 狄·约翰 . 气候改变历史 [M]. 王笑然，译 . 北京：金城出版社 .2014.

[28] 马德 . 气候颠覆历史 [M]. 太原：山西人民出版社 .2017.

[29] [美] 埃尔斯沃思·亨廷顿 . 文明与气候 [M]. 吴俊范，译 . 北京：商务印书馆 .2020.

[30] 朱谦之 . 中国哲学对欧洲的影响 [M]. 石家庄：河北人民出版社 .1999.

[31] 冯晓虎 . 瞧，大师的小样儿 [M]. 北京：人民文学出版社，2008.

[32] 湖南省文物考古研究所 . 洪江高庙（全四册）[M]. 北京：科学出版社，2022.

[33] 李琳之 . 前中国时代：公元前 4000- 前 2300 年华夏大地场景 [M]. 北京：商务印书馆，2021.

[34] 广东省地方史志编纂委员会 . 广东省志：自然灾害志 [M]. 广州：广东人民出版社，2001:147-148.

[35] [法] 孟德斯鸠 . 论法的精神 [M]. 上海：生活·读书·新知三联书店，2009.

[36] 章太炎 . 国故论衡 [M]. 上海：上海古籍出版社，2011.

[37] 资质通鉴释文 [M]. 北京：商务印书馆，1965.

[38] [宋] 李诫 . 木经 [M]. 李际期宛委山堂， 1644-1911.

[39] [意] 马可·波罗 . 马可·波罗游记 [M]. 肖民，译 . 西安：陕西人民出版社， 2012.

[40] 孔庆茂 . 永乐大典笺谱 [M]. 北京：商务印书馆， 2018.

[41] 赵力 . 巴赫《十二平均律键盘曲集》名篇分析与演奏法研究 .2 版 .[M]. 广州：广东高等教育出版社， 2017.

[42] 黄宗羲 . 明夷待访录 [M]. 李伟，译注 . 长沙：岳麓书社， 2016.

[43] 吴又可先生原本 . 瘟疫论类编 上 [M]. 集古堂藏板 .

[44] 吴又可先生原本 . 瘟疫论类编 下 [M]. 集古堂藏板 .

[45] 牛顿 . 科学人文名著译丛：自然哲学的数学原理 [M]. 赵振江，译 . 北京：商务印书馆， 2022.

[46] [战国] 孔子 . 春秋 [M]. 长春：吉林文史出版社， 2017.

[47] 农耕文明与陇东民俗文化产业开发研究中心 . 豳风论丛 [M]. 北京：中国社会科学出版社， 2015.

[48] 王俊 . 中国古代天文历法与二十四节气 [M]. 北京：中国商业出版社， 2022.

[49] 刘安 . 淮南子 [M]. 开封：河南大学出版社， 2010.

[50] [德] 拉采尔 . 人文地理学的基本定律 [M]. 刘小枫，编 . 方旭，梁西圣，译 . 上海：华东师范大学出版社 ,2022.

[51] [古希腊] 柏拉图 . 柏拉图对话录 [M]. 重庆：重庆出版社， 2020.

[52] 管子 [M]. 姚晓娟，汪银峰，注译 . 北京：中州古籍出版社， 2010.

[53] 水经注 [M]. 张伟国，导读及译注 . 北京：中信出版社， 2016.

[54] 张芳 . 中国古代灌溉工程技术史 [M]. 路勇祥，编 . 太原：山西教育出版社， 2009.

[55] [汉] 刘安 . 淮南子 [M]. 南京：凤凰出版社， 2009.

[56] 吉尔伽美什史诗 [M]. 拱玉书，译注 . 北京：商务印书馆， 2021.

[57] 阿来 . 格萨尔王 . 修订版 [M]. 重庆：重庆出版社， 2015.

[58] 新华字典 . 11 版 [M]. 北京：商务印书馆， 2019.

[59] 季羡林 . 糖史 [M]. 北京：新世界出版社， 2017.

[60] 许雪涛 . 公羊学解经方法：从《公羊传》到董仲舒春秋学 [M]. 广州：广东人民出版社， 2006.

[61] [春秋] 老子 . 道德经 [M]. 北京：作家出版社， 2016.

[62] Deng, W., Shi, B., He, X. 等 . 从中国 Y 染色体证据推断中国人口的进化和迁移历史 . J Hum Genet 49 , 339–348 (2004).https://doi.org/10.1007/
s10038-004-0154-3

[63] [清] 汪远孙 . 汉书地理志校本 [M]. 汪氏振绮堂， 1922.

[64] [古希腊] 荷马 . 伊利亚特 [M]. 丁丽英，译 . 南京：江苏凤凰文艺出版社， 2022.

[65] [古希腊] 荷马 . 奥德赛 [M]. 段建军，杨丽，译 . 北京：北京理工大学出版社， 2020.

[66] 茅盾 . 北欧神话 ABC[M]. 南京：江苏文艺出版社， 2020.

[67] [德] 赛法尔特 . 尼伯龙根之歌 [M]. 徐琴，编译 . 上海：上海外语教育出版社， 2020.

[68] [瑞典] 塞尔玛·拉格洛夫 . 尤斯塔·贝林的萨迦 [M]. 王晔，译 . 上海：复旦大学出版社， 2018.

[69] [宋] 李昉等编 . 太平御览：一千卷目录十五卷 . 百三四， 菜部 香部 . 刻本 [M]. 商务印书馆， 民国 24 年 [1935].

[70] 中国永乐文化开发公司 . 廿六史 [M]. 太原：北岳文艺出版社， 1990.

[71] [西汉] 戴圣 . 礼记 [M]. 张博编，译 . 沈阳：万卷出版有限责任公司， 2019.

[72] 黄帝内经 [M]. 段青峰，译 . 武汉：崇文书局， 2020.

[73] [汉] 桓谭 . 新论 [M]. 上海：上海人民出版社， 1977.

[74] [汉] 扬雄 .[宋] 阙名撰音义 . 扬子法言 [M].[晋] 李轨，注 . 北京：国家图书馆出版社， 2019

[75] [东汉] 许慎 . 说文解字 [M]. 杭州：浙江古籍出版社， 2012.

[76] 胡适 . 说儒 [M]. 武汉：崇文书局， 2019.

[77] 徐中舒 . 甲骨文字典 [M]. 成都：四川辞书出版社， 2014.

[78] 韩非子 [M]. 马玉婷，译注 . 广州：广州出版社， 2001.

[79] [英] 伯特兰·罗素 . 中国问题 [M]. 北京：中国画报出版社， 2019.

[80] 顾实 . 庄子天下篇讲疏 [M]. 北京：商务印书馆， 1928.

[81] [英] 亚当·斯密 . 国富论 . 上册 . 修订本 [M]. 北京：中华书局， 2018.

[82] 西方法政哲学演讲录 [M]. 高全喜，编 . 北京：中国人民大学出版社， 2007.

[83] 北京大学哲学系外国哲学史教研室 . 西方哲学原著选读 . 上卷 [M]. 北京：商务印书馆， 1982.

[84] [埃及] 穆斯塔发·本·穆罕默德艾玛热 . 布哈里圣训实录精华： 坎斯坦勒拉尼注释 [M]. 北京：中国社会科学出版社， 1981.

[85] [美] 菲利普·范·内斯·迈尔斯 . 世界通史 . 下 [M]. 成都：天地出版社， 2019.

[86] [德] 康德 . 纯粹理性批判 [M]. 北京：人民出版社， 2004.

[87] [德] 康德 . 实践理性批判 [M]. 北京：中国社会科学出版社， 2009.

[88] [德] 康德 . 判断力批判 . 3 版 .[M]. 北京：人民出版社， 2017.

[89] [德] 伊曼努尔·康德 . 永久和平论 [M]. 上海：上海人民出版社， 2005.

[90] [意] 圭多·德·拉吉罗 . 欧洲自由主义史 [M]. 长春：吉林人民出版社， 2001.

[91] [德] 莱布尼茨, [法] 梅谦立 . 中国近事 为了照亮我们这个时代的历史 Historiam nostri temporis illustratura[M]. 杨保筠，译 . 郑州：大象出版社，
     2005.

[92] [法] 弗朗斯瓦·魁奈 . 中华帝国的专制制度 [M]. 谈敏，译 . 北京：北京：商务印书馆， 2018.

[93] 中庸 [M]. 杨洪，王刚，注译 . 兰州：甘肃民族出版社， 1999.

[94] 朱谦之 . 老子校释 [M]. 北京：龙门联合书局， 1958.

[95] [法] 霍尔巴赫 . 自然的体系： 或论物理世界和精神世界的法则 . 下卷 [M]. 商务印书馆， 1977.

[96] 法国 "一七九三年之共和宪法" [J]. 中山月刊 (重庆)， 1944，(1).

[97] [法] 伏尔泰 . 哲学辞典：为普通大众撰写的思想启蒙读物 [M]. 北京：北京出版社， 2008.

[98] 艾思奇 . 艾思奇全书 第 2 卷 1936-1940[M]. 北京：人民出版社， 2006.

[99] 习近平 . 论坚持推动构建人类命运共同体 [M]. 北京：中央文献出版社， 2018.

[100] 国家标准化管理委员会 . GB/T 13745-2009/XG1-2009 中华人民共和国学科分类与代码国家标准 [S]. 北京： 中国标准出版社， 2009.

[101] 国家综合立体交通网规划纲要 [M]. 北京：人民出版社， 2021.

[102] [明] 梅膺祚 . 字汇亨集 [M]. 顺和堂 .

[103] 陈至立 . 辞海 [M]. 上海：上海辞书出版社， 2020.

[104] 马克思 . 资本论： 政治经济学批判 . [1]. 影印本 [M]. 上海：生活·读书·新知三联书店， 2006.

[105] 刘君祖 . 易经系辞传详解 [M]. 石家庄：花山文艺出版社， 2020.

[106] 周易 [M]. 杨天才，译 . 北京：中华书局， 2014.

[107] 王安石 [M]. 乔万民，吴永哲，译注 . 天津：天津古籍出版社， 2018.

[108] [英] 约翰·斯图亚特·密尔 . 论自由 [M]. 北京：中国法制出版社， 2009.

[109] 李雪萌 . 侗族高中生规则复合能力的生物教学研究 [D]. 中央民族大学， 2021.DOI:10.27667/d.cnki.gzymu.2021.000216.

[110] 田战省，李振峰 . 世界通史经典故事 变革的时代 全彩图本 [M]. 长春：北方妇女儿童出版社， 2012.

[111] 梁思成 . 梁思成文集·三 . 北京：中国建筑工业出版社， 1984.

[112] L.S. 斯塔夫里阿诺斯（L.S.Stavrianos）. 全球通史 1500 年以前的世界 [M]. 吴象婴，梁赤民，译 . 上海：上海社会科学院出版社， 1988.

[113] 郭璞 . 葬经 [M]. 北京：中国经济出版社，2004.

[114] 郑文光 . 中国天文学源流 [M]. 北京：科学出版社，1979.

[115] 徐在国 . 新出古陶文图录 上 [M]. 合肥：安徽大学出版社，2018.

[116] 王国维 . 今本竹书纪年疏证 [M]. 上海：仓圣明智大学，1912-1921.

[117] 诗经 [M]. 吴广平，彭安湘，何桂芬，导读注译 . 长沙：岳麓书社，2019.

[118] [战国] 吕不韦，等 . 吕氏春秋 [M]. 长沙：岳麓书社，2015.

[119] [清] 汪曰桢 . 周髀算经 [M].[汉] 赵爽，注 .

[120] 郝岳才 . 七衡图——十二辟卦——太极线 [J]. 山西大学学报 (哲学社会科学版)，2002(06):32-34.DOI:10.13451/j.cnki.shanxi.univ(phil.
     soc.).2002.06.008.

[121] 柯劭忞 . 春秋穀梁傳註 . 影印本 [M]. 桂林：广西师范大学出版社，2018.

[122] [战国] 孟子 . 孟子 [M]. 武汉：崇文书局，2015.

[123] 刘光胜 . 清华大学藏战国竹简 全 8 册 [M]. 上海：上海世纪出版集团，2020.

[124] [宋] 杨甲 . 六经图 [M]. 礼耕堂，1644-1911.

[125] 孙子兵法 [M]. 刘国建，熊彦宾，注译 . 郑州：中州古籍出版社，2004.

[126] 左钦敏 . 朱子语类节要 [M]. 民国 3.

[127] [美国] 布赖恩·奥尔迪斯 . 丛林温室 [M]. 王逢振，寇晓伟，编 . 董必峰，译 . 石家庄：河北少年儿童出版社，1998.

[128] 列子 [M]. 叶蓓卿，评注 . 北京：商务印书馆，2015.

[129] [明] 朱国桢 . 涌幢小品 [M]. 胡协寅，校阅 . 大达图书供应社，1924.

[130] 大般涅槃经 NHJ[M]. 高振农，释译 . 星云大师，监修 . 北京：东方出版社，2018.

[131] [汉] 张仲景 . 伤寒杂病论 [M]. 刘世恩，毛绍芳，点校 . 北京：华龄出版社，2000.

[132] 马志军，陈水华 . 中国海洋与湿地鸟类 [M]. 长沙：湖南科学技术出版社，2018

[133] 全国人大常委会 . 中华人民共和国突发事件应对法 [M]. 北京：中国劳动社会保障出版社，2014.

[134] 中国气象局气候变化中心 . 中国气候变化监测公报 2016 年 [M]. 北京：科学出版社，2017.

[135] 叶舒宪 . 探索非理性世界：原型批判的理论与方法 [M]. 成都：四川人民出版社 .1988.

[136] 潘谷西 . 中国建筑史 [M]. 北京：中国建筑工业出版社 .2004.

[137] 陈志华 . 外国建筑史（19 世纪末叶以前）[M]. 北京：中国建筑工业出版社 .2010.

[138] 罗小未 . 外国近现代建筑史 [M]. 北京：中国建筑工业出版社 .2004.

[139] 董鉴泓 . 中国城市建设史 [M]. 北京：中国建筑工业出版社 .2004.

[140] 沈玉麟 . 外国城市建设史 [M]. 北京：中国建筑工业出版社 .2007.

[141] 同济大学建筑理论与历史教研组 . 外国建筑史参考图集——近现代资本主义国家建筑史附册 [M]. 上海：上海同济大学 .1961.

[142] 同济大学建筑理论与历史教研组 . 外国建筑史参考图集——原始、古代、中世纪、资本主义萌芽时期建筑师部分 [M]. 上海：上海同济大学 .1963.

[143] 梁思成 . 梁思成文集 [M]. 北京：中国建筑工业出版社 .1982.

[144] 何静堂 . 何镜堂文集 [M]. 武汉：华中科技大学出版社 .2012.

[145] 孟建民 . 本原设计 [M]. 北京：中国建筑工业出版社 .2015.

[146] [挪] 诺伯格·舒尔茨 . 存在·空间·建筑 [M]. 尹培桐，译 . 北京：中国建筑工业出版社 .1990.

[147] [德] 罗伯特·克里尔 . 都市空间 [M]. 金秋野，译 . 北京：中国建筑工业出版社 .2007.

[148] 汉宝德 . 建筑笔记 [M]. 上海：上海人民出版社 .2009.

[149] 张鸿雁 . 侵入与接替：城市社会结构变迁新论 [M]. 南京：东南大学出版社 .2000.

[150] 段进 . 城镇空间解析：太湖流域古镇空间结构与形态 [M]. 北京：中国建筑工业出版社 .2002.

[151] 王建国 . 城市设计 .3 版 .[M]. 南京：东南大学出版社 .2013.

[152] 傅军 . 奔小康的故事：中国经济增长的逻辑与辩证 [M]. 北京：北京大学出版社 .2021.

[153] [美] 埃德蒙 .N. 培根 . 城市设计 [M]. 黄富厢，朱琪，译 . 北京：中国建筑工业出版社 .2003.

[154] [美] 爱德华 .w. 苏贾 . 后现代地理学：重申批判社会理论中的空间 [M]. 王文斌，译 . 北京：商务印书馆 .2023.

[155] [美] 贾雷德·戴蒙德 . 枪炮、病菌与钢铁 [M]. 王道还、廖月娟，译 . 北京：中信出版社 .2022.

[156] [英] 菲利普·费尔南多·阿梅斯托 . 文明的力量：人与自然的创意 [M]. 薛绚，译 . 广州：新世纪出版社 .2013.

[157] [挪] 诺伯格·舒尔兹 . 场所精神：迈向建筑现象学 [M]. 施植明，译 . 台湾：田园城市文化事业有限公司，2002.

[158] M. Nikolskij, Dokumentty chozjajstvnnoj otcenosti drevnei Chaldei（尼考勒斯基 . 古迦勒底簿记经济文件第一集）[M].1908. 第 31 号文 .

[159] Thorkild Jacobsen. Salinity and Irrigation Agriculture in Antiquity（托基德·雅可波森 . 古代的盐化地和农业灌溉）[M].1982:26-30.

[160] [奥] 克里斯托弗·亚历山大等 . 建筑模式语言 [M]. 王听度，周序鸿，译 . 北京：知识产权出版社，2002.

[161] 吴良镛 . 吴良镛城市研究论文集：迎接新世纪的来临（1986-1995）[M]. 北京：中国建筑工业出版社，1996:173-193.

[162] 梁思成 .《营造法式》注释 [M]. 北京：生活·读书·新知三联书店，2013.

[163] [古罗马] 维特鲁威 . 建筑十书 [M]. 北京：知识产权出版社，2001.

[164] [英] 埃比尼泽·霍华德 . 明日的田园城市 [M]. 北京：商务印书馆，2010.

[165] 竺可桢 . 中国近五千年来气候变迁的初步研究 [J]. 考古学报，1972，No.(01):15-38.

[166] 胡焕庸 . 中国人口的分布、区划和展望 [J]. 地理学报，1990(02):139-145.

[167] 吴宇虹 . 生态环境的破坏和苏美尔文明的灭亡 [J]. 世界历史，2001(03):114-116.

[168] Alley B R,Mayewski A P,Sowers T, et al. Holocene climatic instability: A prominent, widespread event 8200 yr ago[J]. Geology，1997，25(6).

[169] Chad Monfreda,Navin Ramankutty,Jonathan A. Foley. Farming the planet: 2. Geographic distribution of crop areas, yields, physiological types, and net primary production in the year 2000[J]. Global Biogeochemical Cycles,2008,22(1).

[170] 唐金陵 . 站在公共卫生的历史转折点上 [C]// 安徽省高等医学教育合作委员会，安徽省预防医学会 . 安徽省 2014 年度流行病与卫生统计学学术论坛专家报告 .[出版者不详]，2014:95-119.

[171] 杨杰，曲径 . 北极，北极 ![J]. 世界环境，2016(03):12.

[172] 怡然 . 这个世界是我们向后代借来的 [J]. 山东国资，2020(04):106.

[173] Romain H，Robert M，Etienne B， et al. Accelerated global glacier mass loss in the early twenty-first century[J]. Nature，2021，592(7856).

[174] 王文书 . 董仲舒未见文集《董生书》管窥 [J]. 衡水学院学报，2022，24(06):48-52.

[175] 夏昌世 . 亚热带建筑的降温问题：遮阳·隔热·通风 [J]. 建筑学报，1958(10):36-39+42.

[176] 牛海燕 . 中国沿海台风灾害风险评估研究 [D]. 华东师范大学，2012，17-27.

[177] 邵亦文，徐江 . 城市韧性：基于国际文献综述的概念解析 [J]. 国际城市规划，2015，30(02):48-54.

[178] 黄晓军，黄馨 . 弹性城市及其规划框架初探 [J]. 城市规划，2015，39(02):50-56.

[179] 戴维·R·戈德沙尔克，许婵 . 城市减灾：创建韧性城市 [J]. 国际城市规划，2015，30(02):22-29.

[180] 李建平 . 珠三角区域一体化协同发展机制建设研究 [J]. 南方建筑，2015(04):9-14.

[181] 邴启亮，李鑫，罗彦 . 韧性城市理论引导下的城市防灾减灾规划探讨 [J]. 规划师，2017，33(08): 12-17.

[182] 姜洪庆，阐述亚热带海滨与城市意象的建筑 [J]. 城市规划，1996(05)，30-31.

[183] 姜洪庆，经济结构战略性调整中的城镇体系规划 [J]. 城市规划，2001(07)，33-36.

[184] 姜洪庆 . 空间的竞争与合作：浅析广东城镇空间结构规划 [J]. 规划师，2003(09)13-16.

[185] 姜洪庆 . 浅析城市社区的空间营造 . 南方建筑 [J]，2009(05)，36-38.

[186] 姜洪庆 . 空间的原型批评 [J]. 新建筑，2010(02)，111-115.

[187] 姜洪庆 . 基于社会结构转型过程中的规划方法思考：社区空间研究初探 [J]. 城市规划，2010(11)，9-13.

[188] JiangHongQing.Planning Methods Considering Social Transition:A Study on Urban Community Space[J]. 城 市 规 划 (英 文 版)，Vol.20，2011(01)49-55.

[189] 姜洪庆，孙雅娟.基于持续健康照顾理念的养老社区规划研究 [J]. 南方建筑，2015(06)120-124.

[190] 姜洪庆，刘帅，熊安昕，等.休闲时代下岭南城市游憩空间设计策略 [J]. 规划师 2015(08)，总 236 期，第 31 卷 :32-37.

[191] 姜洪庆，李佩玲.基于"两观三性"理论的城市空间规划思考 [J]. 南方建筑，2016(01)，86-92.

[192] 姜洪庆，陈锦棠.基于大流量访客影响的国家公祭场所营造 [J]. 规划师，2016(11)，82-87.

[193] 姜洪庆，迟龙，徐臻.基于山海统筹视角下惠东县域新型城镇化破局思考 [J]. 城市地理，2017(04).

[194] 姜洪庆.新区的营造逻辑与城市设计的价值取向 [J]. 南方建筑 .2019(5)，42-45.

[195] 姜洪庆，周可斌.自净其意，寂灭为乐：南京国家公祭场所营造 [J]. 江苏城市规划，2020(04)，34-39.

[196] 姜洪庆，尹心桐，梁伟研，等.广州市越秀区既有城市住区公共服务设施适老化评价研究 [J]. 城市发展研究，2020(10)，125-132.

[197] 姜洪庆，马洪俊，刘垚.基于"资产为本"理念的社会力量介入既有城市住区微改造模式探索 [J]. 城市发展研究，2020(11)，87-97.OECD.气候危机城市机遇 [R]. 巴黎： OECD 组织出版社， 2014.

[198] 中国西藏网 . 雪域高原瑰宝之藏传佛教 [EB/OL].http://www.tibet.cn/holiday/yscl/201310/ t20131024_1943898.htm.2013-10-26.

[199] 国家发展改革委 .《国家应对气候变化规划（2014-2020 年）》[EB/OL]. http://www.scio. gov.cn/xwfbh/xwbfbh/wqfbh/2014/20141125/xgzc32142/Document/1387125/1387125_1.htm.2014-11-25.

[200] 新华社 . 中共中央 国务院关于对《河北雄安新区规划纲要》的批复 [EB/OL]. (2018-04-20)[2023-07-12]. https://news.china.com/zw/news/13000776/20180420/32332566_1.html.

[201] 生 态 环 境 部 . 关 于 印 发《 国 家 适 应 气 候 变 化 战 略 2035》的 通 知 [EB/OL]. (2022-06-14)[2023-07-12]. https://www.gov.cn/zhengce/zhengceku/2022-06/14/content_5695555.htm.

[202] 南京市规划局 . 侵华日军南京大屠杀遇难同胞纪念馆周边地区城市设计成果公布 [EB/OL]，http://www.njghj.gov.cn/ngweb/Page/Detail.aspx??CategoryID=f3ac35dc-c096-4c86-b5b3-93d1fe35f774&InfoGuid=ffd03785-c851-4ee9-9806-c58316cf661e，2015-8-7.

[203] 何镜堂，倪阳，刘宇波 . 突出遗址主题营造纪念场所：侵华日军南京大屠杀遇难同胞纪念馆扩建工程设计体会 [J]. 建筑学报，2008.3:10-17.

[204] 南京市规划局 . 南京市控制性详细规划编制技术规定 (NJGBBB01-2005)[S]，2005.

项目纪要

1990 年，笔者参与了国际学联第 19 次竞赛，本次竞赛笔者以吴哥博物馆为设计主题，以水墨渲染画为表现手法提交了参赛方案。

1994 年 5 月，笔者参与了由广州永和经济区管理局组织的广州华峰山风景旅游渡假区规划，并任项目技术负责人，1995 年完成了规划编制。该规划荣获了广东省 1996 年度城镇优秀规划三等奖（1997 年颁布），旅游度假区历经 19 年建成，2013 年 12 月 19 日，广州永和华峰寺大雄宝殿落成并举行开光典礼。

1996 年 4 月，中国城市规划协会首次在全国范围内公开征集设计方案，以北海城市规划培训中心规划设计方案为竞赛内容，笔者团队提交了"阐述亚热带海滨与城市意象的建筑"设计方案，取得了竞赛方案第一名（并列），获得二等奖（一等奖空缺），参赛组成员有姜洪庆、刘艺、王颖辉、李海鸥、李晓梅等，评审委员会成员有（按姓氏笔画为序）马国馨、布正伟、卢济威、齐康、陈听正、吴明伟、汪德华、周干峙、聂兰生。[城市规划，1996(05):30-31.]

2001 年 6 月，笔者受聘为"丽江城市规划建设及古城保护"顾问，作为项目总策划人，推动了丽江城市规划建设及古城保护方案国际征集工作。本次丽江概念性规划是丽江最早开始的国际咨询，邀请了来自法国建筑科学院的专家与国内顶尖级专家共同参与，首次完成了丽江发展框架，重建了自白沙、束河至黑龙潭与四方街的文化生命线，奠定了丽江格局，深入阐述了以保护纳西族为本底的文化生态构成，以及保护黑龙潭出水量为目的的自然生态构建，催生了旧城（村）改造的束河模式，至今仍然保持了规划理念的先进性与科学性，获得了广泛的认同。

2001 年 10 月，广东省建设厅启动了"广东省城镇体系规划（2002-2020）"编制工作。2001 年 11 月，广东省建设厅发布"印发广东省城镇体系规划编制工作方案的通知"（粤建规函〔2001〕537 号），编制工作全面开展。2002 年 11 月，笔者作为项目编制组组长，带领团队提交的方案通过国家建设部部级初步方案及规划纲要技术审查，并与"珠三角城镇群协同规划（2004-2020）"送审稿充分协调后，再经若干次修改完善，至 2012 年 4 月，最终获国务院批准。编制组成员如下：周春山、张虹鸥、李永洁、李枝坚、蔡克光、张仪兴、熊晓冬、罗广寨、张珂、沈陆澄。城镇体系是对城镇气候、地缘与文化的结构性探索，挑战的是结构的韧性，冷期向海，暖期向山，是国家经济体系结构性支撑。

2014 年 2 月 27 日，第十二届全国人大常委会第七次会议通过决定，以立法形式将 12 月 13 日设立为南京大屠杀死难者国家公祭日。2014 年 7 月，南京市规划局以侵华日军南京大屠杀遇难同胞纪念馆三期扩容及国家公祭日确立为契机，组织编制"侵华日军南京大屠杀遇难同胞纪念馆周边地区城市设计"。2014 年 12 月，团队方案通过南京市城乡规划委员会技术审查，后经若干次修改完善，至 2015 年 7 月，最终获南京市政府批准。"知其荣，守其辱"——本次设计以提升地区活力，释放发展潜力为目标，从功能、流线、形态与风貌四个方面，对纪念馆周边地区进行圈层管控，重塑一个符合国家公祭活动，纯净、高品质的纪念空间，是国家公祭体系结构性支撑。

2016 年 4 月 1 日，中共中央、国务院印发通知，决定设立河北雄安新区。2017 年 6 月 26 日，河北省推进京津冀协同发展工作领导小组办公室、河北雄安新区管理委员会发布了"河北雄安新区启动区城市设计国际咨询建议书征询公告"，本次国际咨询活动的主办单位收到了来自英国、美国、德国、法国、西班牙、意大利、荷兰、丹麦、瑞典、俄罗斯、澳大利亚、日本、韩国、马来西亚、新加坡等国家以及中国香港、台湾地区的多家著名公司与研究机构的报名申请。到报名截止时间 7 月 3 日下午 5:30，共有 279 家国内外单位提交了正式报名材料，这些设计机构组成了 183 个设计团队，其中包括国际、国内著名公司组成的设计联合体 67 个；2017 年 6 月 29 日，华南理工大学建筑设计研究院有限公司 +James Corner FO 组成联合体报名。2017 年 7 月 9 日，华南理工大学建筑设计研究院有限公司 +James Corner FO 联合体成功入围雄安规划咨询人；2017 年 7 月 14～16 日，主办单位组织各入围团队进行雄安现场第一次咨询；2017 年 7 月 27 日，主办单位组织进行雄安现场第二次咨询，2017 年 8 月 20 日，主办单位举办雄安新区国际咨询中期汇报会；2017 年 9 月 22 日，主办单位举办雄安新区国际咨询最终汇报会，2017 年 10 月 9 日，主办单位发函评议结果，华南理工大学建筑设计研究院有限公司 +James Corner FO 联合体方案为优胜设计成果。2018 年 4 月 14 日，中共中央、国务院发布关于对《河北雄安新区规划纲要》的批复。2018 年 7 月 2 日，河北雄安新区管委会委托招标代理公司发布了"雄安新区启动区城市设计征集公告"，得到国内外建筑、规划、景观设计界的广泛关注与积极响应，经公证确认，最终有效申请应征单位为 96 个，其中独立应征单位 26 个、联合体应征单位 70 个，共包含 213 个法人实体单位参加，分别来自中国、英国、法国、德国、西班牙、意大利、美国、澳大利亚、日本等 17 个国家与地区。招标代理公司严格按照方案征集的有关规定、规程组织开展了对应征单位资格预审的专家评审会，经过五轮七次投票，最终推选出 12 家应征单位与 4 家备选应征单位。2018 年 8 月 18 日，雄安启动区城市设计征集（第二轮全球竞标）中，华南理工大学建筑设计研究院有限公司与美国 JAMES CORNER FIELD OPERATIONS,L.L.C. 联合体备选应征成功入围；2018 年 9 月 10 日，联合体完成中期汇报；2018 年 11 月 20 日，联合体完成雄安启动区城市设计最终汇报。雄安新区是对国家高速发展之后的价值转型，和对发展红利之后未来城镇的价值探索，千年价值才能成就千年城市，淀水方城，淀城共荣，是国家治理体系结构性支撑。

　　2018 年 6 月 3 日，海口市规划委组织举行"中国（海南）自由贸易区海口江东新区概念规划方案国际招标"，全球 60 多家机构与联合体报名参加；2018 年 6 月 27 日，华南理工大学建筑设计研究院有限公司与北京土人城市规划设计股份有限公司联合体成功入围；2018 年 7 月 9 日，项目团队完成现场踏勘；2018 年 8 月 6 日，项目团队完成中期汇报；2018 年 9 月 20 日，项目团队完成最终成果；2018 年 9 月 28 日，中国（海南）自由贸易试验区海口江东新区概念规划方案国际招标结果出炉，华南理工大学建筑设计研究院有限公司与北京土人城市规划设计股份有限公司联合体入选优良方案。2018 年 9 月 3 日，中国（海南）自由贸易区海口江东新区正式发布江东新区起步区城市设计方案国际征集公告，面向全球公开邀请具有类似项目成功经验的规划设计机构或由此类规划设计机构组成的联合体来参加资格预审，共有 68 家国内外设计机构与联合体报名参加了本次城市设计方案国际征集活动。2018 年 9 月 29 日，华南理工大学建筑设计研究院有限公司与北京土人城市规划设计股份有限公司联合体成功入围；2018 年 11 月 1 日，项目团队在北京完成中期汇报；2019 年 1 月 10 日，项目团队在海口完成最终汇报；2019 年 1 月 11 日，华南理工大学建筑设计研究院有限公司与北京土人城市规划设计股份有限公司联合体方案入选优秀方案。江东新区是对复杂气候、复杂地缘等复杂条件下的城镇空间营造的探索，是台风、地震、河口、海管岸以及大型机场的共同塑造。面对南海，也是国家自贸体系结构性支撑。

　　2020 年 4 月 22 日，北京市规划和自然资源委员会组织举办了"长安街及其延长线（复兴门至建国门段）公共空间整体城市设计及重要节点整体营造方案征集"，华南理工大学建筑设计研究院有限公司与加拿大 PFS Studio 组成联合体成功入围。2020 年 12 月 4 日，项目团队于北京规划展览馆会议室进行长安街及其延长线（复兴门至建国门段）公共空间整体城市设计及重要节点整体营造方案汇报，至此项目结束。长安街主要是对新时代"人民至上"国家价值体系的有益探索，未来城镇的中心可以是博物馆群为载体的交往中心，本次方案建议沿新华门政务办公十字轴线在长安街以南新增国家政务中心，缓解天安门广场国家政务压力，是国家礼仪体系结构性支撑。

附图索引

图 5-8 雄安新区空间效果示意图（图片来源：团队自绘，河北雄安新区启动区城市设计国际咨询，2017 年 9 月）

图 5-9 正定新区城市设计空间效果示意图（图片来源：团队自绘，石家庄正定新区中心公园周边地区综合设计完善，2011 年 6 月）

图 5-10 正定新区文化中心建筑效果示意图（图片来源：团队自绘，石家庄正定新区中心公园周边地区综合设计完善，2011 年 6 月）

图 5-11 环境友好城市低生态冲击发展策略示意图（图片来源：团队自绘，兵团红星市中心城区城市设计与控制性详细规划，2016 年 12 月）

图 5-12 红星市中心城区城市设计空间效果示意图（图片来源：团队自绘，兵团红星市中心城区城市设计与控制性详细规划，2016 年 12 月）

图 5-13 城市拼图（图片来源：团队自绘，河北雄安新区启动区城市设计国际咨询，2017 年 9 月）

图 5-14 自然矩阵（图片来源：团队自绘，河北雄安新区启动区城市设计国际咨询，2017 年 9 月）

图 5-15 淀水方城方案构思草图（图片来源：团队自绘，河北雄安新区启动区城市设计国际咨询，2017 年 9 月）

图 5-16 白洋淀生态水系修复示意图（图片来源：团队自绘，河北雄安新区启动区城市设计国际咨询，2017 年 9 月）

图 5-17 雄安新区地表水闸系统运行示意图（图片来源：团队自绘，河北雄安新区启动区城市设计方案征集，2018 年 11 月）

图 5-18 窄路密网形态示意图（图片来源：团队自绘，河北雄安新区启动区城市设计方案征集，2018 年 11 月）

图 5-19 雄安暖心人民轴空间结构示意图（图片来源：团队自绘，河北雄安新区启动区城市设计国际咨询，2017 年 9 月）

图 5-20 雄安暖心人民轴空间效果示意图（图片来源：团队自绘，河北雄安新区启动区城市设计国际咨询，2017 年 9 月）

图 5-21 雄安新区启动区金融岛建筑形制示意图（图片来源：团队自绘，河北雄安新区启动区城市设计方案征集，2018 年 11 月）

图 5-22 26℃立体城市空间关系示意图（图片来源：团队自绘，河北雄安新区启动区城市设计方案征集，2018 年 11 月）

图 5-23 智慧绿色城市技术集成创新示意图（图片来源：团队自绘，河北雄安新区启动区城市设计方案征集，2018 年 11 月）

图 5-24 雄安新区启动区空间效果示意图（图片来源：团队自绘，河北雄安新区启动区城市设计方案征集，2018 年 11 月）

图 5-25 玉环新城（漩门三期）空间效果示意图（图片来源：团队自绘，玉环新城（漩门三期）城市设计方案国际征集，2023 年 3 月）

图 5-26 玉环漩门空间策略示意图（图片来源：团队自绘，玉环新城（漩门三期）城市设计方案国际征集，2023 年 3 月）

图 5-27 玉环新城整体空间引导控制示意图（图片来源：团队自绘，玉环新城（漩门三期）城市设计方案国际征集，2023 年 3 月）

图 5-28 广州南站地区核心区空间效果示意图（图片来源：团队自绘，广州南站地区城市设计优化控制性详细规划修编，2017 年 12 月）

图 5-29 秦皇岛西港区空间效果示意图（图片来源：团队自绘，"河港杯"首届河北国际城市规划设计大师邀请赛——秦皇岛百年老港转型复兴，2018 年 10 月）

图 5-30 秦皇岛西港区整体形态控制示意图（图片来源：团队自绘，"河港杯"首届河北国际城市规划设计大师邀请赛——秦皇岛百年老港转型复兴，2018 年 10 月）

图 5-31 海口江东新区城市设计空间示意图（图片来源：团队自绘，中国（海南）自由贸易区海口江东新区概念规划国际招标，2018 年 9 月）

图 5-32 海口江东新区启动区空间效果示意图（图片来源：团队自绘，中国（海南）自由贸易区海口江东新区起步区城市设计方案国际征集，2019 年 1 月）

图 5-33 广州科学城空间效果示意图（图片来源：团队自绘，广州科学城提升规划设计国际竞赛，2019 年 7 月）

图 5-34 怀柔科学城空间效果示意图（图片来源：团队自绘，北京怀柔科学城总体城市设计方案征集，2018 年 3 月）

图 5-35 赣南科技城空间效果示意图（图片来源：团队自绘，赣南未来科技城战略与城市设计国际方案征集，2021 年 11 月）

图 5-36 长安街博物馆群空间效果示意图（图片来源：团队自绘，长安街及其延长线（复兴门至建国门段）公共空间整体城市设计及其重要节点整体营造方案征集，2020 年 11 月）

图 5-37 海口主城区公园城市建设结构示意图

图 5-38 金牛岭公园改造规划设计空间结构示意图（图片来源：团队自绘，金牛岭公园改造规划设计，2019 年 12 月）

图 5-39 广州越秀区社区公共服务设施评价与优化（图片来源：作者自绘，"广州市越秀区既有城市住区公共服务设施适老化评价研究"）

图 5-40 基于用地形态的中原（中牟）特色民居平面设计一览表（图片来源：团队自绘，中某县特色民居方案设计项目，2021 年 3 月）

图 5-41 混沌之中含味象，马继忠作，138cm×68cm（图片来源：长安画派密体山水标志性人物马继忠，己亥年作）

图 5-42 南京大屠杀纪念馆周边地区城市设计空间效果示意图（图片来源：团队自绘，侵华日军南京大屠杀遇难同胞纪念馆周边地区城市设计，

作者简介

姜洪庆（1967～）

  城市规划工学学士，风景园林规划与设计工学硕士（师从夏义民教授），建筑设计及其理论工学博士（师从何镜堂教授），留法专家（师从米歇尔.马洛特教授），教授级高级工程师，国家注册城乡规划师，工程博导，现任职于华南理工大学建筑学院、亚热带建筑与城市科学全国重点实验室、华南理工大学建筑设计研究院有限公司何镜堂建筑创作研究院，并担任广东省学习型组织研究会会长。主持或主要参与完成了多项国家级与省（部）级重大工程规划或研究项目；在空间理论与空间规划、城乡发展与城市设计、城市更新与乡村振兴、健康（养老）产业、气候（台风）适应，以及雄安新区、粤港澳大湾区、中国（海南）自由贸易区等方向或领域有一定的研究。

版面设计

  姜洪庆、彭雄亮、刘 琎、尹 婕、姜 禹、冯宇程、王炳信、陆宇权、熊卓成、王锐石、陈浩民等。

微信公众号主持人
  姜 禹